煤炭科学研究总院建院**60**周年 技术丛书

宁　宇／主编

第一卷

煤田地质勘探与矿井地质保障技术

张　群　等／编著

U0349871

科学出版社

北京

内 容 简 介

本书为"煤炭科学研究总院建院 60 周年技术丛书"第一卷《煤田地质勘探与矿井地质保障技术》，全书共分四篇 16 章，主要介绍了煤炭科学研究总院在煤田地质勘探与矿井地质保障技术领域，包括地质勘查技术、地球物理勘探技术与装备、钻探及煤层气勘探开发与资源评价等方面的大量科研成果，对煤炭与矿井地质保障工作具有一定指导意义，具有较强的实用性。

本书可供煤矿及其他井工矿山等从事煤炭地质、煤层气地质、地球物理勘探及探矿工程等领域技术人员，以及从事相关教学、科研人员参考使用。

图书在版编目(CIP)数据

煤田地质勘探与矿井地质保障技术 / 张群等编著. —北京：科学出版社，2018

（煤炭科学研究总院建院60周年技术丛书·第一卷）

ISBN 978-7-03-058116-7

Ⅰ.①煤… Ⅱ.①张… Ⅲ.①煤田地质–地质勘探 ②矿井–矿山地质 Ⅳ.①P618.110.8 ②TD163

中国版本图书馆 CIP 数据核字（2018）第134901号

责任编辑：李 雪 冯晓利 / 责任校对：王萌萌 王 瑞
责任印制：师艳茹 / 封面设计：黄华斌

科 学 出 版 社 出版
北京东黄城根北街 16 号
邮政编码：100717
http://www.sciencep.com
新科印刷有限公司 印刷
科学出版社发行 各地新华书店经销

*

2018 年 1 月第 一 版 开本：787 × 1092 1/16
2018 年 1 月第一次印刷 印张：33 1/4
字数：780 000
定价：420.00元
（如有印装质量问题，我社负责调换）

煤炭科学研究总院是我国煤炭行业唯一的综合性科学研究和技术开发机构，从事煤炭建设、生产和利用重大关键技术及相关应用基础理论研究。

煤炭科学研究总院于1954年9月筹建，1957年5月17日正式建院，先后隶属于燃料工业部、煤炭工业部、燃料化学工业部、中国统配煤矿总公司、国家煤炭工业局、中央大型企业工作委员会、国务院国有资产监督管理委员会和中国煤炭科工集团有限公司。建院60年来，在煤炭地质勘查、矿山测量、矿井建设、煤炭开采、采掘机械与自动化、煤矿信息化、煤矿安全、洁净煤技术、煤矿环境保护、煤炭经济研究等各个研究领域开展了大量研究工作，取得了丰硕的科技成果。在新中国煤炭行业发展的各个阶段都实时地向煤矿提供新技术、新装备，促进了煤炭行业的技术进步。煤炭科学研究总院还承担了非煤矿山、隧道工程、基础设施和城市地铁等地下工程的特殊施工技术服务和工程承包，将煤炭行业的工程技术服务于其他行业。

在60年的发展历程中，煤炭科学研究总院在煤炭地质勘查领域，主持了我国第一次煤田预测工作，牵头完成了第三次全国煤田预测成果汇总，基本厘清了我国煤炭资源的数量和时空分布规律，研究并提出了我国煤层气的资源储量，煤与煤层气综合勘查技术，为煤与煤层气资源开发提供了支撑；研究并制定了中国煤炭分类等一批重要的国家和行业技术标准，开发了基于煤岩学的炼焦配煤技术，查明了煤炭液化用煤资源分布，并提出液化用煤方案；在地球物理勘探技术方面，开发了井下直流电法、无线电坑道透视、地质雷达、槽波地震、瑞利波等多种物探技术与装备，超前探测距离达到200m；在钻探技术方面，研制了地面车载钻机、井下水平定向钻机、井下智能控制钻进装备等各类钻探装备，井下钻机水平定向钻孔深度达1881m，在有煤与瓦斯突出危险的区域实现无人自动化钻孔施工。

在矿井建设领域，煤炭科学研究总院开发了冻结、注浆和钻井为主的特殊凿井技术，为我国矿井施工技术奠定了基础；发展了冻结、注浆和凿井平行作业技术，形成了表土层钻井与基岩段注浆的平行作业工艺；研制了钻井直径13m的竖井钻机、钻井直径5m的反井钻机等钻进技术与装备；为我国煤矿井筒一次凿井深度达到1342m，最大井筒净直径10.5m，最大掘砌荒径14.6m，最大冻结深度950m，冻结表土层厚度754m，最大钻井深度660m，钻井成井最大直径8.3m，最大注浆深度为1078m，反井钻井直径5.5m、深度560m等高难度工程提供了技术支撑。

在煤炭开采领域，煤炭科学研究总院的研究成果支撑了我国煤矿从炮采、普通机械化开采、高档普采到综合机械化开采的数次跨越与发展；实现了从缓倾斜到急倾斜煤层采煤方法的变革，建设了我国第一个水力化采煤工作面；引领了采煤工作面支护从摩擦式金属支柱和铰接顶梁取代传统的木支柱开始到单体液压支柱逐步取代摩擦式金属支柱，发展为液压支架的四个不同发展阶段的支护技术与装备的变革；开发了厚及特厚煤层大采高综采和综放开采工艺，使采煤工作面年产量达 1000 万 t。针对我国各矿区煤层的特殊埋藏条件，煤炭科学研究总院研究了各类水体下、建（构）筑下、铁路下、承压水体上和主要井巷下压覆煤炭资源的开采方法和采动覆岩移动等基础科学问题和规律，形成了具有中国特色的"三下一上"特殊采煤技术体系。在巷道支护技术方面，煤炭科学研究总院从初期研究钢筋混凝土支架、型钢棚式支架取代支护，适应大变形的松软破碎围岩的 U 型钢支架的研制，到提出高预应力锚杆一次支护理论，开发了巷道围岩地质力学测试技术、高强度锚杆（索）支护技术、注浆加固支护技术、定向水力压裂技术、支护工程质量检测等技术与装备，引领了不同阶段巷道围岩控制技术的变革，支撑了从被动支护到主动支护再到多种技术协同控制支护技术的跨越与发展，在千米（1300m）深井巷道、大断面全煤巷道、强动压影响巷道和冲击地压巷道等支护困难的巷道工程中成功得到应用，解决了复杂困难条件下巷道的支护难题。

在综掘装备领域，煤炭科学研究总院的研究工作引领和支撑了悬臂式掘进机由中小型到大型、从单一到多样化、由简单到智能化的数次发展跨越，已经具备了截割功率 30～450kW，机重为 5～154t 系列悬臂式掘进机的开发能力；根据煤矿生产实现安全高效的需求，研制成功国内首台可实现掘进、支护一体化带轨道式锚杆钻臂系统的大断面煤巷掘进机，在神东矿区创造了月进尺 3080m 的世界单巷进尺新纪录；为适应回收煤柱及不规则块段煤炭开采，成功研制国内首套以连续采煤机为龙头的短壁机械成套装备，该装备也可用于煤巷掘进施工。

在综采工作面装备领域，为适应各类不同条件煤矿的需要，煤炭科学研究总院开发了 0.8～1.3m 薄煤层综采装备、年产 1000 万 t 大采高综采成套装备、适应 20m 特厚煤层综采放顶煤工作面的成套装备；成功开发了满足厚度 0.8～8.0m、倾角 0°～55°煤层一次采全高需要的采煤装备；采煤机总装机功率突破 3000kW，刮板输送机装机功率达到 2×1200kW，液压支架最大支护高度达 8m，带式输送机的最大功率达到 3780kW、单机长度 6200m、运量达到 3500t/h。与液压支架配套的电液控制系统、智能集成供液系统、综采自动化控制系统和乳化液泵站的创新发展也促进了综采工作面成套技术变革，煤炭科学研究总院将煤矿综采工作面成套装备与矿井生产综合自动化技术相结合，成功开发了我国首套综采工作面成套装备智能控制系统，实现了在采煤工作面顺槽监控中心和地面调度中心对综采工作面设备"一键"启停，构建了工作面"有人巡视、无人操作"的自动化采煤新模式。

在煤矿安全技术领域，煤炭科学研究总院针对我国煤矿五大自然灾害的特点，开发了有针对性的系列防治技术和装备，为提高煤矿安全生产保障能力提供了强有力的支撑；针对瓦斯灾害防治，研发了适应煤炭生产发展所需要的本煤层瓦斯抽采、邻近层卸压瓦斯抽采、综合抽采、采动区井上下联合抽采瓦斯等多种抽采工艺与装备；在研究煤与瓦斯突出发生机理的基础上，研发了多种保护层开采技术，发明了水力冲孔防突技术，突出预警系统、深孔煤层瓦斯含量测定技术；提出了两个"四位一体"综合防突技术体系，为国家制定《防治煤与瓦斯突出规定》奠定了技术基础。在研究煤自然发火机理的基础上，建立了煤自然发火倾向性色谱吸氧鉴定方法，开发了基于变压吸附和膜分离原理的制氮机组及氮气防灭火技术，研发了井下红外光谱束管监测系统；揭示了冲击地压"三因素"发生机理，开发成功微震/地音监测系统、应力在线监测系统和基于地震波 CT 探测的冲击地压危险性原位探测技术。研制了智能式顶板监测系统，实现了顶板灾害在线监测和实时报警。研发了煤层注水防尘技术、喷雾降尘技术、通风除尘技术及配套装备，以及针对防止煤尘爆炸的自动抑爆技术和被动式隔爆水棚、岩粉棚技术。随着采掘机械化程度的不断提高、产尘强度增大的实际情况，研发了采煤机含尘气流控制及喷雾降尘技术、采煤机尘源跟踪高压喷雾降尘技术，机掘工作面通风除尘系统，还研发了免维护感应式粉尘浓度传感器，实现了作业场所粉尘浓度的实时连续监测。煤炭科学研究总院的研究成果引领和支撑了安全监控技术的四个发展阶段，促进了安全监控系统的升级换代，使安全监控系统向功能多样化、集成化、智能化及监控预警一体化方向发展，研发成功红外光谱吸收式甲烷传感器、光谱吸收式光纤气体传感器、红外激光气体传感器、超声涡街风速传感器、风向传感器、一氧化碳传感器、氧气传感器等各类测定井下环境参数的传感器，使安全监控系统的监控功能更加完备；安全监控系统在通信协议、传输、数据库、抗电磁干扰能力、可靠性等各个环节实现了升级换代，研发出 KJ95N、KJ90N、KJ83N（A）、KJF2000N 等功能更完善的安全监控系统；针对安全生产监管的要求，研发了 KJ69J、KJ236（A）、KJ251、KJ405T 等人员定位管理系统，为煤矿提高安全保障能力提供了重要的技术支撑。

在煤炭清洁利用领域，煤炭科学研究总院对涵盖选煤全过程的分选工艺、技术装备及选煤厂自动化控制技术进行了全方位的研究，建成了我国第一个重介质选煤车间，研发了双供介无压给料三产品重介质旋流器、振荡浮选技术与装备、复合式干法分选机等高效煤炭洗选装备；开发了卧式振动离心机、香蕉筛、跳汰机、加压过滤机、机械搅拌式浮选机、分级破碎机、磁选机等煤炭洗选设备，使我国年处理能力 400 万 t 的选煤成套设备实现了国产化，基本满足了不同特性和不同用途的原煤洗选生产的需要。

在煤炭转化领域，煤炭科学研究总院研制了 $\phi1.6m$ 的水煤气两段炉，适合特殊煤种的移动床液态连续排渣气化炉；完成了云南先锋、黑龙江依兰、神东上湾不同煤种的三个煤炭直接液化工艺的可行性研究；成功开发了煤炭直接液化纳米级高分散铁基催化剂，已应用于神华 108 万 t/a 煤炭直接液化示范工程。开发了煤焦油加氢技术、煤油共炼技术和新一代煤炭直接液化技术及其催化剂；还开发了新型 40kg 试验焦炉、煤岩自动测试系统，焦炭反应性及反应后强度测定仪等装置，并在国内外、焦化行业得到推广应用。成功开发了 4~35t/h 的系列高效煤粉工业锅炉，平均热效率达 92% 以上，已经在 11 个省（市）共计建成 200 余套高效煤粉工业锅炉。开发了三代高浓度水煤浆技术，煤浆浓度达到 68%~71%，为煤炭清洁利用提供了重要的技术途径。

在矿区及煤化工过程水处理与利用领域，煤炭科学研究总院开发了矿井水净化处理、矿井水深度处理、矿井水井下处理、煤矿生活污水处理、煤化工废水脱酚处理、煤化工废水生物强化脱氮、高盐废水处理和水处理自动控制等技术和成套装备；实现了矿区废水处理与利用，变废水为资源，为矿区节能减排、发展循环经济提供技术支撑。

在矿山开采沉陷区土地复垦与生态修复领域，煤炭科学研究总院开发了采煤沉陷区复垦土壤剖面构建技术、农业景观与湿地生态构建技术、湿地水资源保护与维系技术、湿地生境与植被景观构建技术，初步形成完整的矿山生态修复技术体系。

在煤矿用产品质量和安全性检测检验领域，煤炭科学研究总院在开展科学研究的同时，高度重视实验能力的建设，建成了30000kN、高度7m的液压支架试验台，5000kW机械传动试验台，直径3.4m、长度8m的防爆试验槽，断面7.2m²、长度700m（带斜卷）的地下大型瓦斯煤尘爆炸试验巷道，工作断面1m²的低速风洞、摩擦火花大型试验装置，1.2m×0.8m×0.8m、瓦斯压力6MPa的煤与瓦斯突出模拟实验系统，10kV煤矿供电设备检测试验系统，10m法半电波暗室与5m法全电波暗室、矿用电气设备电磁兼容实验室等服务于煤炭各领域的实验研究。

为了充分发挥这些实验室的潜力，国家质量监督检验检疫总局批准在煤炭科学研究总院系统内建立了7个国家级产品质量监督检验中心和1个国家矿山安全计量站，承担对煤炭行业矿用产品质量进行检测检验和甲烷浓度、风速和粉尘浓度的量值传递工作。煤炭工业部也在此基础上建立了11个行业产品质量监督检验中心，承担行业对煤矿用产品质量进行监督检测检验。经国家安全生产监督管理总局批准，利用这些检测检验能力成立10个国家安全生产甲级检测检验中心，承担对煤矿用产品安全性能进行的监督检测检验。在煤炭科学研究总院系统内已形成了从井下地质勘探、采掘、安全到煤质、煤炭加工利用整个产业链中主要环节的矿用设备的质量和煤炭质量的测试技术体系，以及矿用设备安全性能测试技术系统，成为国家和行业检测检验的重要力量和依托。

经过60年的积累，煤炭科学研究总院已经形成了涵盖煤炭行业所有专业技术领域的科技创新体系，针对我国煤炭开发利用的科技难题和前沿技术，努力拼搏，奋勇攻关，引领了煤炭工业的屡次技术革命。截至2016年底，煤炭科学研究总院共取得科技成果6500余项；获得国家和省部级科技进步奖、发明奖1500余项，其中获国家级奖236项，占煤炭行业获奖的60%左右；获得各种专利2443项；承担了煤炭行业70%的国家科技计划项目。

光阴荏苒，岁月匆匆，2017年迎来了煤炭科学研究总院60周年华诞。为全面、系统地总结煤炭科学研究总院在科技研发、成果转化等方面取得的成绩，展示煤炭科学研究总院在促进行业科技创新、推动行业科技进步中的作用，2016年3月启动了"煤炭科学研究总院建院60周年技术丛书"（以下简称"技术丛书"）编制工作。煤炭科学研究总院所属17家二级单位、300多人共同参与，按照"定位明确、特色突出、重在实用"的编写原则，收集汇总了煤炭科学研究总院在各专业领域取得的新技术、新工艺、新装备，经历了多次专家论证和修改，历时一年多完成"技术丛书"的整理编著工作。

"技术丛书"共七卷，分别为《煤田地质勘探与矿井地质保障技术》《矿井建设技术》《煤矿开采技术》《煤矿安全技术》《煤矿掘采运支装备》《煤炭清洁利用与环境保护技术》

《矿用产品与煤炭质量测试技术与装备》。

第一卷《煤田地质勘探与矿井地质保障技术》由煤炭科学研究总院西安研究院张群研究员牵头，从地质勘查、地球物理勘探、钻探、煤层气勘探与资源评价等方面系统总结了煤炭科学研究总院在煤田地质勘探与矿井地质保障技术方面的科技成果。

第二卷《矿井建设技术》由煤炭科学研究总院建井分院刘志强研究员牵头，系统阐述了煤炭科学研究总院在煤矿建井过程中的冻结技术、注浆技术、钻井技术、立井掘进技术、巷道掘进与加固技术和建井安全等方面的科技成果。

第三卷《煤矿开采技术》由煤炭科学研究总院开采分院康红普院士牵头，从井工开采、巷道掘进与支护、特殊开采、露天开采等方面系统总结开采技术成果。

第四卷《煤矿安全技术》由煤炭科学研究总院重庆研究院文光才研究员牵头，系统总结了在煤矿生产中矿井通风、瓦斯灾害、火灾、水害、冲击地压、顶板灾害、粉尘等防治、应急救援、热害防治、监测监控技术等方面的科技成果。

第五卷《煤矿掘采运支装备》由煤炭科学研究总院太原研究院王步康研究员牵头，整理总结了煤炭科学研究总院在综合机械化掘进、矿井主运输与提升、短壁开采、无轨辅助运输、综采工作面智能控制、数字矿山与信息化等方面的科技成果。

第六卷《煤炭清洁利用与环境保护技术》由煤炭科学研究总院煤化工分院曲思建研究员牵头，系统总结了煤炭科学研究总院在煤炭洗选、煤炭清洁转化、煤炭清洁高效燃烧、现代煤质评价、煤基炭材料、煤矿区煤层气利用、煤化工废水处理、采煤沉陷区土地复垦生态修复等方面的技术成果。

第七卷《矿用产品与煤炭质量测试技术与装备》由中国煤炭科工集团科技发展部李学来研究员牵头，全面介绍了煤炭科学研究总院在矿用产品及煤炭质量分析测试技术与测试装备开发方面的最新技术成果。

"技术丛书"是煤炭科学研究总院历代科技工作者长期艰苦探索、潜心钻研、无私奉献的心血和智慧的结晶，力争科学、系统、实用地展示煤炭科学研究总院各个历史阶段所取得的技术成果。通过系统总结，鞭策我们更加务实、努力拼搏，在创新驱动发展中为煤炭行业做出更大贡献。相关单位的领导、院士、专家学者为此丛书的编写与审稿付出了大量的心血，在此，向他们表示崇高的敬意和衷心的感谢！

由于"技术丛书"涉及众多研究领域，限于编者水平，书中难免存在疏漏、偏颇之处，敬请有关专家和广大读者批评指正。

2017 年 5 月 18 日

　　在我国一次能源结构中，煤炭占 60%～70%，是我国的基础能源和重要原料。

　　我国是煤炭资源大国，煤与煤层气资源丰富。煤田地质工作是煤炭工业健康发展的基础，贯穿煤炭工业的始终，是保障地质找煤、矿井设计、煤矿安全高效生产的基础工作，地质保障技术作为煤炭安全高效绿色开采的关键技术被列为矿井的五大保障体系之一。煤矿地质保障技术涵盖煤田地质、水文地质、矿井地质、地球物理勘探、钻探技术等诸多学科。煤炭科学研究总院作为我国最早开展煤田地质勘探方法、技术、装备和推广应用的研究开发机构，在煤田地质勘查与矿井地质保障技术方面做出了巨大贡献，本书为煤炭科学研究总院 60 年来所取得成就的总结与回顾。

　　煤田地质勘查的主要任务是应用煤田地质学及相关地质理论，采取有效、先进的勘查技术手段，查明区内地层、含煤地层、煤质及煤类、构造、水文地质条件、共（伴）生矿产及其他开采技术条件，估算不同勘探类别的煤炭资源量。历经 60 年的发展，煤炭科学研究总院已经形成了较成熟的勘查技术体系和工作流程；在煤炭资源勘查的基础上，已开展煤与煤层气综合勘查技术，在煤炭勘查的各阶段开展煤层气勘查工作，两种资源协调开发，为煤炭建设远景规划，煤矿区总体发展规划、矿井初步设计、煤层气产业发展提供依据。随着技术进步，煤炭资源勘查逐步向深部推进。针对深层煤矿床，煤炭科学研究总院建立其地质－地球物理综合判识标志，并形成其综合勘查类型及其量化标准，构建深层煤矿床精细、快速、综合勘查模式，为深部煤炭资源安全高效开发提供技术保障。

　　煤矿地质工作是煤田地质勘查工作的延续，其主要任务是研究煤矿地质特征及其变化规律，开展地质类型划分；查明影响煤矿安全生产的各种隐蔽致灾地质因素，做好相应的预测预报工作；进行地质补充调查与勘探、地质观测、资料编录和综合分析，解决煤矿安全生产中的各种地质问题；估算和核实煤矿煤炭资源或储量及煤矿瓦斯（煤层气）资源或储量，掌握资源或储量动态，为合理安排生产提供可靠依据；调查煤矿含煤地层中共（伴）生矿产的赋存情况和开采利用价值。其中瓦斯地质是煤矿地质工作的重要内容。煤炭科学研究总院在矿井地质条件评价、瓦斯参数的测试和评价、矿井瓦斯地质编图、矿井瓦斯赋存规律研究基础上，参与完成《矿井地质规程》《露天煤矿地质规程》《煤矿地质工作规定》的编写，正逐步向瓦斯强化抽采的防治技术方向发展，已形成高压水射流割缝煤层强化抽采技术、抽采钻孔机械造穴瓦斯抽采技术、井下煤层水力压裂瓦斯强化抽采技术，为煤矿建设、瓦斯防治和地面煤层气开发提供技术支撑。

　　煤岩学工作是煤田地质勘查与矿井地质工作研究的基础工作，其主要研究内容包括煤的物质成分、结构、性质、成因及合理利用。煤炭科学研究总院开展煤岩鉴定分析和煤岩特征评价、显微煤岩组分分类技术和分析等工作，制定了包括烟煤的宏观煤岩类型划分等在内的一批国家和行业标准，开展了煤岩学的炼焦配煤技术、液化用煤资源分布及液化配煤方案的研究；在煤的镜质体反射率测试方面，已研制出两大系列共4款型号显微镜光度计产品，实现了平台自动扫描、自动聚焦控制，可视化测量，观察、调试、测量同步进行，提高了煤岩检测精度和工作效率。

地球物理勘探技术是利用地下煤岩层某一物理性质存在的差异，通过仪器观测由此引起的地球物理场的变化，经后续的计算机处理、室内解释后，以探查煤岩层赋存状态、地质构造及不良地质体等问题的一门交叉学科，已经发展成为包括地震、电磁法、测井及其综合探测等多个技术系列，并采用地面、井下、井-地联合等方式，在煤炭资源的赋存状态、开采地质条件探查等方面发挥了独特的作用。以地面高分辨率二维、三维地震和瞬变电磁法探测技术为代表，煤炭科学研究总院西安研究院（以下简称西安研究院）开展煤矿采区采前地面地球物理综合探测，预先查明影响煤矿安全高效开采的煤层赋存状况、地质构造条件、富水异常区及陷落柱、老空区、火烧区等不良地质体；在煤矿井下地球物理探测技术与装备方面，西安研究院、重庆研究院等开展的煤矿井下直流电法、瞬变电磁法、无线电坑透、音频电穿透、地质雷达、槽波地震、瑞雷波探测等，在掘进工作面、回采工作面前方或内部的水、火、瓦斯、顶板、煤尘等灾害地质的超前探测方面，发挥了重要的作用。

煤矿井下钻探技术在煤矿瓦斯抽采、水害防治等方面发挥着重要作用。20世纪80年代初，开始研发以常规回转钻进方法为基础的井下近水平长钻孔钻进技术装备。研制了ZDY（MK）系列钻机及配套的钻具和钻头，奠定了煤炭科学研究总院在国内煤矿井下钻探技术与装备方面的领先地位。2005年以来，国内煤矿井下近水平孔随钻测量定向钻进技术受到广泛关注，先后研制了随钻测量定向钻进钻机、钻具和仪器等成套系列产品，广泛应用于瓦斯抽采、探放水工程、软煤钻进等领域，并在陕西煤业化工集团有限责任公司、山西晋城无烟煤矿业集团有限公司、神华宁夏煤业集团有限公司等矿业集团成功应用。2008年，根据煤层气勘探和开采的新需求，开始研制地面车载钻机，已研制出60t和100t两种产品，在地面煤层气开发和矿山大直径钻孔施工中得到广泛应用。

本书共分四篇，包括地质勘查技术、地球物理勘探技术与装备、钻探技术与装备和煤层气勘探与资源评价技术，共16章，由张群担任主编。其中第一篇地质勘查技术由3章构成，由张培河和晋香兰统稿。第二篇地球物理勘探技术与装备由4章组成，由程建远和张鹏统稿。第三篇钻探技术与装备由5章组成，由田宏亮和刘桂芹统稿。第四篇煤层气勘探与资源评价由4章组成，由李彬刚和晋香兰统稿。

由于编写时间仓促及编者的水平所限，本书存在的不足，恳请读者批评指正。

2017年6月

Contents **目 录**

第一篇 地质勘查技术

第二篇 地球物理勘探技术与装备

第三篇　钻探技术与装备

第一篇　地质勘查技术

　　煤炭地质勘查是应用煤地质学及相关地质理论，采取有效、先进的勘查技术手段、方法与装备来寻找和探明煤矿床，综合研究煤炭地质与开采工程技术条件，正确评价煤矿床开发的技术经济价值，为煤矿设计、建设和安全高效生产，以及煤炭工业可持续发展提供资源与开发地质条件技术保障。新中国成立后，针对我国煤田地质特点和煤炭工业需求，地质工作者进行了大量的基础理论和技术研究，为我国煤炭基地建设、煤矿安全生产和煤炭综合利用等提供了大量可靠的地质资料、方法与技术支撑。煤炭科学研究总院西安研究院（以下简称西安研究院）作为我国最早开展煤田地质勘查与综合研究的单位，长期开展煤田地质勘查及技术研究评价、煤矿地质保障技术及装备的研发工作，同时为有效服务煤炭地质勘查和煤矿生产等，同步开展了煤岩、煤质相关测试及化验分析的方法研究和仪器研发。经过多年的研发和工程实践，系统掌握我国各大聚煤盆地的地质背景、煤炭赋存分布规律，形成煤炭地质勘查、矿井地质与瓦斯防治、煤岩煤质与煤伴生矿产评价利用等技术，解决我国煤田地质勘查工作和煤矿建设及生产过程中的众多技术难题，为我国煤田勘探基地选择与建设、煤矿安全生产和煤炭综合利用提供大量可靠的地质资料、技术方法与技术支撑，对促进煤炭科技进步和煤炭工业健康持续发展发挥了重要作用。

　　煤炭资源勘查技术：煤炭地质是研究煤层、含煤地层特征与形成条件及分布规律的一门学科。相关研究涉及地层对比、沉积环境、构造与演化、聚煤规律、煤炭资源评价等。我国是世界上煤炭资源最丰富的国家，煤田分布范围广，成煤期次多，煤类多，地质条件复杂；同时煤炭资源在地域分布的不均衡，加之地形条件多样性和复杂性，导致煤田勘查工作的难度大。我国煤炭地质工作起源于19世纪中叶，从德国李希霍芬和我国煤田地质奠基人王竹泉对我国煤炭资源的考察，到目前为止，已经经历了150多年的历史，经过我国煤炭地质工作者的共同努力，形成了特色鲜明的中国地质理论和勘查体系。多年来，西安研究院针对我国煤田地质特点和煤炭工业需求，开展了成煤系统分析、煤炭地质勘查理论、技术与装备研发及煤炭勘查和评价工作，对全国各地煤炭资源的地质背景、赋存特征和分布规律等进行了系统研究。西安研究院建院初期，通过学习和实践，掌握了煤田地质填图、山地工程编录、钻探施工、钻机改装、钻探工艺革新等技术，学会了运用重磁、电磁法及电测井等物探手段进行煤田地球物理勘查的工作方法，掌握从勘察设计、施工到报告编制的技能，积累"三边"工作经验，初步建立钻探+电磁法综合勘查技术。之后，随着勘查工作需要和研究程度不断深入，相继开展了煤层对比、煤岩鉴定、煤矿小构造、火成岩、冲刷带、煤层顶底板变化规律和预测研究，掌握了含煤地层划分对比、聚煤规律研究方法等；并充分利用浅部找煤和勘查资料，深入研究地质规律，及时总结浅部和山区找煤经验，以槽台学说为指导，完成多个地区的煤田预测。开展第一次、第二次全国性煤田预测，编制了全国煤田预测图、全国煤矿瓦斯地质图中西北五省（区）部分，出版了《中国主要煤矿矿区图集》《中国地方煤矿图集》等，为我国煤田开发、煤矿建设与安全生产提供高质量的技术服务。在科技项目研发和技术服务支持下，形成了含煤地层的划分与对比、煤盆地成煤条件、煤系孢粉古生态、聚煤盆地形成演化与聚煤规律、煤炭资源评价方法等技术，建立了我国南方中生代早期6个双壳纲组合，3个孢粉组合，3个介形类组合，2个古植物组合的生物组合，为地层划分与时代归属对比提供了依据。厘清了华南晚二叠世与中生代地层层序，确定了华北石炭纪—二叠纪地层序列，确立了西北聚煤区中生代主要含煤地层的分组定阶，形成了东北聚煤区中新生代含煤地层与煤层的划分对比方法。以西北聚煤区侏罗纪煤盆地为重点，系统分析含煤建造的沉积序列、地层层序、主要含煤层段及其含煤性、动植物化石特征，在多重地层划分对比的基础上，确立中生代盆地构造类型，剖析盆地形成演化的动力学机制、成煤条件与聚煤规律，筛选出优先开发单元。以成煤系统分析为主线，恢复中生代鄂尔多斯盆地原型面貌，建立盆地世代演替与煤、煤型油气烃源岩、储铀砂岩的相区定位关系，揭示煤、油、气、亲煤砂岩型铀矿的同盆聚集及共生成矿规律。组织完成了国家重点基础研究计划（973计划）项目"深部煤炭资源赋存规律、开采地质条件与精细探测基础研究"，紧扣我国华北东部地区深部煤炭资源状态、潜力、可开采性地质条件及其精细勘探问题，开展深部煤炭资源综合地质评价理论与方法、深部煤矿床瓦斯赋存特征及评价方法、深部煤矿床快速综合探测体系等方面的研究，形成深部煤炭资源动力学演化特征与赋存规律研究方法及深部煤炭资源精细探测技术。依托国家科技重大专项、国家科技攻关等科研项目，结合煤层气资源勘探工程，开展煤与煤层气的综合勘查技术研究和工程实践，探索建立煤与煤层气的综合勘查工作流程，研究形成煤与煤层气综合勘查技术体系。

矿井地质探测及研究评价技术：矿井地质工作主要是研究和解决煤矿建设和生产过程中出现的各类地质问题，为煤矿设计、建设、生产提供准确而完备的地质资料，矿井地质工作贯穿于煤矿开发的全过程，是煤矿实现安全高效生产的重要保障。西安研究院是我国最早开展矿井地质相关研究与技术服务的单位，主要开展矿井地质条件研究及探测评价、瓦斯赋存规律及防治研究、煤矿地测信息系统等技术的研发和技术服务。在矿井地质条件研究方面主要开展矿井地质构造发育规律研究与构造综合评价、煤矿开采地质条件研究及地质类型划分、生产（建井）地质报告编制、煤矿储量核实报告编制等。20世纪70年代前，主要进行煤矿地质基础研究工作，开展了多个矿井的煤层对比、煤厚变化、火成岩体分布、冲刷带、构造、陷落柱等研究工作。之后为服务煤矿机械化采煤，开展地质、物探和钻探相结合的综采煤层地质条件综合探测与评价技术研发，并进行以提高地质数据采集精度的地质摄影编录仪研制和采用摄影测量方法测井下地质参数研究，研制井下立体摄影装置、井下专用的防爆闪光灯、DTY 型地电探测仪等；通过开展数学地质研究工作，开发出适应矿井地质勘探、服务于矿井地测工作的软件包及地测信息系统，实现从地质测量原始数据的采集、计算、统计、制图到各类地质资料的数字化管理。为满足煤矿现代化采煤对地质条件探查程度及精度要求，2000 年后，西安研究院逐步开展地质综合保障技术及装备的研发和技术服务，致力于煤矿隐蔽致灾地质因素的探测和研究、煤矿安全高效地质保障技术研究，进行裂缝带高度测试装备及技术研发；为有效治理瓦斯灾害，开展瓦斯参数测试和防治技术研究，研发煤矿瓦斯参数测定技术及装置、煤层密闭取心瓦斯含量测定技术及装置，开展煤矿瓦斯赋存规律研究、煤矿瓦斯突出危险性分析与综合防治方案设计，以及煤矿地面与井下瓦斯综合抽采工程设计与施工，形成煤矿井下水力压裂、高压水射流割缝、抽采钻孔机械造穴等煤层瓦斯防治与抽采技术工艺。2011～2013 年，受国家煤矿安全监察局委托，编写了《煤矿地质工作规定》，对强化我国煤矿地质工作、保障煤矿生产安全具有重要意义。

煤岩分析测试及应用技术：煤岩学是一门研究可燃岩石的学科，用研究岩石的方法研究煤的物质组成、成分等。煤的显微组分、显微类型和煤化作用是煤岩学的主要研究内容，煤岩学研究可应用于煤成因分析、煤层对比、煤化学工艺性能预测分析、煤可选性评价、炼焦工业应用，以及指导矿井地质工作等。煤岩学于 19 世纪 30 年代诞生于欧洲，我国煤岩学研究起步晚，20 世纪 30 年代才开始起步。新中国成立后，煤岩学迅速发展起来，目前许多研究成果达到或超过国际水平。西安研究院煤岩学研究始于 20 世纪 50 年代，初期主要开展煤岩鉴定分析和煤岩特征评价等工作，到 80 年代，西安研究院研究形成了显微煤岩组分分类技术和分析方法，制定了一批国家和行业标准，如烟煤的宏观煤岩类型划分、煤岩样品采取及制备方法、显微组分分类与分析方法、显微煤岩类型分类与分析方法、煤的镜质体反射率显微镜测定方法、商品煤混煤类型的判别方法等，有效指导煤的聚积方式、煤相变化、煤层对比及煤的可选性和炼焦工艺性质等的研究工作。与此同时，西安研究院开展煤岩学炼焦配煤技术研究，建立基于数理统计方法的预测焦炭机械强度的数学模型，形成炼焦配煤煤岩学优化技术，并开发与之配套的计算机软件，将煤岩学方法有效应用于配煤及焦炭质量的预测，有效提高焦炭质量及预测焦炭强度的精度，指导炼焦煤资源的合理利用。煤直接液化技术研究始于 20 世纪初的德国，我国的煤液化技术研究始于 20 世纪50 年代，西安研究院于 2006～2009 年完成了我国液化用煤资源分布及煤岩学研究，阐述了我国液化用煤的资源分布，构建起我国液化用煤的资源数据库，采用量子化学方法研究煤分子结构与液化性能的关系，试验研究了煤中黄铁矿、黏土等矿物对加氢液化的催化作用，提出预测煤液化转化率方法，对不同煤级原料煤进行了配煤液化试验，提出了不同 3

煤种和 2 煤种的液化配煤方案。煤的镜质体反射率是煤质判定的主要指标，为有效测定煤的变质程度，成功研制出显微镜光度计测定煤反射率的标准物，作为反射率测定的参照物，供全国使用；煤的镜质体反射率在鉴别混煤、解释焦化企业来煤的异常现象、煤岩配煤等方面也起着其他指标无法替代的作用，为改变我国反射率测试仪器落后的现状，有效快速准确地确定煤变质程度和有机岩石的成熟度，2008～2012 年开展了煤的镜质体反射率测试平台的研制，目前已研制出两大系列共 4 款型号显微镜光度计产品，研发产品实现了平台自动扫描、自动聚焦控制，可视化测量，观察、调试、测量同步进行，可以检测煤（商品煤）及有机岩石的反射率、煤的显微组分与显微煤岩类型、焦炭光学组织，有效提高了煤岩检测工作效率，降低了检测人员的劳动强度。

第1章
煤炭地质勘查技术方法

煤炭地质勘查主要通过现场踏勘、地质填图、地球物理勘探、钻探等手段，查明区内地层、含煤地层、煤层、煤质及煤类、构造、水文地质条件、共（伴）生矿产及其他开采技术条件。煤炭地质勘查主要目的是获取可靠的地质资料，为煤矿设计、建设和安全生产，以及煤炭工业可持续发展提供资源与开发地质条件技术保障。

本章重点介绍了煤炭科学研究总院在含煤地层划分与对比、含煤地层沉积环境及聚煤规律、煤炭资源勘探及评价、煤与煤层气综合勘探和煤伴生矿产勘查评价与利用等方面形成的理论和技术。

1.1 含煤地层划分与对比

1.1.1 地层划分对比方法及主要流程

地层划分对比方法主要包括岩石地层学方法、生物地层学方法和年代地层学方法等。西安研究院自建院以来，在我国多个地区开展地层划分对比及研究工作，在煤田勘查、聚煤规律研究过程中进行了大量研究工作，形成了系统的地层划分对比方法工作流程。

在划分一个地区的地层时，首先应充分参考邻区已经建立的地层划分方案。其次是通过对研究区地层发育特征和古生物、古地理的综合分析，结合不同地质构造单元的地质演化，按照活动论的观点，引用或修订研究区构造地层分区（或地层区），进而在每个构造地层区内按照古地理和生物相、岩相分异特征划分出相应的地层分区。再结合近几年来年代和生物地层研究进展，以岩石地层划分对比为基础，先根据岩性、岩相特征进行岩石地层划分，然后根据系统采集的化石进行生物地层划分，进而以国际年代地层单位系列为标准建立年代地层顺序，结合研究区具体地质情况编制年代与主要生物门类的生物地层序列对比表。接着厘定各时代岩石地层单位的划分，指出每一个岩石地层单位的主要岩性和生物特征及其时代；最后是分时代，按构造古地理（或盆地）或地层区和分区（生物相区）编制研究区年代地层、生物地层和岩石地层划分对比表（图 1.1）。

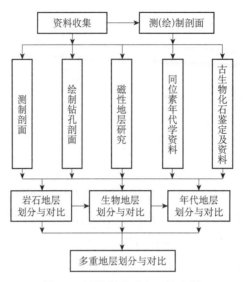

图 1.1　地层划分对比工作流程

1.1.2　应用实例

1. 湘赣地区晚三叠世—早侏罗世煤系孢粉古生态研究

古生态学是研究生物群落与环境的关系，并进一步揭示环境变迁与群落变化之间内在联系的学科。煤中的小孢子序列往往与泥炭聚积的相条件变化有关。不同的泥炭聚积条件下，会有适应该条件的植物生长，并产生相应的孢粉类型。虽然目前对各种植物的花粉产量，孢粉搬运程度及孢粉亲缘关系等问题在若干方面的研究还并不完全清楚，但根据孢粉组合中的优势种及各种之间数量比值及其生态特征，仍可了解成煤植物群的概貌；这对解释成煤物质和环境、恢复成煤期的沼泽演替有着不可忽视的作用。因此，通过孢粉古生态的研究来揭示成煤物质，恢复成煤环境，已成为当前国际上煤孢粉学的研究热点，其重要性正在煤地质学的研究中愈发凸显，而且必将随着对原位孢子的深入研究而开拓出更广泛的应用前景。

根据湘赣地区中生代煤系中所含有的丰富的孢粉化石，从定性和定量两方面研究孢粉序列及其在区域上的分布规律，并将分散孢粉与原位孢子相比较，追溯其母体植物及其生态特征，以反映煤系孢粉植物群面貌，探讨成煤作用和聚煤环境。

（1）通过对分散孢粉与原位孢粉的比较，对优势孢粉的亲缘关系及其生态特征进行分析，研究认为湘赣地区晚三叠世有两组成煤孢粉植物群：一是以苏铁植物为主，蕨类植物为辅的孢粉植物群；二是以蕨类植物为主（双扇蕨科为优势植物）苏铁植物为辅的孢粉植物群及其在我国南方的分布状况。早侏罗世孢粉植物群是由早期的松柏类，苏铁类及蕨类的混生孢粉植物群（松柏类主要为掌鳞杉科植物，蕨类主要为合囊蕨科、树蕨杪椤科、蚌壳蕨科及少量的双扇蕨科植物），发展到晚期的以松柏类掌鳞杉科植物为主体的孢粉植物群。反映了当时已由晚三叠世的海洋性湿热气候转变为早侏罗世的干旱 - 半干旱性气候，因此，除个别地区外，含煤性普遍较差。

（2）根据孢粉组合在横向上相异性的变化，结合孢粉与母体植物的亲本关系、生态特征等，对同一时期孢粉在面上分布状况的研究，确定了孢粉相的相对位置，进而分析该时期的沉积环境，将湘赣晚三叠世煤系孢粉划分为两个孢粉相，即苏铁 - 松柏相和蕨类 - 苏铁相。前者分布在萍乐凹陷距岸边较远的内部，而后者分布在萍乐凹陷区的边缘。

（3）对我国的晚三叠世、早侏罗世、中侏罗世各个植物地理区的孢粉组合特征进行分析，研究认为我国在中生代的孢粉组合分布及成煤孢粉植物群具有随聚煤作用自南向北有规律地迁移而形成的南北变异特征。

目前，对孢粉古生态与成煤物质、环境之间关系开展了大量的研究，也取得了相当的进展，但由于问题本身的复杂性，仍有若干专题有待进一步深入研究。例如，对煤孢粉植物群的研究，在了解了成煤物质的基本特征之后，还应进一步从另一个角度研究其对煤质的影响，并分析孢粉植物群与煤质变化的关系，这将会对煤质预测、煤质变化特征等提供重要信息；在同一盆地内分析孢粉相在横向上相异性的变化，对研究沉积环境特征具有重要意义；对总结煤层分布规律、确定无煤区及其原因提供有价值的参考资料。

2. 吉林珲春煤田板石勘探区古近纪煤系煤层对比研究

陆相含煤建造中，煤层层数多、煤层薄、标志层少，造成煤层对比困难。下面以吉林珲春煤田板石勘探区古近纪含煤岩系为例，介绍煤层对比研究方法。

板石勘探区位于吉林省珲春县境内，西起图们江，东至烟筒磊子，面积550余平方千米。珲春煤田为古近纪断陷盆地沉积的褐煤，具有多煤层、薄煤层的特点，煤层层数为30～70层，单层厚度为0.2～3.0m，总厚度为5～40m，煤层结构复杂，埋深为400～650m，多见煤层分叉尖灭现象，煤层厚度，煤层间距，煤质也有一定变化，加之岩性较为单一，标志层少，对比难度大。

通过野外和室内的一系列工作，分析确定K1、K2火山碎屑岩可作为划分和对比的标志层；综合研究确定了19_1、19_3、20、21局部地区煤层对比的综合标志；对珲春煤田山间拗陷型含煤建造，在进行煤层对比时，应同时进行煤系的沉积演化、沉积环境分析。这方面的分析工作对于选择合适的煤层对比方法、认识煤层对比标志的分布范围、标志的变化及不同区域可达到的对比精度可以起到指导作用。对珲春煤田煤层对比方法总结如下。

（1）对比顺序从大段到小段再到煤层，使用方法从少到多，对比精度亦从粗到细。

（2）在对比煤层小层时运用多种方法综合应用，其主要方法是野外使用的常规方法，同时应选一些重点剖面和基准孔，配合实验室分析，岩矿、煤岩、地化、孢粉等方法都可以起到一定作用，在煤层对比过程中可对疑难点加以验证。

（3）应特别注意火山碎屑岩和与火山成因有关的岩石，它们往往成为良好的对比标志。

（4）煤层本身的各种特点可成为最直接的煤层对比标志，应引起足够的重视。

（5）把珲春组划分为四个孢粉组合带：以 *Quercoidites microhenrici—Q.henrici—Ulmipollenites minor—Ulmoideipites—Momipites—Alnipollenites* 为主的孢粉组合带；以 *Alnipollenites Verus—A.metaplasmus—Ulmipollenites minor—Quercoidites* 为主的孢粉组合带；以 *Inaperturopollenites—Taxodiaceaepollenites hiatus—Quercodites—Polypodiaceaesporites—Ulmipollenites undulosus* 为主的孢粉组合带；以 *Ulmipollenites undulosus—Alnipollenites metaplasmus—Alnipollenites verus—Celtispollenites—Quercoidites—Taxodiaceaepollenites hiatus—Polypodiaceaesporites* 为主的孢粉组合带。将珲春组的时代划归古新世—渐新世。

1.2 含煤地层沉积环境分析

1.2.1 含煤地层沉积环境分析方法

含煤地层沉积环境分析的研究内容有：岩石学特征、物源分析、古水流方向、聚煤规律、岩相古地理、含隔水层分布特征、煤层顶底板稳定性等。含煤地层沉积环境分析方法主要是通过对各类沉积相标志的识别，应用各种方法进行统计分析，其中沉积环境的判别标志主要有：矿物学、沉积结构、机械成因的沉积构造、古生物、地球化学及地球物理等标志，需要综合识别判定。

1.2.2 含煤地层沉积环境分析流程

含煤地层沉积环境分析的一般流程为：首先要开展区域沉积环境及构造背景分析，在此基础上大致确定研究区沉积背景及其沉积环境类型；之后通过开展露头沉积环境研究建立标准沉积剖面，在该剖面上开展系统的剖面测量、采集一系列岩石和煤样，进行煤岩煤质、光谱、粒度、孢粉鉴定等室内测试分析，建立相标志，确定研究区沉积环境及其相、亚相类型。然后，结合地质钻探取心的岩心描述、采样测试、地球物理测井、沉积构造识别等，建立由单井相到剖面相再到平面相的点、线、面三位一体的沉积环境研究路线。按照层序地层学原理，分不同等级的旋回逐层研究各沉积微相环境的时空演变和展布特征。最后，当进入矿井生产阶段后，通过综合井筒检查钻孔、井筒掘进、井巷和工作面开拓及顶底板超前钻孔揭露沉积地质资料，结合生产过程中的面临的水文地质、工程地质等问题，进一步对矿井沉积环境进行分析。从而实现沉积环境分析由露头到钻孔、由相到微相，由地面到井下的沉积环境分析流程。

1.2.3　应用实例

1. 河流沉积环境分析——以鄂尔多斯盆地南缘黄陇侏罗纪煤田为例

黄陇侏罗纪煤田地处陕西关中地区，煤炭资源丰富，也是"十一五"我国煤炭工业发展规划中计划重点建设的 13 个大型煤炭基地之一，包括黄陵、焦坪、旬耀、彬长、永陇 5 大矿区。从 20 世纪 80 年代开始至今，西安研究院先后对黄陇煤田的煤炭资源进行预测与评价，分析整个盆地南缘侏罗纪煤田沉积环境及其岩相古地理（图 1.2）、对煤层的成煤模式有了较清晰地认识。

在此研究基础上，以预测结果指明的含煤区为目标导向，在成煤模式的指导下先后在该区内完成了多个井田的煤与煤层气资源勘查，建井及矿井地质报告的编制等工作。如杨家坪、老爷岭以及麟游北井田的煤与煤层气资源综合勘查，小庄煤矿、建庄煤矿、胡家河、黄陵煤矿等多个生产矿井的建井及生产地质报告。按照含煤地层沉积环境分析流程，提出鄂尔多斯盆地南缘主要煤层成煤环境演化及曲流河隆起－洼地间成煤模式（图 1.3～图 1.5），对推动盆地南部煤炭资源勘查速度，提高勘查效率，降低勘查风险有一定的指导意义。

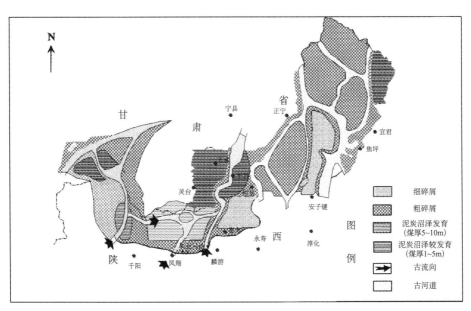

图 1.2　鄂尔多斯盆地南缘黄陇侏罗纪煤田岩相古地理图

2. 三角洲沉积环境分析——以鄂尔多斯盆地陕西北部侏罗纪煤田为例

陕北侏罗纪煤田煤炭资源丰富，是我国煤田的重点勘探开发区，也是重要的煤炭工业基地。为了加快对陕北煤能源化工基地的建设需求，西安研究院从沉积环境分析入手，通过多次的野外地质考察、钻孔描述、剖面测量、各类岩石、光谱、孢粉等标本样品的采集、室内鉴定测试分析，综合分析各指标，得出该区含煤地层成煤环境。研究结果表明，区内总体上以三角洲沉积环境为主，含煤地层经历了三角洲－河流沉积环境的演化过程

（图 1.6），并绘制了主要煤层厚度分布图，建立了其成煤模式（图 1.7）。

在此工作及其成煤模式的指导下，西安研究院先后完成了陕西省陕北侏罗纪煤田神府矿区阿包兔煤炭普查、陕西省陕北侏罗纪煤田靖边县海测滩煤炭勘查等多个矿区的多个井田的煤炭资源预查、普查、详查、勘探、补充勘探及矿井建设和矿井生产地质等工作，实现了精准、快速、高效的煤炭勘查工作。

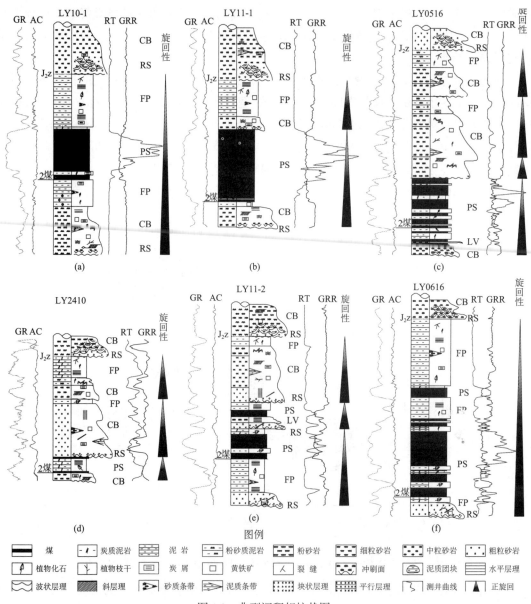

图 1.3　典型沉积相柱状图

PS. 河漫沼泽；FP. 河漫滩；LV. 天然堤；CB. 边滩；RS. 河床滞流；GR. 自然伽马；AC. 声波时差；

RT. 电阻率；J_2z. 直罗组

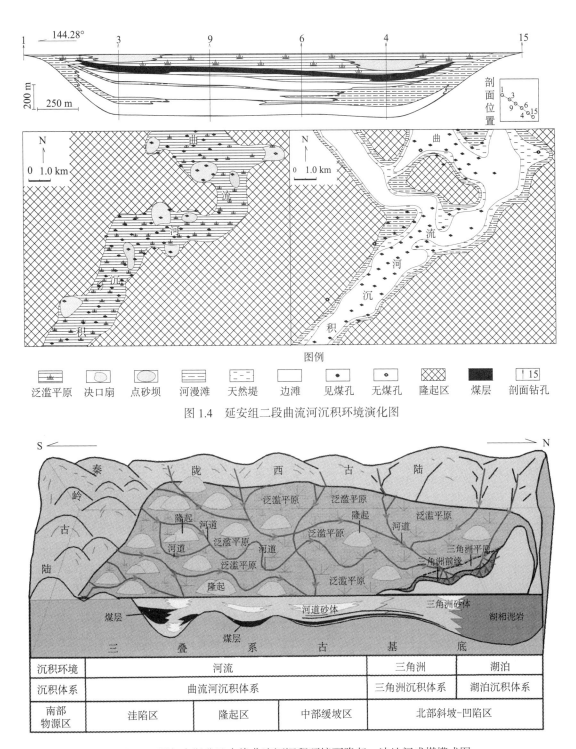

图 1.4 延安组二段曲流河沉积环境演化图

沉积环境	河流			三角洲	湖泊
沉积体系	曲流河沉积体系			三角洲沉积体系	湖泊沉积体系
南部物源区	洼陷区	隆起区	中部缓坡区	北部斜坡–凹陷区	

图 1.5 鄂尔多斯盆地南缘曲流河沉积环境下隆起–洼地间成煤模式图

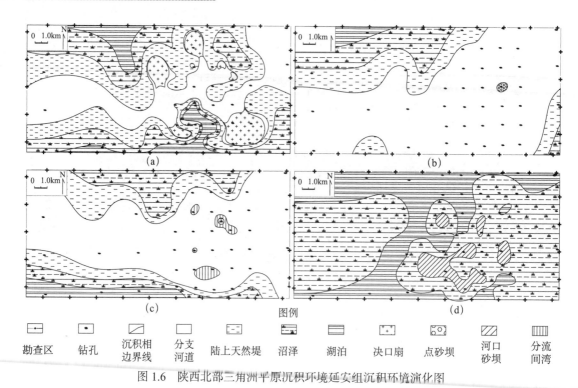

图例

勘查区	钻孔	沉积相边界线	分支河道	陆上天然堤	沼泽	湖泊	决口扇	点砂坝	河口砂坝	分流间湾

图 1.6 陕西北部三角洲平原沉积环境延安组沉积环境演化图

（a）延安组四段第三旋回；(b) 延安组四段第二旋回；(c) 延安组四段第一旋回；(d) 延安组二段

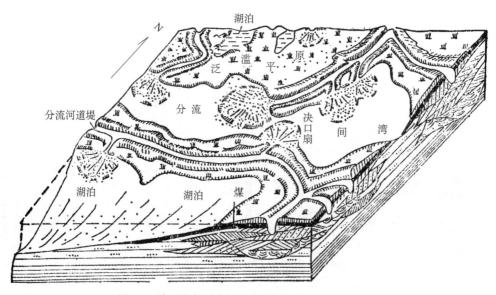

图 1.7 陕西北部延安组三角洲沉积环境成煤模式图

3. 海陆交互沉积环境分析

华北石炭纪—二叠纪煤田沉积环境以海陆交互相为主，其中以山西省石炭纪—二叠纪煤田为典型代表。从 20 世纪 80～90 年代，西安研究院与山西省煤田地质勘探公司合作，先后共同承担了山西太原西山煤田、山西平朔矿区等多个煤田及矿区的煤炭勘探工作。以太原西山煤田为例，通过岩石、古生物、古生态、地球化学、煤岩煤质、地球物理测井等方面综合研究，建立该区含煤地层沉积标准剖面，阐明含煤沉积特征、总结各成煤阶段沉积环境和沉积模式，提出太原西山石炭纪—二叠纪煤田经历了陆相过渡相至浅海相的沉积环境变迁（图 1.8），因此形成了滨岸成煤（图 1.9）、三角洲-滨海成煤沉积模式（图 1.10）。

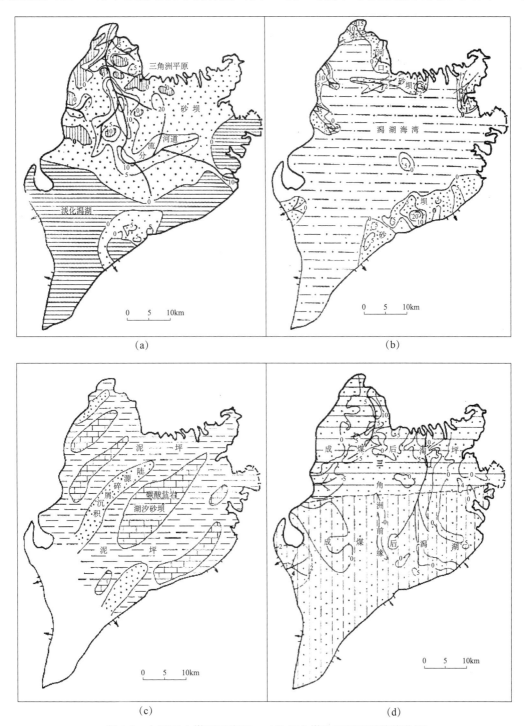

图 1.8　太原西山煤田石炭纪—二叠纪含煤地层沉积环境演化图

（a）太原组下段；（b）太原组中段；（c）太原组上段；（d）山西组

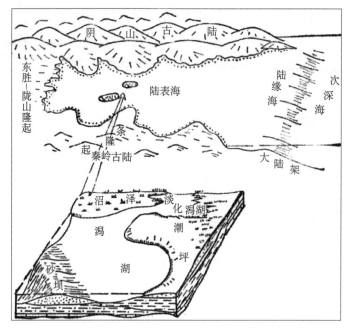

图 1.9　中石炭世滨岸环境成煤模式图

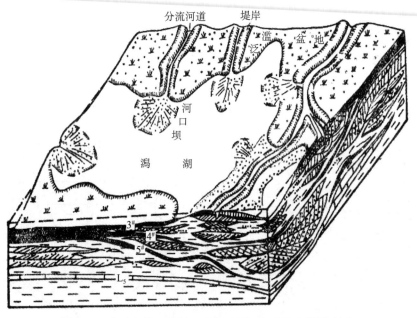

图 1.10　晚石炭世三角洲-滨海平原沉积环境成煤模式图

4. 含煤地层沉积环境分析在煤层顶板稳定性评价中的应用

煤层顶板稳定性评价是煤炭勘查工程中的基础工作之一。结合不同沉积环境中岩石力学特征、岩层厚度、分布范围及煤层开采后形成的冒落带范围内含（隔）水层特征等综合开展鄂尔多斯盆地南缘永陇矿区 LYL 井田 2 号煤层顶板稳定性评价。结果表明，研究区 2 号煤层顶板属于曲流河沉积环境，主要发育泛滥平原沉积微相，零星的发育决口扇、点砂坝沉积微相；泛滥平原顶板岩石稳定性差、点砂坝、决口扇顶板稳定性中等。顶板直接含水层主要形成于延安组曲流河中的决口扇、点砂坝沉积微相形成的中－厚层状透镜状砂岩中；直罗组底部的砂岩含水层形成于多期河道砂岩纵向叠置形成的巨厚层状砂岩中。沉积环境不仅影响煤层顶板工程地质特征，而且影响煤层顶板含水层的分布、富水性、导水裂缝带的高度等水文地质特征，结合上述特征将煤层顶板稳定性分为中等、稳定性差、差－中等区域，圈定了白垩系次生离层水害区和直罗组离层水害区（图1.11）。

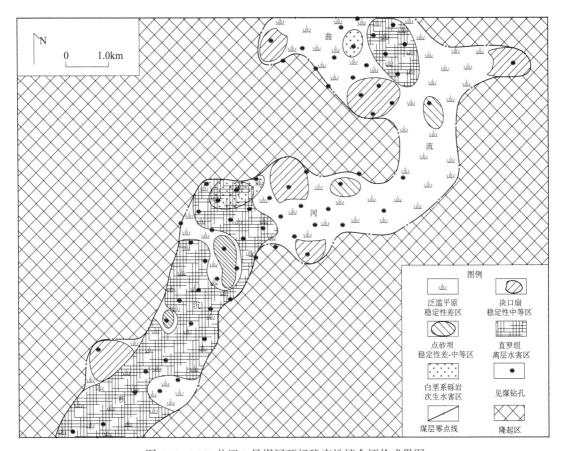

图1.11　LYL井田2号煤层顶板稳定性综合评价成果图

5. 含煤地层沉积环境分析在煤层顶板含隔水层研究中的应用

含（隔）水层的参数特征是进行矿井涌水量计算、防治水工作的基础工作。以综合识别研究区主采煤层直接充水含水层和主要的间接充水含水层及关键隔水层的沉积环境特征为研究对象，结合含水层抽水试验、地球物理测井和水文测井及煤层开采后形成的冒落带和导水裂缝带的发育特征，分析冒裂带内的含水层的沉积特征、富水性，隔水层的沉积特征及完整性等特征。研究表明，榆横矿区靖边3号煤层顶板发育3层较稳定的含水层和隔水层（图1.12和图1.13），含水层形成于分支河道、陆上天然堤等沉积微相；隔水层形成于沼泽、湖泊微相；含水层透镜体形成于决口扇、河口坝等微相，隔水夹层形成于分流间湾、天然堤

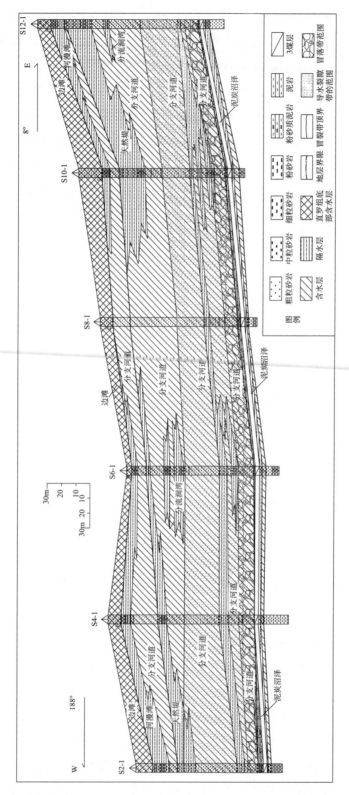

图1.12 榆横矿区靖边3号煤层顶板含隔水层及其沉积相剖面图

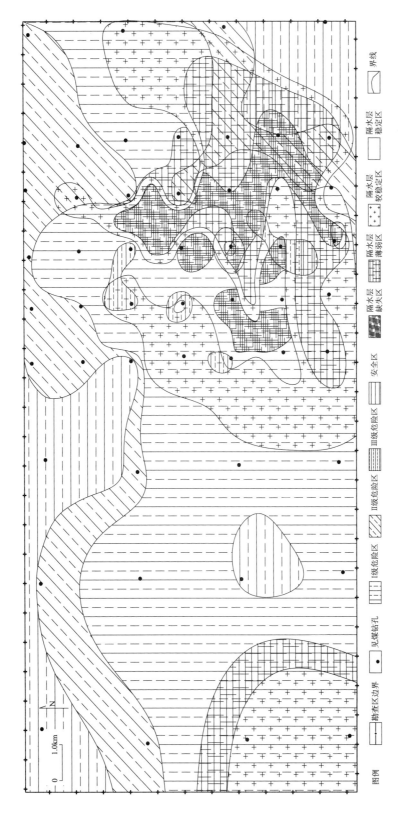

图 1.13　榆横矿区靖边 3 号煤层顶板含隔水层及其稳定性综合评价图

图例　■ 勘查区边界　● 见煤钻孔　Ⅰ级危险区　Ⅱ级危险区　Ⅲ级危险区　安全区　隔水层缺失区　隔水层薄弱区　隔水层较稳定区　隔水层稳定区　界线

与沼泽形成的泛滥平原微相；冒裂带将波及第一、二层含隔水层，该段是矿井防治水的对象。针对上述工作，圈定了隔水层稳定、较稳定、薄弱及缺失区并对其顶板突水危险等级进行了划分。该研究从含（隔）水层沉积学的角度精细刻画煤矿区含（隔）水层空间展布特征，从而为矿井防治水提供参考，同时将沉积学的原理应用于含隔水层研究，深化对含隔水层的认识。

6. 含煤地层沉积环境分析在其他方面的研究

含煤地层沉积环境分析除了在以上几个方面的研究和应用外，同时将沉积环境分析与煤层顶底板岩石力学特征、煤层及其围岩瓦斯及煤层气含量、煤岩煤质特征等方面相结合，分析不同沉积环境下的岩石力学、瓦斯及煤层气含量、硫分灰分等煤岩煤质特征，在此不再赘述。

1.3 盆地构造演化

1.3.1 研究方法与流程

（1）根据接触关系、沉积建造、构造变动、岩浆活动、变质作用和混合岩化等特点，划分研究区的构造阶段及构造层。

（2）根据地表地质调查，结合地球物理中的航磁和重磁、地震、卫星影像等资料的综合分析，进行研究区断裂的划分、分级及断裂性质、活动时间、断裂延伸长度等定量分析。

（3）结合断裂形成时期或活动时期，以地质构造发展的质变时代为界限，划分一级构造单元；以地质发展史中的构造特点为依据，划分二级构造单元；依据现今构造特征，划分三级构造单元。依据断裂特点，总结构造单元特征。

（4）根据野外地质调查，对不同构造层的节理系进行系统观测与统计，整理褶皱变形资料，进而经构造解析求得主应力产状。用节理系求得初始变形应力场；褶皱解析求得变形后的应力场。两种构造要素获得的最大主压应力轴的方位一致，但中间与最小主压应力轴的位置已经对换。关于节理系的时代，是按构造层，用交接、限制关系确定的。为检验构造应力方向、型式及其空间分布状态，据构造特征，在建立合理的、经过简化的地质模型的基础上，将研究区视为一个各向同性弹性体，按照计算模型和力学模型，对不同时期的古构造应力场进行平面有限元模拟，揭示不同地质历史时期的古构造特征，为盆地构造演化提供重要素材与关键技术。

（5）盆地内构造演化往往与沉积演化相伴而生，不同阶段的沉积物在堆积过程中，受构造运动影响，相应的地质界面、沉积物的类型和厚度、沉积中心的位置及其迁移发生相应的变化，形成的沉积古地理和含煤性不同。因此，根据沉积物特点、地质露头、不同时期的古构造应力等，建立不同构造演化阶段的地层含煤性及沉积特征。

（6）在构造演化与沉积分析等地质研究基础上，进行后期煤盆地的含煤性和聚煤规律及煤与伴生矿产资源及开发潜力的研究，为盆地内煤炭资源勘探与开发提供依据。

1.3.2 应用实例

鄂尔多斯盆地位于华北克拉通的西部，是华北（或中朝）板块的一部分。在中国大陆地壳演化中，侏罗纪和三叠纪之交的印支运动是构造格局和构造体制发生重大变化的转折期。印支运动以前，以古大陆边缘的裂移、旋转，并会聚于以西伯利亚地台为核心的古亚洲大陆为特征；印支运动后，进入典型的板块体制或板内构造体制阶段，以中国大陆板块与库拉－太平洋板块、印度板块、西伯利亚板块间的相互作用为特征。也就是说，大约 205Ma 以来，中国大陆的构造特征有别于以前的各个阶段，所谓"滨太平洋和特提斯喜马拉雅"构造域强烈活动阶段和"地洼阶段"，就是我国地质学家对该构造阶段活动特点的形象总结和说明。上述两种构造体制，深刻地影响着鄂尔多斯盆地（地块）的构造发育特征。

1. 构造层划分

划分了鄂尔多斯地块（盆地）及其周缘的构造阶段，并将构造层归并为三类：结晶基底（地槽型）构造层；盖层（地台型）构造层；中、新生代陆相拗（断）陷盆地构造层。

2. 断裂划分

鄂尔多斯地块内部主要断裂分为正谊关－偏关断裂、惠安堡－吴堡断裂、固原－韩城断裂、麟游－潼关断裂、吴旗－河曲断裂、庆阳－佳县断裂、永寿－柳林断裂、下站－汾西断裂；鄂尔多斯地块周缘分为巴彦乌拉－阴山断裂、黄河断裂、乌拉山－大淖兔断裂、大青山山前断裂、磴口－阿拉善左旗断裂、磴口－石嘴山断裂、桌子山东麓断裂、青铜峡－固原断裂、眉县－铁炉子－三要断裂、渭河断裂、秦岭北麓断裂、华山山前断裂、渭河盆地北缘断裂、呼和浩特－清水河断裂、离石断裂。

3. 构造单元划分

鄂尔多斯盆地作为一级构造单元，鄂尔多斯台拗和周缘分别作为二级构造单元（图1.14）。其中，鄂尔多斯台拗划分为：河套断陷、伊盟隆起、渭河断陷、渭北隆起、晋西褶曲带、陕北斜坡、天环拗陷。鄂尔多斯西缘褶皱冲断带划分为贺兰褶断带、桌子山－横山堡褶断带、银川断陷、青（龙山）云（雾山）褶皱断带。

4. 构造应力场分析

不同构造单元内部的构造在特定的历史发展阶段，经过地壳运动、地质历史演化，处于不同的应力状态，即我们通常所说的古构造应力。以上述不同断裂现今的构造特征为基础，分析节理、褶皱等资料，建立古构造应力场模拟的地质模型，将鄂尔多斯盆地视为一个各向同性弹性体，按照计算模型和力学模型，对印支运动以来的古构造应力场进行了平面有限元模拟。模拟结果如图1.15～图1.17所示。

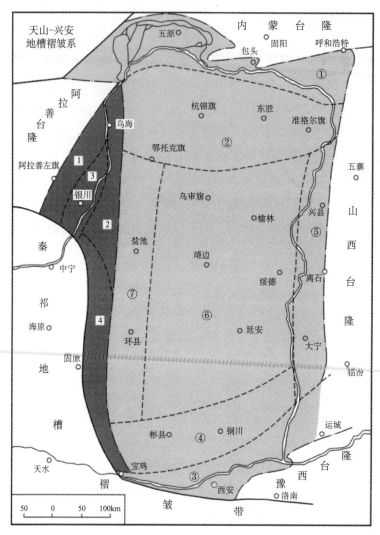

图 1.14　鄂尔多斯盆地及邻区大地构造单元

鄂尔多斯台拗：① 河套断陷；② 伊盟隆起；③ 渭河断陷；④ 渭北隆起；⑤ 晋西褶曲带；
⑥ 陕北斜坡；⑦ 天环拗陷。
鄂尔多斯西缘褶皱冲断带：1.贺兰褶断带；2.桌子山－横山堡褶断带；3.银川断陷；
4.青（龙山）云（雾山）褶皱断带

5. 构造演化

鄂尔多斯盆地的燕山运动构造应力场完全不同于印支运动的构造应力场，不过，其西缘南段仍和印支期一样，最大主压应力轴的轨迹为 NE 向，其他地区显示 NW-SE 向的挤压应力占主导地位。该时期的构造应力场可能与太平洋构造域的构造演化有关。

中生代以来，东亚大陆总体上经历了从被动大陆边缘到活动边缘的地球动力学演化过程。一般认为，印支期的布列亚－佳木斯地块和华北、华南板块在三叠纪的相继碰撞形成中亚洲之后，其东亚大陆边缘为被动大陆边缘环境。太平洋构造域的法拉隆板块自晚侏罗世（150Ma）以 10.7cm/a 的速度向 N45ºE 方向离散；与此同时或稍后，伊泽奈奇、库拉和太平洋板块持续不断地呈 NW 或 NWW 向俯冲在东亚大陆之下。这种俯冲不仅产生了边界断裂处（如郯庐断裂）的左行走滑，而且在大陆边缘外带产生挤压作用，形成一系列增生地体；在大陆边缘的内带和陆内外侧则以伸展作用占主导地位，并形成一系列 NE 向断陷和裂谷盆地，该时期陆内外侧的伸展作用呈递进式向洋迁移，处于大陆腹地（陆内伸展带之西）的鄂尔多斯处于挤压收缩状态，加之郯庐断裂的左行扭动，从而，产生了最大主压应力轴迹呈 NW 走向的构造应力场。

鄂尔多斯盆地西缘燕山运动的局部构造应力场的方向与印支运动是一致的，暗示着它和后者一样，可能与特提斯构造域的地体碰撞事件密切相关。不断增多的研究成果证实，拉萨地块与羌塘地块之间是中特提斯小洋盆。该洋盆在晚侏罗世因拉萨地块和羌塘地块的碰撞而消亡，并使前者增生于亚洲大陆的南缘。正是拉萨地块在侏罗纪末的碰撞事件及其随后向北楔进的挤压作用所导致的远程效应，在鄂尔多斯盆地西缘形成了与印支期大体类似的局部构造应力场。特提斯构造域在三叠纪末和侏罗纪末与亚洲大陆碰撞拼合的地体虽然不同，但在鄂尔多斯地块西缘的地球动力学效果是相同的。

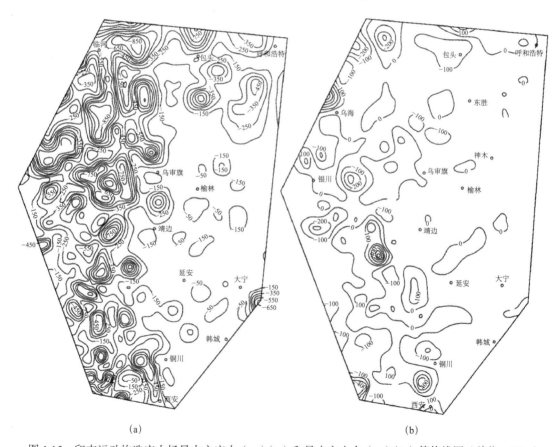

(a)   (b)

图 1.15 印支运动构造应力场最大主应力（σ_1）(a) 和最小主应力（σ_3）(b) 等值线图（单位：MPa）

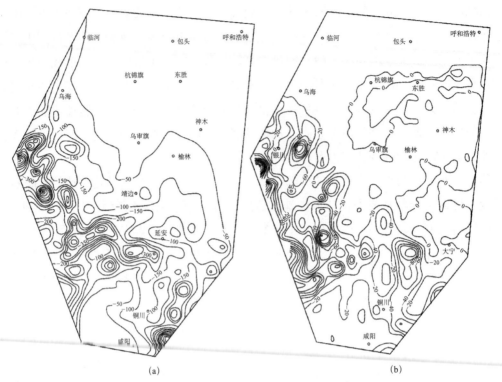

(a)   (b)

图 1.16 燕山运动构造应力场最大主应力（σ_1）（a）和最小主应力（σ_3）（b）等值线图（单位：MPa）

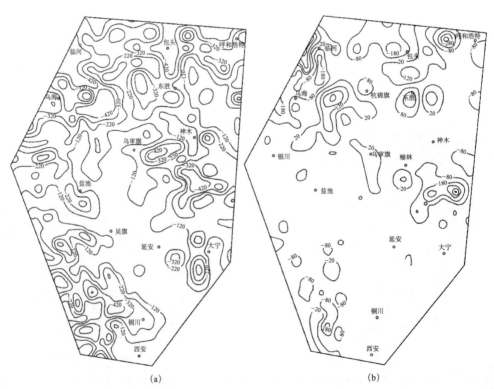

(a)   (b)

图 1.17 鄂尔多斯盆地喜马拉雅运动构造应力场最大主应力（σ_1）（a）和最小主应力（σ_3）（b）等值线图

（单位：MPa）

鄂尔多斯盆地喜马拉雅运动构造应力场的方向发生了根本性改变，即挤压方向由 NW 向转变为 NE 向。这种转变一方面归因于太平洋板块向 NW 俯冲于东亚大陆之下，迫使中国东部的岩石圈块体产生 NW-SE 向拉伸；另一方面，特提斯构造域的 Kohistan-Dras 岛弧复合体于晚白垩世、印度板块于始新世（53Ma）与亚洲大陆碰撞，在中亚和中国西部产生强大的、几近水平的挤压应力场，新疆和青藏高原地区的最大主压应力迹线为南北和 NNE 走向；越过贺兰山 – 龙门山南北向构造带的中国东部地区，最大主压应力迹线逐渐向东弯转和散开。这种情况是由于印度板块不断向亚洲大陆凸入楔进，在向北运动中，使最大主压应力迹线从这个凸入楔进的前锋（或头部）逐渐向外散开。

盆地经历印支、燕山、喜马拉雅运动三期构造运动，为盆地演化阶段石炭纪—二叠纪、侏罗纪和三叠纪煤系的形成和改造奠定了基础。

1.4　聚煤规律研究方法

1.4.1　聚煤规律研究方法与流程

聚煤规律是对煤炭资源赋存状况和赋存条件的高度概括，西安研究院在我国多个煤盆地（或煤田）开展了大量的聚煤规律研究，形成了系统的研究方法和工作流程（图 1.18）。

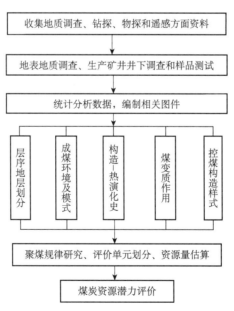

图 1.18　聚煤规律研究技术路线图

（1）资料收集与分析整理。

广泛收集煤炭、地矿、石油等系统的地质、地球物理、遥感、矿产勘查资料，以及地层、沉积、构造、岩浆岩研究方面的专题成果，从煤炭资源赋存角度进行系统整理、对比和综合分析，充分利用已有研究成果。

（2）现场调查。

在认真分析现有资料基础上，选择重点地区有针对性地开展野外地质调查和生产矿井地质调查，着重观测煤系煤层的沉积特征和构造变形特征，获取聚煤模式研究和构造控煤作用研究的实际素材。

（3）测试分析。

根据研究工作的需要，有重点地开展测试分析和模拟实验，包括古构造应力场反演、岩矿分析、煤岩鉴定、煤质分析，获得有关煤炭资源形成和演化方面的基础数据。

（4）遥感技术的应用。

在遥感技术应用条件有利地区采用已有的卫星影像数据开展遥感技术研究，获取预测区含煤岩系分布、含煤区块、含煤盆地等宏观信息及构造信息，为煤炭资源赋存规律研究提供依据。

（5）地球物理资料应用。

聚煤规律研究所使用的地球物理资料包括以下几个方面。①区域重力和航磁资料：赋煤单元划分、区域性断裂、深部构造形态和岩体分布。②电磁法资料：解释控煤盆地的大型断裂、盆地范围及煤盆地基底深度。③地震勘探资料尤其是与煤系分布范围相关的石油地震勘探资料：隐伏煤田构造格局、煤系分布、控煤构造。

（6）钻探和测井资料的应用。

通过对钻孔柱状图和测井曲线的详细分析和数据处理，为赋煤规律研究提供直接的基础信息。

（7）编图和综合分析。

根据多源信息资料综合分析，编制煤田构造纲要图、煤盆地古构造图、岩相古地理图和煤质图等专题图件。

以收集资料、实测数据及编制的图件为依据，系统分析含煤沉积体系、煤层发育及煤质分布等原生成煤条件建立典型聚煤模式；结合区域地质背景和地质演化史分析，恢复盆地的构造-热演化进程，研究不同大地构造背景下的控煤构造样式和煤变质作用类型等后期改造作用。在此基础上，提出煤炭资源勘查的有利靶区，并对煤炭资源赋存状况做出概略评价。

1.4.2　应用实例

西北侏罗纪聚煤盆地位于昆仑山-秦岭以北、吕梁山以西，主要包括新疆、甘肃、青海、宁夏和陕西，还包括内蒙古的阿拉善和鄂尔多斯。

聚煤规律的研究首先从野外地质调查开始，主要包括路线地质调查、典型地层剖面实测、代表性煤盆地地质调查和样品采集等基本内容。野外工作结束随即转入室内研究工作，除对各类样品进行了必要的鉴定、分析测试外，还对大量资料进行了统计整理、分析与综合研究。

1. 西北地区侏罗纪主要聚煤盆地的地层格架

根据西北地区不同盆地侏罗纪含煤地层的实测剖面，建立侏罗纪煤系的层序、沉积体系及序列；在此基础上，对基本岩石地层单位组的含义和界限作了修订。在伊犁盆地，新建立了苏阿苏河组、吉仁台组、胡吉尔台组；在玉门旱峡新建了青头山组；在汝箕沟盆地，启用了汝箕沟组、木葫芦组和缺台沟组三个组名。大部分被选列的剖面可作为定义这些岩石地层单位的层型。

经过详细分析，认定准噶尔盆地和吐哈盆地的八道湾组和西山窑组，伊犁盆地的苏阿苏河组和胡吉尔台组，库车-满加尔盆地塔里奇克组、阳霞组下部、克孜勒努尔组，托云-和田盆地和且末-民丰盆地的杨叶组，柴达木盆地的火烧山组和大煤沟组，鄂尔多斯盆地延安组，北山-阿拉善盆地群的青土井组及其相当层位，祁连山盆地群的大山口组、木里组、窑街组、阿干镇组和龙凤山组，鄂尔多斯西缘盆地群的汝箕沟组及相当层位是西北地区主要含煤层段，也是煤田勘探的目的层段。

从地层对比出发，确立了陆相侏罗系中统-下统界线上的古植物学（包括大化石和孢粉植物群）标志，并参考双壳类化石群资料，实现了西北聚煤区不同盆地侏罗纪煤系的基本岩石地层单位（组）的年代对比（图 1.19）。这个对比是以阶（期）为单位，以详细确定组的定时和时间延限为核心，为西北地区含煤地层对比的新尝试。

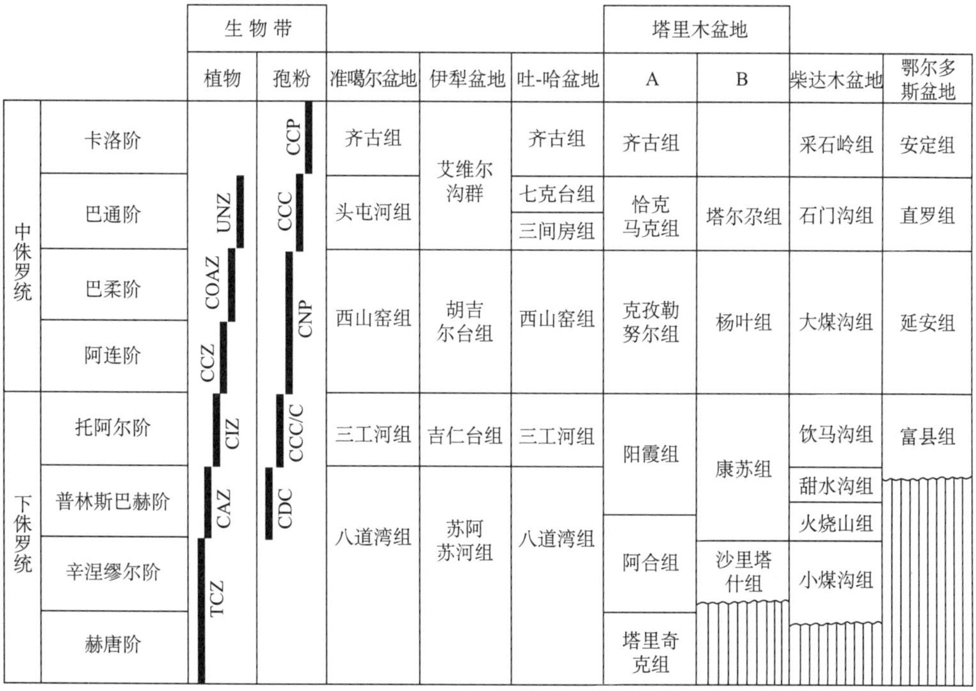

| 生物带 | | | | | | 塔里木盆地 | | | |
植物	孢粉	准噶尔盆地	伊犁盆地	吐-哈盆地	A	B	柴达木盆地	鄂尔多斯盆地
中侏罗统 卡洛阶		CCP	齐古组	艾维尔沟群	齐古组	齐古组		采石岭组	安定组
中侏罗统 巴通阶	UNZ	CCC	头屯河组		七克台组	恰克马克组	塔尔尕组	石门沟组	直罗组
					三间房组				
中侏罗统 巴柔阶	COAZ	CNP	西山窑组	胡吉尔台组	西山窑组	克孜勒努尔组	杨叶组	大煤沟组	延安组
中侏罗统 阿连阶	CCZ								
下侏罗统 托阿尔阶	CIZ	CCC/C	三工河组	吉仁台组	三工河组	阳霞组	康苏组	饮马沟组	富县组
下侏罗统 普林斯巴赫阶	CAZ	CDC	八道湾组	苏阿苏河组	八道湾组	阿合组	沙里塔什组	甜水沟组 火烧山组	
下侏罗统 辛涅缪尔阶	TCZ							小煤沟组	
下侏罗统 赫唐阶						塔里奇克组			

图 1.19　西北地区大中型盆地侏罗纪含煤地层对比

A. 库车-满加尔盆地；B. 托云-和田盆地和且末民丰盆地

1. 植物组合带：TCZ. *Thaumatopteris-Cycadocarpidium* 组合带；CAZ. *Cladophlebis* 枝脉蕨顶峰带；CIZ. *Coniopteris* 始现带；CCZ. *Coniopteris-Cladophlebis* 组合带；COAZ. *Coniopteris* 顶峰带；UNZ. 未名植物组合带；

2. 孢粉组合带：CDC. *Cyathidites-Dictyophyllidites-Cycadopites* 组合带；CCQ/C. *Cyathidites-Cycadopites-Quadraeculina/ Classopollis* 组合带；CNP. *Cyathidites minor-Neoraistrickia-Piceaepollenites* 组合带；CCC. *Cyathidites-Callialasporites-Classopollis* 组合带；CCP. *Classpollis-Cyathidites-Pinuspollenites* 组合带

2. 侏罗纪煤系沉积序列和沉积体系配置

依据野外调查和研究，对西北陆相侏罗纪聚煤盆地的冲积扇沉积体系、扇三角洲沉积体系、河流沉积体系、湖泊三角洲沉积体系和湖泊沉积体系的成因相构成、空间展布、演化及其含煤性进行了全面的剖析和总结。指出在西北地区近 50 个聚煤盆地中，虽然上述沉积体系都有发育，但最普遍的是冲积扇沉积体系、河流沉积体系和湖泊沉积体系。扇三角洲和湖泊三角洲沉积体系远不如前三类体系那样广泛发育。就含煤性而言，河流（曲流河）沉积体系（图 1.20）成煤优于湖泊三角洲沉积体系，其次为冲积扇和扇三角洲体系。

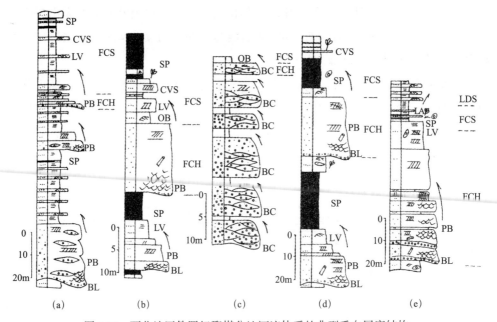

图 1.20 西北地区侏罗纪聚煤盆地河流体系的典型垂向层序结构

（a）库车-满加尔盆地铁力克，阳霞组上部；（b）伊犁盆地界梁子，孔呼吉尔台组上部；（c）柴达木盆地东北缘柏树山，石门沟组；（d）汝箕沟盆地，汝箕沟组；（e）鄂尔多斯盆地西杏子河，延安组下部

3. 盆地充填系列与演化阶段

聚煤盆地充填性质和演化是聚煤规律研究的核心工作之一。在思路和方法上，沉积体系和过程并重，前者揭示不同级别的沉积体的空间配置关系，后者便于了解盆地充填演化过程和泥炭堆积的阶段性。研究表明，西北侏罗纪聚煤盆地原型各异，但其充填序列大都是从冲积扇或河流体系开始的，并以湖泊体系告终，反映了构造运动对盆地充填的影响。

4. 西北聚煤盆地形成与演化

在盆地构造、沉积体系与充填序列、源区与古流及构造古地理分析基础上，结合大地构造背景和亚洲及中国西部板块活动史，指出西北侏罗纪聚煤盆地的形成与其相邻山系的幕式上升是同步的。

西北侏罗纪聚煤盆地的出现或形成受羌塘地块在三叠纪末与亚洲大陆南缘碰撞事件的驱动，但因构造单元性质的差别，形成聚煤盆地原型也不完全相同。拉萨地块在晚侏罗世与亚洲大陆南缘的碰撞事件结束了西北侏罗纪盆地的发育，印度地块在古新世末与亚洲大陆的碰撞事件，使它们遭受大规模后期变形。根据对西北侏罗纪聚煤盆地的研究，盆地原型归为四种：前渊盆地（只有一个，即准噶尔盆地）、前渊－克拉通盆地（包括库车－满加尔盆地和鄂尔多斯盆地）、山间盆地（相当于对冲断层盆地，如伊犁盆地和吐哈盆地）和走滑－拉分盆地。

5. 西北侏罗纪盆地聚煤规律

中国西北侏罗纪聚煤期可分为两个亚期：亚期 A（赫塘－普林斯巴期，205～188Ma）和亚期 B（阿林－巴柔期，180～170Ma），期间大约有 8Ma 的聚煤作用空白（图 1.21）。亚期 A 的聚煤作用在托阿尔期的中断和亚期 B 的聚煤作用在巴通期的消亡是古气候在这两个地质时段的升温事件造成的。

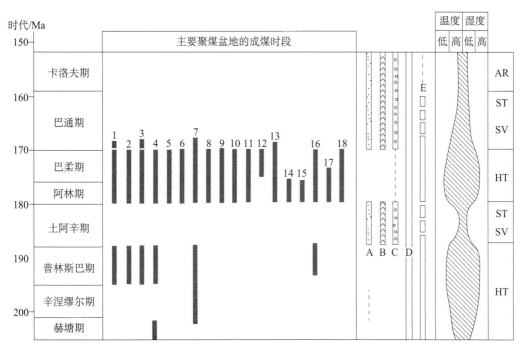

图 1.21 西北地区主要聚煤盆地的成煤时段及古气候

1. 准噶尔盆地；2. 伊犁盆地；3. 吐哈盆地；4. 库车－满加尔盆地；5. 托云－和田盆地；
6. 且末－民丰盆地；7. 柴达木盆地；8. 鄂尔多斯盆地、北山－阿拉善盆地群；9. 北山；10. 潮水、祁连山盆地群；
11. 旱峡；12. 新河；13. 木里－热水；14. 大通；15. 炭山岭－窑街；16. 阿干镇；
17. 靖远宝积山－红会、王家山、鄂尔多斯西缘盆地群；18. 汝箕沟；
A. 红层；B. 蒸发岩；C. 掌鳞杉科植物；D. 密木型落叶乔木；E. 常绿疏木型植物；
HT. 常湿温暖气候；AR. 炎热干旱气候；ST. 干草原气候；SV. 稀树林（萨旺纳）气候

中国西北侏罗纪聚煤中心位于北纬 40° 以北、东经 91° 以西的新疆北部。它的形成是中生代连续发展的大、中型聚煤盆地与受古气候波动事件制约的两个聚煤作用亚期匹配叠加的产物。聚煤作用自上述中心出发向南和向东转移。这种迁移取决于受构造运动影响的盆地原型、成盆期与成煤古气候的最佳匹配。

西北地区不同原型的侏罗纪盆地的煤层聚集特点各不相同。就成煤沉积体系而言，不同原型盆地都有河流体系发育，且大多成为主要含煤沉积体系；含煤的湖泊三角洲沉积体系主要发育于大型盆地，即前渊盆地和前渊－克拉通盆地；山间盆地和走滑－拉分盆地以冲积扇和扇三角洲体系为主。

据煤炭资源潜力分析，除阿尔金式走滑－拉分盆地外，其他原型盆地都是地质丰度大于1000 万 t/km² 的聚煤盆地；其中，不乏地质丰度大于 2000 万 t/km²、甚至大于 5000 万 t/km² 的富煤带和富煤区段。前渊盆地和前渊－克拉通盆地富煤带位于前渊位置（如准噶尔盆地的南缘、库车－满加尔盆地的北缘），山间盆地的富煤带多处于盆地一侧靠中央位置（如伊犁盆地北部），而祁连式走滑－拉分盆地的富煤带处于冲积扇－河流体系楔状体的中部，并与盆地轴向平行。

6. 西北侏罗纪盆地煤炭资源评价

西北地区具有巨大的煤炭资源优势，但存在各种不利因素影响和制约着大规模开发利用。将西北地区划分为 10 个一级单元、21 个二级单元，根据层次分析法综合评价值的大小，将二级单元分作 5 类。其中，Ⅰ类单元（综合评价值大于 70 分）包括鄂尔多斯盆地东北部、西部和南部，准噶尔盆地南部、祁连山东部，将是西北地区煤炭资源优先开发地区；Ⅱ类单元（综合评价值 60～70 分）包括塔里木北部、伊犁盆地北部和哈密，将是未来开发地区；Ⅲ类单元（综合评价值 50～60 分）的资源较丰富，不利因素主要是地理位置偏，从长远观点看，具有一定的开发前景；Ⅳ类单元（综合评价值 40～50 分）和Ⅴ类单元（综合评价值小于 40 分）的发展前景不大。

1.5 成煤系统分析

1.5.1 基本理论与研究方法

成煤系统（coal system）：又称煤系统、含煤系统。是美国学者 Milici 在参加美国地质学会 2001 年学术会议时提出的，其定义是：具有相同或相似成因史的一个或几个煤层、煤层组；其中，相同或相似成因史包括形成泥炭的地质、生物和气候事件，以及后继的各种影响泥炭保存、埋藏直至最终形成不同变质程度煤种的成因事件。对于煤层本身来说，可用其煤级、厚度、空间展布、几何形态、煤岩与煤化学、生成生物气与热成因气及液态烃的潜力等特征来描述。

成煤系统的研究内容主要包括：①原始泥炭沼泽聚集阶段的成煤植物组合、古气候条件、古地理环境、沼泽水介质条件、地球化学性质、物质聚积规律；②盆地演化、构造变动、地壳沉降对泥炭保存和煤化作用过程的控制作用；③盆地内煤层厚度的变化、分布范围、空间几何形态、煤岩组成、煤化学特性等时空展布规律及主控因素；④煤炭资源及共生煤层气资源的精细评价，并建立煤炭资源及煤层气资源信息数据库。

1.5.2 成煤系统与煤层气系统的关系

煤层气（coal bed methane，CBM）系统：也称煤层甲烷系统。其研究和应用起源于含油气系统的理论和思想。其定义：一个具有一定埋深的含煤体系（盆地或含煤区），包括形成煤层气富集的各种静态因素和动态因素。其中，一定埋深是指瓦斯风化带以下至埋深2000m；静态因素包括煤层的空间分布、煤岩煤质及生气特征、煤储层含气量、煤层顶底板及盖层；动态因素包括构造发育史、埋藏史、热史、水动力场和古构造应力场等。依据煤层气的形成过程划分为煤层气生成子系统、煤层气聚集子系统。并没有提及煤与煤层气之间的内在关系。根据成煤系统定义，提出煤层气系统是广义的成煤系统的一部分。

1.5.3 应用实例

以鄂尔多斯盆地侏罗系延安组为例，采用沉积学基本原理，从延安组层序地层与沉积格架分析入手，进行层序划分，沉积断面、沉积体系与成煤环境分析，总结鄂尔多斯盆地侏罗系煤层的空间几何形态与连续性、煤岩煤质，进行成煤系统划分；结合成煤系统与煤层气系统的关系，进行煤层气系统划分。

1. 成煤系统划分指标

重点从沉积古地理轮廓与煤层厚度、埋藏深度与煤变质、泥炭沼泽类型与灰分产率和硫含量角度，对鄂尔多斯盆地侏罗系延安组成煤系统进行划分。

2. 成煤系统单元划分

按照上述原则和依据，并从实用角度，以如下方案将鄂尔多斯盆地侏罗系成煤系统划分为九个成煤系统单元（图1.22）。

盆地侏罗系成煤系统单元的边界是这样确定的：首先，以延安组的分布范围为基础，排除了延安组沉积时湖泊沉积体系占据的区域；其次，由于煤层厚度是向着湖相沉积区变薄、尖灭的，从煤炭（或煤层气）资源评价角度出发，选择主煤层的可采厚度下限（0.8m）圈定的范围作为需要讨论的成煤系统界线；再者，我国煤炭（煤层气）资源评价的煤层埋深下限为2000m，本书采用这个深度作为成煤系统划分的煤层埋深下限。这样，本书中侏罗系成煤系统的范围小于延安组的实际分布范围（图1.22）。

老虎洞—油坊庄—大海子—响水以北，盆地北部延安组五个层序（或煤组）保存相对完整，煤层层数多，发育齐全，总厚度大；盆南部延安组五个层序（或煤组）保存不全，煤层层数少，部分单层煤层厚度大。

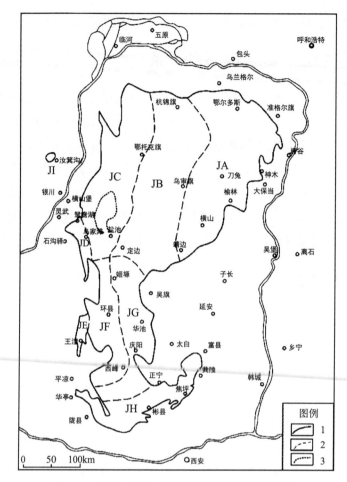

图 1.22　鄂尔多斯盆地侏罗系成煤系统单元划分

1. 侏罗系含煤边界；2. 成煤系统单元界线；3. 煤层 2000m 埋深线

以煤的变质程度或煤级，即以煤的镜质体最大反射率等值线进一步细分了成煤系统单元。根据《中国煤层煤分类》（GB/T17607—1998）对不同煤阶煤的界定，将盆地本部的低阶烟煤成煤系统划分为 JA、JD、JE 和 JH 四个单元，中阶烟煤成煤系统划分为 JB、JC、JF 和 JG 四个单元；汝箕沟矿区的 JI 为低－中阶无烟煤成煤系统单元。

1.6　煤炭资源评价方法

1.6.1　煤炭资源综合评价流程

煤炭资源评价是煤炭地质工作的一项重要研究内容，通过合理的评价方法获得客观的评价结果是煤炭工业可持续发展的保障。长期以来，西安研究院在煤炭资源评价方面开展了卓有成效的探索，全面系统地分析和探讨了层次分析、专家咨询、灰色聚类－层次分析相结合等方法在煤炭资源评价中的应用，建立了矿区煤炭资源综合评价数学模型，并在具有代表性的矿区进行了应用。以下主要介绍层次分析方法在煤炭资源评价中的方法和流程。

1. 准备评价工作

通过煤炭资源综合分析确定是否需要进行煤炭资源综合评价，如果需要首先明确煤炭资源综合评价的主要任务，并成立相应的评价组织机构和落实评价经费，然后系统收集、评价与分析制定评价方案所需的各类资料。在资料收集的过程中，尤其要注意两点：一是要注意做好协调工作，由于煤炭资源综合评价涉及范围广、考虑因素多，收集资料所涉及的部门和单位也相应比较多，这就需要评价领导部门做好协调并给予经费保障；二是要注意评价资料的层次性，在收集和整理资料的过程中，要将所收集的资料按层次进行归类。

2. 制定评价方案

1）确定评价对象

从煤炭资源综合评价系统的阶段性来看，其评价对象可包括预查、普查、详查、勘探阶段和开发阶段所具有的不同结构水平的矿区、矿田、矿床、矿体、矿段、资源储量直至矿产品等；从煤炭资源综合评价系统的层次性来看，其评价对象可包括国家级、省级和地方级别的矿产资源法律法规、政策、规划和计划等；从煤炭资源综合评价的动态性来看，评价对象又可包括制定中的战略、实施中的战略和调整中的战略。

2）建立评价模型和评价指标体系

由于煤炭资源综合评价对象和范围的差异性，其评价模型和评价指标体系存在区别，这就需要根据评价任务、评价对象和评价范围等来进行构造和选择。

3）选择评价方法

煤炭资源综合评价方法的选择必须考虑各方面的因素，对不同评价对象和评价范围采取不同的方法，或将其有机结合、综合运用。

通过以上四个方面的工作，最终确定煤炭资源综合评价的目标、内容和具体的评价步骤。

3. 实施评价过程

在全面收集各方面的资料后，对资料按层次进行整理分类以取得有效数据，再通过数据处理后运用评价模型得出评价结果。

4. 检验评价结果

煤炭资源综合评价工作完成之后应对评价结果进行总结，特别是对于评价的模型和指标体系要进行修正，完善煤炭资源综合评价的理论和方法，完善煤炭资源综合评价系统，为进一步开展煤炭资源综合评价提供指导建议。

1.6.2 应用实例

以新疆地区为例，通过评价体系构建，借助关联度权重分析、模糊综合评判分析，介绍煤炭资源评价方法。

1. 煤炭资源综合评价体系的构建

结合影响新疆地区煤炭资源评价的主要因素：地质条件、开采条件和外部条件，采用层次分析结构，建立煤炭资源综合评价指标体系。该指标体系由资源条件、开采技术条件及外部条件3个约束条件、10个参数、28个基础评价指标构成（表1.1）。该指标体系强调了外部条件尤其是供水条件和储量丰度的重要性，权重分别处于前两位，其次地质条件如储量和地质构造的复杂程度、地形地貌、主采煤层稳定性及煤类权重也较大。

表 1.1　新疆煤炭资源综合评价指标体系及特征分级标准

开发条件（权重）	参数项（权重）	指标项（权重）		指数特征					权值	排序
				A 20 0～30	B 40 30～50	C 60 50～70	D 80 70～90	E 95 90～100		
资源条件（0.28）	储量（0.60）	储量（资源量）（0.411）/亿t	井田/矿田	<0.5	0.05～0.5	0.5～1.5	1.5～3.0	>3	0.0690	3
			勘探区	<10	10～30	30～150	150～200	>200		
		储量丰度（0.589）/（亿t/km²）		<0.03	0.03～0.08	0.08～0.12	0.12～0.2	>0.2	0.0990	2
	煤质（0.29）	煤类 0.619		HM	PM、PS、CY	WY、1/2ZN、BN、RN	SN、QM、QF	JM、FM、1/3JM	0.0503	7
		灰分（0.125）/%		30～40	20～30	15～20	10～15	<10	0.0102	24
		硫分（0.088）/%		>4.0	2.5～4.0	1.5～2.5	1.0～1.5	<1.0	0.0071	26
		发热量（0.168）/（MJ/kg）		<18.0	18.0～22.5	22.5～27.0	27.0～31.0	>31.0	0.0136	23
	共伴生矿产（0.11）	经济价值（0.700）/亿元		<1	1～10	10～100	100～500	>500	0.0216	16
		开采情况（0.300）		单独开采	部分合采	一半单采	部分单采	合采	0.0092	25
开采条件（0.36）	煤层（0.40）	主采区单层厚度（0.278）/m		<0.5	0.5～1.3	1.3～1.8	3.5～6.0	1.8～3.5	0.0400	11
		主采层稳定性（0.429）		极不稳定	不稳定之二、三	不稳定之一	较稳定	稳定	0.0618	6
		主采层结构（0.293）		复煤层	复杂	中等	较简单	简单	0.0422	10
	构造条件（0.30）	复杂程度（0.639）		$N_{1,2,3}$ $III_{1,2}$	III	$II_{2,3}$	II_1	$I_{1,2,3}$	0.0690	3
		煤层倾角（0.333）/（°）		>60	45～60	25～45	12～25	<12	0.0360	12

续表

开发条件（权重）	参数项（权重）	指标项（权重）	指数特征					权值	排序
			A	B	C	D	E		
			20	40	60	80	95		
			0~30	30~50	50~70	70~90	90~100		
开采条件（0.36）	水文工程地质条件（0.20）	岩浆岩活动（0.028）	严重	较严重	中等	较简单	简单	0.0030	28
		上覆松散层厚度（0.262）/m	>550	350~550	200~350	50~200	<50	0.0189	18
		煤层埋深（0.238）/m	>1200	800~1200	400~800	100~400	<100	0.0171	21
		矿床水类型（0.296）	Ⅲ₂	Ⅲ₁	Ⅱ₂	Ⅱ₁	Ⅰ₁,₂	0.0213	17
		工程地质条件（0.204）	复杂	较复杂	中等	较简单	简单	0.0147	22
	井害（0.10）	煤层瓦斯（0.839）	>15,并伴有煤与沼气突出	>15	10~15	5~10	<5	0.0058	27
		地温热害（0.161）	二级热害区占50%以上	二级热害区占50%以下	一级热害区占50%以上	一级热害区占50%以下	无	0.0302	14
外部条件（0.36）	经济地理（0.30）	煤炭工业发展区划（0.242）	7	6	1.2	4.5	3	0.0261	15
		地区经济条件（0.314）	差	较差	一般	较好	好	0.0339	13
		运输条件（0.444）	困难	较困难	一般	较好	好	0.0480	8
	自然地理（0.60）	供水条件（0.501）	差	较差	一般	较好	好	0.1082	1
		气候（0.212）	差	较差	一般	较好	好	0.0458	9
		地形地貌（0.287）	Ⅰ、Ⅱ₁	Ⅱ₂、Ⅵ、Ⅷ	Ⅲ₁、Ⅳ	Ⅴ	Ⅶ	0.0620	5
	环境条件（0.10）	产矸率（0.52）	高	较高	中等	较少	少	0.0187	19
		地面塌陷（0.48）	严重	较严重	中等	较简单	简单	0.0173	20

2. 新疆煤炭资源综合评价方法

对于煤炭资源综合评价系统来说，层次分析法主要用于建立层次结构模型和评价因素、指标、参数、条件权重的分配。对评价因素作权重分配是在层次结构模型基础上，有关因素针对上面层次所居重要程度的判断和计算。其工作步骤是：①建立判断矩阵；②计算矩阵的特征向量，据以获得因素对上层次的权重及层次的单排序；③利用同一层次单排序结果计算各因素对最高层相对重要性的排序权值，求得各指标的组合权重；④计算判断矩阵的特征根，对单排序、总排序进行一致性检验，判断是否满意，否则调整判断矩阵，直到满意为止。

3. 评价结果

依据新疆煤炭资源评价单元的划分结果，划分出准噶尔含煤盆地、吐哈含煤盆地、伊犁含煤盆地、塔里木含煤盆地、三塘湖－淖毛湖含煤盆地、焉耆－库米什含煤盆地、尤尔都斯含煤盆地共七个一级评价单元，依据成煤系统理论进一步划分为 35 个二级评价单元。

按照 28 个评价指标项对选定的 35 个评价单元进行赋值赋分，经过灰色统计、层次分析和模糊合成，由计算机统一处理后得出各评价单元分值，依权重分值大小可分为Ⅰ级（优）、Ⅱ级（良）、Ⅲ级（中）、Ⅳ级（差）四级（表 1.2），分级说明如下。

Ⅰ级：综合评分大于 70，评价等级为优级，是目前开发建设的最有利评价区。综合评分为优等级（Ⅰ类，目前可开发建设区）的有七个评价单元：伊宁、准南乌鲁木齐-四棵树、准南水西沟-阜康、哈密、托克逊-鄯善、艾维尔沟、尼勒克。

Ⅱ级：综合评分为 65~70，评价等级为良级、是可供近期（10~20 年内）开发建设的有利评价区。综合评分为良等级（Ⅱ类，近期可开发建设区）的有 10 个评价单元：达坂城、后峡、准东北山-沙丘河、准东-滴水泉、阳霞-库拜、吐鲁番、托里-和什托洛盖、沙尔湖、准东吉木萨尔、大南湖-梧桐窝子。

Ⅲ级：综合评分为 60~65，评价等级为中级，可供近期进行勘查的评价区。综合评分为中等级（Ⅲ类，近期可进一步勘探区）的有 10 个评价单元：焉耆、淖毛湖、卡姆斯特、昭苏-特克斯、和布克赛尔-福海、新源-巩留、巴里坤煤田、巴音布鲁克、库米什、句孜东-温宿。

Ⅳ级：综合评分小于 60，评价等级为差，为可供远期进行勘查的地区。综合评分为差等级（Ⅳ类，远期可进一步勘探区）的有 8 个评价单元：莎车-叶城-布雅、三塘湖、克拉玛依、罗布泊、野马泉、乌恰、且末-民丰、阿克陶。

4. 新疆煤炭资源总体评价与预测

1）Ⅰ类——目前可开发建设单元

Ⅰ类单元包含了目前的三个生产开发单元——准南乌鲁木齐-四棵树、准南水西沟-阜康、哈密；两个规划单元——托克逊-鄯善和艾维尔沟；而伊宁和尼勒克是水资源丰富、各方面较优的单元。Ⅰ类单元总体特点是资源丰富，勘探程度普遍较高，外部条件较好。煤质为低灰低硫至特低硫，高发热量烟煤。煤类有新疆唯一的焦煤基地——艾维尔沟煤产地，也有产气煤的尼勒克评价区。煤炭开采技术条件普遍简单，主要表现为煤层稳定、结构较简单，埋藏浅，部分地段适于露天开采，地质构造简单，水文和工程地质条件不太复杂。矿区开发的外部条件较好，北疆乌鲁木齐附近区内兰新铁路斜穿，北疆铁路沿矿区西部的北侧向西延伸至国外，公路四通八达。哈密地区兰新铁路从矿区通过，矿区有专用铁路相连。伊犁地区公路发达，水源充沛。矿区前期建设所需的电力和水源可以满足需要。Ⅰ类评价单元多数位于新疆经济相当发达地区，可以就地消耗和转换煤炭资源。不足之处是有部分评价单元处于天然牧场内，煤炭开发引起会地面沉陷和水土流失等环境问题。

表 1.2　新疆二级评价单元的综合评分结果

| 编号 | 评价对象 | 单元类型 | 评分 | | | | 评价等级 |
			资源条件	开采条件	外部条件	综合评分	
Y1	伊宁	勘探	23.62	27.471	28.338	79.429	I
Z10	准南乌鲁木齐 - 四棵树	生产开发	25.39	23.249	26.264	74.900	I
Z9	准南水西沟 - 阜康	生产开发	21.65	27.392	24.880	73.922	I
T5	哈密	生产开发	20.26	29.322	24.036	73.614	I
T3	托克逊 - 鄯善	规划	23.87	29.457	19.177	72.500	I
T1	艾维尔沟	规划	22.23	25.443	23.304	70.973	I
Y2	尼勒克	勘探	25.56	22.385	22.571	70.514	I
Z11	达坂城	预测	20.16	27.154	22.424	69.739	II
Z12	后峡	勘探	22.91	25.174	21.244	69.332	II
Z5	准东北山 - 沙丘河	勘探	24.24	28.596	16.005	68.841	II
Z6	准东 - 滴水泉	勘探	24.24	28.596	16.005	68.841	II
M1	阳霞 - 库拜	勘探	25.63	23.635	18.313	67.577	II
T2	吐鲁番	勘探	24.21	28.258	14.568	67.038	II
Z2	托里 - 和什托洛盖	规划	23.39	25.852	17.085	66.330	II
T4	沙尔湖	预测	24.63	26.420	15.226	66.279	II
Z8	准东吉木萨尔	预测	19.24	24.966	21.159	65.368	II
T6	大南湖 - 梧桐窝子	预测	21.72	27.803	15.508	65.031	II
Q1	焉耆	规划	18.83	25.884	18.980	63.695	III
S2	淖毛湖	勘探	21.32	28.680	13.148	63.146	III
Z3	卡姆斯特	预测	22.03	28.366	12.727	63.120	III
Y4	昭苏 - 特克斯	预测	17.71	26.123	18.920	62.755	III
Z4	和布克塞尔 - 福海	预测	19.94	29.638	11.376	60.957	III
Y3	新源 - 巩留	预测	12.54	29.224	18.920	60.685	III
Z7	巴里坤煤田	勘探	22.35	23.087	14.873	60.313	III
B1	巴音布鲁克	预测	15.90	26.914	17.433	60.249	III
Q2	库米什	预测	15.99	25.948	18.161	60.096	III
M2	包孜东 - 温宿	勘探	16.07	26.620	17.325	60.019	III
M6	莎车 - 叶城 - 布雅	规划	13.25	26.572	20.020	59.843	IV
S1	三塘湖	预测	17.85	27.614	14.099	59.563	IV
Z1	克拉玛依	预测	13.28	29.202	16.794	59.276	IV
M3	罗布泊	预测	25.37	26.459	5.279	57.111	IV
T7	野马泉	预测	23.89	22.705	8.790	55.381	IV
M4	乌恰	勘探	14.45	26.827	13.602	54.878	IV
M7	且末 - 民丰	预测	12.35	26.921	12.285	51.559	IV
M5	阿克陶	预测	13.05	24.272	9.070	46.393	IV

2）Ⅱ类——近期可开发建设单元

Ⅱ类单元包含了目前的一个规划单元——托里－和什托洛盖，五个勘探单元——达坂城、后峡、准东北山－沙丘河、准东－滴水泉、阳霞－库拜、吐鲁番，三个预测单元——沙尔湖、准东吉木萨尔、大南湖－梧桐窝子。Ⅱ类单元总体特点是资源丰富，勘探程度总体较高，外部条件中等偏上。煤的开采技术条件普遍简单，煤层稳定、结构较简单，埋藏浅，部分地段适于露天开采，地质构造简单，水文和工程地质条件不太复杂。矿区开发外部条件一般，距中心城市距离 500km 左右，基础设施正在兴建，气候较差，多处于沙漠和戈壁区。达坂城和后峡交通便利，资源量和资源丰度中等，综合得分较高。准东北山－沙丘河、准东－滴水泉、准东吉木萨尔、沙尔湖和托里－和什托洛盖资源量大和资源丰度高，煤质为特低硫、低灰、低磷优质动力煤，主要劣势是交通不便。阳霞－库拜煤类为紧缺的气煤，地处缺煤的南疆。大南湖－梧桐窝子资源量巨大和资源丰度较高，主要劣势是地处戈壁，水资源匮乏，煤质较差，为发热量低的褐煤。

3）Ⅲ类——近期可进一步勘探区

Ⅲ类单元包含了目前的一个规划单元——焉耆，三个勘探单元——淖毛湖、巴里坤和包孜东－温宿，六个预测单元——卡姆斯特、昭苏－特克斯、和布克赛尔－福海、新源－巩留、巴音布鲁克、库米什。Ⅲ类单元可分为两类：一类是资源丰富，地质构造简单，水文和工程地质条件不太复杂，煤炭的开采技术条件较简单，如焉耆、淖毛湖、巴里坤、卡姆斯特、和布克赛尔－福海，煤类为长焰煤；一类是煤类较好，为气煤，资源相对较少，地质构造较复杂，水文和工程地质条件中等到复杂，煤炭的开采技术条件较差，如包孜东－温宿、昭苏－特克斯、新源－巩留、巴音布鲁克、库米什。Ⅲ类单元外部条件总体一般，交通总体不太便利，距中心城市较远，水资源条件中等到一般。

4）Ⅳ类——远期可进一步勘探区

Ⅳ类单元包含了目前的一个规划单元——莎车－叶城－布雅，一个勘探单元－乌恰，六个预测单元——三塘湖、克拉玛依、罗布泊、野马泉、且末－民丰、阿克陶。总体特点是勘探程度和工作程度偏低，获得的资源量很少，资源丰度低。煤类以高挥发性烟煤为主，局部地区（乌恰）含有气煤和肥煤。煤炭的开采技术条件中等。外部条件总体较差，多处于高山深谷，或沙漠戈壁深处，供水条件较差。

1.7　煤炭资源勘查方法

1.7.1　煤炭资源综合勘查技术体系构建

综合勘查一般指各种勘查技术手段的运用，是集地质填图、遥感、钻探、物探（地震、电法、磁法和测井等）、测试及计算机为整体的勘查技术体系，强调的是各类技术手段的密切配合和多种地质信息的综合研究，目标是提高勘探精度的准确性。

近年来，随着煤炭地质理论的发展和勘探技术的突破，使勘探装备水平得到了很大提升，尤其是地震勘探技术的快速发展和成功应用，导致工作思路由以前的"以点到面、联点成片、逐步实施"转变为"快速扫面、点面结合、筛选靶区"的战略，更加注重勘探的效率和效果。

多年来，西安研究院以成煤系统分析和煤炭地质勘查理论创新、技术与装备研究为己任，在煤地质理论和勘查技术保障领域取得了一系列卓有成效的研究成果，尤其在我国西部复杂山区、厚黄地区及沙漠戈壁等地区均成功完成了数十项找煤和勘探工作，形成了煤炭资源综合勘查的模式和技术体系。

1. 技术体系确立原则

煤炭资源综合勘查是一个技术经济问题，各类技术手段的使用条件和所能解决的问题不同，应根据研究区具体的情况选择不同技术手段的匹配，并能够综合运用，必须强调具体情况具体确定，更不能脱离研究区作业条件和当前技术装备水平。技术体系模式的确立应遵循以下原则。

（1）根本性原则：是煤炭资源综合勘查的核心原则，应根据勘探目标和任务，从研究区的地形地貌、地质构造、煤岩物性条件出发来组合最佳技术手段。

（2）实用性原则：是煤炭资源综合勘查的基本原则，应充分注重技术方法的适用条件和应用效果，正确组合，合理确定工程部署和施工方案。

（3）综合性原则：充分利用各类技术手段的优点，采用新技术、新装备，以提高勘探地质效果为根本，注重相互之间的配合和验证。

（4）精细化原则：在勘探过程中应理清问题，突出重点。注重试验工作，强化技术手段的布置方式和施工方法优化，重视三边工作。

（5）经济性原则：遵循节约勘查投入原则，有效降低投资风险，提高资金利用率，努力实现技术体系有效组合，取得最佳地质效果。

（6）兼顾性原则：煤炭资源勘查坚持以煤为主、综合勘查、综合评价工作原则，同时做好与煤共（伴）生的其他矿产的勘查评价工作。

2. 技术体系构建工作流程

煤炭资源综合勘查已成为当前煤炭地质勘查和研究的重要方向，科学系统地总结和构建综合勘查技术体系、突出关键要素仍是目前有待解决的问题，在对典型工程实例剖析的基础上，结合以往施工经验，提出煤炭资源综合勘查技术体系构建工作流程（图1.23）。

1.7.2 煤炭资源综合勘查模式应用案例

本节举例介绍典型地质地貌条件复杂地区的深部煤炭勘查模式，结合在陕西省黄陇侏罗纪煤田西南缘某地区深部煤炭的勘查过程，说明勘查技术在新区找煤和煤炭勘探中的有效组合应用及其取得效果。

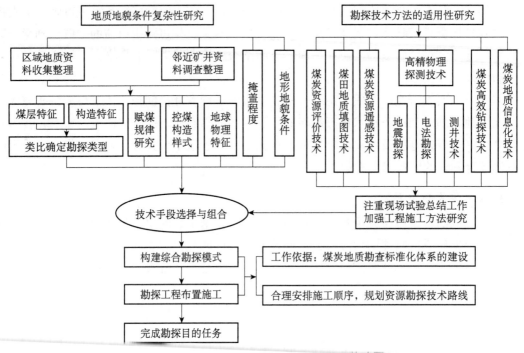

图 1.23　煤炭资源精细综合勘查技术体系构建图

1. 基本特点

研究区位于陕西省黄陇侏罗纪煤田西南部,面积约为 730km²,地处鄂尔多斯煤盆地西南缘地带,属掩盖式含煤区,含煤地层为侏罗系中统延安组。该区具有以下几个特点:以往煤炭地质工作程度低,资料匮乏;区域成煤环境稳定性较差,煤炭赋存规模推测有限;煤系沉积基底构造控煤明显,但形态复杂;煤层埋藏较深,上覆白垩系巨厚层状砾岩;地形地貌复杂,沟壑纵横,侵蚀冲刷强烈。

2. 综合勘查模式

1) 勘查模式构建

首先从区域地质背景出发,充分利用区域地质、物探资料分析研究聚煤规律和赋煤构造格局,类比确定研究区勘探类型。在充分开展试验的基础上,根据煤岩物性特征和地形地貌条件,技术方法采用了以煤田地质填图、物探(二维地震勘探和测井)和钻探有机结合的综合勘查模式。为了有效降低勘探投资风险,选择煤田地质填图先行,二维地震勘探紧跟,快速扫面,利用二维地震圈定煤层赋存范围和有利区块,再施工适量钻探工程进行验证,再由点到面、点面结合,筛选勘探靶区,最后全面加密开展勘探工作,实现目标(图 1.24)。

2) 精细勘探控制

(1) 加强含煤地层和聚煤规律的地质研究工作。

聚煤作用是古植物、古气候、古地理和古构造的综合作用,在时空上具有规律性特征,

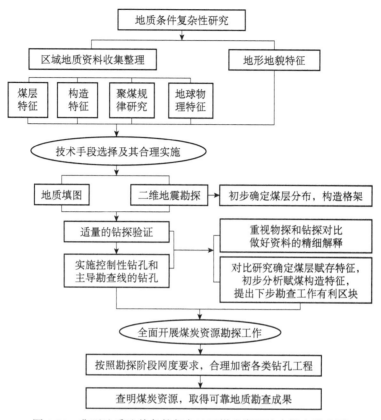

图 1.24 典型地质地貌条件复杂地区煤炭资源综合勘查模式图

对于指导找煤和勘探具有重要的理论意义。通过对区域资料分析研究表明,影响研究区含煤性因素主要为成煤期的古地貌和古沉积环境,尤其沉积基底古地貌(构造)形态是控制煤层聚积的前提,凹陷区煤层沉积厚,隆起区煤层沉积薄或无沉积,规律性明显(图 1.25)。

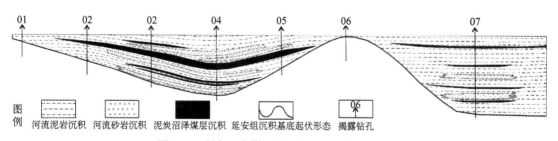

图 1.25 研究区含煤地层延安组沉积断面示意图

(2)充分开展方法试验,合理地布设地震测线。

研究区沟壑纵横,地形相对高差较大,区内多为植被覆盖,沟谷河床内有卵石、流沙。复杂的地表条件对地震野外施工的测量选点、测线布置及检波器的埋置等带来极大的困难,无法采用常规直测线施工,且导致速度横向变化很大,不利于地震波的激发和接收。加之沟谷内坡积冲积物中含有鹅卵石,局部鹅卵石较厚,对地震波的激发和接收有强烈的干扰作用,因此,表、浅层地震地质条件较差。

鉴于研究区复杂的地形地貌条件，按照"避高就低、选择良好的激发条件"的数据采集原则，打破常规采用往沿沟（谷）非规则布线（弯线）方式布设（图1.26），缩小接收道距、加大排列长度、增加覆盖次数，尽可能趋利避害。测线布设遵循以下基本原则。

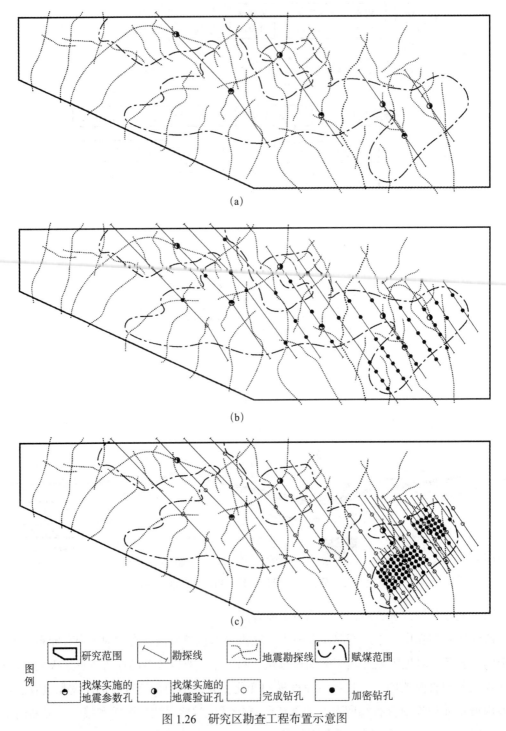

(a)

(b)

(c)

图 1.26　研究区勘查工程布置示意图

（a）地面物探钻孔验证实施阶段；（b）含煤有利区块的普查工作阶段；（c）靶区的煤炭资源勘探工作阶段

①采用沿沟谷不规则布置，力争主要测线之间通过支沟布设联络线或相交，尽可能形成一定测网密度，且相交测线在施工中保证有一定的重叠，以便对地震剖面进行对比、追踪。

②地震测线尽量垂直地层走向，大多数测线为近南北向。

此外，充分开展野外试验工作，并在具体施工过程中根据需要，及时补充。试验内容包括噪音分析、激发与接收条件选择、观测系统参数的确定、检波器组合与仪器因素的选择等。

（3）合理规划工作安排，力争提高资金回收率。

合理的勘查工作安排，能够有效降低投资风险，也可提高资金的回收率。制定规划研究区煤炭资源勘查的技术工作路线。

第一阶段煤炭地质填图（了解地表地质特征，指导物探工作）。

第二阶段实施地面物探（开展完成二维地震勘探的扫面工作）。

第三阶段开展钻探验证（施工适量钻探进行物探成果的验证，筛选含煤有利区块）。

实践证明，研究区内含煤地层和煤层呈不连续片状分布，主要受到含煤地层沉积基底三叠纪古地形的控制规律明显，在沉积基底古隆起区域较薄或缺失，凹陷地带沉积较厚。其中在东部地区煤层埋藏相对较浅，构造简单，认为具备进一步工作的价值，建议开展煤炭普查；西部地区煤层埋藏较深，构造复杂，综合区内地形、交通、经济等因素，认为不具备进一步工作的价值，建议暂缓。

第四阶段开展含煤有利区块的普查工作（加密钻探施工，筛选勘探靶区）。

第五阶段完成靶区的煤炭资源勘探工作（全面加密实施探煤和水文孔等）。

（4）重视物探钻探对比，做好资料的精细解释。

地震勘探边施工、边处理、边解释，并与钻探紧密结合，取得很好的综合勘查效果，确定研究区煤层反射波的地震判识标志，达到精细勘探的目标（图 1.27）。

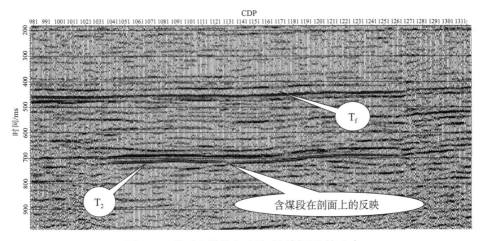

图 1.27　典型含煤段在地震时间剖面上的反映

3. 勘查效果

通过勘查，查明了研究区煤层赋存和煤炭资源分布情况，优选靶区，最终提交煤炭资源勘探报告，获得的资源量能够满足规范《煤、泥炭地质勘查规范》对建设大中型井的要求。

实践证明，采用合理切实的综合勘查模式，实现"物探快速扫面、钻探点面结合"快速勘查，合理的施工安排和路线规划，有效指导勘查工作部署和调整，一方面对于降低了企业投资风险、将有限资金投入到有潜力的地区勘查提供了科学依据；另一方面也为同类地区开展煤炭资源勘查积累了经验。

1.8 煤与煤层气综合勘查技术

1.8.1 综合勘查的任务原则

煤与煤层气综合勘查有利于国家对煤炭和煤层气资源勘查及开采的管理，并可有效解决煤炭、煤层气矿业权重叠问题，促进煤炭和煤层气资源综合开发利用，也可达到节约投资的目的。为此，国土资源部于 2007 年下发《关于加强煤炭和煤层气资源综合勘查开采管理的通知》（国土资发 [2007]96 号）。2013 年，西安研究院自筹资金立项"煤与煤层气综合勘查技术规程"项目，开展相关研究，并完成了陕西吴堡、杨家坪、老爷岭等多个井田的煤与煤层气综合勘查工程。

1. 煤炭、煤层气勘查任务

煤炭地质勘查主要是对煤矿床的地层、构造、煤层、煤质、水文地质条件、工程及环境等开采技术条件，其他有益矿产、资源 / 储量及经济概略研究等内容进行调查研究，煤炭勘查分为预查、普查、详查和勘探四个阶段。煤层气勘查是采用一定的技术手段，通过野外地质调查、综合研究对比及煤层气勘查工程，依照不同的经济技术指标测算分析煤层气资源量的特点、分布状况、规模序列，为勘探开发方案设计及工程施工等提供科学依据。目前国内一般将煤层气资源勘查划分为煤层气选区、煤层气勘探和煤层气开发三个阶段。

煤炭和煤层气勘查各阶段勘查的目的和任务不同，但随着勘查工作的深入，对其研究程度和控制程度均逐步提高，综合勘查要达到煤炭和煤层气各阶段勘查的要求。

2. 综合勘查原则

煤与煤层气综合勘查应遵循以下原则：

（1）煤与煤层气综合勘查是煤炭资源和煤层气资源开发利用的前期基础工作。其主要任务是为煤炭产业的远景发展规划、煤层气资源的开发利用提供地质依据，并为煤层气资源勘探、开发、利用和科学研究积累资料。

（2）煤与煤层气综合勘查应从工作地区的实际情况和煤炭、煤层气资源开发的实际需要出发，以合理的投入和较短的工期，取得最佳地质效果，提交合格的综合勘查报告为目标。

（3）煤与煤层气综合勘查必须以先进的地质理论为指导，尽可能采用国内外先进的技术和装备。

（4）煤与煤层气综合勘查应遵循"统一规划、综合勘查、综合评价、合理开发"的原则进行。煤层气资源勘查应与煤炭资源勘查同步进行，煤炭资源勘查的同时完成煤层气资源勘查，获取最大的技术经济效益。

1.8.2　综合勘查技术体系

煤与煤层气综合勘查技术以煤炭勘查阶段划分为基础，整合煤层气勘查工作内容，明确煤与煤层气综合勘查各阶段的工作内容与工作目的，确定各阶段所要达到的认识程度和各阶段的控制程度（图 1.28）。

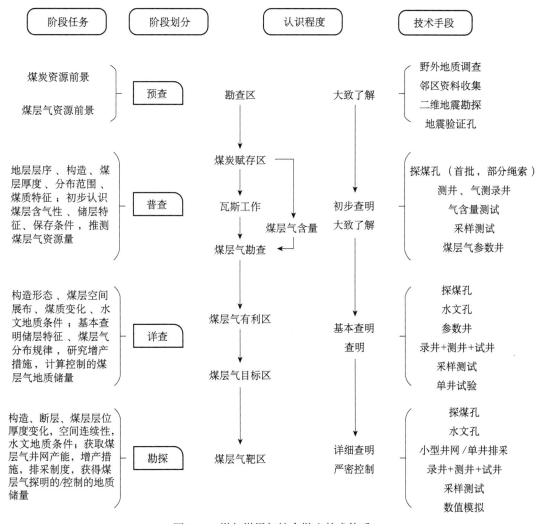

图 1.28　煤与煤层气综合勘查技术体系

煤与煤层气综合勘查以煤炭资源勘查为基础，整合煤层气资源勘查过程，仍遵循煤炭资源勘查预查、普查、详查、勘探的阶段划分原则，分析各阶段煤层气勘查工作开展的可能性，确定各阶段综合勘查的工作内容、工作目的，厘定综合勘查各阶段的地质认识程度和工作内容的控制程度；煤与煤层气勘查工程统一规划、统一部署，保证综合勘查工作的衔接性，减少施工重复，达到"一井多用"，提高煤与煤层气综合勘查的工作效率，在勘查阶段以较少的投资、较短的时间完成煤、煤层气的勘查评价工作（图 1.28）。

1.8.3 综合勘查实例

2007 年来，西安研究院已在多个煤炭勘查区、井田实施煤与煤层气综合勘查，积累了宝贵的经验，现以陕北吴堡矿区某井田为例进行煤与煤层气综合勘查介绍。

1. 综合勘查工程部署

1）勘探方法

勘探工作选择以机械岩心钻探为主要手段，配合开展地质及水文地质填图、工程及环境地质调查、二维地震勘探、地球物理测井、工程测量、水文孔抽水试验、采样测试等综合方法进行。

2）综合勘查工程部署原则

勘查工程布置遵循满足资源量查明程度对煤层的控制的要求。为了准确获取主采煤层的煤储层基础参数，充分反映区内煤层气（瓦斯）的赋存规律，正确评价区内煤层气的可采性，煤层气参数孔的布置在满足工作程度的要求下，以合理的投入和取得最佳的地质成果为准则。

3）钻探工程布置

根据上述原则，在井田内布置探煤孔 69 个，布置煤层气孔兼探煤孔 11 个。其中探煤孔兼煤层气参数孔 5 个，生产试验井 1 个（HG02 井），小型生产试验井组 1 个（HG05、HG09、HG10、HG11、HG12 共 5 口井）。煤层气孔均为"一井多用"，兼作探煤和获取煤层气参数、煤层气开发之用。HG02 井、HG05 井、HG09 井、HG10 井、HG11 井、HG12 井除作为煤层气参数孔外，要进行储层改造试验和排水采气工作，兼作开发井之用。

所有探煤钻孔均设计进行地球物理测井工作，水文孔根据设计进行水文测井工作，煤层气参数井和煤层气开发试验井均设计进行煤层气测井工作。

2. 综合勘查成果及分析

通过煤与煤层气的综合勘查，完成了煤炭地质勘查和煤层气勘探任务，查明勘查区地层、煤层情况，获得勘查区煤炭资源量，查明井田水文地质、工程地质、环境地质等开采技术条件；获得了煤炭、煤层气资源量及可采储量，评价了煤炭和煤层气资源开发潜力。

1）煤炭资源勘查

研究区整体为一套地层走向近南北，倾角为 4°～7°，向西缓倾的单斜构造，构造简单。含煤地层主要位于山西组下段和太原组，共含煤层 5～16 层，其中可采煤层 5 层；S1、T1 煤层为全区可采的稳定型中厚煤层。

山西组煤以半光亮型煤为主，光亮型煤次之，太原组煤主要为光亮型煤，其次为半光亮型煤。各煤层煤的镜质体最大反射率（R_{max}）为 1.102%～1.429%，可采煤层以焦煤为主，次为瘦煤和肥煤。

S1 煤层属于低水分、中灰、中等挥发分、特低硫、低磷、高热值、含油的中等变质阶段烟煤。T1 煤层属于低水分、中灰、中等挥发分、中硫、低磷、高热值、含油的中等变质阶段烟煤。

含水层主要为第四系松散岩类孔隙、裂隙潜水，基岩风化裂隙潜水，二叠系、三叠系碎屑岩裂隙承压水，石炭系碳酸盐岩夹碎屑岩裂隙溶隙承压水及奥陶系碳酸盐岩岩溶水。厚层泥岩和黏土为主要隔水层。

工程地质勘探类型应为以层状岩类为主的工程地质条件中等型至复杂型，即Ⅲ类Ⅱ型（山西组）至Ⅲ类Ⅲ型（太原组）。

区内 6 层煤层煤炭资源量 138314 万 t，其中探明的内蕴经济资源量（331）11217 万 t，控制的内蕴经济资源量（332）33710 万 t，探明的＋控制的资源量约占总资源量的 32.5%；推断的内蕴经济资源量（333）93387 万 t，约占总资源量的 67.5%。

2）煤层气勘查

区内主要煤层的气含量较高，为 6～16m³/t。

煤的空气干燥基 Langmuir 体积为 11.40～22.87m³/t；Langmuir 压力为 1.20～2.78MPa，平均 1.87～2.41MPa。

S1 煤储层压力为 4.43～8.47MPa，压力梯度为 0.877～1.080MPa/100m，属正常压力储层；T1 煤储层压力为 5.06～10.83MPa，梯度为 0.816～1.045MPa/100m，平均为 0.942MPa/100m，同样属正常压力储层。

主要煤层煤体结构以原生和碎裂结构为主，煤层渗透性好。试井测试 S1 煤层渗透率为 $0.16×10^{-3}～10.72×10^{-3}μm^2$，T1 煤层渗透率为 $0.17×10^{-3}～9.87×10^{-3}μm^2$。

地面煤层气开发试验采用垂直井方式，对不同目标煤层开展了压裂排采试验。小型试验井组内 5 口生产试验井井间距基本在 300m 左右。于 2009 年 10 月底开始排采，2011 年 5 月 17 日排采结束。排采试气资料表明，区内气井排采试气效果差别显著。产气情况各井最高日产气量 144～2812m³/d。

HG05 井基本处于试验井组的中心位置，产气量一般为 500～1000m³/d，最高为 2812m³/d。HG10 井是区内产气效果最好的煤层气井之一，产气量一般为 500～1000m³/d，最高 2221m³/d（图 1.29）。

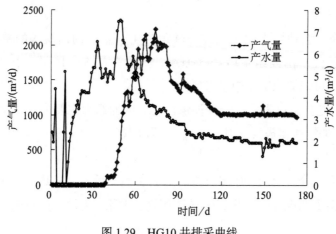

图 1.29　HG10 井排采曲线

经估算，该区煤层气资源总量为 104.51 亿 m^3，其中 S1、T1 煤层的煤层气探明地质储量为 38.78 亿 m^3，煤层气资源丰度为 0.94 亿 m^3/km^2，可采储量为 5.25 亿 m^3；控制地质储量为 64.86 亿 m^3。煤层气资源丰度为 1.39 亿 m^3/km^2。S1、T1 煤层的煤层气可采储量为 59.63 亿 m^3。

综合评价认为：该区煤层气构造及水文地质条件简单，煤层稳定，发育层数多，厚度大，埋藏浅，煤层气地质条件相对优越；煤层气含量高，气体成分以甲烷为主，含气饱和度高；主要煤层煤体结构为原生和碎裂结构，煤层渗透性好；储层压力较高；煤层气资源量丰富；前期煤层气勘探试验效果相对较好，气井产量较高，煤层气可采性好，开发潜力大。

1.9　深部煤炭资源综合勘查技术

1.9.1　深层煤矿床勘查类型与综合勘查模式

为避免与传统的"勘查类型"混淆，西安研究院提出了"煤矿床类型"或"煤矿床（勘查）类型"的概念。煤矿床类型是指从煤炭地质勘查工程角度，按照煤层赋存的基本特征和勘查难易程度，将相似煤矿床加以归并而进行的划分。不同煤矿床类型在勘查目的任务、勘查程序、勘查工程布置、勘查手段的应用等方面各具特点。

1. 影响深层煤矿床勘查类型划分的三大类因素分析

研究认为，影响深层煤矿床勘查的主要因素包括（表 1.3）：①地理条件——决定勘查工程施工的难易程度和勘查手段的选择；②开发程度——决定勘查策略和勘查工程布置；③深层煤矿床开采地质条件类型——决定勘查任务从而决定勘查技术手段的选择。

表 1.3　影响深层煤矿床勘查模式划分的三大类因素

大类	主导因素
地理条件	暴露半暴露区（山区）
	巨厚新生界覆盖（平原）区
	黄土塬区等复杂地形区域
开发程度	老矿区外围或深部
	开采煤层深部（下组煤或双纪煤田下部煤系）
	尚未开发的新区
开采地质条件	地质构造问题为主型
	水文地质问题为主型
	动力地质问题为主型
	环境地质问题为主型
	复合问题型

煤矿床类型影响因素的分析，有助于采用有效的勘查技术方法手段组合，制定合理的勘查工程布置方案和施工顺序，以实现相应的勘查目标和任务。

2. 深层煤矿床勘查类型与综合勘查模式

深部煤炭勘查模式的建立，是在浅部煤炭勘查成果基础上，按照深部煤炭安全开采技术要求，对深部煤炭资源进行合理有效的勘查，确定深部煤炭勘查类型及深部特定环境下影响深部煤炭勘查的各种地质问题，对勘查手段进行优化组合，最终解决影响深部煤炭安全开采的地质问题。

在上述分析的基础上，经过对大量典型勘查区工程实例的解剖，划分了深层煤矿床的四大类型（图 1.30），归纳总结了各类深层煤矿床（勘查区）的基本特点，提出了相应的四种勘查模式，包括勘查手段的组合、勘查程序和勘查工程布置等方面，即老矿区深部或外围勘查模式、深部新区勘查模式、复杂煤矿床勘查模式和生产矿井深部煤矿床勘查模式。

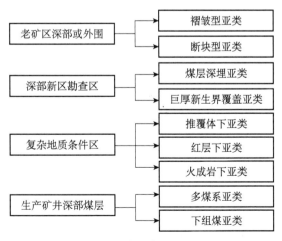

图 1.30　深层煤矿床勘查类型划分

以下对深层煤矿床四种勘查类型的特点及其相应的勘查模式加以阐述。

1）老矿区外围深部勘查模式

老矿区深部或外围的勘查方法必须从"老矿区外围"这个角度出发，在充分利用原有资料的基础上进行。由于有浅部工程揭露，老矿区深部或外围的煤炭资源比较可靠，关键是查明深部构造形态和煤层赋存状况。因此，勘查工作应该遵循由浅至深，从已知到未知的原则，在对浅部已有资料的详细分析的基础上，对矿区深部的构造形态和煤层延伸状况做出初步推断，由浅部勘查线向外延展，布置深钻控制主采煤层埋深。然后，采用适量的钻探和物探工程查明煤层赋存和开采地质条件（图 1.31）。

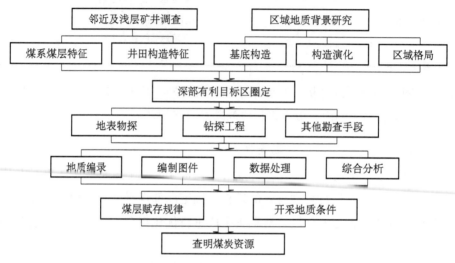

图 1.31　老矿区深部或外围勘查模式图

2）新区勘查模式

深部新区的勘查模式应该是在充分收集与整理区域地质资料的基础上，对区域聚煤规律展开详细的研究，了解聚煤环境、聚煤古地理、古构造，掌握沉积和构造控煤规律。勘查工作开始后，首先进行地面物探（地震、磁法）工作，初步确定煤层的分布范围、连续性、自然边界和剥蚀边界等。然后，有针对性地施工验证煤层自然边界及剥蚀边界的钻孔，施工控制性钻孔及主导勘查线上的钻孔，与获取的物探成果进行对比研究，去伪存真，初步掌握勘查区煤层赋存状况及地质特征，以确定下一步施工方案；根据所取得的钻探、测井、磁法、电法等勘查成果，综合确定煤层的自然边界和剥蚀边界；全面施工加密探煤孔及水文孔，以取得可靠的地质资料（图 1.32）。

3）复杂地质条件区勘查模式

复杂地质条件区勘查应重视地表和浅部地质工作，加强区域构造格局和控煤构造样式的研究，采用地质填图、槽探和井探等山地工程，配合浅钻，初步了解煤系赋存状况，在此基础上，施工物探和钻探工程，控制赋煤块段，勘查深部煤炭资源（图 1.33）。

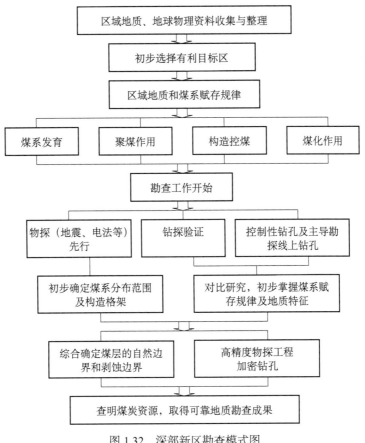

图 1.32 深部新区勘查模式图

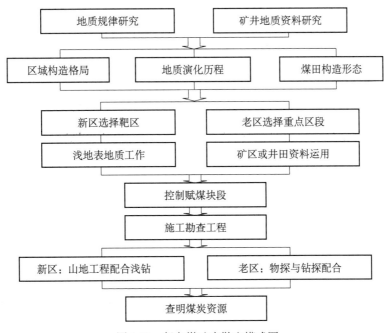

图 1.33 复杂煤矿床勘查模式图

4）生产矿井深部煤层勘查模式

生产矿井深部煤层勘查应以上部煤层勘查和开采成果为依据，着重加强对聚煤作用时间演化和地质构造垂向变化规律性的研究，在技术方法和工程布置方面，可采用井下钻探与井下物探工程相结合的方案，开展深部煤层的勘查（图1.34）。

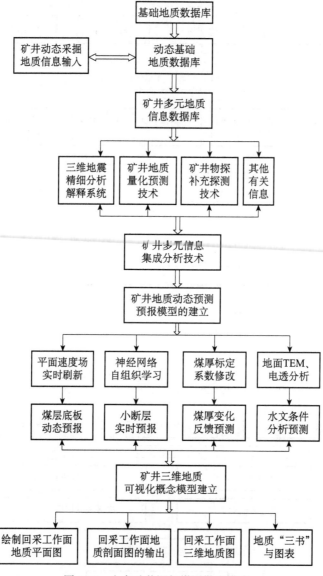

图1.34 生产矿井深部煤层勘查模式

1.9.2 深层煤矿床开采地质条件评价

按照主要影响因素，将深层煤矿床开采地质条件划分为五类，不同类型深层煤矿床开采地质条件预测评价方法如表1.4所示。

表 1.4　中国东部深层煤矿床开采地质条件分类简表

大类	亚类	主要特征	探测手段和评价方法
地质构造问题为主 I	褶皱断裂亚类 I-1	主要分布于华北含煤盆地外带变形分区，以挤压变形为特征。发育逆冲断层、断层相关褶皱等构造样式	加强区域地质研究，通过广泛收集和综合分析区域地质、地球物理、遥感资料，研究区域构造格局、地球物理场及深部构造、区域构造演化，探讨区域地质背景对井田构造的控制，揭示井田地质构造发育规律
	断裂断块亚类 I-2	主要分布于华北含煤盆地内部区，如太行山东麓诸煤田，以后期伸展变形为特征，发育高角度正断层、堑垒组合和掀斜断块组合	在浅部已有勘查成果的基础上，以三维地震勘查为主，以优先区块深钻控制和验证为辅，测井与钻探地质编录相结合，构建深层煤矿床地质构造综合探测技术方法体系
	顺层滑动构造亚类 I-3	华北南部豫西诸煤田最为典型，以发育顺层和近顺层断裂为特征。煤层流变强烈、煤厚变化大、构造煤发育，构成所谓"三软"煤层，并带来煤与瓦斯突出、顶板管理等问题	以钻探资料、地面物探资料、矿井物探和地质编录资料为依托，加强对多源数据的对比和复合分析，运用数理统计、模糊数学、分形几何、人工神经网络分析等数据处理和预测方法，对深部进行地质构造发育规律预测和分区定量评价，提高对矿井构造形态的控制程度
水文地质问题为主 II	老空水亚类 II-1	积水范围及边界不准确	在对采空区和小窑积水范围调查的基础上，运用井下钻探和物探相结合的手段查明积水边界
	深部高压岩溶水 II-2	华北石炭纪—二叠纪煤田以岩溶水为代表的煤矿床地质条件十分复杂，广泛发育有太原群和奥陶系强岩溶含水层，底板高承压岩溶水对生产威胁极大	勘查手段应采用包括三维地震、井下瞬变电磁和水化学在内综合勘探方法，辅之快速钻探方法，结合抽水试验和流量测井分析，查明预采煤层的富水性，与奥陶系灰岩顶界面之间的厚度，摸清灰岩及灰岩溶洞分布规律，导水断层及其裂隙带的探测，深入了解岩溶水、地表水与煤系地层含水层水力联系情况及对深部煤炭开采的影响
动力地质问题为主 III	地应力亚类 III-1	在深部开采高地应力作用下，岩体塑性变大，矿山压力显现加剧，围岩移动剧烈，巷道产生变形和破坏严重，煤岩破坏过程强化，冲击地压危险性增加	在充分收集深部矿区地应力测量、巷道矿压观测等数据，并随着采深增加作必要的补充测量的基础上，结合反演计算及数值模拟计算出表征深部应力场的参数，对矿区深部地应力场进行预测研究
	矿井瓦斯亚类 III-2	随着开采深度加大，地质条件更为复杂化，煤岩中瓦斯含量、瓦斯压力普遍增加，地应力增大，煤（岩）和瓦斯突出的危险性增大。低瓦斯矿井变为高瓦斯矿井，低瓦斯矿井中出现高瓦斯区	由浅入深，开展深部瓦斯预测。利用已采深部矿井实测资料，建立数学模型，研究深部区域的瓦斯涌出规律，分析致灾因素。勘查手段主要是采用深钻结合测井组合圈定构造煤发育的分布范围，推断断层含瓦斯分布情况，快速测定瓦斯压力，预测瓦斯突出区域
环境地质问题为主 IV	深部高温热害 IV	随着开采深度的增加，原岩温度不断升高，开采与掘进工作面的高温热害日益严重。深采煤矿床地温场的形成主要取决于三组影响因素：区域深部热背景、地壳浅部热传导条件的空间变化、附加热源存在与否及其强度	通过钻探取得的实际资料有限，而其他方法如地球物理勘探、水化学方法、同位素方法等都是间接手段，其结果普遍存在多解性。有效的途径是采取多技术方法融合，相互验证。在区域构造背景分析基础上，利用大地热流方法确定矿区热背景及传热方式；通过地质构造调查与填图、物探等方法确定地热系统热储空间展布和范围；用钻孔水文地质试验求取热储层参数，深孔地温测量圈定热异常面积，采用地球化学温标、同位素水文学方法、水-岩之间化学反应的化学热力学模拟评价等方法进行热储温度预测
复合类型 V		深部煤矿床深部构造、水文地质、动力地质、环境地质条件中有两项以上为主	针对主要问题展开相应工作，参照上述各项的要求进行

1.9.3 应用实例

1. 深部新区找煤——以陕西彬长勘查区为例

1）地震野外采集的方法试验

以彬长矿区高家堡勘查区煤层赋存深度为 750～1200m，地表属于典型的黄土塬区地貌，沟、梁、塬、峁、坡发育，黄土厚度一般为 200m 左右，地震地质条件非常复杂。野外采集的主要难点表现在：①试验区属于典型黄土地貌，冲沟、陡坎、梁峁发育，地形高差变化大，区内最低处高程约为 915m，最高处达 1204.35m，地表地形条件复杂；②勘探区内地表被第四系黄土覆盖，厚度约为 160m，吸收衰减严重，地震记录能量弱、信噪比低；③厚黄土区的相干干扰、次生干扰、谐振干扰严重，资料信噪比低。为此，在该区深层煤矿床地震采集之初，开展了激发条件、覆盖次数和非纵观测等试验。最终确定了测线布设的方案。

鉴于黄土塬区复杂的地形地貌条件，数据应该按照"避高就低，选择良好的激发条件"的原则，打破常规观测系统中炮点均匀布设、检波线等距搬家的模式，首先要确保的是保证激发点的位置能够尽可能地避开厚黄土覆盖区。这一点对于二维、三维地震数据采集是同样的。但是，三维地震在施工中有别于二维地震的最大优势，就在于考虑到地震勘探的"炮点-检波点"符合互换原理，三维地震的炮点布置可以更加灵活，而二维地震则不然。

为此，在该区煤炭资源概查阶段的二维地震勘探测线布设，采用"弯线与直线相结合、纵测线与宽线相结合"的原则，缩小接收道距、加大排列长度、增加覆盖次数，以尽可能趋利避害。

2）地震数据处理的对比效果

该示范区二维地震资料处理，重点需要解决好静校正和低信噪比资料的处理。常规的静校正是通过建立近地表结构模型来实现的，如绿山折射静校正、近地表层析反演等，而在诸如黄土塬区等复杂地震地质条件下，仅依靠绿山静校正软件还不够，因为这些地区往往缺少一个相对稳定的折射界面。因此，在绿山折射静校正的基础上，还有必要进行残余静校正。在绿山折射静校正之后，重新拾取初至，在共炮点道集上进行初至拟合，求取残余静校正量加以校正，而后在共接收点道集、共偏移距道集和共反射点道集上进一步检查、校正。这样，类似于在绿山软件建立的一个近地表、长波长模型上，叠加一个近地表、短波长模型，可以获得较好的静校正效果，克服地形的不利影响。

与加拿大 Kelman 公司，以及国内地矿、煤炭系统计算站地震对比，国内外计算站的处理效果基本相当，与钻探控制的地质剖面都很接近。相对而言，地矿系统计算站的处理剖面信噪比较高，但是去噪显得较重；煤炭系统计算站处理的剖面保真性较好，波的动力学特征得到保持；Kelman 公司处理的剖面分辨率较高，保真度较好。

3）勘探效果

为了快速查明高家堡勘查区的煤炭资源分布范围，加快西部地区煤炭资源开发步伐，在以往地质资料与区域地质规律综合分析的基础上，确定出煤炭普查前该区的含煤预测范围，并在此基础上，选择预期的最佳含煤地段，布置找煤钻孔，并进行实际勘查。

对该区在巨厚黄土塬区开展深层煤矿床地震勘探的可行性进行了技术论证，并开展了充分的现场试验，提出在该区复杂的地表条件（黄土塬区）、复杂的地下条件（煤层赋存不稳定）、煤层埋深较大（大于 800m）等诸多不利因素存在的情况下，地震勘探具有可行性，可以为普查阶段的一种快速勘查手段，应该采用"地震先行、钻探验证、综合勘探"的勘查模式，现场应用效果较好。

2. 生产矿井深部勘查——山西西曲勘查区实例

1）勘查区选择依据

山西西山煤电集团公司西曲煤矿目前主采 2、3 号煤层，该煤层煤质较好，属于优质炼焦煤。在 2、3 煤层的 22504 工作面掘进中，多次与小煤窑越界的巷道打通，给安全生产带来严重影响。2、3 号煤层煤层厚度平均为 3m 左右，其顶板为砂泥岩及煤线互层，底板为砂岩。在 2、3 煤层之下赋存的 4 号煤层，平均厚度为 4m 左右，也是主要可采煤层，4 号煤层顶板上距 2、3 号煤层底板为 7～8m。因此，在 22504 工作面之间以砂岩为主，下部的 4 号煤层，是否存在小煤窑破坏，小窑巷道的具体位置及冒落高度如何，这一切对于保证 22504 工作面生产时大型采煤机械设备的安全至关重要；同样，4 号煤层是否遭到小窑破坏，是否具有经济可采价值，对西曲煤矿的生产决策与接续也有重要意义。

该矿地表地貌复杂，地形切割强烈，沟谷纵横，全区最大高差为 300m，交通困难，地表大面积为第四系黄土覆盖，地震地质条件复杂；煤层埋藏较深，小煤窑采掘系统混乱，难以通过地面钻探与物探手段加以解决。

针对上述特殊问题，利用煤矿井下综合探测模式，采用了包括高密度电法、超浅层地震、瑞雷波、浅层 CT 层析成像等多种综合技术手段进行快速探测与综合解释，并进行了钻探验证，取得了良好的效果。

2）工程布置与施工

井下超浅层地震勘探采用 SUMMIT 仪器采集、144 道接收、道距 0.5m、炮距 2m、中点敲击、3 次垂叠、采样率 0.25ms、记录长度 250ms 的采集参数进行施工，测线沿 2、3 煤层巷道底板布设。

高密度电法采用 1m 电极间距施工，无穷远电极布置在相对潮湿，接地电阻较小的位置，距第一个测量点 200m 处，满足无穷远与测量最大深度的 5～10 倍距离。电法测线与地震重合。

瑞利波探测是在井下地震与电法确定的综合异常点上开展的，以便于对 4 号煤层小窑巷道的边界位置、冒落高度进行准确定位，之后提交钻探验证。

为了验证物探解释结果，矿方进行了四个钻孔的钻探工程验证，结果为：两个钻探点未见小窑采空，两个钻探点有采空区异常，钻探显示为空洞。

在深部下组煤的综合勘探中，采用了包括井下超浅层地震、高密度电法、瑞雷波检测和钻探验证等综合技术手段，首次提出下组煤存在采空区的结论，并获得钻探验证。但是，由于目的层深度较浅、井下施工环境复杂，物探解释具有一定的多解性，另外限于井下施工只能沿巷道进行，造成物探资料在平面位置上难以进行连续对比追踪与解释，计划对于工作面下方的老窑采空区的范围和联通情况，开展井下三维地震探测，以确保安全高效生产。

1.10 石煤、泥炭与煤的伴生矿产评价

1.10.1 石煤资源评价

石煤是地质历史时期由近海、潟湖、海湾环境的菌藻类等低级生物遗体经腐泥化作用和高级煤化作用阶段转变而成的少碳低热值可燃有机岩石。热值较高的石煤可用作火力发电，烧制水泥、炭化砖、制造化肥等。同时，由于菌藻类具有吸附钒、铀、钼、镍、铜、钴等金属元素的特性，石煤还可以作为提取这些多金属矿产的原料。

石煤的成因机理是海水中菌藻类等低等生物与胶状硅质或泥质在还原环境下沉积，经生物作用、化学作用和生物化学作用，使这些有机质逐渐分解出富含 H_2S、CO_2、CH_4 等气体的腐泥质。这种作用循环往复，有机质比例不断增加，再经复杂的成岩作用过程形成"石煤"。

我国是世界上少数几个拥有石煤资源的国家之一，有 250 余年的开发利用历史。20 世纪 60 年代末到 80 年代初，西安研究院承担完成了原煤炭工业部的南方十二省区石煤资源综合考察项目，提交的《中国南方石煤资源综合考察报告》指出，我国南方石煤赋存于震旦系、寒武系、奥陶系、志留系中，以震旦系上统和下寒武统分布最为广泛。地域上，石煤广泛分布于秦岭及其以南的陕南、川北、鄂西北、浙西、湘西北、赣北、豫西、黔北、粤北、皖南、甘南等缺煤地区。根据大地构造性质及沉积特征的差异，将南方石煤分布区划分为秦岭含石煤条带、扬子含石煤条带、江南含石煤条带、东南含石煤条带四个条带。同一含石煤条带内部，由于次级构造活动的差别，成煤期和含煤性的不同，又进一步划分为洛南 - 栾川、仁怀 - 桐梓、神农架、丹寨 - 松桃、涟源 - 孟阳、上饶 - 绍兴、汝城 - 崇义、江华 - 连县等 26 个石煤区。估算南方 10 省区石煤资源 / 储量为 618.8 亿 t，探明储量 39.9 亿 t，其中湖南省的石煤资源 / 储量为 187.2 亿 t，占全国总储量的 30.3%；广西居次，浙江第三（表 1.5）。综合分析了与石煤共伴生元素赋存特征与资源潜力，指出该区与石煤伴生的金属与非金属元素达六十多种，其中钒、钼、铜、镓、镉、铀、银、稀土、钇、钐十类元素均在边界品位以上，钒矿（V_2O_5）资源 / 储量达 11797 万 t，已探明储量 849 万 t；沉

积型磷矿已探明储量 19 亿 t。

表 1.5　我国南方十省区石煤及 V_2O_5 资源 / 储量

资源类型	湖南	湖北	广西	江西	浙江	安徽	贵州	河南	陕西	合计
石煤 / 亿 t	187.2	25.6	128.8	68.3	106.4	74.6	8.3	4.4	15.2	618.8
V_2O_5/ 万 t	4045.8	605.3	—	2400.0	2277.6	1894.7	11.2	—	562.4	11797

1.10.2　泥炭资源评价

泥炭是大量沼泽植物死亡后，在厌氧条件下经细菌不完全分解逐渐堆积而成的初始成煤物质。因其有机质和腐殖酸含量高，营养丰富，无菌、无毒、无污染，质轻，通气性好、持水、保肥，被广泛用作栽培土基、改良土壤、燃料、化工和建筑材料。

我国是世界上泥炭资源丰富的国家之一，南起海南省，北迄黑龙江，西始西藏、东达东海之滨，其间高原、平缓、山地、湖泊，均蕴藏有泥炭矿产。20 世纪 70 年代，为了响应国务院"要广开肥源"号召，西安研究院先后承担了"黄淮五省泥炭资源考察和研究"（1976～1978 年）、"黑龙江不同类型泥炭的质量评价"（1983～1985 年）、"我国重点地区泥炭性质的研究及其资料汇总"（1986～1987 年）、"成煤泥炭质资料和沼泽环境的演替"（1986～1987 年）、"中国第三纪泥炭薄煤的研究"（1986～1988 年）等项目。项目在大量科学考察、试样鉴定、综合分析的基础上，对泥炭性质、形成环境、资源潜力和开发利用价值进行了科学评价。现以"黄淮五省泥炭资源考察和研究"为例，说明其采用的技术手段与成果。

黄淮地区地处我国东部沿海，北起塞北高原、南止江南水乡。项目以黄淮五省（冀、鲁、豫、皖、苏）及京津两市为研究区，通过泥炭地质考察调查、地质填图、钻探、取样、测试，取得了详实的基础资料。经过综合分析，将区内泥炭成矿类型归结为河漫滩型、潟湖型、沟谷型、洪积扇缘洼地型、废河道型、湖泊型；对比分析了研究区泥炭分布特点及其形成因素，指出泥炭分布是地质、地貌、气候及水文条件等各种要素综合作用的结果，有时某一两个要素在一定时期表现为间接的作用，而在另一时期却成了直接作用的要素，具有显著的不均匀性和非均衡性，具有南部和北部多于中部，东部多于西部，平原多于山地丘陵的特点。研究区泥炭分布面积 3462km²，泥炭资源 / 储量 17.5 亿 m³，其中埋藏泥炭 16.5 亿 m³，约占全国埋藏泥炭的 16.5%，以江南、皖南最多，河北其次，其余省、市较少。全区 577 个县（市）中有 204 个县（市）有泥炭资源，其中有 25 个县（市）的泥炭资源 / 储量大于 0.1 亿 m³，66 个县（市）的泥炭资源 / 储量大于 0.1 亿～1.0 亿 m³，113 个县（市）的泥炭资源 / 储量小于 0.1 亿 m³。

根据泥炭分布特点和成矿的自然条件，以泥炭分布的集中程度和储量作为依据，结合自然地理因素的一致性和行政区的完整性，将研究区资源划分为南部泥炭丰富区、北部泥炭多量区、东部泥炭少量区和中西部泥炭贫量区及 12 个成矿亚区（表 1.6）。

表1.6 黄淮五省市泥炭资源分区简表

区	资源/储量	范围	主要特征	成矿亚区	开发利用评价
南部泥炭丰富区（Ⅰ）	面积99398km²，资源/储量125341.99万m³，丰度1.26万m³/km²	位于南部，东临黄海，南至苏皖边省界，西北沿淮阴，向西沿淮阴、滁县、安庆、西界作为分界线。包括巢湖、芜湖、安庆、徽州、池州和江苏镇江、苏州、扬州及淮阴地区金湖县8个地区1个市	主要分布在长江沿岸谷底的河漫滩，长江三角洲潟湖密集区，部分散布于丘陵沟谷。矿点面积储量大，矿层厚0.2～1m。覆盖层厚0.2～4m，多为草本泥炭，少数为木本混合泥炭。以河漫滩、潟湖成矿类型为主，部分为山间沟谷和废河道成矿类型	长江平原河漫滩成矿亚区Ⅰ（1） 长江三角洲潟湖成矿亚区Ⅰ（2） 江南低山丘陵沟谷成矿亚区Ⅰ（3）	利于集中开采及围田，制肥和提取腐植酸综合利用 利于集中开采及围田筑塘，发展养殖和制肥提取腐殖酸综合利用 利于就地分散地开采及造田，制肥，提取腐殖酸综合利用
北部泥炭多量区（Ⅱ）	面积152920km²，资源/储量29154.51万m³，丰度0.19万m³/km²	位于北部，南至天津，东北以东沟为界，西至河北界，南到北京、廊坊、保定南界，张家口	主要分布在燕山山前平原和坝上高原的扇缘洼地、潟湖，同陆地浅湖。矿部分在山间盆地的边缘沟谷，储量规模较大，点多，北部裸露草本泥炭，矿层厚0.5～3m，南部为埋藏草本泥炭，偶见藓类泥炭之，木本次之，以潟湖、扇缘洼地成矿类型为主，部分沟谷成矿类型	燕山山前平原和坝上高原的扇缘洼地成矿亚区Ⅱ（1） 燕山山地丘陵盆谷成矿亚区Ⅱ（2） 坝上高原浅湖洼地成矿亚区Ⅱ（3）	利于集中与分散相结合开采，用于制肥，提取腐殖酸综合利用 利于集中与分散相结合开采，用于制肥，提取腐殖酸综合利用 利于集中开采，用于制肥，制作泥炭板等建筑材料、提取腐殖酸综合利用
东部泥炭少量区（Ⅲ）	面积183504km²，资源/储量17966.97万m³，丰度0.097万m³/km²	位于东部，北以济南至勃海湾为界，东北以东部临海，西北以微山湖西和济宁西市为界，南自长江口，包括泰安、潍坊、临沂、济宁、济南、烟台、菏泽南盐城通市及莱山县，淮阴的运河川东，滁阴、徐州的运河以西六安共12个地区1个市	主要分布在胶东半岛及鲁中南山地近海河谷，潟湖和鲁西微山湖等，一般矿点多，储量规模不大，以万吨计，矿层数较多，一般为0.5～1.5m，均为草本泥炭，以潟湖、沟谷成矿类型为主，河漫滩、扇缘洼地沟道类型次之	胶东半岛丘陵滨海潟湖成矿亚区Ⅲ（1） 鲁中山地沟谷成矿亚区Ⅲ（2） 苏北平原潟湖成矿亚区Ⅲ（3）	利于就地开采，用于制肥，提取腐殖酸综合利用 利于集中与分散相结合开采，提取腐殖酸综合利用 利于集中与分散相结合开采，提取腐殖酸综合利用
中西部泥炭贫量区（Ⅳ）	面积328778km²，资源/储量2593.27万m³，丰度0.012万m³/km²	位于中西部，西至河北南部南阳西界，河南西界，北到石家庄西多量区，东以鲁中山地及江淮丘陵相接，包括石家庄、邯郸、邢台、沧州、衡水、山东惠民、德州、菏泽、安徽阜阳、宿县和河南省及徐州运河以西，21个地区2个市	主要分布在豫西山地、太行山、桐柏、大别山的山间沟谷，以及华北黄淮冲积平原的河间洼地，矿点星分布，零星分布，矿层一般小于1.0～1.5m，个别0.2～0.5m，覆盖层2～8m，为草本泥炭，多为河间洼地成矿类型	豫西、太行、桐柏、大别等山地沟谷成矿亚区Ⅳ（1） 华北黄淮平原湖泊洼地成矿亚区Ⅳ（2）	利于分散开采，用于制肥，提取腐殖酸综合利用 利于分散开采，用于制肥，提取腐殖酸综合利用

以资源/储量规模、泥炭层厚度、盖层厚度、剥离系数为指标，将研究区泥炭开发条件分为三类（表1.7）。指出研究区泥炭矿以中等矿为主，小矿和大矿较少。矿层以薄层矿与中层矿为主，厚层矿极少；覆盖层以中盖层为主，剥离系数以大于2为主，泥炭开发条件不利。

以有机质和分解度为主要指标，将研究区泥炭分为三类九种（表1.8）。

表 1.7　黄淮五省市泥炭开发条件评价表

评价指标	评价分类		
储量大小/万 t	大矿 >100	中矿 10～100	小矿 <10
泥炭层厚度/m	厚层矿 >3	中层矿 1～3	薄层矿 <1
盖层厚度/m	薄盖层 <1	中盖层 1～6	厚盖层 >6
剥离系数	小 <1	中 1～2	大 >2

表 1.8　黄淮五省市泥炭分类表

有机质含量/%	分解度		
	<25%	25%～50%	>50%
30～40	贫有机质 弱分解泥炭	贫有机质 中分解泥炭	贫有机质 强分解泥炭
40～50	中有机质 弱分解泥炭	中有机质 中分解泥炭	中有机质 强分解泥炭
>50	富有机质 弱分解泥炭	富有机质 中分解泥炭	富有机质 强分解泥炭

从开发利用的不同目的出发，建立了黄淮地区泥炭等级（表1.9、表1.10）。

表 1.9　用于农业、燃料、净化污水、提取腐殖酸的泥炭等级与泥炭种类对应表

泥炭等级	泥炭种类		
一等泥炭 （腐殖酸含量大于30%）	富有机质 强分解泥炭	富有机质 中分解泥炭	中有机质 强分解泥炭
二等泥炭 （20%≤腐殖酸含量≤30%）	富有机质 弱分解泥炭	中有机质 中分解泥炭	贫有机质 强分解泥炭
三等泥炭 （10%≤腐殖酸含量<20%）	中有机质 弱分解泥炭	贫有机质 中分解泥炭	贫有机质 弱分解泥炭

表 1.10　制作纤维板、波形瓦、保暖砖、保温套管以及褥垫的泥炭等级与泥炭种类对应表

泥炭等级	制作纤维板、波形瓦与褥垫的泥炭评价	压制保温材料的泥炭评价	
一等泥炭	富有机质 弱分解泥炭	富有机质 弱分解泥炭	富有机质 中分解泥炭
二等泥炭	中有机质 弱分解泥炭	中有机质 弱分解泥炭	中有机质 中分解泥炭
三等泥炭	贫有机质 弱分解泥炭	贫有机质 弱分解泥炭	贫有机质 中分解泥炭

从农业、燃料、净化污水、提取腐殖酸看，研究区大多数是中有机质弱分解泥炭，贫有机质中分解泥炭，以及富有机质弱分解泥炭，以二等泥炭和三等泥炭为主，一等泥炭极少。

1.10.3　煤伴生矿产勘查评价方法

1. 煤伴生矿产勘查方法

煤伴生矿产的勘查主要通过煤炭资源的勘查而进行。煤炭资源的勘查过程中，将伴生矿产作为一个勘查对象，对其赋存层位、厚度、分布进行勘查和储量估算。通过对含煤区各种勘查资料的分析，寻找有益的含煤岩系伴生矿产，通过各种勘查资料，分析确定含煤岩系伴生矿产的赋存状态、厚度变化和分布，估算储量。

西安研究院做得最多、效果最好的工作是利用现有生产矿井的巷道和工作面，进行伴生矿产资源的勘查。1983～2000 年，西安研究院利用现有生产矿井，对西北、华北、华东等地的大部分矿区进行了煤系伴生矿产的资源勘查，先后查清了陕西、山西、河南等省的黄铁矿资源分布，建立了西北五省（区）煤系伴生矿产资源数据库，掌握了内蒙古、山西、河南、山东、江西等省的煤系伴生矿产资源现状。

2. 煤伴生矿产评价方法

利用化学分析、X 射线、显微镜、粒度分析仪、差热分析、电子显微镜等手段，掌握伴生矿产的化学成分、物相组成及其他物理特征。对照相应的规范和标准，确定伴生矿产属于哪一类、哪个级别，确定其利用的大致类型。如铝土矿属于几级耐火黏土、蒙脱石属于钠基还是钙基蒙脱石、高岭岩土属于陶瓷类几级或造纸类几级等。

1.10.4　煤伴生矿产利用技术

1. 煤系伴生矿产利用方向及途径

我国含煤地层中与煤伴生矿产种类较多，如高岭岩（土）耐火黏土、铝土、膨润土、硅藻土、石膏等。由于受开采条件制约，国内社会各界主要关注的以煤层夹矸、顶板或底板形式存在的煤伴生矿产，这类资源在煤层开采过程中可与煤一并采出，或利用采煤设施采出，具有开采成本低的特点。

煤系高岭岩（土）以其单一的矿物组成（主要为高岭石）和纯净的化学成分（主要为 Al_2O_3 和 SiO_2），极其良好的分散性、耐火度、电绝缘性、化学稳定性等优异的物理化学性质，广泛用于各个工业部门，其加工产品主要用作日用陶瓷、建筑卫生陶瓷、电瓷的基本原料；造纸、橡胶、肥皂及塑料工业的涂料和填料，耐火材料与水泥的原料，化肥农药、杀虫剂等的载体，医药、炼油、玻璃纤维、纺织品的填料，吸水剂、漂白剂去垢剂等的原料和载体，化工、石油、冶炼等工业部门制造分子筛的原料，工业陶瓷及特种陶瓷如切削工具、钻头、耐腐蚀器皿等的原料等。

2. 煤系高岭岩（土）加工利用技术

煤系高岭岩（土）作为一种可利用矿产资源，在利用时对其粒度、浸出活性或白度有一定要求，因此需对其进行加工，其加工技术概括分为粉碎（粒度 44μm、10μm、2μm）技术、煅烧活化技术、深加工提取 Al^{3+} 生产高附加值产品技术。

20 世纪 80 年代起，西安研究院在开展煤系伴生矿产资源评价的同时，对煤系高岭岩（土）加工技术进行大量的研究、实验和实践工作，取得了煤系高岭岩（土）干法超细粉碎技术、煤系高岭岩（土）粉悬浮动态煅烧技术、利用煤系高岭岩（土）制取高效净水剂技术、利用煤系高岭岩（土）制取超纯氧化铝技术，尤其是煤系高岭岩（土）粉悬浮动态煅烧技术，改变了之前煤系高岭岩（土）粉全部采用静态或半动态煅烧格局，对煤系高岭岩（土）加工利用起到了积极推进作用。

1）煤系高岭岩（土）干法超细粉碎技术

煤系高岭岩（土）超细粉碎［颗粒粒度 1250 目（10μm）］是煤系高岭岩（土）加工利用过程中一个很重要环节，粉碎工艺有湿法和干法之分，湿法由于工艺流程长、操作控制复杂等原因，难于实现大规模化生产。煤系高岭岩（土）干法超细粉碎技术是在综合考虑煤系高岭岩（土）性质、粉碎方式、粉碎设备发展情况的基础上，提出的适合规模化生产煤系高岭岩（土）超细粉的先进技术，具体如下。

（1）工艺流程。

煤系高岭岩（土）干法超细粉碎技术工艺流程如图 1.35 所示。首先将高岭岩（土）原矿中混入的金属杂质除去，然后再将除去金属杂质的原矿送入粗磨机（球磨机或棒磨机）磨细至 325 目（0.44μm），再将粗粉输送至超细粉碎机（冲击式）进行干法粉碎，粉碎后物料以多管旋风分级机进行分级，小于 1250 目（10μm）粉体作为合格产品，大于 1250 目（10μm）粉体返回超细粉碎机再粉碎。

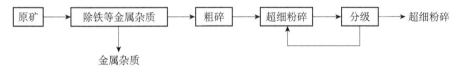

图 1.35 煤系高岭岩（土）干法超细粉碎技术工艺流程示意图

（2）技术特点。

煤系高岭岩（土）干法超细粉碎技术特点为：①高岭岩（土）在超细粉碎前进行了粗碎，既保证超细粉碎机入料要求、又提高了整个系统效率，能源消耗相对较小；②超细粉碎设备采用冲击式粉碎机，粉碎过程为干法，与湿法磨粉机或剥片机相比，在保证产品质量的前提下实现了超细粉碎连续作业，具有粉碎效率高的特点，适合较大规模化生产（如 CM51 小时生产能力达到了 200kg/h 以上）；③超细粉碎后细粒物料运输采用气力输送，实现自动控制；④整个系统为干法作业，与湿法超细粉碎相比，减少了固液分离、干燥及二次打散等作业，易于操作。

（3）适用范围。

煤系高岭岩（土）干法超细粉碎技术适用于将煤系高岭岩（土）粉碎至325目（44μm）或1250目（10μm），对煤系高岭岩（土）的产地、性质无特殊要求；因该工艺操作控制方便、处理能力大，对大规模生产煤系高岭岩（土）超细粉有很好的适应性。另外，该技术在非煤高岭土、石灰石等非金属矿的超细环节也有很好的适应性。

2）煤系高岭岩（土）粉动态悬浮煅烧技术

煤系高岭岩（土）粉传统煅烧技术分为静态煅烧和半动态煅烧两种方式，静态煅烧窑一般采用隧道窑、倒焰窑等，煅烧过程中物料基本保持静止状态，物料换热方式为辐射和传导换热，物料与热交换时间很长（一个煅烧周期一般大于3天），煅烧炉内温度不均匀、物料受热不均匀情况严重，煅烧后产品活性低，不适合大规模生产；半动态煅烧窑一般采用回转窑，与静态煅烧方式相比，物料在炉内缓慢翻动，物料换热方式为辐射和对流换热，总体仍以辐射换热为主，换热效率虽有所提高，但仍需较长时间才能完成物料煅烧，能耗仍较高。自1998年起，西安研究院率先提出了煤系高岭岩（土）粉动态悬浮煅烧方式，进行了3000t/a规模中试试验，获取了悬浮煅烧窑炉新型技术发明专利。该煅烧方式物料在炉内呈分散态，换热方式以对流换热为主，且物料与热气流换热面积大，换热效率高、换热时间短，适合大规模生产，是粉体物料煅烧技术发展方向。

（1）技术原理。

根据热力学换热理论，物料换热有热传导、热辐射和热对流三种方式，换热速率从大到小依次为热对流、热辐射、热传导。煤系高岭岩（土）粉动态悬浮煅烧充分了考虑物料换热方式的特点，将炉内物料换热方式设计为热对流换热，即物料分散悬浮在高温气体中，以单一颗粒与热气体直接换热（热对流），物料热交换面积极大，换热效率极高，可在极短时间内完成物料煅烧活化和增白。

（2）工艺流程。

煤系高岭岩（土）粉动态悬浮煅烧工艺流程示意图如图1.36所示。粉体物料从上部旋风筒之间的连接管道中进入，在上升热气流的作用下，粉体物料与气流在连接管和旋风筒

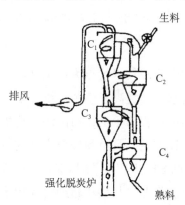

图1.36　动态悬浮煅烧工艺示意图

内进行快速换热、气固分离，分离后的废气排出，粉体物料再进入下一级旋风筒进行快速换热和气固分离，最后再进入强化脱碳炉进行进一步脱碳煅烧。总体来讲，物料是自上而下，热气流是自下而上，气固两相形成逆向运动，热气流的温度逐渐降低，物料温度逐渐升高，热利用率高。物料在系统内停留时间约数秒钟。

（3）技术特点。

煤系高岭岩（土）粉动态悬浮煅烧技术有四个特点：①进入煅烧系统的物料粒度细小，物料在气流作用下呈分散状态，与高温热空气的换热方式主要为热对流和热辐射，换热效率高，可在极短时间内完成物料脱水、脱碳，煅烧后物料活性高、反应性能好，煅烧后物料 Al_2O_3 酸浸出率可达 90% 左右，较传统静态煅烧方式提高约 30%，物料白度可达 90；②窑炉内温度分布均匀、温差小、产品质量均匀；③煅烧工艺为连续作业，工序简单、自动化程度高、可操作性强；④煅烧窑炉占地面积小，煅烧时间短、产率高。煅烧系统采用气力输送物料，系统密闭，切断了外界其他物质混入途径，产品相对纯净，设备维护简单。

（4）适用范围。

动态悬浮煅烧为分散态煅烧技术，物料悬浮在热气中，换热方式先进，热交换面积大、换热效率高、能耗低、煅烧时间短、窑内温度稳定均匀、温控条件好、可操作性强、可连续生产，同时系统占地面积小、投资小、操作环境好，适合于大规模生产，不仅适用于煤系高岭岩（土）分体活化煅烧作业，同时也适用于煅烧温度不超过 1200℃ 的碳酸钙磷石膏硅藻土、滑石、菱镁矿、石膏、叶蜡石等非金属矿粉物料的分解、煅烧作业，是各种非金属矿以及高岭岩（土）煅烧窑炉的发展方向。

3）煤系高岭岩（土）生产聚合氯化铝净水剂技术

聚合氯化铝是利用煤系高岭岩（土）中 Al^{3+} 生成的一种化学聚合物，广泛应用于各种水处理行业，是煤系高岭岩（土）在化工行业的主要利用途径。

（1）技术原理。

利用煤系高岭岩（土）生产聚合氯化铝净水剂是煤系高岭岩（土）在化工行业主要利用方向，其原理是利用盐酸提取高岭岩（土）中的 Al^{3+}，首先将高岭岩（土）粉进行煅烧活化，然后再加入盐酸浸出高岭岩（土）粉中 Al^{3+} 生成 $AlCl_3$，$AlCl_3$ 溶液经分离其中杂质固体、聚合、干燥成为聚合氯化铝净水剂。

（2）工艺流程。

利用煤系高岭岩（土）生产聚合氯化铝净水剂工艺流程示意图如图 1.37 所示：①将煤系高岭岩（土）粉磨至 200 目；②采用动态煅烧窑炉对高岭岩（土）粉进行煅烧活化；③煅烧后的高岭岩（土）粉与酸（盐酸溶液）按一定比例一并加入浸取反应釜在一定温度下反应；④用板框压滤机过滤除去反应液中固体物；⑤压滤机过滤液在泵送至聚合反应釜进行加热、浓缩、聚合得到聚合氯化铝液体；⑥聚合氯化铝液体经干燥机干燥即得到固体聚合氯化铝。

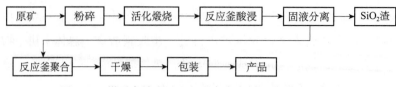

图 1.37 煤系高岭岩（土）生产净水剂工艺流程示意图

（3）技术特点。

①采用动态悬浮煅烧炉对高岭岩（土）粉料进行活化，Al^{3+} 浸出率可达 90%；②因煤系高岭岩（土）矿物成分较单一、杂质少，生产出的聚合氯化铝净水剂质量好，Al_2O_3 含量大于 30%、Fe_2O_3 含量小于 3%、水不溶物小于 1.5%、碱化度为 60%～75%。

（4）适用范围。

该技术对原料品质要求低、工艺过程短，投资见效快，适用范围广。

4）煤系高岭岩（土）生产超纯氧化铝新技术

超纯氧化铝是透明陶瓷、生物陶瓷、复合陶瓷、陶瓷传感器、陶瓷基板等陶瓷工业的重要原料。传统氧化铝生产是以铝土矿或铝矾土为原料生产，生产工艺采用碱法（拜耳法），存在能耗高、赤泥多及碱性废水多、投资大、成本高等不足。西安研究院对超纯氧化铝国内外生产技术进行了深入的研究，对利用煤系高岭岩（土）生产超纯氧化铝的生产工艺进行了探索，提出酸碱结合法新工艺。

（1）技术原理。

原矿制成 Al^{3+} 母液，经中和除去 Fe^{3+}、Ti^{2+}、Ca^{2+}、Mg^{2+} 等杂质，生成纯净的偏铝酸钠，再加酸生成 $Al(OH)_3$，经洗涤除去晶间 Na^+，生成纯净的 $Al(OH)_3$，经干燥、煅烧即为超纯 Al_2O_3。

（2）工艺流程。

利用煤系高岭岩（土）生产超纯 Al_2O_3 生产工艺流程如图 1.38 所示：①将高岭岩（土）粉碎至一定细度；②粉碎后的高岭岩（土）粉采用动态悬浮煅烧窑炉技术在中温（750～800℃）煅烧活化；③活化后高岭岩（土）粉加酸在一定温度下进行浸出反应（温度100℃）；④高岭岩（土）粉浸出反应后进行固液分离；⑤固液分离液用碱中和至碱性环境（pH＞8）；⑥对已中和至碱性的溶液进行固液分离，除去铁、钙、镁等杂质；⑦除杂后的碱性溶液进行二次中和生成 $Al(OH)_3$（pH＜8），并经去粒子水洗涤；⑧洗涤后 $Al(OH)_3$ 经干燥、1250℃下煅烧一定时间后即为 α-Al_2O_3 产品。

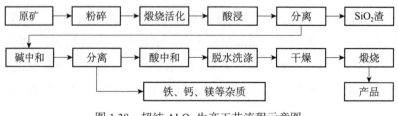

图 1.38 超纯 Al_2O_3 生产工艺流程示意图

（3）技术特点。

第一，产品纯度高，产品中 Al_2O_3 含量大于 99.9%，可彻底剔除 Fe^{3+}、Ti^{2+}、Ca^{2+}、Mg^{2+} 等杂质，高岭岩（土）酸浸反应并分离残渣后的氯化铝溶液加碱中和生成的偏铝酸钠在生产过程中是唯一的液相，而 Fe^{3+}、Ti^{2+}、Ca^{2+}、Mg^{2+} 等则以氢氧化物沉淀的形式给予去除，保证了高纯 Al_2O_3 的产品质量。第二，高岭岩（土）粉活化采用动态悬浮煅烧窑炉技术，具有煅烧时间短、煅烧后分体浸出活性高的特点。第三，生产工艺易控制，流程简单，投资少，生产环境好。

（4）适用范围。

适用于以煤系高岭岩（土）为原料生产超纯 Al_2O_3（$Al_2O_3 > 99.9\%$）项目，对煤系高岭岩（土）品质要求低。

（本章主要执笔人：贾建称，李贵红，晋香兰，舒建生，王相业，王海军，吴艳，
张培元，任忠胜）

第2章

矿井地质与煤矿地测信息技术

煤矿地质工作服务于煤矿建设和生产，是煤田地质勘查工作的继续，其工作贯穿于煤矿建设—生产—闭坑的全过程，煤矿地质工作主要研究和解决煤矿建设和生产过程中出现的各类地质问题，为煤矿建设和生产提供准确而完备的地质资料，有效预防煤矿事故，确保煤炭资源安全合理开采和利用。在煤矿建设和生产过程中，开展实时有效的地质工作能够及时指导调整煤矿建设和采掘设计，指导工程施工，可有效避免各类事故的发生，对促进煤矿安全生产，增强煤矿防灾抗灾能力，提高煤矿生产效率、节约成本都具有极其重要的意义。

本章介绍了煤炭科学研究总院在矿井地质观测与综合分析、隐蔽致灾因素探查、矿井地质类型划分、煤矿井下煤层密闭取心、矿井构造评价和煤矿地测信息系统等方面形成的关键技术。

2.1 矿井地质观测与综合分析

2.1.1 技术要求及主要内容

1. 技术要求

煤矿地质观测工作需要做到及时、准确、完整、统一。"及时"即要求所有的地质观测内容均要抓紧时间进行，现场可以观测的必须在揭露的第一时间观测完成，现场不能完成的图件等其他内容，上井后需及时整理；"准确"要求观测描述的地质内容严格符合事实或现场真实情况，描述所用的地质术语、格式符合相关规范要求，采用的观测方法符合相关规定，现场观测和记录的数据真实和准确，最后还需要观测人员进行校对，保证结果真实准确；"完整"要求观测的地质内容及相关现象完整，需要的观测内容包括观测记录、地质现象和地质现象揭露的时间、记录的地点、记录者姓名等；"统一"指地质观测不但要求现场观测描述和室内宏观、微观成果相结合，做到结论统一，还要求观测格式统一、编号统一、观测方法统一等。

矿井地质综合分析的主要目的是掌握煤矿地层、煤层、地质构造，瓦斯、水文等地质规律和随采掘（剥）等工程的发展趋势，预报采掘（剥）等工程可能出现的地质问题，采取有效防范措施，避免事故的发生。矿井地质综合分析必须以完整、准确的第一手资料为基础，应紧密围绕煤矿存在的主要地质问题，着眼当前，兼顾长远，立足煤矿，结合区域，广泛采用新理论、新手段、新技术和新方法。综合分析应以现场观测、探测和编录的信息为主要资料，综合分析内容必须准确，能充分反映各种地质现象，且内容完整齐全、不可缺项、具有连续性。要求广泛采用新理论、新手段、新技术和新方法，从而实现煤矿和谐、稳定、快速、安全的发展。

2. 主要内容

地质观测的主要内容：工程揭露的煤层、岩石类型、厚度、产状、与上下岩层的接触关系及界面特征；地质构造位置、类型、规模、产状、影响层位、运动学参数；井筒变形、巷道冒顶、片帮、底鼓；含水层产状、厚度、岩性、构造、裂隙或岩溶的发育与充填情况、出水点位置、标高、出水形式、涌水量和水温等；遇突水点时，应详细观测记录突水时间、地点、位置、出水层位、岩性、厚度、出水形式、围岩破坏情况等，系统观测突水点附近的出水点和观测孔涌水量与水位变化，测定涌水量、水温、水质和含砂量等。综合分析的主要包括：含煤地层层序、沉积特征及其演化规律；煤层结构、煤体结构、煤层厚度、煤质变化的原因和规律；构造及其组合特征、形成机制、展布规律和预测方法；含煤地层中岩浆侵入体的特征、分布规律及其对煤层和煤质的影响；瓦斯（或二氧化碳）赋存规律；水文地质特征；煤层顶底板、冲击地压、陷落柱、老空区、地热和边坡稳定性等地质问题；隐蔽致灾地质因素分析；采探对比分析；煤矿勘探、建设和生产中新出现的地质问题。

2.1.2 地质观测与综合分析方法

1. 沉积岩观测

砾岩、砂岩、粉砂岩、泥岩等碎屑岩应描述其颜色，结构、构造、矿物成分等。岩石的颜色描述，要取新鲜面进行观测，要正确说明颜色及色度深浅，进行碎屑粒度、分选度、圆度、胶结类型等结构的描述，描述岩石的构造形态，观测碎屑岩的矿物成分。

黏土岩颜色描述、成分判定，颜色的描述要与成分判定结合进行；黏土岩结构根据黏土矿物、粉砂、砂的相对含量确定，可通过断面颗粒的粗细程度判断；对黏土岩构造、固结程度、断口形状等进行详细描述，黏土岩构造包括层理、层面构造、滑动构造、团块构造、假角砾构造等，黏土岩固结程度分为好、中、差三类，断口形状一般有平整状、贝壳状、参差状等；同时要对其可塑性、吸水软化或膨胀性、黏结性，以及所含化石及其保存完整程度、结核与包裹体情况等进行描述。

化学岩及生物化学岩类应描述其颜色，结构构造，主要成分及杂质成分，硬度，所含化石、结核或包裹体大小、形态、分布情况。此外，还应观测裂隙发育特征、方向性和充填物，利用稀盐酸进行简易化学实验，观察反应情况，对碳酸盐岩的成分进行分类。

沉积岩层还应描述层理类型和特征，层面构造和接触关系等。有的煤矿地质情况复杂，煤层对比困难，应系统收集矿区及周边沉积相、沉积旋回等资料。

2. 煤层观测

煤层观测应重点观测煤层层数、厚度、结构、倾角，煤层顶、底板岩性、厚度、力学性质，煤层含水性、含瓦斯性等。

井筒、石门和穿层巷道所揭露的煤层，无论是否可采，均应进行观测和描述；沿煤层掘进的巷道（包括工作面切眼），其煤层观测点的间距，根据煤层的稳定程度按表 2.1 执行，稳定和较稳定煤层，两观测点的煤厚之差大于 0.25m 或倾角之差大于 5° 时，在两测点间必须增加一个观测点，遇地质构造时，必须测量其产状，并绘制素描图。

当巷道可以揭露煤层全厚，煤层对比方便的地区，应详细观测煤层结构、煤层厚度（用皮尺或钢卷尺垂直煤层顶、底板的层面直接测量煤层真厚度）、煤分层厚度、宏观煤岩成分和类型，夹矸（层）厚度、岩性和坚硬程度，煤体结构及其空间展布，内（外）生裂隙发育特征。当巷道不能揭露煤层全厚时，按表 2.1 的间距，利用钻探来探测煤层的全厚。

表 2.1 煤层观测点间距

参数	煤层稳定性			
	稳定	较稳定	不稳定	极不稳定
观测点间距 l/m	$50<l\leqslant100$	$25<l\leqslant50$	$10<l\leqslant25$	$l\leqslant10$

层位难以判断、煤层对比困难时，还应观测煤的光泽、颜色、断口、软硬程度、脆韧性、结构构造和内生裂隙的发育情况，煤层中结核与包裹体的成分、形状、大小、坚硬程度及其分布特征，以及宏观煤岩组分、煤的碎裂特征、煤的名称等。

观测煤层含水性，分干燥（无水）、潮（滴水）、湿（淋水）、含水（涌水）四种情况，产状要素包括走向、倾向和倾角。

煤层顶底板特征，其中包括：伪顶、直接顶、伪底和直接底的岩层名称、分层厚度、岩性特征、裂隙发育情况及其与煤层的接触关系，伪顶、直接顶板的岩性如有变化或不稳定时，需观测其厚度变化范围和尖灭点的位置。必要时，测试岩石物理力学参数，并绘制小柱状图。

当煤层变薄、分岔、合并时，应着重观测煤层的结构、煤质、厚度及煤岩层的接触关系、煤层顶底板的变化情况、围岩岩性特征，为分析煤厚变化原因，预测变薄带、可采边界、分合区界积累资料。

煤层尖灭时，应对尖灭层位进行全面观测，如观测煤和围岩的接触关系、围岩岩性特征等，分析尖灭原因，如沉积、冲刷、剥蚀、构造挤压和断裂作用，以及岩浆侵入等原因。

在煤层被冲刷的区域，应观测冲刷带岩性、冲刷标志（岩性标志、形态标志和接触面特征等），系统收集供判明冲刷类型（同生冲刷、后生冲刷）、推断冲刷变薄带方向和范围等基础资料。

煤层风氧化带等其他需要观测的内容，如与构造有关的褶曲、节理、断层、陷落柱等现象。

3. 断层观测

观测描述断层，应围绕确定其性质、断距和断裂结构面的力学属性来进行。根据观测结果判断出断层的性质、落差，做出素描图或展开图（落差大于 0.5m 时必须做素描图或展开图，并有平面位置示意图，对生产影响较大的断层要填绘在断层素描卡片上）。观测断层应按照《矿井地质工作规定》中对断层观测记录的格式进行记录。具体观测内容为：

断层面的形态、擦痕和阶步特征，断层面的产状要素（走向、倾向和倾角）和擦痕的侧伏角。

断层带中构造岩的成分和分布特征，断层带的宽度（包括内、中、外三带）和充填及充填程度、胶结物及胶结程度，断层两盘裂隙、岩溶发育情况、煤层与强含水层的实际间距（隔水层厚度）及充水性，并记录不同深度的水压、水量或冲洗液漏失量等。

断层两盘煤、岩层的层位、岩性、产状、错位和牵引特征、伴生和派生小构造（牵引构造、擦痕和阶步、羽状节理、断层角砾岩等）、断层类型（正断层、逆断层、平移断层、枢纽断层等）。

断层的切割关系及断层附近煤层厚度、煤体结构、围岩破碎程度、出水和瓦斯涌出情况等。

4. 褶皱观测

褶皱的存在对煤矿生产有着一定影响，主要表现在大型向斜轴部压力常有增大现象，必须加强支护，否则容易发生局部冒顶、大面积坍塌等事故，给煤矿顶板管理带来很大困难。有瓦斯突出危险的矿井，向斜轴部往往是瓦斯突出的危险区，由于向斜轴部顶板压力大，向斜轴部极易发生煤与瓦斯突出；在有的井田范围内，煤层底板含有大量瓦斯，向斜的轴部往往是瓦斯相对富集的部位，在井田开拓和回采过程中，由于底板的破坏，极易在底板发生瓦斯突出事故，观测褶皱应记录褶皱形态（背斜、向斜等）、两翼产状；褶皱位置、轴面（枢纽面）、走向（枢纽的走向）、倾伏向和倾伏角（针对倾伏褶皱），并对褶皱中煤层厚度、煤体结构变化及顶底板破碎程度进行描述。

5. 岩浆岩体观测

查明岩浆岩的性质、结构构造及展布范围，对煤矿的开采有重要意义，观测岩浆岩应按照《煤矿地质工作规定》中岩浆岩体观测要求的格式进行记录。

岩石名称、颜色、结构构造、矿物成分、结晶与自形程度、分布排列特征，参照《岩石分类和命名方案——火成岩岩石分类和命名方案》（GB/T 17412.1—1998）进行观测。观测岩体产状、形态、厚度、侵入层位，分析岩浆岩体分布特征对煤层厚度和煤质的影响。

6. 陷落柱观测

陷落柱是影响我国一些煤矿正常采掘和安全生产的地质问题之一,它不仅破坏煤层的连续性,损失煤炭资源,给井巷工程的布置和施工增加困难,而且因其可能是良好的导水通道,使采掘场所与含水层沟通,对矿井的安全生产构成威胁,从而直接影响全矿的安全生产及经济效益。因此对陷落柱要素加以详细描述,分析其伴生构造及对生产的影响,可以有效地提高矿井安全生产水平,观测陷落柱应按照《煤矿地质工作规定》中陷落柱观测要求的格式进行记录。针对陷落柱和伴生构造情况,从陷落柱大小、陷落角、柱面形态、含水性、充填物特征、煤层产状、岩层产状等方面进行观测。

2.2 隐蔽致灾因素探查

2.2.1 煤矿隐蔽致灾因素

按致灾作用的性质、存在状态或发育特征进行划分,常见的煤矿隐蔽致灾因素主要包括:采空区、废弃老窑(井筒),封闭不良钻孔,断层、裂隙、褶曲,陷落柱,瓦斯富集区,导水裂缝带,地下含水体,井下火区,古河床冲刷带、天窗等不良地质体等。随着煤矿开采活动演变成灾,近年来也出现了一些新型的隐蔽致灾因素和灾害形式,如断层滞后导水、采动离层水等水害、瓦斯延期突出、浅埋煤层冲击地压、近距离煤层群火灾等,同样属于隐蔽致灾地质因素。

2.2.2 煤矿隐蔽致灾因素探查方法

煤矿隐蔽致灾因素探查是指动用包括物探、化探、钻探等工程技术手段,投入一定的实物工作量,采用地面、井下、地面－井下相结合的立体勘查方法,实现对于煤矿隐蔽致灾因素的探查。在探查手段上,分为物探、化探、钻探及综合探查;从探测空间上,分为地面探查、井下探查和地面－井下联合探查等。

1. 物探方法

物探是利用地下地层、岩(矿)石等介质某一物理性质存在的差异(如密度、磁性、电性、弹性、放射性、导热性等),利用仪器观测由此引起的地球物理场的变化,通过数据处理、地质解释等手段来反演地质构造形态和矿藏分布等问题的一门科学,它属于利用天然或人工建立的地球物理场的变化解决地质问题的一种间接勘探方法。

1)方法分类

物探方法按照其所依赖的地球物理场的不同来分类,可以分为重力勘探、磁法勘探、电(磁)法勘探、地震勘探、地热勘探、放射性勘探。

按照煤矿开采的不同阶段分类,可以分为:地面物探、矿井物探、综合物探。

地面物探主要应用于地面勘探阶段；矿井物探主要应用于井下勘探阶段；综合物探是从地面、井下、孔中、孔间及井－地之间等不同空间，运用地面物探和矿井物探开展的综合地球物理探测。

2）应用条件

围绕煤矿隐蔽致灾因素探查的具体要求，选用何种物探方法，取决于以下三个前提是否存在。

（1）探测对象与围岩的物理性质存在较明显的差异。

不同的物探方法是基于煤、岩石不同的物理性质来实现探测的，其探测的方法尽管不同，但是整体上都可以看作是在"正常场"中寻找"异常场"。这就要求所探测的对象要与其周围介质存在明显的、可以检测的差异，不同的物探方法对此要求是不同的。

例如，地震勘探要求所探测的物性分界面上下地层的波阻抗要有差异，其差异程度至少达到地层的反射系数 0.1 以上；重力勘探要求矿石与围岩的密度差异为 $0.3 \sim 0.4 \mathrm{g/cm^3}$；而对于磁法和电法勘探而言，则要求磁化率、电阻率的差异达到几倍到几十倍；对于感应法电法勘探来说，岩石与矿石的电阻率比值应为 100 左右。

在探查对象与围岩存在明显物性差异的前提下，地质异常体的埋藏深度也是重要的因素，例如，如果地面物探的探测目标埋藏深度越大，则其在地表可以观测到的某一地球物理场的差异将会减少，其探测的分辨率将会降低，即存在一个"差－深比"（即差异－深度比）的问题。因此，探测目标埋藏越浅，探测效果相对较好。

（2）探测对象必须具有一定的规模。

探查目标除了与围岩要有明显的物性差异外，其空间几何参数的特征（如规模、形状、产状及其空间的相互位置等），对于能否实现有效探测也非常关键，这些参数将决定着目标体能否被探测到、如果能够被探测到其分辨率如何等。

对于同一规模的目标体，其埋深越大越不利于探测，因为这会造成"差－深比"降低。因为探测的对象大小相对于埋深，要能够产生在地面上可以观测的异常场，这是探测的前提条件。

以老空区探测为例，对于长臂工作面采煤遗留的采空区，物探方法能够可靠探测其空间展布的范围；对于开采强度较大的房柱式采煤范围，物探方法能够可靠圈定其范围；而对于浅埋、充水的小窑巷道，地面电法能够准确探测；而对于不充水、年代久远以至于塌陷的巷道，则现有物探手段难以实现准确探测。

（3）有效异常场相对于各种干扰场足够强。

物探观测仪器在接收来自地球物理场的信号时，不可避免地会受到各种各样干扰的影响。只有当来自目标体的测量信号大于干扰或有可能从干扰背景中分离出来时，仪器所记录信号具有足够的信噪比，才能在后续的处理、解释中有效地解决地质问题。

例如，地震勘探在进行现场数据采集时，要求各种人文噪声（如车辆行驶、人员走动、采煤机械震动等）较小，采集现场的风吹草动等也要尽可能小；电法勘探在数据采集时，高压输变电线路、各种功率较大电器等产生的工频干扰，会严重影响采集的质量，必须采取一定的措施予以应对。

3）工作流程

在煤矿隐蔽致灾因素探查目的任务确定之后，物探的作业流程如下。

（1）前期调查。

对计划开展隐蔽致灾因素探查的区域，开展地面、井下施工条件的踏勘，收集整理前人已有的地质资料和物探资料，掌握探查目标体的基本信息，为下一步物探方法的确定、设计方案的制定及计划投入的实物工作量、费用概算等奠定基础。

例如，在对国有煤矿周边小煤矿采空区开展勘查工作前，要特别注重对小煤矿采空情况的走访调查，有必要走访当年的技术人员、老矿工、当地村民等，了解开采的大致范围、开采方式、开采时间、生产能力、越界开采范围等，为方法选择和施工设计提供依据。

（2）施工设计。

在现场走访、踏勘、调查的基础上，结合探测目标和地质任务的要求，遵循"地质效果、工作效率、经济效益"三统一的原则，合理选择有效的物探方法及其组合，论证确定关键的物探参数，开展有针对性的施工组织设计。设计的工作量和要求的工作质量，要以能够取得明显的地质效果和经济效益为前提。

如前所述，物探解释结果不可避免地存在着多解性。为了减少多解性，常需要综合应用不同的地球物理方法，开展综合物探。在开展煤矿隐蔽致灾因素普查时，如何在多种物探方法中选择最佳的综合物探方案，显得尤为重要。一般来说，可以首先选择出能够投入的所有方法，然后进行优化组合，确定出主要方法、辅助方法及其工作量，最后设计出不同方法的施工顺序、综合解释方法及配合方式等。

（3）数据采集。

在施工设计制定之后，需要按照设计先期开展测量工作，即将设计的测点位置展放到地面或井下的实际地形地物上，之后组织人员、安置仪器，开展实际数据的采集工作。

实际数据采集时，一定要在环境噪声、人文干扰等满足要求的情况下进行；反之，有可能造成原始数据采集质量较差、信噪比偏低，给后续处理解释工作带来困难。

（4）资料处理。

由于现场观测难免会受到各种噪声的影响，要对野外采集的物探数据，按照一定的方法原理、采用特定的专业软件加以处理，以达到去伪存真的目的。

实际上，物探资料的处理与解释阶段是密不可分的，即在处理过程中就要融进解释的内容，以地质解释目标指导处理流程的优化选择、从地质解释的角度来评判处理的效果好坏。

（5）地质解释。

物探资料的地质解释分为物探解释和地质解释两个阶段。前者主要依据地球物理场的异常特征，由物探专业人员利用物探专业知识推断解释目标体的物性参数和几何形态；后者则侧重于由地质人员与物探人员共同结合前期掌握的地质资料，对物探解释的结果做出合理的地质推断。

地质解释是将物探资料转化为地质语言的过程，其目的是充分利用所获取的各种地球物理场的信息，结合地质资料与采掘信息等，做出符合实际的地质推断。

为了提高物探资料地质综合解释的精度，需要做好物探与地质的结合、定性解释与定量解释的结合及地球物理场正演、反演的结合。

（6）其他。

物探方法解决地质问题的核心，就是正确构建地下的物理—地质模型。但是，任何地球物理观测场都是以某一特定的物理性质为基础的，由于不同目标体物理性质的相似性会造成解释结果的非唯一性、多解性。

为了降低物探解释的多解性，需要开展物探与钻探方法的综合勘探、物探与地质的综合解释等；另外，需要结合后期的验证资料，开展物探资料的地质反馈解释，以便充分发挥物探手段的效能。

2. 化探方法

地球化学勘探（简称化探）是指对自然界各种物质中的化学元素及其他地球化学特征的变化规律进行系统调查研究的全过程。通过系统测量各种天然物质（如岩石、铁帽、土壤、水、水系沉积物、冰积物、植物或气体等）的地球化学性质（主要是元素的含量），可以发现各种类型的地球化学异常。

在煤矿隐蔽致灾因素普查中，化探是煤矿水害防治工作的一种重要手段，它在矿井突水水源的快速判别方面效果显著。通过水文地球化学探测，分析解释地下水的成因、赋存条件、分布特征、运移规律等，为矿井水害防治提供技术支持。其基本原理涉及地下水动力学、化学动力学、化学热力学、气体地球化学、同位素水文学及测年学等。

1）方法分类

水害探查中化探分为天然化探和人工化探两大类。天然化探是指对地下水中分布的各种天然要素（如化学成分及同位素成分等）进行研究；人工化探是指通过人工投放示踪剂（如化学试剂和同位素示踪剂），进而观察和分析示踪剂在地下水中的运动、变化特征，来达到特定的探查目的。按照水害探查中化探所采用的技术与方法，可以将其分为三类。

（1）多元连通（示踪）试验技术与方法。

通过钻孔在目标含水层中投放示踪剂（碘化钾、溴化钠、氟化钠、钼酸铵等），在放水孔（或突水点）取样、检测示踪剂，根据接收到示踪剂的时间和浓度峰值，分析研究地下水连通程度（或突水来源）。一般用于判别井下突水水源；探查矿区含水层中地下水的流向、流速和径流通道，不同含水层地下水连通程度及相互补给关系；判别断层的阻水、导水性能等。

（2）环境同位素技术与方法。

利用多种环境同位素的性质及其分布特征进行探查研究，包括稳定同位素 D、^{18}O，放射性同位素 T（^3H）等。

（3）水文地球化学综合测试分析和模拟技术与方法。

利用地下水多组分（pH、硬度、碱度、酸度、矿化度、SiO_2、气体成分等）、多元素（常量、微量元素、痕量的稀土元素等）分析技术，结合环境同位素技术分析或多元连通（示踪）试验技术、室内的模拟实验，开展综合探查分析。

2）应用条件

在开展煤矿隐蔽致灾因素中水害隐患的化探时，必须满足以下条件。

（1）适用于地下水的化学宏量组分、微量组分和气体成分（CO_2、H_2S、溶解氧等）、同位素成分（^3H、^{18}O、D、^{14}C 和 Rn）及某些物理性质的探查。

（2）需要预先建立含水层基础水质的数据库，数据库中含水层标准水样不仅数量满足要求，而且其来源可靠，未与其他含水层水源混合，能代表该含水层的水化学特征。

（3）具备可以准确取得探查目的含水层水样的取样条件，如现场抽放水钻孔、井下突水（涌水）点等，能满足取得适合分析的样品量。

（4）具备对矿井突水水样进行精确分析的化探装备和技术方法，一次采样分析可取得多种信息，以利于提高化探本身的综合性和推断解释的可靠性，如驻地具备水化学实验室、现场车载移动实验室及其他化探装备等。

3）工作流程

（1）资料收集。

分析矿井水文地质条件，搜集相关水文、水质资料，建立探测区域地下水的水化学基础数据库，即地下各含水层水的背景资料数据库。

（2）探查设计。

根据探查目的的不同，确定采用天然化探（化学成分及同位素成分等）或人工化探，也可以两种方法综合使用。

（3）测试化验。

编制实施方案，现场取样，进行相关测试或试验。水化学全分析水样一般取样量不小于 2.5L，及时送往实验室分析；同位素 D、^{18}O、^3H 取样量 1L，密封保存，稳定同位素 D、^{18}O 可采用激光偏轴积分腔吸收光谱技术（如液态水同位素分析仪）快速分析，放射性元素 ^3H 水样在经过预处理和电解浓集利用低本底液闪烁谱仪测试；示踪试验取样量根据投放示踪剂种类而定，一般采用简便、快速的分析测定方法，比色法、离子选择电极法、荧光紫外分析法等进行现场（现场临时实验室或车载移动实验室）分析。

（4）分析比对。

对试验（测试数据）结果进行分析，提交研究分析报告。

需要强调的是：水化学分析要结合探查区域的水文地质条件，环境同位素研究结果与水化学各种组分分析结果应相互一致，彼此验证；若分析结果不一致，应查明原因，必要时补充工作。

3. 钻探方法

钻探是一种最直接的隐蔽致灾因素探查技术，它具有精度高、直观性强、适应面宽等优点，在构造探测、老空区探测、探放水、瓦斯泄压、火区探测及其他隐蔽致灾因素探查中发挥着越来越重要的作用。

目前，煤矿井下钻探技术由常规回转钻进技术向定向钻进技术发展，地面与井下联合探查技术已经形成，无论是地面还是井下钻机都实现了"随钻测斜、实时纠偏"的功能，满足了隐蔽致灾因素探查、验证与治理的技术需求。

1）方法分类

按照施工的空间分为地面钻探技术和井下钻探技术。

（1）地面钻探技术。

地面钻探技术由于不受空间限制，可以采用大型车载钻机或井架作为提升系统，起下钻具、下套管及控制钻压、送钻等；泥浆泵、高压泥浆管线、水龙带、水龙头、钻柱及泥浆固控设备等组成泥浆循环系统，用来维持泥浆循环，对井底进行冲洗，将注入的高压泥浆能量传递给井底；此外还包括动力和控制系统等。

（2）井下钻探技术。

井下钻探技术由于受到空间限制，多采用分体式的小型钻机，即将泵站、主机和操作台分开，以方便狭窄巷道的搬迁、运输；随着现代化巷道的掘进，大断面巷道可以满足整体式履带钻机的运输，其驱动扭矩较分体式钻机有大幅度提高，因此钻孔深度也成倍增加。

按照钻进方法分为常规钻进技术和定向钻进技术。具体钻进技术与工艺参见第三篇钻探工艺技术与装备。

2）施工条件

由于煤矿井下的定向钻进技术采用孔底动力钻具驱动钻头旋转破碎岩石，因此对地层条件要求比较高。煤层条件：坚固性系数 $f \geqslant 1$ 的较完整煤层，避免在煤层破碎带或煤层陷落柱区域内布置定向钻孔；岩层条件：坚固性系数 $f \leqslant 6$ 的岩层，避免在裂隙发育带或炭质泥岩、铝质泥岩等遇水膨胀性岩层内布置定向钻孔。

煤矿井下回转钻进和地面钻进技术均采用动力设备驱动钻杆，带动钻头破碎岩石，因此适用的煤层和岩层的范围比较广。复合片钻头可以钻进软至中硬和完整均质岩层，牙轮钻头可以钻进从软岩到非常坚硬的岩石。

3）工作流程

（1）钻前准备。

了解所钻地层的详细地质资料，进行钻孔设计；平整出一块满足钻探设备和仪器及施工要求的钻场，为了保证施工过程中避免各种设备下陷不均匀而歪斜，需要打好基础，小的基础用预制件，大的基础则在现场用混凝土浇灌；确保钻场交通便利，水电齐全。

（2）稳固钻机。

地面钻机设备体积较大，安装工作可在整个井场同时展开。原则上讲，应先基础、底座，后钻机设备；先提升系统，后转盘、绞车和钻台工具；先到井场的设备先安装，做到不压车、不积车，设备就位后，再进行校正和固定。

井下钻机到达工作面后，调整好钻孔的开孔方位后，根据不同的钻机类型分别进行稳固。分体式钻机四角需用压柱或地锚拉紧，避免钻机因长时间颤动而发生移位和跑钻。履带式钻机将八根液压支柱分别支撑于顶底板，四角也用地锚拉紧。

（3）开孔。

地面钻机需要三开。一开：设备安装完之后，要进行第一次开钻，是为下表层套管而进行的钻井施工；二开：在一开完成后，为了下技术套管而进行的第二次钻进；三开：为了实现钻进目的的钻进、完井。

井下钻机一般只需要两级开孔，第一级下入孔口装置，用来密封和加固孔口；第二级即可正常钻进；特殊情况下，也需要下入多级套管，如水害防治钻孔施工。

（4）钻进。

地面钻机按照设计的井身结构进行施工，根据施工要求到达一定深度后下不同外径的套管及固井，或者进行造穴侧钻，然后施工水平钻孔等。

井下钻机按照设计的钻孔轨迹进行施工，根据不同的钻孔用途和选用的钻进方法进行操作。钻进过程中应严格按照操作规范和施工要求，避免出现孔内事故。

（5）终孔。

地面钻井在钻达设计目标后，需要进行完井。完井前，需要进行井位复测、按设计要求封孔或预设套管等。

4. 综合探测

煤矿隐蔽致灾因素探查技术包括物探、化探、钻探等。在这些方法手段中，钻探是最直接的技术手段，具有精度高、直观性强、适应面宽等优点，其不足是周期长、费用高、"一孔之见"；地球物理探测技术具有非接触无损探测、成本低、信息量大、快速便捷等优势，缺点在于属于间接探测，探测结果存在一定的多解性；化探在快速判别突水水源方面具有独到的优势，但是在其他水文地质条件勘查方面的应用受限。

因此，在煤矿隐蔽致灾因素探查中，应该充分发挥包括物探、化探、钻探等在内的综合探查手段的作用。

1）综合探测方法选择

（1）多方法融合原则。

地下待探测的目标体具有很多不同的物理性质，每一种物探方法仅利用了某一物理性质的差异实现探测，尽管该方法可能具有很强的针对性，但是单一物探方法的解释结果具有多解性；而在综合物探方法选择时，尽可能从目标体迥然不同的物理性质出发选择方法的搭配，如"地震与电法"综合探测采空区的地质效果，显然要比"直流电法＋交流电法"联合探测老空区的效果要好，因为前者同时利用了老空区的波阻抗变化和电阻率变化，既能联合确定采空区的范围，又能综合判定采空区是否充水等，可以达到综合探测效能最大化的目标。

（2）多专业交叉原则。

按照"物探先行，化探跟进，钻探验证，综合勘查"的基本原则，首先可将"物探扫面"作为先期投入的主要探查手段。其次，选择跨专业、补缺性的方法作为辅助手段，如化探。最后，为了确保勘查效果，需要采用钻探手段，一是对于探查效果进行验证，弥补物探作为间接探测手段的不足；二是在空间上又可以利用物探成果，做到"点—线""线—面"结合，从而实现多专业联合探测的目的。

2）地面综合探查技术

目前，地面开展隐蔽地质灾害探查的物探手段，包括二维或三维地震勘探、瞬变电磁法、高密度电法、直流电法、可控源音频大地电磁测深、地质雷达、瑞雷波、孔间透视、大地电磁法等，其中三维地震与地面电磁法已经得到广泛应用。三维地震勘探是煤矿隐伏地质构造、不良地质体探查的最佳手段，在地震地质条件有利地区，它可以查明落差 5m 以上甚至落差更小的断层、长轴直径大于 30m 的陷落柱、矿井地质构造、煤层分布等，但是三维地震对小型陷落柱、小断层、采掘巷道等探测精度不高，对地层的富水性没有反映，受地震地质条件的制约较大，随着探测深度增加其探测精度相应降低。地面电磁法（包括瞬变电磁法和高密度电法等）在探测地下含水低阻地质体方面（如充水采空区、含水陷落柱等）具有独特优势，其中高密度电法在 100m 以内探测效果较好，地面瞬变电磁法探测深度大，但其探查成果受地形影响较大，对地质体的分辨率不高。

近年来，地面定向钻进技术与装备的出现，为煤矿隐伏断层、陷落柱、采空区精细探测和物探成果验证提供了有效手段。目前，采用地面三维地震与瞬变电磁法相联合、井－地联合并辅以钻探验证的综合探测技术模式，已经在国有煤矿得到普遍的推广应用，取得了较好的示范效果。

由于受探测距离、地形因素等影响，地面物探手段的探测精度相对较低，而矿井物探的分辨率较高，因此需要在地面综合探查的基础上，在煤矿井下开展隐蔽致灾因素近距离的超前探查。

3）井下综合探查技术

矿井物探手段包括无线电波透视（简称坑透）、瞬变电磁法、直流电法、高密度电法、地质雷达、音频电透视等电磁波探测技术；槽波地震、MSP（矿井地震）、微震监测、瑞雷波勘探、多分量地震探测等弹性波探测技术。上述方法手段中，井下直流电法、无线电波透视、瞬变电磁、瑞雷波等探测技术与装备的应用较广。

在掘进工作面超前探测中，地质雷达、瑞雷波对构造探测的分辨率较高，但是探测距离一般不超过 50m；井下直流电法与瞬变电磁法的可靠探测距离为 $80\sim100m$，其探测效果受电磁干扰影响较大；无线电波透视、槽波地震，适于回采工作面内部构造的精细探测，其中槽波透视距离超过 1000m；音频电透视用于回采工作面顶板、底板围岩的低阻体探测；微震监测主要用于对冲击地压、煤与瓦斯突出和矿震等煤岩动力灾害评价和顶板"三带"发育高度的预测等。

近年来，钻探技术与装备发展迅速，从适合井下探放水、构造探测、瓦斯抽采、不良地质体（陷落柱、岩溶塌洞等）到注浆堵水，形成了常规钻探和定向钻探的成套技术与装备，成为煤矿隐蔽致灾因素探查的重要手段；特别值得一提的是：煤矿井下近水平千米定向钻进技术与装备的研制成功，提升了隐蔽致灾地质因素的探查精度和治理能力。

化探技术在煤矿突水水源判别方面效果显著，水化学和同位素方法是探查地下水成因、赋存条件、分布特征和运移规律的重要方法。

通过长期的生产实践，已经初步总结出"物探先行、化探跟进、钻探验证"的综合探测模式，在一些煤矿实施取得显著成效。但是，现有的技术手段主要是针对煤矿隐蔽致灾地质因素在静态状况下的探测，且其探测的精度有局限性。

4）综合探测服务模式

（1）地面与井下联合探测。

采用地面三维地震与瞬变电磁法联合探测的手段，超前圈定断层、陷落柱、小煤窑老空区等异常体的分布范围；利用矿井物探、井下钻探的手段，进行掘进工作面跟踪超前探测，形成的地面与井下联合探测的探测工作模式，具有普遍的推广意义。

例如，淮南矿业（集团）有限责任公司（以下简称淮南矿业）三维地震勘探工作，在各矿已建立了三维地震工作站，形成野外采集、处理、解释一套完整的管理方案。三维地震勘探已成为淮南矿业地质保障最可靠的手段，新井建设、新水平、首采区、工作面设计都是在三维地震勘探成果的指导下完成的。通过三维解释成果及三维地震工作站上进行的动态解释，对影响矿井、采区、工作面设计的地质异常体，进行探查验证，根据探查结果，合理规划采区、工作面。

再如，山西煤炭运销集团有限公司王庄煤矿，其井田内部和周边小煤窑遍布。该矿在兼并重组后，利用地面、井下多种探测手段，总结出了"一查（地质调查）、一震（三维地震）、两电（地面电法和井下电法）、一钻（超前钻探验证）"的老窑采空区水害探查模式，对采空区进行了全面的摸底排查，2011 年和 2012 年分别从预先探查出的采空区中提前排出老窑采空区积水 10 万 t 和 50 万 t，避免了潜在的老窑采空区透水灾害事故的发生。

（2）"一站式"技术服务。

鄂尔多斯市采用政府主导投入，统一组织实施，依靠科研院所提供技术支持；煤炭企业积极配合，承担主体责任。"政府部门、科研院所、煤炭企业"三方优势互补，实现"一站式"技术服务，全力推进煤矿隐蔽致灾因素探查，效果明显，其主要做法和经验已在一些地方得到推广。

2005～2008 年，鄂尔多斯在全市范围内开展煤矿资源整合，将煤矿数量压缩到 276 座，淘汰落后产能 2000 多万吨，也遗留了一大批分布不明的采空区；2009 年，开展了"鄂尔多斯市地方煤矿采空区分布与隐患综合防治项目"，对 161 座煤矿、122.61km^2 面积内采用综合物探技术进行了地面老窑采空区普查，煤矿企业利用探查成果有效避免了多处采空区的威胁，如内蒙古伊泰集团有限公司（以下简称伊泰集团）宏景塔一矿根据物探成果，结合井下钻探工程，发现一处未知老窑采空区，提前采取安全技术措施，成功避免了一次安全生产事故。

（3）动态跟踪超前探测。

围绕煤矿隐蔽致灾因素的探查，物探施工单位派驻项目组长期驻矿，进行跟踪探测、现场验证、动态服务，形成了独具特色的跟踪超前探测的服务模式，顺应了地质工作的特点和煤矿生产的要求，发挥了优势互补、强强联合的优势，创新了煤矿地质保障技术的服务模式。

5）综合探测效果评价

对煤矿隐蔽致灾因素综合探查的效果，可从三个方面评价。

（1）对探测目标的反应能力。

为了对比各种地球物理方法的有效性，可以利用不同物探方法对于探测目标反映的明显程度来评判。这种评价方法脱离了具体的地球物理方法，仅仅考察来自目标体的信息与干扰信号的差异程度，对于评价地球物理方法的地质效果是比较合适的。

（2）获取探测目标的信息量。

当采用综合物探方法解决同一地质问题时，不同探测方法所获得信息量的多少，可以用来评价各种方法的效果。显然，获取目标体本质特征和空间信息量最多的方法，应是优先度最大、贡献率最高的方法。

（3）探测目标的可靠性评价。

为了确定地质异常体解释的正确性，需对方法的可靠性进行评价，其评价的依据是基于钻探工程、采掘工程验证的统计分析。

总之，综合探测方法的选择，不但要达到预期的技术目标，还要以获取最大的经济效益为前提。在具有相同或相近信息量的前提下，应该选择那些成本最低的综合探测方法。

2.2.3 煤矿隐蔽致灾因素探查

1. 采空区探查

采空区的探查可采用调查访问、物探、化探和钻探等方法进行，力求做到多手段、全方位探查，查明采空区分布、范围、积水状况、积水来源、自然发火情况和有害气体等。并尽可能查清其形成时间、采矿单位，以及先前生产过程中存在的主要地质问题及采取的相关处理措施，以便追根溯源，获取更多原始信息，进一步弄清包括采空区在内的其他致灾地质因素。

2009年，内蒙古自治区鄂尔多斯市组织对全市地方煤矿采空区进行统一普查，通过资料收集、现场踏勘，综合物探等方法对其中158个煤矿122.61km^{2}范围内开展了老采空区普查工作，查出采空区面积23.81km^2。2011年，又开展了地方煤矿"十二五"期间开采区域内采空区及积水范围普查，收集整理211个煤矿"十二五"期间297.85km^{2}开采范围的相关资料，并对其中113个煤矿90.80km^{2}开采范围采用综合物探方法进行了详细勘查，发现采空区面积26.97km^2、采空积水区面积3.96km^2、煤层顶底板富（含）水区面积7.39km^2、烧变岩面积3.28km^2，为煤矿地质灾害防治提供了有效支撑。

定向钻探也是一种有效的老空区探测手段，宁夏焦煤公司1号井为探查1355老空区情况，施工了2个探查钻孔，钻孔深度达500m，均探查到老空区，并利用探查钻孔进行了疏排水工作，钻孔出水量平均达150m^3/h。

采空区普查结束后，应及时将采空区普查的相关信息标绘在采掘（剥）工程平面图和矿井充水性图上，建立煤矿和周边采空区相关资料台账，以方便分析相关隐患可能对煤矿生产带来的潜在影响，及时做好防范措施。

2. 废弃老窑（井筒）和封闭不良钻孔探查

废弃老窑（井筒）和封闭不良钻孔的探查可采用查阅相关资料、调查访问等方法进行，对废弃老窑（井筒）要做到查明其闭坑时间、开采煤层、范围等，在调研过程中，尽可能收集齐全以往煤矿采掘工程相关资料。将废弃老窑（井筒）、水源井标注在采掘工程平面图等相关图件上，并建立井田内废弃老窑（井筒）、水源井台账。

如何及时准确地对掘进巷道前方的封闭不良钻孔等富水性区域进行预测预报，对预防水害事故的发生、巷道安全掘进具有重要意义。煤炭勘查或煤矿补充勘探施工的钻孔都会保存封孔材料及质量记录，可采取查阅或收集资料的方式，了解勘查过程中钻孔施工情况及钻孔封闭情况，弄清钻孔分布，特别是封闭不良钻孔的分布，以及封闭不良钻孔的封闭材料、封闭质量和封闭不良层段；对于钻孔资料不详、封孔资料不清的钻孔，应以封闭不良钻孔对待，在设计说明和各类地质说明书中必须明确提出来，作为煤矿生产的安全隐患；在掘进和回采靠近或离开钻孔一定距离时，应观察和记录掘进头和工作面的异常变化，发现异常时，应分析异常原因，并及时报告。

分析封闭不良钻孔对煤矿生产可能的影响，及时反馈设计及施工部门。将井田内及周边施工的所有钻孔标注在采掘工程平面图等相关图件上，对封闭不良钻孔专门标注，并建立封闭不良钻孔台账。

对煤炭勘查或煤矿补充勘探施工的钻孔进行整理，对封孔质量进行评述，预测可能对生产的影响，并建立煤炭勘查或补充勘探钻孔封孔质量台账。

3. 断层、裂隙和褶曲探查

对断层、褶曲、裂隙带进行观测、探查和预测预报，是制定相关防治措施的依据，是及时有效地预防煤矿突水事故的前提。

断层和褶曲是煤矿最普遍也是最主要的致灾地质因素，多数构造复杂矿井，存在断层和褶曲分布广，形态及类型繁多，规模大小不一等特点。地质历史时期，构造运动形成断层、褶曲、裂隙带的过程中总会伴随产生各种地质现象，这些现象正是判断断层、褶曲及裂隙带存在与否的重要依据。

对断层和褶曲的观测、探查，是矿井地质工作的主要内容。近年来，除传统的矿井地质工作方法外，地面二维/三维地震、矿井槽波地震与坑透技术等地球物理勘探方法作为一种有效的地质构造探查手段，在断层和褶曲构造的识别中有着广泛的应用。对断层和褶曲的普查可采取现场观测和物探、钻探等探测方法。对断层观测和探查的内容包括：断层性质、走向、倾角、断距，断层带宽度及岩性，断层两盘伴生裂隙发育程度，断层富水性等，应查明矿井边界断层和井田内落差大于5m的断层。地层的重复和缺失、岩层产状的急变、小褶皱剧增，以及挤压破碎和各种擦痕等是断层活动引起的构造强化现象，是断层可能存在的重要依据，也是识别断层的重要依据。对褶皱形态的观测和探查包括：查明褶皱的位置、产状、规模、形态和分布特点，探讨褶皱形成的方式，了解褶皱与矿产的关系等。对探查发现的断层和褶曲应标注在编绘的煤矿构造纲要图上。

4. 陷落柱探查

陷落柱空间形态多不规整、大小不一、高度各异，隐蔽性强。在煤矿井下，掘进或回采中遇到陷落柱往往只是一个十分狭小的面，陷落柱可观测范围有限，且陷落柱与断层在某些方面的表现特征具有相似性。因此，在实际工作过程中，要尽可能防止表面现象引起的误判，以免给设计和施工带来误导，影响煤矿正常生产。造成陷落柱与断层误判的表象特征主要表现在：煤岩层出现不连续现象；揭露煤岩层裂隙比较发育；揭露显示煤层多比较破碎；采掘面多出现淋水现象。

煤矿井下疑似陷落柱判识：煤矿井下遇到疑似陷落柱应进行观测，主要观测内容包括：发育形态、围岩岩性、周边裂隙发育程度、导水性等。根据观测内容，判识是否为陷落柱。陷落柱的判识标志是：①陷落柱充填物岩性复杂，岩块大小悬殊，岩石棱角分明，形状不规则，均来自围岩上部岩层，排列杂乱；②陷落柱与围岩的接触界面多呈现出不规则的锯齿状，界线明显，无擦痕，柱壁一般都较陡；断层面多数平整光滑，有擦痕；③陷落柱周围岩层牵引均向下，煤层厚度变化不大，断层则依对盘运动方向而异，煤厚变化大，往往有明显的挤压滑动痕迹，破碎严重者呈碎粒状；④陷落柱形态一般是上小下大的不规则椎形，在水平切面上多呈椭圆和扁圆形，直径大小不一；⑤陷落柱的塌落带规模一般都比较大，几十米至上百米，而断层破碎带较窄或无破碎带。

地球物理勘探：地面二维/三维地震、矿井槽波地震、坑透等是陷落柱探测的有效地球物理方法，根据目前地球物理探测技术水平，在地面可查明直径大于 30m 的陷落柱，在井下可查明直径大于 10m 的陷落柱。在陷落柱发育的地区，在条件适宜的情况下应开展地球物理探测，查清陷落柱的分布及范围，并提出具体防范措施和建议。

井下钻探：井下钻探是陷落柱探测和验证的有效手段。山西焦煤西山煤电（集团）有限责任公司（以下简称西山集团）杜儿坪煤矿北三盘区 68216 回风巷钻场采用定向长钻孔探测煤层陷落柱，施工了 1 个 500m 的主钻孔和 10 个分支孔，探测确定了 2 个陷落柱。

5. 瓦斯富集区探查

在煤炭勘查、煤矿补充勘探和煤层气勘探开发过程中，都可利用勘查钻孔通过"一孔多用"，开展瓦斯探测和防治工作。通过地面勘查钻孔的实施，可测定煤层瓦斯含量、瓦斯压力、渗透率，查清煤层厚度、结构、煤岩、煤质及变化，并可了解区内构造、煤层煤体结构等情况，不仅为矿井的开采设计提供了基础资料，而且通过地面钻孔实施煤层气的压裂抽采，可有效降低瓦斯含量，起到煤炭开采区域防突等作用。

在煤矿建设和生产阶段，瓦斯富集区的普查，应综合收集和分析煤炭勘查、煤层气勘探开发的瓦斯（煤层气）测试资料，以及煤矿生产过程测试的相关瓦斯参数资料、矿井通风数据、瓦斯等级鉴定资料等，在地质条件不清的地区，采用矿井物探、钻探等方法进行探测，并开展瓦斯参数的相关测试。根据获取资料，开展瓦斯赋存规律的研究，这对预防煤矿瓦斯事故的发生至关重要。开展瓦斯规律的研究应根据获取资料，解剖瓦斯突出区域的地质条件，研究影响瓦斯富集的主要地质因素。地质构造分布、软煤分布及变化、瓦斯含量高等是煤矿瓦斯灾害的主要致灾原因，应重点分析。在综合研究基础上，编制采区、矿井的瓦斯地质图，并对矿井瓦斯赋存情况进行分区，开展瓦斯防突预测预报，并提出防突建议。

6. 地下含水体探查

地下含水体具有较好的导电性，电磁方法对于探测电阻率的分布非常敏感，如高密度电法、瞬变电磁（TEM）、EH4 电导率成像、可控源音频大地电磁测深（CSAMT）等。相比之下，高密度电法的分辨率较高，目前探测深度也不超过 150m。其他几种电磁方法的探测深度都可达到 1000m，但分辨率低，瞬变电磁法是经常被采用的寻找含水构造和采空区的物探方法。近年来，矿井直流电法、音频电透视和瞬变电磁法探测技术与装备，在煤矿井下水害隐患探查中得到了广泛的推广应用。

钻探是开展含水体探测的有效手段。神华乌海能源有限责任公司骆驼山煤矿水文补勘，共施工四口水文补勘井，回转钻进进尺1004.24m，定向钻进进尺337.57m，总进尺1341.81m。四口井均成功钻探到原骆驼山煤矿透水点，解决了普通回转钻进无法控制钻孔轨迹而钻不到预设靶区问题。抽水试验表明，单井最大出水量达到了80m^3/h。

地下含水体普查，应查明影响矿井安全开采的水文地质条件，各种含水体的水源、水量、水位、水质和导水通道等，预测煤矿正常和最大涌水量，提出防排水建议。

7. 井下火区探查

对于浅埋隐蔽火区，可采取以遥感成像技术与红外测温技术相结合的探测方法进行探测，对可能存在致灾因素的地点可利用火灾标志气体分析法进一步分析确认，并利用钻探进行验证；对于深埋隐蔽火区，可利用测氡法进行火灾范围圈定，利用井下标志性气体分析法进一步圈定其范围，并用井下钻探进行验证。

火区探测的技术工作包括对火区的资料分析、整理以及对火区的观测、检查等。火区普查应查明火区范围、密闭、气体成分等情况，绘制火区分布图。在火区分布图上标明火区和曾经发火的地点，并注明火区编号、发火时间、主要监测气体成分、浓度等，提出防灭火措施建议。

8. 古河床冲刷带、天窗等不良地质体探查

"天窗"的探查应在钻探和地震、瞬变电磁、电测深法等物探资料分析的基础上，通过沉积、构造地质等方面的研究，分析其形成机理，预测"天窗"发育和展布特征，查清对安全生产的影响。

岩浆岩侵入体、古隆起等同样也属于煤矿隐蔽致灾地质因素，应采用物探、钻探等方法查明其分布范围，查清其特征、成因及对煤矿生产带来的影响。

普查发现的古河床冲刷带、天窗、岩浆岩侵入体、古隆起等所有隐蔽致灾地质体，都需要及时准确地标绘在采掘工程平面图上，研究和总结其发育及分布规律，以有效指导矿井采掘设计和合理确定工程防治措施。

2.3　矿井地质类型划分

2.3.1　划分指标

矿井地质类型根据地质构造复杂程度、煤层稳定程度、瓦斯类型、水文地质类型和其他开采地质条件进行划分评定。

1. 地质构造复杂程度

地质构造复杂程度划分依据以断层、褶皱、岩浆岩等影响采区合理划分因素为主。地质构造复杂程度分为四类：简单构造、中等构造、复杂构造、极复杂构造。

简单构造主要包括：产状接近水平，很少有缓波状起伏；缓倾斜的简单单斜、向斜或背斜；为数不多和方向单一的宽缓褶皱。

中等构造主要包括：产状平缓，沿走向和倾向均发育宽缓褶皱，或伴有一定数量的断层；简单单斜、向斜或背斜，伴有较多断层，或局部有小规模的褶曲及倒转。

复杂构造主要包括：受几组断层严重破坏的断块构造；在单斜、向斜或背斜的基础上，次一级褶曲和断层均很发育；紧密褶皱，伴有一定数量的断层。

极复杂构造主要包括：紧密褶皱、断层密集；形态复杂的褶皱，断层发育；断层发育，受岩浆岩的严重破坏。

2. 煤层稳定性

煤层稳定性是对煤层形态、厚度、结构、煤质和可采性在空间变化程度的全面分析，采用定性分析和定量指标结合的方法来确定。煤层可采性指数和煤厚变异系数两个定量评价指标，在煤矿地质工作中一直使用，一定程度上可以量化区分煤的可采性大小和煤层厚度变化程度，简单明了。但区域地质情况复杂多样，单纯的指标体系很难全面地反映煤层特征的空间变化，定性分析可以全面分析影响煤层稳定性的诸多特征，分析煤的可采性与煤厚变化规律，客观表征煤层空间变化。

煤层煤层稳定性分为四类：稳定煤层、较稳定煤层、不稳定煤层、极不稳定煤层。煤层稳定性和厚度划分标准如表 2.2 所示。

煤层可采性指数 K_m 计算方法：

$$K_m = \frac{n'}{n} \tag{2.1}$$

式中，n 为参与煤层厚度评价的见煤点总数；n' 为煤层厚度不小于可采厚度的见煤点数。

煤厚变异系数 γ 计算方法：

$$\gamma = \frac{S}{\overline{M}} \times 100\% \tag{2.2}$$

$$S = \sqrt{\frac{\sum_{i=1}^{n}(M_i - \overline{M})^2}{n-1}} \tag{2.3}$$

式中，M_i 为每个见煤点的实测煤层厚度，m；$\overline{M}$ 为煤矿（或分区）的平均煤层厚度，m；S 为均方差值，m。

表 2.2　评价煤层稳定性的主、辅指标

煤层	稳定煤层		较稳定煤层		不稳定煤层		极不稳定煤层	
	主要指标	辅助指标	主要指标	辅助指标	主要指标	辅助指标	主要指标	辅助指标
薄煤层	$K_m \geqslant 0.95$	$\gamma \leqslant 25\%$	$0.95 > K_m \geqslant 0.8$	$25\% < \gamma \leqslant 35\%$	$0.8 > K_m \geqslant 0.6$	$35\% < \gamma \leqslant 55\%$	$K_m < 0.6$	$\gamma > 55\%$
中厚煤层	$\gamma \leqslant 25\%$	$K_m \geqslant 0.95$	$25\% < \gamma \leqslant 40\%$	$0.95 > K_m \geqslant 0.8$	$40\% < \gamma \leqslant 65\%$	$0.8 > K_m \geqslant 0.65$	$\gamma > 65\%$	$K_m < 0.65$
厚煤层	$\gamma \leqslant 30\%$	$K_m \geqslant 0.95$	$30\% < \gamma \leqslant 50\%$	$0.95 > K_m \geqslant 0.85$	$50\% < \gamma \leqslant 75\%$	$0.85 > K_m \geqslant 0.7$	$\gamma > 75\%$	$K_m < 0.70$

3. 瓦斯类型

瓦斯类型依据煤层瓦斯含量和矿井瓦斯等级确定，近年来在较大瓦斯事故中，瓦斯矿井占 30% 以上，同时有上升趋势，煤层瓦斯是瓦斯灾害的致灾主体，而煤层瓦斯含量可以充分反映矿井瓦斯的地质属性。煤与瓦斯突出矿井或按照煤与瓦斯突出矿井管理的矿井瓦斯类型为极复杂，煤层瓦斯含量不小于 $8m^3/t$ 为复杂，煤层瓦斯含量为 $4 \sim 8m^3/t$ 为中等，煤层瓦斯含量小于 $4m^3/t$ 为简单。

4. 水文地质类型

矿井水文地质类型根据矿井受采掘破坏或者影响的含水层及水体、矿井及周边老空水分布状况、矿井涌水量或者突水量分布规律、矿井开采受水害影响程度及防治水工作难易程度，划分为简单、中等、复杂和极复杂四种。

5. 其他开采地质条件

其他开采地质条件包括顶底板、倾角和其他特殊地质因素。顶底板简单类型为顶底板平整，顶板完整性好，裂隙不发育；顶底板中等类型为顶底板较平整，局部凹凸不平，顶板较完整、裂隙不很发育；顶底板复杂类型为顶底板凹凸不平，顶板裂隙比较发育，岩性比较松软破碎；顶底板极复杂类型为顶底板凹凸不平，顶板岩性松软、破碎，裂隙发育。

煤层倾角小于 8° 为简单类型，倾角为 8°～25° 的为中等类型，倾角为 25°～45° 的为复杂类型，倾角大于 45° 的为极复杂类型。

其他特殊地质因素主要包括：陷落柱、冲击地压、地热和天窗等地质危害。一般不出现陷落柱、冲击地压、地热和天窗等地质危害，则其他特殊地质因素为简单；偶有陷落柱、冲击地压、地热和天窗等地质危害，则其他特殊地质因素为中等；常有较多陷落柱、冲击地压、地热和天窗等地质危害，则其他特殊地质因素为复杂；煤层大面积遭受陷落柱、冲击地压、地热和天窗等地质危害，则其他特殊地质因素为极复杂。

2.3.2　划分方法

矿井地质类型分为简单、中等、复杂和极复杂四种类型（表 2.3）。按划分依据就高不就低的原则确定地质类型。

表 2.3 井工煤矿地质类型

划分依据	地质构造复杂程度	煤层稳定程度	瓦斯类型	水文地质类型	其他开采地质条件		
					顶底板	倾角	其他
简单	简单	稳定和较稳定煤层的资源/储量占全矿井资源/储量的80%及以上,其中稳定煤层资源/储量所占比例不小于40%	煤层瓦斯含量小于4m³/t	简单	顶底板平整,顶板完整性好,裂隙不发育	小于8°	一般不出现陷落柱、冲击地压、地热和天窗等地质危害
中等	中等	稳定和较稳定煤层的资源/储量占全矿井资源/储量的60%~80%(含60%)	煤层瓦斯含量为4~8 m³/t	中等	顶底板较平整,局部凹凸不平,顶板较完整、裂隙不很发育	8°~25°(含8°)	偶有陷落柱、冲击地压、地热和天窗等地质危害
复杂	复杂	稳定和较稳定煤层的资源/储量占全矿井资源/储量的40%~60%(含40%)	煤层瓦斯含量不小于8 m³/t	复杂	顶底板凹凸不平,顶板裂隙较发育,岩性比较松软破碎	25°~45°(含25°)	常有较多陷落柱、冲击地压、地热和天窗等地质危害
极复杂	极复杂	不稳定和极不稳定煤层的资源/储量占全矿井资源/储量的60%及以上	煤与瓦斯突出矿井或按照煤与瓦斯突出矿井管理	极复杂	顶底板凹凸不平,顶板岩性松软、破碎,裂隙发育	不小于45°	煤层大面积遭受陷落柱、冲击地压、地热和天窗等地质危害

　　煤矿在建设阶段随着井巷工程的施工,通过现场观测、探测、编录与综合分析,对煤矿地层、构造、煤层、瓦斯、水文地质、工程地质等地质条件会有新的认识,进入生产阶段,对受采动活动影响地质条件的变化有了进一步的验证,具备了煤矿地质类型划分工作的条件。通过开展煤矿地质类型划分工作,在前期勘探认识的基础上,全面分析研究建矿及生产初期地质现象,研究各地质因素的特征与规律,推敲凝练地质认识,进行地质实践与思考认识的总结,掌握影响煤矿安全生产的主要地质因素,可以明确下一步地质工作重点和难点。

　　煤矿地质认识是一个逐步积累、不断深入的过程,随着开拓生产向新区域的推进、煤矿建设生产的调整、技术装备的改进和完善,新的地质信息和地质现象不断涌现,地质认识不断丰富。煤矿地质类型通过一段时间对煤矿地质工作的指导运行,需要分析是否符合煤矿的地质实际,是否适用于煤矿新揭露区域的地质情况,通过分析总结煤矿新取得的各种地质信息、发生的各类地质问题和地质工作的开展情况,实现地质认识的丰富提升。

2.3.3　实际应用

　　以内蒙古准格尔煤田某矿为例,进行矿井地质类型划分工作。该煤矿位于准格尔煤田北部,面积为 33.2km²。井田范围内无其他生产矿井及小窑、老窑采空区。

1. 地质概况

　　该区地层自老而新为寒武系下统馒头组、寒武系中统张夏组、上统炒米店组,奥陶系下统三山子组、奥陶系中统马家沟组,石炭系上统太原组,二叠系下统山西组、二叠系下统下石盒子组、二叠系上统上石盒子组,白垩系下统志丹群,新近系上新统,第四系上更新统马兰组及全新统。含煤地层为石炭系上统太原组上段和二叠系下统山西组。

地质构造总体为一单斜构造，地层倾角为 3°～5°。中、小型断裂发育，生产过程中揭露断层 262 条。三维地震勘探解释落差大于 10m 断层 5 条。综合考虑矿井地质构造复杂程度评定为中等。

2. 煤层、煤质和资源 / 储量

区内可采煤层为 5、6 上、6、6 下、9 上、9 煤层，可采煤层稳定性如表 2.4 所示。

表 2.4　可采煤层稳定性一览表

煤层	自然厚度/m ($\frac{最小～最大}{平均（点数）}$)	可采厚度/m ($\frac{最小～最大}{平均（点数）}$)	夹矸 ($\frac{平均厚度/m}{平均层数}$)	可采性指数 (K_m)	均方差值 (S)	变异系数 $\gamma/\%$	稳定性	可采性
5	$\frac{0.10～5.00}{1.38(34)}$	$\frac{0.90～4.60}{2.20(15)}$	$\frac{0.17}{0.3}$	0.33	0.748	93.9	不稳定	局部可采
6 上	$\frac{0.25～7.85}{3.40(35)}$	$\frac{0.95～7.35}{2.89(31)}$	$\frac{0.70}{2.1}$	0.87	1.959	77.8	较稳定	局部可采
6	$\frac{0.45～38.45}{17.39(104)}$	$\frac{2.50～35.50}{15.27(101)}$	$\frac{2.93}{8.8}$	0.98	4.512	29.9	较稳定	全区可采
6 下	$\frac{0.10～4.45}{2.08(77)}$	$\frac{0.80～3.60}{1.99(57)}$	$\frac{0.45}{1.5}$	0.74	0.916	62.4	不稳定	局部可采
9 上	$\frac{0.40～10.20}{3.33(92)}$	$\frac{0.80～7.83}{2.62(89)}$	$\frac{0.90}{2.4}$	0.98	1.730	64.8	较稳定	大部可采
9	$\frac{0.35～12.15}{6.39(99)}$	$\frac{0.85～10.90}{4.16(97)}$	$\frac{1.04}{2.3}$	0.99	2.221	54.4	较稳定	全区可采

注：横线之上为范围，横线之下为平均（点数）。

各煤层煤的镜质体最大反射率为 0.47%～0.49%，变质阶段为低煤级煤。结合井田内可采煤层的煤质特征，该区煤以中灰分、低－中硫分、中－中高发热量的长焰煤为主，个别点为不黏煤。各煤层、各类型煤炭资源 / 储量情况见表 2.5。

表 2.5　资源 / 储量估算结果汇总表　　　　　　　　（单位：万 t）

煤层编号	保有资源/储量				各类煤柱资源/储量					合计
	111b	122b	333	小计	2M11	2M22	2S22	333	小计	
5			1411	1411						1411
6 上			6231	6231						6231
6	16265	11185	26752	54202	146	1316	479	3517	5458	59660
6 下			3992	3992						3992
9 上	2641	2653	6415	11709						11709
9	5751	4556	6855	17162						17162
总计	24657	18394	51656	94707	146	1316	479	3517	5458	100165

各煤层稳定性和资源／储量情况见表 2.6，矿井稳定和较稳定煤层的资源／储量占全矿井资源／储量的 80% 以上，煤矿煤层稳定程度评定为简单。

表 2.6　资源／储量构成表

参数	煤层编号						合计
	5	6上	6	6下	9上	9	
煤层稳定性	不稳定	较稳定	较稳定	不稳定	较稳定	较稳定	
资源/储量/万t	1411	6231	71414	3992	11709	17162	111919
所占比例/%	1.26	5.57	63.81	3.57	10.46	15.33	100

3. 瓦斯地质

根据勘查测定各煤层 CH_4 含量均低于 $0.05m^3/t$。历年瓦斯等级鉴定，结果均为瓦斯矿井。近年瓦斯等级鉴定矿井 CH_4 绝对瓦斯涌出量为 $2.34m^3/min$，CH_4 相对瓦斯涌出量为 $0.08m^3/t$。矿井瓦斯等级为瓦斯矿井，煤层瓦斯含量最大 $0.05\ m^3/t$，小于 $4m^3/t$，评定矿井瓦斯类型为简单。

4. 水文地质

矿井受采掘破坏或影响的含水层及水体单位涌水量（q）均小于 $0.1L/（s\cdot m）$ 为简单类型，含水层补给性差，富水性弱，具有一定的补给水源，为中等类别；矿井周边无老空区积水，矿井内存在少量老空区积水，为中等类别；矿井年平均涌水量为 $90.60\sim202.28m^3/h$，最大为 $310.07m^3/h$，正常涌水量（Q_1）、最大涌水量（Q_2）均为中等类别；该矿仅有少量涌水点，突水量（Q_3）为简单类别；矿井采掘工程受水害影响，但不威胁矿井安全，开采受水害影响程度为中等类别；从技术、经济方面而言，该矿的防治水工作易于进行，防治水工作难易程度为中等类别。

该矿含水层单位涌水量、矿井突水量两项属于简单类，含水层性质及补给条件、矿井及周边老空水分布状况、矿井正常涌水量、矿井最大涌水量、开采受水害影响程度、防治水工作难易程度六项属于中等类，矿井水文地质类型评定为中等类别。

5. 其他开采地质条件

煤层顶底板特征：主采煤层顶 30m 至底 20m 范围内（除煤层外）以软弱岩石为主。煤层顶底板岩体质量一般以中等为主，较稳定，但局部地段稳定性可能较差，在开采中可能产生冒落、垮塌、底鼓等，煤层顶底板开采地质条件为中等类型。

地层产状：井田构造总体为一走向 NNW，倾向 SWW 的单斜构造，地层产状平缓，倾角一般为 $3°\sim5°$，为简单类型。

陷落柱、冲击地压、地热和天窗等：在建设生产过程中共揭露了四个陷落柱，矿井建设生产过程中未出现冲击地压、天窗等地质灾害，矿井地温梯度小于 $3℃/100m$，属于地温正常区。

其他开采地质条件类型划分：综合顶底板、倾角和其他特殊地质因素类型评定煤矿其他开采地质条件类型为中等。

6. 煤矿地质类型划分结果

各分项指标类型评定如表 2.7 所示，按照划分依据就高不就低的原则，该矿矿井地质类型评定为中等类型，其主要受地质构造断层、水害、顶底板和陷落柱影响。

表 2.7　地质类型评定结果

划分依据		类型			
		简单	中等	复杂	极复杂
地质构造复杂程度			√		
煤层稳定程度		√			
瓦斯类型		√			
水文地质类型			√		
其他开采地质条件	顶底板		√		
	倾角	√			
	其他特殊地质因素		√		

2.4　矿井地质阶段划分及工作内容

2.4.1　主要内容及工作流程

根据不同阶段矿井开采工作的重点及任务不同，其地质工作的内容也不尽相同，矿井建设、生产和闭坑阶段地质工作的主要内容及工作流程如图 2.1 所示。

2.4.2　不同阶段的地质工作

1. 矿井建设阶段

矿井建设阶段的地质工作是煤田勘探地质工作的延续，是保证建矿工作顺利进行的重要基础；该阶段地质工作成果对矿井生产阶段有重要的指导作用，也是生产阶段地质工作的基础。矿井建设阶段的地质工作的主要任务包括：系统收集编录矿井建设阶段工程所揭露的一切地质资料，不断研究和分析各地质因素变化的客观规律，以便预测预报和解决施工过程中的各种地质问题，保证建矿工程顺利进行；编制建矿地质报告并全面移交给生产单位。

2. 矿井生产阶段

矿井生产过程中，地质工作的目标是保障安全生产。矿井生产阶段地质工作的主要任

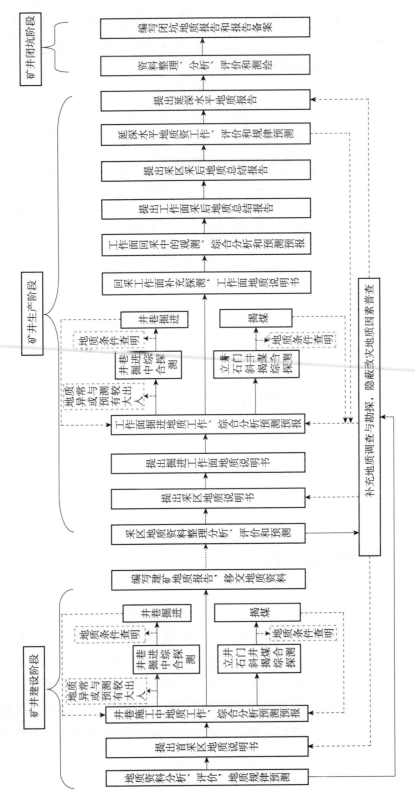

图 2.1 矿井建设、生产和闭坑阶段地质工作的主要内容及工作流程图

务包括：根据矿井生产的需要，系统收集、编录所揭露井巷工程的地质资料，开展地质预测预报、补充地质调查与勘探及隐蔽致灾地质因素普查等地质工作，及时编写各种地质报告、地质说明书等相关地质资料，保障安全生产。

3. 矿井闭坑阶段主要地质工作

闭坑阶段是矿山开采必不可少的阶段。其主要地质工作包括两个方面：①应对矿井开采以来的地质构造、瓦斯地质、水文地质及煤炭资源/储量及地质勘探等资料和成果进行总结；②需摸清井田内采空区、煤柱、井筒、巷道、火区、地面沉陷区等的位置和分布，以及剩余煤炭资源/储量情况，在此基础上，编制煤矿闭坑地质报告。

2.5 煤矿井下煤层密闭取心技术

2.5.1 密闭取心装置构成及工作原理

1. 技术原理

目前，传统的煤矿井下瓦斯含量测试煤层取心方法，因存在煤心暴露时间长等问题而导致损失气量估算不准，且孔深越大，问题越突出。为了解决目前煤层气损失气含量估算不准这一问题，提高煤层气含量测定的准确性，西安研究院研制了 MSC-I（mine sealing coring tool）型矿井煤层密闭取心装置。主要原理是：在钻进过程中对采取的煤心直接在孔内封闭，保证了煤心在钻割后、退钻、自然解吸全程被密闭，使煤心暴露时间极少而省去损失气量估算环节，大幅提高瓦斯含量测试精度。

2. 密闭取心装置构成及工艺流程

MSC-I 密闭取心装置主要构件包括取心内筒、投球装置、液压总成、外套总成、底喷式 PDC 取心钻头和钻杆转接头等。其中，取心内筒、液压总成、投球装置等构件安装在密闭取心装置内部（图 2.2）。各部件的主要参数如表 2.8 所示。

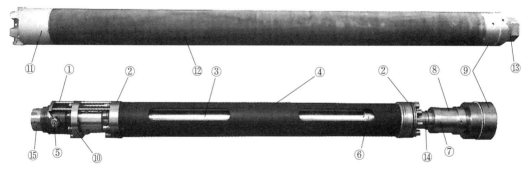

图 2.2　密闭取心装置及其结构组成图

① 推动杆；② 液压筒轴承；③ 取心筒管；④ 液压筒；⑤ 球阀及开关；⑥ 球座；⑦ 销钉；⑧ 外套轴承组；
⑨ 外套筒接头；⑩ 球阀转接头；⑪ 底喷式 PDC 取心钻头；⑫ 外套筒；⑬ 钻杆转接头；⑭ 投球管路；⑮ 定位铜套

井下煤层密闭取心配套设备主要包括钻机、钻具和泥浆泵等。配套瓦斯含量测试设备主要包括：煤层气解吸仪、真空脱气装置、恒温水浴和球磨罐等气含量测试设备。

表 2.8　密闭取心装置主要技术参数表

模块名称	构件（参数）名称	技术参数
外套总成	外套筒 /mm	$\Phi100 \times 1359$
	外套轴承	角接触球轴承组
	转换接头	外套总成 $\Phi63.5/\Phi73$ 钻杆等
取心钻头	外径 / 内径 /mm	$\Phi108/\Phi40$
取心内筒	内径 / 总长 /mm	$\Phi40/\Phi558.5$
	解吸阀门承压 /MPa	>4
	球阀关闭压力 /MPa	3 ～ 4.5
	球阀内径 /mm	$\Phi38$
液压总成	液压筒扶正轴承组	深沟球轴承组
投球装置	球座（容孔直径）/mm	$\Phi18$
	投球管路（长度）/mm	300
	橡胶球 /mm	$\Phi20$

密闭取心测试工艺流程包括：钻孔施工、取心钻进及投球等步骤，如图 2.3 所示。

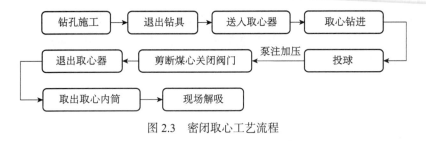

图 2.3　密闭取心工艺流程

3. 技术特点

研制的 MSC-I 型密闭取心装置主要适用于煤矿井下煤层密闭取心气含量测试。井下密闭取心可以有效缩短煤样暴露时间，减少取心和装罐过程瓦斯的损失量，从而提高气含量的准确度。与传统的煤层取心装置相比，密闭取心装置的特点如下。

（1）采用双筒单动结构。钻探煤层取心过程中，装置的外套总成带动取心钻头钻取煤样，取心内筒收集煤样。

（2）取心内筒采用密闭性设计，可兼作瓦斯解吸罐作用。其前端安装密闭球阀，末端安装煤层气解吸阀门，钻取煤样结束后，煤样即刻被密闭在取心内筒中，取出内筒无需煤样装罐即可连接气含量测试设备进行现场解吸。

（3）取心筒球阀密闭的动力由泥浆泵提供。利用泥浆泵驱动液压装置关闭球阀，适用于不同硬度煤层的密闭取心。

（4）密闭取心装置采用模块化设计、框架式结构、解体性好，便于拆卸和维护，取心操作简单。应用该装置进行煤层取心及气含量测试的配套钻探及气含量测试设备，均为目前市场上常用的设备，装置与各种钻机、钻具和解吸测试设备的连接方便，具有很强的适应性。

2.5.2 煤层密闭取心技术应用

研发的密闭取心装置在山西晋城无烟煤矿业集团有限责任公司（以下简称晋煤集团）寺河煤矿、成庄煤矿，安徽淮北芦岭煤矿，陕西彬长胡家河煤矿和河南焦作赵固二矿进行应用，并开展不同煤阶、不同煤体结构和不同钻孔工艺的试验，分别进行普通取心和密闭取心两种方法的对比。图 2.4 为寺河矿密闭取心现场，图 2.5 为寺河矿密闭取心试验获取的煤心。

图 2.4 寺河矿密闭取心现场

图 2.5 寺河矿密闭取心煤心照片

试验和应用结果表明（表 2.9），密闭取心方法比传统测试方法时间短。密闭取心方法简化了传统取心的步骤，大大缩短了煤心揭露后的暴露时间；密闭取心对气含量的估算不包括起钻时间和煤样装罐时间，减少煤心暴露时间 21～29min，但多出了投球关闭时间 2～3min。因此，传统取心时间参数比密闭取心时间多出 19～26min，对于煤层解吸周期较短的情况，在 19～26min 时间内煤体所逸散的瓦斯量是相当可观；该装置密闭取心率超过 80%，满足煤矿瓦斯含量测定的基本要求。

表 2.9 不同方法煤层取心时间比对表

取心方式	取心钻进时间/min	取钻时间/min	煤样装罐时间/min	投球关闭时间/min	总时间/min	采取率/%
传统取心	3～5	18～25	3～4		24～34	80～85
密闭取心	3～5			2～3	5～8	81～92

研制的密闭取心装置经过实验室密闭性测试和煤矿井下取心测试，各项指标达到设计要求，密闭取心效果良好（表 2.10），密闭取心测试方法比传统测试方法的测试数据提高了

20.33%～26.2%，平均为 23.92%。实践证明，该装置可满足不同煤体结构、不同煤阶和不同钻孔工艺的应用；赵固二矿应用显示，钻孔取心最大深度接近 500m，满足煤矿瓦斯含量测试的需求。

表 2.10　瓦斯含量测定结果比对表

试验地点	煤层号	煤类	孔深/m	煤体结构	钻孔方式/(°)	瓦斯含量		
						传统取心/(cm³/g)	密闭取心/(cm³/g)	含量提高/%
寺河煤矿	3	无烟煤	49.6	原生结构	顺煤层（0°）	6.65	8.25	24.1
成庄煤矿			61.1	碎裂结构	顺煤层（上仰孔 21°）	6.11	7.44	21.8
芦岭煤矿	10	肥煤	52.3	碎粒结构	底板穿层孔（倾角 84°）	12.67	15.88	25.3
			57.9	碎粒结构	底板穿层孔（倾角 60°）	13.10	16.53	26.2
			53.2	碎粒结构	底板穿层孔（倾角 45°）	12.88	16.20	25.8
胡家河煤矿	4	长焰煤	42.2	原生结构	顺煤层（0°）	3.59	4.32	20.33
赵固二矿	二₁	无烟煤	130～490	原生结构	底板穿层（底板穿层顺煤层）	—	7.18	—

2.6　矿井构造评价技术

2.6.1　矿井构造预测方法

煤炭开采地质条件的评价与掌握是实现煤矿高产高效生产的前提和基础。影响煤炭开采地质条件的因素很多，如煤层发育特征、构造、水文地质条件、瓦斯地质、顶底板条件、冲击地压等。矿井构造，尤其是中小型断层，不仅直接影响到煤矿的正常生产接续，而且通过对其他开采地质条件的影响，会达到对开采地质条件的全面约束。因此，构造预测评价是矿井生产中亟待攻克的技术难题。目前矿井构造预测和评价方法较多，如几何作图预测法、地质规律预测法、数理定量预测法等。几何作图是根据矿体几何原理和地质制图方法，确定构造之间的相互关系和预测构造的空间位态的方法。地质规律预测是基于已揭露的实际地质资料，通过地质研究，揭示构造的展布和演化规律，采用地质类比等预测矿井构造的方法。数理定量预测是利用数理统计和现代数学研究方法，对各种构造之间的相关关系和不同区段的构造复杂程度做出统计和定量评价，得出相应的数理方程，据此开展构造预测的方法，主要包括数理统计、构造解析、等性块段评价、模糊数学评价、分形预测及灰色建模预测等；等性块段预测评价是以大量可靠的构造参数信息为基础，结合物探解释和钻探揭露资料，采用相关数学方法，通过地质分析预测未采区构造分布规律的一种方法。

下面以淮北矿区某矿为例，以构造等性块段法介绍矿井构造评价技术。

2.6.2　构造等性块段法评价方法

1. 评价原理

构造等性块段指根据评价单元中断层、褶皱和岩层产状等影响因素的发育与变化规律，按一定的规模和规则，把整个评价单元划分为若干个构造特征大体等同、构造复杂程度级别相近的经济地质块段。由此可见，一个评价单元内构造等性块段面积越小，划分就越多，不同部位的差异性就越明显，构造就越复杂。

2. 评价方法

1）评价指标体系

筛选评价指标是构造定量化评价的关键基础问题，也是构造复杂程度评价中的难题。为更好地反映同一块段构造的相对一致性和不同块段构造差异性，使用构造指标、变形介质指标和经济技术指标建立相应的评价指标体系。

2）评价模型

矿井构造定量评价是对灰色构造系统的量化过程，采用灰色关联分析方法确定评价因子的权重。

根据灰色关联分析结果，考虑各评价指标的地质意义及相关性，以面积系数、小构造指数和异常指数组成总评价指数进行块段评价，其公式为

$$Z_G = Z_{Gm} + Z_{Gx} + Z_{Gy} \tag{2.4}$$

式中，Z_G 为构造等性块段的总评价指数；Z_{Gm} 为构造评价块段面积赋值；Z_{Gx} 为构造评价块段的小构造指数；Z_{Gy} 为构造等性块段内异常指数。

2.6.3　矿井构造评价

1. 地质背景

该井田位于淮北矿区，区内地层自老而新有中奥陶统老虎山组，上石炭统本溪组，上石炭统—下二叠统太原组，下二叠统山西组、下石盒子组，上二叠统上石盒子组、石千峰组，新近系中新统馆陶组、上新统明化镇组，以及更新统、全新统。其中，上石炭统本溪

组平行不整合于中奥陶统虎山组之上，上古生界各地层单位之间为连续沉积，整合接触，明化镇组、馆陶组与上覆和下伏地层之间均呈角度不整合接触，全新统与更新统之间呈平行不整合接触。

井田共有四套含煤地层，分别是上太原组、山西组、下石盒子组和上二叠统上石盒子组。其中，太原组煤层普遍很薄，赋存不稳定，埋藏深，开采地质条件复杂。山西组、下石盒子组和上石盒子组的煤层是矿井主采煤层。区内主要可采煤层为 3、6-2、6-3、8-1、8-2、11-2 煤层。

3 煤层厚度为 0.22～1.75m，平均为 0.89m，为结构简单的不稳定煤层，在井田内大部可采；6-2 煤层厚度为 0～1.66m，平均为 0.60m，为结构简单的不稳定煤层，在井田内局部可采；6-3 煤层厚度为 0～1.21m，平均为 0.51m，为结构简单的不稳定煤层，在井田内局部可采；8-1 煤层厚度为 0～7.19m，平均为 3.78m，为结构简单的较稳定煤层，在井田内大部可采；8-2 煤层厚度为 1.67～8.20m，平均为 3.36m，为结构简单的较稳定煤层，全区可采；11-2 煤层厚度为 0～1.58m，平均为 0.71m，为结构简单的不稳定煤层，在井田内局部可采。目前矿井开采煤层为 8-2 煤层。

采掘工程揭露和探采对比成果显示，井田有 200 多条脆性断层。其中，落差大于 30m 的大型断层有 21 条，落差为 15～30m 的中型断层有 15 条，落差为 5～15m 的中小型断层 85 条，落差小于 5m 的小型断层 79 条。按断层类型，有 8 条逆断层，其余均是正断层。

2. 构造评价块段划分

在划分构造评价块段时，不同学者根据自己的研究目的和被研究对象的实际地质情况有所不同。由于断层是影响该矿井安全高效生产的主要地质因素，因此以 8-2 煤层底板等高线图为底图，以井田目标煤层露头线为自然边界，同时考虑井田边界和底板标高等人工因素。按照控制矿井构造格架的断层落差 100m、50m、20m、15m 逐层次划分构造评价块段，最终将该矿井划分为 40 个评价块段（图 2.6）。

3. 构造等性块段分类及评价

考虑到煤炭勘查阶段对该井田构造复杂类型的定性评价，同时充分利用矿井生产实际揭露的地质构造资料，按照构造评价块段总指数对应各类构造复杂程度划分标准：$Z_G < 0.50$，构造中等（Ⅰ）；$0.50 \leq Z_G < 1.00$，构造较复杂（Ⅱ）；$1.00 \leq Z_G < 1.50$，构造复杂（Ⅲ）；$Z_G \geq 1.50$，极复杂（Ⅳ）。

根据构造等性块段法评价原理和方法，对矿井构造进行综合评价，主要结论如下。

Ⅰ类构造等性块段：包括 3、11、13 块段，构造复杂程度中等，煤层产状较稳定，适合于综采。

Ⅱ类构造等性块段：包括 1、2、10、15、19、23、27、28、30、31、33、34、35、36、38、39、40 块段，发育小型断层，尤其是脆性断层较发育，煤层产状有一定变化，大部分区域可综采。

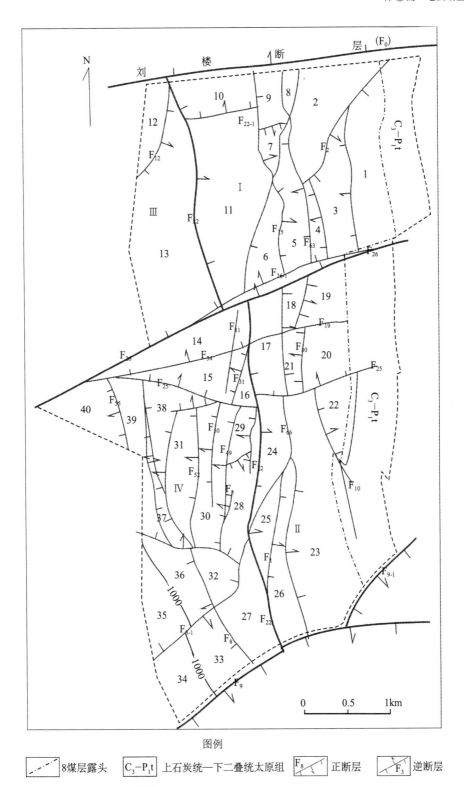

图例

符号	说明
8煤层露头	
23 块段编号	
C_3-P_1t	上石炭统—下二叠统太原组
1000	煤层底板等高线/m
F_8 正断层	
矿井边界	
F_3 逆断层	

图 2.6 矿井构造评价块反划分

Ⅲ类构造等性块段：包括 4、5、6、12、14、17、20、22、24、26、32、37 块段，边界断层和次级小型断层较发育，煤层产状变化比较显著，只能选择其他开采方法。

Ⅳ类构造等性块段：包括 7、8、9、16、18、21、25、29 块段，块段边界断层和内部小型断层十分发育，块段面积小，煤层产状变化大，只能选择其他开采工艺。

2.7 煤矿地测信息技术

2.7.1 煤矿地质测量信息系统的框架体系

根据煤矿地质测量部门的实际要求和作业流程，煤矿地质测量信息系统是以煤矿地质测量采掘空间数据库为基础，在网络环境中实现各专业部门用户对数据的获取、更新、数据的处理与存储、信息的提取与分析，同时建立相应专业的应用模型库和图形库。

从图 2.7 可以看出，一个典型的煤矿地质测量信息系统由三个层次组成。第一个层次是以煤矿地质测量基础数据为中心，实现数据的录入、修改、查询、处理与汇总，形成煤矿生产所需的专业成果图件和统计表格；第二个层次是在网络环境下实现煤矿地质测量数据的 Web 查询与浏览，为其他专业应用软件提供开发数据接口；第三个层次是在原始资料的积累及成果图件编制的基础上为煤矿的安全生产提供智能化的辅助决策依据。

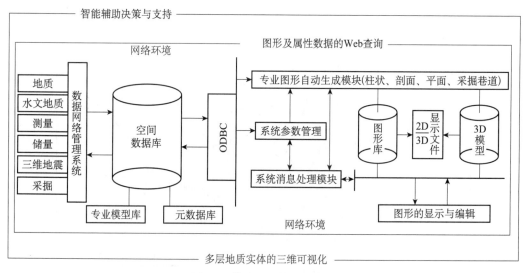

图 2.7　信息系统体系结构图

ODBC 表示开放数据库互联

2.7.2 煤矿地质测量系统的技术内容

煤矿地质测量信息系统的建立是一项复杂的系统工程。涉及专业基础数据的采集与管理、专业模型的建立与应用、专业图件自动生成的实用算法研究等方面。

1. 煤矿地质测量信息的采集

煤矿地质测量信息的采集一般通过遥感、数字摄影、GPS（全球定位系统），勘探、井下实测等手段获取。在数据组织上一般通过三种途径来实现。

2. 煤矿地质测量专业 GIS 平台的设计

一个面向煤矿生产应用的专业 GIS 系统平台，必然将灰色理论、神经网络技术、模式识别技术及空间关系理论等纳入其中。

面向对象的软件开发方法 OMT（object modeling technique）以面向对象的思想为基础，通过对问题进行抽象，构造出一组相关的模型，从而能全面地捕捉问题空间的信息。图形数据库或图形文件可以看作是对专业数据模型进行描述的一套数据结构，它包含了一系列的对象、作用于对象的操作及定义操作实施的规则。在煤矿地质测量专业 GIS 平台的设计中，层次结构的图形数据结构设计是一种理想的选择，它不仅描述方便，而且便于管理。图形数据结构中的每一个对象都由其成员数据和作用于成员数据的操作所组成，面向对象技术和 Windows 的消息驱动结构使得软件开发有了一个根本性的飞跃。通过对象的封装性和继承性使得软件的模块化、稳定性、可操作性、可维护性及代码的可重用性都大大地提高。

此外，作为一个专业的煤矿地质测量图形数据库还要充分考虑其专业特性。①成分特征：独特的点线形、岩石符号及专业对象的表现形式。②时代特征：地层时代的先后顺序。③空间特征：地层和地层之间，地层和构造之间及构造与构造之间的空间拓扑关系。④动态特征：实体信息由灰变白，空间关系逐渐明朗。

3. 煤矿地质测量专业图形的自动生成

1）柱状类图形的处理

柱状图是地质图件中最为规范化的一种，它是对区域地层或钻孔穿过地层的一种说明性描述。柱状图绘制的技术关键有三点：一是岩性符号柱状的绘制；二是地层系统与岩层的一些描述性文字处理；三是各栏之间的关系协调（缓冲线）。此外，还应考虑柱状图格式的自由定义，测井曲线的自动绘制等。

2）剖面类图形的处理

（1）剖面基础数据的准备。一条剖面的绘制涉及钻孔、巷道、断层、各种边界等基础数据。数据的获取一般有两种方式：一是通过数据库来组织这些数据；二是利用剖面线与煤矿地质测量空间数据体的相交关系来获取这些数据。

（2）剖面处理技术。以离散的数据（钻孔和采矿数据）绘制地质剖面图，其难度主要是在绘制煤层、标志层和地层界线时，所绘制曲线在断层两盘，上、下层位之间的形态应该协调，即通常所说的剖面断层处理和地层形态协调。

3）平面类图形的处理

平面图所包含的内容很多，如一些点状标志（工程点、钻孔标志、地物等），区域边界、等值线、文字标注等，一般通过组合的方式，绘制图框、钻孔标志、煤层小柱状、各类等值线、储量计算块段、各类边界曲线和采掘工程等内容。在平面类图形的处理过程中，需要研究解决这样一些关键技术：复杂地质条件下（包括大量正逆断层）TIN 的自动生成、平面与剖面的自动对应与动态修改、任意切剖面、平面图上储量与损失量的自动计算、采掘工程平面图上巷道的自动延伸与巷道空间交叉关系的自动处理等。其中，复杂地质条件下（包括大量正逆断层）TIN 的自动生成又是煤层底板等高线绘制的基础，也是工作量最大的一个方面。

多煤层地质实体及井巷工程的 3D 模型可以由点、线、面、体来构建。对离散点的强约束 Delaunay 三角形剖分，可看作 3D 表面建模的基础，通过对某一煤层顶、底板的 Delaunay 三角形剖分来实现类三棱柱法对体模型的描述。

2.7.3 开发应用实例

MsGIS3.0 由西安研究院研制的煤矿地质测量信息系统，是一个基于 Windows 平台的可满足单机或网络用户使用的专业软件包。该系统实现了煤矿生产过程中从地质测量原始数据的采集、计算、统计、制图、分析到各类地质测量资料的网络化远程管理，能满足用户从勘探、生产到辅助开采设计的实际需要。

1. 系统运行环境和功能

1）系统运行环境

煤矿地质测量信息系统（MsGIS3.0）是一个高度集成化，以 Win2000 操作系统（WinNT，XP）为基本运行平台的专业软件包。

2）系统功能

煤矿地测信息系统主要有地质测量基础数据网络管理系统、煤矿地质测量专业 GIS 平台、煤矿地质测量 3D 建模系统及地质测量图形与数据的远程管理系统等组成。该系统已涉及煤矿地测部门的全部日常工作，实现煤矿生产过程中从地质测量原始数据的采集、计算、统计、制图、分析到各类地质测量资料的网络化远程管理，能满足用户从勘探、生产到辅助开采设计的实际需要。该系统是以煤矿地测工作为主要服务对象，亦适用于层状和层控矿床的勘探、生产与设计。

2. 基础数据网络管理子系统

基础数据网络管理子系统的主要功能就是将地测部门所涉及资料的采集、存贮、检索、分析处理与图形输出等系统化，以便通过多功能的查询与检索为不同的应用部门提供所需的信息，通过多要素的综合分析方法为管理机构提供可靠的决策依据。基础数据网络管理子系统是系统模型中一个重要的组成部分,它为地测制图、模型建立提供原始数据。该系统以 SQL Server2000 作为后台数据库管理系统,以 Delphi 作为基础数据网络管理子系统前台开发平台。

地测部门各种资料的采集、处理与图形化生成是一个动态过程,各种资料和图件之间的关系可通过图的数据流程来表达(图 2.8)。

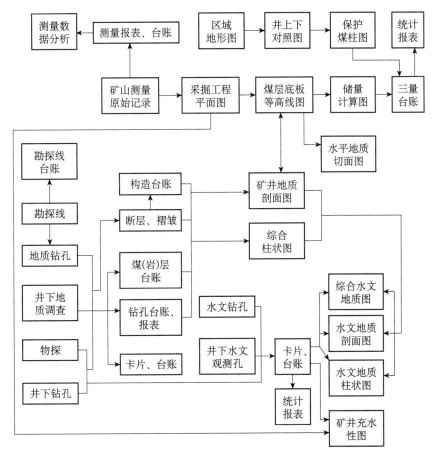

图 2.8 煤矿地测部门数据流程分析

箭头指向为数据流程

在设计上遵循以下原则。

(1)系统以 E-R(entity-relationship)关系数据库模型建立数据库系统,地质与测量库结构设计过程中一般将关系分解到满足第二范式关系(2NF)。

(2)信息全面化,能全面跟踪煤矿地测部门生产过程中各类原始数据的采集、分类与汇总。

(3)编码规范化,全面遵循国家有关技术规范,系统化地建立点型、线型、图案、岩石符号、钻孔等信息的编码方案。

(4)高度共享,各类数据之间以及数据与图形之间的信息能双相流动,动态修改,高度共享。

3. 煤矿地质测量专业 GIS 平台

1）平台界面

Windows 的图形用户界面不仅为应用软件的最终用户提供了操作和理解的方面，亦为软件研发人员提供了一个极好的开发平台。但对于一个综合性的应用，要使各个图形对象、功能模块有机地结合起来形成一个高度集成化的软件系统，界面的设计和处理并非易事。图 2.9 是系统中需要协调的界面对象及其相互关系示意。

与 Windows 一样，煤矿地测信息系统的界面主要由标题栏、菜单栏、工具栏、视图窗口、图层控制栏、绘图命令栏、命令窗口及状态栏组成。

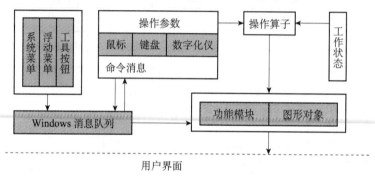

图 2.9　系统界面组织结构示意图

2）系统设计原则

（1）分类叠加组合原则。

在主菜单中将专题制图分为柱状图类、剖面图类、平面图类、巷道素描类、采掘图类等图形。每个图形通过一个或几个命令自动生成，图形文件之间可以通过图层的方式进行叠加与组合，从而派生出一些需要的图件。

（2）开放性原则。

系统在保持其专业性和独立性的前提下，还充分考虑了与其他通用 CAD 系统和 GIS 系统之间图形文件及资源数据之间的共享与交流。该系统提供了开放的 DXF 接口；支持用户通过命令行方式对系统功能进行扩充；允许用户通过数据库、文本文件、交互式手工方式进行计算制图。

（3）实用性原则。

系统在制图过程中，除了支持标准的数学坐标外，还支持地理坐标方式，并可根据煤矿用户习惯通过已有的导线点（或其他参考点），由边长与方位来定位目标点。

3）平台功能

该系统的图形子系统是一个面向对象的具有多文档用户界面的专业 CAD 系统。它由面向对象的图形数据库、图形编辑器、地测常用图件的自动生成模块、空间属性查询与辅助决策分析等部分组成。

4. 3D 可视化模块

地质测量信息系统的 3D 模型由图表、层表、面表、线表和点表所组成。其中，图表和层表属模型中的控制性数据结构成员，点、线、面表具体描述地质模型、巷道模型和 DTM 模型的几何形体和拓扑关系。该系统通过对多层地质体构造三角化曲面，采用 OpenGL 处理函数接口，可实现地质体及井巷工程的三维显示与漫游，从而为用户作辅助决策提供直观分析的基础。

该系统先后在山东的兖州、枣庄、肥城，河南的平顶山，江苏的徐州、大屯，安徽的淮北、皖北，内蒙古的大雁、伊敏，陕北的大柳塔，山西的大同等十几个矿务局和煤矿的地测部门推广使用，已逐步成为煤矿数字化的基础平台。

5. 地质测量远程管理子系统

地质测量远程管理子系统是利用 Intranet/Internet 技术和系统中存储的数据、报表、台账等来实现各级领导部门对煤矿生产、安全、调度等方面工作的远程监督管理与决策支持等。

该模块采用 VBScript 编写，根据用户的使用权限实现对服务器中存储的各类基础数据和图形文件的浏览、综合查询、上传与下载等操作。在功能上分为用户权限管理、用户资料管理、基础资料查询、报表上传、报表查询、成果图件的上传与查询。

（本章主要执笔人：张培河，孙四清，贾建称，赵继展，陈冬冬，姜在炳，王成）

第3章

煤岩分析方法与技术

煤岩学是把煤作为一种有机岩石，以物理方法为主研究煤的物质成分、结构、性质、成因及合理利用的科学。通过煤岩分析和测试，可进行煤种鉴别、煤的组分识别、显微组分定量等，能有效指导配煤炼焦行业判定混煤比例、煤种及配煤工艺，地质勘查行业的煤岩成因类型划分、沉积环境分析和煤岩层对比，也可为煤炭转化行业提供原料煤优选、合理配煤方案设计、煤炭质量预测或提高液化效率等提供技术支撑。以煤岩学研究为基础，还可开展煤矸石、煤系高岭岩、黄铁矿和铝土矿资源调查与加工利用技术等研究。

本章重点介绍煤炭科学研究总院在煤岩学研究领域提出的煤岩组分分类和分析方法、煤岩分析仪器、煤岩测试所用的标准物质、煤岩炼焦配煤技术、液化用煤煤岩学预测方法、煤地质学上的扫描电子显微镜分析技术。

3.1 煤岩组分分类和分析方法

3.1.1 烟煤的宏观煤岩类型划分

烟煤的宏观煤岩分类是煤岩学研究的内容之一，煤的宏观描述是研究煤的物质组成及其在垂向和横向上变化的先导和基础性工作，对煤的成因、煤炭资源勘探、煤质评价及煤成烃评价等具有重要意义。西安研究院在分析和总结国内外各种煤的宏观煤岩分类基础上，通过对我国不同时代、不同地区、不同煤级的煤进行研究，建立用煤岩成分－宏观煤岩类型对烟煤进行两级划分的宏观煤岩分类系统，提出宏观煤岩类型的分类依据，制定宏观煤岩类型的分类方案，规定了描述方法、内容和要求。

1. 分类的原则

宏观煤岩分类既要能够反映煤的基本组成，又要能够表现由其自然共生组合形成的不同煤分层的特征；分类的依据不能只是定性的，也要定量化；同时要照顾习惯性和继承性。为此，采用煤岩成分-宏观煤岩类型两级划分的宏观煤岩分类系统。

2. 分类方案

烟煤的宏观煤岩分类系统如图 3.1 所示，首先从烟煤中识别出煤岩成分，再根据煤岩成分的典型共生组合特征划分宏观煤岩类型。

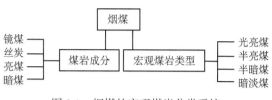

图 3.1 烟煤的宏观煤岩分类系统

1）煤岩成分

宏观煤岩成分是指腐殖煤中肉眼可识别的基本组成单元。依据光泽和其他物理性质，诸如颜色、断口、裂隙的发育程度，宏观煤岩成分可分为镜煤、丝炭、亮煤和暗煤四种。在本分类中煤岩成分没有厚度限定，亮煤是指相对光泽强度仅次于镜煤、常常具有微细层理的煤岩成分，宏观上难以作进一步划分，亮煤是狭义上的亮煤。亮煤在煤层中以基质状和条带状两种形式出现：当煤层或煤分层中以亮煤为主体时，亮煤呈基质状出现，镜煤、丝炭和暗煤只是呈条带、线理或透镜状分布其中；当煤层或煤分层中以暗煤为主体时，亮煤则多呈条带状分布于暗煤之中。

2）宏观煤岩类型

宏观煤岩类型是指煤岩成分的典型共生组合，主要依据总体相对光泽强度和光亮成分含量进行类型划分。

（1）划分依据。

总体相对光泽强度是指在相似煤级和观察条件下，以镜煤的光泽强度作为标准，确定的宏观煤岩类型分层的相对光泽强弱程度。光泽强度是物体内在物质组成差异的外在直观表现，各种煤岩成分的光泽强度不同。一个煤分层的光泽强度是自然共生的多种煤岩成分光泽强度的综合表现，称之为总体光泽强度。由于目前煤的总体光泽强度是在现场光线和自然断面条件下用肉眼定性判断的，因而属于总体相对光泽强度，而不是总体绝对光泽强度。

光亮成分主要是指煤中镜煤和亮煤的统称。由于人的视觉差异，总体光泽强度这一定性指标在实际工作中难以准确把握。与此相比，煤岩成分则较易于识别，即使在较差的观察条件如矿井里或室内灯光下，根据光泽、颜色、断口等物理性质的差异，也能大体估测出不同煤岩成分的含量。镜煤和亮煤的光泽强，这两种煤岩成分含量决定了煤的总体相对光泽强度。因此，将煤中光亮成分含量作为宏观煤岩类型划分的定量指标。

（2）划分类型的最小厚度。

国内外不同宏观煤岩分类系统所规定的划分类型的最小厚度差异很大。在岩石类型分类系统中为毫米级，在相对平均光泽类型分类系统中为厘米级。考虑到我国煤层特点，认为划分类型的最小厚度不易太小，否则实际工作中使用起来很困难；再者，绘制煤岩柱状图时，难以表达清楚。因此，规定用于确定宏观煤岩类型的最小厚度一般为5cm。

（3）分类方案。

依据总体相对光泽强度和光亮成分含量将宏观煤岩类型划分为四种：光亮煤、半亮煤、半暗煤和暗淡煤。分类方案详见表3.1。

表 3.1　烟煤宏观煤岩类型分类

宏观煤岩类型	代码	分类指标	
		总体相对光泽强度	光亮成分含量/%
光亮煤	BC	强	>80
半亮煤	SBC	较强	50～80
半暗煤	SDC	较弱	20～50
暗淡煤	DC	弱	≤20

另外，宏观煤岩类型可根据煤的宏观结构进一步分为亚型。亚型的命名方法是在宏观煤岩类型名称之前冠以煤的宏观结构名称，如条带状半亮煤或线理状暗淡煤等。当多种宏观结构共存时，可依据主要宏观结构种类命名或在其前冠以次要宏观结构名称加以修饰。

（4）划分和确定方法。

宏观煤岩类型的划分和确定应在煤层、煤心或煤块垂直层理的新鲜断面上进行。首先以总体相对光泽强度的差异分层；然后逐层估计光亮成分的含量，确定宏观煤岩类型；并可依据煤的宏观结构确定亚型。煤体因受构造应力作用发生破碎和揉皱，使原始结构和构造遭受破坏难以识别煤岩成分时，定为"构造煤"，可不再划分宏观煤岩类型。煤层中如能确定为腐泥煤和残植煤时，应作单独分层划出。

（5）描述内容和要求。

宏观煤岩类型的描述应逐层进行。内容包括厚度、煤岩成分及其含量、光泽、颜色、条痕色、相对密度、断口、裂隙、结构。同时也对煤层的构造、结核、包裹体、夹矸和顶、底板加以描述。

3. 推广应用

按煤岩成分‑宏观煤岩类型进行两级划分的宏观分类系统，西安研究院已起草形成国家标准《烟煤宏观煤岩类型分类》。该分类体系已广泛应用于煤的成因研究、煤炭资源勘探、煤层气储层评价等领域，使研究结果具有可比性，实现了资料共享，促进了煤岩学科的应用发展。

3.1.2　煤岩样品采取及制备方法

煤岩样品的采取及制备是进行煤岩室内检测分析的前提，煤岩样品采取是否合理与煤岩样品制备质量是否符合检测要求，将直接影响样品的检测数据可靠性。西安研究院在参考了《煤岩样品采取方法》（MT/T 262—1991）标准的基础上，制定了煤岩样品采取方法。该方法增加了裂隙块样的采取方法和描述内容、巨厚煤层全层煤岩样的采取方法、商品煤煤岩样采取时采用的标准。在修改采用了《烟煤和无烟煤的岩相分析方法——第2部分：煤的试样制备法》(ISO 7404-2—1985)的基础上，建立了煤岩分析样品制备方法。

1. 煤岩样品采取方法

1）采样前准备

（1）采样点的选择。

采样点宜与煤质分析用煤样的采取点相同或者邻近，选择有代表性的采样点。常规煤层煤岩样品采样点应避开岩浆岩体侵入区、烧变带、风化带、冲蚀带、断层破碎带及其影响区域等地段。

（2）记录和描述内容。

采样点的记录内容包括采样点的编号、位置（包括矿井、巷道或工作面、采样点坐标）、地层时代、煤层名称、煤层厚度、煤层产状要素、采样日期、工作条件等。

煤层剖面的描述应根据采样目的进行分层并选择描述内容。

2）采样方法

（1）煤层煤岩样采取的顺序。

在采样工作面上同时采取全层煤样、分层煤样和煤层柱状样或块状煤岩样时。按样品宽度垂直煤层层理要求画4条平行线。在第1、2条线内先采取全层煤样；在第3、4条线内采取分层煤样；最后在第2、3条线内采取煤层柱状样或块状煤岩样。

（2）煤层全层煤岩样和煤层分层煤岩样的采取方法。

从煤层的顶部到底部画两条垂直煤层层理、间距为50mm的平行直线。自下而上采取两线间的煤并清除厚度大于10mm的夹石层，刻槽深度为50mm，槽形为一长条柱状，要求底平、帮直。采取煤层厚度大于8m的巨厚煤层时，在相邻地段内划分出上下层位可以衔接的采样层段，各个层段采取完成后，分别包装，到地面试验室再混合，缩分样品。采取分层煤样时，要求每采取一个分层煤样后应将其全部装入样品袋内，并将防水布清理干净，然后再采取下一个分层煤样，直到采完为止。

（3）煤层柱状样的采取方法。

从煤层顶板到底板画两条垂直于煤层层理的平行线，线距可按所需煤块大小确定，一般不小于100mm。刨去两线外的煤壁，刻取两线间煤柱体，其深度不小于50mm，按宏观煤岩类型分层，采取线内连续的柱状块样或者完整的柱状煤样。

（4）块状煤岩样的采取方法。

在每一宏观类型分层内所采取块样的数量视分层的煤岩成分和结构特点而定。当分层内煤岩成分分布均匀、结构简单时，可少取块样；煤岩成分分布不均匀，结构复杂时在其变化部位都应采取样品。从煤层顶部到底部画两条垂直于煤层层理的平行线，线距可按所需煤块大小确定，一般不小于100mm，刨去所采层位两线外的煤壁，使两线间煤体呈一柱体。

采取裂隙样时，应在采取的样品上标明方位和上下层位关系。对疏松煤层应采取加固措施采下各块体，块体大小（宽 × 深 × 高）应不小于 10cm × 5cm × 5cm。

3）样品的编号和包装

采取的样品应有编号，编号包括采样地点、煤层号、样品种类号、分层号、顺序号。

各种样品分别放置在已有编号的样品袋内，并附上不易磨损和污染的标签。为防止样品的氧化、干裂，可在样品袋外套上塑料袋。

2. 煤岩样品制备方法

煤岩样品制备的目的是制出有代表性的、抛光面质量符合要求的供煤岩测定用光片，煤岩分析样品的制备是煤岩室内检测的基础，包括粉煤光片、块煤光片、煤岩薄片和光薄片的制备。

1）粉煤光片的制备

把破碎到规定粒度、有代表性的煤样，按一定比例与黏结剂混合，冷凝或加温压制成煤砖。然后将一个端面研磨、抛光成合格的光片。

（1）粉煤样的制取。

通过反复过筛和反复破碎筛选煤样，直至完全通过孔径 1.0mm 的试验筛，并使小于 0.1mm 的煤样质量不超过 10%（小于 0.1mm 的颗粒不得弃去）。称取上述粒度小于 1.0mm 的空气干燥煤样 100～200g，用堆锥四分法将其缩分至 10～20g 备用。

（2）煤砖的制备。

①热胶法：按煤样与黏结剂体积比 2:1 取料，掺和均匀后拨入底部黏有纸的环形盛样筒内。将装有煤和黏结剂混合物的盛样筒放入环状电加热器内加热，盛样筒内温度不应超过 100℃，不断搅拌直至黏结剂完全熔融。迅速将上述黏结剂完全熔融后的装有煤样混合物的盛样筒放入镶嵌机内加压约 3.5MPa，停留约 30s，取出煤砖，编号。

②冷胶法：不饱和聚酯树脂与固化剂 [过氧化环己酮和二丁酯溶液（1+1）] 和促进剂（钴皂液在苯乙烯中 6% 溶液）大致按 100：4：4 的质量比进行配比。称取煤样 10g 倒入冷胶模具槽内，将配制好的不饱和聚酯树脂给每个煤样槽内倒入 7g，边倒边搅拌，使煤、胶均匀混合，搅拌至胶变稠到可以阻止煤粒下沉时，停止搅拌，放置约 2h，为利于排出气泡，可用细钢针垂直地扎动未固结煤砖，待气泡排出后放入不高于 60℃的恒温箱内固结成煤砖，取出、编号。

（3）研磨。

研磨包括细磨和精磨两道工序。细磨工序顺次用 320 号金刚砂和 W20 白刚玉粉在磨片机上掺水研磨，研磨至煤砖表面平整，煤颗粒显露时为止。精磨工序是在毛玻璃板上，顺次用 W10、W5、W3.5 或 W1 的白刚玉粉与少许水的混合浆逐级研磨，每级研磨后的煤砖均需冲洗干净后方可进入下一道工序。精磨后的煤砖在斜射光下检查，要求煤砖光面无擦痕，有光泽感，无明暗之分，煤颗粒界线清晰。

（4）抛光。

抛光分为细抛光和精抛光两道工序。细抛光宜用三氧化二铝粉浆作为抛光料，使抛光料均匀地分布在抛光布上，抛光一个煤砖过程中加抛光料的次数取决于煤的硬度，一般3～6次。精抛光选择更细的抛光盘布，用酸性硅溶胶作抛光料，上料和抛光工艺与细抛光一致。

（5）抛光面检查。

用×20～×50的干物镜检查煤砖抛光面，抛光面应满足：表面平整，无明显突起、凹痕；煤颗粒表面显微组分界线清晰、无明显划道；表面清洁，无污点和磨料。

2）块煤光片的制备

块煤光片制备流程包括块煤煮胶、切片、研磨、抛光工序。

块煤加固可采用冷胶灌注法或煮胶法。冷胶灌注法即将块煤样放在模具内，将配制好的黏结剂倒入模具内或煤块研磨面上，使其渗入裂缝直至黏结剂凝固。采用煮胶法，首先，选取块煤样的目标部位，标明方向并编号；煮胶用黏结剂为松香与石蜡的混合物，其混合比一般为10：1到10：2，以胶能充分渗入到煤样的裂缝中为准；然后，用线绳或金属线的一端沿垂直层理的方向捆牢煤样，浸没在胶锅中，另一端系上标签并留在容器外，容器中黏结剂的温度不应超过130℃，煮胶时间长短以黏结剂中煤样不再产生气泡为准，停止加温10min后，从黏结剂中取出煤样。

沿垂直层面的方向，在切片机上将煤样切成长40mm、宽35mm、厚15mm的长方形煤块。用180号或200号金刚砂研磨煤砖各面，使其成为平整的粗糙平面。然后分别按粉煤光片制备所述方法对需要在显微镜下鉴定的面进行细磨、精磨和抛光。

3）煤岩薄片的制备

对中低煤化程度的块煤，通过加固、切片、研磨、黏片、再研磨、修饰、盖片等工序制成合格的薄片。

块煤加固分为冷胶灌注法和煮胶法，其方法与块煤光片的制备中块煤加固所采用的方法一致。沿垂直层理的方向，在切片机上将块煤切割成长45mm、宽25mm、厚15mm的煤块。进行第一个面的研磨，煤样的第一个面进行粗磨、细磨和精磨。

黏片可采用冷黏或热黏。冷黏即将黏结剂均匀地滴在精磨或抛光好的、放置在工作台上的煤块黏合面上，使之与载玻璃片的毛面黏合，来回轻微推动块煤以驱走气泡并使胶均匀分布到整个黏合面。热黏是加热载玻璃片及其上面的黏结剂，待其充分熔化并均匀分布在载玻璃上后，将煤块的精磨面或抛光面与载玻璃黏合，轻微来回推动煤块使黏结剂均匀分布并驱走气泡，在常温下冷却凝固。

第二个面的研磨包括粗磨、细磨和精磨。粗磨磨至煤样厚度约0.5mm时为止；细磨磨至煤样厚度为0.15～0.20mm，此时煤片开始出现透明的现象；精磨磨至煤片全部基本透明、大致均匀、无划道、显微组分界线清晰、四角平整。

然后进行煤岩薄片的修饰、剔胶与整型。用软木条或玻璃棒沾上 W5、W3.5 或 W1 粒度的白刚玉粉浆对煤岩薄片进行修饰，将较厚的不均匀的部位研磨薄。用锋利的小刀将载玻璃片上多余的胶剔除干净，将煤岩薄片整形至尺寸不小于 32mm×24mm，清洁并干燥薄片。

最后，将适量的光学树脂胶放在坩埚内煮至不黏手、可拉成线为止，取适量上述已煮好的胶放在薄片上，并放上盖片，加热并推移盖片，以排除余胶和气泡，并使煤岩薄片与盖片之间的胶均匀分布，常温冷凝。

4）煤岩光薄片的制备

对中低煤化程度的块煤，通过加固、切片、研磨、抛光、黏片、第二个面的研磨和抛光等工序制成合格的光薄片。与煤岩薄片的制备方法相同，其不同点是光薄片精磨后的两个面均应抛光。

光薄片抛光与块煤光片的方法一致，但抛光时间比粉煤光片稍短，所加压力较小，以避免抛光面产生凸起。光薄片第二个面的抛光应将其放入光薄片夹具中进行，抛光过程中改变光薄片的方位时，应提起光薄片后再改变方位。抛光盘的直径应不小于 250mm，抛光盘转速为 200～500r/min。光薄片的抛光质量要求与粉煤光片一致；光薄片应整形至尺寸不小于 32mm×24mm。

3. 推广应用

根据上述煤岩样品采取及制备方法，西安研究院已起草形成《煤岩样品采取方法》和《煤岩分析样品制备方法》国家标准。煤岩样品采取标准在煤田地质勘查、生产矿井中煤岩样品及商品煤煤岩样的采取中具有广泛的应用。

3.1.3　烟煤显微组分分类与分析方法

烟煤显微组分分类是煤岩学研究和室内检测的基础，广泛应用于烟煤的资源评价、加工利用和成因研究等方面的生产、科研及教学工作中。西安研究院在参考采用 ISO 7404-1 及 ISO 7404-3 最新版本的基础上，对部分内容做了技术性修改，使之更适合我国烟煤显微组分分类的使用。

1. 烟煤显微组分分类

1）分类原则与依据

采用成因与工艺性质相结合的原则，以显微镜油浸反射光下的特征为主，结合透射光和荧光特征进行分类。

首先根据煤中有机成分的颜色、反射力、突起、形态、结构特征，划分出显微组分组；再根据细胞结构保存程度、形态、大小及光性特征的差别，将显微组分组进一步划分为显微组分和显微亚组分。

2）分类方案

烟煤显微组分分类方案见表 3.2，其中包括 3 个显微组分组、20 个显微组分、14 个显微亚组分。

表 3.2　烟煤显微组分分类

显微组分组	代号	显微组分	代号	显微亚组分	代号
镜质组	V	结构镜质体	T	结构镜质体 1	T1
				结构镜质体 2	T2
		无结构镜质体	C	均质镜质体	TC
				基质镜质体	DC
				团块镜质体	CC
				胶质镜质体	GC
		碎屑镜质体	VD		
惰质组	I	丝质体	F	火焚丝质体	PF
				氧化丝质体	OF
		半丝质体	Sf		
		真菌体	Fu		
		分泌体	Se		
		粗粒体	Ma	粗粒体 1	Ma1
				粗粒体 2	Ma2
		微粒体	Mi		
		碎屑惰质体	ID		
壳质组	E	孢粉体	Sp	大孢粉体	MaS
				小孢粉体	MiS
		角质体	Cu		
		树脂体	Re		
		木栓质体	Sub		
		树皮体	Ba		
		沥青质体	Bt		
		渗出沥青体	Ex		
		荧光体	Fl		
		藻类体	Alg	结构藻类体	TA
				层状藻类体	LA
		碎屑类脂体	LD		

2. 煤的显微组分组和矿物测定方法

1）方法提要

将粉煤光片置于反射偏光显微镜下，用白光反射。在不完全正交偏光或单偏光下，以能准确识别显微组分和矿物为基础，用数点法统计各种显微组分组和矿物的体积百分数。

2）测定步骤

（1）在整平后的粉煤光片抛光面上滴上油浸液，并置于反射偏光显微镜载物台上，聚焦、校正物镜中心，调节光源、孔径光圈和视域光圈，应使视域亮度适中、光线均匀、成像清晰。若需测定矿物种类时，应在滴油浸液前在干物镜下测定显微组分组总量及矿物种类。

（2）确定推动尺步长，应保证不少于 500 个有效测点均匀布满全片，点距一般以 0.4～0.6mm 为宜，行距应不小于点距。

（3）从试样的一端开始，按预定的步长沿固定方向移动；并鉴定位于十字丝交点下的显微组分组或矿物，记入相应的计数键中，若遇胶结物、显微组分中的细胞空腔、空洞、裂隙及无法辨认的微小颗粒时，作为无效点，不予统计。当一行统计结束时，以预定的行距沿固定方向移动一步，继续进行另一行的统计，直至测点布满全片为止。

（4）当十字丝落在不同成分的边界上时，应从右上象限开始，按顺时针的顺序选取首先充满象限角的显微组分或矿物为统计对象，如图 3.2 所示。

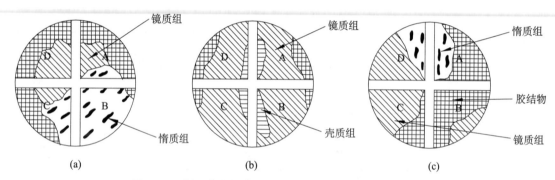

图 3.2　显微组分之间或显微组分与胶结物之间的边界情况

（a）应取 B 象限内惰质组；（b）应取 C 象限内壳质组；（c）应取 B 象限内胶结物（无效点）；
图中 A～D 表示四个象限，为清晰起见，十字丝宽度已放大

3）结果表述

以各种显微组分组和矿物的统计点数占总有效点数的百分数（视为体积百分数）为最终测定结果，数值保留到小数点后一位。测定结果如下。

（1）去矿物基：

$$镜质组 + 惰质组 + 壳质组 = 100\%　　　　（3.1）$$

（2）含矿物基：

$$镜质组 + 惰质组 + 壳质组 + 矿物 = 100\%　　　　（3.2）$$

$$显微组分组总量 + 黏土矿物 + 硫化物矿物 + 碳酸盐矿物 +$$

$$氧化硅类矿物 + 其他矿物 = 100\%　　　　（3.3）$$

（3）计算矿物质（MM）：

$$镜质组 + 惰质组 + 壳质组 + 矿物质（MM）= 100\% \tag{3.4}$$

其中，式（3.2）矿物为显微组分组测定时，将矿物作为单独的一类统计而得；式（3.3）为干物镜下统计而得；式（3.4）为显微组分组测定时，不统计矿物，矿物质（MM，体积分数）含量按下列公式计算而得：

$$MM(体积分数) = \frac{100\left[(1.08A_d + 0.55S_{t,d})/2.8\right]}{\left[100-(1.08A_d + 0.55S_{t,d})\right]/1.35 + (1.08A_d + 0.55S_{t,d})/2.8} \tag{3.5}$$

式中，A_d 为空气干燥基灰分产率（质量分数）；$S_{t,d}$ 为空气干燥基全硫含量（质量分数）；多项式（$1.08A_d + 0.55S_{t,d}$）为矿物质的质量分数。式中假定显微组分和矿物的相对密度分别为 1.35 和 2.8。

通过式（3.5）得到矿物体积分数后，再将显微组分含量换算成含矿物基。

3. 推广应用

根据上述显微组分分类方案及分析方法，西安研究院已起草形成《烟煤显微组分分类》和《煤的显微组分组和矿物测定方法》国家标准。

3.1.4 显微煤岩类型分类与分析方法

显微煤岩类型是煤中显微组分及矿物的自然组合，不同的显微煤岩类型反映了煤的地质成因、煤相、成煤原始物质和煤的化学工艺性质的差异。因此，进行显微煤岩类型测定对研究煤的聚积方式、煤相变化、煤层对比及评价煤的可选性和炼焦工艺性质等方面，均有实际意义，也是煤岩工作的重要组成部分之一。西安研究院在修改采用 ISO 7404-1 及 ISO 7404-4 最新版本的基础上，建立了我国显微煤岩类型分类与分析方法，使之更加符合我国需要。

1. 显微煤岩类型分类

1）分类原则

显微煤岩类型是显微组分的自然共生组合，按"最小厚度为 50μm 或最小覆盖面积为 50μm × 50μm，以其中的显微组分组（或显微组分）出现的数量（体积分数）等于或大于 5% 确定"，对显微组分的自然共生组合关系进行分类。它可包含小于 20% 的矿物（如黏土、石英、碳酸盐）或小于 5% 的硫化物矿物。如果矿物含量超过上述数量，则按显微组分与矿物的比例不同分别称为显微矿化类型或显微矿质类型。

2）显微煤岩类型分类

显微煤岩类型按规定覆盖面积内各显微组分组的体积分数划分为 3 大类、7 小类（表 3.3）。

表 3.3　显微煤岩类型分类

组分组类型	显微煤岩类型	显微组分组的体积分数
单组分组类型	微镜煤	镜质体大于95%
	微壳煤	壳质体大于95%
	微惰煤	惰质体大于95%
双组分组类型	微亮煤	镜质体+壳质体大于95%
	微暗煤	惰质体+壳质体大于95%
	微镜惰煤	镜质体+惰质体大于95%
三组分组类型	微三合煤	镜质体+壳质体+惰质体大于95%

3）显微矿化类型分类

根据煤中不同矿物种类所占体积分数将显微矿化类型分为五类（表 3.4）。

表 3.4　显微矿化类型分类

显微矿化类型	矿物种类	煤中矿物的体积分数 V/%
微泥质煤	黏土	$20 \leqslant V < 60$
微硅质煤	石英	$20 \leqslant V < 60$
微碳酸盐质煤	碳酸盐	$20 \leqslant V < 60$
微硫化物质煤硫化物		$5 \leqslant V < 20$
微复矿质煤	两种或两种以上矿物	$20 \leqslant V < 60$（不含硫化物）
		$5 < V < 45$（含硫化物为5）
		$10 < V < 30$（含硫化物为10）

4）显微矿质类型

显微矿质类型是煤中矿物体积分数不小于表 3.4 中上限的物质总称。按矿物种类不同分为微泥质型、微硅质型、微碳酸盐质型、微硫化物质型和微复矿质型。

2. 显微煤岩类型分析方法

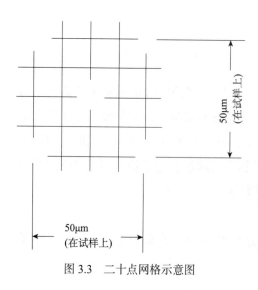

图 3.3　二十点网格示意图

1）方法要点

在反光显微镜目镜中放入二十点网格片（图 3.3），在油浸物镜下，对有代表性的粉煤光片（或块煤光片），根据各种显微组分组（或显微组分）和矿物在网格交点下的数量来鉴定显微煤岩类型、显微矿化类型和显微矿质类型，用数点法统计每种类型的体积分数。

2）测定步骤

（1）准备工作。

将相应规格的二十点网格片放入显微镜目镜中。调节显微镜为克勒（Köhler）照明方式，把待测定的试样整平后放在装有移动尺的载物台上，加油浸液并使之准焦。

（2）在粉煤光片上的测定。

从试样的一端开始，观察视域中落到煤粒上的二十点网格的交点数目。若一个视域中煤粒上的交点小于 10 个，则为无效测点；若不小于 10 个交点，该视域应视为一个有效测点。有效测点的显微煤岩类型按表 3.5～表 3.7 的规定确定。当落在矿物上的交点数在表 3.5 规定的范围内时，按表 3.6 的规定确定显微煤岩类型；超过表 3.5 给定界限时，按表 3.7 的规定确定显微矿化类型；大于表 3.7 上限时为显微矿质类型。

表 3.5　显微煤岩类型中矿物上的允许交点数

煤粒上的总交点数	黏土、石英、碳酸盐类矿物上的交点数	硫化物类矿物上的交点数
16～20	3	0
11～15	2	0
10	1	0

表 3.6　显微煤岩类型的判别标准

显微煤岩类型	落在显微组分组上的交点数（不含矿物上的交点）
微镜煤	所有交点均在镜质体上
微壳煤	所有交点均在壳质体上
微惰煤	所有交点均在惰质体上
微亮煤	所有交点均在镜质体和壳质体上，每组至少有一点
微暗煤	所有交点均在惰质体和壳质体上，每组至少有一点
微镜惰煤	所有交点均在镜质体和惰质体上，每组至少有一点
微三合煤	所有交点均在镜质体、壳质体和惰质体上，每组至少有一点

表 3.7　显微矿化类型的判别标准

煤粒上的总交点数	落在黏土、石英、碳酸盐类矿物上的总交点数	只落在硫化物类矿物上的交点数	落在含硫化物类矿物的复矿质煤中其他矿物上的交点数	
			硫化物类矿物交点为1时	硫化物类矿物交点为2时
19～20	4～11	1～3	1～7	1～3
17～18	4～10	1～3	1～6	1～2
16	4～9	1～3	1～5	1
14～15	3～8	1～2	1～4	
12～13	3～7	1～2	1～3	
11	3～6	1～2	1～2	
10	2～5	1	1	

鉴定完一个视域（即一个测点）之后，按预定方向和步长移动试样，继续观察下一个视域，直到 500 个以上的测点均匀布满全片为止。点距和行距为 0.4～0.6mm。

（3）在块煤光片上的测定。

当需要在块煤光片上测定时，制备块煤光片时应注意选取宏观煤岩类型有代表性的煤块，也应按粉煤光片上的测定规定进行，但测线应垂直于层理布置，在测定面积不低于

25mm × 25mm 的范围内，其点距为 0.2 ～ 0.4mm，行距为 3 ～ 5mm。总点数不少于 500。

3）结果表述

显微煤岩类型、显微矿化类型和显微矿质类型的体积分数（V/V）以其统计的测点数占总有效测点数的百分数表示，计算结果取小数点后两位，修约至小数点后一位。

3. 推广应用

根据上述显微煤岩类型分类与分析方法，西安研究院已起草形成《显微煤岩类型分类》和《显微煤岩类型测定方法》国家标准。

3.1.5 煤的镜质体反射率显微镜测定方法

测定煤的镜质体反射率是煤质分析的重要手段之一。1987 年批准的 GB 6948—86 标准只是参照《烟煤和无烟煤的镜质体反射率测定方法》（ISO 7404-5—1984）制定的。由于我国法律要求和煤炭资源的特殊情况，直接采用国际标准并不符合我国的实际需求，为此，西安研究院在采用 ISO 7404-5—1994 的同时，对其进行了技术性修改。如对镜质体反射率的测量点数和精密度均按煤化程度不同重新做了规定，并要求先判别样品是"单煤层煤"或"混配煤"，再进行镜质体反射率的测定等。

1. 原理

在显微镜油浸物镜下，对镜质体抛光面上的限定面积内垂直入射光的反射光（$\lambda = 546nm$）用光电转换器测定其强度，与已知反射率的标准物质在相同条件下的反射光强度进行对比。

由于单煤层煤中各镜质体颗粒之间光学性质有微小差异，故须从不同颗粒上取得足够数量的测值，以保证结果的代表性。

2. 仪器调节和校准

1）仪器启动

应维持室温在 18 ～ 28℃，并使仪器在测量前达到稳定。

2）显微镜调节

若显微镜中有检偏器，首先应将其移出光路。测定随机反射率时，应从光路中移去起偏器。测定最大反射率时，若采用平面玻璃或史密斯（Smith）垂直照明器，应将起偏器放在 0° 位置；若采用贝瑞克（Berek）棱镜垂直照明器，则应将起偏器置于 45° 位置。若采用片状起偏器，当其有明显褪色时，应检查并更换。

3）照明

将显微镜灯调节成克勒（Köhler）照明。用视域光圈调节照明视域，使其直径小于全视域的 1/3。调节孔径光圈，以减少耀光，但不必过分降低光的强度，一旦调节好，测定过程中就不能再改变其孔径大小。

4）对中

首先使物镜向载物台旋转轴对中，然后使视域光圈的像准焦并对中，最后调节测量光圈，使其中心与十字丝中心重合。

3. 仪器的标定

先选取两个与试样反射率相近的标准物质在显微镜下进行标定,使显示的读数与其标准值之差不可大于标准值的 2%,才能进行试样的测定。

4. 镜质体反射率的测定对象

对烟煤和无烟煤,测定对象应为均质镜质体或基质镜质体;对褐煤,测定对象应为均质凝胶体或充分分解腐木质体。

对镜质体最大反射率小于 1.40% 或随机反射率小于 1.30% 的煤,应在测定结果中标明各亚组分测点占总测点的百分比。

5. 在油浸物镜下测定镜质体最大反射率

将样品整平,放入推动尺之中,滴上油浸液并准焦。从测定范围的一角开始测定,用推动尺微微移动样品,直至十字丝中心对准一个合适的镜质体测区。将光线投到光电转换器上,同时缓慢转动载物台 360°,记录旋转过程中出现的最高反射率读数。

根据样品中镜质体的含量确定移动的点距和行距,以保证所有测点均匀布满全片。以固定步长推动样品,当十字丝中心落到一个不适于测量的煤粒上时,可用推动尺微微推动样品,以便寻找一个符合该条第二段要求的测区,测定之后,推回原先的位置,按设定的步长继续前进。到测线终点时,把样品按设定行距移向下一测线的起点。继续进行测定。

测定过程中发现测值异常时,应用与样品反射率最高值接近的反射率标准物质重新检查仪器,如果其测值与标准值之差大于标准值的 2%,应放弃样品的最后一组读数。再用标准物质重新标定仪器,合格后,重新测定。

每个样品的测点数目,因其煤化程度及所要求的准确度不同而有所差别,按表 3.8 的规定执行。

表 3.8　样品中镜质体最大反射率测定点数

最大反射率 R_{max} /%	不同准确度下的最少测点数			
	$\alpha=0.02$	$\alpha=0.03$	$\alpha=0.05$	$\alpha=0.10$
≤0.45	30	—	—	—
0.45 ~ 1.10	50	—	—	—
1.10 ~ 2.00	—	50	—	—
2.00 ~ 2.70	—	100	—	—
2.70 ~ 4.00	—	—	100	—
>4.00	—	—	—	100

注: α 为准确度,即与真值符合的程度。

6. 在油浸物镜下测定镜质体随机反射率

移开显微镜上的起偏器,以自然光入射,不旋转载物台。其余测定步骤按上述镜质体最大反射率测定方法,但单煤层煤样品中测点数应按表 3.9 的规定执行。

表 3.9　样品中镜质体随机反射率测定点数

随机反射率 R_{ran} /%	不同准确度下的最少测点数				
	$\alpha=0.02$	$\alpha=0.03$	$\alpha=0.04$	$\alpha=0.06$	$\alpha=0.10$
≤0.45	30	—	—	—	—
0.45 ~ 1.00	60	—	—	—	—
1.00 ~ 1.90	—	100	—	—	—
1.90 ~ 2.40	—	—	200	—	—
2.40 ~ 3.50	—	—	—	250	—
3.50	—	—	—	—	300

注：α 为准确度，即与真值符合的程度。

7. 混配煤的镜质体反射率测定

宜采用 0.4mm × 0.4mm 或 0.5mm × 0.5mm 的点行距。用直径 25mm 或边长 25mm 的粉煤光片，建议按在油浸物镜下测定镜质体随机反射率测定混配煤样品，也可按在油浸物镜下测定其镜质体最大反射率。

测点数应达到 250 点以上。若 98% 的测值变化范围大于 0.40%，则应按上述点行距测定第二个粉煤光片，测点数应达到 500 点以上；否则可不测第二个粉煤光片。

8. 结果表述

测定结果宜以单个测值计算反射率平均值和标准差的方法进行计算。也可用 0.05% 的反射率间隔（半阶）或 0.10% 的反射率间隔（阶）的点数计算反射率的平均值和标准差。

9. 推广应用

在采用 ISO 7404-5—1994 的同时，在进行了相应更加符合我国实际需要的技术性修改基础上，西安研究院已起草形成国家标准《煤的镜质体反射率显微镜测定方法》。该标准已在研究煤化作用、煤炭分类、煤质评价、煤的加工利用、炼焦配煤、判别混煤、商品煤质量监督检验、油气地质勘探中研究生油气母质的成熟度及地热变化规律等方面发挥了重要作用。

3.1.6　商品煤混煤类型的判别方法

现行所有的煤炭质量检测方法（煤质方法）均是以煤为一个相对均匀的整体为前提的，在此前提下对样本进行物理、化学及工艺性质检测。但煤是非均质的，特别是商品煤，往往存在不同种类煤的不同程度的混合现象（有意或无意的），而要判断该商品煤是否为混煤及其混合程度如何，只有通过煤岩检测途径解决。西安研究院对混配煤镜质体反射率的测定方法进行了试验与探讨，建立了利用商品煤镜质体反射率分布图进行商品煤混煤类型的判别方法。

1. 商品煤镜质体反射率的测定

商品煤混煤类型的判别方法是在《煤的镜质体反射率显微镜测定方法》的基础上进行的，按该方法中混配煤的镜质体反射率测定步骤及要求测定镜质体随机反射率，并按方法规定计算镜质体反射率平均值和标准差。

2. 镜质体反射率分布图的绘制

以反射率间隔 0.05% 为半阶，分别统计各间隔的测点数，并计算出其分布频率（f）。以频率为纵坐标，随机反射率（R_{ran}）为横坐标绘制出反射率分布图。

3. 判别依据

1）凹口数

从镜质体反射率间隔为 0.05% 的频率分布图中统计凹口数。

2）凹口的含义

镜质体反射率分布图中有高峰也有低谷，这是商品煤的主要特征，峰与峰之间的低谷称为凹口。凹口数的判断应考虑满足单一煤层煤反射率频率呈正态分布的特征。

实际工作中，商品煤的镜质体反射率分布图非常复杂，在判别时须谨慎小心，个别局部的小断开，其低谷和高峰都不能贸然认定，要考虑满足服从正态分布这一条件，另外，可绘制反射率间隔为 0.10% 的频率分布图，这时仍存在的凹口为有效凹口。

3）商品煤的混煤类型进行判别

结合镜质体反射率标准差和反射率频率分布图中的凹口数因素，对商品煤的混煤类型进行判别。两个指标并不是相互独立的，其相关性与混入原料煤的煤化程度差异及混入比例有关。

4. 判别方法

根据镜质体反射率标准差和反射率分布图中凹口数，将商品煤混煤划分为 6 种类型，并进行了编码。首先，按分布图有无凹口将其分为两部分。若有凹口，按凹口数分别确定为编码 3、4 或 5；若无凹口，按反射率标准差确定编码：0、1 或 2（表 3.10）。

表 3.10 商品煤镜质体反射率分布图的类型划分

编码	划分指标		类型
	反射率标准差（S）	凹口数/个	
0	$S \leq 0.10$	0	单一煤层煤
1	$0.10 < S < 0.20$	0	简单无凹口混煤
2	$S \geq 0.20$	0	复杂无凹口混煤
3	$S > 0.10$	1	具 1 个凹口的混煤
4	$S > 0.10$	2	具 2 个凹口的混煤
5	$S > 0.10$	>2	具 2 个以上凹口的混煤

注：具编码 1 特征的反射率分布图也可能为高阶烟煤、无烟煤的单一煤层煤。

5. 典型判别图谱

根据上述混煤划分类型及编码，给出了各种混煤类型的商品煤镜质体反射率频率分布图的典型图谱（图3.4）。而实测图谱往往极为复杂，在判别时对峰及凹口的确定一定要谨慎，应综合考虑标准差和凹口数两个参数。

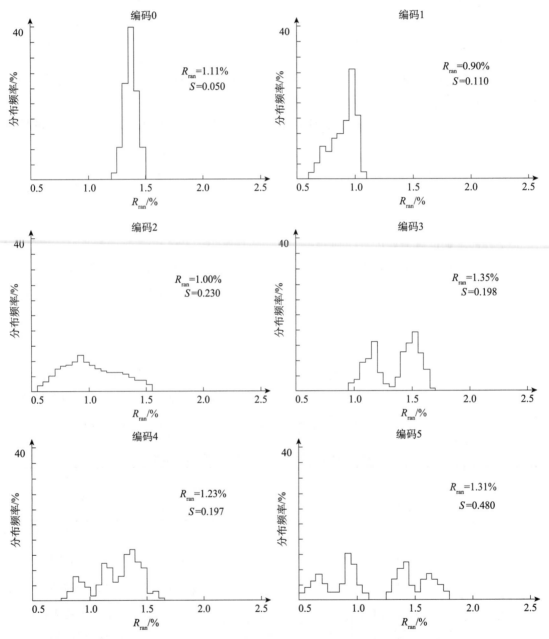

图 3.4 各种混煤类型的商品煤镜质体反射率频率分布图典型图谱

6. 判别结果的报告内容

商品煤混煤类型判别报告包含的主要内容：①反射率测定结果：反射率分布区间、反射率平均值、标准差、测点数；②镜质体反射率频率分布图；③判定结果：包括编码和混煤类型。

7. 推广应用

根据上述商品煤混煤类型判别方法，西安研究院已起草形成国家标准《商品煤混煤类型的判别方法》。商品煤混煤类型的判别方法在煤炭贸易（包括内、外贸易）及指导炼焦配煤的过程中起到了不可替代的作用。从 1996 年至今，山西焦化集团有限公司等多家单位运用该标准进行煤岩配煤，取得了良好的经济效益和社会效益。

3.1.7　煤体结构分类与煤裂隙描述方法

1. 煤体结构分类

煤体结构指煤层在地质历史演化过程中经受各种地质作用后，煤体破坏变形和保存状态特征。区别于"煤结构""煤层结构"概念。国内对煤层的煤体结构分类尚不统一，适用性不够全面。其中，四类、五类划分法在矿井煤与瓦斯突出鉴定得到较好应用，二类、三类划分法由于其简单易行，在矿井生产中应用得较多；但不能很好地适用于煤地质、煤层气地质领域。鉴于此，西安研究院在对国内外相关资料的分析及多年对我国上百口煤层气参数井钻孔煤心煤样的宏观煤岩观察描述资料总结的基础上，建立了以宏观煤岩类型可分辨程度、层理、煤体破碎程度、裂隙及揉皱发育程度、煤体手试强度为分类特征因素的四类划分方法。

1) 分类原则、依据

本着科学实用、易于鉴别描述为原则进行煤体结构类型划分。煤体结构的分类以宏观煤岩学特征为依据。适用于煤地质、煤层气地质及瓦斯地质等领域的煤层、煤心及煤标本煤体结构的鉴定与描述。

煤体结构的宏观煤岩特征由宏观煤岩类型可分辨程度、层理、煤体破碎程度、裂隙及揉皱发育程度、煤体手试强度等特性描述。

（1）宏观煤岩类型可分辨程度特征主要从宏观煤岩类型界限清晰程度、煤岩成分可分辨程度加以判别。

（2）层理：指煤层原生层理遭受后期各种地质作用后的完整程度及其连续可辨别特征。

（3）煤体破碎程度：指煤层原生层理遭受后期各种地质作用后的煤体形状及粒径大小特征。

（4）裂隙及揉皱发育程度：根据煤中裂隙及揉皱发育特征进行类型划分，裂隙特征包括裂隙类型、裂隙发育情况及裂隙对煤体的破坏程度；构造划痕、滑面及揉皱发育情况是判断类型的关键因素。

（5）手试强度：通过用手感知对煤体的抗破碎能力及达到的破碎粒级，将手试强度分为坚硬、较坚硬、较疏松、疏松四级（表 3.11）。

表 3.11   煤体手试强度划分

手试强度类型	特征
坚硬	煤体呈大的块状，用手不能将煤破裂
较坚硬	手用力可将煤破碎，粒度不小于 5mm
较疏松	用手较容易将煤破碎，粒度多为 1～5mm
疏松	煤体松软，用手极易将煤破碎成小于 1mm 粉状

注：矿化或热变煤的手试强度不适合于该表划分类型，矿化或热变煤的手试强度多坚硬。

2）分类方案

根据以上分类原则及依据，将煤体结构类型分为原生结构、碎裂结构、碎粒结构、糜棱结构。煤体结构分类如表 3.12 所示。

表 3.12   煤体结构分类表

类型	代码	分类因素				
		宏观煤岩类型可分辨程度	层理完整度	煤体破碎程度	裂隙及揉皱发育程度	手试强度
原生结构	MJ-Ⅰ	宏观煤岩类型界限清晰，宏观煤岩成分可辨	原生结构完整，层理连续	煤体完整	裂隙未错开层理，无揉皱及构造滑面	坚硬、较坚硬
碎裂结构	MJ-Ⅱ	宏观煤岩类型界限清晰，宏观煤岩成分可辨，局部轻微错动	原生结构遭受轻微破坏，层理易辨	煤体较完整或煤体破碎，碎块粒径一般大于 5mm	外生裂隙发育，裂隙将层理轻微错开，揉皱不发育，偶见构造划痕	较坚硬
碎粒结构	MJ-Ⅲ	宏观煤岩类型界限整体不可分辨，局部小块煤新鲜断面宏观煤岩成分可辨	原生结构遭受严重破坏，层理难辨，局部小块内部偶可见层理结构	煤体破碎，粒径多为 1～5mm	煤体多被裂隙切割成块状，常见揉皱，滑面发育	较疏松
糜棱结构	MJ-Ⅳ	宏观煤岩类型不可分辨，煤岩成分无法分辨	原生结构遭受严重破坏，层理消失	煤体多呈鳞片状、揉皱状	裂隙无法观测，揉皱及滑面极发育	疏松

2. 煤裂隙描述方法

煤裂隙是指煤受各种应力作用产生的破裂形迹。裂隙的性质、规模、连通性、发育程度直接控制着煤层渗透性，进而影响煤层气和煤炭开采及安全生产。统一煤裂隙描述方法和评价标准对提高研究结果的可比性及方便国内外学术交流具有重要作用。西安研究院以实用性、可操作性为目标，阐明了裂隙的类型，规定了裂隙的描述内容、方法和结果表述方法。

1）裂隙类型

按煤裂隙的成因可分为内生裂隙和外生裂隙；按煤裂隙的力学性质可分为张裂隙和剪裂隙 [图 3.5(a)]；按裂隙的几何形态及组合关系可分为斜交裂隙 [图 3.5(b)]、垂直裂隙（图 3.6）和顺层裂隙。

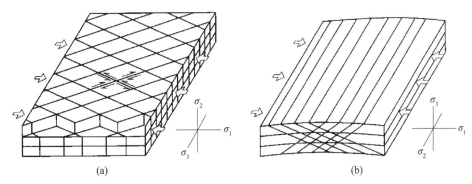

图 3.5　剪裂隙（a）和斜交裂隙（b）系统

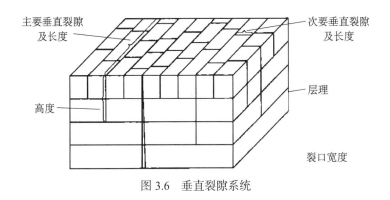

图 3.6　垂直裂隙系统

按裂隙规模分类为巨型、大型、中型、小型和微型裂隙，划分方案及特征见表3.13。

表 3.13　煤裂隙规模类型划分方案及特征简述

规模类型	特征
巨型	裂隙可切穿若干个煤岩类型分层或切穿整个煤层。长度大于数米，高大于1m，裂口宽度数毫米。一般属外生裂隙
大型	裂隙可切穿一个以上煤岩类型分层。长度几十厘米至大于1m，高几厘米至大于1m，裂口宽度微米至毫米级。以外生裂隙多见
中型	裂隙限于一个煤岩类型分层内。长几厘米至小于1m，高几厘米至几十厘米，裂口宽度微米级。内生裂隙和外生裂隙均多见
小型	裂隙仅发育在单一煤岩成分中，在镜煤中最发育。长几厘米至小于1m，高1mm至几厘米，裂口宽度微米级。以内生裂隙多见
微型	借助显微镜才可见的裂隙，在均质和基质镜质体中最发育，长0.1mm至小于1mm，高小于1mm，裂口宽度微米级，以内生裂隙多见

2）裂隙描述内容

裂隙的描述内容包括裂隙的类型、裂隙的规模、裂隙的产状、裂隙的密度、裂口宽度及裂隙面平整度、裂隙中矿物充填情况、裂隙的连通性及裂隙的发育程度。其中，对裂隙密度、裂口宽度、裂隙的发育程度等内容又进行了详细的划分。

（1）裂隙的密度或者间距。

按裂隙类型分别统计裂隙的密度或者间距，裂隙的密度划分为三个级别：密、较密、稀疏（表 3.14）。

表 3.14 裂隙密度级别划分方案

研究方法	裂隙级别及密度		
	密	较密	稀疏
肉眼 /（条 /cm）	>1	1 ~ 0.3	<0.3
光学显微镜 /（条 /cm）	>10	10 ~ 3	<3

（2）裂口宽度及裂隙面平整度。

裂口宽度分为四级：大于 1000μm、1000 ~ 100μm、100 ~ 10μm、小于 10μm。

裂隙面平整度分为平整、较平整和不平整。

（3）矿物充填情况。

裂隙中矿物充填情况分三类：无充填、少部分充填、大部分充填。并鉴定充填物质。

（4）裂隙的连通性。

根据裂隙之间的连通关系、几何形态以及对渗透性的贡献，将连通性划分三级：好、中、差（表 3.15）。

表 3.15 裂隙连通性划分方案

裂隙组合形态	矿物充填情况	连通性级别
网状	无充填	好
一组平行排列裂隙为主，部分与次要裂隙相交	无充填，少部分充填	中
短裂纹状，孤立分散	无充填，少部分和大部分充填	差

（5）裂隙发育程度。

裂隙的发育程度包括裂隙的密度、长度、裂口宽度及裂隙的连通性。主要采用裂隙的密度和连通性两个指标将裂隙的发育程度分为四类（表 3.16）。

表 3.16 裂隙发育程度评价方案

裂隙连通性	裂隙密度级别		
	密	较密	稀疏
好	极发育	发育	较发育
中	发育	发育	较发育
差	较发育	较发育	不发育

3）裂隙描述方法

（1）宏观煤裂隙描述方法。

首先，选择描述点，应根据研究目的选择有代表性的、表面新鲜的、采动影响小的描述点。描述点宜与块状煤岩裂隙样、煤岩分析样和煤质分析用煤样的采取点相同或者邻近。然后，对煤层从上至下进行宏观煤岩类型分层，确定裂隙的类型；分裂隙类型、煤岩类型、煤岩成分按煤裂隙描述内容进行观测、描述、记录；裂隙平均密度的测点应不少于三个，取其平均值。

（2）光学显微镜下裂隙描述方法。

把制备好的块煤光片（抛光三个面，一个层面及两个与层面垂直并互相垂直的垂面）在偏反光显微镜下放大 200 倍下进行裂隙特征观测。观测内容包括裂隙形态，不同类型裂隙的切割关系，发育程度与煤岩成分关系，矿物充填情况及连通性等。其中，需要测量统计参数如下。

①统计裂隙密度或间距：光学显微镜下统计裂隙密度是按裂隙类型的组统计在块煤光片上的裂隙平均密度。

②裂隙裂口宽度：测量每种类型裂口宽度的裂隙条数不能少于 5 条。

③测量裂隙的长度和高度：在层面抛光面上测量裂隙长度，在垂直层面的抛光面上测量裂隙的高度。

④测量裂隙走向：裂隙走向在层面抛光面上测量。利用载物台上圆周刻度确定裂隙走向。

4）裂隙描述结果表述方法

描述结果用表格及必要的文字、照片方式表述，按宏观及微观煤裂隙描述统计结果报出（表 3.17、表 3.18）。

表 3.17　宏观裂隙统计结果报表

煤层名称	分层编号	裂隙类型	煤岩类型	煤岩成分	裂隙规模	裂隙参数							裂隙充填矿物及程度	连通性	发育程度
						走向/(°)	倾向/(°)	倾角/(°)	长度/cm	高度/cm	裂口宽度/μm	密度/(条/cm)			

表 3.18　微观裂隙统计结果报表

样品编号	裂隙类型	煤岩类型	裂隙参数					裂隙充填矿物及程度	连通性	发育程度
			走向/(°)	长度/cm	高度/cm	裂口宽度/μm	密度/(条/cm)			

3. 推广应用

根据上述煤体结构分类方案及煤裂隙描述方法，西安研究院已起草形成国家标准《煤体结构分类》和煤炭行业标准《煤裂隙描述方法》。煤体结构分类方案及煤裂隙描述方法规范化为煤田勘探、煤层气勘探开发及矿井煤与瓦斯突出防治提供统一分类、描述方法及技术参数，有利于技术成果的交流与分享。

3.2　煤岩分析仪器与标准物质

3.2.1　MSP/PMT 系列显微镜光度计

显微镜光度计用于煤、有机岩石等反射率测定，以确定煤的变质程度、有机岩石的成熟度。是煤与煤层气地质、油气地质、煤化工、煤炭销售等领域科研与生产的基础实验检测设备。20 世纪，国内使用的光度计主要从德国、苏联、美国进口，且显微镜与光度计分别由不同厂家生产进行组装，由于仪器的配套技术原因，仪器组构上存在明显的技术缺陷。加之国外仪器在检测功能上已不能满足国内市场需求，在国内用户急需更新换代的背景下，西安研究院于 2010 年开展了煤的镜质组反射率测试平台和 PMT[①]/MSP[②] 系列显微镜光度计研发，形成了四款拥有自主知识产权的 PMT/MSP 系列显微镜光度计产品。并在现有仪器基础上，研发了适于偏反光显微镜的自动聚焦、自动扫描装置，实现了煤岩检测设备在硬件上的自动化。

1. 显微镜光度计工作原理及构成

镜质体反射率定义：镜质体抛光面的反射光（$\lambda=546\text{nm}$）强度对其垂直入射光强度之百分比。

工作原理：在显微镜油浸物镜下，对镜质体抛光面上的限定面积内垂直入射光的反射光（$\lambda=546\text{nm}$）用光电转换装置测定其强度，与已知反射率标准物质在相同条件下的反射光强度进行对比。根据标准物质特定标准值来换算被测物质的反射率值。换算公式如下：

$$R_C = (R_O/Q_O) Q_C \qquad (3.6)$$

式中，R_C 为被测物质反射率值，%；R_O 为标准物质已标定的反射率值，%；Q_C 为用光谱仪测定的被测物质反射光强度值，cd；Q_O 为用光谱仪测定的标准物质反射光强度值，cd。

目前，国内外较为成熟的人工煤岩检测技术主要有两个系列：一类以 PMT 为核心光电转换元件的显微镜光度计；另一类是以光纤光谱仪（CCD[③]探测器）为接收光信号元件的显微镜光度计。显微镜光度计的构成主要包括光学显微镜、光电转换装置（信号采集系统）、图像采集系统及数据处理系统（图 3.7、图 3.8）。

2. PMT 系列显微镜光度计

1）PMT 工作原理

光电倍增管工作原理：光电倍增管是一种真空器件。它由光电发射阴极（光阴极）和聚焦电极、电子倍增极及电子收集极（阳极）等组成（图 3.9）。当光照射到光阴极时，光阴极向真空中激发出光电子，这些光电子按聚焦极电场进入倍增系统，并通过进一步的二次发射得到倍增放大，然后，把放大后的电子用阳极收集作为信号输出。

---

① PMT：光电倍增管（photomultiplier tube）。
② MSP：显微镜光度计（microscope photometer）。
③ CCD：电荷藕合器件（charge coupled device）。

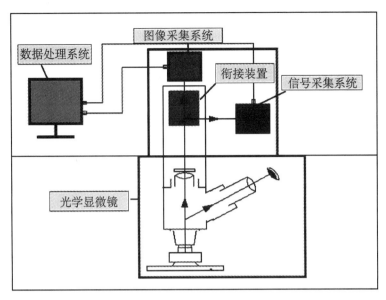

图 3.7　显微镜光度计构成示意图

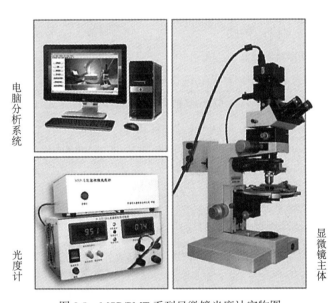

图 3.8　MSP/PMT 系列显微镜光度计实物图

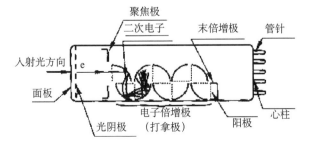

图 3.9　光电倍增管内部结构图

以 PMT 为核心元件光度计其优点是对光灵敏度高、可接收到微弱光信号、暗电流小、线性较好等。

PMT 系列显微镜光度计采用日本滨松光子学株式会社 H253 型光电传感器模块。H253 型光电传感器模块由侧窗型光电倍增管、高压电源模块及低噪声放大器组成。光电倍增管产生的电流信号，经 $I-V$ 变换及后续处理，输出电压信号。模块可以采用电位器调节和电压调节两种方式控制增益。该模块具有噪声低、信号幅值大、动态范围宽、带宽大、增益可调及线性好等特点。

2）主要性能及技术指标

PMT 系列显微镜光度计采用以光电倍增管为光电转换装置，在以市场主流偏光光学显微镜为基础，用光纤作为光传递介质，集成配套光电倍增管模块、数据转换模块、CCD 图像采集模块和软件处理系统，研制成 PMT 系列显微镜光度计。其主要性能及技术指标如下：

（1）仪器主要性能。

①倍增电压调节及信号处理性能：倍增电压分设粗调与微调，由软件版面控制，粗调范围为 1k～9kV 共 9 档，微调为 1～999V，连续调节。信号放大倍数调节分为 ×1、×10、×100、×1000 四个档。

②暗电流自动处理，具有实时消噪处理性能。

③仪器线性范围：在 0～7.45% 反射率范围内呈线性。

④仪器具有稳定性、线性校准自动分析性能。

⑤具有可视化中心校正性能，通过屏幕图像可视化调节测量光圈，使其中心与载物台中心、视域光圈中心及目镜十字丝中心重合。

⑥具有图像采集、分析性能，图像采集与测试可同步进行；实现了图像可视化检测，可以脱离显微镜目镜直接在电脑屏幕上观察测量。

⑦可选择全自动扫描物台及自聚焦装置，自动扫描、自动聚焦系统平均单点扫描成像测试时间不大于 3s。

⑧可与各种型号（包括旧型号显微镜）带有摄像镜筒的偏反光显微镜相连接，配有衔接系统。

⑨专业煤岩测试软件，可实现在线测量、数据采集及报告自动输出。

（2）仪器主要技术指标。

①测量光栏：内置圆形测量光栏，大小可定制，定制测量光栏范围为 1～10μm。

②仪器的稳定性：在光谱仪的分辨率不大于 0.01% 反射率条件下，测定标准物质，在 30min 内反射率值的变化应小于其标准值的 2%。

③仪器的线性：光度计线性及稳定性在反射率为 0～7.45% 时呈线性。

④精密度：通过重复性与再现性测定，均符合 GB/T 6948—2008 的相关要求。

3）多功能专业煤岩测试系统

根据国内市场需求，开发了 PMT 系列显微镜光度计专业煤岩测试软件系统（图3.10），具有煤岩反射率检测、显微组分定量检测、显微煤岩类型检测、焦炭光学组织定量检测等功能，涵盖了煤岩检测的各种需要。

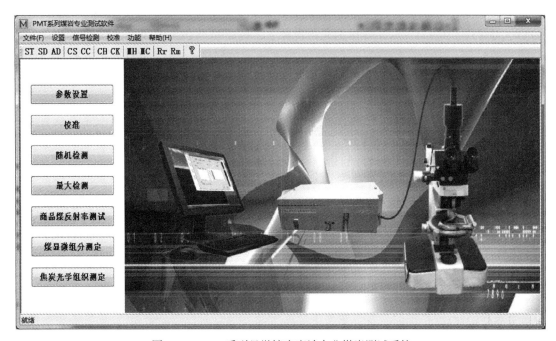

图 3.10　PMT 系列显微镜光度计专业煤岩测试系统

（1）单煤最大反射率测试模块：实时测量，自动生成样品的镜质体平均最大反射率、标准方差与反射率测值频率直方图。

（2）单煤随机反射率测试模块：实时测量，自动生成样品的镜质体平均随机反射率、标准方差与反射率测值频率直方图。

（3）商品煤反射率分布图的判别模块：实时测量，输出单混煤的煤类型、凹口数与编码等参数。

（4）显微组分及矿物含量检测模块：对煤的显微组分含量进行统计，自动生成检测报告，并提供显微组分活惰比等参数。

（5）显微煤岩类型检测模块：对煤的显微煤岩类型含量进行统计，自动生成检测报告。

（6）焦炭光学组织测定模块：对焦炭各种光学组织的体积百分数进行统计，并自动生成检测报告。

3. MP 系列显微镜光度计

1）CCD 阵列光纤光谱仪工作原理

CCD 工作原理：电荷藕合器件，它使用一种高感光度的半导体材料制成，能把光线转变成电荷，通过模数转换器芯片转换成数字信号，把数据传输给计算机，并借助于计算机进行处理数据。以光纤光谱仪接收光信号显微镜光度计其优点是可以接收一定波谱范围内各波长光信号、仪器稳定时间短等特点，其缺点是对光灵敏度较光电倍增管差，但完全可以达到现有标准要求。

2）主要性能及技术指标

MSP 系列显微镜光度计采用以 CCD 阵列光纤光谱仪为光电转换装置，在以市场主流偏光光学显微镜为基础，用光纤作为光传递介质，集成配套 CCD 阵列光纤光谱仪模块、数据转换模块、CCD 图像采集模块和软件处理系统，研制成 MSP 系列显微镜光度计。其主要性能及技术指标如下。

（1）仪器主要性能。

①光谱范围为 300～900nm，可根据需要，对样品进行不同波长测值特征研究。

②具有实时消噪处理性能。

③仪器具有稳定性、线性校准自动分析性能。

④具有可视化中心校正性能，通过屏幕图像可视化调节测量光圈，使其中心与载物台中心、视域光圈中心及目镜十字丝中心重合。

⑤具有图像采集、分析性能，图像采集与测试可同步进行；实现了图像可视化检测，可以脱离显微镜目镜直接在电脑屏幕上观察测量。

⑥可选择全自动扫描物台及自聚焦装置，自动扫描、自动聚焦系统平均单点扫描成像测试时间不大于 3s。

⑦可与各种型号（包括旧型号显微镜）带有摄像镜筒的偏反光显微镜相连接，配有衔接系统。

（2）仪器主要技术指标。

①测量光栏：内置圆形测量光栏，大小可定制，定制测量光栏范围为 1～10μm。

②仪器的稳定性：在光谱仪的分辨率不大于 0.01% 反射率条件下，测定标准物质，在 30min 内反射率值的变化应小于其标准值的 2%。

③仪器的线性：光度计线性及稳定性在反射率为 0～7.45% 时呈线性。

④精密度：通过重复性与再现性测定，均符合 GB/T 6948—2008 的相关要求。

3）多功能专业煤岩测试系统

MSP 系列显微镜光度计专业煤岩测试软件系统具有测试功能全，且可实现平台自动扫描、自动聚焦控制，可视化测量，观测、调试、测量同步进行等性能（图 3.11）。

①单煤最大反射率测试模块：实时测量，自动生成样品的镜质体平均最大反射率、标准方差与反射率测值频率直方图。

②单煤随机反射率测试模块：实时测量，自动生成样品的镜质体平均随机反射率、标准方差与反射率测值频率直方图。

③商品煤反射率分布图的判别模块：实时测量，输出单混煤的煤类型、凹口数与编码等参数。

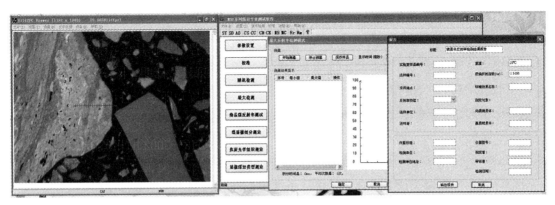

图 3.11　MSP 系列显微镜光度计专业煤岩可视化测试系统

　　④显微组分及矿物含量检测模块：对煤的显微组分含量进行统计，自动生成检测报告，并提供显微组分活惰比等参数。

　　⑤显微煤岩类型检测模块：对煤的显微煤岩类型含量进行统计，自动生成检测报告。

　　⑥焦炭光学组织测定模块：对焦炭各种光学组织的体积百分数进行统计，并自动生成检测报告。

　　⑦显微组分荧光强度测量模块：实时测量，自动生成样品各显微组分的荧光强度统计、荧光强度变化曲线图等。

　　⑧显微组分荧光光谱检测模块：实时测量，自动绘制生成样品各显微组分的谱图、计算光谱参数。

　　4. 适于偏反光显微镜的自动聚焦、自动扫描技术及装置

　　1）系统构成

　　煤岩自动化测试设备研制是集光、电、机械自动化及图像分析多学科相融合的技术开发。研制设计采用数字图像自动聚焦技术，结合自动扫描平台及专业煤岩测定软件系统实现煤岩自动化测试。煤岩自动化测试装备主要包括偏反光显微镜基础设备、图像采集模块、自动聚焦模块、自动扫描模块四部分（图 3.12）。

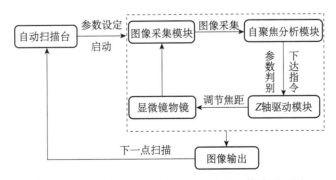

图 3.12　煤岩自动聚焦自动扫描平台装置构成原理图

　　系统工作流程：通过自动扫描平台设定样品的扫描范围区域及在 X、Y 轴方向的点距及

行距参数，启动自动扫描台驱动程序进行样品的初始点扫描，由图像采集模块采集第一帧图像并转入图像自聚焦分析模块，判别出成像清晰度数据及调焦参数指令，下达给 Z 轴调焦驱动模块，驱动显微镜物镜调焦传动轴至指定位置，控制图像采集模块进行二次图像采集，图像自聚焦分析模块对二次采集图像成像质量再判别，至图像成像质量符合规定参数要求，输出起始点图像，进行样品下一点扫描成像，按设定样品扫描区域完成所有测点扫描成像后结束。

2）适用于显微镜系统的数字图像自动聚焦技术

数字图像自动聚焦技术是自动聚焦系统的中枢神经，直接控制着自动扫描台、图像采集模块、自聚焦分析模块、Z 轴驱动模块，是保证自动聚焦系统稳定性能、准确性能和实时性能的关键技术。图像自动聚焦系统组成见图3.13。

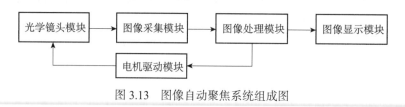

图3.13　图像自动聚焦系统组成图

采用基于图像技术的自动聚焦技术，直接针对采集的图像采用图像处理技术，对图像进行成像质量分析，得到系统当前的对焦参数，然后通过驱动机构调整显微镜物镜的焦距，使系统正确对焦。

3）系统实现

自动扫描平台与自动聚焦装置的驱动装置的选型及电路信号控制方案的设计是保证该装置精度及效率的关键。驱动模块包括电机和电机驱动电路，主要完成将控制模块中输出的数字的控制信号转换为电机的扭矩，以驱动光学成像模块中变焦镜头镜片组进给准确的位移量。

（1）自动扫描平台：自动扫描平台分为三个部分，分别为自动扫描平台基座、X 轴移动台及 Y 轴移动台。自动扫描台平整度加工精度为0.01mm，X-Y 轴步进精度小于10μm，X-Y 轴向扫描范围为5cm×7cm，最大速度不小于1m/min。

（2）自动聚焦装置：Z 轴自动聚焦步进精度小于50nm，通过对三组国家一级标准物质的自动聚焦与人工调焦的反射率测定结果对比，自动聚焦与人工调焦所测相应标准物质测值与标定值均相符，检测误差均符合国家标准要求，间接说明 Z 轴步进精度能够达到人眼观测的步进调节精度需求。

（3）自动成像效率：通过大量自动聚焦系统整体测试的数据来看，检测样品平均单点扫描成像时间均不大于3s，百幅成像清晰度合格率均大于90%。

并开发出配套自动扫描、自动聚焦控制应用软件1套（图3.14），实现了西安研究院在应用于煤岩检测显微镜系统上的平台改进技术，为西安研究院进行煤岩自动化检测系统的开发研制提供了硬件支撑。自动扫描、自动聚焦装置在步进精度、成像质量上达到了国内同类产品技术指标，在成像速度上优于国外同类产品。

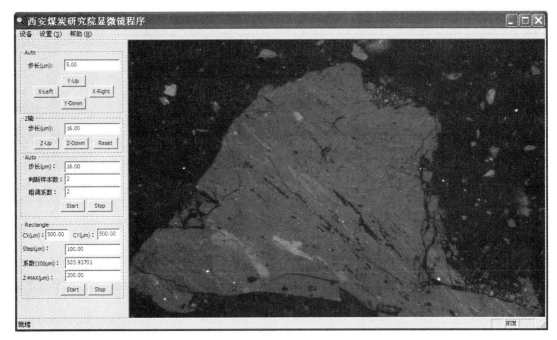

图 3.14　数字图像自动聚焦技术应用软件

5. 产品推广应用

根据国内用户需求，先后研制出 MSP/PMT 两大系列共四款型号显微镜光度计产品，分别为 MSP-Ⅰ型、MSP-Ⅱ型、PMT-Ⅰ型、PMT-Ⅱ型。仪器具有性能好、功能全、检测效率快、可操作性强、体积小、安装方便、实现的图像观察与测试同步、可视化中心校正等优点。

产品已在陕西、北京、新疆、甘肃、黑龙江、沈阳等地煤炭及高校实验室得到应用。

3.2.2　显微镜光度计用反射率标准物质

显微镜光度计用反射率标准物质主要是检验仪器的可靠性并标定仪器，用于煤、焦炭、沉积岩中分散有机质等固体物质的反射率测定。20 世纪 80 年代以前，反射率标准物质主要随显微镜光度计进口，国内在该方面没有相应的产品及技术。西安研究院于 1982～1986年实施标准物质研制项目，形成了测定煤、焦炭、沉积岩中分散有机质等固体物质反射率的系列标准物质。

1. 标准物质种类及参数指标

共研制出显微镜光度计用反射率国家一级标准物质四种，分别为钆镓石榴石、钇铝石榴石、蓝宝石和 K_9 玻璃；国家二级标准物质两种，为金刚石和碳化硅（表 3.19）。表中折

射指数与反射率标准值均是在 23℃浸油条件下标定值。反射率标准物质标准值范围从 0 至
7.45%，标定范围涵盖了从褐煤至无烟煤相应变质阶段煤种。

表 3.19 显微镜光度计用反射率标准物质

标准物质级别	标准物质编号	名称	折射指数N_e （$\lambda=546$nm）	反射率（标准值）/% （$N_e=1.5180$）
一级	GBW 13401	钇镓石榴石	1.9764	1.72
	GBW 13402	钇铝石榴石	1.8371	0.90
	GBW 13403	蓝宝石	1.7708	0.59
	GBW 13404	K_9 玻璃	1.5171	0.00
二级	GBW（E）130013	金刚石	2.42	5.28
	GBW（E）130012	碳化硅	2.60	7.45

注：应采用不易干、无腐蚀性、不含有毒物质的油浸液，其在 23℃时折射指数 N_e（$\lambda=546$nm 的光中）为 1.5180 ± 0.0004，温度系数小于 $0.0005\mathrm{K}^{-1}$。

2. 反射率标准物质使用

反射率标准物质主要用于检验显微镜光度计仪器的可靠性并标定仪器，具体使用方法如下。

1）仪器的可靠性检验

（1）杂散反射光和暗电流。

零标准物质（GBW 13404，K_9 玻璃）在显微镜光度计下的反射率测值即为杂散反射光和暗电流的总和。该测值应不大于 0.04。

（2）仪器稳定性。

在检测过程中，30min 内任一标准物质测值的变化极差应不大于该标准物质标准值的 2%。

（3）光电转换器线性。

反射率为 0.59%～7.45% 时应具有线性。测定一系列反射率标准物质（至少三种）的反射率，任一标准物质的实测值与标准值的差应不超过 ±0.02%。

（4）光学竖轴与载物台相互垂直性。

置严格整平后的反射率标准物质于载物台上，准焦。转动载物台 360°，标准物质图像持续清晰；同时反射率测值的极值之差应不大于该标准物质标准值的 2%。

2）仪器的标定

先选取两个与试样反射率相近的标准物质在显微镜下进行标定，使显示的读数与其标准值之差不可大于标准值的 2%，才能进行试样的测定。

3. 应用与推广

1989 年 6 月 1 日由国家技术监督局发给定级证书和"制造计量器具许可证"。

现生产、销售显微镜光度计用反射率标准物质——钇镓石榴石（GBW13401）等四种国家一级标准物质、碳化硅 [GBW（E）130012] 等两种国家二级标准物质，已有煤炭、地质、冶金、石油、商检、中科院和高校的 500 多家单位使用。

3.3　煤岩炼焦配煤技术及应用

3.3.1　煤岩配煤基本原理

通过煤岩学的研究，可以了解煤中各种有机组分和无机组分的组成情况。不同显微组分的性质不同，它们在炼焦过程中的作用也不同，因此，每一种煤都是一种天然的炼焦配煤。根据各类煤岩组分在成焦过程中的作用，可以将它们分为两类：一类在加热过程中能熔融并可形成活性键的活性组分，具黏结性；另一类在加热过程中不能熔融、不产生活性键的惰性组分，无黏结性，在炼焦过程中起着类似于混凝土的骨料作用。利用煤岩炼焦配煤的基本要求之一，就是要使配煤方案中的活性组分和惰性组分的组合达到最优化。

苏联可燃矿产研究所法，又称 И.И.Аммосов 和 И.В.Еремин 法，该方法是后来一切配煤方法的基础。按炼焦性能的不同，把煤的显微组分分为可熔组分 [$\Sigma\Pi K$ ＝ 镜质组 + 壳质组 +1/3（半镜质组）] 和瘦化组分 [ΣOK ＝ 惰质组 +2/3（半镜质组）+ 矿物质] 两大类。根据这两项测值，再通过一系列煤的基础性试验，推出瘦化指数（$\Sigma OK/\Sigma OK'$）和结焦性系数（K_m）这两个预测焦炭质量的煤岩参数。其中，瘦化指数是指导煤和配煤中所含的瘦化组分与该煤中可熔组分之间达到最佳比例所需的瘦化组分（OK'）的数量比，它表现了焦炭本身的熔结度和强度。结焦系数表示可熔组分的结焦性能。

配煤的最佳瘦化组分 $\Sigma OK'$ 含量及配煤结焦系数 K_m，可分别由下列二式求得

$$\Sigma OK' = \frac{\Sigma\Pi K_1 n_1}{a_1 \times 100} + \frac{\Sigma\Pi K_2 n_2}{a_2 \times 100} + \cdots + \frac{\Sigma\Pi K_n n_n}{a_n \times 100} \tag{3.7}$$

式中，$\Sigma\Pi K_n$ 为参入配煤中单种煤的黏结性组分总和，%；n_n 为配煤中单种煤的份额，%；a_i 为参入配煤中的该种煤获得最大焦炭强度时相应煤化阶段的黏结组分和瘦化组分之最佳比。

$$K_m = \frac{K_1 \Sigma\Pi K_1 n_1 + K_2 \Sigma\Pi K_2 n_2 + \cdots + K_i \Sigma\Pi K_i n_i}{\Sigma\Pi K_m} \tag{3.8}$$

式中，K_1，K_2，$\cdots$，K_i 为按基础图解决定的相应煤化阶段煤岩组分的结焦系数；$\Sigma\Pi K_i$ 为该煤种黏结组分的总和，%；n_i 为配煤中该煤的份额，%；$\Sigma\Pi K_m$ 为配煤中黏结组分的总和，%。

根据瘦化指数与结焦系数这两个参数，以大量的实际煤岩和炼焦资料为依据，可绘制焦强度等值线图，并由图可直接预测出煤或配煤的焦炭强度。

3.3.2　煤的显微组分显微镜热台加热试验

1. 显微镜热台

实验采用浑江光学仪器厂生产 T1350 显微镜加热台，配套自行研制的程序控温仪，使

得显微镜热台的温度和升温速度得以精确控制，使实验具有良好的重现性。通过测定 5 种标准物质的熔点，对热台的测温系统进行了严格的校正与检验，与各物质的标准熔点误差平均都小于 1℃，最大误差不超过 2℃。温度程控仪的测温范围为 0～1350℃，内设 0～200℃、200～600℃、600～1350℃ 三个温度区段，每个温度区段各有 9 档升温速度，每档速度以 3℃/min 的倍数递增，即 3℃/min、6℃/min、9℃/min、…、27℃/min。使加热速度可在不同的温度区段根据具体需要灵活的调节。

在加热实验时，随着加热温度的升高，严密观察各显微组分的动态变化，并及时记录和拍照，至终温时使热台在隔氧状态下冷却，将焦渣的一部分进行扫描电镜分析，另一部分制成光片做显微镜分析。

2. 煤的显微组分加热性状

根据加热条件的不同，热台试验分为间接观察法和直接观察法。实验采用直接观察法在隔绝空气下通过自制程序控温仪对显微煤岩组分在加热过程中的动态变化进行了深入、系统研究，为煤岩学配煤方法的建立提供了重要的理论和实践依据。

通过直接观察，不但了解了不同显微组分组的加热性状，证实了前人的一些观点，如镜质体和壳质体在加热过程中都会软化、熔融、固化，但壳质体更易软化、变形、膨胀，熔融温度比镜质体低得多，惰质体不会软化熔融等，而且还得到了重要的新认识。

其一，大多数人认为半镜质体的活性约为镜质体的 1/3，但在显微镜热台下看到在中变质程度的煤中半镜质体在加热过程中仅有微量的液态物生成，不能流动，总体上偏惰性，活性不及镜质体的 1/3。

其二，通过不同时代煤同变质系列煤镜质体的对比研究，直接观察到在等变质条件下其加热性状有明显差别，在中变质阶段（R_{max}= 1.00%～1.36%）尤为突出。P_2 煤的镜质体产生的胶质体数量多，流动性好，熔融充分，强烈，常常像岩浆般喷涌翻滚；与之相比，T_3 煤的镜质体则逊色得多，加热时虽可见波浪状起伏变化，但很少见岩浆般翻滚（表 3.20）。随着变质程度增高，P_2 和 T_3 煤中镜质体的软化、熔融、固化温度和熔融区间都作规律地变化，在中等煤化程度时区间最大，两者变化规律一致。但 T_3 煤的镜质体与 P_2 煤的镜质体相比熔融的起止温度稍低，熔融区间稍窄（图 3.15）。

表 3.20　中等变质程度 P_2 和 T_3 煤镜质体的热变特征

样号	时代	R_{max}/%	软化温度/℃	熔融温度/℃	熔融流动状况	熔融流动温度区间/℃	固化温度/℃
1 号	P2	1.01	395	415	熔融，流动强烈	465～560	580
2 号	P2	1.13	415	430	熔融，流动强烈	480～560	580
3 号	P2	1.36	440	460	熔融，流动强烈	520～560	580
4 号	T3	1.01	390	410	熔融，流动较强烈	480～550	570
5 号	T3	1.15	400	425	熔融，流动较强烈	470～520	570
6 号	T3	1.36	415	445	熔融，流动	460～510	560

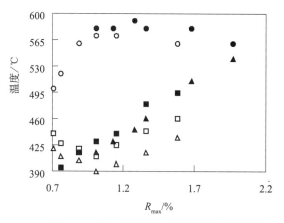

图 3.15　中生代煤和古生代煤的镜质体热变温度区间对比

3.3.3　T₃ 和 P₂ 煤的焦炭显微特征

焦炭作为一种不均质的多孔固体，其显微特征不外乎包括如下两个方面，即气孔构造和光性结构。前者指焦炭的气孔大小、分布、气孔壁厚度及孔隙率等；后者指构成焦炭孔壁的光学组织结构。

对 T_3 和 P_2 煤的焦炭光性结构和气孔构造测定后，结果表明：一般 T_3 煤的焦炭富含各向同性和微粒镶嵌结构在 50% 以上，最高可达 77%，当 R_{max} 为 1.40% 时，这两种结构才急剧减少而代之以粗粒镶嵌结构和纤维状结构。P_2 煤的焦炭富含粗粒镶嵌结构，其次是纤维状结构，各向同性和微粒镶嵌结构很少。R_{max} 为 1.60% 时两个时代煤的焦炭结构中纤维状和叶片状结构均显著增加。

为进一步对比分析不同成煤时代煤焦的不同特征，选取了变质程度和显微煤岩组分很接近的 T_3 和 P_2 两组煤样（表 3.21），焦化试验后，前者的焦炭以各向同性和微粒结构占绝对优势，后者的焦炭则以粗粒镶嵌结构为主；前者的焦炭孔径、孔隙率都比后者大得多，但孔壁的厚度却大大低于后者。显微结构的差异必然导致焦炭机械强度的不同，即 P_2 煤的焦炭强度高于前者，M_{10} 尤为明显。

表 3.21　T₃ 和 P₂ 煤及焦炭特征综合对比表

样号	时代	R_{max} /%	煤的显微组分 /%		焦炭光性结构/%			焦炭气孔构造			焦炭机械强度	
			V+E	SV+I	各向同性+微粒镶嵌	粗粒镶嵌	纤维状+破片状	孔径 /μm	孔壁厚 /μm	孔隙度 /%	M_{40}	M_{10}
30014	T_3	1.05	55.5	27.1	67.2	3.6	1.3	718	76	53.6	73.6	16.3
30052	T_3	1.05	60.9	33.5	61.6	17.1	2.0	1002	73	59.8	73.0	10.8
30027	P_2	1.04	59.2	34.5	6.3	68.5	2.3	581	115	40.7	71.3	8.9
30028	P_2	1.08	61.9	32.1	8.4	65.7	1.45	474	118	40.0	73.1	7.7

注：M_{40} 为抗碎强度；M_{10} 为耐磨强度。

3.3.4 新配煤指标及其意义

早在 20 世纪 60 年代，阿莫索夫提出的影响煤结焦性的成因因素有以下三方面。

（1）煤的变质程度：可用镜质体反射率表示。

（2）煤岩组成不同：可用惰性组分含量＝丝质体＋2/3 半镜质体＋矿物质。

（3）还原程度的差异。

该观点被大多数人认同，许多配煤方法已考虑到上述因素，但是，在实际应用中还是不能对不同煤田的煤配合时焦炭强度进行准确预测。要么是上述三个因素没有全面反映影响煤的结焦性，要么是影响配煤结焦性的不止有上述几个因素。基于此，以 70 余炉 200kg 焦炉试验数据为基础，通过对显微组分的热台实验观察及对基础数据的分析，用数理统计方法优选出新的更恰当的预测焦炭强度三个参数，分别为标准活性组分、镜质体平均随机反射率、镜质体平均随机反射率分布的标准差。

1. 标准活性组分（$V_{t,st}$）

标准活性组分（$V_{t,st}$）释义：就是任 煤中的活性组分与某一中等变质程度一般还原程度煤等量活性组分相比的当量值。

正如许多理化指标测试时不能测出某种性质的绝对值时，必须用标样与其比较，求出相对值一样，在这里，该方法是把某一特征煤层的活性组分作为标样，将其他煤层中的活性组分与之比较求出相对值。

众所周知，同一个煤层中镜质体和壳质体的加热性状不同、不同变质程度煤的活性组分的加热性状和结焦性不同；由于成煤时代不同，即使是等变质程度的煤，镜质体的加热性状也有明显差异，当二者的组分含量相近时，焦炭的机械强度也不同。由此看来，不同煤的活性组分不仅数量上有差别，质量上也有差别。当它们配合时，只简单地按配比将显微组分加在一起作为反映煤的活性（或惰性）的指标是不恰当的。为正确反映配合煤活性组分的含量，可先将同一煤中的壳质体换算成与之相当的镜质体含量，与镜质体相加作为活性组分含量，然后，再将各种煤的活性组分与某一中等煤阶一般还原程度的煤层的等量活性组分相比，求出各单种煤的标准活性组分含量，最后用配比简单加和就可得到配合煤的标准活性组分。

2. 随机反射率标准差（S）

不同变质程度煤的镜质体在加热时软化、熔融、固结的温度不同，随变质程度增高有规律地变化。这样，在配煤中，当某一煤层的活性组分熔融时，某些变质程度煤中的活性组分可能是固态的，表现为惰性。这一特性必然会影响到配合煤的结焦性，由于不同煤变质程度差别越大，其熔融区间起止温度的差别也越大，因此，用反射率标准差来反映是恰当的。与此同时，采用该指标还可解决某些进厂煤本身就是混煤，混煤还要参加配煤的问题。还应当特别指出，该指标是任何煤质指标都不可替代的指标。

对于配合煤，用上述两个指标，再加上配合煤镜质体随机反射率的平均值（R_{ran}）反映其变质程度，可较全面地反映影响其结焦性的各个因素。

3.3.5 参数选择和数学模型的建立

为检验 $V_{t,st}$、R_{ran}、S 在预测焦炭机械强度中的作用，将用这三个参数建立的预测焦炭强度的回归方程和选用某些代表性的配煤和预测焦炭强度方法采用参数建立的回归方程进行比较，评定标准是各回归方程的拟合度 C、F 值和剩余标准差 S_y，以此来客观地判别各回归方程及其选用参数的优劣。

从表 3.22 可以看出，选用 $V_{t,st}$、R_{ran}、S 为参数的回归方程明显优于其他回归方程。为进一步提高预测精度，用上述三个参数建立了三元三次回归方程。从表 3.23 和图 3.16～图 3.18 可以看出，建立的系列回归方程具有很高的准确度，所有回归方程的拟合度都大于 95%，剩余标准差小于 2.1，F 检验值远远大于 $F_{0.001}$ 的查表值 [$n=68$, $F_{0.001}(9,58)=3.72$]，在相对稳定的工艺条件下，理应可定量预测和控制焦炭强度。

表 3.22 不同参数的三元二次回归分析

焦炭机械强度	评定标准	选用参数			
		R_{ran}-G-I	R_{ran}-b-I	R_{ran}-$\lg\alpha$-I	$V_{t,st}$-R_{ran}-S
M_{40}	拟合度 C /%	81.4	75.5	64.3	92.0
	F 检验值	28.3	19.8	11.6	73.9
	S_y	4.0	4.5	5.5	2.6
M_{10}	拟合度 C /%	79.7	60.4	37.6	91.8
	F 检验值	25.2	9.8	3.9	72.6
	S_y	3.9	5.2	6.6	2.4
M_{25}	拟合度 C /%	79.1	66.3	47.8	92.6
	F 检验值	24.4	12.7	5.9	81.1
	S_y	4.0	5.1	6.4	2.4

注：G 为黏结指数；b 为奥-阿膨胀度；$\lg\alpha$ 为吉氏流动度。

表 3.23 以 $V_{t,st}$-R_{ran}-S 为参数的三元三次回归分析

评定标准	焦炭机械强度		
	M_{40}	M_{10}	M_{25}
拟合度 C/%	95.2	97.7	98.8
F 检验值	100.8	174.4	146.2
$F_{0.001}$ 查表值	3.5	3.3	3.2
剩余标准差 S_y	2.05	1.32	1.42

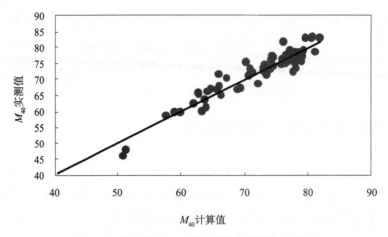

图 3.16 焦炭强度 M_{40} 的实测值与计算值的关系

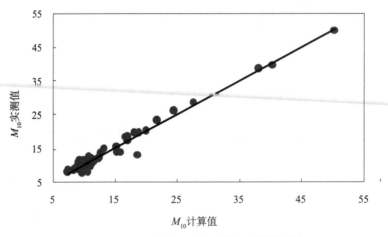

图 3.17 焦炭强度 M_{10} 的实测值与计算值的关系

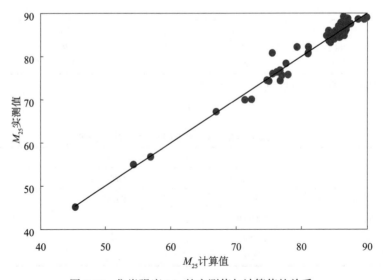

图 3.18 焦炭强度 M_{25} 的实测值与计算值的关系

3.3.6 成果应用

在充分考虑煤的变质程度，还原程度和煤岩组分活性差异的基础上，经过系列校正与换算，提出了"标准活性组分"的概念。采用煤岩学炼焦配煤新技术所建立回归方程预测焦炭质量，预测值与实测值的拟合度达 95% 以上，经 70 余炉 200kg 焦炉验证，证明预测误差在规定的平行允许差之内，达到了工业应用水平。

从 1993 年起，已在山西的四个焦化厂推广应用，其中在山西焦化股份有限公司推广应用该配煤方法多年，使该厂进厂煤煤质提高，减少了主焦煤用量，使焦炭质量逐年提高（平均提高了一个等级）。

3.4 液化用煤煤岩学预测方法及应用

3.4.1 我国液化用煤资源分布

在收集前人研究成果的基础上，调查我国液化用煤的煤炭资源分布状况，以西北早中侏罗纪褐煤和低煤级烟煤分布区、西南新近纪褐煤分布区、东北吉近纪褐煤、晚侏罗纪低煤级烟煤分布区为主。研究液化用煤的基本特征及关键技术指标，初步确定出挥发分和 H/C 原子比高、活性组分含量及其组合含量高的褐煤和低煤级烟煤，是适合液化的煤种。

1. 我国液化用煤资源总体构成

根据第三次煤田预测资料，确定以挥发分（V_{daf}）大于 35% 作为液化用煤的基本条件，对全国各省区所属勘探区埋深 1500m 以浅的煤炭资源进行统计分析、整理。主要煤炭储量资料截至 1992 年末，划分为西北、东北和西南三个主要含煤区，其液化用煤资源分布情况见表 3.24。

表 3.24 全国液化用煤资源分布情况一览表

分布区域	保有储量/万t	勘探区面积/km²	预测储量 /万t				预测区面积/km²
			合计	可靠	可能	推测	
西北地区	36429993	36541	79148337	15456486	60575864	1545660	48337
东北地区	1290585	8078	696056	224418	321796	149842	1519
西南地区	1064757	259					
合计	38785335	44878	79844393	15680904	60897660	1695502	49856

2. 我国液化用煤的煤岩基本特征

研究表明，煤的显微组分中镜质组、半镜质组和壳质组具有化学活性，其活性大小依次为壳质组、镜质组、半镜质组。

我国煤的显微组分分布趋势，新生代古近纪、新近纪煤中镜质组含量最高，惰质组含量最低；中生代的侏罗纪（J_1—J_2）煤镜质组含量低，惰质组含量最高（表 3.25）。其他各时代煤的镜质组含量和惰质组含量普遍处于中等水平。我国东北和西南地区煤的镜质组含量高，是液化的最佳原料。

表 3.25　我国液化用煤的显微组分统计结果表

成煤期	地区	显微组分 /%			
		镜质组	半镜质组	惰质组	壳质组
J_1—J_2	西北	15 ～ 62	5 ～ 10	27 ～ 74	<3
J_3—K_1	东北	68 ～ 95	0 ～ 20	1 ～ 15	0 ～ 12
E	辽宁抚顺	>80	<10	0 ～ 5	0 ～ 5
N	云南	>90	<5	0 ～ 3	0 ～ 3

3.4.2　煤的液化性能研究方法

1. 液化试验条件研究

研究影响加氢液化反应的因素，通过选择适合煤液化的间歇式高压釜试验设备，采用加氢、溶剂、催化剂、助催化剂，磁力搅拌，加温加压等最佳工艺条件，探讨了低煤级煤的高效液化潜力。选择褐煤、长焰煤、气煤等不同煤级煤，进行条件试验。根据液化试验最大油收率指标，确定出褐煤的最佳液化温度为 440℃、长焰煤的最佳液化温度为 450℃、气煤的最佳液化温度为 460℃。

收集液化试验的气、液、固反应产物，采用索氏抽提法进行液固分离，利用气体分析数据，依次计算出气态、液态、固体残渣等产物的产率。煤样液化试验的气体产物主要为甲烷、乙烷、丙烷、二氧化碳、一氧化碳，有少量正构丁烷、异构丁烷和硫化氢，有微量的正构戊烷和异构戊烷。

2. 低煤级煤液化性能研究

对低煤级煤进行液化试验效果及高效利用的前景进行探索。从不同煤级煤的煤岩煤质基本性质出发，结合分子结构研究，探讨低煤级褐煤、长焰煤、气煤的液化性能，发现从褐煤到长焰煤和气煤，液化转化率变化 80.85% ～ 98.67%，油产率变化 52.86% ～ 60.62%，表现出随煤级呈现逐渐降低的趋势。

同时，低煤级煤液化的转化率和油产率，随煤中挥发分（V_{daf}）、氧含量（O_{daf}）、H/C（原子个数比）、O/C 的增加而增高；随反射率（R_{max}）、碳含量（C_{daf}）、芳香度（f_a）的增加而降低。低煤级煤为液化最佳原料煤种，且高效、洁净，是达到物尽其用的最佳选择。

3. 煤岩组分的液化性能研究

手工剥离获得的煤岩成分样品的液化，镜煤的转化率为 90.67% ～ 91.46%、油收率为 56.31% ～ 58.88%，亮煤的转化率为 86.71% ～ 88.78%、油收率为 51.77% ～ 53.54%，暗煤的转化率为 81.12%、油收率为 44.91%，丝炭的转化率为 75.70% ～ 83.85%、油收率为

27.91%～44.18%。液化性能表现出镜煤＞亮煤＞暗煤＞丝炭。

显微组分的液化性能，不仅镜质组、壳质组液化具有反应活性，半镜质组也具有一定的活性，活性组分含量（镜质组＋半镜质组＋壳质组）与液化转化率、油产率表现出良好的正比关系。对于惰质组的液化研究认为，我国西北地区低煤级煤中部分反射率小于1.50%半丝质组分在液化过程中有反应活性，其活性次于同一煤中半镜质组，而反射率大于1.50%的惰质组分已不具反应活性。煤的液化性能不仅取决于煤的活性组分含量，也取决于显微组分的组合情况。显微煤岩类型显示的活性组分组合（微镜煤＋微壳煤＋微亮煤＋微暗煤＋微镜惰煤＋微亮三合煤＋微亮矿化煤），与液化转化率、油产率也表现出良好的正比关系。

从镜煤与丝炭的分子结构分析，镜煤中脂氢峰值高，丝炭芳香氢峰值高，镜煤比丝炭容易加氢液化。镜质组的单元核心主要为脂环、缩聚芳环，烷基多，苯环与芳香环之间形成大的共轭作用，使体系电子云分布更加均匀，故体系能量低；镜质组 Car—Cal 键的裂解能高于 Cal—Cal，Car—O 醚键的裂解能高于 Cal—O 醚键；惰质组分子结构中取代基多为苯环，单元核心主要为缩聚芳环，惰质组 Car—Cal 键的裂解能高于镜质组，除 C—O 醚键外，惰质组中各处的裂解能均高于镜质组。所以从分子结构上镜质组比惰质组易裂解。

4. 煤中矿物催化作用研究

煤中矿物质本身对煤的液化具有催化作用。采用陕西横山煤样，富集煤中硫，采用手工剥离的方法，将黄铁矿成分富集，然后采用重力分离法，得到不同硫含量的研究样品。对不同硫含量样品加催化剂和不加催化剂进行液化试验，结果发现随煤中黄铁矿含量增加，转化率和油产率增高。煤中黏土矿物与液化转化率、油产率有较好的正相关关系。而煤中氧化物、碳酸盐等矿物因为含量低，与液化转化率、油产率的关系不明显。

试验表明，煤中黄铁矿、黏土矿物对液化具有催化作用。

3.4.3　液化用煤的煤岩学预测方法

对液化残渣进行镜下微观特征观察，把光学组织划分为4类10个组分。通过对原料煤、活化、液化过程的跟踪，了解煤岩组分在液化热降解过程中的渐变轨迹，掌握各种煤岩组分在液化过程中的基本性能。认为煤中镜质组、半镜质组、壳质组等活性组分经液化产生大量的气液态物质后，多转变为各向异性的镶嵌体、纤维体和片状体等光学组织，只有少量仍然为各向同性的基质体、镜塑体，而大部分的半丝质组分和丝质组分保持原有的结构特征，基本没有被液化。因此根据液化残渣的显微镜溯源分析，就可预测煤炭液化的预期效果。

为了预测煤的液化性能，考察与转化率、油收率相关性好的煤岩煤质分析指标，最终确定挥发分、芳碳率、煤岩活性组分含量与活性组分组合四项参数（与转化率的相关系数为 0.60 以上，与油收率的相关系数为 0.28 以上），建立液化性能与煤岩组分之间的量化预测关系（表 3.26）。

表 3.26 煤液化性能预测方法

预测参数	预测公式	相关系数
挥发分 V_{daf}	转化率 = 0.913 V_{daf} + 52.133	R^2 = 0.8021
	油收率 = 0.6041 V_{daf} + 28.332	R^2 = 0.2960
芳碳率 f_a	转化率 = -108.05 f_a + 168.58	R^2 = 0.6068
	油收率 = -79.197 f_a + 111.04	R^2 = 0.2748
活性组分含量	转化率 = 0.4303× 活性组分含量 + 53.494	R^2 = 0.8299
	油收率 = 0.3237× 活性组分含量 + 25.997	R^2 = 0.3959
活性组分组合	转化率 = 0.3151× 活性组分组合 + 63.102	R^2 = 0.6901
	油收率 = 0.3228× 活性组分组合 + 27.041	R^2 = 0.4504

比较而言，挥发分、芳碳率、煤岩活性组分含量与活性组分组合四项参数，与转化率的关系相关性较好，而与油收率的关系略差。

3.4.4 液化配煤技术的研究

低煤级的褐煤、长焰煤、气煤是液化的最佳原料，按照一定的份额将它们配合使用，试图达到提高液化效果的目的。

试验选择霍林河褐煤、东胜补连塔长焰煤、新疆七道湾气煤三个样品，配制方法按①两煤种配合：将褐煤与长焰煤、长焰煤与气煤、褐煤与气煤，配制成 3 个样品；②三煤种配合：即褐煤、长焰煤、气煤，配制成 1 个样品。配制比例按两煤种配合，配方分别以质量分数 6：4、7：3 两个系列配合；三煤种配合，配方以质量分数 4：3：3 来配合。

配煤液化试验结果表明（表 3.27）：配煤液化反应后比原单煤液化的水产率、气产率和转化率要低，而油产率（56.31%～62.63%）比单煤（55.16%～60.62%）有一定提高。如果以油产率作为比对指标，则氢耗量在 4.5% 左右时，两种煤配合比较，不论是 6：4 的配比还是 7：3 的配比，均表现为褐煤与气煤相配的油产率最高（62.14%～61.18%）。从不同配比比较，以三种煤 4：3：3 的比例的配煤的油产率最高（62.63%），以两种煤 6：4 配比的油产率（56.75%～62.14%）次之，以两种煤 7：3 配比的油产率（56.31%～61.19%）较低。

表 3.27 不同煤级煤配合液化试验结果表

试验煤级	配合比例	试验温度 /℃	氢耗量/%	水产率/%	沥青烯产率/%	前沥青烯产率/%	气产率/%	油产率/%	转化率/%
霍林河褐煤	单煤	440	4.05	14.59	4.24	0.00	23.27	60.62	98.67
补连塔长焰煤	单煤	450	4.23	9.30	5.06	0.59	23.85	55.16	89.74
新疆河东气煤	单煤	460	4.54	8.06	4.63	0.38	26.13	55.58	90.25

试验煤级	配合比例	试验温度/℃	氢耗量/%	水产率/%	沥青烯产率/%	前沥青烯产率/%	气产率/%	油产率/%	转化率/%
褐煤∶长焰煤		445	4.50	10.37	3.65	0.03	22.86	61.68	94.09
长焰煤∶气煤	6∶4	455	4.70	7.75	2.85	0.36	26.01	56.75	89.02
褐煤∶气煤		450	4.27	9.87	3.62	0.32	22.13	62.14	93.81
褐煤∶长焰煤		445	4.25	7.54	4.87	0.02	22.93	61.19	92.29
长焰煤∶气煤	7∶3	455	4.45	9.36	2.84	0.21	24.27	56.31	88.54
褐煤∶气煤		450	4.38	10.42	4.79	0.39	24.06	61.18	96.46
褐煤∶长焰煤∶气煤	4∶3∶3	450	4.18	11.08	2.20	0.49	21.00	62.63	93.21

　　煤直接液化反应大致经历了受热活化、升温裂解、加氢键合三个历程，将褐煤、长焰煤、气煤按照一定的份额相邻两煤种或三煤种配合液化，发现其液化的油收率明显高于原单煤的油收率。可见配煤液化利用了多个单煤热降解反应先后顺序的差异性，使得液化的反应过程延长，使得有机质降解成沥青类物质的量增大，导致油收率增加。配煤液化过程存在着相互间的协同作用，它们相互作用、相互促进、相互提携，使单煤的作用得到了叠加。

　　实施配煤液化，不仅可节约稀缺的液化用优质煤种，而且可产生叠加效应促使液化产率提高，既优化了能源结构，节约特种能源，又发挥了煤炭资源的高效利用功能，是一种很值得提倡和大力推广的技术。

3.4.5　推广应用

　　液化用煤资源研究，从国家能源紧缺角度，优化煤资源的利用方向，对国家能源产业结构优化升级具有积极的意义。用煤岩学的技术和手段，进行液化用煤的资源及配煤技术研究，是传统煤液化研究方法的有益补充和技术提升。

　　研究成果在神华上湾、补连塔井田原料煤选取中得到实际应用，通过研究，查明煤层的煤岩显微组分含量、煤质特征及其分布规律，并分析其在三维空间上的变化规律，为神华煤直接液化项目原料煤的选择提供了基础性技术支持。

3.5　煤地质学上的扫描电子显微镜分析技术

3.5.1　基本原理

　　一束高能电子束（E_0）入射到样品表面，与样品相互作用，产生二次电子、背散射电子、吸收电子、阴极荧光、特征 X 射线、俄歇电子等信号（图 3.19），这些信号可以反映样品表面形貌、成分、接触关系等特征。扫描电镜正是分别选择利用其中的特征信号，达到

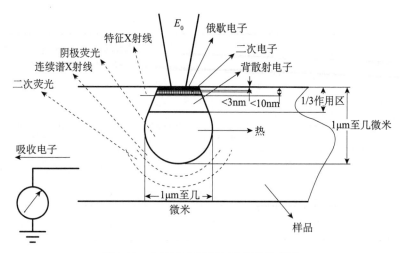

图 3.19　电子束入射深度及激发的信号

分析研究的目的。

目前，商品扫描电镜的种类有：钨灯丝扫描电镜、场发射扫描电镜、聚焦离子束扫描电镜等，分辨率（分开两个物体之间的最小距离）最佳达 0.1nm。扫描电镜通常配有能谱仪附件，可以在观测微米级－纳米级形貌结构的同时，进行微区元素分析，具有综合性分析仪器的多种功能。

3.5.2　步骤与方法

此技术的操作步骤为取样—制样—喷镀导电膜—上机观测拍照与元素检测—图像解译—应用，煤系岩矿类样品可制备自然断面或抛光面（图 3.20）。

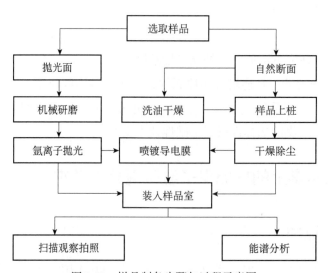

图 3.20　样品制备步骤与过程示意图

样品制备是第一个重要环节，如果方法不得当，会污染样品，且难以获得有用信息。

沉积岩样品具有层理、裂隙、裂纹、构造面等各种界面。从大块岩石上敲取扫描电镜小块样品（约 1cm³）是机械破裂的过程，样品会优先沿已有界面断开，此现象有时很难避免。除了有特定研究目的之外，一般要制取垂直层理的新鲜断面，并尽可能有好的代表性。样品取向与制备方法不同，观测内容与选择的图像类型也不同（表 3.28）。

表 3.28　沉积岩类样品制备类型与观测内容

样品制备类型		主要观测内容	图像类型
垂直层理面	自然断面	微层理，缝隙，裂隙及其充填连通情况，判断成因类型 碎屑颗粒结构、大小、接触关系、蚀变、次生加大、表面特征 泥质集合体形貌，单个黏土矿物形貌，并判断其成因 后生矿物的种类、晶形、晶间孔、分析成因后生作用 显微组分的识别与鉴定，有机质孔隙及其成因类型判断	二次电子
	抛光面 （用于页岩）	便于区分矿物质和有机质，显示二者的接触关系 有机质孔隙和部分矿物质孔隙 裂隙、缝隙、碎屑颗粒轮廓	背散射电子
平行层理面	自然断面	层面特征和沉积物（干裂纹、结核、微体化石、各种印痕） 层面裂隙及其组合形式 显微构造（滑移面、擦痕、角砾、碎粒、糜棱质）	二次电子

岩石类样品普遍导电性差或不导电，需要喷镀厚度合适的导电膜。喷镀靶材料有金、铂、铱、碳等，导电膜厚度的掌握需要考虑样品本身的特点（致密度、孔隙大小）、研究目的、喷镀仪器性能等因素。

上机观测要注意合理选择放大倍数。通常是先在低倍下仔细观察之后，再提高倍数，避免一味追求高倍数。放大倍数可由低到高，再由高到低，反复观察，以便弄清各种局部现象与整体的关系。必要时做能谱分析，增加成分依据。

3.5.3　应用范围

扫描电镜分析技术现已比较成熟，应用范围也颇为广泛。下面从煤岩学、岩石矿物学、沉积学、储层学、构造地质学等角度简介如下。

1. 显微组分识别及其应用

显微组分是煤及其他烃源岩的基本组成成分，光学显微镜下有成熟的识别方法。扫描电镜的成像原理与光学镜不同，鉴定标志难以通用。扫描电镜下识别显微组分一方面参考光学镜的方法，一方面要将显微组分的物化特征与扫描电镜成像原理相结合。二次电子图像（SEM）亮度、背散射电子图像（BEM）强度、形貌、相互接触关系、赋存形式、能谱分析结果等特征均为显微组分识别标志（表 3.29）。

表 3.29   扫描电镜下显微组分鉴定标志

显微组分组组	SEM亮度	BEM强度	基本形貌	赋存状态及其他特征
镜质组	中等	中等	平整、均质、致密、贝壳状断口，裂隙多	条带状、块状，气孔和裂隙发育
惰质组	大	较强	保留较多的植物组织结构	纤维状丝质体平行层理排列，胞腔孔多见，有的被矿物质充填
壳质组	小	弱	具有较完整的生物形貌	多镶嵌于镜质组，长轴顺层理，发育气孔和生物孔
腐泥组	最小	最弱	沥青质体均质、平坦，内部呈球粒结构；菌藻体具有生物特征	沥青质体有条带状、薄膜状、填隙状、浸染状；菌藻体以碎屑或后生裂隙充填的形式赋存
矿物质	最大	最强	晶形特征及其集合体形貌	脉状、团窝状、分散状、充填生物孔

　　识别显微组分一般在自然断面样品上进行，定性描述为主。页岩中的几微米大小的分散状有机质，有时候需要借助能谱取得成分依据（图 3.21），氩离子抛光面上可进行页岩有机质含量目估。显微组分的识别与鉴定可作为地质时代、沉积环境、成岩程度、生烃母质类型判识的依据，也是储层孔隙、裂隙、显微构造等研究的基础。

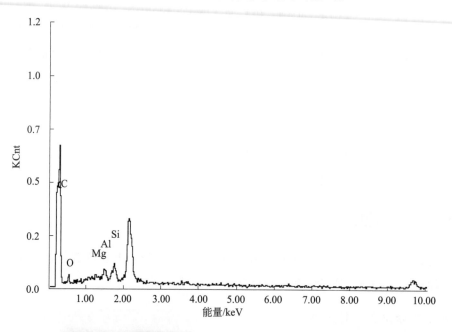

元素	质量分数/%	原子分数/%
CK	84.68	89.86
OK	09.02	07.18
MgK	00.81	00.42
AlK	02.26	01.07
SiK	03.24	01.47
基质	校正	ZAF

图 3.21   华北石炭系—二叠系页岩中的分散状有机质及其能谱分析结果（C 含量 84.68%）

2. 矿物成因判断及其应用

扫描电镜能够在微米级–纳米级范围内，清晰的展示单个矿物的大小、晶形、晶面，展示矿物集合体的形貌、规模、赋存状态，这些特征都是判断矿物成因的重要信息和依据。沉积岩的组成矿物形成于不同阶段，种类繁杂，成因类型多（表3.30）。同一岩石中，一种矿物可以有两种或三种成因，成因不同，晶形发育不同，赋存状态有别。

陆源碎屑的分析用于沉积盆地物源区、生物活动、火山活动等地质事件的研究；自生矿物的分析用于成岩程度、水介质条件、有机质热演化与成藏作用等研究；后生矿物与热液矿物的发育可以反映成岩期后的地层水、微生物、热液活动性质及程度。

表 3.30　沉积岩组成矿物的成因类型与主要矿物名称

成因类别	主要矿物名称	形成阶段与赋存形式
陆源碎屑	石英、长石、云母、岩屑、降落火山灰、结核、胶体矿物、黏土矿物、微生物化石、生物碎屑	沉积阶段形成，颗粒状，长条形和片状矿物大体定向排列，形成层理
自生矿物	石英、长石、方解石、白云石、菱铁矿、黄铁矿、磷灰石、伊利石、伊蒙混层、高岭石、绿泥石、胶体颗粒	成岩阶段形成，充填原生孔隙，胶结碎屑颗粒，蚀变矿物不同程度的保留母体矿物轮廓，生物成因矿物具有生物特征
后生矿物	石英、方解石、白云石、微生物	与成岩期后的地层水活动关系密切，赋存于裂隙或孔缝
热液矿物	钡解石、重晶石、石英、闪锌矿、方解石、其他热液矿物	由热液活动形成，充填孔隙和裂隙，呈脉状、薄膜状
表生矿物	石盐、石膏、硬石膏、芒硝、赤铁矿、褐铁矿等	地表环境下形成，赋存于孔隙、裂隙或形成薄膜

3. 储层孔隙分析及其应用

扫描电镜在常规储层（砂岩、灰岩、火山岩等）和非常规储层（煤、泥页岩、致密砂岩等）的孔隙（广义上的，包括裂隙、裂缝等）表征方面颇具优势。立足于岩石组成，综合考虑沉积作用、有机质生烃演化作用、成岩后生作用、地质构造作用，同时考虑取样制样过程对孔隙的影响，将储层孔隙划分为有机质孔隙（图3.22、图3.23）、生物孔隙（图

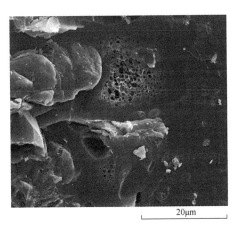

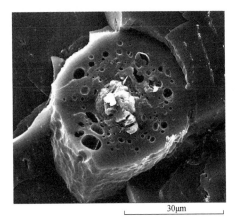

图 3.22　晋城无烟煤镜质体中的蜂窝状气孔　　图 3.23　鄂尔多斯盆地东缘中阶煤团块镜质体中气孔

3.24)、矿物质孔隙（图 3.25）、构造孔隙，原生孔隙、次生孔隙等若干大类与小类。从不同尺度上，用直观图像表征各类孔隙的形状、连通、充填等发育特征。这些分析结果是各类油气勘探开发必不可少的基础资料。

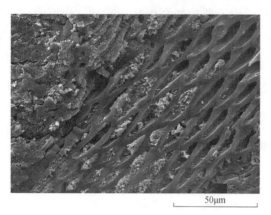

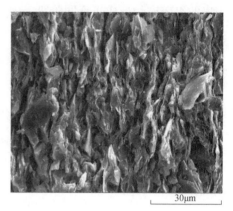

图 3.24　新疆低阶煤中的丝质体及其胞腔孔　　　图 3.25　页岩中的沉积伊利石及其顺层缝隙

4. 显微构造分析及其应用

扫描电镜下常见的显微构造有裂隙、构造粒（角砾、碎粒、糜棱质）、构造面（挤压面、滑移面、摩擦面）等，这些与宏观上的构造现象只是尺度不同，而性质是相同的。裂隙的连通、充填情况（图 3.26）可用于渗透性判断，菱形、三角形角砾（图 3.27）是剪应力作用的产物，松软煤层主要由碎粒与糜棱质组成。宏观上的完整岩体和煤体，在扫描电镜下可观测到不同数量的显微构造。通过显微构造的深层次揭示，能够从本质上反映岩体、煤体的诸多物理性质，可作为地质工程、压裂工程、采矿工程设计的影响因素。

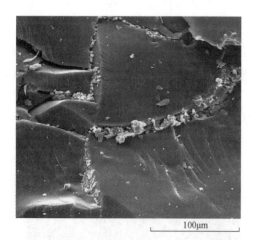

图 3.26　韩城构造煤中的裂隙及其充填碎粒　　　图 3.27　重庆中梁山构造煤中的菱形、三角形角砾

（本章主要执笔人：宋孝忠，刘善德，张慧，晋香兰）

第二篇 地球物理勘探技术与装备

　　地球物理勘探是利用天然或人工建立的地球物理场的变化，通过仪器观测某种地球物理场的分布与变化特点，结合已有地质资料的处理分析，寻找局部异常场或场的异常变化，进而解释与推断地下介质的性质、赋存状态等，以解决地质问题的一种间接勘探方法。煤炭地球物理勘探是地球物理勘探技术的一个重要分支，它是以煤岩层某一物理性质的明显差异为基础，采用地面、井下、钻孔以及井-地联合等方式，解决煤炭资源的赋存状态、开采地质条件探查的方法技术。常用的煤炭物探方法主要包括重力勘探、磁法勘探、地震勘探、电法勘探、放射性勘探等，按照作业空间可以将其分为地面物探、矿井物探和孔中物探。在煤炭资源勘查和煤矿安全高效开采地质保障系统中，地震勘探、电法勘探的应用最为广泛。

　　1955年，原煤炭工业部地质勘探总局筹建了国内第一个煤田地震队，1966年以前，由于当时采用的光点地震仪记录精度较低，主要在一些已勘查煤田开展地震勘探的方法研究；"文革"期间，原煤炭部组织以煤炭科学研究院西安地质勘探研究所为主、各煤田地质勘探公司参加的模拟磁带地震仪的大会战，先后研制出磁带记录地震仪、MD-1型半导体磁带记录地震仪，这是我国第一套自行设计制造的煤田地震勘探仪器，1978年该仪器获得了国家科学大会奖。改革开放后，特别是20世纪80年代以来，我国的煤炭地震勘探技术与装备在引进、消化、吸收的基础上实现创新，地面地震勘探的重心转向高分辨地震勘探技术的应用研究，先后开展了"煤田地震勘探方法和程序的研究""煤田高分辨率地震勘探方法和资料处理方法的研究""淮南谢桥煤矿采区高分辨率三维地震勘探研究"等，实现了煤层地震反射波法地质属性的标定、二维高分辨率地震勘探和煤矿采空区高分辨率三维地震等三次大的技术飞跃，地面高分辨率二维、三维地震勘探技术在平原、山区、丘陵、戈壁、沙漠、海上、黄土塬区得到广泛的推广应用，成为煤炭资源勘查、煤矿开采地质条件精细探查的首选技术。2007年，淮南矿业集团与中石油东方地球物理公司合作开展的煤矿采区高密度全数字三维地震勘探技术取得了技术突破，高精度地震勘探技术将出现第四次技术飞跃。2013 年，煤炭科学研究总院西安研究院在国内煤炭行业首次引进法国 SERCEL 公司 Sercel 428XL 成套设备，成为国内煤炭行业唯一具有高密度全数字三维地震勘探技术总承包能力的单位，先后完成了酸刺沟、朱仙庄、邹庄、朱庄等多个高密度全数字三维地震勘探，推动了高精度高密度全数字三维地震勘探的技术示范和推广应用。

1985 年，煤炭科学研究总院西安研究院从德国引进 SEAMEX- 85 仪器与配套软件、从日本引进 GR810 瑞雷波探测仪，并开展槽波地震仪和瑞雷波探测仪的国产化，随后研制出适用于煤矿井下水害隐患探测的直流电法仪、音频电透仪器；同期，煤炭科学研究总院重庆研究院自主研发出矿井地质雷达、无线电坑道透视仪等，并在全国得到推广应用。此后，由于三维地震技术的成熟和槽波地震技术发展相对滞后等原因，导致矿井槽波地震一度陷于停滞。

进入 21 世纪以来，煤矿安全高效开采对地质条件查明程度提出了更高的要求。2010 年，西安研究院成立了"地球物理勘探技术与装备研发中心"，成功研发出基于节点式的第三代槽波地震仪，并在全国 13 个大型煤炭基地进行了推广应用，掀起了槽波地震勘探技术的一个小新高潮。在水文地质条件探查方面，地面瞬变电磁技术与装备展现出良好的发展势头，成为煤矿采区电法勘探的首选方法；矿井电法在超前探测水害隐患方面，形成了直流电法探测技术、音频电穿透技术、无线电坑透技术、矿井瞬变电磁法等多方法、多层次的电法探测技术与装备系列。

六十年来，我国的煤田物探技术与装备经历了从无到有、从小到大、由弱变强的历史巨变，逐步发展到方法种类最全、技术装备配套、工程经验丰富的一流物探队伍，整体技术水平居于国际先进列。西安研究院、重庆研究院及中国矿业大学等单位，始终作为我国煤田物探方法研究、仪器研发、工程应用的重要力量，引领了我国煤炭物探技术与装备的技术进步。

第4章

煤炭地面地球物理探测技术

为了实现煤炭资源的安全高效绿色开采，只有超前查明影响井田划分、井筒选择、采区设计和工作面布置的隐蔽致灾地质因素，才能做到优化设计、趋利避害。20世纪80年代，随着地面地球物理勘探装备的升级和技术的进步，我国的煤田地质工作者提出了"物探先行，钻探验证，综合勘探"的基本原则和工作模式；迄今为止，以地面高分辨率二维、三维地震和瞬变电磁法探测技术为代表，开展煤矿采区采前地面地球物理综合探测，预先查明影响煤矿安全高效开采的煤层赋存状况、地质构造条件、富水异常区及陷落柱、老空区、火烧区等不良地质体，已经成为我国高产高效矿井采前地质勘探的必然选择。

本章将从地面高分辨率地震勘探技术、瞬变电磁法探测技术、直流电法及孔间无线电波透视技术等八个方面，简要介绍地面不同地球物理探测技术的基本原理、技术特点、适用条件、工程案例等，以全方位展现西安研究院在煤矿采区地质条件精细探查技术的成果。

4.1 二维地震勘探技术

4.1.1 基本原理

地震勘探就是利用人工方法引起地壳振动（如利用炸药爆炸产生人工地震），再用精密仪器记录下爆炸后地面上各点的震动情况，利用记录下来的信号经处理后推断地下地质构造。地震波遇到地层的分界面时，通常会发生反射；同时，地震波还会继续向下传播，还会在地层界面产生反射和透射（图4.1）。与此同时，地面上精密的地震仪器把来自各个地层分界面的反射波记录下来，然后通过数据处理，得到地层分界面的反射波，进而推断地下构造。概括地说，地震勘探就是通过人工方法激发地震波，研究地震波在地层中传播情况，查明地下地质构造、寻找矿产资源、探查地层界面的一种物探方法。

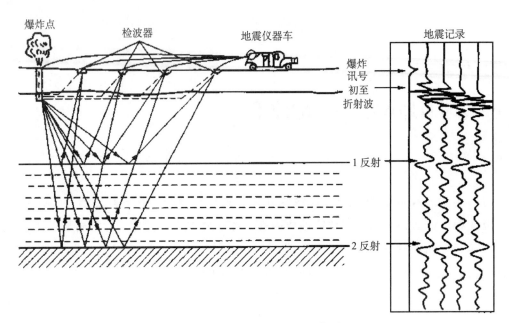

图 4.1　二维地震勘探原理示意图

4.1.2　工作方法

地震勘探工作，一般分为如下四个阶段。

第一阶段是观测系统设计工作。依据已有地质资料、勘探任务，设计适合勘探区的观测系统。

第二阶段是野外数据采集。在勘探区内，布置测线，人工激发地震波，并用地震仪把地震波传播的情况记录下来，得到记录了地面振动情况的数据。

第三阶段是室内资料处理。将野外记录的地震信息，转换成便于进行地质解释的形式，即将磁带上的资料转换成经过校正的类似于地质构造显示的地震记录剖面。资料处理的目的，是消除或压制地震记录上的噪声，改善或加强反射信息，并提高反射信号的分辨率。

第四阶段是地震资料的解释。运用地震波传播理论，综合地质、钻井和其他物探资料，对地震剖面进行深入的分析研究，确定地质构造的形态和空间位置，推测地层的岩性、厚度和层间接触关系。

4.1.3　技术指标

二维地震所承担的地质任务及工作程度的一般要求如下。

（1）二维地震勘探应查明落差 10m 以上的断层，其平面位置误差应控制在 50m 以内。

（2）进一步控制主要煤层底板标高，其深度大于 200m 时，解释误差不大于 2%；深度小于 200m 时，解释误差不大于 6m。

（3）查明采区内主要煤层露头位置，其平面位置误差不大于 50m。

（4）当覆盖层厚度大于200m时，其解释误差不大于2%；小于200m时解释误差不大于6m。

（5）进一步圈出区内主要煤层受古河床、古隆起、岩浆岩等的影响范围。

（6）解释区内主要煤层厚度变化趋势。

（7）解释较大陷落柱等其他地质现象。

4.1.4　应用实例

1. 地质概况

陕西省黄陇侏罗纪煤田某勘查区以往地质工作较少，勘探目的是为找煤工作而设计的，属概查阶段，勘探面积为350.10km²。

该区为掩盖式含煤区，根据地质填图和钻孔揭露，本勘查区地层层序由下到上依次有中三叠统铜川组（T_2t），下侏罗统富县组（J_1f）、中侏罗统延安组（J_2y）、直罗组（J_2z）、安定组（J_2a），上侏罗统芬芳河组（J_3f），下白垩统宜君组（K_1y）、洛河组（K_1l）、环河组（K_1h）、上新统保德组（N_2b）、更新统（Q_p）和全新统（Q_h）。区内除富县组，延安组和直罗组地表未见出露外，其余地层均有不同程度的出露。

该勘查区属中低山区地貌，地形变化剧烈，梁峁之上有黄土覆盖，土质松散，含水性差，波速较小；沟谷内为全新统坡积冲积物，其中含有鹅卵石，局部鹅卵石较厚。根据地质资料，勘探区内煤层沉积变化较大，主要受基底形态影响，加之后期的改造作用，含煤段横向不连续，但地层倾角不大。

2. 测网布置

勘查区地形复杂，地表高程变化剧烈，相对高差600m左右，常规直测线施工难度非常大，且面临过山梁的厚黄土时，无法取得好的资料，根据该勘探区的地形特点，此次二维地震测线采用弯曲测线进行，测线均布设在沟谷中，局部测线横过山梁。

3. 资料处理与解释

针对该区资料特点，结合以往处理类似工区的处理经验，做了大量的对比试验工作，最终确定了处理流程：精细的空间属性定义、人机交互式道编辑、振幅补偿、静校正、叠前去噪、地表一致性预测反褶积、多次波衰减、速度分析与剩余静校正、叠加与叠后去噪等。经过处理后得到的标准地震时间剖面如图4.2所示。

从处理的地震剖面来看，区内主要发育有三组标准反射波，第一组反射波，在全区大部分地区可连续追踪，反射能量很强，具有亮点特征，一般延续2～3个相位，反射时间为430ms；第二组反射波，不连续但反射波出现的地方反射能量较强，一般延续2～3个相位，反射时间为600ms。根据制作的合成地震记录，确定第一组反射波为芬芳河组底界面的反射波，第二组反射波为1煤、2煤、3煤的复合反射波，第二组反射波变弱或者缺失的区域为无煤区。

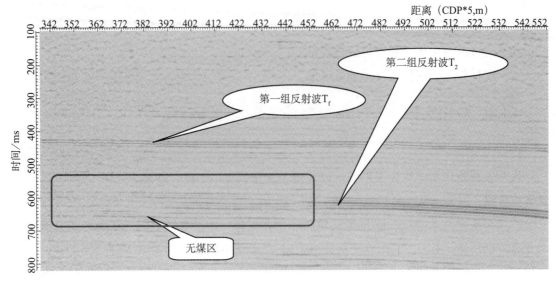

图 4.2 标准时间剖面

4. 地质成果

根据地震剖面上典型的含煤段特征对地震时间剖面进行解释，首先圈定测线上可靠的含煤地段，然后根据测线上的含煤段分布情况，结合区域地质规律，解释了四个含煤区，含煤区面积约为 $37.58km^2$。

5. 验证情况

在地震解释的煤层赋存边界范围内布置了钻孔 109 个，其中 100 个钻孔见到煤层，9 个没有见到煤层。结合图件可以看出凡是布置在地震测线上的钻孔，其钻探成果与二维地震成果基本一致，而且底板标高误差也较小，距离测线越远煤层底板标高误差越大。

4.2 煤矿采区三维地震勘探

4.2.1 基本原理

三维地震的基本原理与二维地震类似，不复赘述。与二维地震典型的不同点是：三维地震勘探是一种面积勘探技术，地震波的激发和接收不是在一条测线上进行，而是在一定区域内进行。因此，三维地震勘探可以得到更清晰、更准确的地震图像，具有很高的分辨率，成为煤矿采区采前构造探测的首选技术。

1994 年煤矿采区三维地震勘探技术取得突破后，其工作量急剧上升，成为煤田地震第三次技术飞跃的主要标志。

4.2.2　工作方法

三维地震的工作方法与二维地震是类似的。不同的是三维地震的观测系统更加灵活多变。三维地震的观测系统一般分为规则型和非规则型，其中非规则型主要包括 L 型、蛛网型等，它有利于跨越地面障碍、获得地下地质信息。

在常规的煤矿采区三维地震勘探中，多采用线束状正交三维地震观测系统。此类观测系统施工效率高，便于后续的处理与解释工作，但是存在着炮检距、方位角分布不均匀、静校正横向耦合差、采集脚印强等不足。近些年，随着三维地震勘探仪器道数的增加，高密度三维地震数据采集逐渐成为一种发展趋势，宽方位高精度的三维地震明显提高了小构造的解释精度。

4.2.3　技术指标

按照《煤炭煤层气地震勘探规范》（MT/T 897—2000）的规定：采区地震勘探的任务是为矿井设计、生产矿井预备采区设计提供地质资料，其地质构造成果应能满足井筒、水平运输巷、总通风巷及采区和工作面划分的需要。勘探范围由矿井建设单位或生产单位确定。其中三维地震的地质任务及工作程度要求如下。

（1）三维勘探应查明落差 5m 以上的断层（地震地质条件复杂地区查明落差 8m 以上断层），其平面位置误差应控制在 30m 以内。

（2）进一步控制主要煤层底板标高，其深度大于 200m 时，解释误差不大于 1.5%。深度小于 200m 时，解释误差不大于 4m。

（3）查明采区内主要煤层露头位置，其平面位置误差不大于 30m。

（4）当覆盖层厚度大于 200m 时，其解释误差不大于 2%；小于 200m 时，解释误差不大于 6m。

（5）进一步圈出区内主要煤层受古河床、古隆起、岩浆岩等的影响范围。

（6）解释区内主要煤层厚度变化趋势。

（7）解释较大陷落柱等其他地质现象。

除了西南地区复杂地形地貌条件下三维地震勘探技术的效果不太稳定之外，华东、华北、东北、西北等地区的煤矿采区三维地震技术均能取得较好效果。

4.2.4　应用实例

1. 概况

山西某勘探区地层由老至新有上马家沟组、峰峰组、本溪组、太原组、山西组、下石盒子组、上石盒子组、石千峰组、刘家沟组、新近系上新统、第四系。主要含煤地层为太原组、山西组。勘探区为一单斜构造，陷落柱较发育、断裂构造较少。

勘探区为低山、丘陵地貌，地势西低东高，地表被第四系松散沉积物所覆盖、植被发育。

2. 测网布置

三维地震勘探采用 10 线 8 炮制规则观测系统，线距 40m、道距 10m、CDP 网格为 5m×10m、覆盖次数为 24 次。根据线束方向尽量垂直地层走向和主要构造走向的原则，结合区内地形、区外三维地震等具体情况，选择线束呈东西向布置。

3. 资料处理

针对该区资料特点，结合以往处理类似工区的处理经验，做了大量的对比试验工作，最终确定了处理流程：精细的空间属性定义、人机交互式道编辑、振幅补偿、静校正、叠前去噪、地表一致性预测反褶积、多次波衰减、速度分析与剩余静校正、叠加、偏移等。

4. 资料解释

1）断层解释

在地震时间剖面上，解释断点的依据为反射波同相轴的错断、分叉合并、扭曲及同相轴产状突变等（图 4.3），将断点闭合为断层的依据是：相邻地震时间剖面上的断点显示特征和性质一致；相邻断点落差接近或有规律变化，组合的断层走向符合区域地质构造规律。

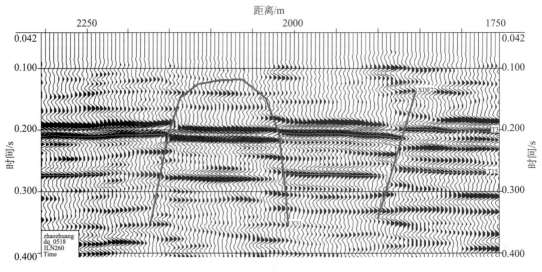

图 4.3　陷落柱、断层在地震时间剖面上的反映

2）陷落柱解释

地震方法识别和判定陷落柱的依据主要有：反射波或反射波组终止，反射波同相轴扭

曲或产状突变，反射波同相轴产生分叉合并，反射波相位转换或反射波振幅突变（图 4.3）；特殊反射波；特殊绕射波、衍射波、散射波等，以上异常出现圈闭现象（图 4.4）。

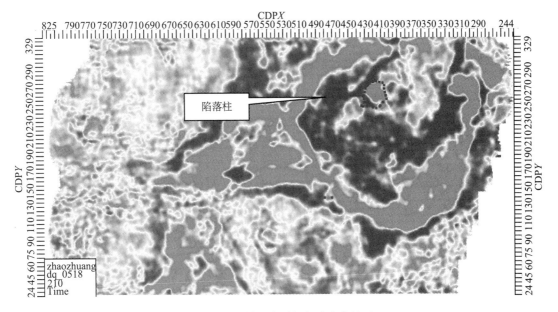

图 4.4 陷落柱在时间切片上的显示

5. 地质成果

勘探区内共解释出断层 27 条，其中新发现断层 24 条，基本一致断层 3 条；解释陷落柱 47 个，其中 30 个为新发现陷落柱，17 个为基本一致陷落柱。

6. 验证情况

勘探区还在采掘过程中，部分区域已被采掘资料揭露。在揭露的区域中三维地震资料解释了 9 条断层、12 个陷落柱，巷道揭露了断层 11 条、陷落柱 8 个。在这 11 条断层中有 9 条与三维地震资料解释的断层基本一致，2 条与 X20、XX13 陷落柱的位置基本一致，8 个陷落柱与三维地震资料解释的陷落柱基本一致，2 个陷落柱被证实为不存在，总体看验证效果较为理想。

4.3 高密度全数字三维地震勘探技术

4.3.1 基本原理

高密度全数字三维地震的基本原理与常规的三维地震是一致的，其区别仅仅在于高密度全数字三维地震的空间采样间隔更小，对地质异常体的控制精度更高。

大多数情况下，三维地震数据采集的密度可以用道密度来衡量（道密度 = 面元个数 /km² ×

覆盖次数，或者道密度＝炮数 $/km^2 \times$ 接收道数 / 炮）。当三维地震勘探的道密度达到常规三维地震勘探的 4 倍以上，且面元上炮检距、方位角分布均匀时，可以称为高密度三维地震勘探。高密度三维地震勘探主要通过缩小 CDP 面元来提高地震资料的信噪比、分辨率和保真度，进而提高构造成像精度、薄储集层识别精度和岩性预测精度，是近年来国内外迅速发展的一项新技术。

4.3.2 工作方法

与常规三维地震采用的模拟检波器相比，高密度全数字三维地震采用数字检波器接收，其瞬时动态范围比模拟检波器的瞬时动态范围宽 30dB，频率响应范围大。在频率响应上，数字检波器高频端可达到 1000Hz，在 500～800Hz 也可以得到满意的响应，只是指标略有降低；而常规检波器只在 350Hz 以内，超过 350Hz 会产生寄生震荡，不能真实地记录地震信号；在低频端，数字检波器在 3Hz 以上都有较好的响应，而常规检波器在自然频率以下，以每倍频程 12dB 进行压制。因此标准数字检波器的低频端比常规检波器有更好的响应，抗电磁干扰能力强。

高密度全数字三维地震的 CDP 网格密度一般小于 5m×5m，覆盖次数大于 60 次。

4.3.3 技术指标

（1）查明新生界厚度，其解释误差小于 1%。

（2）查明主要可采煤层底板标高，深度误差不大于 1%。

（3）查明区内落差 3m 以上的断层和褶曲，平面摆动范围小于 15m。

（4）查明区内发育煤层中直径大于 20m 的陷落柱，平面摆动范围小于 15m。

（5）预测主要煤层厚度变化趋势。

（6）解释区内主要煤层受古河床、古隆起、采空区及岩浆岩等影响范围。

（7）解释区内灰岩顶界面起伏形态与构造发育情况。

（8）预测煤层底板砂体发育情况。

4.3.4 应用实例

全数字高密度三维地震勘探能有效提高地震资料的分辨率，识别常规地震资料不能显示出的小断层；同时，由于覆盖次数的增加，也提高了煤层顶板弱反射层的信噪比，为解释煤层底板砂体、灰岩顶界面奠定了基础（图 4.5）。

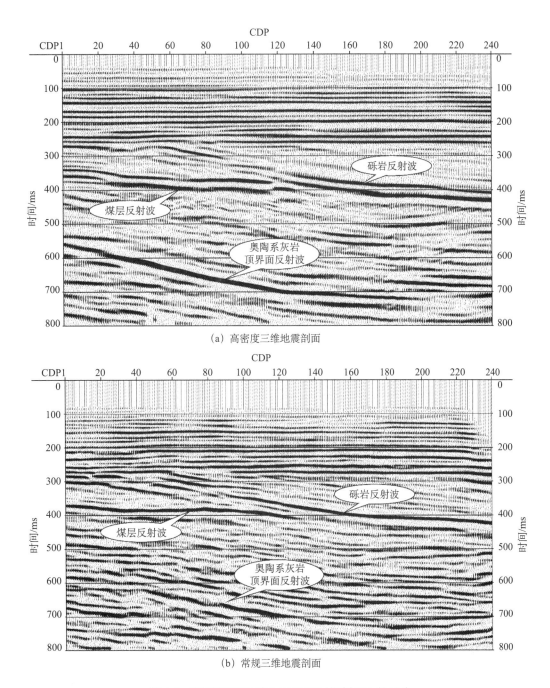

（a）高密度三维地震剖面

（b）常规三维地震剖面

图 4.5　煤层底板弱反射层在地震时间剖面上的反映

4.4 高分辨自动地电阻率探测技术

4.4.1 基本原理

电阻率法是以地下介质的导电性差异为基础的一类电法勘探方法，它通过电极把直流电流供入地下，建立稳定的电流场，然后以电位电极测量电场的分布，进而推测地下地质变化情况。高分辨地电阻率法是电阻率法的一种方法，它通常采用单极－偶极装置，电极排列如图 4.6 所示，其中：I_1（局部电极）、I_2（远电极）为供电电极，P_1、P_2 为电位测量电极对，A 是固定测量电极对间距，垂向 60° 的阴影带表示影响电位差观测值的区间；虚线表示电流线，实线表示球面等电位线，这是当远电极与局部电极间距为 5～10 倍探测深度时均匀半空间的电场分布。

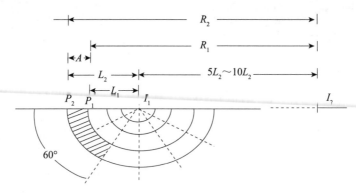

图 4.6　单极－偶极装置的电极排列及电导率响应带示意图

在均匀半空间条件下，以局部电流电极 I_1 为中心形成半球等位面，所测电阻率为介质真电阻率，其电阻率计算公式为

$$\rho = \frac{2\pi\Delta V}{I}\frac{L_1 L_2}{L_2 - L_1} \tag{4.1}$$

式中，ρ 为介质电阻率，Ω；ΔV 为测量电极间电位差，V；I 为供电电流，A；L_1、L_2 为电极与测量电极间的电极距，m。

当阴影区介质发生变化时，将使所测电位及电阻率发生变化，即产生异常，正好反映相应地下阴影区所构成的薄壳层存在地质异常体，如脉状体或其他不均匀体等，这种装置比对称四极装置的体积效应小、分辨率高。但是，单凭一个供电点所测的异常还不能确定地质异常体的具体位置，需要由不同电流电极供电、在相应电位电极观测到异常，按照图解法处理就能够得到异常体的位置和大小。

4.4.2 工作方法

图 4.7 是利用三条单极－偶极测深曲线确定孤立地质异常体的施工布置示意图。根据

等值壳层反映异常的原则，以电流电极为圆心，以发生电位异常的电位电极到电流电极的距离为半径画弧，它们在地下的交汇影像就是所要探查的异常体。

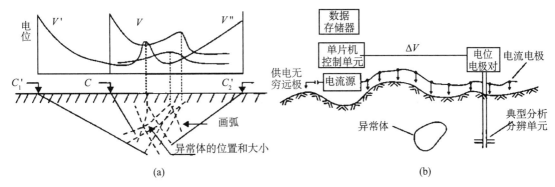

图 4.7　确定异常体位置及深度的图解示意图及施工布置图

（a）图解法示意图；（b）自动地电阻率法施工布置图

由于高分辨地电阻率法野外采集资料的方式为单极－偶极装置，对于同一探测异常体，是由不同接收点处的电位异常反映出来的；而对于地表电性不均匀体的影响，只要电位电极不动，无论是哪个电流电极供电，在接收点处总会出现电位异常。由此可以消除地表不均匀性带来的影响。

地电阻率资料的解释是在水平半空间假设的基础上进行的，由于实际上可能存在的地形起伏影响，必须进行处理加以压制，以消除或削弱地形对资料的影响，具体方法如下：

（1）施瓦兹变换，将实际地形标高和电极坐标位置保角地绘制在平面上，按修正的极距计算装置系数，并算出相应的视电阻率，这样就将地形的影响消除，按照水平地形的情况进行解释，最后将解释结果再保角地还原到实测剖面上。

（2）利用"比较法"将野外实测的视电阻率曲线，逐点除以相应的纯地形异常，得到经过比较法地形改正后的电阻率曲线。

高分辨地电阻率法的资料解释方法，包括目标异常匹配滤波法和视电阻率拟断面图法。这两种解释方法的最终成果都是以灰度图的形式将地下异常体的位置、大小及轮廓直观地用图件反映出来。目标异常匹配滤波法技术，是借助计算机模拟许多不同假设条件下地下异常体的视电阻率曲线，通过互相关过程与野外实测资料比较，以确定地下异常体的位置和规模。该方法具有解释速度快、准确度较高和抗干扰能力较强等特点，在不确定围岩电阻率和异常体电阻率的情况下仍可进行资料的解释，仅对层状介质的分辨力较差；而视电阻率拟断面图法，对高分辨地电阻率法的资料解释可采用图解法［图 4.7（a）］，用交会图解法确定洞体（异常）位置和大小。

4.4.3　技术指标

（1）在相同地电条件下，采用单极－偶极装置的异常幅值最大，宽度较窄，分辨率较高。

（2）一次布极，断面测量，施工效率较高。

（3）连续密集的二维数据采集，实现了对地下探测分辨单元的多次覆盖测量，具有较强的压制静态效应和抗电磁干扰能力。

（4）探测深度可达150m。

适用于浅层高分辨电法探测；探测时要求地形相对平坦、浅地表介质电阻率适中，施工电极接地良好。

4.4.4　应用实例

北京市门头沟区小煤窑开采年代久远，形成复杂的老窑巷道和采空区，对地面建筑物造成严重威胁，特别是雨季，房屋塌陷时有发生，以致造成生命、财产损失。

工区街巷纵横，地面房屋建筑密布，无法按正规测网布置测线，只能沿大街小巷及建筑物空当布置测点。地面又多为水泥路面，空中、地下电线（缆）纵横，电磁干扰十分严重。工区内地层褶皱发育强烈，地层有倒转现象，煤层有立槽和普槽之分。因此，在该区采用地球物理方法进行老窑探测有相当大的难度。

针对现场条件，采用高分辨地电阻率法和小装置瞬变电磁法，沿街巷由高分辨地电阻率法测线构成骨架，在无法布置规则测线的地段采用小装置瞬变电磁法按边长 3m × 3m 或 5m × 5m 的线圈发射、接收线圈等效面积为 2500m^2 的中心回线进行测量，两种方法相互补充、验证。图 4.8 是高分辨地电阻率法深度剖面。由图可见，在地下 150m 深度内，对低阻充水老窑和高阻干老窑都有很好地反映，能有效发现老窑的空间位置。在物探解释异常区布置了验证钻孔 17 个，其中 15 个钻孔见空巷，空巷埋深 40～95m，物探解释与钻孔验证的绝对误差为 0.5～5.3m，物探解释空巷准确率达 86.8%，获得甲方好评，很好地指导了该区老窑采空区的治理工作。

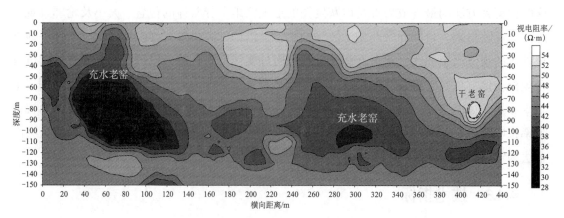

图 4.8　高分辨电阻率法断面图

4.5　瞬变电磁法探测技术

4.5.1　基本原理

地面瞬变电磁法是一种人工源的时间域电磁法，它利用接地线源或不接地回线供以阶跃脉冲电流，以产生一个向地下传播的一次瞬变磁场。在电流持续期间，大地处于稳定的一次场中；电流断开后，一次场消失。根据法拉第电磁感应原理，地质体内产生涡流并发射电磁波以维持早先的一次场，该电磁场称为二次场，二次场包含了地质体的地电信息，地面瞬变电磁法就是利用接收线圈或接地电极在地表观测该二次电磁场的空间和时间分布，以达到探测地质体地电结构的目的。

在瞬变过程的早期阶段，二次场频谱中高频成分占优势，涡旋电流主要分布在地表附近，由于趋肤深度的高频效应，阻碍电磁场向地下深部传播，因此早期阶段的瞬变场主要反映地层的浅部地质信息；晚期阶段，高频成分被导电介质吸收，低频成分占主导地位。该阶段，局部地质体中的涡流，实际上全部消失，而各层产生的涡流磁场之间的连续相互作用使场平均化，这时瞬变场的大小主要依赖于地电断面总的纵向电导。

地面瞬变电磁法是在一次场断电后测量纯二次场，因此不存在一次场的干扰。与普通电法相比，该方法具有探测深度大、水平分辨率和纵向分辨率高、受静态位移影响小、穿透高阻层能力强、基本不受接地电阻影响、地形影响小、对低阻地质体反应灵敏、生产效率高等优点。

4.5.2　工作方法

1.装置形式及特点

重叠回线装置是发送回线与接收回线相重合布置在一起的装置，接收回线和发射回线可以共用一个线圈，称之为共圈回线。重叠回线装置与地质目标体具有最佳耦合，其响应曲线形态简单，具有较高的接收电平和较好的探测深度，且探测的异常便于分析解释；由于重叠回线装置的接收与发射线圈完全共面，不会因为地形不平、造成接收线圈中混杂水平分量的影响，适合在山区工作。

中心回线装置是使用小型多匝接收线圈放置于大的发射回线中心处观测的装置。中心回线装置与重叠回线装置属于同点装置，它具有和重叠回线装置相似的特点。当发射回线边长较大时，根据激发磁场的强度分布特征，可以认为发射回线中央一定范围内的一次场强度均匀分布，与中心点处相等。因此，可以将中心的测量点位置扩展至中间边长1/3的范围内，提高工作效率。

磁偶源装置是指发射回线与接收回线保持固定的收发距，沿测线逐点移动发射接收回线进行观测（图4.9）。该装置轻便灵活，可以采用不同位置和方向去激发导体及观测多个分量，对矿体有较好的分辨能力。由于磁偶源装置是动源装置，发送磁矩不可能很大，因此其探测深度受到限制；另外，该装置观测到的时间特性曲线复杂，给解释带来一定的困难。

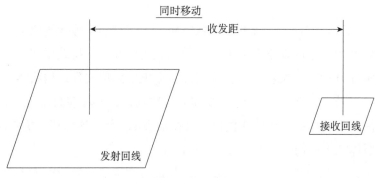

图 4.9　磁偶源装置

　　大定源回线装置的发射回线采用边长达数百米的矩形回线，接收回线采用小型线圈或探头沿垂直于发射回线长边的测线逐点观测磁场三个分量随时间的变化率（图 4.10）。该装置一般供电电流能达到 20A 以上，具有发射磁矩大、场均匀及衰减慢等特点，适合于深部找矿；该装置可按地形图定点放线、采用多台接收机同时工作，因此工作效率高，成本相对低。

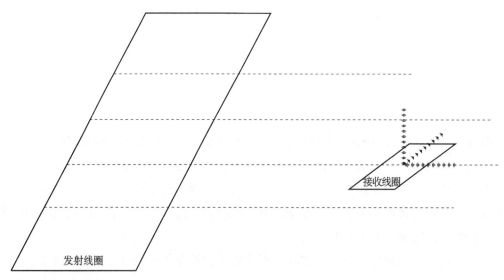

图 4.10　大定源回线装置

2. 采集装置及参数的选择

　　为选择合适的装置形式和采集参数，主要考虑的因素有：目标层的特性、地质环境、电磁干扰水平。

　　一般来说，重叠回线或中心回线等动源装置的灵敏度随位置的变化是均匀的，而定源装置（如大定源回线）的灵敏度随离开发射回线中心点距离的增加而降低。因此，一般情况下多采用动源装置，而在特定地区可选用大定源回线装置。

为确定目标层的响应大小并使其最大化，应选择合适的回线大小及发射电流的强度和频率，具体可采用两种办法：计算法和试验法。计算法是指对不同回线大小和采集参数，计算目标层的瞬变电磁（TEM）响应，以此来选择最佳反映该目标体异常的组合参数；试验法是指在开始正式施工前，在已知异常区段采用不用参数进行反复试验，以此来选择能给出所需灵敏度的回线组合及其他采集参数。

3. 数据处理解释

瞬变电磁仪野外观测的主要参数为采样时间、发射电流、归一化感应二次场等。数据处理首先是预处理，即数据编录、质量检查、不合格数据剔除、数据质量统计与分类、整理成专用软件所需要的顺序和格式；其次是对数据进行滤波，以滤除压制干扰信号，恢复地质信号的本来特征，并用有关软件转换得到电阻率和深度等参数；在此基础上，根据测量、地质和钻探等资料进行地形校正处理；最后绘制各种断面图、平面等值线图等，供资料分析之用。在解释阶段，需要结合已知地质、水文、钻孔及采掘资料进行综合解释与推断。

由于瞬变电磁法接收的信号为感应电压，即测点处电磁场强度的变化快慢与持续时间。在实际工作中，除了二次场的变化能产生感应电压外，其他电磁源（如发电站、电力线等），也会发射电磁波，并在接收线圈中产生感应电压，这些非二次场信号一般称为电磁干扰。

在地形起伏剧烈的地方，采集到的瞬变电磁信号往往包含了地形的信息，若对地形的影响不加校正，则得到的电阻率等值线形态可能与地形起伏一致。因此，在地形起伏剧烈的测区必须进行地形校正，以免影响解释精度。

4.5.3　技术指标

按照《地面瞬变电磁法技术规程》（DZ/T 0187—1997）的规定：瞬变电磁法主要用于寻找低阻目标物，研究浅至中深层的地电结构，相关技术指标如下。

（1）该方法不宜在地表存在强电磁干扰环境、浅部存在强低阻体的条件下工作。

（2）在基岩裸露、水泥地面、沙漠、冻土及水面上均可进行探测。

（3）可有效地勘查河床覆盖层厚度、探测煤矿采空区、划分地层结构与隐伏构造。

（4）也可用于堤坝隐患和渠道、水库渗漏、圈定和监测地下水污染范围等方面。

（5）中心回线法探测异常特征明显，形态简单清楚，易于分辨，应用最广泛。

（6）瞬变电磁法勘探深度较大，可以从 1m 到 1000m。

4.5.4 应用实例

1. 地质概况

新疆某井田内出露的地层由老至新有上三叠统黄山街组、下侏罗统塔里奇克组、阿合组和第四系。含煤地层为侏罗系下统塔里奇克组，共含煤 14 层。上部的下$_5$煤层最厚，全区可采，该煤层除向斜轴部有少量残留外，已火烧殆尽；其下部主要煤层为下$_{10}$煤层，全区可采，为矿井当前主采煤层。地表大部分被红色烧变岩所覆盖。

主要隔水层位于下$_{10}$煤层以下地层中，其上部均为含水层，其中主要含水层为下$_5$煤烧变岩含水层。由于地表大部分区域烧变岩裸露，地层垂向裂隙发育，地表水直接补给烧变岩含水层和砂岩含水层。下$_5$煤烧变岩含水层为强含水层。

2. 工作布置

采用中心回线装置进行数据采集，按 40m×20m 网度布置测点，目标体埋深最大约 200m，工作参数采用 240m×240m 外框，25Hz 频率。第一次数据采集为 2010 年 4 月，经过地面疏干井和井下探放水钻孔作业后，于 2015 年 9 月进行第二次数据采集。

3. 资料分析与解释

图 4.11 为 2015 年 9 月探测的 4 线电阻率断面图，4 线位于测区南部，东西向分布，长 1320m，地表基本水平。目标层为下$_5$煤，近水平分布，埋深约 100m。由图可见，断面电阻率由浅至深呈现低－高－低特征，与实际地层电阻率特征吻合。分析认为下$_5$煤层顶底板在 29～45 点和 61～66 点之间存在地质异常体。

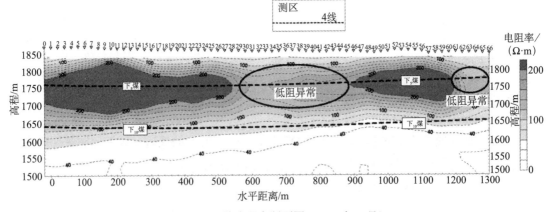

图 4.11 4 线电阻率断面图（2015 年 9 月）

图 4.12、图 4.13 分别为 2010 年 4 月和 2015 年 9 月探测获得的下$_5$煤烧变岩含水层电阻率平面等值线图，在两次数据采集期间，矿方在地面布置下$_5$煤烧变岩疏放水孔，在下$_{10}$煤顶板布置下$_5$煤烧变岩探放水孔。地面孔在工程施工前已无水可抽，井下放水孔仍在放水，但水量已减小。

由图4.12可见，测区主要的高阻区分布在观18至观19之间，主要的低阻区分布在测区南部泄水巷上方和测区东部冲沟下。地面布置的观18、观19在成井后揭露地下水，并抽放一定时间。井下布置的F6、F7、F9、F11、F12放水孔初始放水量分别为77m³/h、60m³/h、62m³/h、130m³/h、130m³/h。观18、观19位于灰色填充边缘，井下孔位于南部低阻带中，尤其是F11、F12位于深灰色填充区，说明这些钻孔处均有下$_5$煤烧变岩水分布，与实际揭露吻合。

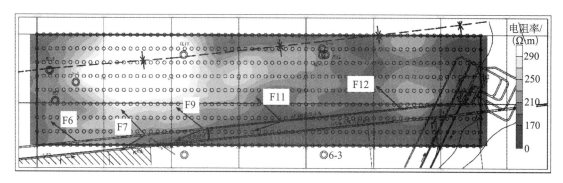

图4.12　下$_5$煤烧变岩含水层电阻率平面等值线图（2010年4月）

图4.12及图4.13为放水前后电阻率变化对比图。灰色表示电阻率低值，白色表示电阻率单位高值，电阻率单位为 $\Omega\cdot m$。F6～F12代表井下巷道中放水孔位置及方向，观18、观19表示地面观测孔位置编号。

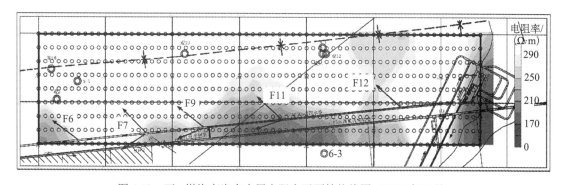

图4.13　下$_5$煤烧变岩含水层电阻率平面等值线图（2015年9月）

图4.13为2015年9月探测获得的下$_5$煤电阻率平面图。由图可见，测区大部分为白色、少部分为灰色充填。这说明大部分的火烧区积水已经疏放，剩余的积水主要位于测区南部和东部；而测区南部泄水巷中布置有探放水孔，并仍在放水，说明南部异常是剩余的下$_5$煤烧变岩水；东部异常对应地面冲沟，说明冲沟内潜水对下$_5$煤烧变岩含水层存在补给。

4. 钻探验证

2010年第一次地面瞬变电磁法探测时，下$_5$煤烧变岩含水层基本没有进行疏放，为初始状态；此后在地面布置了观18、观19疏干孔，并在井下煤层顶板布置F6、F7、F9、

F11、F12 探放水孔，布置的钻孔均有出水。

2015 年第二次地面瞬变电磁探测结果显示：电阻率平面图中低阻区明显缩小，在观 18、观 19 等已无水钻孔处出现相对高阻，说明探测结果与实际情况吻合。根据第二次结果，在 F12 钻孔西侧布置井下探放水钻孔处于剩余的低阻异常区中，在钻进至下 $_{10}$ 煤顶板上 50～60m 时，揭露大量地下水，说明第二次探测结果发现了剩余的局部富水体，与探测结果吻合。

4.6　电磁频率测深技术

20 世纪 60 年代后期，西安研究院在国内最早开展了频率域电磁测深方法研究，1973 年研制出了我国第一台频率域电磁测深仪器（PC-1 型），随后在电磁频率测深二层及三层量板研究、频率测深法在煤田物探中的应用及仪器研制、频率测深现代解释方法综合研究等方面取得重要成果，并广泛应用。

4.6.1　基本原理

频率域电磁测深利用人工源建立谐变电磁场，在固定发射与接收距离 r 的情况下，人为改变电磁场频率 f，根据"趋肤效应"原理，不同频率的电磁波在地下传播有不同的趋肤深度，频率由高变低，深度由浅入深，通过对不同频率电磁场强度的测量就可以得到该频率所对应深度的地电参数，从而达到频率测深的目的。

由于水平电偶源工作方式信号强、探测深度大、其装置易于实现，是电磁频率测深（包括可控源音频大地电磁法，简称 CSAMT）中普遍采用的工作方式。图 4.14 是频率测深法野外工作布置示意图。

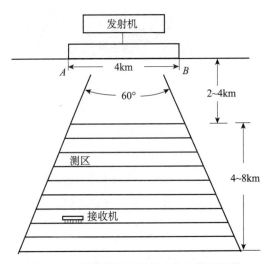

图 4.14　频率测深法野外工作布置示意图

基于电磁波传播理论和麦克斯韦方程组，水平电偶极源远区场在地面上的电场及磁场公式如下：

$$E_x = \frac{I\,AB\,\rho_1}{2\pi r^3}(3\cos 2\theta - 2) \tag{4.2}$$

$$E_y = \frac{3\,I\,AB\,\rho_1}{4\pi r^3}\sin 2\theta \tag{4.3}$$

$$E_z = (i-1)\frac{I\,AB\,\rho_1}{2\pi r^2}\sqrt{\frac{\mu_0\omega}{2\rho_1}}\cos\theta \tag{4.4}$$

$$H_x = -(1+i)\frac{3I\,AB}{4\pi r^3}\sqrt{\frac{2\rho_1}{\mu_0\omega}}\cos\theta\sin\theta \tag{4.5}$$

$$H_y = (1+i)\frac{I\,AB}{4\pi r^3}\sqrt{\frac{\rho_1}{2\mu_0\omega}}(3\cos 2\theta - 1) \tag{4.6}$$

$$H_z = i\frac{3I\,AB\,\rho_1}{2\pi\mu_0\omega r^4}\sin\theta \tag{4.7}$$

式中，I 为供电电流强度，A；AB 为供电偶极长度，m；r 为场源到接收点之间的距离，m；μ_0 为真空磁导率；E 为电场；H 为磁场；ρ_1 为均匀大地电阻率，$\Omega\cdot$m；θ 为观测点与 AB 中垂线夹角。

将沿 x 方向的电场（E_x）与 y 方向的磁场（H_y）相比，并经过一些简单运算，就可获得地下的视电阻率（ρ_s）公式：

$$\rho_s = \frac{1}{5f}\frac{|E_x|^2}{|H_y|^2} \tag{4.8}$$

式中，f 为频率，Hz。

由式（4.8）可见，只要在地面上能观测到两个正交的水平电磁场（E_x，H_y），就可获得地下的视电阻率 ρ_s（也称卡尼亚电阻率）。

根据电磁波的趋肤效应理论，可以导出趋肤深度的公式：

$$H \approx 356\sqrt{\frac{\rho}{f}} \tag{4.9}$$

式中，H 为探测深度，m；ρ 为电阻率，$\Omega\cdot$m；f 为频率，Hz。

从式（4.9）可见，当地表电阻率固定时，电磁波的传播深度（或探测深度）与频率的平方根成反比，即高频时探测深度浅，低频时探测深度深。人们可以通过改变发射频率来改变探测深度，从而达到频率测深的目的。

4.6.2 工作方法

频率测深法具有以下优点：使用可控制的人工场源，信号强度比天然场要大得多，因此抗干扰能力强。测量参数为电场与磁场之比，得出的是卡尼亚电阻率，比值测量可减少外来的随机干扰和地形的影响。利用改变频率进行不同深度的电测深，大大提高工作效率，减轻劳动强度。

4.6.3 技术指标

一次发射，可同时完成多个点的电磁测深。勘探深度范围大，一般可达 $1 \sim 2 \mathrm{km}$。通过调整发射机与接收机工作频率，可提高纵向分辨率。高阻屏蔽作用小，可穿透高阻层。

探测深度大，适应复杂地形条件，观测信号较强，观测质量较高，可用于能源矿产和水文、工程、环境等领域勘查。

4.6.4 应用实例

1. 概况

西安凹陷沿渭河断裂两侧地下均有地温异常，并有多处天然温泉出露，是一条控热、导热构造带。在地热田中，渭河组具有保温盖层和隔水顶板功能，其下的白鹿原组以浅热储层发育好，是储水储热的主要开采层。地热储层埋深约 2000m，采用 MT 法是较好的选择，而对处于闹市的工区，因人文干扰较强，可控源音频大地电磁法（CSAMT）列为首选。供电距离 AB 为 1000m，收发距 r 为 9600m，接收点距 50m。

2. 资料处理

因测区位于西安市，附近又有变压器等强干扰，工频干扰比较严重，使曲线首支（高频段）畸变严重，曲线中段较好。CSAMT 法因引入人工场源而出现过渡场和近区场，必须进行改正。在 CSAMT 资料解释前，应先对野外采集的资料进行校正处理，包括过渡区改正和静态偏移的消除等。CSAMT 引入场源而出现的近区场和过渡场等场区特征，是有源电磁波在地层中传播必然产生的现象；大地电磁测深（MT）由于利用了天然场源，信号可看成来自无限远处，测点处的电磁波是平面波。CSAMT 法的远区场可看成相当于此情况。对于实测的 CSAMT，近区场和过渡区场进行一定的改正（即过渡区改正），使之接近远区场数据特征，从而使 CSAMT 资料能够利用 MT 方法进行解释。过渡区改正的方法有多种，我们采用全频率域视电阻率方法来进行校正。

CSAMT 法常受静态偏移影响而发生电阻率曲线的平移，在剖面中表现为曲线密集直立，容易造成错误解释。这是因为地表或近地表非均匀体表面有积累电荷分布使电场数据平移所致，移动数值与频率无关。静态偏移在推断解释上会引起大的误差，必须加以消除。静态效应的消除方法有空间滤波法、相位法和磁场法等，其中在空间滤波法基础上发展和形成的中值滤波法效果最好，既能很好地抑制静态效应，对深部地电异常平滑作用最小。

3. 地质解释

经过反演得到的视电阻率等值线图很好地反映了该断面的构造情况：在深度为200～250m时，视电阻率等值线在下部发生严重扭曲现象，表明有明显的断层存在；在900m处也有类似现象，但程度要弱，似有断层存在，且规模较小，但因此测线往东仅有一个测点，证据显得不够充分，难以做出具体判断（图4.15、图4.16）。

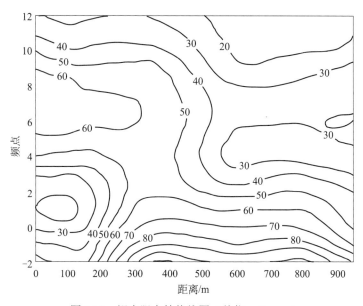

图 4.15　视电阻率等值线图（单位：Ω·m）

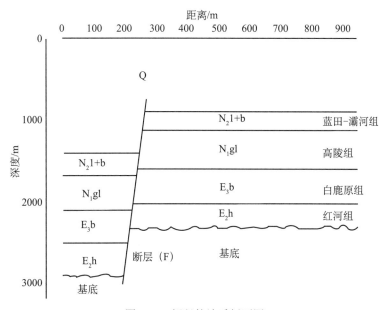

图 4.16　解释的地质剖面图

钻探验证表明：在 250m 附近的断层规模很大，断距为 600m 左右，属高角度正断层，其在区域构造上属于渭河盆地断陷构造的长安 - 临渔 - 白水活动断裂带。考虑到地面建筑物情况，在测线 500m 处附近给定了井位，经打钻已打成热水井。

4.7　孔间无线电波透视技术

4.7.1　基本原理

电磁波在地下介质中传播时，介质的吸收系数与介质的磁导率、电阻率、介电常数及电磁波的频率有关，不同介质对电磁波的吸收存在差异。当电磁波穿过不同的地下介质时，如果介质中存在不均匀层或裂隙破碎带等异常体时，吸收系数就呈现异常，在电磁波层析成像中就形成"阴影"，电磁波层析成像（CT）技术又叫无线电波透视法，与医学上 CT 透视相似。

孔间电磁波透视技术主要讨论的是电磁波在两钻孔之间岩石介质中的传播，电磁波由一个钻孔中天线的一点发出，遇到物理性质不同的矿体或其他地质体，就会发生波的透射、反射、折射及边缘的绕射，波在传播过程中因介质的吸收而发生能量衰减，通过在另一钻孔内测量这种场的变化，达到圈定孔间地质异常分布的目的。

孔间无线电波透视法在两孔间进行，对目标的分辨率较高。

4.7.2　工作方法

钻孔电磁波法有两种基本工作方式，即双孔无线电波透视法和单孔无线电波法。

1. 双孔电磁波透视法

双孔观测方式是将发射机和接收机分别放置在两个钻孔之中，用于探测钻孔间与围岩有明显电性差异的异常体。目前，双孔观测方式又可分为同步观测法和定点观测法。

1）同步观测法

发射天线和接收天线在两个钻孔中同时提升或下降相同距离，使发射源至接收点的距离保持不变，它又分为水平同步和斜同步两种。水平同步是指发射天线和接收天线在同一个水平高度上提升或下降，这样使发射源至接收点有最短的距离和最大场强值，可以迅速发现透视剖面上的异常；斜同步是使发射和接收天线处于不同水平高度、但同时上下移动相同距离，两个天线相差高度根据孔距、孔深及岩层产状等因素来确定。

2）定点观测法

定点法是把发射机（或接收机）固定在钻孔某一深度上而移动接收机（或发射机）进行测量，即定点发射和定点接收两种观测方式。如果定点法的定点数量足够密，这种方法的结果可进行数据重排而获得各种观测方式的结果。

每对孔的测量过程中，一般都要进行同步和定点的观测，同步的测量范围是套管以下至孔底，定点测量时一般每隔 5m 取一个定点，分别进行定发射和定接收的观测，以准确圈定出异常体的位置及埋藏深度。

2. 单孔电磁波透视法

单孔电磁波法是将发射机和接收机放置在同一钻孔中，用于探测钻孔旁侧的异常体。目前，单孔测量有三种观测方式：单孔剖面法、单孔测深法和电波测井。单孔剖面法是发射点和接收点保持一定距离（收、发距），通常是一个至几个波长的距离，然后同时移动发射机和接收机进行测量；单孔测深法是把发射机（或接收机）固定在某一深度上不动而移动接收机（或发射机）进行测量；电波测井与单孔剖面法相似，不同的是所有工作频率均用短天线且收发距较小，主要用来测量井壁的高频电性，进而划分钻孔剖面和估算岩石的高频电性参数。

野外采集到的孔间透视原始资料是电磁波信号中的直达波和散射波的叠加。经过 CT 软件处理后可转化为视吸收强度系数，或称衰减系数 β（单位距离场强的指数衰减值），它与电导率（σ）、介电常数（ε）、磁导率（μ）和测量频率有关。在高阻岩层中，β 值与频率无关；在低阻岩层中，β 值与介电常数无关，无磁性岩石磁导率 μ 为 1。煤系可以视为低阻，因此吸收系数 β 的大小取决于频率和岩石的电导率。在深度剖面上，将衰减系数绘制成等值线图，可用于地质分析解释。

孔间透视资料的解释主要基于衰减系数等值线断面图，结合水文、工程地质资料才能给出符合实际的解释结果。孔间透视的地质解释一般有以下几种情况：

（1）未充水的空洞。空洞中空气的高阻异常反映，是由于高频电磁波通过空洞会产生反射和折射造成电磁能量衰减的结果。

（2）充水裂隙破碎带。一般在透视剖面上垂直或倾斜存在，可能会形成较大的低阻条带。

（3）在夹有低阻泥岩的地层中，由于低阻泥岩对电磁能有强烈的吸收，要注意它与空洞的区别。

4.7.3　技术指标

电磁波孔间透视探测方法穿透距离一般在 30m 以内。

孔间电磁波 CT 成像技术除了能揭示常规勘探推断的构造特征外，还能进一步查明那些局部异常体的位置、形状等特征，如隐伏洞穴、破碎带、断层的位置、形态、尺寸及物性参数等。

4.7.4　应用实例

新疆某矿在矿井建设及投产期间，曾多次发生井下巷道及采煤工作面突水，水源是第四系砾石层孔隙潜水通过煤层顶板砂岩裂隙进入井下，如 1106 工作面在回采过程中突然发生突水现象，涌水量最大达到 1335m³/h，后稳定在 700～800m³/h。为此，矿方决定采取"北山口地面注浆截流引水方案"进行治理。为保障帷幕体的工程质量，采用孔间电磁波透视技术，对帷幕条带地层吸收系数变化特征进行了探查。

根据阻水帷幕的初步布钻方案，共布置两排钻孔，靠近上游的为 A 线，在图 4.17 中用绿色空心圆圈表示，靠近下游的为 B 线，用实心黑色圆圈表示。孔间电磁波透视按单线组合方式进行施工，设计在 B 线上间隔一个钻孔透视一次，最终使 B 线形成连续剖面。

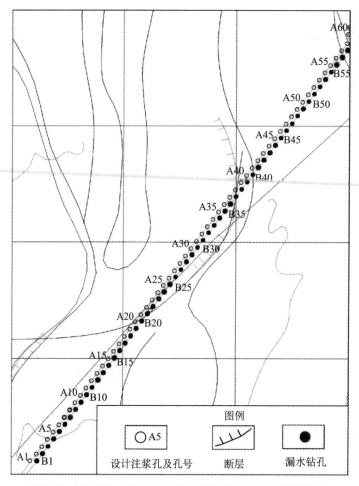

图 4.17　某矿东一采区北侧山口古冲沟注浆帷幕工程布置图

从图 4.18 中可以看出：洪积层的吸收系数较基岩层段的吸收系数相对较小，而且横向上比较均一，说明洪积层注浆后原有的孔隙得到了较好的充填；进入基岩层段之后，地层主要是以三叠系中统的砂岩、粉砂岩、砂质泥岩为主，从电磁波透视 CT 断面图上来看，该层段岩层的吸收系数相对上覆第四系层段较大，存在 3 处高吸收的异常区（图中阴影闭合圈区域），说明钻孔在该区域还存在漏水的现象。

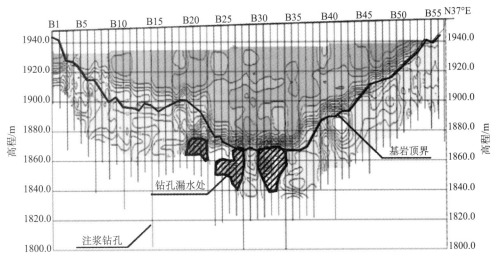

图 4.18　帷幕工程 B 线孔间无线电波透视成果图

4.8　煤矿采区磁法勘探

4.8.1　基本原理

磁法勘探（又称磁力勘探，简称磁法）是通过观测及分析由岩石、矿石或者其他探测对象磁性差异所引起的磁异常，进而研究火区边界、地质构造和矿产资源等地质体分布规律的一种地球物理方法。

通常情况下，含煤地层为沉积岩系，其磁化率和剩余磁化强度均很低。以石英、长石及云母等为主要成分的砂岩、页岩、泥岩磁性微弱，磁化率（K）常见值一般在 $140\pi \times 10^{-6}$SI 以下；当煤层发生自燃后，燃烧过程中产生的高温使含煤岩层的铁质发生化学变化，当煤层及附近基岩的化学成分中含有较大成分的硫化铁及三氧化二铁时，这些含铁成分在一定的温度和压力下、受地磁场作用被磁化，在降温过程中产生温差剩磁，从而使其带有较强的磁性，就会发生磁铁矿化现象。一般情况下，烧变岩磁异常会较为明显，尤其是含硫成分较大的煤层更容易自燃，从而氧化还原反应也较强，产生的铁磁性物质也相对较多，这为利用磁法测量圈定火烧边界提供了物理前提。

磁法探测的地面测量一般是测定总磁异常 T，可表示为正常磁场 T_0 和因地质原因所引起的磁异常 T_a 之和，即 $T = T_0 + T_a$。在实际工作中，正常磁场 T_0 一般是指地磁图上所表示的磁场，而磁异常 T_a 又可分为区域异常和局部异常；前者是由分布范围较大、埋藏较深的地质因素引起的，后者是由分布范围较小、局部构造或埋藏较浅的磁性体所引起。

4.8.2　工作方法

1. 基点的建立

磁测基点位置的确定，要求满足以下条件：①位于正常场内；②磁场的水平梯度和垂直梯度变化较小，在半径为 2m、高差为 0.5m 的范围内，磁场变化不超过设计均方误差的 1/2；③附近没有磁性干扰物（特别是可移动的干扰物），并远离建筑物和工业设施（如铁路、厂房、高压线等）；④所在地点长期不被占用，有利于标志的长期保存。

2. 异常改正方法

1）日变改正

日变站的控制范围可通过试验来确定，尽可能建在驻地附近，位于平稳的磁场内，以方便野外工作。在驻地和测区进行同步日变观测，计算其日变值的均方误差，如果小于 ±2nT，可将日变站建在驻地，否则只能将日变站建在测区。建立日变站后，通过基站同步日变观测，联测日变站的基本磁场。

2）正常梯度改正和高度改正

当进行大面积高精度磁测工作时需进行正常梯度改正，此时若仍沿用查全国地磁图的办法作正常场梯度改正，就不能满足精度要求了。此时要用国际地磁参考 IGRF1990.0 模型提供的高斯系数，用电子计算机算出测区内 1km × 1km 节点地磁场 T_0 值；而后以 1nT 的间距绘制 T_0 等值线图，用此图作正常场梯度改正，其做法是以通过总基点的等值线为零线向北每过一条等值线减少 1nT，向南每过一条等值线增加 1nT，以此类推。

3. 随机干扰的压制

地表裸露的火成岩、变质岩及各种黏土等都有一定的弱磁性，且其磁性分布不均匀，常对磁测造成干扰，严重时将会淹没较弱的有用磁异常信息，因此资料处理前需要对浅层磁性不均匀造成的干扰加以消除。

（1）提高探头的观测高度是避免浅层干扰异常的重要措施。

（2）浅层的随机干扰异常随探头观测高度的增加而快速衰减。

（3）加密测网，采用数据处理的方法滤除随机干扰。

（4）选用适当的滤波器，压制干扰噪声突出有用信息。

4. 数据处理方法

1）解析延拓

解析延拓算法是根据地面实测的磁异常值计算出场源以外其他位置的磁异常值，划分不同深度的叠加异常。其中向上延拓是将地面实测的异常换算为地面以上某一高度观察面上的异常，向上延拓总是给出比原来更平滑的异常图，对于划分异常起因于较深场源的效果较好，使叠加异常中浅部地质因素的影响减弱，而深部地质因素的影响相对增强；向下延拓是根据地面实测异常求取地下某一深度（场源深度以上）观测面上的异常，向下延拓有利于评价低缓磁异常，相当于高通滤波，下延深度越大，磁场值越大，对异常起放大作用，异常误差、浅部干扰异常将同样放大，部分深度上会出现异常曲线强烈跳动的"振荡现象"。

2）化极及水平梯度法

采用化极方法将中纬度数据化到地磁极位置，可简化异常体形态，其效果如图 4.19 所示。

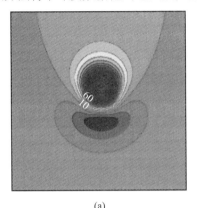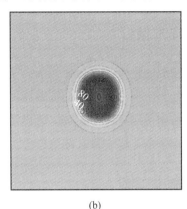

(a)　　　　　　　　　　　　　(b)

图 4.19　磁法化到地磁极算法效果示意图（单位：nT）

（a）转换前；（b）转换后

磁法异常换算中的水平梯度法也可以有效提高边界识别精度，其效果如图 4.20 所示。

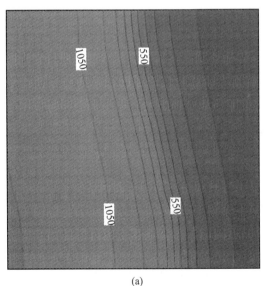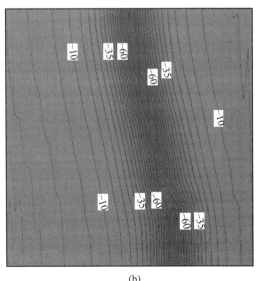

(a)　　　　　　　　　　　　　(b)

图 4.20　磁法水平梯度算法效果示意图（单位：nT）

（a）转换前；（b）转换后

经过水平梯度算法后，异常边界范围更为突出，从而达到精确分辨火烧区边界的目的。

3）资料反演

磁法比较成熟反演解释方法是位场的二度半解释，它是采用二度半体来逼近二度体的校正迭代反演技术及实时正演拟合技术，最终实现磁法人机联作解释。这种人机交互解释可以综合利用各种地质及地球物理信息，已经形成了商业化的软件，如中国地质大学（武汉）刘天佑教授开发的磁法勘探软件系统——MAGS 软件；中国地质大学（北京）姚长利教授开发的重磁正反演系统——Mas MASK 软件；澳大利亚 EMCOM 公司开发的 Model Vision Pro 软件等。

4.8.3 技术指标

地面磁法探测的重要技术指标如下：

（1）磁法探测施工应避开地面铁磁性物体干扰。

（2）磁法探测适用于煤田火烧区边界及火烧区范围的探测。

（3）利用标定钻孔标定异常阈值后，火烧区边界探测解释误差可控制在 20m 以内。

4.8.4 应用实例

1. 烧变区边界探测

新疆某矿建矿初期遇到煤层自燃火烧区较为严重的情况，因此需要预先探查煤层火烧位置和范围。采用高精度磁测技术，根据磁异常特征确定煤层火烧的范围，并结合地质勘探剖面分析火烧区影响深度。

图 4.21 是磁法异常经过反演后圈定的煤层烧变区范围，根据现场情况可知这些位置均存在不同程度的煤层火烧情况，且火烧程度越强，磁法异常越明显。现场照片分别拍摄了煤层燃烧后对覆盖岩层的烧变影响特征和煤层在露头位置自燃冒烟的情景。

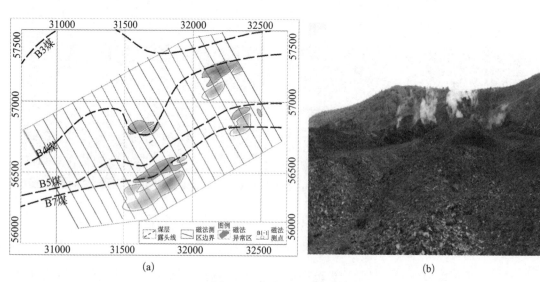

(a)　　　　　　　　　　　　　　(b)

图 4.21　烧变区边界探测

（a）磁法探测成果图；（b）现场火烧露头照片

2. 烧变区富水性探查

图 4.22 是新疆某测区中部磁法显示的一处明显低阻异常；后经钻孔验证，该位置煤层已经自燃殆尽，且单位涌水量约 2.66L/（s·m），赋水性较强；现场照片为埋藏在深部煤层自燃后的钻孔取样情况。

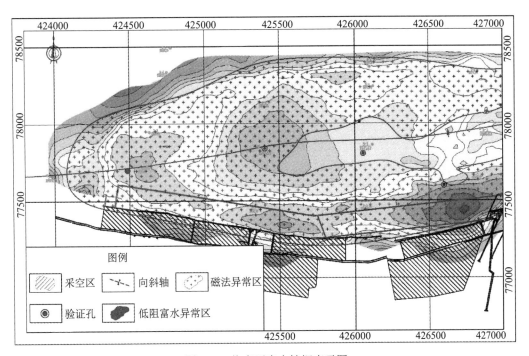

图 4.22　烧变区富水性探查示图

（本章主要执笔人：朱书阶，王鹏，蒋齐平，梁爽，高波）

第5章
煤矿井下地球物理探测技术

煤矿生产中水、火、瓦斯、顶板、煤尘五大灾害，无一不与地质条件相关，在煤矿重大事故中，与地质条件有关的事故占了近90%；在突水灾害中，老空透水占水害事故的80%以上；而由于采区地质条件不清，致使工作面无法正常推进、接续失调，给煤矿造成的经济损失更是难以计数。尽管煤矿采区地球物理探测技术取得了显著的应用效果，但是由于地面探测距离目标物的深度大，影响了其对于小尺度地质异常体的探测精度。因此，煤矿井下地球物理探测技术以其探测距离近、分辨率高、不受地形影响等独特优势，从20世纪80年代以来在国内煤矿得到广泛应用，煤炭科学研究总院始终致力于煤矿井下物探技术与装备的研发和应用，一直引领着国内矿井物探技术与装备的发展方向。

本章重点介绍煤炭科学研究总院研发的国内煤矿井下主流的矿井物探技术，其中包括煤矿井下直流电法、瞬变电磁法、无线电坑透、音频电穿透、地质雷达等电磁法探测技术及应用效果，以及服务于掘进工作面、采煤工作面内部隐伏构造探测的槽波地震、瑞雷波探测技术等。

5.1 煤矿井下直流电法探测技术

5.1.1 煤层底板直流电测深技术

1. 方法原理

直流电法勘探通过一对接地电极把电流供入大地，通过另一对接地电极观测电位或电位差信息，从而计算出煤/岩石的电阻率。对于矿井直流电法勘探而言，供电、测量电极通常布置在巷道顶底板或巷道侧帮上，从不同角度去观测巷道周围稳恒电流场的分布、变化规律，圈定低阻异常区。

若采用图5.1所示的装置测得供电回路A、B中的电流强度I和电位差ΔU_{MN}，则不论A、B、M、N的相对位置如何，都可计算出介质的电阻率值，计算结果不是某种介质的真电阻率，而是三维空间某一体积范围内电性变化的一种综合反映，称为全空间视电阻率，用ρ_s表示

$$\rho_s = K \frac{\Delta U_{MN}}{I} \qquad (5.1)$$

式中，ρ_s 为视电阻率；ΔU_{MN} 为 MN 电极之电位差；I 为供电电流

$$K = \frac{4\pi}{\left(\dfrac{1}{AM} - \dfrac{1}{AN} - \dfrac{1}{BM} + \dfrac{1}{BN}\right)}$$

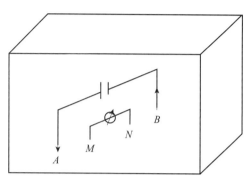

图 5.1 大地电阻率测量装置示意图

仿照地面电阻率法的做法，可以导出全空间视电阻率的表达式

$$\rho_s = \frac{j_{MN}}{j_0}\rho_{MN} \qquad (5.2)$$

式中，ρ_{MN} 为 M、N 间介质的真电阻率，$\Omega \cdot m$；j_{MN} 为 M、N 间的实际电流密度，A/m^2；j_0 为全空间内充满均匀介质时的电流密度，A/m^2。

该式说明：视电阻率是导电介质内部电流场分布状态的外在表现，当测量电极 M、N 附近存在高阻异常体时，因高阻异常体对电流有排斥作用，所以 $j_{MN}>j_0$，故有 $\rho_s>\rho_0$；当测量电极 M、N 附近存在低阻异常体时，由于低阻异常体对电流有吸收作用，所以 $j_{MN}<j_0$，故有 $\rho_s<\rho_0$。因此，通过测量、分析全空间视电阻率的相对变化，可以推断介质电性变化情况。

2. 观测方式

由于矿井直流电法勘探的测点位于地下巷道或采场内，测点与目标体的位置关系较为复杂，为了针对性地解决各类地质问题，电极的排列形式、移动方式应有变化，从而衍生出不同的观测方法。一般电极的移动方式、排列方式决定着矿井直流电法勘探的分辨能力和电性响应特征，而勘探目标体相对测点的空间位置决定了矿井直流电法勘探的布极位置。

直流电法勘探中一定的电极排列方式称为装置形式。直流电法勘探的主要装置形式如图 5.2 所示。

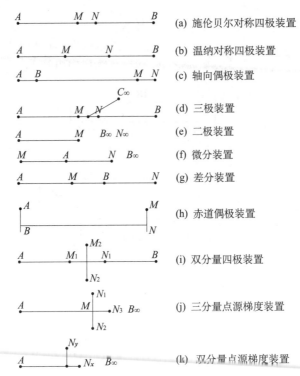

图 5.2　矿井直流电法的主要装置形式

A、B 为供电电极，M、N 为测量电极，"∞" 表示电极位置处于无穷远。（a）～（h）装置是地面直流电法勘探的常用电极排列方式，（i）～（k）装置是矿井矢量电阻率法的主要装置形式，矿井矢量电阻率法主要用于研究岩石的电各向异性

3. 技术特点

按照工作原理，矿井直流电法勘探可分为：矿井电剖面法；矿井电测深法；巷道直流电透视法；集测深和剖面法于一体的单极偶极法和矿井高密度电阻率法；直流层测深法等。

按照装置形式的不同，每类方法又可细分为若干种分支方法：如矿井电剖面法可分为偶极剖面法、对称四极剖面法、微分剖面法；矿井电测深法可分为对称四极电测深和三极电测深法；巷道电透视法又分为三极电透视法和赤道偶极电透视法等。根据测点和电极在巷道中的位置，又可分为巷道顶板或底板、巷道侧帮和采场电阻率法等。例如，当电极全部布置在巷道底板上时对应的电测深法称为巷道底板电测深，当电极全部布置在巷道一帮上时对应的电测深法称为巷道侧帮电测深法等。

矿井电剖面类方法的特点是在测量过程中电极间距保持不变，同时沿测线逐点测量视电阻率值。由于电极间距不变，沿测线方向矿井电剖面法顺层或垂直层面的探测距离大致相等，因此所测得的 ρ_s 剖面曲线是测线方向上一定勘探体积范围内介质电性变化的综合反映。

电测深类方法的主要特点是在测量过程中保持测点不变，由小到大或由大到小逐渐改变供电电极间距，对应的顺层或垂直层面勘探"深度"将不断改变，从而可观测到主要反映测点附近顺层或垂直层面方向上介质电性变化的电测深视电阻率曲线。同时，将不同测点的电测深观测结果进行对比，可以了解测线方向上的电性变化特征。

煤炭科学研究总院西安研究院对传统的解释方法作了创新和改进：

（1）矿井直流电法不再使用对数坐标，而是使用算术坐标进行高密度数据采集。

（2）不再单独使用单点反演解释，而是使用新的多点连续解释法。

（3）提取视电阻率中的岩石电性分层信息，用于解释有关目的探测层位的厚度、埋深等，如底板隔水层厚度、含水层厚度、含水层原始导升高度等。

（4）提取岩石视电阻率中的含水信息，解释含水导水构造的分布，预测潜在导水突水通道，从定性和定量两个方面进行解释。

（5）准立体成图，利用计算机成图技术对解释成果沿巷道往底板切断面和沿底板下某一深度切趋势平面，进行近似三维展示。

4. 地质应用

煤矿井下直流电法探测技术主要应用于：顶底板含水构造的探测；巷道掘进头、侧帮超前探测；小煤窑积水区探测；隐伏陷落柱探测；煤层底板隔水层、含水层探测；煤层底板断裂破碎带、潜在突水点等探测；工作面带压开采条件物探评价；探测深度80m内的矿井突水或导水通道，深度误差一般不大于5m。

5. 应用实例

1）地质任务

河南省焦作市九里山矿12031工作面发生多次底板突水，为探清底板潜在突水构造情况，开展了井下直流电法探测，具体任务是：探测煤层底板下 L_8 灰富水性，探测煤层底板潜在突水通道；确定巷道底板至 L_8 灰顶界的厚度及含水层 L_8 灰层厚；确定运输巷、回风巷底板大煤的残余厚度；确定工作面范围内潜在含导水构造的平面分布规律。

2）探测结果

为完成上述任务，开展了巷道底板高密度电测深探测工作，AB 最小极距2m，最大极距50m，每次极距移动 $1\sim3$m，MN 为 $0.2\sim15$m，点距20m。采用了底板分层解释技术、连续断面解释技术及异常提取技术。探测结果见推断地质断面图（图5.3）。

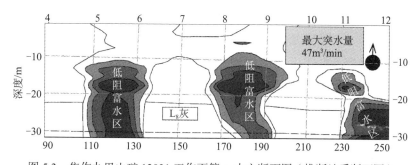

图5.3　焦作九里山矿12031工作面等 ρ_s 水文断面图（推断地质断面图）

可以看出：探测巷道下部发育三个近似垂向低阻裂隙发育带（图中阴影部分），且与深部有水力联系，该部位可能是采煤过程煤层底板最易突水的位置（即潜在突水点）。这是因为 L_8 灰层内岩溶发育，L_8 灰上部砂岩中局部含水，且主要与裂隙发育带有关。

3）验证情况

12031 工作面在开始回采至电法第一个低阻异常带边缘开始出水，水量为 $0.05\text{m}^3/\text{min}$，数小时后峰值水量达 $47\text{m}^3/\text{min}$，后基本稳定在 $40\text{m}^3/\text{min}$ 左右，同时 L_8 灰水位下降，说明突水水源与 L_8 灰含水层有水力联系。

为了进一步验证电法的可靠性，随后又在其他异常带内分别打钻，钻孔见水，注浆效果明显，而偏离异常带（在异常带数米外）打孔，结果无水，在孔内炮崩仍不见水，与电法探测结果一致。

5.1.2 掘进工作面直流电法超前探测技术

1. 超前探测原理

煤矿井下直流超前探测，以岩石的电性差异为基础，在全空间条件下建场，使用全空间电场理论，研究掘进头前方地层电性变化规律，预测掘进头前方含、导水构造的分布和发育情况。

采用点源三极装置进行井下数据采集时，无穷远电极对巷道内测量电极的影响可以忽略不计，故其电场分布可近似为点电源电场。由于供电电极位于巷道中，其电场呈全空间分布，可利用全空间电场理论进行分析解释。根据点电源场理论分析，点电源在均匀全空间中其电力线呈射线发散，等电位面呈以供电点为球心的球面，电位差则是以供电点为球心的同心球壳，球壳厚度应为测量电极间距。均匀介质中，当 A 点供电时，测量电极 M、N 所产生的信号是由于图中阴影部分的影响，在全空间条件下，该阴影包含供电点前后左右上下等各个方向的体积。由于阴影所包含区域的影响可以反映到 MN 处，则前方的异常信息也可以反映到 MN 处。

超前勘探原理如图 5.4 所示：堵头内某位置的异常会使测量电位差曲线产生畸变，但该畸变在堵头内部并不能直接测量（图中虚线）。根据电法勘探的体积效应，畸变的实质是球状等位面发生畸变，即 MN 所在处的球壳发生变形；根据等值性原理，在掘进巷道内的测量点上同样可以观测这种变化，所不同的是幅度可能会降低，如图 5.4 中实线所示。

实际上，井下三极装置探测的是勘探体积范围内（包括巷道影响在内）的全空间范围的岩石、构造等各种地质信息。

在实际工作中，除 MN 电极附近的影响外，层状地层、含水层、巷道侧帮采空区、陷落柱等地质因素的影响都会包含在测量数据中，资料解释处理的目的就是要压制不需要的信号，突出巷道前方异常的影响。

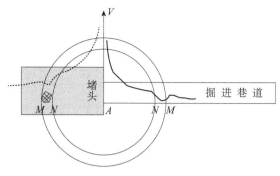

图 5.4　超前勘探原理示意图

2. 井下数据采集

超前探测前方含水异常的常用方法为三点源法，即在掘进工作面堵头布置第一个供电电极，形成一个点电源场；同时，在同一直线上向掘进后方距离第一个电极 4m 均匀布置第二个供电电极和第三个供电电极，形成三个供电点，布置无穷远电极在距离掘进工作面 1000m 处，施工示意图见图 5.5。

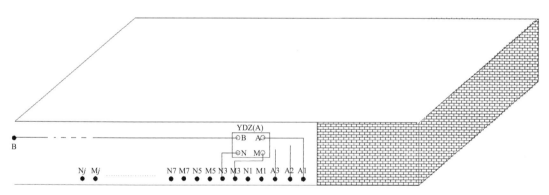

图 5.5　超前探测施工示意图

A1、A2、A3 为供电电极，M1、N1、…、Mj、Nj 为接收电极，B 为无穷远极

3. 数据处理与解释方法

1）巷道影响校正

巷道空间的存在影响了井下全空间电流场的分布，致使矿井电测曲线的特征发生了明显的变化。根据稳定电流场的分布理论和直流电法勘探的体积概念，当供电电极距与巷道横截面的边长相比较小时，由于受巷道空间的排斥作用，电流场呈半空间分布，此时测得的矿井电测曲线主要为半空间效应的反映（巷道影响系数 K_D=1）；随着供电电极距的增大，矿井电测曲线表现为全空间效应和巷道空间影响的综合反映，K_D=1～2；而当供电电极距与巷道横截面的边长相比足够大时，巷道影响可忽略不计，此时 K_D=2。

2）巷道后方异常处理

矿井直流电法勘探是在巷道后方进行施工布置，利用勘探电场的体积效应，解释巷道掘进头前方的含水或导水异常构造，测量电极所处位置的电流密度直接决定了测量电位差数据的大小。在电流场的分布中，巷道后方测量电极附近介质的变化会对场的分布产生极大影响，对前方异常的识别造成困难，若不处理，将会使解释结果发生偏差甚至错误。巷道后方异常的特征是在后方同一个测量点，不同供电电极产生的电场具有同时放大或同时缩小的关系，即信号的强弱受供电电极位置的影响较小，这说明接收点附近存在异常，而且该异常由于距离接收电极很近，对接收电极产生的影响远大于巷道前方异常产生的影响。

后方异常的消除可以采用比值法和差值法。比值法是利用巷道后方相同测点实测的不同供电点的视电阻率值，产生模型道数据，并利用模型道数据对实测视电阻率值进行校正的一种方法。比值法模型道数据通过计算不同供电点数据的算术平均值产生。由于巷道后方对不同供电点影响有相似的关系，模型道数据可近似认为是该点的背景场数据，利用模型道数据和实测数据进行比值就可以消除背景影响。差值法则是用模型道数据和背景场数据进行差值，差值后的数据反映了剩余异常的影响，该影响可能会表现为正异常，也可能会表现为负异常。

3）顶底板及侧方异常处理

井下三极直流电法超前探测是在巷道后方进行数据测量，在以测线为轴线，供电电极上下顶底板层状介质内不均匀地质体会对测量数据产生影响，同时工作面侧帮内的采空、积水等现象也会对测量数据产生影响。在资料处理过程中，这两种情况在测量曲线上的反映是相同的，可以一起考虑去除。

根据全空间电流场分布公式计算，巷道底板及侧帮异常的特点是后方在不同供电电极产生的电场在相同极距的测量点上，信号具有同时放大或同时缩小的关系，即信号的强弱受供电电极位置的影响较小，这说明异常的位置距离供电点距离相等；在全空间情况下，与不同供电点距离相等的点状异常只能位于垂直测线并通过中心电极的平面上，而与不同供电点距离相等的面状异常将可能位于以测线为轴心的圆柱面上。

4）空间交汇

原始测量数据进行了各种校正以后，重新生成的曲线保留的信息可以认为只是前方异常信息的反映，但由于对应于各个数据点，它们分别属于不同供电电极，对应于空间不同的位置，前方异常的信息在任意一条曲线上均有反映，空间交汇的目的是为了把前方信息在不同曲线上的反映综合起来。

地震数据处理中的叠加偏移处理，是把不同炮点、不同接收点的数据按照一定的原理经过叠加偏移处理，反映到空间某一固定位置。超前勘探数据处理中空间交汇的任务类似于地震数据处理中的叠加偏移处理，需要把不同供电点、不同测量点的数据按照球面相切的原理经过归位处理，反映到前方某一固定位置。

4. 技术特点

煤矿井下直流电法探测技术具有以下特点：探测效率高，一个掘进头探测仅需要 2h 左

右；数据现场处理，探测成果显示直观，设备轻便、操作
简单，可以快速掌握；探测成本低，基本没有消耗材料；
受探测环境，如液压支架、皮带机架、掘进机等金属体的
影响较小；对含水地质体预测可靠，可以达到不漏报、并
相对预测富水程度；对含水地质体探测距离达到80m，位
置误差小于深度的10%。

5. 适用条件

煤矿井下直流电法探测技术适用于煤矿井下含有瓦斯、
煤尘、粉尘等爆炸性危险环境中探测含水和导水地质构造。
其中，在顺层煤巷中的应用效果最好，岩巷次之；受巷道
底板的接地条件（如底板积水、煤泥、浮碴等）影响较小；
掘进机、喷浆机、风钻、电车等电动作业，均会对探测数
据产生一定的影响，故一般在检修时进行数据采集。

6. 应用实例

运用煤矿井下直流电法对山西某矿进行超前探测，探
测成果如图5.6所示。图中黑色实线为已掘巷道，黑色虚
线为后期揭露的老窑巷道；视电阻率图中用白色表示视电
阻率相对较高，黑色表示相对低阻，灰色为过渡区。根据
视电阻率的相对高低变化推断巷道迎头前方 $36 \sim 42m$ 存
在一处相对低阻异常区。巷道掘进至此后，揭露一个空洞
并涌出大量积水，为一条小煤窑采空巷道，老窑巷道与现
掘进巷道斜交，且巷道内存在大量积水。图中用黑色虚线
标示了该老窑巷道的分布。

5.2 煤矿井下槽波地震探测技术

5.2.1 基本原理

槽波是在高速的围岩包围的低速的煤层中，由全反射
所形成的仅在煤层中传播的弹性波。槽波地震勘探就是利
用槽波仅在煤层中传播这一特性，探查煤层中的断层、陷
落柱、冲刷带等地质构造的物探方法。

煤层中传播的槽波主要有两种类型：瑞利型槽波和勒夫型槽波。瑞利型槽波是由SV

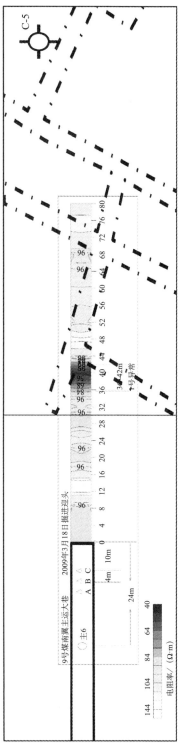

图5.6 山西某矿直流电法超前探测成果示意图

波与 P 波共同形成的，因为 P 波是质点沿着传播方向振动的胀缩波，而 SV 波是质点垂直于传播方向震动的剪切波，故二者共同作用之下，瑞利型槽波的质点振动轨迹在顺着传播方向、垂直于煤岩分界面的平面中呈椭圆形。勒夫型槽波是 SH 波形成的，其质点振动轨迹在垂直于传播方向的平面内水平摆动。

瑞利型槽波的形成，需要煤层的纵波速度小于围岩的横波速度，在某些不满足此条件的煤层中无法形成瑞利型槽波；勒夫型槽波的形成仅要求煤层横波速度小于围岩横波速度，这个条件容易满足，所以勒夫型槽波普遍存在。接收勒夫型槽波仅需要垂直煤壁与平行巷道两个分量的检波器，而接收瑞利型槽波需要三个分量的检波器，故通常以勒夫型槽波作为槽波勘探的目标接收信号。

槽波的主频与围岩及煤岩的物性、煤层的厚度有直接的关系。一般说来，煤层越厚，通过此煤层的槽波主频就越低。地震波在通过特定煤层时，不同频率成分的传播速度不一样，遭受的衰减也不一样。以地震波频率为纵轴，以传播速度为横轴，绘出槽波的频散曲线，槽波的频散特征里携带有围岩、煤的速度和结构信息；通过频散分析，不但可以证实槽波的存在，而且可以用来进行煤层结构及异常现象的探测。

与其他矿井地球物理勘探方法相比，槽波地震勘探具有探测距离大、精度高、抗电磁干扰能力强、波形特征较容易识别以及最终成果直观的优点。

5.2.2　工作方法

目前，槽波地震勘探的基本方法有两类：透射法与反射法。透射法的激发震源与接收排列分别在工作面两侧巷道［图 5.7（a）］，通过煤层中透射槽波在能量、频散等方面的变化来寻找工作面内的地质异常。透射法测量可以粗略判断地质异常的有无及其规模，但尚不能识别异常的性质或类型，也不能精确判定其几何尺寸。透射法的主要优点是原理简单、探测范围大、准确率高；同时，它还能为反射法数据处理与资料解释提供速度等参数。

反射法的震源与接收排列在同一侧［图 5.7（b）］。通过接收来自煤层地质异常体的反射槽波，来对地质异常体进行定位。反射法槽波勘探能确定工作面内煤层不连续体的位置与走向，但不能准确确定断层落差大小和反射体的性质或类型。反射槽波信息一般能量较弱，记录的信噪比较低。经验表明：在不能取得良好透射记录的区段，一般也得不到良好的反射记录。

槽波勘探用炸药作为激发震源。施工时在煤壁上钻 2m 深的炮孔，将适量炸药顶入孔底，充填炮泥封孔后，用雷管引爆。由于煤层的物性较为均匀，炮孔深度及装药量可以严格一致，因此激发条件稳定性好。槽波数据采集时，首先要圈定勘探范围，设计观测系统；然后，根据井下锚杆系统的实际情况，标定检波点与炮点的位置；前期准备工作做好后，采集时，将采集仪器布设完毕，停止工作面的一切采掘活动，疏散工作面内人员，由打孔小队在炮眼钻出炮孔，装药小队装填炸药雷管，放炮小队完成震源激发。

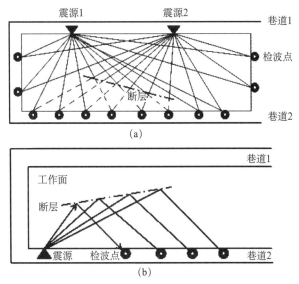

图 5.7　槽波透射法勘探与反射法勘探井下施工图

（a）槽波透射法勘探；（b）反射法勘探

5.2.3　数据处理

1. 槽波频散曲线提取

频散分析就是从实测的透射槽波记录中提取群速度和相速度曲线。一般采用多次滤波法计算群速度，图 5.8（a）是河南义安煤矿某工作面透射槽波资料，图 5.8（b）为该透射资料用西安研究院自主研发的处理解释软件系统 Geocoal 中多次滤波子程序求得的群速度曲线，从中可以清晰地看出两阶群速度曲线，其频率和速度分辨率较高。对某一道多次滤波后的结果进行时频分析，可以实现槽波的频散特性分析。图 5.8（c）为用 Geocoal 的平滑伪魏格纳时窗子程序对图 5.8（b）进行时频分析的结果。

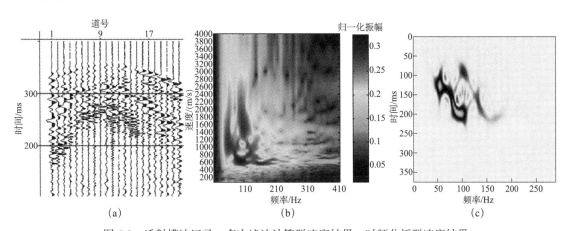

图 5.8　透射槽波记录、多次滤波计算群速度结果、时频分析群速度结果

（a）透射槽波；（b）多次滤波；（c）时频分析

2. 槽波速度分析

槽波速度分析主要用于估计槽波的埃里震相速度，为后续叠加及偏移处理提供参数，同时也可用来作为识别槽波的标志，这是因为槽波的主要能量部分——埃里震相速度相对较低。

地面地震的速度分析是在共中心点道集上进行的，槽波资料的速度分析则是利用透射槽波资料，因为反射槽波一般能量较弱，加之频散作用，各道之间难以进行对比，而透射槽波相对而言能量较强、特征清楚，特别是埃里震相容易识别和提取，炮点与接收点间距可准确获得，这样可以比较准确地计算出有关速度值。

3. 槽波数据时频分析

小波变换是一种"时间－尺度域"分析技术，得益于小波基函数的完备性、自相似性和多分辨性，当用解析小波对实信号做小波分解时，可以求得每个尺度下实信号的瞬时参数，因而该方法是一种多分辨率的分析方法。小波分析广泛应用于信号分解、时频分析、滤波去噪等数据处理。

图 5.9（a）是采集到的槽波原始数据，道间距 10m，未经任何处理，椭圆区域由于陷落柱的阻挡，造成槽波能量很弱，图中虽能判断异常区域，但由于能量连续变化很难准确判断边界位置，所以用小波尺度分解来精确确定边界位置。

运用 Geocoal 中集成的小波变换将图 5.9（a）进行小波域尺度分解，得到图 5.9（b）。可以看到，尺度分解后的数据突变位置比较明显，由此确定陷落柱的边界比原始数据清晰很多。

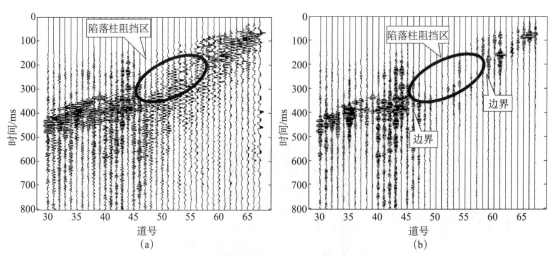

图 5.9　原始槽波地震数据及小波尺度分解后的数据

（a）原始槽波地震数据；（b）小波尺度分解后的数据

4. 井下工频干扰时频域压制

煤矿井下槽波地震勘探中，测线附近常有动力电缆，采集到的地震数据会受到工频交流信号的干扰，影响数据质量，严重时影响地震勘探数据的分析、处理和后期解释。井下工业交流电的工作频率是 50Hz，因此地震数据中工频干扰信号的频率主要是 50Hz，以及其谐波分量（100Hz，150Hz，…）。这个频率和采集到的地震数据的主频非常接近，干扰信号的能量也非常大。采用时频域分析技术，能很好地压制井下工频干扰，图 5.10 是在 Geocoal 中用时频域分析技术对一个受到严重工频干扰的数据进行信噪分离的实例。

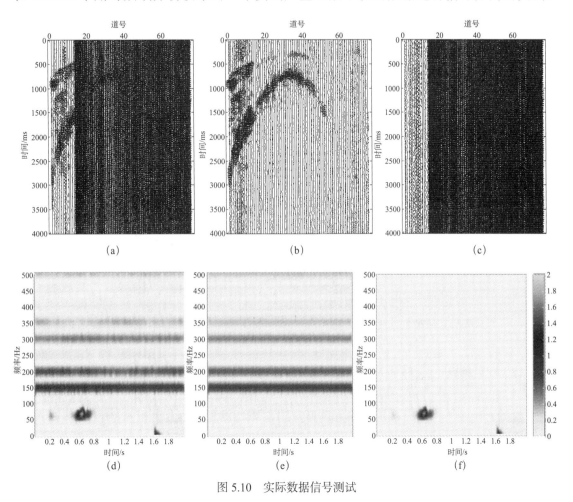

图 5.10　实际数据信号测试

（a）原始信号；（b）滤波后得到的有效信号；（c）提取的谐波噪音信号；
（d）原始信号第 18 道时频谱；（e）滤波后有效信号时频谱；（f）提取的谐波噪音信号时频谱

5. 槽波频散波列压缩

　　槽波的频散使槽波波至难以拾取。若不设法克服槽波的频散，利用槽波进行工作面透射 CT 成像将变得非常困难。利用煤层中地震波的传播特点，可以设法在频域中对地震波进行相位补偿，压制其频散效应，进而压缩其在时域中的频散波列长度。图 5.11 是利用西安研究院开发出的槽波频散补偿程序完成的槽波频散波列压缩。可以看出，经过槽波频散补偿之后，原来因频散而拉长的波列被明显压缩，能量的凝聚度大大提高了。

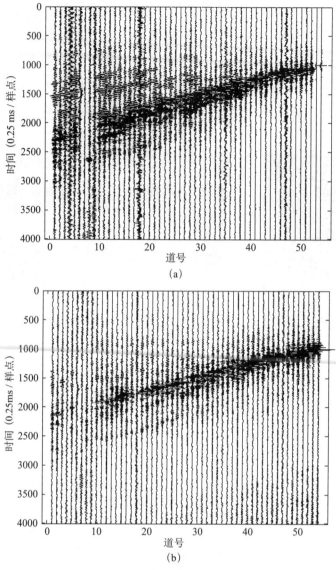

图 5.11　槽波频散波列压缩对比效果

（a）槽波频散波列压缩前；（b）槽波频散波列压缩后

5.2.4　应用实例

1. 陷落柱探测

山西王坡煤矿 3 号煤层厚度为 5m 左右，煤层的顶底板为砂质泥岩和细粉砂岩，适合槽波的形成和传播。该矿陷落柱较为发育，为了探明该矿 3204 工作面陷落柱的发育情况，开展了透射槽波探测。

槽波仪器采用西安研究院自主研发的 DTZ-3 新型矿用地震仪，该仪器具有分布式采集、独立存储的特点，仪器间不需通讯、无大线连接。检波器频率低端截止为 60Hz，每道 4000 采样点，采样率为 0.25ms。

槽波探测区域内有明显的 4 个异常构造区（图 5.12），推断为陷落柱，其边界如图中的黑色线圈所示。经过后期采掘工程验证，实际陷落柱的边界如图 5.12 中白色线圈所示，其中 2# 构造区、3# 陷落柱及 4# 陷落柱推测边界与实际边界的最大误差均在 11m 以内。这是由 10m 道间距所组成的测量系统决定的。总体而言，槽波成像结果能够清晰地反映出陷落柱形态，槽波解释的陷落柱与实际揭露情况吻合度较高。

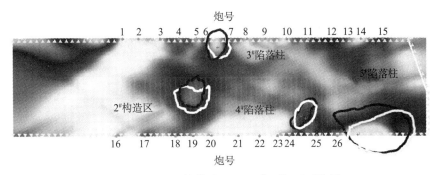

图 5.12　山西王坡煤矿 3204 工作面探采对比图

2. 断层探测

安徽淮北刘桥一矿 Ⅱ4611 工作面主采 4# 煤层，平均厚度为 2.17m，煤层赋存较稳定，工作面内煤层与围岩的物性（密度、速度）差异较大，有利于槽波在煤层中传播。

（1）检波点：机巷、风巷均采用 10m 接收道距，共设计检波点 159 个。

（2）炮点：机巷、风巷采用 20m、30m 两种炮间距，共设计激发物理点 59 个。

Ⅱ4611 工作面槽波地震勘探共采集透射槽波有效数据 55 炮，其中机巷 27 炮，风巷 28 炮，测点布设 159 道，测线长度共计 1580m。采样间隔 0.25ms，记录长度 3s，所采集数据的原始数据质量较高，所得数据全部合格。槽波资料解释中利用透射槽波能量对 Ⅱ4611 工作面地质异常进行分析，针对工作面内存在的地质异常选取 S45、S28 炮槽波透射记录进行解释。

图 5.13 表示 S45 炮槽波记录，黑色实线对应第 45 接收道，1～45 道的能量急剧减弱，说明 S45 炮激发的槽波在此处遇到了异常地质体阻挡造成能量较小，为槽波异常。

根据频散分析结果，采用槽波 CT 成像技术，对该工作面进行了槽波 CT 成像（图 5.14），其中浅灰色为槽波能量正常区域，深灰色和黑色为槽波能量异常区域，成像结果中存在五处明显的能量异常区。根据槽波能量衰减程度、能量异常分布形态，并结合槽波成像解释原则及相关地质资料最终解释了五条断层，其中 CF1、CF2、CF3 和 CF5 断层位置与两顺槽揭露情况一致，CF4 断层为隐伏断层。

依据槽波资料解释成果，矿方布置了探巷对 CF1 和 CF2 断层进行了巷探验证如图 5.14 所示，探巷位置为图中 *A-B* 连线位置，经探巷验证 CF1 断层为正断层，落差为 1m；CF2

断层为正断层，落差为 6m，其位置与槽波探测的结果一致；CF4 隐伏断层经打钻验证其位置与实际断层位置也较为吻合。

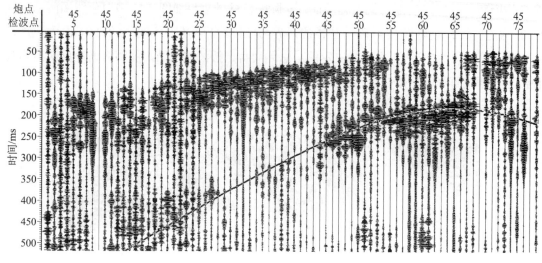

图 5.13　S45 炮槽波数据异常分析

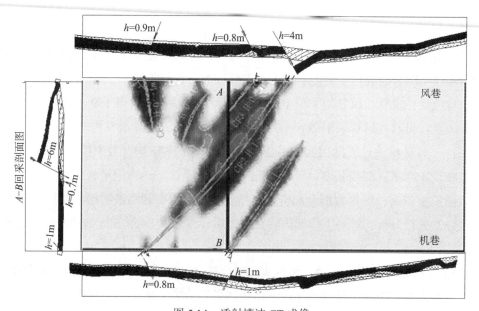

图 5.14　透射槽波 CT 成像

3. 煤厚变化探测

401101 工作面是陕西某矿在 401 盘区布置的首采工作面，该工作面平均煤厚为 25m，巷道掘进时揭露局部薄煤带，影响该工作面的回采。为了查明 401101 工作面薄煤带的范围和其他异常构造，采取槽波透视的方法进行探测。共完成槽波地震数据采集 80 个有效炮，全排列 335 道接收，透视射线高密度地覆盖了整个工作面。

　　拾取槽波初至时间，采用 SIRT 算法进行工作面内槽波速度层析成像，获得了工作面内槽波速度变化情况，如图 5.15 所示。

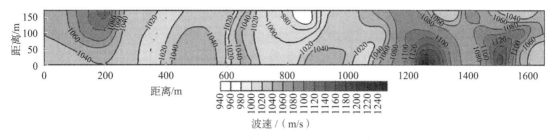

图 5.15　工作面内槽波速度层析成像

　　利用工作面槽波速度层析成像数据，结合巷道探煤点处煤层厚度变化情况，通过相关计算对 401101 工作面煤层厚度变化情况进行了解释，认为 401101 工作面内绝大部分煤厚在 21m 以上，等值线 980 ～ 1000m 范围内的区域薄煤带，在运输巷横坐标 1220 ～ 1300m、纵坐标 0 ～ 50m 处煤层在 20m 以下，渐变至 15m；运输巷 1470 ～ 1550m 位置煤层 20m 以上，且向右上角、斜上方延伸；回风巷 100 ～ 220m 处等值线 1040 ～ 1060m 范围内煤厚有揭露，煤厚 20 ～ 24m；回风巷 750 ～ 900m 处等值线 960 ～ 1000m 范围内煤层稍厚，达 27m 左右。平均煤厚 24 ～ 26m，20m 以下部分范围很小，对综采影响相对较小（图 5.16）。该结论被后期的工作面回采验证是正确的。

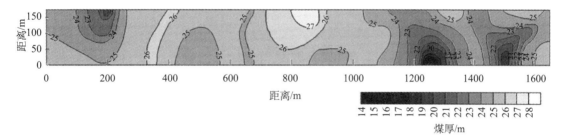

图 5.16　401101 工作面煤厚等值线图（钻孔验证煤厚）

5.3　煤矿井下无线电波透视技术

5.3.1　基本原理

　　交替成层的含煤地层是非均匀介质，电磁波在含煤地层中传播可分解为垂直层理和平行层理方向，在垂直层理方向是非均匀介质，在同一煤层一定范围内平行层理方向上可近似认为是均匀的。采面巷道通常都是布置在同一煤层中，电磁波透视是在顺煤层的两巷道或两钻孔中进行，因此透视时的电磁波传播仍可利用均匀介质中的传播公式，假设辐射源（天线轴）中点 O 为原点，在近似均匀、各向同性煤层中，探测点 P 到 O 点的距离为 r，P

点的电磁波场强度 H_P 为

$$H_P = H_0 \frac{e^{-\beta r}}{r} f(\theta)$$ （5.3）

式中，H_0 决定于发射功率和天线周围煤层的初始场强；β 为煤层对电磁波的吸收系数；r 为 P 点到 O 点的直线距离，m；$f(\theta)$ 为方向性因子，其中 θ 为偶极子轴与探测点方向的夹角。

在辐射条件不随时间变化时，H_0 是一常数，吸收系数 β 是影响场强幅值的主要参数，其值越大，场强变化就越大。吸收系数与电磁波频率和煤层的电阻率等电性参数有直接关系：在同一均匀煤层中，频率越高吸收系数就越大，电磁波穿透煤层距离就近；煤层电阻率越低，吸收系数也越大。

煤层中构造引起的煤层破碎带、煤层破坏软分层带及富含水低电阻率带等都能对电磁波产生折射、反射和吸收，造成电磁波能量的损耗。如果发射源发射的电磁波穿越煤层途径中，存在断层、陷落柱、富含水带、顶板垮塌、瓦斯富集区和富集水的采空区、冲刷、煤层产状变化带、煤层厚度变化和煤层破坏软分层带等地质异常体时，接收到的电磁波能量就会明显减弱，这就会形成透视阴影（异常区）。矿井电磁波透视技术，就是根据电磁波在煤层中的传播特性而研制的一种收、发电磁波的仪器和资料处理系统。

5.3.2　工作方法

1. 巷道－巷道透视方法及测点布设

井下探测方法有同步法和定点法两种方式。同步法是发射天线和接收天线分别位于不同巷道中，同时等距离移动，逐点发射和接收，较少采用，如图 5.17 所示。

图 5.17　无线电波透视同步法发射与接收示意图

定点法是发射机相对固定于某巷道事先确定好的发射点位置上，接收机在相邻巷道一定范围内逐点沿巷道探测场强值。又称定点交汇法。如图 5.18 所示。

2. 钻孔间透视方法及测点布设

钻孔间的无线电波探测工艺同巷道间的探测工艺基本一致，也分为同步法与定点扫描法。对于钻孔而言，同步法反而比定点扫描法更具优势，钻孔探测的装备调试较为方便，发射接收稳定，因此同步法应用较为广泛。具体工艺方案如图 5.19、图 5.20 所示。

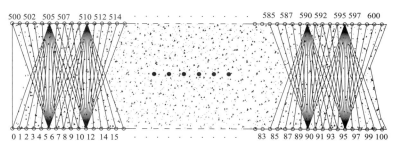

图 5.18　无线电波透视定点法发射与接收范围示意图

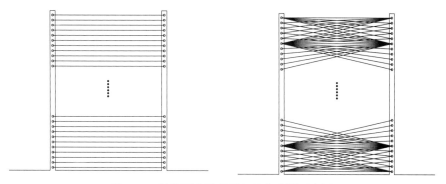

图 5.19　钻孔同步法发射与接收范围示意图

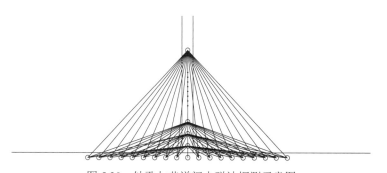

图 5.20　钻孔与巷道间电磁波探测示意图

5.3.3　数据处理

1. 数据处理

无线电波透视法通过测量场强值计算出被测区域内衰减系数，得到二维成像图。假设正常地段的衰减系数等于某一常数，用这个常数与被测区域内衰减系数相减，得到成像图称为无线电波相对衰减成像图。

CT 成像的目的是根据被测物体断面的二维分布的一维投影来重建图像。由于物质的原子序数和密度的差异，因而不同物质对穿过射线的吸收不同，可以由吸收系数的微小差异来区别不同的物质结构，并通过计算机图像处理获得高密度、高分辨率的图像。

无线电波成像算法较多，目前主要应用的有 ART 法、BPTL 法和联合迭代重建法（SRIT）。

2. 成果解释

对于无线电波透视探测结果的解释，主要有两种方法，综合曲线法与 CT 成像法。

1）综合曲线法

综合曲线法主要是基于透视综合曲线。透视综合曲线图是由理论场强、实测场强和衰减系数三条曲线组成的。资料的推断解释，就是基于三条曲线对比进行的。一般来说，场强的异常现象主要有实测低于理论、实测高于理论和干扰条纹三种。

实测场强曲线的异常部分低于理论场强曲线。这是由于围岩或煤层的吸收系数小于异常地质体，所以异常的特征是阴影，场强值因异常地质体的屏蔽而小于正常场。实测场强曲线的异常部分高于理论场强曲线。形成这种异常有两个原因。一般煤层的吸收系数大于异常地质体，有规律的火成岩侵入体等；二是透视范围内有规律的干扰场大于正常场。干涉条纹实测场强曲线相对于理论场强曲线，出现有规律的振荡现象，呈类似正弦波曲线的形式，但曲线比较尖、陡。该现象主要是由于层面反射直达波相干扰引起的。

综合曲线法成果解释应建立在数值模拟的基础之上，对不同地质体的正演数值模拟结果进行对比研究能够有效解释实际工作中电磁波透视的综合曲线，从而进行电磁波透视结果解释分析。

2）CT 成像法

CT 成像法是利用层析成像将透视探测结果以图像的形式展现出来，电磁波在地质异常区域由于产生衰减而形成衰减异常区，根据电磁波衰减区域的形状、大小及衰减幅度等综合特征来判定异常类型进行透视成果地质解释。

把电磁波透视工作面划分成有不同吸收系数的若干小单元，每一小单元可视为均匀介质。假设电磁波的第 i 个传播路径为 r_i。它可以表示为若干小单元的距离之和：

$$r_i = \sum_{j=1}^{m} d_{ij} \tag{5.4}$$

没有射线穿过的单元，可视 $d_{ij}=0$，于是

$$H_i = H_{0i} \mathrm{e}^{-\sum_{j=1}^{m} \beta_i d_{ij}} \Big/ r_i \tag{5.5}$$

式中，H_i 为实测场强；H_{0i} 为初始场强。

对式（5.5）两端取对数有

$$\sum_{j=1}^{m} \beta_i d_{ij} = \ln\left(\frac{H_{0i}}{H_i r_i}\right) \tag{5.6}$$

式中，β_i 为第 i 个小单元内电磁波的吸收衰减系数。

若在多个发射点上对场强分别进行多重观测，便可形成矩阵方程：

$$[X][D]=[Y] \qquad\qquad (5.7)$$

式中，$[X]$ 为 β_i 未知数矩阵；$[D]$ 为 $\sum\limits_{j=1}^{m} d_{ij}$ 系数矩阵；$[Y]$ 为已知数矩阵，即实测值。

利用 ART 算法（代数重构技术）或 SIRT 算法（同时迭代重构技术）就可以得到各单元吸收系数值，从而实现工作面内吸收系数反演成像（图 5.21）。利用反演计算结果可以绘制成像区吸收系数等值线图和色谱图。

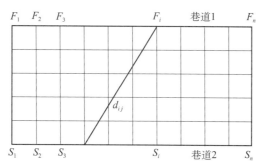

图 5.21　电磁波透视法层析成像单元离散示意图

$F_1 \sim F_n$ 为发射点位置；$S_1 \sim S_n$ 为接收点位置

综合曲线法与 CT 成像法两者相结合能够提高成果解释精度与准确度，CT 成像法能够确定异常地质的分区区域，综合曲线法能够有效判定异常类型，两者的联合应用对于电磁波透视成果解释具有很好的指导意义。

5.3.4　应用实例

无线电波透视技术作为一种相对成熟的矿井物探手段，在全国多个煤矿进行了推广应用，并取得了良好的效果，为煤矿安全开采提供一种保障手段。下面就坑透技术在煤矿工作面隐伏构造探测、瓦斯富集区和注水压裂效果检验三个实例进行介绍。

1. 工作面地质异常构造探测

从探测工作可以看出无线电波透视对 15105 回采工作面的异常区域有较好的反应，经过计算机数据处理，把场强衰减异常取为 −10dB，圈定五处较为集中的异常区，如图 5.22、图 5.23 所示，上部边界为 15105 工作面运输巷，下部边界为 15105 工作面回风巷。探测的异常区域可能是煤层变化区域或构造（陷落柱、断层等）密集发育区域。

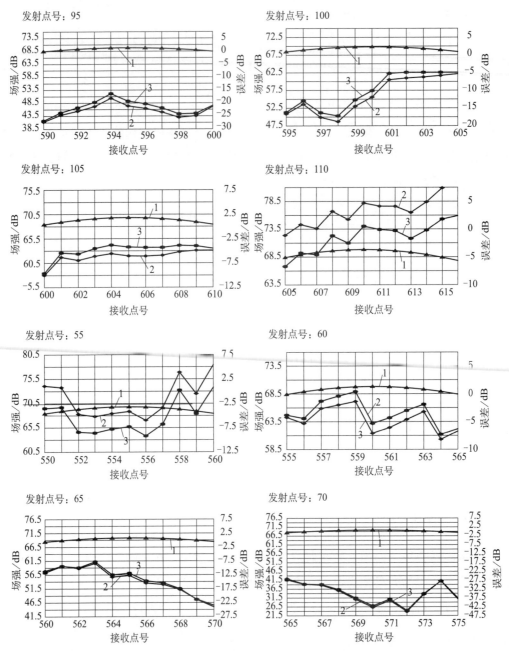

图 5.22　上社煤炭有限责任公司 15105 工作面无线电波透视部分综合曲线图

1. 表减系数；2. 理论场强；3. 实训场强

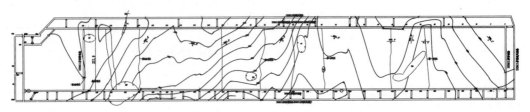

图 5.23　上社煤炭有限责任公司 15105 工作面无线电波 CT 成果图与 CAD 结合图

结合地质资料分析，推断该 1-3 号异常区为陷落柱。第 4 异常区推断靠近运输巷异常区主要由断层引起；靠近回风巷，场强衰减最大，推断为陷落柱引起。第 5 异常区推断靠近运输巷异常区为陷落柱引起，靠近回风巷异常区主要由岩性变化引起。通过回采验证，探测结果与实际地质情况相符。

2. 工作面顺层注水压裂效果探测试验

探测 S1641 工作面斜长 1100m，宽 132m，探测工区自切眼位置向进口方向 350m 范围，6# 煤层，煤层自然厚度为 0.10～1.67m，平均为 0.93m，属不稳定型薄煤层（图 5.24）。矿方引进水治瓦斯的顺层中压注水压裂技术，在北回风巷施工布置了 10 个中压注水钻孔，探测工区范围内分布 8 个，全部沿煤层布置，倾角 3°，自距 0 号点（切眼处）41m 位置开始，设计孔间距 39m，设计孔深 66.2m，注水压裂技术后，再次进行同样方法探测。图 5.25、图 5.26 注水前后对比图。注水后可见整体衰减变大，出现两处较大范围衰减异常区，顺层中压注水后，最大衰减系数值自注水前的 0.85 增大至 0.92，探测区域场强衰减明显增强，衰减区 1 对应注水前的异常 1 位置，表现为范围扩大，衰减加强。衰减区 2 对应注水前的异常 3、4 位置，且两个异常连成整个片区，说明注水后，煤岩层因裂隙富水从而造成衰减加强，这与注水之前探测的裂隙发育区相符合。经过后期的验证，与实际情况基本相符。

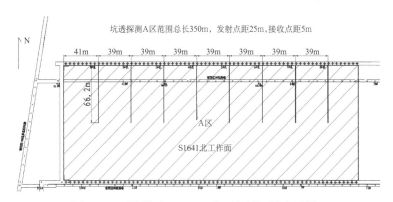

图 5.24　石壕煤矿 S1641 工作面探测区域布置图

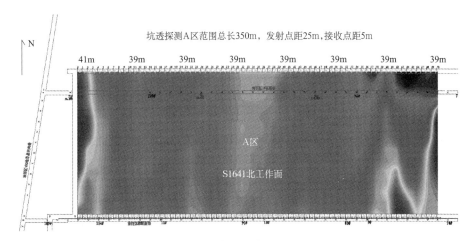

图 5.25　注水前电磁波透视成果图

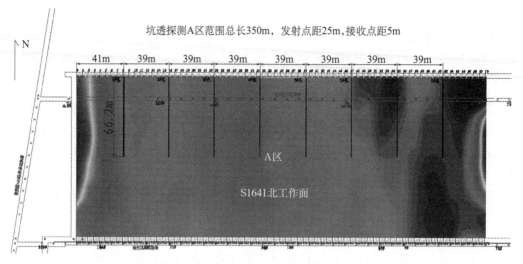

图 5.26 注水后电磁波透视成果图

5.4 煤矿井下瑞雷波探测技术

5.4.1 基本原理

瑞雷波是一种半空间条件下沿介质表面传播的面波,通过采集人工激发的瑞雷波所携带的地质信息来分析地层结构。以往瑞雷波主要用于近地表层的工程地质勘探,其探测原理主要是利用瑞雷波的两个特性:一是波在分层介质中传播时的频散特性;二是波的传播速度与介质的物理力学特性的相关性。矿用多道瞬态瑞利波法是煤矿井下进行超前探测的有效方法之一。

多道瞬态法瑞雷波探测原理如图 5.27 所示,由人工震源激发出瑞雷波,不同频率的瑞雷波叠加在一起,以脉冲的形式向前传播,通过测线上一定距离的 6 只加速度传感器接收,由仪器记录下来。对采集的信号取以排列中点对称的任意两道,如 $A(t)$ 、$F(t)$ 进行 Fourier

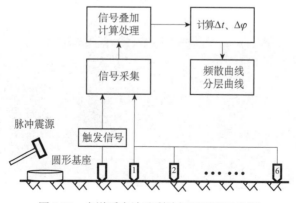

图 5.27 多道瞬态法瑞利波探测原理示意图

变换和频谱分析，通过相干函数的互功率谱相位展开谱，从而得到 6 道瑞雷波信号在不同频率 f 的平均速度 v_R（$v_R = \Delta x / \Delta t$）。根据弹性波理论的半波理论可知，探测深度为波长 λ_R 的一半，即 $H = v_R / 2f$。

当瑞雷波在分层介质中传播时，因为 v_R 与介质的特性密切相关，在岩层发生变化的界面也会产生瑞雷波频散，由此得到该测点的 $v_R - \lambda_R$ 频散曲线，通过利用小波分析法对瑞雷波频散曲线做出奇异性显示方式，使岩性界面分层频散突变点在探测深度曲线上直观地显示出来，便于异常体的推断与解释。

5.4.2 工作方法

瑞雷波探测施工布置见图 5.28 所示，在震源点上，通过人工方法产生一个瞬态冲击振动，震波以脉冲的形式沿介质表面传播，在距震源 Δx 处的测线上，采用纵向观测系统，分布在测线上的震源和每只传感器，按一定比例尺排列在一条直线上，以道间距为 Δx 安置有 6 只单分量加速度传感器，Δx 与探测深度有关，Δx 应满足两道间接收信号的相位差 $\Delta \varphi$。随着勘查深度的加大，所接收瑞雷波频谱的低频成分越丰富，即 λ_R 增大，Δx 也应相应增大。

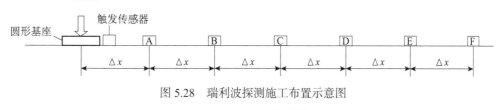

图 5.28 瑞利波探测施工布置示意图

A，B，…，F 为传感器

为了确定瑞雷波的最佳接收窗口，道间距 Δx 设定为 100cm 左右较为合理。为了保证到达近测点瑞利波能充分生成并减少体波等干扰，通常取偏移距等于道间距，震源激发点距第一个传感器 Δx 也布置约 100cm。由于采用的是"点状"探测，探测结果是 C～D 的中心点，显然 C～D 点的探测结果是由 A～F（5Δx）、B～E（3Δx）、C～D（Δx）叠加而成。

独头巷道超前探测受巷道宽度的限制，传感器的安装则采用特殊的施工布置，如图 5.29 所示。其中 Δx 布置仍为 100cm 左右，$\Delta x'$ 为 20cm。探测结果的物理点位置在 C 与 D 的中心。需要注意的是，如果要采用这种探测方式，则必须在仪器系统菜单"施工模式"项中选择"超前探测"模式。

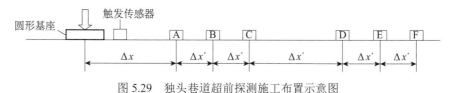

图 5.29 独头巷道超前探测施工布置示意图

5.4.3　适用条件

煤矿井下瑞雷波探测技术适用条件为：煤及围岩内的断层、空洞、老窑、岩溶等小构造和地质异常探测；巷道的剩余煤厚探查；超前探测深度为 30～50m 内的构造探测；适用于地基、水坝堤防、高速公路和铁路路基探测。

5.4.4　应用实例

在平顶山煤业集团有限公司十矿，采用井下瑞雷波探测，目的是探测戊$_{9\text{-}10}$-21150 断煤交面。采用侧帮水平超前探测模式，采样频率为 4000Hz，记录长度为 1024。在 21150 风巷 5037 前 39m 处，距断层 14m 的位置进行断煤面走向追踪探测，见图 5.30。测点布置为 M1 和 M2，每个测点安置了多个传感器，道间距为 1m，探测断煤面的结果是按接近 45°夹角方向延伸。

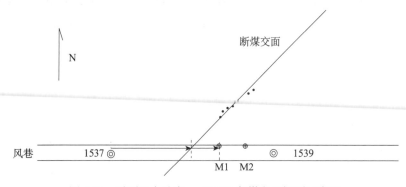

图 5.30　平顶山十矿戊$_{9\text{-}10}$-21150 断煤交面探测示意图

利用计算机成像技术绘制瑞雷波的波速等值线剖面图，图 5.31 所构成的瑞利波低速带

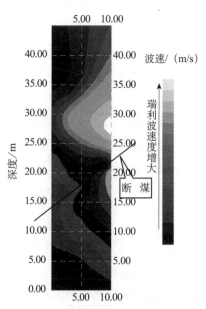

图 5.31　平顶山十矿戊$_{9\text{-}10}$-21150 采面断煤交面瑞利波探测成像图

趋势清晰地反映在断煤面所处位置和走向上。可以看出：在两个高速区中间有一个低速带，瑞利波的传播速度在断煤交面处出现速度异常区，反映了地质体的密度参数发生了变化，对应的断煤交面处介质松散。经平顶山煤业集团有限公司十矿地测队证实，该探测结果与实际情况完全吻合。由于断煤面延伸方向确定，对于采煤工作面的布置提供了技术保障。

5.5　煤矿井下地质雷达探测技术

5.5.1　基本原理

地质雷达技术是通过发射和接收已知传播速度的高频宽带电磁波，分析确定异常地质体的物探技术。其核心在于电磁波在不同介质中传播、反射的物理问题，即围绕麦克斯韦方程组分析计算研究不同介质中各分量和参数之间的相互关系，尤其是基于 Zoeppritz 方程研究电磁波的反射系数。

地质雷达技术利用以宽带短脉冲（脉冲宽为数纳秒以至更小）形式的高频电磁波（$10^6 \sim 10^9$Hz），通过发射装置（T）送入介质中，经由地层界面或者目标地质体反射后返回，然后用接收装置（R）进行接收。脉冲波的旅行时为

$$t = \frac{\sqrt{4z^2 + x^2}}{v} \qquad (5.8)$$

式中，t 为走时，ns；x 为天线距，m；z 为反射体深度，m；v 为电磁脉冲在介质中的速度，m/ns。

当电磁脉冲在介质中的速度 v 已知，而走时 t 可以由仪器测量所得，通过式（5.8）即可求出反射体的深度 z。地质雷达工作原理如图 5.32 所示。

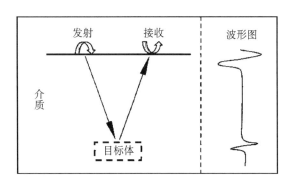

图 5.32　地质雷达工作原理图

地质雷达的工作原理从本质上来说就是电磁波在不同介质中传播、反射的物理问题。与其他地球物理电磁方法一样，仍是电磁学经典理论的麦克斯韦方程组，围绕麦克斯韦方程组分析计算研究不同介质中各分量和参数之间的相互关系。电磁波的反射系数取决于界面两边介质相对介电常数的差异，差异越大，反射系数越大，反射信号强度就越强，反射界面越清晰。

5.5.2 工作方法

地质雷达采用电磁波对目标体进行探测，其运动学规律与地震勘探方法类似，因此地震勘探方法的数据采集方式也被借鉴到地质雷达的施工方法中。其井下施工方法常用的有剖面法、共中心点法。

（1）剖面法。剖面法是地质雷达最常用的一种工作模式，它要求发射与接收天线相互平行并且保持固定距离，然后沿测线以相等步长移动，逐点测量。其中发射和接收天线中点所在位置作为测点位置。天线应与测线保持垂直。一般而言，100MHz 天线的收发距应大于 1m，200MHz 天线的收发距应大于 0.5m，具体视情况而定。

（2）共中心点法。共中心点法是指以某一固定点为中心，保持发射和接收天线相互平行且对称置于测点两侧，然后以固定步长沿着相反方向同步移动发射和接收天线进行测量，步长大小依据实际的探测情况而定。随着发射和接收天线的间距不断增大，直至达到测线的末端。因为在整个过程中两个天线的中心点固定不变，因而称为共中心点法。共中心点法可以获取地层介质中雷达波的速度和反射界面的深度。在煤矿井下极为有限的工作环境中，这种方法与剖面法相比可以增加探测距离和印证探测结果。

在煤矿井下实际施工中，这两种方法互为补充，互相印证。在条件允许的情况下，应该尽量都做，提高探测精度，以克服井下空间小、测线短、数据量严重不足的弊端。

另外，地质雷达测线的布置应该使其方向尽量与探测目标体的走向垂直相交，尽可能获得围岩和目标异常体的差异回波信息，从而突出探测目标体。但是在煤矿井下，由于受到煤系产状以及巷道空间的限制，不可能完全按照最佳的测线布置方向来布置测线。

5.5.3 数据处理

数据处理的目标是压制随机的和规则的干扰，以最大限度地提高地质雷达图像剖面上反射波的分辨率，从而提取反射波的各种有用参数（包括波速、振幅等）以便于对资料进行地质解释。矿井地质雷达技术由于井下电磁干扰源较地面更多，尤其是巷道和工作面上机电设备，电缆、钢结构支护、钻掘设备等密布。因而，其原始数据的信噪比较低，其数据往往并不能直接用来成图进行地质解释。要在数据处理中正确识别有用信号，需要根据实际施工环境，深入分析各种干扰因素，采取相应技术有效压制噪声。这里简单介绍几种地质雷达数据处理的方法。

（1）数据预处理。对于采集到的原始数据，在正式处理解释之前，需要做一些准备工作：读取地质雷达的数据文件，将文件写为某种固定格式，数据体的成像。

目前国际上都是用 Reflexw 和 Radan 等商用软件来实现。国内还很少进行三维成像。

（2）增益和数字滤波处理。由于随着煤岩体的深度增加，地质雷达信号呈指数衰减。深部信息在波形显示上就非常弱小。因而，通常采用增益的手段对携带深部信息的信号进行放大处理，使它们能够和浅部的信息一起显示出来。增益手段有自动增益，延展和指数补偿增益等方式，各有所长。

地质雷达在测量过程中利用宽频带记录，在记录各种有效波的同时也记录了多种干扰波。滤波就是利用频谱特征的不同来压制干扰波。数字滤波有其局限性，数字滤波必须对滤波因子进行离散采样，因此具有离散性。同时，在进行滤波计算时，滤波因子只能取有限项，因而其具有有限性。因这些缺陷而导致吉布斯现象、伪门现象出现。

5.5.4　应用实例

1. 典型应用

地质雷达探测技术呈现典型的双曲线，不同埋深所呈现的溶洞形态不同（图 5.33～图 5.38）。

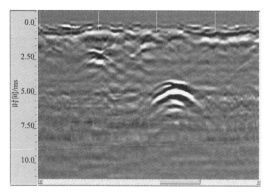

图 5.33　典型的双曲线

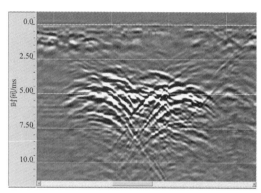

图 5.34　埋深较浅的溶洞

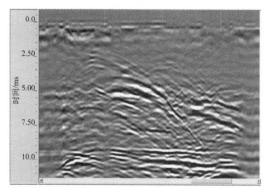

图 5.35　埋深浅延拓深的溶洞

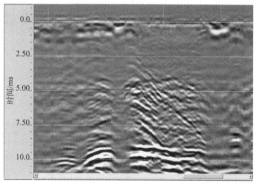

图 5.36　埋深较深的溶洞

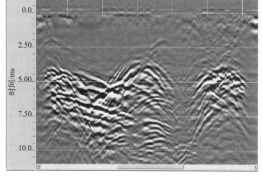

图 5.37　双溶洞

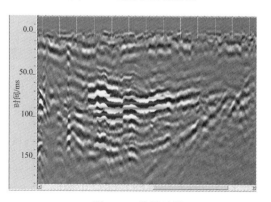

图 5.38　溶蚀洼地

2. 实例介绍

和尚嘴煤矿位于大同－静乐向斜的北端，井田构造形态为宽缓的向背斜构造。在5101回风顺槽400m处和460m处前后开展两次瞬变电磁（TEM）超前探测，第一次探测结果在前方70m位置有低阻异常，第二次探测结果在前方10～20m开始有低阻异常存在。两次探测均表明，在该掘进头前方10～60m有大范围的低阻异常存在。

此后，矿方继续掘进回风顺槽10m，但在掘进过程中现场一直无突水预兆，且出现片帮垮塌、岩爆、抱钻等现象。鉴于此，利用KJH-D防爆探地雷达开展了5101回风顺槽470m处地震雷达（GPR）超前探测（图5.39）。

地质雷达探测结论：

（1）正前方探测：随着探测距离的增大而白色低阻范围和强度在增大。前方10～15m开始有小片低阻区，再向前方20m以后全部为低阻区。

（2）左帮探测：随着探测距离的增大而白色低阻范围和强度在增大，整个探测范围内前方20m以后，都全部为低阻区域。

（3）从前方5m以后，白色低阻异常范围和强度在增大，10m以后分布于整个剖面，说明应力集中在右帮更加强烈些。

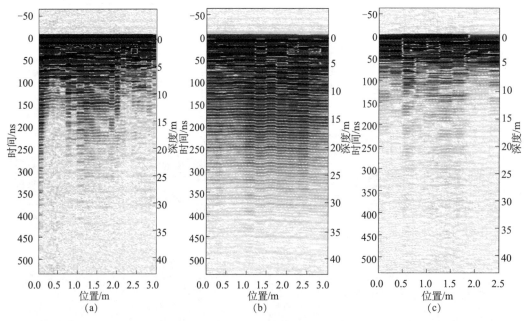

图5.39　100MHz天线雷达探测成果图

（a）正前方；（b）左帮；（c）右帮

地质调查：①采空区塌陷范围呈喇叭状，破坏原地压平衡状态，深部地应力向上挤压。14-2煤层的上覆煤层采空区分布致使地压失去平衡造成应力集中。②再加上14-2煤层向东北变薄：在煤层厚度局部变化的区域，会发生明显的地应力异常现象，即产生应力集中现象，煤层厚度局部变薄时，在煤层薄的部分，垂直地应力会增加。

综合分析：5101 回风顺槽 460m 处所遇到的水文地质新问题，经过瞬变电磁探测认为前方存在低阻异常区，是否含水不能肯定，因为有较大的应力集中表现。为了慎重起见，采用地质雷达探测成果进一步说明掘进头前方存在地应力集中区，应力集中带的叠加是造成本次低阻异常的主要原因。

5101 工作面已经通过验收，并开始产煤，回风顺槽 490～530m 一段在掘进过程中无渗水现象（表 5.1），采用工字钢、锚杆、锚网对片帮垮塌现象进行治理。事实证明，该段约 40m 的低阻区域确实为地应力集中所致。

表 5.1　5101 回风顺槽 490m 处钻孔验证情况一览表

| 钻孔号 | 方位角/(°) | 倾角/(°) | 钻孔 | | | 钻孔描述 |
| | | | 斜长 | | 垂深/m | |
			钻杆/m	长度/m		
G5-1	20	51	78.00	59.74	46.42	钻进 10.4～13.5m 见 12 号煤，57.6～60.8m 处见 11 号煤层。未见渗水
G5-2	119	51	80.00	61.26	47.61	钻进 9.6～12m 见 12 号煤柱，61.6～64m 处见 11 号煤层。未见渗水
G5-3	214	51	88.00	67.36	52.34	钻进 11.2～13.6m 见 12 号煤柱，48m 见煤线，52～53.6m 处见 11 号煤层。未见渗水
G5-4	337	55	77.00	58.97	48.31	钻进 9.6～12m 见 12 号煤柱，于 56～60m 处见 11 号煤层，60～61.6m 见 11 号煤层顶板。未见渗水

5.6　煤矿井下瞬变电磁探测技术

5.6.1　基本原理

矿井瞬变电磁与地面瞬变电磁法的原理基本一样，采用仪器和测量数据的各种装置形式和时间窗口也相同。由于矿井瞬变电磁勘探受井下空间的限制，测量线圈大小有限，其勘探深度不如地面深，一般深度在 150m 以浅。地面瞬变电磁法为半空间瞬变响应，这种瞬变响应来自于地表以下半空间地层；而矿井瞬变电磁为全空间瞬变响应，这种瞬变响应来自于回线平面上下（或两侧）地层，对确定异常体的位置带来困难。实际资料解释中，必须结合具体地质和水文地质情况综合分析。

5.6.2　施工方式

由于受巷道空间的限制，矿井瞬变电磁法的发射和接收线圈的几何尺寸受到一定的制约，多采用多匝小回线的发射装置和中心磁探头接收装置形式，其边长为 2～3m。测点布置在巷道掘进工作面，一般从巷道掘进工作面右侧开始，首先使发射、接收天线的法线垂直巷道右侧面进行测量（如垂直方向测量，应自下而上），然后按一定角度（一般为15°）旋转天线；根据掘进工作面断面的宽度布置1～3个测点，到巷道掘进工作面左侧时再旋转天线，即在多个角度采集数据，从而获得尽可能完整的前方空间信息，故称之为扇形测深技术（图5.40）。

实际工作过程中对于图5.40中的每个发射点，可调整天线的法线与巷道底板的夹角大小（夹角大小根据实际情况调整），以探测巷道顶板、顺层和底板方向的围岩变化情况，其探测方向如图5.41所示。这样可得到位于巷道掘进工作面前方一个锥体范围内地层介质的电性变化情况。

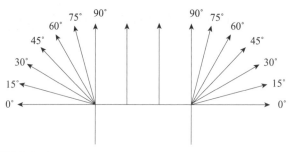

图5.40 超前探测测点布置示意图

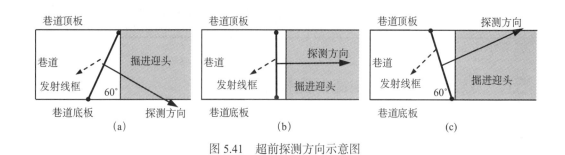

图5.41 超前探测方向示意图

5.6.3 数据处理

1. 曲线预处理

小波变换把信号分解为低频信息和高频信息。低频信息是变化缓慢的部分，是信号的主要成分，占全部信息的大部分；高频信息是变化迅速的部分，它反映的是信号细节信息，占全部信息的小部分。小波去噪方法适应于有用信号的频率远比噪音信号频率低的情形。

瞬变电磁晚期数据在双对数坐标中随时间增加而不断衰减，且近似一条直线，若采集的数据不符合衰减趋势（即后一测道较前一道基本不衰减甚至大于前一道的值；或后一道数据较前一道出现明显的下降"台阶"），则认为该数据受到干扰，为不圆滑数据。根据这个特征，可总结出曲线受干扰的判别机制；通过测量之后的统计，计算出各测点斜率的平均值及方差；然后，根据已知测区内正常测点衰减曲线计算出的斜率方差，判断各测点方差是否超限或某道斜率是否超差，如超限或超差，可认为该测点曲线受到干扰；随后，对那些测点受到干扰的道进行干扰压制工作。

2. 矿井瞬变电磁全期视电阻率计算

理论上来说，均匀介质半空间的情况下，能够计算出半空间的真电阻率，在不同时刻应该是一个常数；而在非均匀半空间的情况下，则是视电阻率。这时，由实测感应电动势曲线求取全期视电阻率，实质上归结为在可能的电阻率值中搜索出一个合理的值。如果感应电动势随电阻率的增大而具有单调变化的特性，那么就可以设计出一种求取全期视电阻率的算法——二分搜索算法。

3. 时深转换及全空间系数自适应选取

在实际工作中，一般利用均匀大地中任意时刻最强瞬变场所在的扩散深度公式不断累加来实现矿井瞬变电磁的时深转换，首先让第 1 个测道的计算深度为

$$h_1 = \sqrt{\frac{2t}{\mu_0 \sigma}} \qquad (5.9)$$

式中，μ_0 为真空磁导率，N/A^2；σ 为视电导率，S/m。

对第 i 测道来说，其计算深度可表示为

$$h_i = h_{i-1} + \left(\sqrt{\frac{\rho_i t_i}{\mu_0}} - \sqrt{\frac{\rho_i t_{i-1}}{\mu_0}} \right) \qquad (5.10)$$

式中，h 为视深度，m；ρ 为视电阻率，$\Omega \cdot m$。

考虑到二次场是受一次场激发产生，可认为计算深度为电磁波走了双倍路径的距离，因此需要减掉一半深度，将深度公式写为

$$H_i = K \frac{h_i}{2} \qquad (5.11)$$

式中，K 为全空间系数。

由于矿井瞬变电磁回线组合形式、背景干扰与地面不同，在计算深度时必须增加全空间系数，该系数一般是通过大量的试验获取，且各个矿区、甚至同一矿区的不同巷道都有较大差异。

矿井瞬变电磁视深度是随着全空间系数 K 的增大具有单调变化的特性，因此可以应用二分搜索算法实现全空间系数 K 的自适应选取。二分搜索算法显然还需要一个截止条件，即给定 1 个全空间系数 K，计算出来的某一测点某一测道的视深度可近似认为是真实深度，该 K 值就可以作为搜索算法的终止条件。

4. 多匝小线圈影响校正

矿井小线框瞬变电磁中心回线装置观测得到的二次场衰减曲线与地面大线框瞬变电磁

中心回线装置的差异较大，由于其线圈边长小、匝数多，关断时间内的回线中心电感电动势比相同面积的单匝回线要强，这使早期信号幅值明显增强；另外，多匝小回线中心的电感电动势和多匝小回线的电感电容均较大，所以其暂态过渡过程影响时间长，或全程都受过渡过程影响，两者的共同作用造成晚期信号的抬升。

因此，如果要对矿井瞬变电磁数据进行如地面数据相同的圆滑滤波、去干扰、全期视电阻率计算、反演等处理步骤并取得合理的结果，必须消除多匝小回线装置对观测信号的影响。

（1）对关断时间内的电感影响和线圈固有过渡过程带来的影响同时进行校正存在较大难度，故可将这两个过程分别处理，在采样时间较早的区段不处理线圈过渡过程带来的影响，仅消除关断时间内由电感造成的影响，然后再统一消除暂态影响。

（2）瞬变电磁探测中，同一测点小发射回线采集的二次场数据比大发射回线衰减慢，这是因为随着发射回线边长的减小，装置的固有过渡过程对实测曲线的影响将越来越大，造成曲线采样时间较晚的区段抬升，这就是线圈暂态过程带来的影响，会使全期视电阻率计算、反演等方法的处理结果明显不对。

地面大线框瞬变电磁处理工作中，针对该问题的校正方法是用层状介质一维正演拟合的方法消除该种影响。通常，在物性参数未知的地区，在正常场区域，用平均电阻率模型进行正演计算，拟合实测值。同样，矿井线框瞬变电磁也引入这一思想，即只需在不改变曲线上不同测道数据相对比例关系的前提下，将曲线角度向理论曲线角度偏转拟合即可。

5. 虚拟波场成像

1）全时域波场反变换

扩散方程到波动方程转换的表达式为

$$h_z(t)=\frac{1}{2\sqrt{\pi t^3}}\int_0^\infty \tau\, e^{-\frac{\tau^2}{4t}}U(\tau)d\tau \tag{5.12}$$

式中，$h_z(t)$ 代表瞬变电磁场量；$U(\tau)$ 为 $h_z(t)$ 所对应的"波场"；τ 为与瞬变电磁场的时间 t 相对应的"波场"时间。

式（5.12）的反变换为典型的不适定问题，将其离散后得到的线性代数方程组是病态的，且随着阶数增加，条件数急速增大，病态性更为严重。采用超松弛预条件正则化共轭梯度法进行计算，可以将条件数降为原条件数的平方根，有效降低了运算难度。

将式（5.12）离散为

$$h_z(t)=\sum_{j=1}^n u(x,y,z,\tau_j)\,a(t_i,\tau_j)\,w_j \tag{5.13}$$

式中，$h_z(t)$ 代表瞬变电磁场量；$u(x, y, z, \tau_j)$ 为 $h_z(t)$ 所对应的"波场"；τ 为与瞬变电磁场的时间 t 相对应的"波场"时间；$a(t_i, \tau_j)$ 为核函数；w_j 为积分系数；i 为瞬变数据时间测道数；j 为"波场"数据时间测道数

式（5-13）写为矩阵形式

$$AU=F \qquad (5.14)$$

式中，$A = [a_{ij}w_j]_{m\times n}$、$U = [u_j]_{n\times 1}$ 为虚拟子波；$F = [h_i]_{m\times 1}$ 为接收的瞬变场时域信号。

将式（5-14）转化为

$$A^{\mathrm{T}}AU = A^{\mathrm{T}}F \qquad (5.15)$$

只要 A 是列满秩矩阵，$A^{\mathrm{T}}A$ 就是对称正定矩阵，因此可以利用共轭梯度法。当然，$A^{\mathrm{T}}A$ 的条件数也会大于 A，方程病态性会加剧，因此令

$$A(v) = vI + A^{\mathrm{T}}A \qquad (5.16)$$

式中，I 为单位矩阵。

针对矩阵 $A(v)$ 可构造预条件子 $M(v)$，形成如下新方程

$$M(v)^{-1}A(v)x = M(v)^{-1}(vx^k + f) \qquad (5.17)$$

式中，x 为空间参数；f 为瞬变场时域信号。

矩阵 $M(v)^{-1}A(v)$ 接近单位阵。用共轭梯度法进行内部迭代，则外部正则化迭代会很快收敛，实现全时域的波场变换。

2）虚拟波场速度分析

经过前一步工作，瞬变电磁数据已转化为类似于地震自激自收的波形数据。此时可将地质模型用 $m(x)$ 表示，m 是多种参数组合的参数集，考虑到需要求取的地质模型参数只有速度，为简化计算，这里可假设介质参数仅包含纵波速度 $V_p(x)$，方程可写为 $m(x)=V_p(x)$。

声波介质中的波场传播可用如下声波波动方程来进行描述：

$$\left(\frac{1}{V_p^2(x)} \frac{\partial^2}{\partial t^2} - \Delta \right) d_{\mathrm{obs}}(x_g, t; x_s) = s(x_s, t) \qquad (5.18)$$

式中，t 为时间；$d_{\mathrm{obs}}(x_g, t; x_s)$ 为接收到的地震数据；$s(x_s, t)$ 为震源的函数；x_g 为接收点空间位置；x_s 为震源空间位置。

该方程描述了 x_s 处由震源 $s(x_s, t)$ 激发的地震波，在声波介质 $V_p(x)$ 中进行传播，并在接收点 x_g 处的响应。

采用非线性共轭梯度反演方法求解该反问题，采用迭代格式即可从虚拟波场记录中反演出地下介质的速度分布。

3）虚拟波场速度与电阻率的转换

从等效导电平面法出发，可以建立虚拟波场速度与电阻率的转换关系。等效导电平面法是根据视纵向电导曲线的特征值直观地划分地层的一种近似方法，该方法可以形象地理解为：随着时间 t 的增减，等效导电平面以一定的速度上下"浮动"，故可认为此速度即为虚拟波场的传播速度，可由如下公式计算

$$V_i = \frac{1}{\sqrt{\mu_0 \sigma_i}}$$ （5.19）

式中，V_i 为等效平面的移动速度；μ_0 为真空磁导率，N/A^2；σ_i 为电导，S/m。

经过虚拟波场的速度分析，已经求得速度 V_i，因此可根据式（5.19）反算得到电导值 σ_i，再对其求倒数可得到相应电阻率值。因为虚拟波场速度值依赖于初始模型值，所以反算得到的电阻率值也非真电阻率，仅反映电阻率的相对高低关系。

5.6.4　应用实例

山西平朔 A 矿 19108 工作面辅运巷掘进过程中，在导线点 F25 前 35.5m 处开展了矿井瞬变电磁超前探测工作。瞬变电磁探测采用多匝小回线源激发、中心磁探头接收的施工方式取得数据，回线发射框为 2m×2m×10 匝，发射电流为 3A，布置了从 0° 到 180° 共 13 个测点，测点角度间距为 15°。

掘进揭露情况如图 5.42 中虚线所示，仅在探测点前方 20m 左右左侧帮处揭露一处充水空洞，瞬变电磁虚拟波场反演结果与实际掘进揭露结果吻合很好。使用常规矿井瞬变电磁处理方法，一般认为 20m 内是探测盲区，但从图 5.42 可以看出，虚拟波场反演成像能够反映出 20m 以内的低阻异常。

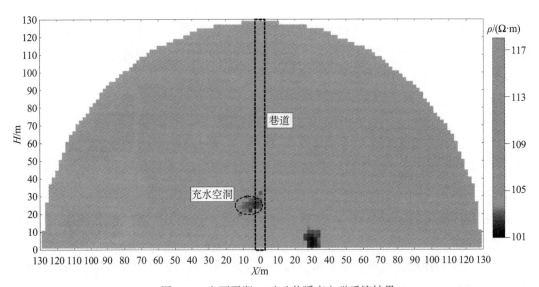

图 5.42　山西平朔 A 矿矿井瞬变电磁反演结果

5.7 煤矿井下音频电透探测技术

5.7.1 基本原理

从大的范畴来说，矿井音频电透视法仍属矿井直流电法。因其施工方法、资料处理技术的差异及其主要探测目的为采煤工作面顶/底板一定深度范围的含水构造，从而发展形成矿井音频电透视法。

矿井音频电透视法以全空间电场分布理论为基础。一般情况下，煤层与其顶、底板岩层（一般为砂岩、泥岩互层）具有明显的电性差异。而煤层相对其顶、底板为高阻层，可用图 5.43 所示的三层地电模型来模拟上述电性组合特征。

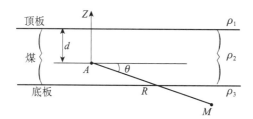

图 5.43 井下三层地电模型示意图

根据镜像法，可以求出全空间内任意点的电位表达式为

$$U_{i,j} = \frac{\rho_i I}{4\pi}\left[\frac{1}{R} + \sum_{n=1}^{\infty} k_n(i,j)\right] \quad (5.20)$$

式中，$U_{i,j}$ 为第 i 层的点源在第 j 层的电位，V；R 为供电点至观测点的距离，m；ρ_i 为第 i 层的电阻率值，$\Omega \cdot m$；$k_n(i,j) = F(R,d,\theta,\rho_m)$ 为反射系数函数。

图 5.44 为煤层底板下部存在含水体与不含局部水体等两种条件下电位测量曲线的比较示意图。

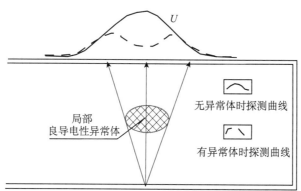

图 5.44 工作面顶、底板低阻异常体探测曲线显示

U 为测量电位值

异常幅度、宽度与异常体的大小、异常体与围岩的电性差异及距收发面的距离等有关。

异常体规模（体积与含水强弱的综合反映）越大，与围岩的电性差异越大，距收、发面距离越小，异常幅度就越大；反之则越小。

5.7.2　施工技术

音频电透视法是在回采工作面两条巷道内同时作业，相对固定供电（发射）电极 A_i、A_{i+1}，移动测量电极 M_k、M_{k+1}，以发射点为中心对工作面进行扇形扫描，如图 5.45 所示。

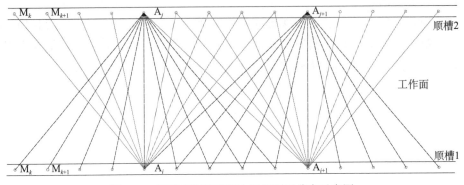

图 5.45　回采工作面音频电透视测网分布示意图

A_i. 供电点；M_k. 接收点

5.7.3　处理解释

资料处理方法有人工交汇法与 CT 成像法两种，一般常用 CT 成像方法解释。交汇法就是根据集流效应使点源场中低阻良导体方向上的电位下降梯度增大（高阻地质体情况，则刚好相反），由异常曲线的拐点来划分异常区间，并交汇出异常范围的方法。这种方法人为因素影响较大，因人而异，误差较大；无线电波层析成像等已取得了理想的地质效果。

层析成像实际资料的解释中，应结合有关已知地质资料来划分级别，使物探资料更切合实际地质规律。根据数理统计学，把数据分成小于 $\bar{\delta}-\delta_n$、$(\bar{\delta}-\delta_n)\sim(\bar{\delta}-\delta_n/3)$、$(\bar{\delta}-\delta_n/3)\sim(\bar{\delta}+\delta_n/3)$、$(\bar{\delta}+\delta_n)/(3\sim\bar{\delta}+\bar{\delta}_n)$、大于 $\bar{\delta}+\delta_n$ 五个级别，并可设定 $\bar{\delta}+\delta_n/3$ 为异常阀值（其中 $\bar{\delta}$ 为参数算术平均值，δ_n 为参数的标准偏差值）。对于 $\delta>\bar{\delta}+\delta_n$ 的区域，可圈定为异常区；异常性质则根据异常形态结合地质条件进行综合分析、推断。

5.7.4　应用实例

山东某矿工作面底板含水层富水区探测及注浆改造效果检验工程中，首先要求探查 7507 回采工作面底板四灰含水层中富水区的分布范围及含水性相对强弱，为底板打钻泄水降压、注浆加固提供靶区；其次，要求在注浆加固后探查、检测底板注浆改造效果。

注浆前音频电透视 CT 成果显示，采面底板四灰含水层内有三个异常条带，如图 5.46（a）所示，其中 1 号异常为测区发现的主要异常，位于工作面中段，异常延展方向与巷道揭露断层走向、采区地下水径流方向一致。

14 个钻孔泄水情况：处在音频电透视异常带内的钻孔出水量一般大于 $70m^3/h$，特别是在异常带核心（或延展方向）的钻孔出水量都超过 $100m^3/h$，Q_1 孔水量最大达 $150m^3/h$；而在非异常区的三眼钻孔出水量都不超过 $40m^3/h$。

打钻泄水降压、注浆加固后，又开展一次音频电透视探测工作，以检查对底板四灰的注浆改造效果，检测成果如图 5.46（b）所示。原异常面积占整个工作面一半的 1 号异常区已消失，分析认为该区段底板四灰注浆改造效果较好；原 3 号异常区范围略有扩大的迹象，分析认为是由于 1 号异常区注浆效果较好，改变了水体径流方向所致。回采期间，工作面北段及原 1 号异常的中间区段均安全通过，而回采至原 3 号异常时，底板出水，但水量不大（$30m^3/h$）。

可见，音频电透视技术对工作面底板富水性异常探测、注浆改造效果检验等十分有效。

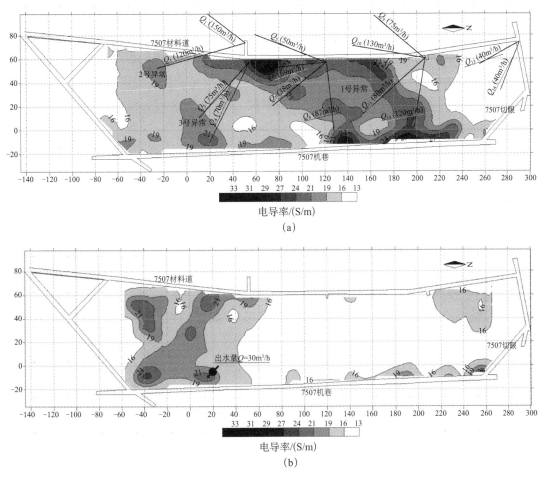

图 5.46　回采工作面底板富水区探查及注浆改造效果检测示意图

（a）注浆前；（b）注浆后

（本章主要执笔人：王信文，韩德品，吴燕清，覃思，范涛，曾方禄）

第6章
煤矿井下物探仪器与装备

我国大部分煤矿开采地质条件复杂,每年国内煤矿井下掘进工作面的进尺总量也是惊人的。鉴于煤矿井下隐蔽致灾地质因素类型较多,而从事煤矿井下物探技术服务的专业队伍力量有限,特别是由于煤矿开采扰动诱发的灾害事故必须进行跟踪探测等现状,国内大多数煤矿企业均不同程度配置了一些矿井物探仪器,将自主超前探测作为煤矿地质工作的日常业务加以规范管理。

本章重点介绍了煤炭科学研究总院自主研发的矿井物探仪器产品,其中主要包括煤矿井下探测类仪器(如直流电法仪、瞬变电磁仪、坑透仪、电透仪、瑞雷波、槽波仪等),测量类仪器(如测斜仪、测井仪、孔深仪、窥视仪、开孔定向仪等)和监测类仪器(如水位遥测仪、自动排水系统、微震监测系统)等。

6.1 水文物探仪器

6.1.1 直流电法探测仪

1. 主要用途

主要用于探测煤层底板和顶板内隐伏的断层破碎带、导水裂隙带、富水异常区、含水层厚度、隔水层厚度、导水通道等,划分底板含水层和隔水层;围岩变形破坏与矿井灾害预警等。

可以进行巷道掘进头前方 80m 范围内导含水构造探测;巷道顶、底板 100m 范围内富水区域探测;巷道底板隔水层厚度、原始导升高度探测;工作面内部导含水构造探测;注浆治理效果检测。

2. 性能参数

最高发射电压为 96V;最大发射电流:68mA;发射电流重复测量误差不大于 1%;电压测量误差不大于 0.5%;接收电压范围:$-1000 \sim 1000$mV;接收电压分辨率:10μV;输入阻抗不小于 30MΩ;工频抑制优于 60dB;重量约为 7.5kg;外形尺寸(长 × 宽 × 高):328mm × 256mm × 160mm。

3.设备构成

直流电法探测仪如图 6.1 所示。

4.适用条件

可在煤矿井下巷道开展掘进巷道超前探测、巷道侧帮、顶/底板富水区探测，探测距离 80～100m。

5.推广情况

"矿井直流电法勘探理论与推广应用""煤矿导含水地质体超前 80m 实时预测技术"等项目成果得到行业专家的认可，直流电法探测仪被国家安全生产监督管理总局指定为新型实用装备（产品）指导目录产品，在全国大水矿区得到普遍推广。

图 6.1　YDZ（B）直流电法探测仪

6.1.2　瞬变电磁仪

1.主要用途

矿用瞬变电磁探测仪是为煤矿井下含有瓦斯、煤尘爆炸性危险环境中探测含水和导水地质小构造而设计制造的本质安全电磁法勘探仪器。

主要应用范围包括：掘进巷道前方含（导）水构造多方位、超前探测；掘进工作面巷道顶、底板含（导）水构造多方位、超前探测；掘进工作面巷道侧帮含（导）水构造多方位、超前连续探测；掘进工作面老窑采空积水区、断层和陷落柱等探测；公路、铁路、桥梁等浅层工程地质勘查等；井下超前探测距离 80～120m。

2.性能参数

探头等效面积为 450m² 或 1800m²，动态范围为 180dB，叠加次数 10000 次；放大倍数 1 倍、10 倍、100 倍、1000 倍；采样率 2MSPS[①]、1MSPS、0.5MSPS、0.25MSPS、0.125MSPS、0.0625MSPS；发射电压为 6.5V；发射电流为 4.5A；测道数为 2000 道；发射频率为 2.5Hz、6.25Hz、12.5Hz、25Hz；关断时间为 0.5μs；连续工作时间不小于 8h；防爆类型煤矿用本质安全型设备，防爆标志为"Exib IMb"；工作方式为自动观测、即时数据处理、接地条件自检。

3.设备构成

YCS2000A 矿用瞬变电磁仪主要由 1 台主机、1 根专用发射线圈、1 根瞬变电磁仪接收天线、1 台主机充电机、1 根接收连接线、1 台接收天线充电机、1 套瞬变电磁解释软件组成，如图 6.2 所示。

---

① 1MSPS=1MHz。

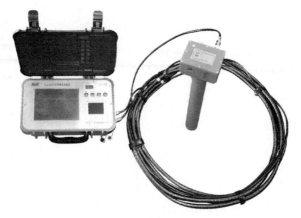

图 6.2 YCS2000A 矿用瞬变电磁仪

4. 适用条件

YCS2000A 矿用瞬变电磁仪接收装置为专用磁探头，接收等效面积大，受旁侧局部金属体影响小，分辨率高；发射电流大，最大探测距离为 150m；探测盲区小于 10m；叠加次数多，抗干扰能力强；数据处理软件具有简单化、图形化、自动化等突出优点。

煤矿井下超前探测距离 80～120m，掘进工作面施工时大型机械应后退 10m 左右。

5. 推广情况

该仪器在淮北矿业（集团）有限责任公司（以下简称淮北矿业）桃园煤矿、朱庄煤矿开展了连续超前探测，保证了巷道的安全掘进，并在包括新疆国电青松库车矿业开发有限公司大平滩煤矿在内的多个矿井开展了顶板、底板、侧帮等位置的水害探测，取得了良好的应用效果。该项技术还正在神华神东保德煤矿、黄玉川煤矿推广，掘进巷道迎头前方超前探次数已超过 40 次，为 4000m 以上的巷道掘进提供了安全保障。矿用瞬变电磁仪及配套处理技术的使用，对于井下迎头前方水体灾害的超前预报及巷道顶底板、侧帮的富水性探测带来了技术进步，使探测精度及施工效率有较大提高。

6.1.3 音频电透仪

1. 主要用途

音频电透仪适用于工作面内部探测，探测距离 300m；采煤工作面底板下方 100m 范围内富水区域探测；相对富水强度及平面分布范围探测、富水体深度探测；采煤工作面顶板上方 100m 范围内富水区域探测；工作面内含水老窑、陷落柱等构造平面分布探测；注浆效果监测等。

2. 性能参数

该仪器采用本质安全型防爆形式、供电机具有快速过流保护功能、测量精度高、抗干扰能力强。其主要技术指标如表 6.1 所示。

表 6.1　YT120（A）型仪器主要技术指标一览表

供电机		接收机	
参数	参数值	参数	参数值
供电电压 /V	75、150、300	测量电压 /V	0～2
供电电流 /mA	130、100、60	电压精度 /%	0.05
供电频率 /Hz	15、30、70、120	分辨率 /μV	5
供电时间 /s	5、10、20、40	输入阻抗 /MΩ	10
电流精度 /%	±1	质量 / kg	7.5
质量 /kg	9		

3. 设备构成

YT120（A）防爆音频电透视仪由供电机、接收机两个箱体组成（图 6.3）。供电机以一定频率向地层中发射电信号，接收机在一定区域接收等频信号。

图 6.3　YT120（A）防爆音频电透视仪

4. 适用条件

适用于煤矿工作面顶 / 底板探测，探测距离 300m。

5. 推广情况

该仪器先后在河北开滦范各庄矿、山东兖州鲍店矿陕煤化工下峪口矿等 34 个水害威胁严重的国有煤矿得到推广。

6.1.4　高密度电法仪

中国煤炭科工集团有限公司（以下简称中煤科工集团）重庆研究院研发生产的 YDG64 高密度电法仪如图 6.4 所示，是本质安全型防爆仪器，具有超前、顶底板及侧帮探测功能。仪器具有自动跑极、接地电阻自检、自电补偿、自动观测、即时

图 6.4　YDG64 高密度电法仪

数据处理等动能，测量精度高、抗干扰能力强，一次探测信息量大、探测成果为 2D 图，成果解释直观。

1. 主要用途

YDG64 高密度电法仪主要用于探测井下突水及导水构造，适用范围如下：

（1）探测矿井含水构造（包括陷落柱）、含水层、老空积水等水体。

（2）水文工程、堤坝隐患和渗漏探测。

（3）工程地质勘查（岩溶、滑坡等）。

（4）洞体探测、考古工作等。

2. 性能参数

探测目标：掘进头、侧帮、顶底板；探测距离：不小于 80m；电压测量范围：±5VDC；数据处理误差：电压：±1%，电流：±1%；最大测量电极数：64；数据存储容量：2GB；连续工作时间：不小于 5h；外形尺寸：220mm×215mm×80mm；重量：6kg。

3. 适用条件

适用于矿井含水构造（包括陷落柱）、含水层、老空积水等水体探查，岩溶滑坡等工程地质勘查等。适用工作温度：0～40℃；储存温度：-10～60℃；工作湿度：不大于 95%；大气压力：80～110kPa；适用场地：地面及煤矿井下，可能有瓦斯爆炸危险的场所。探测距离为 80～100m。

4. 仪器推广情况

该仪器先后在重庆松藻煤电有限责任公司、山西西山煤电（集团）有限责任公司、河南义马煤业集团股份有限公司等下属多个矿井开展了超前、顶板、底板、侧帮等位置的水害探测。通过该方法对井下巷道迎头前方水体灾害的超前预报及井下顶底板、侧帮的富水性探测，取得良好应用效果。

6.2 构造探测仪器

6.2.1 无线电波透视仪

1. 主要用途

无线电波透视仪主要用于煤矿回采工作面内部地质构造（大于煤厚的 1/2～1/3 的断层、陷落柱、破碎带、裂隙发育区等）、顶板垮塌或富集水的采空区、具有软分层特征的构造煤分布、煤厚变化、火成岩侵入区、夹矸变化区瓦斯富集区域和富含水构造等地质异常探测，钻孔-钻孔和钻孔-巷道间的地质异常探测等，探测距离可达 250m。适于煤矿回采工作面、

钻孔 – 钻孔、钻孔 – 巷道之间的地质条件探测，如断层、陷落柱、煤层厚度及产状变化带、夹矸厚度变化带、火成岩侵入体、瓦斯富集区和突水构造等，也可用非煤矿山井下两巷道之间的地质异常体探测工作。

2. 性能参数

表 6.2　WKT 系列无线电波透视仪技术参数

项目	发射机	接收机
防爆型式	Exib I（150℃）本质安全型	Exib I（150℃）本质安全型
工作频率 /MHz	0.3、0.5、1.5；新型可 3 频连续工作	0.3、0.5、1.5；新型可 3 频连续工作
频率稳定度	不劣于 5×10^{-6}	
接收灵敏度		（信噪比 3∶1）<0.05μV/m
发射天线	环形天线或钻孔天线	环形天线或钻孔天线
供电电源	1.2V × 16 节 3.6Ah 的镍氢电池，连续工作 3h	1.2V × 15 节 1.8Ah 的镍氢电池，连续工作 4h
工作电压	模拟电路 12V，数字电路 5V	模拟电路 12V，数字电路 5V
输出功率误差	功率输出误差小于 5%	
测量范围 /dB		0.1 ~ 113.9
数据通信		RS232 串口通信
显示方式		数码管数字显示
体积 /cm³	24 × 9.5 × 25	29 × 12 × 21
重量 /kg	<5	<4.5

注：新型为 WKT-0.03 型矿用无线电波透视仪。

3. 设备构成

该套仪器主要由无线电波透视发射机、无线电波透视接收机、发射天线、接收天线、地面充电器和室内资料处理系统几部分组成，如图 6.5 所示。

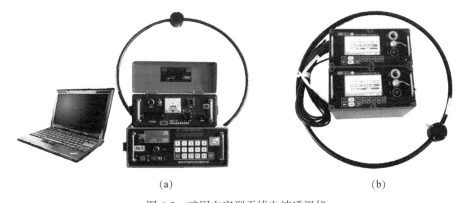

(a)　　　　　　　　　　　　　　(b)

图 6.5　矿用本安型无线电波透视仪

（a）WKT-E 矿用无线电波透视仪；（b）WKT-0.03 矿用无线电波透视仪

4. 适用条件

适于煤矿回采工作面及钻孔之间的地质小构造探测，如断层、陷落柱、煤层厚度变化、瓦斯富集区和突水构造等。

探测距离：巷道间距离可达 250m，钻孔间距离可达 100m，钻孔 – 巷道可达 150m。

5. 推广情况

矿井无线电波透视仪在全国 200 余个局矿推广 800 余台，它能够区分出工作面内的正常区和异常区，能够通过对电性参数的探测和分析发现各种相关地质构造，能够为煤矿安全生产提供比较准确的地质预测预报，尤其对陷落柱、断层、煤层厚度变化及火成岩体等效果明显。

6.2.2　瑞利波探测仪

1. 主要用途

瑞利波探测仪主要用于煤及围岩内的断层、空洞、老窑、岩溶等小构造和地质异常探测；巷道的剩余煤厚探查；井下探测前方 30～50m 内的构造探查；地基、水坝堤防、高速公路和铁路路基探测。

2. 性能参数

瑞利波探测仪的性能参数：信号道 6 道；信号触发道 1 道；最大输入信号大于 8V（峰峰值）；输入信号频率响应为 1～500Hz；振幅一致性，偏差不大于 0.5%；相位一致性，偏差不大于 0.5°；前放增益与换挡增益误差：前放增益误差为 2^0、2^2、2^4、2^6 四挡；换挡增益误差不大于 1%；采样频率为 4kHz、2kHz、1kHz、500Hz、250Hz、125Hz、62.5Hz；道间串音抑制大于 80dB；动态范围大于 110dB；畸变小于 0.5%；传感器轴向灵敏度为（100±5）mV/g。

3. 设备组成

YTR（D）瑞利波探测仪由两部分组成，如图 6.6、图 6.7 所示。"井下部分"由 YTRZ（D）瑞利波探测仪主机（以下简称主机）和配接设备 GZD（D）震动传感器（以下简称传感器）组成；"地面室内部分"的设备由计算机、打印机、专用充电机和资料分析处理软件组成。

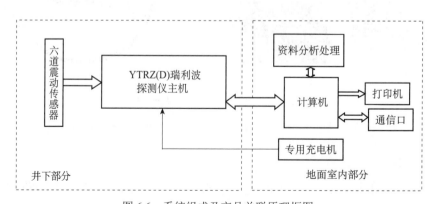

图 6.6　系统组成及产品关联原理框图

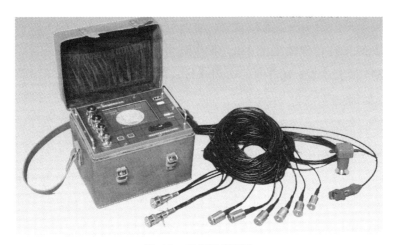

图 6.7　瑞雷波探测仪

4. 适用条件

YTR（D）瑞利波探测仪属于矿用本质安全型、携带式电气设备，防爆标志为 Exib I Mb。可在具有瓦斯、煤尘爆炸危险但无破坏绝缘的腐蚀性气体场所的煤矿井下使用，要求环境温度为 0～40℃；相对湿度不大于 95%（25℃）；大气压力为 80～106kPa。对于煤巷前方的探测距离为 3～50m，岩巷前方的探测距离为 3～80m。

5. 推广情况

该仪器在山西、陕西、山东、河南、河北、黑龙江、贵州等各大煤炭产地推广了 350 台左右，是国家安监总局新型实用装备（产品）指导目录产品。

6.2.3　矿井槽波地震仪

1. 主要用途

矿井槽波地震仪主要用于煤矿井下槽波地震勘探；煤矿井下地震超前探测；非法小窑采掘活动的实时监测；小窑非法越界开采的监控定位；煤矿采掘活动的实时动态监测；煤矿开采"三带"发育的监测；矿震、瓦斯涌出、冲击地压的监测；微震、天然地震的监测；文物保护与靶场的布控等。

2. 性能参数

矿井槽波地震仪的性能参数为：外观尺寸 223mm × 144mm × 83mm（图 6.8）；质量 2.5kg；带道能力为单站 3 道（或 1 道三分量）；每台仪器均可触发，支持开路、短路、电平；24 位 A/D 采集分辨率；采样间隔 0.25ms、0.5ms、1ms、2ms、4ms、8ms 可选；0～64 倍放大倍

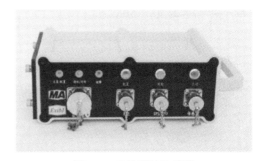

图 6.8　矿井槽波地震仪

数可选；本底噪声不大于 1μV（有效值）；动态范围优于 120dB；GPS 授时精度为 ±1μs；存储能力为 0.25ms 采样，连续记录 48h；工作时间不小于 18h（电池供电），支持定时开关机；防爆类型为本质安全型，防爆标志 Exib I Mb。

3. 设备构成

该仪器能实时记录地震信号；大容量可靠存储功能，可实现数据冗余备份；利用 GPS 实现各台（站）仪器的精确授时；基于嵌入式 Linux 系统的数据管理系统；利用以太网实现数据的集中回收和管理；监测数据的集中管理和图形显示；利用计算机软件实现采掘边界的准确定位；根据需要可自行设定采集时间和采样率等参数；根据需要可增加交流电供电方式或太阳能供电；仪器可实现长时间无人值守监测。

矿用本安型节点式槽波地震仪，分布式采集、独立存储、集中回收，克服了原有煤矿井下地震仪笨重、带道能力少的问题。发明了检波器–锚杆对接装置，实现了高密度槽波地震数据高效采集，提高了井下施工效率。发明了矿用节点式地震仪的数据存储方法，提高了数据存储的效率和可靠性。

4. 适用条件

适用煤矿井下巷道–巷道、巷道–钻孔的透视槽波探测及掘进工作面反射槽波探测；回采工作面槽波透视距离不小于 1500m；掘进工作面槽波反射超前探测距离不小于 150m。

5. 推广情况

矿井槽波探测仪已于 2014 年实现量产，先后在西安科技大学、中国矿业大学等推广近 30 台套。

6.2.4 地质雷达

中煤科工集团重庆研究院研发的 KJH-D 防爆探地雷达，操作便捷、轻便、精度高、准确度高，应用广泛。

1. 主要用途

主要用于矿井、隧道中断层及含水构造探测，煤层异常变化带探测，陷落柱及煤层夹矸探测，工程地质勘查（地基、岩溶、滑坡等），洞体探测、考古探测，城市地下管网探测等，探测距离 30～50m。

2. 性能参数

安全标志：MA，防爆标志：Exib I；探测目标：掘进头、侧帮、顶底板中的地质构造；探测距离：30～50m；工作频率：100MHz；采样率：100GHz，采样间隔：10～20000ps（步长 2ps）；数据格式：16 位。

3. 设备构成

KJH-D 防爆地质雷达由 KJH-D-Z 防爆探地雷达主机、KJH-D-F 防爆探地雷达发射机、

KJH-D-J 防爆探地雷达接收机、发射天线、接收天线、地面充电器、室内资料处理系统及其他配件组成（图6.9）。

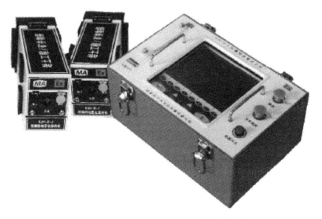

图6.9　KJH-D防爆探地雷达

4. 适用条件

KJH-D 防爆探地雷达是一种用于确定地下介质分布的光谱电磁技术。该技术采用无损探测，无需辅助工程，现场探测快速经济。可高分辨率、高精度超前探测 30～50m 范围内的断层、陷落柱、含水带等地质构造。

5. 推广情况

该仪器目前已在神华集团、中煤能源集团、大同煤矿集团等全国各大煤企集团公司应用，为各大煤矿有效预报了隐伏断层、陷落柱、采空区等地质异常，为保证煤矿安全生产提供了一种探测手段。

6.2.5　地质超前探测仪

中煤科工集团重庆研究院研发的 DTC150 地质超前探测仪、DTC150-36 地质超前探测仪和 DTC150-6 地质超前探测仪为可用于井下地震反射波探测。其中 DTC150-6 地质超前探测仪采用锤击方式，施工较为灵活，小巧便捷；DTC150 地质超前探测仪和 DTC150-36 地质超前探测仪采取放炮激发的方式，探测距离更远，在超前探测中，两者的区别主要在前者需放 24 炮、1 个传感器接收，而后者则只需放 1 炮，24 个传感器接收即可。在工作面侧帮探测中一般采用 DTC150-36 地质探测仪，或是 DTC150-6 地质超前探测仪。

1. 主要用途

地质超前探测仪主要用于煤矿巷道掘进工作面、铁路公路隧道掘进中的超前地质探测预报，能够探测巷道掘进工作面前方及侧帮 150～200m 以内的断层、破碎带、岩溶陷落柱、采空区、饱水危险带、岩性变化带及煤层剩余厚度等地质情况。此外，还可以用于锚喷安全评价、地面桩基质量检测等工程应用。

2. 性能参数

三种地质超前探测仪技术参数如表6.3所示。

表6.3　地质超前探测仪技术参数

项目	技术参数		
	DTC150	DTC150-36	DTC150-6
道数	12	36	6
采样频率 /kHz	≤20	≤20	≤20
采样个数	最大 14468 个采样点	最大 14468 个采样点	最大 14468 个采样点
输入信号频率 /Hz	1～9999	1～9999	0～1500
各道振幅一致性 /%	≤1	≤1	≤1
相位一致性 /%	≤1	≤1	≤1
最大输入信号 /V	10（峰峰值）	10（峰峰值）	10（峰峰值）
传感器类型	三分量高精度传感器	三分量高精度传感器	单分量高精度传感器
探测距离 /m	150～200	150～200	≤100
探测目标	掘进头	掘进头、侧帮、顶底板等	掘进头、侧帮、顶底板等
工作方式	反射法、折射法	反射法、折射法	反射法、瑞利波法、折射法

3. 设备构成

DTC150 系列地质超前探测仪主要由主机、触发信号盒、高精度传感器、资料处理系统及其他配件组成（图6.10），不同型号之间各组成部分有所差异。其中 DTC150 地质超前探测仪主要有 DTC150 地质超前探测仪主机、DTC150-X 触发信号盒、高精度三分量传感器、超前探测仪充电器、资料处理解释系统、连接线及配件等；DTC150-6 地质超前探测仪主要有 DTC150-6 地质超前探测仪主机、DTC150-X 触发信号盒、高精度传感器、震源锤、超前探测仪充电器、资料处理解释系统、连接线及配件等（图6.11）；DTC150-36 地质超前探测仪主要有 DTC150 地质超前探测仪主机、DTC150-X 触发信号盒、高精度三分量传感器一套、传感器分线盒、超前探测仪充电器、资料处理解释系统、连接线及配件等（图6.12）。

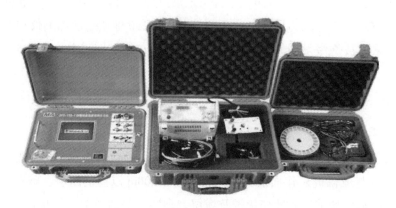

图 6.10　DTC150 地质超前探测仪

图 6.11　DTC150-6 地质探测仪　　　　图 6.12　DTC150-36 地质超前探测仪

4. 适用条件

地质超前探测仪主要用于煤矿巷道掘进工作面、铁路公路隧道掘进中的超前地质探测预报，最大探测距离可达 150～200m。主要探测巷道掘进工作面前方及侧帮的断层、破碎带、岩溶陷落柱、采空区、饱水危险带、岩性变化带及煤层剩余厚度等地质情况，还可以用于锚喷安全评价、地面桩基质量检测等工程应用。

受井下空间限制，在巷道掘进工作面超前探测中，24 炮 1 检波器、1 炮 24 检波器两种观测系统需要一定的巷道长度，如果巷道长度较短，没有足够的长度空间布置炮孔或检波器，难以实现数据的精确采集。而单点探测方式相对较为自由，受井下空间影响较小，只需要较小的空间布置检波器，能够正常激发震源即可。

地质超前探测仪作为利用地震波的物探装备，需要减少外界噪音环境干扰，尤其是人为因素干扰、井下机电设备振动等不规则噪声源干扰。

5. 推广情况

该仪器为煤矿巷道超前探测及工作面内部地质研究提供了一种有效的探测手段，已成为目前地质超前探测的主要技术及装备。目前已在神华集团、中煤能源集团、潞安集团等全国各大煤企集团公司应用，为各大煤矿的超前地质有效预报了掘进前方的断层、陷落柱、采空区等地质异常，以保证煤矿的掘进安全。

6.3　水文监测系统

6.3.1　水位遥测系统

矿井涌水量、含水层水压、水位等矿井水文数据的实时在线监测、采集，对矿井防治水工作尤为重要，而建立一套可靠稳定的矿井水文监测系统，可为矿井水害防治提供宝贵的基础资料。

1. 系统组成

KJ117 矿井水文监测系统是西安研究院根据国内外煤矿监测技术的发展设计开发的新一代煤矿安全生产监测系统，该系统由地面遥测系统、井下监测系统、监测中心站组成，主要用于煤矿地面及井下水文观测孔水压、降雨量、水仓水位、采空区积水、隔水密闭墙承压、观测孔水温及排水沟渠、管道流量的实时监测，以及井下工作面回采过程中水压、水温变化的实时观测、自动记录。

2. 地面遥测

地面水文长观孔水位的升降变化，能够反映地下各含水层水位的动态变化和关联动态情况，通过遥测及报警系统实时、动态的监测，并以图表、数字报表的方式供管理人员浏览或打印存档，能为及时分析地下水位的变化趋势和防治水设计提供科学的数据与资料。

地面遥测系统采用基于 GSM/GPRS 国家公网构成的无线传输模式，由高精度被测物理量变送器、数据采集单元、通信模块、电池组、安全保护罩等组成，将传感器安装到钻孔中水下某一深度，将遥测仪安放在地面钻孔安全保护罩内，对地面钻孔水位、水温等数据进行采集、存储及传输。遥测仪可自动定时采集，其定时采集周期可按天、小时、分钟设置，数据传输是以 GSM/GPRS 方式进行，数据通信可以是主动方式也可以是被动方式，每一个遥测分站对应一个地址，地面遥测系统结构如图 6.13 所示。

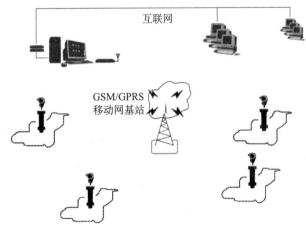

图 6.13　地面遥测系统结构

地面遥测仪分站由仪器主机，仪器保护罩和传感器三部分组成。

3. 井下监测

井下监测系统对井下涌水量及主要测点水位、水压、水温及各排放水管路、明渠流量进行监测，其主要由地面远程通信适配器、井下数据通信网络、井下数据采集分站、被测物理量传感器、井下防爆电源等构成（图 6.14）。

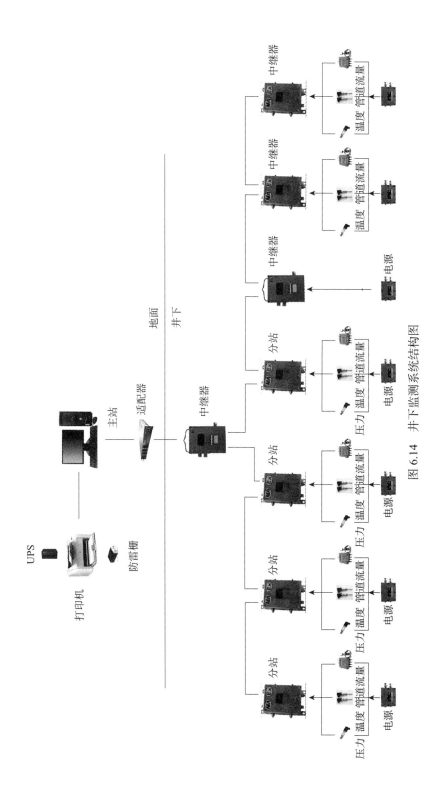

图 6.14　井下监测系统结构图

1）观测孔水压实时监测

针对开采水平主要充水含水层的水文观测孔，在孔口安装水压实时监测装置（图 6.15）。孔口水压监测装置保护罩安装时，需要在保护罩上焊接相应大小的法兰盘，并和井下阀门对接好。为防止仪器故障，设置了校验压力表接入口，如需校验，可以在如图位置安装压力表（图 6.15）。

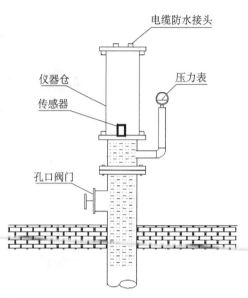

图 6.15　井下观测孔孔口水压监测装置安装图

2）水仓水位实时监测

对矿井井下水仓水位进行实时监测，可根据水仓大小设置几个水位监测点，相互对比验证；设置低限水位，低水位、高水位、超高限水位，为计算矿井涌水量提供基础数据。

3）排水管道流量实时监测

对于排水管道流量的监测，要通过法兰连接，测量时要保证管路液体满管并将传感器与管路紧密接触，将传感器 A 和传感器 B 的引线分别连接到转换器上，再将转换器的输出信号线接到井下监测分站。井下管道流量传感器安装示意如图 6.16 所示。

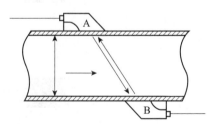

图 6.16　井下排水管道流量仪安装图

4. 监测中心站

监测中心站是系统控制中心，通过网络系统对分布在矿区地面和井下不同的水文观测点进行测控，提供所有矿井综合水文实时遥测及报警数据通信、处理、存贮、数据再现功能。监测中心站由计算机、打印机、远程数据通信适配器、系统软件（含系统控制、数据通信、数据处理等客户端应用软件）及关系数据库管理系统等构成。

该采集模式具有以下优点。

（1）数据安全可靠：可以防止人为修改数据。

（2）减轻服务器负担：数据采集的部分任务分配给各矿的测量主机，从而减少服务器的负荷。

（3）系统可靠：水文监测数据都有备份，实现硬件冗余。

5. 应用实例（神华神东煤炭集团保德煤矿）

1）生产运行中的问题

（1）保德煤矿地面降雨量数据常年依赖当地气象局，不能反映井田的实时降雨量及历史降雨量。

（2）地面长观孔常年观测没有很好地和井下的钻孔观测相互结合。

（3）井下123联巷、61联巷长期以来一直使用压力表监测奥灰水压，需要人员定期去钻孔读取压力值，制作报表和曲线图，压力表未及时更换会出现数据不精确的问题。

2）监测数据分析

（1）降雨量。

图6.17是2015年3～9月份保德矿监测数据与气象局数据的月累计降水量对比图。可以看出：两种统计方法的曲线趋势和大小基本保持一致，表明降水量分站运行正常，数据可靠。2015年该区域的雨量多集中在7～8月份，月最大降雨量约110mm（表6.4）；数据差异主要是由于气象局统计区域与安装雨量计的区域的差异性导致。

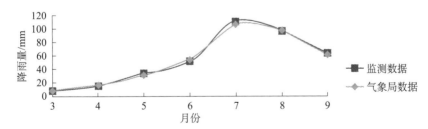

图6.17　2015年气象局降雨量与保德煤矿监测降雨量对比曲线图

表6.4　2015年保德煤矿实测降水量与气象局数据对比

数据来源	降水量/mm								
	1月	2月	3月	4月	5月	6月	7月	8月	9月
2015年气象局	2.3	4.01	9.71	17.43	31.5	55.06	106.5	97.37	61.89
2015年保德煤矿			8.9	15.6	34.14	51.5	110.4	96.52	63.31

根据统计分析，近五年最大降水量 152.3mm，2015 年降水量均小于阀值 152.3mm，且没有发生集中暴雨，不会造成地表水害，故未报警。

（2）钻孔奥灰水。

图 6.18 和图 6.19 分别是地面长观孔观 4 和观 6 的水位图。可以看出：两钻孔的水位标高数据基本平稳，与图 6.17 降水量对比得出可以看出，降水量对奥灰水的补给不明显。

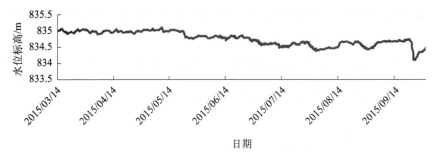

图 6.18　观 4 孔钻孔水位图

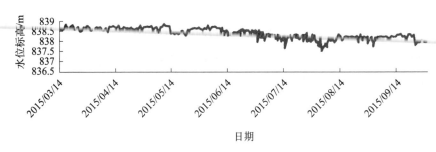

图 6.19　观 6 孔钻孔水位图

图 6.20 和图 6.21 分别是井下 123 联巷钻孔水位标高和 61 联巷水位标高的钻孔水位图。可以看出，井下两个钻孔的水位标高数据基本一致；同时与图 6.17 降水量进行分析，再次证明降水量对奥灰水的补给不明显。

由图 6.18～图 6.21 可知，奥灰水位在 +824～+838.6m 变动，与历史变化趋势基本一致，显示井下没有发生突水灾害。

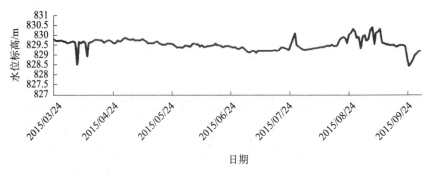

图 6.20　123 联巷水位标高

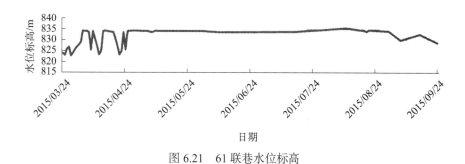

图 6.21 61 联巷水位标高

6.3.2 自动排水系统

1. 系统概述

目前，国内煤矿井下中央泵房的排水方式大部分是人工方式或半人工方式，井下泵房工人只能根据水位高低、手动开启水泵，自动化程度偏低。因此，利用排水自动化监控系统对现有井下泵房的排水系统进行改造，实现地面远程监控、井下自动控制和泵房无人值守，可以减少工人劳动力，提高排水系统的可靠性，就显得十分必要。

1）系统概念

煤矿排水自动化监控系统是对矿井抽排水水泵及其配套设备进行自动化控制，并实现远程实时监控的现代化监控系统，解决了现有矿井排水系统开泵程序烦琐、发生透水事故时无人开启备用水泵、系统故障率高及排水效率低等问题。

2）系统特点

煤矿排水监控系统通过各种先进可靠的传感器、保护器、电动闸（球）阀、监控电视等监测煤矿井下排水系统各设备的工作状态，并利用井下水位、水压、流量等模拟量参数对各设备进行自动控制。排水监控系统具有以下特点：

（1）多级控制。排水监控系统通常具有现场控制级、中央处理级和远程监控级三级控制。各级控制具有优先级设定，可根据现场工况进行自动切换和手动切换，当系统设备出现故障时容易发现和排查。

（2）可靠性高。排水监控系统使用工业级可编程逻辑控制器（PLC）作为中央处理器，具有运算能力强，响应时间短，数据接收和发送稳定性高，最大限度保证了系统运行的可靠性。

（3）系统可将监测到的数据实时通过光纤上传至地面上位系统，实现井下泵房远程监控和无人值守。系统还配有网络通信接口，可以实现与井下其他自动化控制系统的无缝对接。

3）系统组成

排水自动化监控系统由硬件和软件两部分组成。

（1）硬件部分。

排水监控系统包括井下和地面两部分。地面部分包括监控计算机、监视器等，井下部分主要包括矿用 PLC 控制箱、矿用本安型操作箱、矿用本安型操作台及多种矿用本安传感器等。整个系统布置架构如图 6.22 所示。

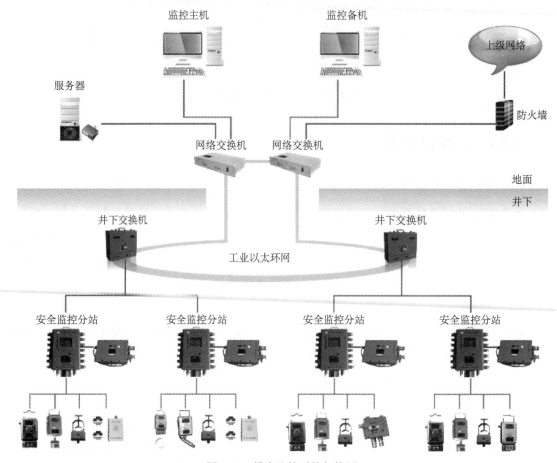

图 6.22 排水监控系统架构图

PLC 控制箱作为系统的核心部分,采用了先进的工业级可编程控制器作为中央处理器。控制箱内集成了通讯模块,I/O 模块及排水设备运行时所需要的执行机构和保护机构。其功能是接收控制指令和采集到的水文参数,通过逻辑运算后向执行机构发出动作指令,实现了排水设备的自动控制。此外,控制箱还具有过载、短路、缺相、接地保护等保护功能,当设备或线路出现故障时,保护系统不受到损坏。

通过排水自动化系统的建设,既可以实现单台水泵的控制,又可以实现多台水泵的智能优化控制,可以实时监测水仓水位、流量、压力、真空度、温度及电压电流等闸阀参数;可手动、自动启停闸阀,同时具有过热、过载等保护功能。

(2)软件部分。

根据井下现场控制和地面远程监控的实际需要,排水监控系统软件分为上位机组态软件和下位机 PLC 控制软件两部分。上位机软件利用面向对象的设计方法,基于组态软件建立实时数据库用于实时过程数据的存储和处理,并设计友好的人机操作界面,在实时数据库系统的支持下使操作人员能够对系统设备进行监控。此外，上位机软件还为用户提供指定时间段的历史数据和趋势查询以及报表输出、过程数据的动态报警提示等功能。

下位机 PLC 软件根据井下实际控制需求，通过 CPU 向各个 I/O 模块发送控制指令和接受采集数据，实现排水系统各设备的自动控制和水文参数的实时监测功能，并通过光纤实现与上位机通信。

4）控制方式

排水监控系统控制方式具有就地手动操作、集中控制柜半自动、远程调度指挥中心远程手动操作及全自动无人值守操作模式。

（1）就地手动控制。

在就地控制模式下，在现场操作箱可实现单台水泵的启停控制，程序不参与控制但监控有效。

（2）井下集中控制。

系统将现场传感器采集数据及执行机构的控制变量纳入半自动控制逻辑，接入到井下操作台。操作台发出控制命令传送至中央处理器进行逻辑运算，实现对所有水泵及设备的统一操作，具有最高的优先级。

（3）远程自动控制及控制策略。

中央处理器将井下所有传感器数据通过光纤接入调度室内的上位控制机，地面操作人员根据工况设定时间、水位及矿用电负荷等参数，实现水泵的自动开启、停止运转，对运行中的各种参数进行实时监控。

2. 系统工作流程

1）设备启动

（1）首先监测水仓水位，当水仓水位到达设定的高水位时，PLC 发出控制指令，接通控制射流泵的电磁阀的线圈，开启射流泵，为离心式水泵进行注水。在射流泵的作用下，水泵入口处的真空度会增加，配水井中的水会在大气压的作用下注入离心泵的腔体直至注满。

（2）当水泵入口处的真空度达到要求后（水泵入口处的真空度增加到一定的数值时不再继续增加），PLC 接通水泵机组中的电动机触点来开启水泵。在电动机启动过程中，水泵出口处的压力会逐渐增加，最后会达到某一数值（通常为该离心式水泵的堵转水头）而不再增加。

（3）当水泵出口压力达到预先设定的压力值后，PLC 接通出口闸阀接触器触点，为该水泵开启其出口处的电动闸阀，使得这个水泵机组进行排水；同时，关闭射流泵，停止为其引水。

2）设备停止

水位在水泵的作用下逐渐下降，直到达到需要关闭水泵的水平，即水位下降到安全水位以下。这时 PLC 断开管路闸阀接触器触点，关闭排水管的电动闸阀，再关闭逆止阀，防止排水管中井水倒流，随后断开水泵电机触点，关闭水泵电机，使其停止工作。

3. 应用实例

1）井下泵房概况

山东某矿井下中央泵房操作方式全部通过人工手动控制水泵进行排水,此种操作方式具有工作强度大且不能实时传输泵房监控数据的缺点,对煤矿的安全生产造成极大的隐患。

该矿主排水泵房设计为 4 台水泵,两趟排水管路,现有电机、泵体、管路,新增 1 套水泵排水自动控制系统（图 6.23）,为实现泵房排水的自动化,集控的地点选在中央变电所或中央泵房,改造后的抽真空方式可为射流方式,泵房具体参数如表 6.5 所示。

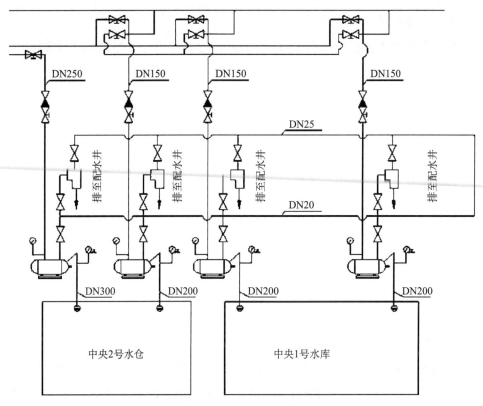

图 6.23　山东某矿井下中央泵房排水系统图

表 6.5　山东某矿井下中央泵房参数

参数	取值	参数	取值
正常涌水量/（m³/h）	200	最大涌水量/（m³/h）	400
井下泵房水平标高/m	−219.5	井口标高/m	49.5
主排水泵数量/台	4	主排水泵型号	MD280-43×8
主排水泵电机型号	YB24004-4/450kW/6kV	阀门压力/MPa	4.0
主排水管数量/趟	2	水泵出口阀	无
电机开关防爆形式	隔爆型	闸阀控制方式	电动
控制系统所需电源/V	AC660/127	吸水管有无底阀	无
控制系统防爆形式	隔爆或本安		

2）自动化系统的实现

（1）控制柜及本地远程站。

自动化控制系统新增 PLC 控制柜一台，为了减少改造中的线路施工量，还增加了两台用来收集现场监控信号的本地远程站。

（2）与原有高压开关柜的接口。

高压启动柜用于完成泵电机的启动和停止的控制。改造后的控制系统的启动停止命令将由 PLC 控制系统发出；同时，高压启动柜的起停状态、电机电流电压等重要参数也要送到 PLC 控制系统。

PLC 控制系统与高压开关柜的接口采用硬线连接，同时在 PLC 控制柜设置本地 / 远控选择转换开关，根据工况选择排水泵的启动方式。

（3）通讯链路的确认。

该矿设置有井下环网和地面环网。在中央泵房变电所配置有骨干交换机，系统具有远控的控制方式，大量现场参数和远控信号要通过光纤网络送至地面。

（4）监测与保护。

系统的监测与保护信号：水仓水位、排水管路流量、真空压力、水泵压力、电机电流电压、泵轴温度、电机外壳温度等。

（5）水泵的自动启停。

系统选用矿用本安型超声波液位传感器，动态实时监测水仓水位，将水位信号送至控制机并由控制机送至地面计算机，从而实现对水位的实时监测。当系统测到水位高限，将自行起泵，低水位自动停泵。

（6）排水管路流量监测。

系统选用隔爆兼本安型超声波流量计，动态实时检测排水管路流量，将排水管路流量信号送至控制机并由控制机送至地面计算机，可实现低流量报警，每台趟管路配备一台超声波流量计。

（7）真空压力监测。

系统选用本安型负压传感器，当吸水管路真空度达到起泵条件时，传感器将输出信号给控制机，控制机以此发出开泵信号。

（8）水泵压力监测。

系统选用矿用本安型正压传感器，动态实时检测水泵出口处压力，当压力低于设定值时自动停泵。

（9）电压 / 电流监测。

要求水泵电机控制启动器提供相关的信号（200～1000Hz 或 4～20mA）输出方可接入，当电流超过设定值时自动停泵。

（10）水泵 / 电机温度监测。

将温度传感器接入电机三相定子和前后轴，动态实时监测温度，当温度高于设定值时自动停泵。

（11）避峰填谷实现。

通过程序的专用模块设定用电时间，当在用电谷价时候根据水位适当增加起泵次数和运行时间，当在用电峰价时根据水位情况适当减少起泵次数和运行时间，以此来降低用电成本。但是当瞬间涌水量过大时，将采取相应的预警机制。

3）运行效果

此次设计对手动闸阀与截止阀进行了替换，全部换为与之尺寸对应的电动闸阀与电动球阀，已达到自动控制的目的（未对管路进行改变）。煤矿排水自动化监控系统能够通过对井下泵房内的水位、水压进行实时连续监测，根据预设程序能自动分析现场实时监测的数据并实现水泵的自动启停。此外，将监测到的数据实时通过光纤上传至地面上位系统，可方便实现井下泵房远程控制；该系统能够对井下突发的水情灾害实时预警，为及时启动矿井水灾应急救援和最大限度地保证煤矿安全生产提供可靠技术手段。

通过安装排水自动化监控系统，可实现井下中央泵房的排水设备的自动控制，通过系统的远程监控功能，实现了井下泵房的无人值守，提高了排水设备的工作效率，并减少了工人劳动力，最大限度地保证了工人的生命财产安全。与此同时，排水监控系统通过与其他矿井自动化监控系统互联，进一步推动了现代数字化矿山的建设进程，对煤矿安全生产有着重要的实际意义。

6.3.3 微震监测系统

微震监测可以实时掌握和评价岩体活动状态，已经成为监测深部矿山开采诱发岩爆灾害的主要技术手段。利用微震监测系统，在发生微震活动的区域岩体内布设传感器，探测震源所发出的地震波，确定发生震源的位置及地震活动的强弱和频率，判断潜在的矿山岩爆灾害的活动规律，并实现矿山岩爆的灾害预警。

1. 方法原理

1）震源定位原理

波在岩石介质中的传播方程描述了岩体在力的作用下，将发生两种变形，以两种不同的波，即纵波和横波，波速为 V_P 和 V_S 向外传播。岩石的体积形变产生纵波（P 波），在它的传播区域里岩石发生膨胀和压缩。岩石的切变产生横波（S 波）。纵波和横波的速度比值为

$$V_P / V_S = \sqrt{\frac{2(1-\mu_d)}{1-2\mu_d}} \qquad (6.1)$$

式中，V_P、V_S 分别为纵、横波波速，m/s；μ_d 为泊松比。

由于泊松比 $0 \leqslant \mu_d \leqslant 0.5$，因此纵波比横波传播的快。在地震中，人们首先察觉和记录到纵波，其次是横波。地震定位中，经常会使用 S 波进行标记，这是因为波的传播距离逐

渐增大后，P 波与 S 波在波形上的时间间隔随之增加，如图 6.24（a）所示，传播距离足够远后，P 波与 S 波在图形中可以容易区分开来，并进行初次到时的标记。对于矿区范围来说，由于尺度较小，波形在传播过程中，S 波的初次到时叠加于 P 波尾波中，很难区分，如图 6.24（b）所示。对震源定位要求有较高的准确性，所以应选择比较容易辨认的纵波（P 波）进行定位。与其他波相比，P 波首次到达时间的确定误差较小，定位精度较高。

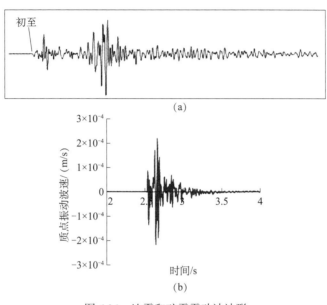

图 6.24　地震和矿震震动波波形

（a）地震信号；（b）矿震信号

不同的煤岩介质震动波传播的速度和衰减规律有较大的差异，表 6.6 为纵横波在岩体中传播的速度统计结果。

表 6.6　纵波和横波在不同岩体中传播的速度

岩石种类	纵波速度 V_P/（m/s）	横波速度 V_S/（m/s）
砂岩	2500～5000	1400～3000
页岩	2200～4600	1100～2600
煤	1400～2600	700～1400
石灰岩	5200～6000	2800～3500
泥、沙	200～1000	50～400

通常选择比较容易辨认的 P 波震相进行定位。假设煤岩体为均质、各向同性介质，即 P 波在各个传播方向上保持速度不变，为一定值。图 6.25 中从震源传播到台站的最短时间可由式（6.2）式描述：

$$t_i = T_i\left(H, V_P, X_i\right) + t_0 \tag{6.2}$$

式中，$H=(x_0, y_0, z_0)$ 和 $X_i=(x_i, y_i, z_i)$ 分别为震源和第 i 个台站的坐标；V_P 为 P 波的波速，m/s；t_0 为矿震的发震时刻，s；t_i 为读入的 P 波初至到达时刻（$i=1, 2, \cdots, n$），n 是矿井中安装的台站数目。对于均匀和各向同性速度模型，自震源到第 i 个台站的走时为

$$T_i(H, V, X_i) = \frac{\sqrt{(x_0 - x_i)^2 + (y_0 - y_i)^2 + (z_0 - z_i)^2}}{V_P} \tag{6.3}$$

式中，P 波波速 V_P 为一常数。

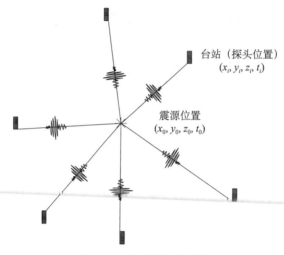

台站（探头位置）
(x_i, y_i, z_i, t_i)

震源位置
(x_0, y_0, z_0, t_0)

图 6.25　矿震定位示意图

式（6.3）有 $\theta=(x_0, y_0, z_0, t_0)$ 四个未知数，要解这个方程至少需要四个观测站的数据，目前，在各个矿区的微震系统都采用 N 个台站的布置形式，所以最多可以列出 N 个类似于式（6.2）的方程，为进行震源定位，目标函数可写成矩阵形式：

$$\Theta(\theta) = r^T r \tag{6.4}$$

式中，r 为残差向量，即观测值 t_i 与 P 波计算到时值 $T_i(H, V, X_i) + t_0$ 之差组成的向量，通过求解式（6.4）的最小值，所求的参数值 $\Theta(\theta)$ 为参数 θ 的最小二乘估计。为了估计 $\hat{\theta}$，通常先提供尝试矢量 $\theta^{(0)}$，然后以校正矢量 $\delta\theta^{(n)}$ 来更新尝试矢量 $\theta^{(n)}$，并减少目标 Θ 的值。

$$\delta\theta^{(n)} = (A^T A)^{-1} A^T r^{(n)} \tag{6.5}$$

式中，$r^{(n)}$ 为在空间内点 $\theta^{(n)}$ 上的时间残差矢量；A 为在 $\theta^{(n)}$ 上计算的式（6.4）对参数 θ 的（$n \times 4$）偏微分矩阵。

$$A = \begin{bmatrix} 1 & \partial T_1 / \partial x_0 & \partial T_1 / \partial y_0 & \partial T_1 / \partial z_0 \\ 1 & \partial T_2 / \partial x_0 & \partial T_2 / \partial y_0 & \partial T_2 / \partial z_0 \\ \vdots & \vdots & \vdots & \vdots \\ 1 & \partial T_n / \partial x_0 & \partial T_n / \partial y_0 & \partial T_n / \partial z_0 \end{bmatrix}_{\theta^{(n)}} \tag{6.6}$$

2）震源能量计算

在评价矿山危险和预测冲击矿压危险时，震动能量是非常重要的物理参数之一，而它可以通过合适的方法来计算。应当注意，目前所测量的震动能量与整个岩体破坏所释放的能量相比是很小的一部分，约占千分之一到百分之一。从理论上讲，震动的强度就是其振幅的大小。

图 6.26　矿震能量求解

该方法是以测量点的地震能量密度为基础的。地震能量密度 E 可以通过测量某个封闭球面积内的能量密度 ε 来计算（图 6.26）。

能量密度可用下式表示

$$\varepsilon = \frac{\partial E}{\partial F} = \int_0^\tau Vn\mathrm{d}f \qquad （6.7）$$

式中，V 为约定矢量；n 为单位面积 $\mathrm{d}f$ 上的单位矢量。

在半正弦振动下，震动的持续时间比其震动周期大，则式（6.7）可写成

$$\varepsilon(r) = \frac{1}{2}\rho\sum_{i,k=1}^{n} cv_{ik}^2 \tau_{ik} \qquad （6.8）$$

式中，ρ 为介质密度，kg/m^3；c 为波的传播速度，m/s；v 为质点振动速率振幅；τ 为波组振动的持续时间，s；$i=$P、S；$k=$1, 2, …。

下一步，计算震动能量密度 $\varepsilon(r)$ 在传播半径为 $R = 500\mathrm{m}$ 的值，并考虑振幅的阻尼系数 γ 和波的传播函数 n，则

$$\varepsilon(R) = \varepsilon(r)F(r) \qquad （6.9）$$

式中，$F(r) = (2r)^{2n}\mathrm{e}^{\gamma(2r-1)}$。

最后一步是计算地震能，它等于能量密度 $\varepsilon(R)$ 与半径 $R = 500\mathrm{m}$ 球表面积之积，即

$$E = 10^6 \pi\varepsilon(r)F(r) \qquad （6.10）$$

矿震总能量由 P 波（E_P）和 S 波（E_S）两部分组成，如图 6.27 所示。

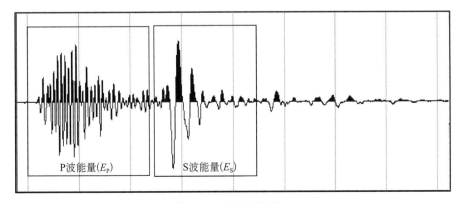

图 6.27　矿震能量组成

由矿震产生的震源机制知，大部分矿震向外不均匀释放能量，所以要尽可能使用不同方向的传感器进行能量计算，最后取平均以获得较准确的震源能量。

2. 监测装备

1）KJ959 系统简介

KJ959 煤矿微震监测系统由西安研究院自主研发，是一套分布式、在线微地震监测系统。通过网络级联起来的若干台采集分站将来自震动传感器的信号进行实时放大、滤波、模数转换，然后将数据通过工业以太网传送至中心站。每个采集分站可同时采集 6 通道的振动信号（图 6.28），可根据需要改变分站数量，从而实现系统扩容。分布式的格局使震动传感器到采集分站的模拟信号电缆最短，可将噪声、串扰、衰减等因素的影响降到最低。

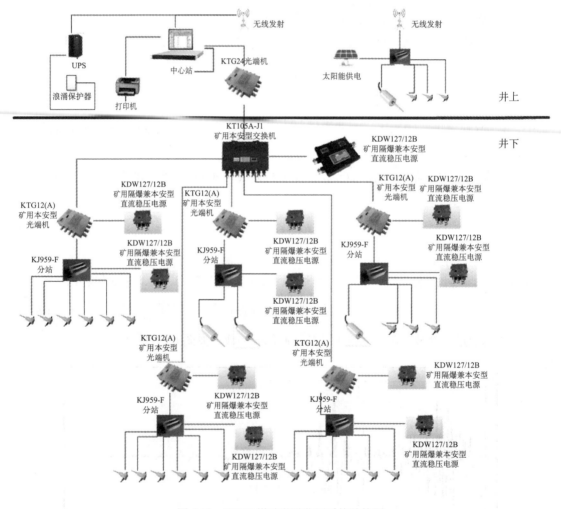

图 6.28　KJ959 煤矿微震监测系统结构图

信号采集分站之间采用先进的时间同步算法，使采集站的采样时序严格同步，最大限度降低地震波走时记录误差。中心站上的后台软件，对来自监测分站的实时震动波形进行滤波、识别、截取等处理，形成微震事件列表片段并由统一的数据库加以管理和向客户端推送。前台的客户端软件通过从数据库中获取的微震事件列表，自动进行事件的能量计算、坐标定位，并实时地更新"微震事件定位云图"和"微震事件报表"。

2）系统组成

KJ959 煤矿微震监测系统主要由 KJ959-Z 微震中心站、KJ959-F 矿用本安型微震监测分站、KTG24 地面光端机、KT105A-J1 矿用本安型交换机、KTG12（A）矿用本安型光端机、GZC10 矿用本安型三分量拾震传感器、GZC10 矿用本安型拾震传感器、KDW660/12B2 矿用隔爆兼本安型直流稳压电源、KDW127/12B 矿用隔爆兼本安型直流稳压电源和监控软件等组成（图 6.29）。

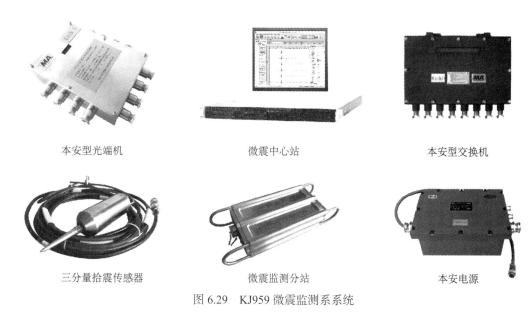

本安型光端机　　　　　　　微震中心站　　　　　　　本安型交换机

三分量拾震传感器　　　　　　微震监测分站　　　　　　本安电源

图 6.29　KJ959 微震监测系统

3）系统功能

KJ959 煤矿微震监测系统主要用于煤层和围岩破裂过程、强度和范围监测；矿震和冲击地压（岩爆）监测预警；小煤窑越界采掘活动监测；顶底板突水和顶板溃水预警；煤层气水力压裂效果监测；煤与瓦斯突出监测预警；煤矿"三带"发育高度监测；煤柱破裂、构造活化带监测；顶底板导水裂隙带发育过程监测（图 6.30）。

4）系统特点

（1）灾害预警。

该系统利用在井下、地面布局的高灵敏度传感器实现微震在线监测，对由采动、冲击地压等引起的微震事件进行定位，根据监测定位结果实时判断可能发生的地质灾害，为事故隐患的提前预警提供重要依据。

（2）整体兼容。

该系统采用光纤传输数据，可直接接入矿井已有的光纤环网，减少了井下通信线缆的布设，提高了信噪比；可以与现有其他监控系统实现无缝兼容，有效避免重复投入。

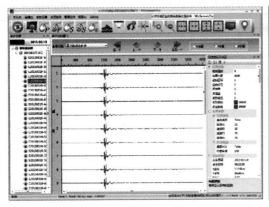 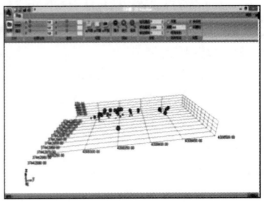

微震实时采集处理软件界面　　　　　　　　定位结果三维显示软件界面

图 6.30　KJ959 微震监测系系统数据采集、震源定位软件界面

（3）安全可靠。

所有设备均已取得防爆合格证及矿用产品安全标志证书，各零部件均经过严格测试，可根据工况设定最佳参数，并在产品出厂前进行系统测试，确保产品使用时能安全、可靠、稳定、高效运行。

支持井地联合微震监测，兼容有线、无线传输系统。微震波形实时显示与存储，微震事件自动识别。微震事件波形自动分析，震源全自动高精度定位。震源位置的 2D、3D 动态显示，支持人机交互定位。实现微震历史数据回放、微震事件统计报表功能。震源位置、能量、震级等全自动分析及报表。基于微震信号的全自动预警，便于管理人员分析决策。

5）主要参数

（1）中心站。

CPU：4 核 8 线程及以上；主频 4GHz 以上；硬盘：1T 以上；内存：8G 以上。

（2）KTG24 光端机。

传输速率：10/100Mbit/s 自适应；传输协议：TCP/IP 全双工；传输速率：10/100Mbit/s。

（3）KJ959-F 矿用本安型微震监测分站。

输入信号路数：6 通道；动态范围不小于 130dB；相位一致性不大于 0.2°；采样频率为 0～1.95kHz。

（4）GZC10 矿用本安型三分量拾震传感器。

三轴自然频率：均为 10Hz，允许误差 ±1Hz；三轴阻尼系数均为 0.7，允许误差 ±0.15；三轴失真度（D）不大于 0.2%；矢量保真度不大于 -20dB；三轴工作频率范围为 10～1000Hz。

（5）KT105A-J1 矿用本安型交换机。

光发射功率为 -3～-15dBm；光接收灵敏度不大于 -35dBm；传输速率为 10/100Mbit/s；

光口：支持 6 路光口和 2 路 RJ45 接口。

存储时间不小于 1 年；传输距离不小于 10km；误码率不大于 10^{-8}，巡检周期不大于 30s。

3. 应用实例

1）小窑越界盗采监测

为探明某矿附近小煤窑的越界开采情况，在可疑目标区域上方布设了 9 道传感器来接收地下小煤窑越界开采时激发的地震信号。监控方式为流动监控，共监测 7 次，其中 5 次接收到了来自于地下煤层内小煤窑放炮激发的地震信号，通过进行高精度定位算法的计算，获得了小煤窑的具体采掘位置和采掘方式，并最终认定小煤窑已越界开采，后经打孔证实（图 6.31）。

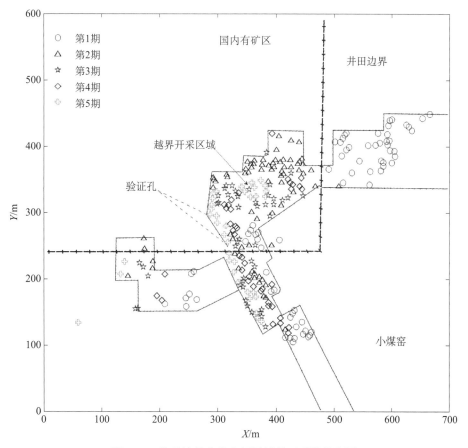

图 6.31　某矿边界小煤窑超层越界开采微震监测

2）顶板裂缝带发育高度监测

为探明某矿采煤后顶板破裂高度及破裂范围，采用井地联合的方式进行微震监测。图中五角星是井下、地面布置的微震传感器，实心圆点是微震事件定位的结果 [图 6.32（a）]。从三维立体图中可以清楚看到每个震源点的位置及所有震源点的分布范围 [图 6.32（b）]。

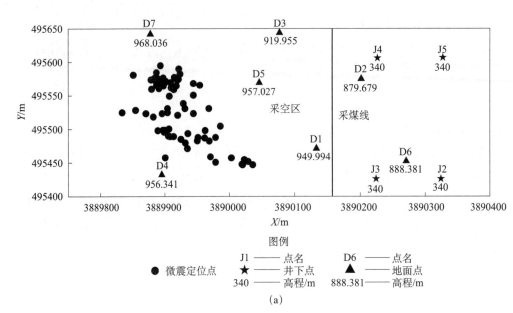

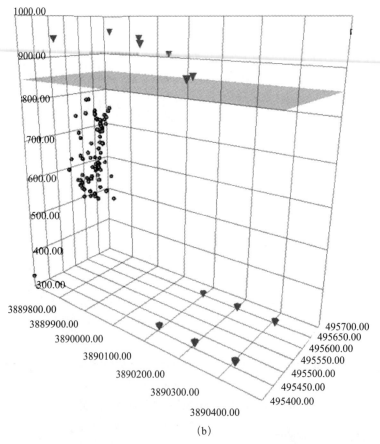

图 6.32　某矿上"三带"裂隙发育高度微震监测

（a）平面图；（b）三维立体图

通过进行高精度定位算法的计算，发现破裂主要发生在采空区上方，未采区域无破裂。

从 XY 平面图来看，定位的主要破裂发生在离切眼 145～340m 的采空区上方。该成果已被矿方验证，为其后续的防治水工作提供了指导。

6.4 钻孔测量系统

6.4.1 随钻测斜系统

近年来，钻探技术及装备在煤矿瓦斯抽采、地质构造定位、防治水等安全生产中起到了积极的作用。钻机在井下钻进过程中，受地层条件、构造条件及地球引力作用等影响，其钻进轨迹往往与预想的设计轨迹存在一定的出入，为此需要开发配套的测斜仪器。

目前，适合煤矿井下的随钻测斜系统主要有三种：存储式随钻测斜系统、有缆随钻测斜系统和无线随钻测斜系统。

1. 工作原理

随钻测斜系统主要用于煤矿井下钻孔施工过程中的随钻轨迹测量，实现钻孔空间姿态参数（倾角、方位角、工具面向角等）的实时或适时测量，便于了解钻孔施工情况和钻孔姿态，及时调整钻探工艺参数实测钻孔施工目的。

煤矿井下使用的随钻测量探管一般称为磁性测斜仪，测量传感器由磁通门传感器、磁阻传感器或磁感应传感器配合重力加速度计传感器组成，其中磁性传感器测量载体坐标系下地磁场的三个正交分量 H_x、H_y 和 H_z，重力加速度计传感器测量地球重力加速度 g 的三个正交分量 G_x、G_y 和 G_z；传感器测量的电信号经过配套电路的处理和相关计算，转化为倾角、方位角、工具面向角等参数并以数字形式显示出来。倾角在垂直水平面的剖面上反应测量点相对开孔点的变化，方位角在水平面上反应测量点相对开孔点的变化，工具面向角反应测量点相对开孔点的变化。把每个测量点相对开孔点的变化量累加起来，并投影在剖面和水平面上，近似反映整个钻孔在空间的姿态走势。

2. 存储式随钻测斜系统

存储式随钻测斜系统一般由孔口显示器、存储式随钻测量探管、宽翼片螺旋式无磁钻杆或外平式无磁钻杆和通信线缆等组成，图 6.33 为中煤科工集团西安研究院研制的 YZG7 矿用钻孔轨迹仪。

1）测量连接方式

井下施工过程中，为了保证随钻测量探管的测量精度，随钻测量探管必须安装在专用的无磁钻杆中，且前后隔离一段距离以降低铁磁性钻杆对磁性传感器的影响，前后无磁钻杆的长度一般为 1.5m，具体的连接方式如图 6.34 所示。

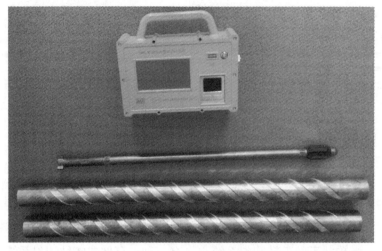

图 6.33　YZG7 矿用钻孔轨迹仪

图 6.34　存储式随钻测斜系统测量连接方式

2）施工方法

存储式随钻测斜系统工作时，数据处理软件向随钻测量探管发送同步工作命令，接收到随钻测量探管返回的响应后，二者同步开始工作；随钻测量探管以设定的采样间隔定时将测量结果保存到存储器中，而数据处理软件则记录该测点的钻孔深度和相应的测量时间；施工结束后，将二者进行数据通信，进行相应的计算和处理把结果以数字和图形的方式显示出来。

（1）探管检测。

探管检测是为了确保探管工作状态及电缆连接正确，对探管的电量、工作状态进行检测。在日常维护、每次开机后或需要检测探管状态时，都要启动探管检测功能。探管检测是一个连续测量的过程，屏幕上表盘的指针会随着探管的不同转动方向摆动。屏幕上显示的倾角、方位角是探管实测值，工具面是相对孔口的相对值。

（2）定时同步。

定时同步是用于设定测量探管的数据采集间隔并记录每次测量的钻孔深度和测量时间。测量时间间隔从 30s 开始以 30s 为单位增减，深度增量以 1.5m 为单位增减，当前深度以深度增量为单位增减。输入需要的测量时间间隔、深度增量、当前深度，开始同步；当显示器和探管同步后，此时拔掉探管电缆插头，探管和控制器分别同步工作。

当探管被钻杆送入预定位置后，此时记录下相应的钻孔深度填入当前深度项目中。按下测量按钮，系统将在下一测量间隔起始点时，将记录号、时间、当前深度，添加到数据表中，如此重复操作，直至测量完成。

（3）数据传输。

数据传输用于获取探管中所有的数据，按照对应的序号自动填入倾角、方位角、工具面向角，对应的序号自动填入记录号；当数据传输结束，系统自动将填有深度的数据保存在钻孔文件中。

3. 有缆随钻测斜系统

有缆随钻测斜系统指依赖专用的中心通缆式钻杆进行信号传输的随钻测斜系统，一般由孔口显示器、有缆随钻测量探管、无磁钻杆、中心通缆式钻杆、中心通缆式送水器和通信线缆等组成，有缆随钻测斜系统根据测量探管的供电方式可以细分为自带电池筒型和孔口供电型两种。有缆随钻测斜系统中，随钻测量探管的数据传输方式具有传输速率快、可靠性高的优点；但是，需要特制的中心通缆式钻杆，且其传输质量受工艺影响大。

1）仪器介绍

孔口供电型有缆随钻测斜系统采用孔口显示器直接不间断供电（井下照明 127V 电源）方式，同时采用电力载波通信技术实现中心通缆式钻杆的内外两级把测量信号通过载波方式传输到孔口显示器，大大提高了施工效率并降低了劳动强度。典型的如中煤科工集团西安研究院研制的 YZG127 矿用随钻轨迹测量装置，如图 6.35 所示。

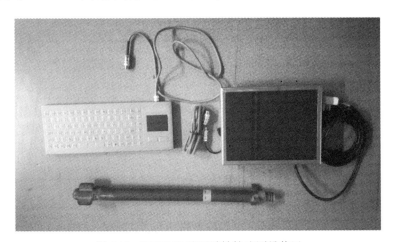

图 6.35　YZG127 矿用随钻轨迹测量装置

2）测量连接方式

井下施工过程中，有缆随钻测斜系统测量部分孔底方向有螺杆马达和钻头，孔口方向为中心通缆钻杆。为了保证随钻测量探管的测量精度，随钻测量探管必须安装在专用的无磁钻杆中，且前后隔离一段距离以降低铁磁性钻杆对磁性传感器的影响，无磁钻杆的长度一般为 3m。具体的连接方式如图 6.36 所示。

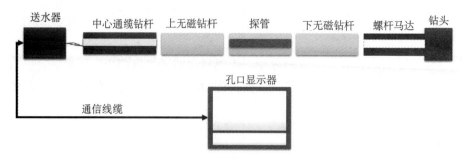

图 6.36　有缆随钻测斜系统连接方式

3）施工方法

有缆随钻测量系统井下施工时，基本的操作为开新孔、测量、重新测量、调整工具面、开分支孔和修正工具面等。

（1）开新孔。

每个钻孔开始施工前，要求建立文件。进入开新孔对话框后，首先要打开设计文件，获取设计信息。没有设计文件时，手工选择设计信息中的第一次测量距离并可以根据钻具情况、施工情况修改。

读取设计信息后，开始第一次测量。初始测量中的数据来自第一次测量，其孔深为设计信息中的"第一次测量距离"。初次测量前要求把工具面调整为向上位置（相对 0°），初次测量获得的孔口面向角需要保存起来，作为以后测量时的修正值。由于采用的是孔口坐标系（以孔口为零点），在正式测量中，每次测量显示出来的方位角是磁方位，绘图则采用相对勘探线的方位差，面向角则应是工具面相对孔口时的相对值。

（2）测量。

需要接收测量数据时，进入接收数据界面，此时显示测量数据，待显示数据稳定后可以保存数据，接收完成后必须停止探管工作。在接收数据的过程中，应判定探管工作是否正常。

（3）重新测量。

如果测量操作中因人为因素或仪器故障造成测量结果错误，测量数据不能删除，可以使用重新测量功能，重新测量时孔深不增加，测量结果完全覆盖前一次的测量结果。

（4）调整工具面。

在定向钻孔施工过程中，随时需要调整钻进方向，这时就需要调整工具面的位置，调整工具面是一个连续测量的过程，屏幕上的表盘的指针会随着工具面的调整方向摆动。

（5）开分支孔。

在钻进过程中，如果确定要开分支孔时，首先要确定开哪一类的分支孔。分支孔分为后退型和前进型两类，后退型分支孔是指主孔打到一定深度时，想要退回中间某个深度开的分支孔，如图 6.37（a）所示；前进型分支孔是指主孔打到一定深度时，发现方向打偏了，如打入顶板或底板，或者就是按照设计探到了顶底板，需要退回中间某个深度重新继续打主孔时，将刚才打过、现在退回的这段轨迹定义为分支孔。如图 6.37（b）所示。

图 6.37　分支孔分类示意图

（a）后退型分支孔；（b）前进型分支孔

（6）修正工具面。

按实际钻进要求连接钻具，将信号引入孔口设备，启动软件并让探管开始发送数据，转动钻具使得螺杆马达弯头方向水平朝上（若此时螺杆马达已进入孔内，应事先将方向线延伸到装载仪器的钻铤上），先将工具面修正值清零，待显示数据稳定后（工具面显示值跳动不超过 0.5°），进行修正。此时工具面向角显示值应在 0°～±1°，表明修正成功。修正完成后必须记录修正值。

4. 无线随钻测斜系统

无线随钻测斜系统指不依赖专用的中心通缆式钻杆进行信号传输的随钻测斜系统，一般由孔口显示器、无线随钻测量探管、无磁钻杆、普通钻杆、中心通缆式送水器、绝缘短节和通信线缆等组成。根据无线信号传输方式的不同，无线随钻测斜系统可以细分为泥浆脉冲无线随钻测斜系统和电磁波无线随钻测斜系统两种。

1）仪器介绍

（1）泥浆脉冲无线随钻测斜系统。

泥浆脉冲无线数据传输方式依靠泥浆来传输数据，泥浆正脉冲无线随钻测斜系统的工作原理为泥浆正脉冲发生器的针阀与小孔的相对位置能够改变泥浆流到此位置的截面积，从而引起钻杆内部泥浆压力的升高，针阀的运动是由探管编码的测量数据通过驱动控制电路来实现，如图 6.38 所示。

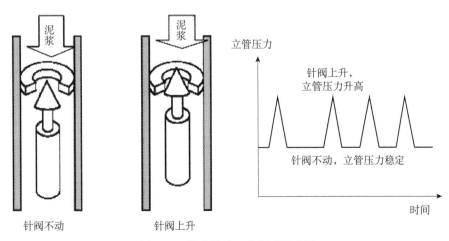

图 6.38　泥浆脉冲工作原理示意图

典型仪器如中煤科工集团西安研究院研制的 YHD3-1500 矿用隔爆兼本安型泥浆脉冲随钻测量装置。

（2）电磁波无线随钻测斜系统。

电磁波无线随钻测斜系统中电磁波信号传输主要是依靠地层介质来实现的。井下仪器将测量的数据加载到载波信号上，测量信号随载波信号由电磁波发射器向四周发射。孔口显示器在地面将检测到的电磁波中的测量信号，经解码、计算得到实际的测量数据。该方式具有成本低、与泥浆的非均质性无关、适用大多数钻杆、传输可靠和传输速率相对较快的优点，其缺点是当地层介质对信号的影响较大时，电磁波不能穿过低电阻率的地层。

典型仪器如中煤科工集团西安研究院研制的 YSXW 矿用无线随钻测斜仪，如图 6.39 所示。

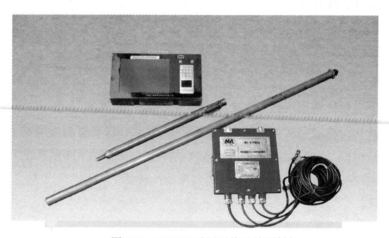

图 6.39　YSXW 矿用无线随钻测斜仪

2）测量连接方式

井下施工过程中，电磁波无线随钻测斜系统测量部分孔底方向有螺杆马达和钻头，孔口方向为绝缘短节和中心通缆钻杆。为了保证随钻测量探管的测量精度，随钻测量探管必须安装在专用的无磁钻杆中，且前后隔离一段距离以降低铁磁性钻杆对磁性传感器的影响，无磁钻杆的长度一般为 3m。具体的连接方式如图 6.40 所示。

3）施工方法

无线随钻测斜系统井下施工时和有缆随钻测量系统基本操作一致，文中不再赘述。

6.4.2　矿用钻孔成像仪

1. 主要用途

CXK12 矿用钻孔成像仪主要用于：观测锚杆孔是否打入岩层；观测断层裂隙产状及发育情况；观测含水断层、溶沟溶洞、含水层出水口位置等；观测煤层等矿体走向、厚度、倾向、倾角，层内夹矸及与顶板岩层的离层裂缝程度；测量钻孔在空间的轨迹和钻孔的实际深度；区分矿体、岩体、煤层、夹矸、土层等各种地质结构体；钻机钻进过程中钻杆掉落后进行辅助打捞；矿山事故救援。

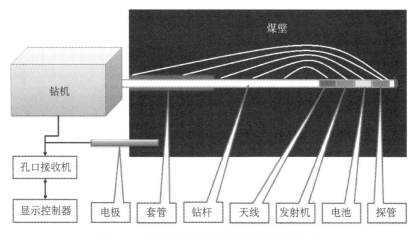

图 6.40　电磁波无线随钻测斜系统连接方式

2. 性能参数

CXK12 矿用钻孔成像仪的性能参数为：Android 操作系统；7in[①] 彩色触摸显示器；探头尺寸为 $\Phi26mm$；线缆长度不小于 20m；分辨率不低于 450Lines；光照度不低于 1000Lux；存储容量不小于 8GB；深度测量误差不大于 1%；罗盘精度如表 6.7 所示。

表 6.7　罗盘测量范围及误差

参数名称	测量范围	均方差	测试条件
倾角	$-80°\sim80°$	$\pm0.4°$	方位角 0°，工具面向角 0°
方位角	$0°\sim360°$	$\pm1.5°$	倾角 0°，工具面向角 0°
工具面向角	$0°\sim360°$	$\pm1.5°$	倾角 0°，方位角 0°

3. 设备构成

CXK12 矿用钻孔成像仪主要由探头、线缆、主机、推杆、计数器等组成，如图 6.41 所示。

图 6.41　锚杆窥视仪

---

① 　1in=2.54cm。

4. 适用条件

该仪器适用于垂直孔、水平孔和倾斜孔等钻孔成像，如锚杆锚索孔、瓦斯抽放孔、超前探测孔、煤层岩层勘探孔，也可用于各种地面工程如地质勘探孔、水文信息采集孔、地下注浆孔、灾难救援孔等的观测。

该仪器的探头外径为 $\Phi26mm$，因此可以在孔径大于 $\Phi26mm$ 的钻孔中使用。

5. 推广情况

2016 年 6 月，河南永锦能源云盖山煤矿某工作面进行水力冲孔试验，未达到理想的效果，遂采用 CXK12 矿用钻孔成像仪对孔底周边进行观测，通过探头轨迹测量功能得知孔底位置与设计终孔坐标基本重合，通过录像功能采集到孔内视频数据，发现终孔位置附近发生塌孔，并以此为依据制定后续施工方案，最终完成试验。

2015 年 11 月，神木大保当煤矿某地面钻孔发生掉钻事故，打捞队根据施工队提供的孔内信息制定打捞方案一直未能成功，后打捞队采用 CXK12 矿用钻孔成像仪对钻孔内情况进行观测，发现孔内情况十分复杂，掉落了四根 $\Phi50mm$ 钻杆，同时还有钢丝绳、铁锤等杂物。打捞队根据录像资料和探头姿态信息，准确地定位了孔内所有异物的位置和姿态，针对性地加工了打捞夹具，最终顺利完成打捞任务。

2015 年 6 月，榆林袁大滩煤矿在建井时发生突水事故，施工队注浆封堵工程验收时需要对若干地面水文孔进行观测，由于孔内有水，需要观测探头有良好的承水压能力。施工队采用 CXK12 矿用钻孔成像仪对钻孔进行录像并提交给甲方作为验收材料之一，得到了甲方的认可。

6.4.3 钻机开孔定向仪

1. 主要用途

YHZ80/360 矿用本安型钻机开孔定向仪为便携式仪器，用于煤矿井下水平孔、俯角孔、仰角孔、地质勘探孔、瓦斯抽放孔、探放水孔、注浆加固孔等各种钻孔的开孔方位角、倾角的精确测量，也可用于各种钻机方位角、倾角的实时测量。

该仪器核心部件采用基于光纤陀螺的捷联惯性测量单元，具有体积小、重量轻、携带方便、不受铁磁材料影响的特点。数字显示钻孔的开孔倾角和方位角。

2. 性能参数

YHZ80/360 矿用本安型钻机开孔定向仪的性能参数：方位角测量范围为 $0º \sim 360º$，方位角测量误差不大于 $1.5º$；倾角测量范围 $\pm80º$，倾角测量误差不大于 $0.1º$；开机自动寻北，寻北时间小于 3min，寻北误差不大于 $1.0º$，跟踪测量误差小于 $0.5º$；仪器采用锂离子电池组供电，连续工作时间不少于 3h；仪器尺寸为 316mm×114mm×136mm；仪器重量不大于 4.2kg。

3. 设备构成

该仪器主要由 1 台 YHZ80/360 矿用本安型钻机开孔定向仪、1 套充电机、1 套固定支架、1 套专用工具等组成（图 6.42）。

图 6.42　YHZ80/360 矿用本安型开孔定向仪

4. 适用条件

该仪器主要用于煤矿井下水平孔、俯角孔、仰角孔、地质勘探孔、瓦斯抽放孔、探放水孔、注浆加固孔等各种钻孔的开孔方位角、倾角的精确测量，以及各种钻机方位角与倾角的实时测量。

5. 推广情况

该仪器自 2014 年推出以来，已经在河南平煤集团，山西晋煤集团、河南永煤集团、山东兖煤集团等等所属煤矿销售近 30 余台套。

YHZ80/360 矿用本安型钻机开孔定向仪具有测量精度高、操作简便、易于携带且不受煤矿井下大量铁磁材料干扰的优点，为煤矿井下钻孔及钻机的方位角及倾角测量提供了新仪器。

6.4.4　钻孔测深仪

1. 主要用途

YZS2 矿用钻孔测深仪为便携式设备，通过测量钻杆的长度间接测量煤矿井下钻孔的深度。该仪器适用于煤矿井下高瓦斯、高粉尘、高温环境中，地质勘探孔、瓦斯抽放孔、探放水孔、注浆加固孔等各类钻孔深度测量；通过对钻孔深度的测量，检验钻孔施工单位的钻进质量。

2. 性能参数

YZS2 钻孔测深仪的性能参数：测量范围为 10～200m；钻孔口径为 38～89mm；测量误差优于 1%FS；通道个数为 2 个；采样率为 1k～450kHz；AD 位数为 16 位；工作时间不

小于6h；传感器类型为IEPE压电加速度；传感器灵敏度（±10%）为10mV/g；频率范围（±3dB）为0.5k～6kHz；工作温度为-40～121℃；额定工作电压为5V和30V；工作电流为不大于1.5A和不大于120mA。

3. 设备构成

该仪器由YZS2钻孔测深仪主机、传感器、钻杆转接头、敲击锤等组成，钻孔测深仪实物如图6.43所示。

4. 适用条件

该仪器适用于煤矿井下钻孔深度测量。其中，测量范围为10～200m；钻孔口径为38～89mm。

5. 推广情况

2014年4～6月，在陕西彬长胡家河矿业有限公司进行煤矿井下瓦斯抽放钻孔深度测量。实际孔深161m，测量孔深159.24m，测量误差1.09%。

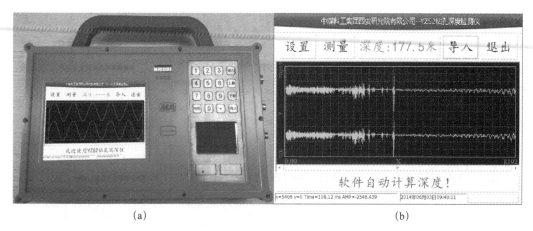

(a)　　　　　　　　　　　　　　　(b)

图6.43　YZS2矿用钻孔测深仪

（a）仪器外观；（b）测量界面

2014年10～11月，在阳泉煤业（集团）股份有限公司二矿进行煤矿井下瓦斯抽放钻孔深度测量，通过对多个钻孔的测量，误差基本保持在1%～2%，起到了很好的监督作用。

YZS2钻孔深度测量仪具有测量精度高、测量速度快、轻便易携带、操作简单等优点，为煤矿井下钻孔深度测量提供了新设备。

（本章主要执笔人：赵兆，吴海，江浩，徐维泽，王杰，宫浩，雷晓荣，

王小龙，燕斌，王云宏）

第7章
综合物探技术在采空区精细探查中的应用

近年来，我国煤矿老空区水害占到水害事故的 80% 以上，资源整合煤矿大都存在采空区位置、边界、规模与积水面积、水位、水量不明等困扰，给煤矿安全生产带来严重的安全隐患。煤矿采空区综合精细勘查成为有效防范煤矿采空区灾害的当务之急。

2009 年以来，煤炭科学研究总院承担完成内蒙古鄂尔多斯市、陕西省榆林市、山西省晋城市和临汾市、甘肃省白银市等地区 500 余座煤矿的采空区地面与井下综合精细勘查项目，对于不同埋深、不同类型采空区综合精细勘查方法的适用条件及效果有了较为深入的认识，积累了一定经验。

7.1 采空区地面综合物探技术及应用

7.1.1 地面综合物探方法优选

1. 极浅采空区

极浅采空区宜采用探地雷达法和高密度电法。探地雷达法主要探测采空区边界范围，采用单点测量方式时，线距不大于 10m，点距不大于 2m，地形平坦区域可采用连续测量；高密度电法主要探测采空区及其富水性，多采用温纳装置，线距不大于 10m，点距不大于 2m。

2. 浅层采空区

浅层采空区宜采用浅层地震法、瞬变电磁法和高密度电法。浅层地震法主要探测采空区边界范围，可采用锤击或机械震源，主测线线距不大于 20m，联络测线线距不大于 100m，道距不大于 5m；高密度电阻率法或瞬变电磁法主要探测采空区及其富水性，线距不大于 20m，点距不大于 10m。其中高密度电阻率法多采用温纳装置，瞬变电磁法多采用中心回线或大定源装置。

3. 中深采空区

对于中深采空区，宜采用地震法、瞬变电磁法、可控源音频大地电磁法和音频大地电磁法。瞬变电磁法、可控源音频大地电磁法或音频大地电磁法主要探测采空区及其富水性，线距不大于 40m，点距不大于 20m；地震法主要探测采空区边界范围，采用炸药震源或可控震源,二维地震法主测线线距不大于 40m,联络测线线距不大于 200m,道距不大于 10m,三维地震法 CDP 网格不大于 5m × 10m。

4.深层采空区

深层采空区宜采用三维地震法、可控源音频大地电磁法、音频大地电磁法和大定源瞬变电磁法。三维地震法主要探测采空区边界范围,采用炸药震源或可控震源,CDP 网格不大于 10m × 10m;可控源音频大地电磁法、音频大地电磁法或瞬变电磁法主要探测采空区及其富水性,线距不大于 60m,点距不大于 30m。

7.1.2 矿井综合物探方法优选

煤矿采空区探测中,目前较为成熟的矿井物探方法有矿井电磁类方法和矿井地震类方法。矿井电磁类方法主要包括:矿井瞬变电磁法,矿井直流电法(电测深与电剖面法、高密度电阻率法),矿井地质雷达法,直流电透视法(音频电透视或电阻率 CT 法),无线电波透视法(电磁波 CT 法)。矿井地震类方法主要包括:二维地震法、三维地震法、槽波地震法、瑞雷波法等。

矿井综合物探勘查包括掘进头超前探测、工作面内部探测、顶底板探测等。其中掘进头超前探测主要适用于探测掘进头前方老采空区及积水分布情况、断层、陷落柱等构造异常发育情况,常用物探勘查方法有矿井瞬变电磁法、矿井直流电法、矿井地震法(瑞雷波、反射波)等;工作面内部探测主要适用于探测工作面内部断层、陷落柱等构造异常及评价构造含水性,常用的物探勘查方法有:直流电透视法(音频电透视或电阻率 CT 法),无线电波透视法(电磁波 CT 法),矿井地震法(反射波法、槽波地震探测法)等;顶底板探测主要适用于探测巷道或工作面顶底板含水层、隔水层分布、导水通道、灰岩岩溶及发育情况、顶底板断层及裂隙发育带高度等,常用的物探勘查方法:矿井瞬变电磁法,矿井直流电法(电测深与电剖面法、高密度电阻率法),矿井地震法(反射波和透射波法)等。

7.1.3 立体综合物探勘查技术

为实现煤矿采空区的精细探测,往往采用两种或两种以上的探查方法,进行地面与井下、巷探和钻探与物探勘查相结合、地震类方法与电(磁)类方法相配合、同类物探方法相补充的工作方式,来提高综合勘查精度。

为提高物探勘查精度,在条件许可的情况下,开展井下物探、地面与井下钻探工作,与地面勘查结果相互验证。在开展井下勘查后,勘查精度可做到平面摆动误差小于 3m,垂直摆动误差小于 5m。

7.1.4　应用实例

传统的地面地震勘探是震源和检波器均布置在地面，整个勘探工作都是在地面完成；井下地震勘探是在煤矿井下的巷道内布置震源点和接收点，整个勘探工作都是在井下完成。孔间地震勘探是在钻孔内进行的一种地震勘探，通过在岩层内钻孔，将震源点和接收点布置在钻孔内进行勘探。由于受到空间条件和施工环境的限制，无论是地面地震、孔间地震还是井下地震均无法获得全方位的地震信息，为此研究了一种井上下全空间地震波数据采集系统和勘探方法，既能够充分利用传统地面地震可进行大面积勘探的优势，又能有效利用煤矿井下存在巷道空间的有利条件，突破传统地震勘探方法的空间限制（图 7.1）。

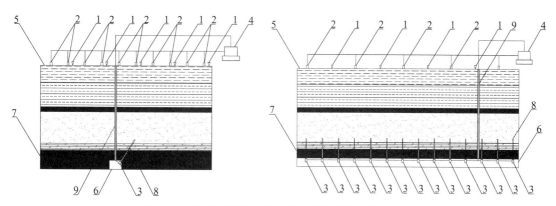

图 7.1　一种井上下全空间地震波数据采集系统示意图

1.地震波形成装置；2.地震波地面接收装置；3.地震波井下接收装置；4.地震波数据采集控制装置；
5.矿井地面；6.井下巷道；7.开采煤层；8.锚杆；9.钻孔

井上下全空间地震波数据采集系统，包括震源部分、地面接收部分、井下接收部分、孔中接收部分和数据采集控制部分。地面部分类似于传统的地面地震勘探布置，可结合井下巷道的延展方向和位置，合理设计地面的震源位置和接收检波器的布设方式，各检波器接收的地震信号传输到数据采集控制装置；井下接收部分可在井下沿着巷道线性布置，井下接收装置一般可通过锚杆固定于井下巷道顶板上，最后与布置在地面的数据采集控制装置连接；孔中接收装置可采用工程中常用的多级孔中检波器，地震信号通过有线连接传输到数据采集控制装置。震源激发后，地面、孔中和井下接收装置可同时接收地震数据，然后传输到地震波数据采集控制装置，从而获得信息更丰富的全空间地震数据。

井上下全空间地震波数据采集系统地面部分能够达到传统的地面二维和三维地震勘探目的。由于在地面接收地震波同时，还进行孔中和井下地震数据采集，因此，可通过层析成像方法反演井下巷道与地面之间的地质信息；另外，能够通过井下接收装置采集的数据对由地面接收装置采集的地面二维和三维地震波数据进行约束反演，进而提高地面二维和三维地震波勘探的分辨率和解释精度。在丰富的高精度、全方位、大范围的地震波数据基础上，还可开发许多新的地震数据处理和解释方法，从而大幅提高煤矿精细勘查技术水平。

7.2 积水采空区综合物探工程实例

7.2.1 浅层地震法和瞬变电磁法综合探测

内蒙古鄂尔多斯市某矿主采侏罗系延安组 3^{-2} 煤层和 4^{-2} 煤层。3^{-2} 煤层平均厚度为 3.07m，平均埋深约为 55m；4^{-2} 煤层平均厚度为 2.74m，距 3^{-2} 煤层平均间距为 42.45m。两煤层均为近水平煤层。由于矿井东部边界存在 3^{-2} 煤层的越界开采现象，为了探明 3^{-2} 煤层的采空区及积水范围，采用浅层地震法和瞬变电磁法开展了采空区地面综合物探。

浅层地震法采用法国 428XL 地震仪，道距为 4m，接收道数 48 道，排列长度为 200m，激发点距为 8m，激发方式为重锤中间激发，叠加次数 12 次，最小炮检距为 8m，最大炮检距为 100m，检波器组合方式为三个串联，挖坑埋置。

瞬变电磁法采用 V8 多功能电法仪，测网密度为 40m×20m，大定源装置，发射线框 100m×100m，发射频率为 25Hz，发射电流为 18A。

图 7.2 为 1 条重合的 2DSM 反射时间剖面（DZ1 线）与 TEM 视电阻率剖面（TEM3 线）对比图，DZ1 线测线距离 560～900m 在 3^{-2} 煤层位反射波能量明显减弱或消失，波形出现缺失、跳跃、紊乱或畸变现象，推断存在采空区；TEM3 测线距离 250～380m（对应 DZ1 线 550～680m）为低阻反应，推断存在 1 处积水采空区，测线距离 380～840m（对应 DZ1 线 680m 之后）为高阻反应，推断存在采空区。两种物探方法吻合性较好。

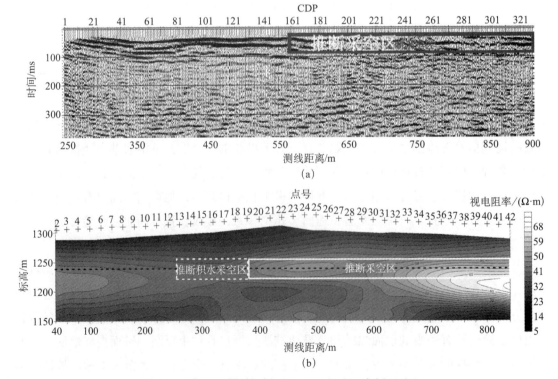

(a)

(b)

图 7.2 2DSM 反射时间剖面和 TEM 视电阻率剖面对比

（a）DZ1 线 2DSM 反射时间剖面；（b）TEM3 线 TEM 视电阻率剖面

　　为了验证积水采空区的准确性，该矿在采取安全措施的情况下打开了已有巷道密闭（图 7.3），进入推断的积水采空区，发现密闭内积水严重，说明综合物探效果达到了预期目标。

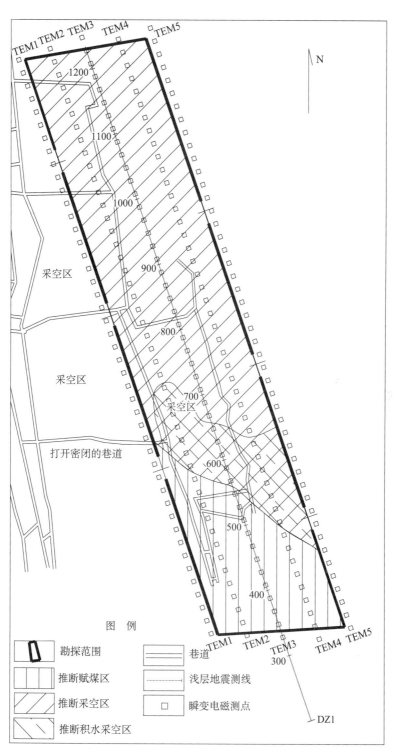

图 7.3　综合物探勘查解译成果平面图

7.2.2　地面与井下瞬变电磁法综合探测

内蒙古自治区鄂尔多斯市某矿井开采井田东南部 3 号煤层，拟布置 1136、1138 工作面。紧邻拟布置工作面东部和南部为另一矿井，原有小煤窑采用房柱式开采，开采范围不清，并存在越界开采可能，同时上覆砂岩含水层含水相对较为丰富。为了保证 1136、1138 工作面安全开采，经协商对采区采用地面瞬变电磁法勘查、同时在 1136 工作面采用矿井瞬变电磁探测，来解决开采区域内的老空区的位置、分布范围与积水、覆岩富水性。

矿井构造形态表现为一向南西倾斜的单斜构造，倾角一般为 1°～5°，地质构造属简单类型。勘查目标层为 3 号煤，厚度为 2.72～4.01m，平均为 3.18m，为井田内全区发育的主要可采煤层之一。煤层结构简单，一般不含夹矸或局部含 1 层夹矸，层位稳定，对比可靠，顶板岩性以泥岩、砂质泥岩为主，局部为粉砂岩、细砂岩；底板岩性以砂质泥岩、泥岩为主，局部为粉砂岩。

地面瞬变电磁法勘查采用加拿大凤凰公司生产的 V8 多功能电磁法探测仪，测网设计线距为 40m，点距为 20m，共布置测线 12 条，测点 576 个，中心回线装置。

矿井瞬变电磁法勘查采用加拿大 PROTEM-47 型瞬变电磁仪，多匝矩形发射线框，边长为 2m×2m，偶极装置。测线布置在工作面轨道顺槽、皮带顺槽内，测点间距为 2～10m，转换不同角度则可探测工作面内顶板或底板岩层一定范围的电阻率分布。

为了使探测范围能够全部或基本全部覆盖 1136 综采工作面顶板至上煤层及砂岩含水层范围，满足探测地质任务的要求，根据工作面实际采掘条件，在 1136 综采工作面回风顺槽和皮带顺槽各设计三个不同的探测方向。回风顺槽按 90°、40°、25°（发射线圈平面法线方向与水平面的夹角）的探测方向设计，皮带顺槽按 90°、40°、25°，基本上全部覆盖了 1136 综采工作面 3 煤顶板各岩层。

图 7.4 为瞬变电磁法 2 线视电阻率断面图。从图中可以看出，剖面图右侧高阻异常区的异常幅值较大，异常区中心主要集中在 3 煤所赋存深度位置，在图中反映比较明显，推断为采空区的反映；剖面图中部和左侧为低阻异常区，疑似在 3 煤层上部地层中，同时该处地表沟谷较为发育，为水的赋存提供了良好的条件，低阻异常推断为上覆砂岩富含水层。

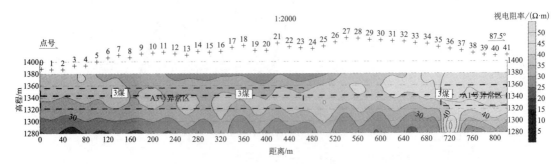

图 7.4　瞬变电磁法 2 线视电阻率断面

从地面瞬变电磁法勘查成果可知，测区共发现三处异常区，分别编号为 1 号高阻异常区、2 号低阻异常区、3 号低阻异常区（图 7.5）。其中 1 号高阻异常区推断为 3 煤采空区；

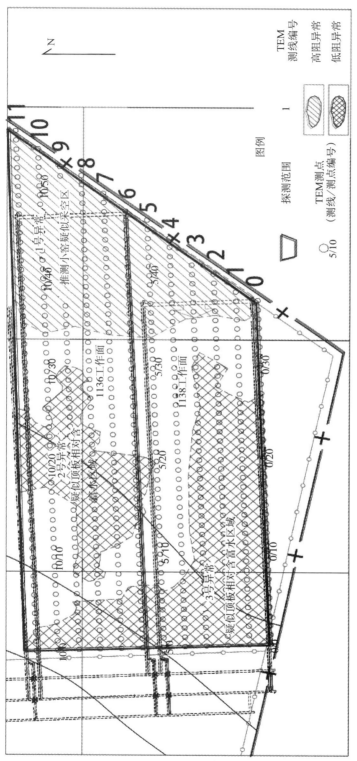

图 7.5　地面瞬变电磁法勘查成果

2 号低阻异常区推断为 3 煤上覆岩层富水区；3 号低阻异常区推断为 3 煤上覆岩层富水区。

从矿井瞬变电磁法勘查成果可知，1136 工作面上方 30m 处共推断 2 处低阻异常和 1 处高阻异常（图 7.6）。结合巷道已经揭露的地质情况和岩性变化分析，推断低阻异常 1 为富水性中等，推断由于 2 煤所在层位砂岩含水层引起；推断低阻异常 2 局部富水性中等，局部富水性较强或强，推断由于 2 煤所在层位砂岩含水层引起；推断高阻异常为高阻岩体（或采空异常），推断是由于 2 煤所在层位含水较少的高阻岩体引起。

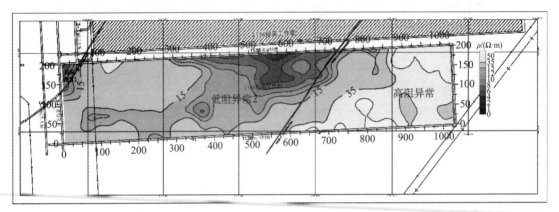

图 7.6　1136 工作面上方 30m 处探测成果平面图

通过地面瞬变电磁法与矿井瞬变电磁法综合勘查对比，异常纵向所在位置及异常横向所分布范围相对较为吻合。地面与井下探测结果中均出现低阻异常 1 和低阻异常 2，位于 1136 工作面上方 2 煤所在的区域西部和中部，结合矿井地质资料，可以推断 2 处低阻异常为砂岩含水体；高阻异常 1 位于 1136 工作面上方 2 煤所在区域的东部，靠近矿区边界，结合矿井地质资料，推断该高阻异常为含水较少致密砂岩或含水较少的老窑采空区。经矿方打钻验证，低阻异常 1 和低阻异常 2 附近打钻 22 个钻孔，其中有 16 个钻孔出水，证实两处低阻异常为砂岩含水体；高阻异常 1 附近打钻 6 个孔，未出现钻孔出水现象，也未发现老窑采空区，证实该处高阻异常为含水较少致密砂岩。

7.2.3　矿井瞬变电磁法与矿井直流电法综合探测

山西晋城某矿可采煤层为山西组的 3# 煤层及太原组 9#、15# 煤层，9101 工作面轨道顺槽正在掘进 9# 煤层，探测位置东面为矿界，南部为未采区，可能存在采空区。

矿井瞬变电磁法和矿井直流电法综合超前探测位置在 9101 工作面轨道顺槽 1152m 处（图 7.7）。巷宽为 4.1m，高为 2.2m，锚杆锚网支护，综掘机退后 27m，迎头有少量涌水，迎头正中间与右帮距迎头 1m 处方位角 20° 位置各有 1 个探放水钻孔，均接排水钢管排水，钢管外露 1m 左右，迎头摆放一堆钻杆，3～5m 有钻机、泵站、水管等铁器，迎头煤壁上有大量渗水，右帮距迎头 5m 处钻孔有出水，左右两帮 5m 范围内煤壁渗水，颜色为黄色。

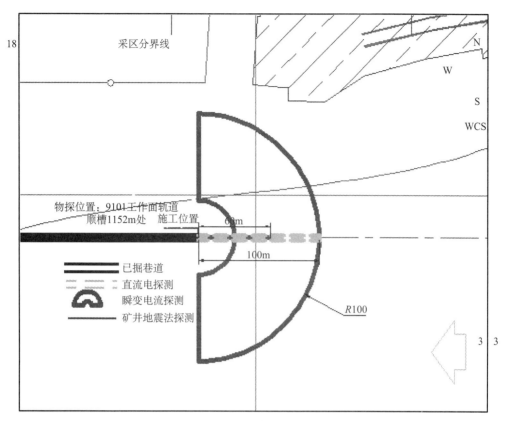

图 7.7　探测位置示意图

1. 矿井瞬变电磁法探测

从图 7.8 顺层探测结果中可以看出，在有效探测深度为 100m 范围之内，发现 2 处低阻异常区，分别命名为低阻异常区 1 和低阻异常区 2。低阻异常区 1 位于沿探测方向为 0°～80°、深度约 45m 之外；低阻异常区 2 位于沿探测方向为 90°～135°、深度约 50m 之外。结合现场环境及地质资料分析，推断这两处低阻异常为采空区积水或裂缝水。

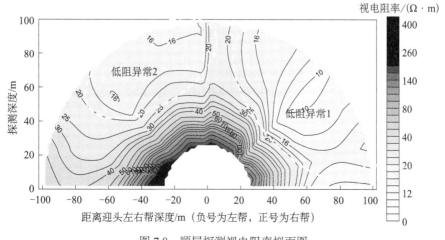

图 7.8　顺层探测视电阻率拟面图

从图 7.9 纵剖面探测结果中可以看出，在有效探测深度为 100m 范围之内，发现 1 处低阻异常区，位于底板 30°～顶板 30°，深度约为 50m 之外。结合现场环境及地质资料分析，推断低阻异常区为采空区积水或裂缝水。

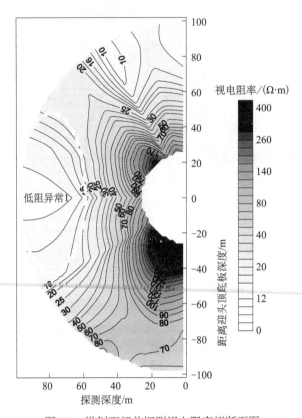

图 7.9　纵剖面超前探测视电阻率拟断面图

2. 矿井直流电法探测

从图 7.10 超前探测结果中可以看出，在有效探测深度为 100m 范围之内，发现 1 处低阻异常，命名为低阻异常 1。低阻异常 1 位于掘进头前方 54～59m 范围内。结合地质资料及现场施工环境分析，推断该低阻异常为采空区积水或裂缝水。

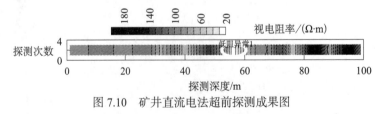

图 7.10　矿井直流电法超前探测成果图

矿方于 2015 年 8 月 23 日在轨道顺槽 1152m 处施工超前探测钻孔，在 45m 处见空，并有老空水涌出，经测定，水压最大可达 0.2MPa，涌水量为 10～20m³/h（图 7.11），瞬变电磁法和直流电法在出水区域均有明显低阻异常反映。

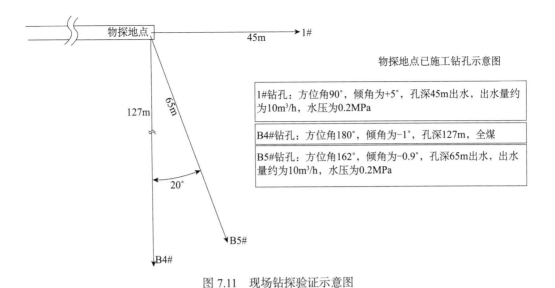

图 7.11 现场钻探验证示意图

（本章主要执笔人：李文，李宏杰，廉玉广，张永超，牟义）

第三篇　钻探技术与装备

　　西安研究院煤矿井下开展钻探设备、机具与钻进工艺的研发始于 20 世纪 70 年代末、80 年代初，钻探工艺的研究主要以常规钻进技术为主，钻探装备的研究率先将液压技术用于勘探钻机的设计，成功研制了煤矿井下第一台全液压动力头式钻机，形成第一代钻机系列产品，随着液压技术和机器制造的提升，钻探装备由煤矿井下全液压分体式钻机发展到履带式钻机，并且成为西安研究院的支柱产业。

　　1990 年，MKG-5 型钻机的研制拉开了西安研究院第二代 MK 系列钻机的研发序幕。至 1995 年，先后形成了 MK-3 型、MKD-5 型、MKG-4 型、MK-2 型、MKD-5S 型等基本型号钻机，以此为基础运用钻机结构部件的模块化，先后派生出 MK-4 型、MK-5 型、MK-5S 型、MKG-5D 型、MKG-5S 型、MK-5T 型等多型号钻机的产品。MKD-5S 型钻机在大直径 (Φ215.9mm) 高位钻孔施工中获得成功应用，为煤矿井下利用大直径高位钻孔代替瓦斯抽放巷道积累了丰富的经验。

　　1997 年 MK-6 型钻机问世，推动了煤矿井下 600m 以上长钻孔瓦斯抽采 (放) 技术的发展应用。1999 年 MK-7 型坑道千米钻机的研制，可施工 1000m 深的大直径 (Φ153mm) 近水平长钻孔，标志着第二代 MK 系列钻机主体研制工作的完成，钻机的转矩 540～10000N•m，转速范围 50～1000r/min，钻进能力范围 30～1000m，具有功率大、搬迁容易、操作简捷、性能可靠等优势，奠定了西安研究院在国内煤矿坑道钻机研制的领先地位。

　　2005 年之前以常规回转钻进方法为主，总结形成的井下近水平长钻孔钻进技术一直处于国际先进水平，2002 年在铜川陈家山煤矿完成钻孔深度 865m 的本煤层近水平孔，创造了国内采用孔口回转钻进方式施工本煤层孔的最大孔深记录。

　　2005 年以后，国内煤矿井下近水平孔随钻测量定向钻进技术进入快速发展和广泛应用时期。随着井下孔底动力造斜工具 (螺杆马达) 和随钻测量仪器的更新换代，煤矿井下定向钻进技术，逐渐由单点测量发展为多点连续测量、由分段造斜发展为连续造斜，实现了煤矿井下定向钻进的随钻测量和轨迹精确控制。该时期西安研究院取得的标志性成果包括：2008 年在亭南煤矿利用具有自主知识产权的随钻测量定向钻进技术成套装备，钻成了首个深度突破 1000m 的定向长钻孔，研究成果达到了国际领先水平；2014 年在晋煤集团寺河矿钻成了主孔深度 1881m 本煤层超长定向孔，创造了煤矿井下本煤层定向孔最大孔深新的世界纪录；2015 年在晋煤集团成庄矿钻成了一个分支孔个数达到 77 个、单孔总进尺达到 9822m 的本煤层多分支定向孔。

煤矿井下取心钻探技术在近二十年时间内也得到快速发展。20 世纪 90 年代中期，西安研究院将地面勘探领域的绳索取心钻进技术成功引入煤矿井下坑道钻探中，解决了近水平和上仰状态下内管总成和打捞器的输送下放难题，使其满足井下近水平孔和上仰孔绳索取心钻进要求，先后创造了井下近水平绳索取心孔 401.8m 和垂直绳索取心孔 505.2m 的国内孔深最高纪录。

为满足煤矿井下生产对技术装备高产高效的要求，西安研究院于 2004 年开始研制履带钻机，2005 年研发出了国内首台履带坑道钻机——ZDY6000L 型钻机，将负载敏感和远程泵控变量等技术应用于坑道钻机产品设计，大大提高了钻机的操控性和可靠性，陆续推出了 ZDY4000L、ZDY3200L、ZDY1900L、ZDY1200L 等履带钻机产品。2009 年研发成功用于定向钻进的 ZDY6000LD(A) 型履带钻机，随后相继研制了 ZDY6000LD、ZDY6000LD(B)、ZDY6000LD(F) 和 ZDY4000LD、ZDY4000LD(A) 等型号的钻机。"十二五"期间，成功研制了 ZDY12000LD 型大功率钻机，进一步提升了井下定向钻进装备的施工能力。同时不断丰富履带钻机品种，按照个性化定制需求，开发出 ZDY3200LF、ZDY4000LF、ZDY4300LF 等型号分体式中深孔履带钻机，ZDY3500LP、ZDY3500LQ、ZDY6500LP、ZDY6500LF 等多自由度宽幅履带钻机产品，以及 ZDY3000LG、ZDY2800LG 型高转速螺旋钻进履带钻机，研制了 ZDY3500T、ZDY3500LT 和 ZDY1300L 等型号探放水专用钻机，以及 ZDY5000LR、ZDY4000LR 等型号的软煤钻进钻机。

为了满足地面煤层气开发需要，西安研究院于 2008 年开始研制地面车载钻机，2012 年成功推出 60T 车载钻机产品，2015 年成功推出 100T 车载钻机产品。此外，西安研究院从 2008 年开始巷道支护和修复技术与装备的研发工作，2010 年成功研制了 ZDY200LM 型钻锚机，2014 年成功研制了 WPZ55/50L 型巷道修复机，2015 年研制了 ZDY750L 型底锚机。

1996～2005 年，形成了系列化钻杆产品，包括矿用外平钻杆、螺旋钻杆、中心通缆式钻杆、三棱钻杆、地质（石油）钻杆等，期间在国内率先将摩擦焊接技术运用到煤矿井下用钻杆的研发和规模化生产中，使矿用钻杆的加工工艺得到了革新性发展和进步。

1985 年，西安研究院开始开展金刚石复合片 (PDC) 钻头的研发，至 2015 年形成了系列化产品，胎体式复合片钻头、钢体式复合片钻头、胎体式弧角钻头，事故处理打捞钻头等批量型，其中，研发的支柱型复合片钻头、软 - 中硬岩层 PDC 钻头替代了合金钻头，填补了我国煤田地质钻探领域中硬地层全断面 PDC 钻头的空白。

西安研究院在钻探技术与装备领域制定了《煤矿坑道常规地质钻探用钻杆》（MT/T521—1995）、《煤矿坑道勘探用钻机》（MT/T790—1998）、《煤矿坑道勘探用往复式泥浆泵》（MT/T1119—2011）、《金刚石复合片不取芯钻头》（MT/T786—1998）、《金刚石复合片不取芯钻头》（MT/T786—1998）、《煤矿用金刚石复合片锚杆钻头》（MT/T984—2006）、《煤田钻探金刚石取芯钻头》（MT/T789—1998）等煤炭行业标准，不断提升我国煤炭行业技术水平，保障煤矿安全高效开采。

本篇详细介绍了回转钻进技术、随钻测量定向钻进技术、碎软煤层钻进技术、坑道绳索取心钻进技术、地面钻进技术等钻探技术与相关装备。

第8章
回转钻进技术与装备

8.1 常规回转钻进技术与装备

8.1.1 基本原理

常规回转钻进技术是指利用钻机驱动钻杆柱带动钻头回转破碎煤岩层的钻进方法。

8.1.2 技术特点

常规回转钻进技术具有以下特点。

（1）工艺原理简单，操作方便。

（2）钻进速度较快，效率高。

（3）钻进装备成本低，易于维护。

（4）钻孔轨迹随钻具自重或钻进工艺参数选择而变化，不能控制钻孔轨迹。

8.1.3 钻进装备

常规回转钻进装备主要由钻机、泥浆泵、钻杆及钻头等组成。

1. 钻机

常规回转钻进使用的钻机主要为全液压动力头式钻机，包括分体式钻机和履带式钻机两类产品，均采用液压传动方式，由电动机驱动液压泵，为回转、给进等执行机构提供动力，动力头可在给进行程范围内往复移动。

1）分体式钻机

分体式钻机分为主机、泵站、操纵台三大部分，各部分之间用高压胶管连接，摆布灵活，解体性好，便于井下搬迁运输。其中主机是钻机的核心部件，主要由动力头、夹持器、给进装置和机架组成。典型分体式钻机如图8.1所示，常见钻机参数如表8.1所示。

分体式钻机主要有以下特点。

（1）主机、泵站、操纵台三部分可以根据场地情况灵活摆布，解体性好，搬迁运输方便。

（2）钻机具有联动功能，通过回转器与卡盘，给进油缸与卡盘、夹持器的联动，实现自动拧卸钻杆、"无塔"起下钻具，起下钻效率高。

（3）采用变量液压泵和变量马达组合进行无级调速，转速和扭矩可在大范围内调整，提高了钻机对不同钻进工艺的适应能力。

（4）通过操纵台进行集中操作，操作人员可与孔口保持较大的距离，有利于人身安全。

（5）动力头采用通孔式结构，钻杆长度不受钻机本身结构尺寸的限制。取出夹持器卡瓦，可扩大其通孔直径，便于起下粗径钻具。

（6）给进装置采用油缸直接驱动，实现给进、起拔钻具，结构简单，安全可靠，给进、起拔能力大。

（7）利用支撑油缸调整机身倾角，方便、省力、可靠。

（8）液压系统保护装置完备，工作可靠性高，液压元件采用国产先进产品，性能稳定、通用性强。

图 8.1　ZDY4000S 型和 ZDY10000S 型全液压分体式钻机

表 8.1　典型全液压分体式钻机主要参数表

参数	机型						
	ZDY400	ZDY650	ZDY1200S	ZDY1900S	ZDY4000S	ZDY6000S	ZDY10000S
孔直径 /mm	75	75	75/94	94	113	150/94	150/200
钻孔倾角 /(°)	0～±90	0～±90	0～±90	0～±90	0～±90	0～±10	0～±10
钻杆直径 /mm	42	42/50	50/63.5	63.5/73	73	73/89	89
回转速度 /(r/min)	10～155	10～280	10～300	10～300	5～280	10～200	5～160
最大转矩 /(N·m)	450	660	1200	1900	4000	6000	10000
给进能力 /kN	12	24	33	105	150	210	250
起拔能力 /kN	21	36	45	73	150	210	250
统额定压力 /MPa	14	16	21	21、21	25、21	25、21	28、21
电动机功率 /kW	7.5	15	22	37	55	75	90
主机外形尺寸（长×宽×高）/m	1.32×0.57×0.8	1.78×0.6×1.3	1.8×0.71×1.70	2.2×1.2×0.8	2.38×1.3×1.52	3.0×0.95×1.4	2.66×1.4×1.92
钻机质量 /kg	650	900	1360	2100	2540	5390	5540

钻机的主要关键技术如下所示。

（1）钻机的液压系统。

分体式钻机的液压系统一般采用单泵或双泵开式循环系统，ZDY400 型、ZDY540 型、ZDY650 型等钻进能力较小的钻机多采用单泵系统，系统简单、元件少。ZDY1200S 型、ZDY1900S 型、ZDY6000S 型、ZDY10000S 型等钻进能力较大的钻机采用双泵系统，即回转和给进分别由两个泵单独供油，回转和给进回路压力、流量可单独调节。其中，ZDY1900S 型钻机液压系统（图 8.2）利用电动机带动主泵和副泵分别经吸油滤油器吸油，输出的高压油进入手动多路换向阀或油路板中，通过手把控制马达、卡盘、夹持器、给进油缸等各个执行机构的动作，通过变量马达手轮调节回转速度，利用溢流阀或减压阀调节给进压力，利用节流阀调节速度或背压，回油经冷却器和回油滤油器返回油箱。该液压系统可实现卡转联动、起下钻联动、夹转联动及卸扣联动等多种联动功能，有利于提高施工人员操作方便性和施工效率。

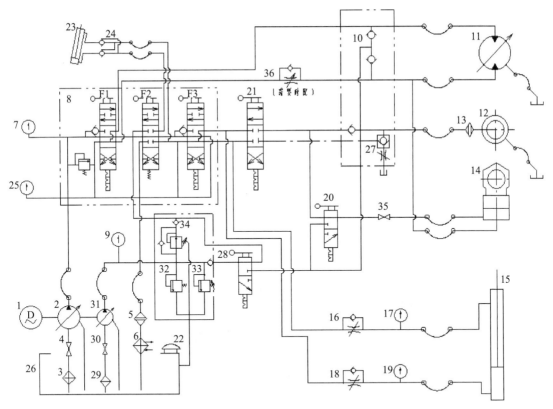

图 8.2 ZDY1900S 型钻机液压系统图

（2）动力头。

动力头用于输出转矩和转速，由斜轴式变量马达、齿轮箱和卡盘等组成。马达经齿轮减速，驱动主轴及卡盘实现钻杆的回转。调节马达排量可以改变动力头的输出速度。主轴采用通孔结构，方便从后端起下钻杆，且钻杆的长度不受限制。动力头安装在给进机身的拖板上，借助给进油缸沿机身导轨往复运动，实现钻杆的给进或起拔。卡盘采用液压夹紧、弹簧松开的常开式结构，通过配油套引入液压油，通过胶筒压缩夹紧钻杆，具有自动对中、安全可靠、卡紧力大等特点。近年来，在胶筒式卡盘的基础上开发了轴向活塞式卡盘，利用油缸及斜面增力机构夹紧钻杆，具有易损件少、更换卡瓦方便等特点。动力头结构示意图如图 8.3 所示，胶筒式卡盘结构示意图如图 8.4 所示。

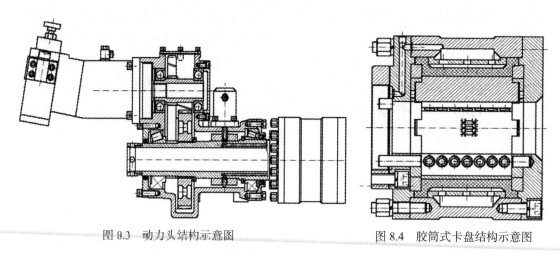

图 8.3　动力头结构示意图　　　　　图 8.4　胶筒式卡盘结构示意图

（3）夹持器。

夹持器主要用于夹持钻杆，采用碟形弹簧夹紧，油压松开的常闭式结构。夹持器固定在给进装置的前端，用于夹持孔内钻杆，还可配合动力头实现机械拧卸钻杆。夹持器为复合式结构，由主油缸松开夹持器，在卸扣时由副油缸和碟形弹簧共同夹紧钻杆，保证可靠拧卸。夹持器卡瓦安装在卡瓦座上，拆卸方便。近年来，又开发了大行程夹持器，采用对称的常闭式结构，夹持范围宽、方便通过粗径钻具。复合式夹持器结构示意图如图 8.5 所示。

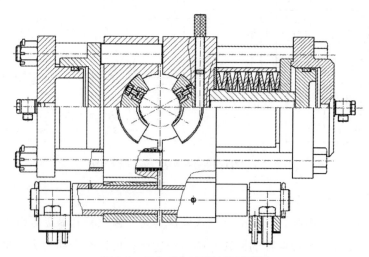

图 8.5　复合式夹持器结构示意图

（4）给进装置。

给进装置由给进油缸、给进机身、拖板等部分组成，用于带动动力头给进或起拔。根据给进行程及能力大小等的不同，可采用单级油缸、双油缸、多级伸缩油缸及油缸链条等给进方式（表 8.2）。采用油缸给进方式时，油缸的活塞杆和给进机身固定连接，油缸的缸筒和给进机身上的拖板固定连接，油缸的往复运动可带动动力头沿机身导轨作往复移动。动力头与拖板之间采用翻箱式结构连接，起下粗径钻具时，将一侧螺栓松开，即可把动力头搬向另一侧，让开孔口。给进机身通过锁紧卡瓦固定在机架上。

表 8.2　典型给进方式

给进方式	结构特点	应用机型
单级油缸	结构简单，行程短，给进起拔力小	ZDY650 型、ZDY1900S 型、ZDY4000S 型等
双油缸	行程短，给进起拔力大	ZDY6000S 型、ZDY10000S 型
多级伸缩油缸	一定的外形尺寸要求下可获得较长的行程和力	ZDY1300 型
油缸 - 链条	结构较复杂，行程长，给进起拔力小	ZDY1500T 型

（5）机架。

机架用于安装给进装置和固定钻机。机架由爬履式底座、立柱、支撑油缸、支撑杆等组成。给进装置在机架上可以调头安装，利用支撑油缸可调整钻孔倾角和钻孔高度，满足各种倾角的钻孔。支撑杆采用二节式结构，根据需要配合使用。

对于 ZDY6000S 型、ZDY10000S 型钻机，由于钻机体积大、重量较重，为解决井下搬迁问题，在钻机主机上开发了步履式机架（图 8.6），机架由上盘和下盘组成。上盘的外侧对称设置四个支腿油缸，在下盘的中部设置一个转向油缸。上、下盘之间装有铰式连接的

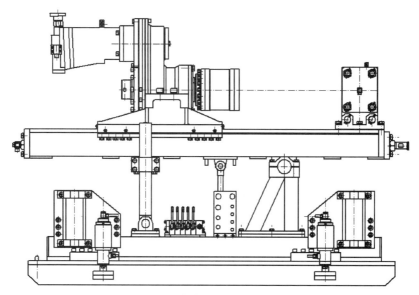

图 8.6　带步履式机架的主机

步移油缸，控制油缸的伸缩可使上盘和下盘沿滑轨相互移动，通过液压辅助实现钻机的搬迁，减轻工人劳动强度。

（6）操纵台。

操纵台是钻机的控制装置，由各种控制阀、压力表、管件等组成。钻机的回转、给进、起拔与卡盘、夹持器的联动功能靠操纵台上的阀类组合实现。对于采用双泵系统的钻机，典型的操纵台上设有马达回转、支撑油缸、给进起拔、起下钻功能转换、夹持器功能转换、副泵功能转换六个操作手把，调压溢流、减压钻进、给进背压、起拔背压四个调节手轮及指示主泵系统压力、给进压力、起拔压力、副泵系统压力、回油压力五块压力表。油管排列整齐，有指示牌标明连接方位。控制阀均安装在操纵台框架内。油管安装，采用 A 型扣压式高压胶管与自封式快速接头组合，密封可靠，拆卸方便。

（7）泵站。

泵站是钻机的动力源。由防爆电动机、主泵（副泵）、油箱、冷却器、滤油器、底座等部件组成。电动机通过弹性联轴器和皮带轮带动主泵、副泵工作，液压泵从油箱吸油并排出高压油，经操纵台驱动钻机的各执行机构工作。油箱是容纳液压油的容器，置于液压泵的上方。在油箱上设有多种保护装置，如吸油滤油器、回油滤油器、冷却器、空气滤清器、油温计、油位指示计、磁铁等，为避免在井下加油时脏物进入油箱，可通过空气滤清器加油。

2）履带式钻机

（1）常规履带式钻机。

常规履带式钻机主要由主机、操纵装置、电机泵组、油箱、车体、稳固装置、履带总成等部件组成。电机泵组采用双泵串联方式，通过泵座与电动机固联，具有传动可靠、结构紧凑的特点。稳固装置固定在车体的四周，在施工时依靠稳固装置将钻机顶离地面，可起到稳固钻机，调平车体及保护履带总成的作用。钻机的各主要部分并排布置在车体上，车体安装在履带总成上，各部分之间用高压胶管和螺栓连接为整体，在井下使用中不需要拆卸油管，结构紧凑，可靠性高。典型常规履带式钻机如图 8.7 所示，钻机主要技术参数

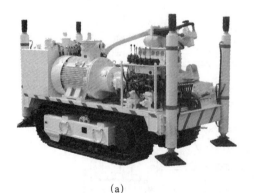   

（a）   （b）

图 8.7　常规履带式钻机

（a）ZDY6000L；（b）ZDY4000L

表如表 8.3 所示。其中，ZDY4000L 型履带式钻机的液压系统（图 8.8）保留了主要联动功能，增加了履带行走功能和钻机稳固等功能。钻机的主泵为负载敏感泵，通过负载敏感阀控制回转、起下钻、履带行走的动作，并利用远控手柄进行远程控制。副泵为恒压变量泵，利用手动换向阀切换钻进和稳固状态，通过副泵油路板控制钻进动作，并通过多路换向阀控制稳固动作。

表 8.3　典型全液压履带式钻机主要技术参数

参数	ZDY6000L	ZDY4000L	ZDY3200L	ZDY1900L	ZDY1200L
回转额定转矩 /（N·m）	6000～1600	4000～1050	3200～850	1900～500	1200～320
回转额定压力 /MPa	26	25	21	22	21
回转额定转速 /（r/min）	50～190	70～240	70～240	105～360	80～280
给进额定压力 /MPa	21	21	21	22	21
最大给进 / 起拔力 /kN	180	123	102	112	45
给进 / 起拔行程 /mm	1000	780	600	600	1000
主轴倾角 /（°）	−10～20	5～25	−5～60	−5～60	−10～45
最大行走速度 /（km/h）	2.5	2	2	2	1.6
爬坡能力 /（°）	20	20	20	20	20
行走额定压力 /MPa	21	21	21	21	21
电动机额定功率 /kW	75	55	45	45	22
配套钻杆直径 /mm	73/89	73	73	63.5/73	50/42
钻机质量 /kg	7000	5500	4500	4500	3900
整体外形尺寸 /m	3.38 × 1.45 × 1.80	3.10 × 1.45 × 1.70	2.8 × 1.35 × 1.70	2.8 × 1.35 × 1.70	2.50 × 1.20 × 1.60

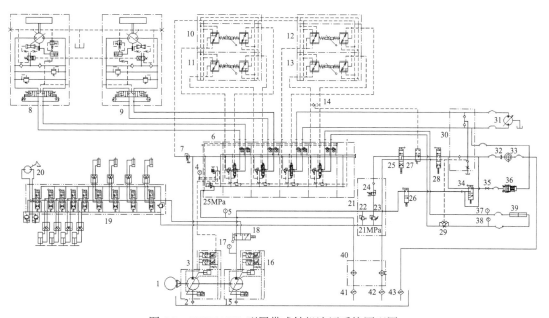

图 8.8　ZDY4000L 型履带式钻机液压系统原理图

相比分体式钻机，常规履带式钻机具有以下特点。

①采用整体式结构，井下搬迁运输时不需要拆卸胶管，降低了液压系统泄露污染的概率，提高了液压件的使用寿命。

②依靠履带自行走，履带总成由行走马达驱动，操作行走手柄即可控制履带的前进、后退和转弯，搬迁移位快速、安全性高。

③钻机上自带稳固装置，主要由稳固油缸、加长杆和接地装置组成，操纵液压手柄即可控制稳固油缸动作，不需要人工搬运安装单体液压支柱，钻机稳固时间短。

④液压系统上采用负载敏感及恒压变量技术，由阀控方式改成了泵控方式，不需要调节泵的最大排量，在无负载工作时泵可以实现小流量输出，减少了系统发热；采用远程比例控制手柄，较好的操控钻机，方便人工操作。

（2）分体式履带钻机。

钻机采用分体式履带结构，主要有两种形式：一种是由钻车、泵车、操纵台组成的三体式结构，另一种是由钻车、泵车组成的两体式结构。三体式结构的钻机主要有ZDY3200LF、ZDY4000LF等机型，两体式结构的钻机主要有ZDY4300LF、ZDY4300LF（A）等机型。ZDY4000LF型钻机采用三体式结构，钻车、泵车带有履带行走装置，履带行走时，主操纵台可安装在钻车上一起运输。ZDY4300LF（A）型钻机采用钻车、泵车两体式结构，钻车上设置有主执行机构，泵车上设置有动力操作单元，钻车和泵车带有履带行走装置。典型分体式履带钻机如图8.9所示，主要技术参数如表8.4所示。

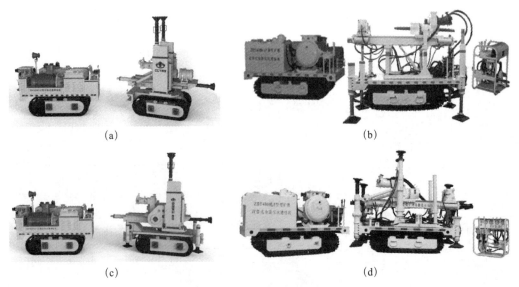

(a) (b) (c) (d)

图 8.9　典型分体式履带钻机

（a）ZDY3200LF 型钻机；（b）ZDY4300LF 型钻机；
（c）ZDY4000LF 型钻机；（d）ZDY4300LF（A）型钻机

分体式履带钻机具有以下特点。

①单个车体体积较小，最小车体宽度 0.85m，各车体具有独立行走的功能，搬迁、运输方便，可根据钻场条件灵活布置，适用于狭窄巷道施工。

②钻车主机方位角可在顺时 90° 到逆时 90° 范围内自动调节。

③钻机倾角可在大范围内自动调整，水平开孔高度可在一定范围内调整，满足大角度、多层孔的施工要求。

④主机机身具有平移调节功能，可根据现场情况灵活调节机身与孔口的距离。

表 8.4　典型分体式履带式钻机主要技术参数

参数	ZDY4300LF（A）	ZDY4300LF	ZDY4000LF	ZDY3200LF
回转额定转矩 /（N·m）	4300～1050	4300～1050	4000～1050	3200～800
回转额定压力 /MPa	27	27	26	26
回转额定转速 /（r/min）	60～200	60～200	60～200	60～220
给进额定压力 /MPa	21	21	21	21
最大给进 / 起拔力 /kN	90/120	90/120	123	123
给进 / 起拔行程 /mm	600	600	1000	780
主轴倾角 /（°）	−90～90	−30～80	−30～80	−30～60
方位角 /（°）	−90～90	−90～90	−90～90	−90～90
开孔高度 /mm	1.15～2.25	1.15～2.25	1.4～2.0	1.5
最大行走速度 /（km/h）	2	2	2	2
爬坡能力 /（°）	20	20	20	20
行走额定压力 /MPa	21	21	21	21
电动机额定功率 /kW	55	55	55	45
配套钻杆直径 /mm	73	73	73	63.5/73
钻车质量 /kg	4200	4020	3560	3350
泵车质量 /kg	3075	3075	3100	3100
钻车外形尺寸 /m	2.30×0.85×2.10	2.10×0.85×2.10	2.70×1.15×2.34	2.81×1.15×2.00
泵车外形尺寸 /m	2.60×0.85×1.40	2.60×0.85×1.40	2.30×1.15×1.70	2.80×1.35×1.70

（3）多自由度变幅系列履带式钻机。

多自由度变幅系列履带式钻机采用平台化的设计理念，依托多自由度变幅机构，通过与常规履带式钻机相结合，实现钻机部件快速组合、快速升级、达到快速响应用户需求的目的。该系列钻机具有履带自行、转盘调节方位角、多自由度变幅调整倾角和高度、动力头自动防下滑、适合顺槽跨皮带施工或工作面迎头施工的特点，针对不同巷道条件、钻孔能力需求、工艺需求等逐步形成系列化产品。

该系列钻机主要包括 ZDY6500LP、ZDY6500LF、ZDY4000LR、ZDY3500LP、ZDY3500L（Q）、ZDY1900LP 等机型。其中 ZDY6500LF 型钻机采用两体式布局，钻机包含钻车和泵车，钻车上安放主机、履带车体、稳固等部件，泵车上安放电机泵组、油箱、操纵装置等部件，减少了钻机的外形尺寸，适合于狭窄巷道，主机上有滑移装置，可实现一次稳固施工多列钻孔，可大幅提高钻孔施工效率。ZDY3500L（Q）型钻机适合于在底抽巷沿巷道断面内向煤层钻进全断面穿层钻孔，钻孔呈扇形布置，钻机稳固移位一次可完成单一巷道断面内所有扇形孔，提高钻孔施工效率。典型钻机与多自由度变幅机构如图 8.10 所示，主要技术参数如表 8.5 所示。多自由度变幅装置的变幅状态如图 8.11 所示。

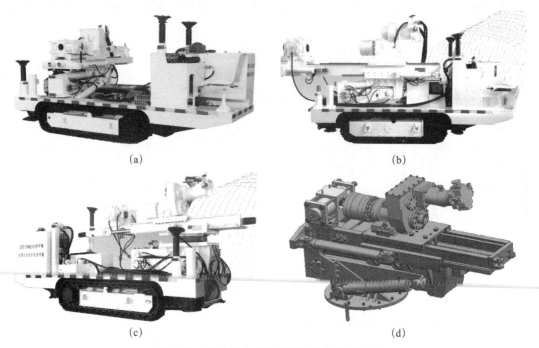

（a）　　　　　　　　　　　　　　（b）

（c）　　　　　　　　　　　　　　（d）

图 8.10　配备多自由度变幅机构的典型钻机

（a）ZDY3500LP 型钻机；（b）ZDY6500LP 型钻机；
（c）ZDY3500L（Q）型钻机；（d）多自由变幅机构

相比煤矿井下常规式履带式钻机，该系列钻机具备以下特点。

①车体采用内凹式结构，电机泵组布置于内凹式车体的凹槽中间处，主机布置于车体前方，操纵装置和座椅布置于钻机后方；主机在调整方位角过程中空间上不受其他部件的限制，给进机身长度可灵活多变；钻机行走和正常钻进时操作人员均可坐在座椅上操作，钻机施工的安全性和舒适性较高。

②钻机倾角可在 -90°～+90° 范围内自动调整，开孔高度调整范围大，满足大角度、多层孔的施工要求；只需操作液压阀手柄即可完成钻机的开孔姿态调整，显著减轻工人的劳动强度。

③主机平台和履带车体之间由回转支承连接、插销固定，主机方位角可在 -90°～+90° 范围内调节，方便、快捷。

④主泵采用恒功率负载敏感系统，钻机的输出转速范围宽，功率利用率高。

⑤钻机的稳固通过控制上下和前后的稳固油缸完成，可靠性高，操作简单。

⑥系统集成了防动力头下滑和自动防卡钻功能，提高了钻机的安全性。

⑦钻机的机身可以前后平移，适合跨皮带钻孔施工。

⑧ ZDY3500L（Q）钻机适合沿巷道断面进行 360° 方向的全断面钻孔施工，提高了工作效率。

表 8.5 多自由度变幅系列钻机主要参数表

参数	ZDY6500LP	ZDY6500LF	ZDY3500LP	ZDY3500L（Q）	ZDY1900LP
回转额定转矩 /（N·m）	6500～1750	6500～1750	3500～850	3500～850	1900～500
回转额定压力 /MPa	23	23	22	22	22
回转额定转速 /（r/min）	60～200	60～200	60～200	60～200	90～360
给进额定压力 /MPa	25	25	21	21	21
最大给进 / 起拔力 /kN	125/190	125/190	70/102	70/102	70/102
给进 / 起拔行程 /mm	1800	1300	600	950	950
主轴倾角 /（°）	−90～90	−90～90	−90～90	−90～90	−90～90
方位角 /（°）	−90～90	−90～90	−90～90	−90～90	−90～90
开孔高度 /mm	1636～2736	1648～2748	1450～2550	1450～2550	1450～2550
最大行走速度 /（km/h）	2	0.9	2	2	2
爬坡能力 /（°）	15	15	15	15	15
行走额定压力 /MPa	25	25	21	21	21
电动机额定功率 /kW	90	90	45	45	45
配套钻杆直径 /mm	73/89	73/89	73	63.5/73	63.5/73
钻机质量 /kg	8100	7990/3540	6700	6700	6600
整体外形尺寸 /m	4.95×1.25×2.10	3.48×1.25×2.00 2.90×0.85×1.54	3.85×1.25×1.83	3.85×1.25×2.10	3.85×1.10×1.70

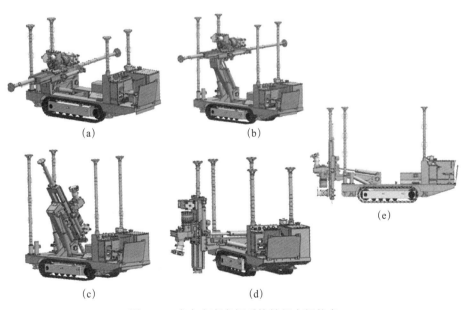

图 8.11 多自由度变幅系统钻机变幅状态

（a）钻机侧帮施工姿态（低位开孔）；（b）钻机侧帮施工姿态（高位开孔）
（c）钻机 ±60° 倾角施工姿态；（d）钻机 ±90° 倾角施工姿态
（e）钻机正前方 ±90° 倾角施工姿态

（4）炮塔式履带钻机。

炮塔式履带钻机适用于跨皮带施工，采用整体式布局。主机下部设置转盘，可根据现场使用情况调整主机开孔方向。主机开孔方向与履带行走方向垂直时，主机伸出履带车体的长度为1m左右，满足大多数巷道跨皮带施工的要求。钻机仰俯角调节范围为-45°～60°，具有水平开孔高度调节功能，可进行大角度和双层钻孔施工。

主机调角装置采用"双立柱双自锁快速调角机构"，由左、右立柱，双蜗杆回转减速器和二步平台组成。通过控制左、右立柱上的举升油缸来调整水平开孔高度，通过控制安装在立柱上的回转减速器进行机身倾角快速调节。回转减速器具有双自锁功能，调角装置不会在钻机使用过程中由于振动而发生角度变化。典型钻机如图8.12所示，主要技术参数如表8.6所示。

该系列钻机具有以下特点。

①利用液驱回转支撑对仰俯角及方位角进行调节，快捷省力，方位角范围为-90°～90°。

②钻机的机身可以前后平移，适合跨皮带钻孔施工。

③给进机身导轨采用可更换的耐磨钢结构，拖板衬板使用寿命长。

④钻机履带底盘采用摩擦型底盘，结构刚度好。

⑤钻机液压系统各执行机构由液控手柄单独控制，操作简单。拧卸钻杆时油缸主动浮动，可有效保护钻杆丝扣。

⑥钻机上设置了机车灯、可调座椅、工具箱等附件，方便实用。

(a)　　　　　　　　　　　(b)

图8.12　典型"炮塔式"履带钻机

（a）ZDY4000LP（A）型钻机；（b）ZDY4300LP型钻机

表8.6　典型"炮塔式"履带钻机主要技术参数

参数	ZDY4300LP	ZDY4000LP（A）
回转额定转矩 /（N·m）	4300～1050	4000～1050
回转额定压力 /MPa	26	25
回转额定转速 /（r/min）	50～200	70～240
给进额定压力 /MPa	21	21
最大给进 / 起拔力 /kN	90/120	123

续表

参数	ZDY4300LP	ZDY4000LP（A）
给进 / 起拔行程 /mm	950	780
主轴倾角 / (°)	−50 ~ 60	−30 ~ +60
最大行走速度 / (km/h)	1.8	2
爬坡能力 / (°)	20	20
行走额定压力 /MPa	21	21
电动机额定功率 /kW	55	55
配套钻杆直径 /mm	73	73
钻机质量 /kg	8000	5500
整体外形尺寸 /m	4.12 × 1.25 × 1.78	4.70 × 1.50 × 2.00

2. 泥浆泵

常规回转钻进时一般采用矿井静压水或系统风作为钻进冲洗介质，较少使用泥浆泵。若需使用泥浆泵时，一般选用小流量低压力的电驱式泥浆泵，具有体积较小、性能稳定、价格低等优点，常用的泥浆泵性能参数如表 8.7 所示。

表 8.7　常规回转钻进常用泥浆泵性能参数表

参数	BW回转钻进	BW回转钻进
工作方式	卧式三缸往复式活塞泵	
缸径 /mm	70	80/65
行程 /mm	70	100
冲次 / (次 / min)	222 ~ 47	200 ~ 42
流量 / (L/min)	150 ~ 32	250 ~ 35
吸水高度 /m	2.5	2.5
额定压力 /MPa	1.8 ~ 7	2.5 ~ 7
输入功率 /kW	7.5	15
进水管径 /mm	51	76
排水管径 /mm	32	51
外形尺寸（长 × 宽 × 高）/mm	1840（长式活塞泵泵性）	1100（长式活塞泵泵性）
质量 /kg	516	500（不含动力）

3. 钻杆

常规回转钻进时主要使用外平钻杆（图 8.13），特殊需要时可以采用异形钻杆，如螺旋钻杆、三棱钻杆、三棱螺旋钻杆、宽翼片螺旋钻杆等。

通用外平钻杆通过两端公螺纹的接头与两端母螺纹的管体相连，常用规格有 Φ42mm、Φ50mm。

高强度外平钻杆采用管体两端热镦粗加厚，车削母螺纹，与两端公螺纹的接头相连，常用规格有 Φ73mm、Φ89mm。

摩擦焊接型外平钻杆，采用摩擦焊接技术将钻杆公接头、管体和母接头三部分焊接在一起。钻杆规格参数如表 8.8 所示。

钻杆的特点如下。

（1）钻杆材料选用高强度合金钢，涡流探伤检验，材质综合性能高、耐磨性好。

（2）钻杆螺纹牙型（图 8.14）采用石油钻杆常用的三角形结构，螺纹表面强化处理，抗黏扣性能高。

（3）接头采用"双顶"结构，钻杆整体承载能力高。

图 8.13　外平钻杆

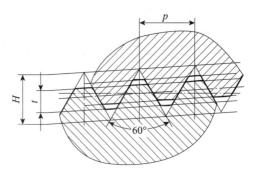

图 8.14　外平钻杆螺纹牙型

表 8.8　外平钻杆技术参数与使用级配建议表

规格/mm	钢级	钻杆长度/mm	锥度	通径/mm	推荐钻机扭矩/(N·m)	推荐钻头规格/mm	
						优选	可选
Φ42	R780		1:8	16	≤750	Φ60	Φ65
Φ50	R780		1:8	16	≤1200	Φ76	Φ65
Φ63.5	R780	1000、1500	1:6	20	≤1900	Φ85	Φ94
Φ73	R780（G105）		1:4	23	≤4000（6000）	Φ94	Φ113、133
Φ89	R780（G105）		1:6	40	≤10000	Φ113	Φ133、Φ153

4. 钻头

常规回转钻进用钻头按用途不同分为：不取心钻头、扩孔钻头、取心钻头和锚杆钻头；按照切削齿材料不同分为：合金钻头、PDC 钻头和金刚石钻头。金刚石钻头按照镶嵌方式分为表镶式钻头和孕镶式钻头，按照钻头结构分为弧角钻头、内凹钻头、平底钻头等。

1）PDC 不取心钻头

PDC 不取心钻头（图 8.15）常用规格有 Φ65mm、Φ75mm、Φ94mm、Φ113mm、Φ133mm、Φ153mm、Φ193mm。按钻头体材料不同分为钢体和胎体两种。该类钻头切削齿选用新型 PDC 切削齿，相比金刚石钻头和合金钻头钻进效率高，适用性强。常用于煤矿、地质、勘探等领域内各类钻孔的施工，适用于软-中硬（$f \leqslant 8$）地层的钻进，不宜在破碎、裂隙、强研磨性地层中使用。

2）新型钢体弧角 PDC 钻头

新型钢体弧角 PDC 钻头（图 8.16）常用规格有 Φ65mm、Φ75mm、Φ94mm、Φ113mm 等。其特点有：钻头体材料选用优质合金钢；钻头刀翼设计成流线型结构；分层错峰布齿；包镶式齿窝；钻进效率高，钻头寿命长。适用于软 – 中硬地层（$f \leqslant 10$）的钻进，不宜在破碎、裂隙、强研磨性地层中使用。钢体式 PDC 钻头适应岩层如表 8.9 所示。

图 8.15　PDC 不取心钻头

图 8.16　钢体弧角 PDC 钻头

表 8.9　钢体式 PDC 钻头适应岩层推荐表

项目		适应岩层							
		软岩层（煤、黏土、泥岩）				中硬岩层		较硬岩层（砂岩、石灰岩、大理岩）	
参数	f	1	2	3	4～5	6～7	7～8	8～10	10～12
	可钻性级别	1	2	3	4	5	6	7	8

续表

项目		适应岩层		
		软岩层（煤、黏土、泥岩）	中硬岩层	较硬岩层（砂岩、石灰岩、大理岩）
钢体式 PDC 钻头	内凹型钻头	★	★	
	弧角型钻头		★	★
	支柱型钻头		★	

注：★表示推荐使用岩层。

3）新型胎体弧角 PDC 钻头

新型胎体弧角 PDC 钻头（图 8.17）常用规格有 $\Phi75mm$、$\Phi94mm$、$\Phi98mm$、$\Phi113mm$ 等。将 3D 打印技术与软模成型工艺同时应用到钻头模具成型中，保证了钻头模具的质量，提高了钻头的质量；钻头体制造采用烧结工艺成型，胎体耐磨性高；钻头刀翼设计成流线型结构，分层错峰布齿，包镶式齿窝，钻进效率高，钻头寿命长。适用于中硬 - 硬地层（$f=6\sim10$）的钻进，不宜在破碎、裂隙、强研磨性地层中使用。胎体式 PDC 钻头适应岩层如表 8.10 所示。

表 8.10　胎体式 PDC 钻头适应岩层推荐表

项目			适应岩层							
			软岩层（煤、黏土、泥岩）				中硬及较硬岩层（砂岩、石灰岩、大理岩）			
参数		f	1	2	3	4～5	6～7	7～8	8～10	10～12
		可钻性级别	1	2	3	4	5	6	7	8
		内凹钻头				★	★	★		
		弧角钻头					★	★	★	
胎体式 PDC 钻头	平底钻头	窄保径 7 齿	★	★	★	★				
		宽保径 8 齿					★	★		
		平底刮刀 10 齿					★	★	★	
	抛物线型钻头						★	★	★	

注：★表示推荐使用岩层。

4）普通型 PDC 扩孔钻头

普通型 PDC 扩孔钻头（图 8.18）常用规格有 $\Phi75/94mm$、$\Phi75/113mm$、$\Phi94/113mm$、$\Phi113/153mm$ 等。按钻头体材料不同分为钢体和胎体两种。钻头切削齿选用 PDC 切削齿，中硬地层钻进效率明显高于合金钻头和金刚石钻头；钻头设计有导向头，确保沿原孔轨迹扩孔钻进。常用于各类先导孔成孔后的扩孔钻进，适用于软 - 中硬（$f\leqslant8$）地层的浅孔钻进，不宜在破碎、裂隙、强研磨性中地层使用。

图 8.17　胎体弧角 PDC 钻头

图 8.18　普通型 PDC 扩孔钻头

5）螺旋型 PDC 扩孔钻头

螺旋型 PDC 扩孔钻头（图 8.19）常用规格有 $\Phi153/96mm$、$\Phi168/133mm$、$\Phi193/113mm$、$\Phi193/153mm$、$\Phi250/193mm$ 等。钻头采用不同轨布齿，钻进效率高，寿命长；钻头导向和导向头导向两种导向方式，适用于不同钻进工况；导向器的导向头设计为半球状结构，具有良好的导向性，所受阻力与普通扩孔钻头相比明显减小，用于定向孔扩孔钻进时，导向效果更明显；导向器为螺旋导向，能够更好地排粉。钻头采用螺旋刀翼，具有扶正作用；钻头导向容易扩孔造斜，导向头更利于沿原孔轨迹钻进；钻头导向容易扩孔造斜，导向头更有利于沿原孔轨迹钻进；常用于全孔段或硬岩扩孔钻进，适用于软－中硬（$f \leqslant 10$）地层的长孔段扩孔钻进，不宜在破碎、裂隙、强研磨性地层中使用。

6）PDC 锚杆钻头

PDC 锚杆钻头（图 8.20）常用规格有 $\Phi27mm$、$\Phi28mm$、$\Phi29mm$、$\Phi30mm$、$\Phi32mm$、$\Phi36mm$、$\Phi42mm$ 等。钻头寿命长、效率高，主要用于煤矿巷道锚网支护孔钻进，适用于软－中硬（$f \leqslant 8$）地层钻进。锚杆钻头钻进规程参数推荐表如表 8.11 所示。

图 8.19　螺旋型 PDC 扩孔钻头

图 8.20　PDC 锚杆钻头

表 8.11　锚杆钻头钻进规程参数推荐表

钻头直径/mm	钻压/kN	转速/（r/min）	泵量/（L/min）
Φ27	4～5	700～800	40～60
Φ28	4～6	700～800	50～60
Φ29	4～6	700～800	50～60
Φ30	4～6	700～750	50～60
Φ32	4～6	700～750	50～60
Φ36	4～6	500～600	60～80
Φ42	4～6	300～500	80～180

7）金刚石不取心钻头

金刚石不取心钻头（图 8.21）常用规格有 Φ75mm、Φ94mm、Φ110mm 等。切削齿选用人造金刚石或天然金刚石颗粒，对孔底岩石进行全面破碎。按照金刚石镶嵌方式分为表镶式和孕镶式两种形式，表镶式钻头是将天然金刚石颗粒镶嵌在钻头表面，其钻进速度及寿命较孕镶钻头高，孕镶式钻头金刚石粉末均匀分布在钻头胎体中，其中孕镶金刚石钻头通过控制钻头胎体硬度值来适应不同地层，常用的胎体硬度范围为洛氏硬度 HRC20～45。金刚石钻头广泛应用于地质、冶金、矿山等矿产资源勘探领域，适用于中硬至坚硬地层（f=7～15）钻进，不宜在破碎、裂隙地层中使用。

8）PDC 取心钻头

PDC 取心钻头（图 8.22）常用规格有 Φ60/41.5mm、Φ75/54.5mm、Φ94/68mm、Φ113/88mm 等。按钻头体材料不同分为钢体和胎体两种。钻头配套取心钻具进行取心作业。钻头选用 PDC 切削齿，钻头布齿形式多样，在软－中硬地层中钻进效率明显高于合金钻头和金刚石钻头。配套单管、双管、绳索取心等取心钻具进行取心作业，广泛应用于地质、冶金、煤田及矿山等矿产资源勘探领域。适用于软－中硬（$f \leqslant 8$）地层的钻进，不宜在破碎、裂隙、强研磨性地层中使用。

图 8.21　金刚石不取心钻头

图 8.22　PDC 取心钻头

9）金刚石取心钻头

金刚石取心钻头（图 8.23）常用规格有 $\Phi60/41.5mm$、$\Phi75/49mm$、$\Phi75/54.5mm$、$\Phi91/68mm$、$\Phi94/74mm$ 等。钻头胎体性能稳定，切削齿选用人造金刚石或天然金刚石颗粒，配套取心钻具进行取心作业；分为表镶、孕镶两种形式；钻头唇面形状多样，胎体硬度各异，具有较高的耐磨性和地层适应性。配套单管、双管、绳索取心等取心钻具进行取心作业，广泛应用于地质、冶金、煤田及矿山等矿产资源勘探领域。适用于中硬至坚硬地层（$f=7\sim15$）钻进，不宜在破碎、裂隙地层中使用。

图 8.23　金刚石取心钻头

10）硬质合金钻头

硬质合金钻头（图 8.24）常用规格有 $\Phi75mm$、$\Phi94mm$、$\Phi110mm$、$\Phi120mm$、$\Phi133mm$ 等。钻头切削齿选用硬质合金材料，钻头结构简单，加工成本低，在松软地层中钻进效率高。合金钻头广泛应用于煤层、土层、覆盖层等松软地层。

图 8.24　硬质合金钻头

8.1.4　适用条件

（1）适用于钻孔轨迹精度要求不高、深度较浅的钻孔施工。

（2）采用异形钻杆钻进时可适用于在碎软煤层钻进；采用外平钻杆钻进时可适用于在中硬煤层和岩层钻进。

（3）可施工各种角度的上仰孔、近水平孔和下斜孔。

8.1.5 应用实例

1. 在水害防治中应用

陕西省黄陵县店头镇鲁寺村，由于小煤窑的无序开采，巷道掘穿地下含水层，造成地下水沿巷道大量涌出，淹没了附近建筑物和公共设施，并导致地下水位抬升，对当地村民的财产和生命安全造成了严重威胁。

设计采用无动力地下排水系统，利用无动力上仰排水钻孔将小煤窑巷道中的涌水引入地下输水隧洞，然后由地下输水隧洞排放至附近的沮河，达到使水位降低的目的。

钻孔开孔标高为 +923.5～+925.5m，终孔标高低于 +934m，各孔开孔方位角及倾角根据上一钻孔施工情况进行调整，确保顺利揭露小煤窑巷道积水。钻孔开孔直径为 Φ200mm，钻进 2.7m，下入 Φ168mm 孔口管，孔口管下入深度应大于 2.5m，并用水泥浆固结；孔口管上安装 6in 低压闸阀后，换用 Φ94mm 内凹式复合片钻头钻进，揭露小煤窑巷道积水；再采用 Φ150mm 扩孔钻头扩孔钻进，一径到底，扩大钻孔截面积。

钻孔施工采用的设备有 ZDY1900S 型全液压坑道钻机、BW-250 型泥浆泵、CQ-1A 型磁球定向测斜仪、Φ73mm 外平钻杆、Φ94mm 内凹式复合片钻头和 Φ200mm、Φ150mm 扩孔钻头。钻具组合示意图如图 8.25 所示。

本次施工历时 42 天，共完成 16 个上仰排水钻孔，其中 13 个钻孔直接穿入小煤窑积水巷道，单孔出水量超过 400m³/h；两个钻孔穿入裂隙发育带，单孔出水量为 100～200m³/h。

2. 在煤矿冲击地压防治中的应用

1）河南义马常村煤矿应用

2014 年 8～9 月份，在河南义马常村煤矿 21220 下巷进行防治冲击地压大直径钻孔施工。根据相关测试，常村煤矿煤层煤样的动态破坏时间为 79.9ms，冲击能量指数为 3.25，弹性能指数为 9.88，煤层上覆砂岩岩样的弯曲能指数（UWQ）为 1.983kJ，煤层试样的冲击倾向性为 II 类，即弱冲击倾向性。

采用 ZDY4000LR 钻机，配套 Φ89/73mm 宽翼片螺旋钻杆、Φ153mm PDC 钻头和 Φ193mm PDC 钻头，以井下静压水为冲洗介质，高效钻进与快速提钻结合，在 21220 下巷共施工钻孔 121 个，累计进尺 4850m，单个钻孔平均综合用时小于 2h，钻孔截面积增加了 50%～130%，钻孔深度由 20m 提高至 40m，避免了孔内事故的发生，钻孔事故率由 30% 降低至 0，取得了良好卸压效果，解决了因高冲击地压导致掘进严重滞后的问题，巷道掘进效率提高了 10%，有效掩护了切眼贯通，为 21220 采面按期安全贯通和回采提供了保障。

2）陕西长武正通煤业高家堡煤矿应用

2015 年 3～6 月份，在正通煤业高家堡煤矿一盘区辅运大巷正头和侧帮进行冲击地压卸压钻孔施工。高家堡煤矿主采煤层为 4 煤，根据 4 煤上、下分层试样的动态破坏时间平均值判断 4 煤上、下分层试样的冲击倾向性为 II 类，即弱冲击倾向性；根据 4 煤上、下分层试样的弹性能量指数平均值判断 4 煤上、下分层试样的冲击倾向性为 III 类，即强冲击倾向性。

采用 ZDY4000LR 钻机，通过 $\Phi89/73$mm 宽翼片螺旋钻杆配套 $\Phi153$mm PDC 钻头钻具组合与 $\Phi110/73$mm 大螺旋钻杆配套 $\Phi153$mm 合金钻头钻具组合的对比试验，选定了"水介质宽翼片螺旋钻进技术"方案，共计施工钻孔 697 个，总进尺 10388m，最大钻孔深度超过 100m，单个钻孔平均综合用时小于 1h，钻孔事故率由 30% 降低至 0，钻进效率提高近 1.7 倍，其中孔深 30m 的侧帮卸压钻孔卸压效率提高到每班 4 个，孔深 6～8m 的底板卸压钻孔卸压效率提高到每班 6 个。

8.2　稳定组合钻进技术与装备

8.2.1　基本原理

稳定组合钻进是在钻头后方的钻杆柱上设置多个稳定器，利用钻杆自身的重力、给进力、离心力及其弯曲所形成的挠曲变形对与其刚性连接的钻头产生作用，使钻头产生侧向切削力来改变钻孔方向的工艺方法。孔底稳定组合钻具（图 8.25）由钻头、稳定器和钻杆组成，其中稳定器外径接近钻头外径，相当于支点，通过调整稳定器的数量、安放位置及组合形式来调整钻具组合可实现不同的钻进效果，主要有上仰、保直、下斜三种组合形式。

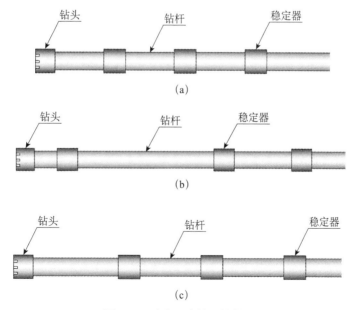

图 8.25　稳定组合钻具结构图

（a）上仰组合钻具结构图；（b）保直组合钻具结构图；（c）下斜组合钻具结构图

1. 上仰组合钻具

钻进过程中，在近钻头稳定器的支撑作用下，钻杆自重使稳定器后方的钻杆向下弯曲，在钻压和离心力作用下弯曲加剧，促使钻头切削孔壁上侧岩石导致钻孔轨迹上仰。应使用侧出刃较大的钻头来实现造斜钻进。从理论上讲，钻头正转切削孔壁上侧岩石使钻孔向上偏斜的同时，应有向左偏斜的趋势，但上仰孔实际施工中却向呈现向右偏斜的趋势，其原因是钻进速度较快时，近水平孔中颗粒粗大的岩、煤粉不易冲离孔底，堆积在钻头后方，钻杆左侧形成较大的岩屑楔，钻进中在摩擦力作用下迫使钻杆向右上方偏移。岩屑楔对上仰孔起加大倾角弯曲强度的作用，对于下斜孔则起减少倾角弯曲强度的作用。

2. 保直组合钻具

稳定器等间距布置于钻头后方各根钻杆之间，整个钻柱在钻孔中保持"满、刚、直"的效果。钻进过程中钻头不切削或很少切削孔壁，从而使钻孔轨迹沿原方向延伸。一般情况下，钻头后紧接第一个稳定器可产生强保直效果，而钻头后接一根长度 1～1.5m 的短钻杆后，再安装第一个稳定器将产生弱保直效果。为了提高保直钻进效果应尽量使用侧出刃小或无侧出刃的钻头。

3. 下斜组合钻具

在保直组合钻具的基础上，将第一个稳定器位置后移，增大其与钻头间距，利用稳定器的支撑作用，减小整个钻具对钻头及与之连接钻具的束缚，增加其自由度，充分发挥第一个稳定器前方钻杆的自重作用，并作用于钻头使钻孔轨迹产生下斜趋势。为了加大下斜效果，在钻头后可连接细钻杆及加重钻杆，进一步增加钻头对下侧孔壁的切削力。

使用稳定组合钻具进行钻进时，只能改变钻孔的倾角，不能改变钻孔方位；保直或下斜的效果较好，而上仰的效果较差。

8.2.2　技术特点

稳定组合钻进技术具有以下特点。

（1）在钻具回转状态下能够实现钻孔倾角的粗放调节，但不能调节方位角，钻孔轨迹控制精度低。

（2）可以增加钻孔在目标地层中的延伸距离，提高钻孔利用效果。

（3）不同的稳定组合钻具具有不同的轨迹调控规律，应根据钻孔轨迹控制需要，选择合适的稳定组合钻具。

（4）钻进过程中应根据不同孔段的轨迹控制需要，起下和更换钻具组合，起下钻次数多、钻进效率较低。

8.2.3　适用条件

适用于钻孔轨迹控制精度要求不高的地质探查钻孔、工程钻孔和瓦斯抽采钻孔等钻孔施工。

8.2.4　钻进装备

稳定组合钻进装备主要包括钻机、泥浆泵、钻杆、钻头和稳定器等。

稳定器是实施稳定组合钻进技术的关键，其外径与钻头外径相近，形成稳定组合钻具的侧向支点。目前煤矿井下常用的稳定器（图 8.26）有螺旋式稳定器和直槽式稳定器两种形式，其中螺旋式稳定器为螺旋式骨架有利于钻屑排出，较适合于岩石孔的钻进施工；直槽式稳定器的骨架平行于钻杆体分布，设计、加工简单，是目前煤矿井下最常用的稳定器形式。

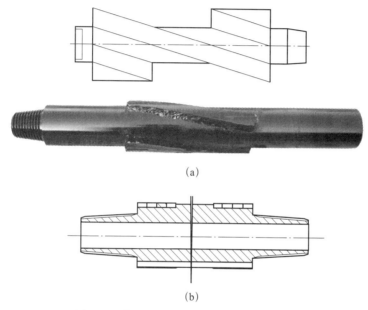

(a)

(b)

图 8.26　煤矿井下常用的稳定器结构示意图

（a）螺旋式稳定器；（b）直槽式稳定器

稳定组合钻进需要的钻机、泥浆泵、钻杆和钻头等与常规回转钻进装备一样，应根据钻进深度和轨迹控制需要，选择钻机、泥浆泵、钻头和钻具级配，稳定组合钻进装备推荐配套如表 8.12 所示。

表 8.12　稳定组合钻进装备推荐配套　（单位：mm）

钻杆规格	公称口径	钻头规格	稳定器规格			典型钻机
			外径	内径	长度	
42	60	60	60	22	200	ZDY1200S、ZDY1200L
42	65	65	65	22	200	ZDY1200S、ZDY1200L
42、50	76	76	76	22	250	ZDY1200S、ZDY1200L
50、63.5	85	85	85	22	300	ZDY1900S、ZDY1900L
73	94	94	94	60	250	ZDY3200S、ZDY4000S、ZDY3200L、ZDY4000L
89	113	113	113	73	300	ZDY8000S、ZDY10000S、ZDY6000L

8.2.5　在瓦斯抽采中的应用实例

1. 穿层孔中的应用

鹤壁矿区主要采用顺层钻孔和穿层钻孔相结合的方式预抽工作面瓦斯，掩护巷道掘进和工作面回采，但由于穿层钻孔岩石孔段比例大、煤层孔段比例小，其瓦斯抽采效率低，影响煤矿安全生产。设计采用稳定组合钻进技术，使穿层钻孔煤层孔段发生人为弯曲，延长穿层钻孔煤层段长度，通过现场试验组合钻具的造斜能力和抗弯强度是否能够满足穿层钻孔轨迹设计和钻进安全性的要求，从而减少瓦斯抽采钻孔施工工作量，节约钻进成本，提高瓦斯抽采效率，缓解煤矿生产的被动局面。

现场施工目的煤层的平均厚度为 8m，施工设备主要有 ZDY650 型全液压坑道钻机、BW-250 型泥浆泵、Φ42mm 外平钻杆和 Φ75mm 钻头，施工工艺采用保直钻进和强造斜钻进相结合的工艺方法，岩石孔段采用保直组合钻具钻进直至造斜点，弯曲孔段采用强造斜钻进技术施工，其中强造斜钻进又可分为一次造斜钻进工艺和二次造斜钻进工艺，一次造斜钻进工艺是指在瓦斯抽采钻孔弯曲孔段钻进过程中，使用强造斜组合钻具一次造斜，然后起钻换常规组合钻具钻进至终孔；二次造斜钻进工艺（图 8.27）是指在一次强造斜钻进后，换用常规组合钻具钻进约 10m，换用强造斜钻具再次造斜钻进，起钻后再换用常规钻具钻进，直至终孔。

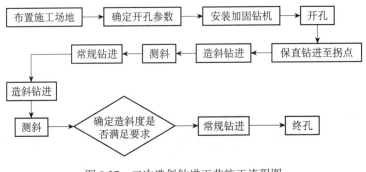

图 8.27　二次造斜钻进工艺施工流程图

现场施工的试验钻孔与常规钻孔参数对比见表 8.13，其中 2#、3# 钻孔造斜点选在钻孔岩煤层交界点，4#～10# 钻孔造斜点选在钻孔的岩石孔段，8#、9#、10# 钻孔的弯曲孔段采用二次造斜钻进工艺进行施工，表中造斜段弯强为钻孔全部造斜段的平均弯曲强度。由表 8.12 可知，采用强造斜钻进技术，使穿层钻孔煤层孔段长度由 15m 增加到 77.2m，煤岩孔段长度比由 1∶1.75 增加到 2.76∶1，造斜段钻孔弯曲强度达到 0.68～1.08°/m，单孔瓦斯抽采量由 0.073m³/min 增加到 0.0948～0.1203m³/min。试验结果表明，采用稳定组合钻进技术施工穿层瓦斯抽采钻孔，可延长穿层瓦斯抽采孔的煤层孔段长度，增加钻孔的煤岩孔段长度比，证明强造斜组合钻具可以连续造斜安全钻进 20m 以上，造斜段的平均造斜强度最大能够达到 1.08°/m，和常规穿层瓦斯抽采钻孔相比，显著提高钻孔瓦斯抽采效率，节约施工成本。

表 8.13　瓦斯抽采钻孔参数一览表

孔号	孔径 /mm	倾角 / (°)		孔段深度 /m		煤岩比	造斜段弯强 / (°/m)	备注
		造斜前	造斜后	岩段	煤段			
1#	75	47	46	26.2	15	1 : 1.75	—	参照孔
2#	75	47	21	28	77.2	2.76 : 1	1.08	试验孔
3#	75	47	23	32	72	2.25 : 1	0.87	试验孔
4#	75	47	—	39	68.8	1.76 : 1	—	试验孔
5#	75	47	—	45.4	62.4	1.37 : 1	—	试验孔
6#	75	47	25	45.4	65.6	1.45 : 1	0.68	试验孔
7#	75	47	23	37.4	60.8	1.63 : 1	0.78	试验孔
8#	75	47	18	35.8	76.8	2.15 : 1	0.92	试验孔
9#	75	47	22	35.8	69.4	1.94 : 1	0.90	试验孔
10#	75	47	20	34.2	71.0	2.08 : 1	0.90	试验孔

2. 本煤层中的应用

铜川矿区陈家山矿试验地层为高瓦斯煤层，且煤层硬度较大，为避免强烈瓦斯涌出引发的喷孔、塌孔等孔内事故，对保直稳定组合钻具进行了改进，使钻头由 Φ75mm 逐步过渡到 Φ113mm，形成多级稳定组合钻具（图 8.28）。该钻具具有两种功能：①采用分级扩孔的方式成孔，逐步释放煤层中的瓦斯，可有效预防瓦斯突然大量涌出；②处于钻具前部的小直径钻具可起导向作用，增加钻具稳定性，更好地实现保直钻进。

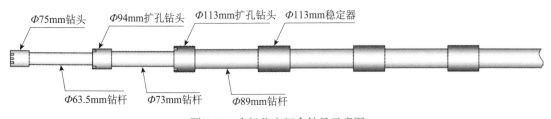

图 8.28　多级稳定组合钻具示意图

在铜川陈家山矿完成两个试验钻孔，其中 1 号孔为钻机能力试验孔，2 号孔结合陈家山煤矿的生产需要施工，钻孔轨迹尽量在煤层中延伸以确保高效抽采瓦斯。根据地质资料确定 1 号孔开孔倾角为 6°，使用多级稳定组合钻具钻进至孔深 380m 时采用不同仪器进行测斜，测量结果分别为 6.5° 和 6°，证明保直组合钻具达到预期效果；钻进至 388m 时见顶板，在顶板中继续钻进至 802.5m 终孔。根据 1 号孔经验，2 号孔开孔倾角为 5.3°，并采用下斜组合钻具，钻进至 337m 时采用不同仪器进行测斜，测量结果分别为 -1° 和 -1.5°；换用多级稳定组合钻具钻进至 865m 进入底板泥岩终孔，试验钻孔轨迹如图 8.29 所示。

3. 顶板高位钻孔

阳泉煤业集团一矿含煤 16 层，可采 4～6 层，主采煤层为 12 煤，为避免 12 煤层回采过程中的瓦斯浓度超限问题，采用顶板高位钻孔对采动瓦斯进行治理。现场试验在 4108 工作面进行，钻孔布置在顶板第 9 层灰白色细砂岩地层中，坚固性系数 f 为 6～7，其下方为厚约 0.3m 的 9 上号煤层，开孔点距该煤层约 1m。钻孔施工采用普通回转钻进工艺和扩孔钻进工艺，即先采用 Φ94mm 或 Φ113mm 钻头和稳定组合钻具按设计钻孔轨迹钻出先导钻孔，然后再用扩孔钻头沿先导钻孔扩孔成孔。

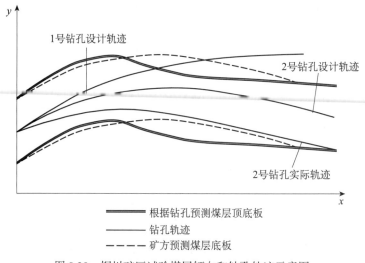

图 8.29 铜川矿区试验煤层倾向和钻孔轨迹示意图

现场试验共完成了两个深度分别为 603.5m 和 508.2m 的顶板高位钻孔，采用 4 种不同结构的稳定组合钻具（图 8.30），其中上斜钻具 [图 8.30（a）] 由 Φ113mm 内凹先导钻头、Φ113mm 稳定器和 Φ89mm 外平钻杆依次连接组成；稳定组合钻具 [图 8.30（b）] 由 Φ113mm 内凹先导钻头和三个等间距布置的稳定器组成；稳定组合钻具 [图 8.30（c）] 由 Φ113mm 内凹先导钻头和五个稳定器组成；下斜钻具 [图 8.30（d）] 由 Φ94mm 三翼刮刀 PDC 钻头、Φ73mm 外平钻杆、Φ89mm 外平钻杆依次连接组成。

工作面回采时，1[#] 钻孔由于孔内坍塌未能抽出瓦斯，2[#] 钻孔的瓦斯抽采效果较好，抽采数据如表 8.14 所示，自 1999 年 6 月 16 日开始抽出瓦斯，初始抽采量为 10.67m³/min，最大瓦斯抽采量为 23.92m³/min，至 7 月 5 日平均瓦斯抽采量为 19.9m³/min，达到要求抽采量的 2/3；最大瓦斯抽采浓度达到 95%，平均维持在 60% 左右；在 7 月 6 日停产放假后，7 月下旬的瓦斯抽采量为 13.33m³/min，8、9 月份的瓦斯抽采量为 4～5m³/min。

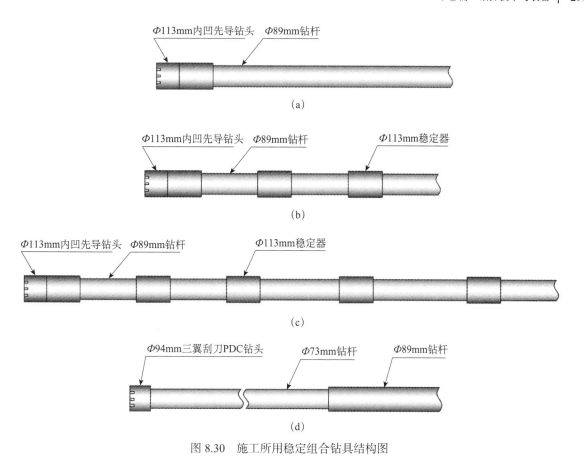

图 8.30 施工所用稳定组合钻具结构图

表 8.14 2# 钻孔瓦斯抽采数据

参数	日期											
	6/16	6/17	6/18	6/20	6/22	6/24	6/26	6/27	6/28	6/30	7/1	7/3
抽采浓度 /%	80	84	95	93	78	62	55	52	54	50	48	49
抽采量 / (m³/min)	10.9	18.1	17.4	23.9	23.3	21.5	20.7	17.5	21.1	22.1	20.9	21.8

4. 异常体探查中应用

徐州矿务集团张集煤矿受 1997 年 "2.18" 奥灰突水淹井及后期采掘生产废水的影响，在 7308 采空区及其上部采空区和老硐内汇聚了大量积水，预计积水量约 12.7 万 m³，对 -700m 中央采区采掘施工带来严重安全威胁。为了及时消除水害隐患，满足矿井安全生产接续的需要，在 -700m 东大巷利用稳定组合钻进技术进行了老空水探放钻孔的施工。

探放水钻场位于 -700m 东大巷巷道左侧，钻孔自 -700m 东大巷顶板至 7308 采空区 7 煤底板，地层倾角为 35°，钻遇岩层有粉砂岩、细砂岩、粗砂岩，f 为 4~10，可钻性为Ⅲ～Ⅴ级。共穿越三层煤，即 10 煤、92 煤和 9 煤，煤层最厚为 0.9m，煤质较软，性脆，f 为 1~2。

钻孔施工装备主要有 ZDY1900S 型全液压坑道钻机、BW-250 型泥浆泵、Φ63.5mm 外平钻杆、稳定器、Φ89mm内凹式复合片钻头和Φ89mm支柱型球面复合片钻头等，钻进施工工艺为保直钻进技术。钻孔施工时，采取稳定组合钻具（图8.31）进行保直钻进，通过测斜掌握钻孔轨迹，及时更换钻具组合形式或调整钻进工艺参数等技术措施对钻孔的倾角和方位角进行控制，使钻孔成功钻进到预定靶区，钻孔成孔孔深147m，孔径Φ89mm，倾角为51°，单孔出水量达到80~90m³/h，日出水量达到2000m³，达到预期效果。

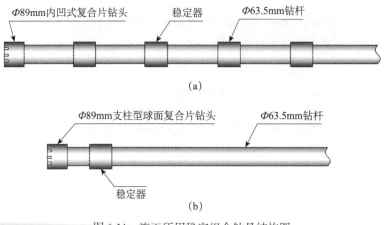

图 8.31　施工所用稳定组合钻具结构图

（本章主要执笔人：李泉新，田东庄，陈盼，刘智，刘刚，史海岐，姚亚峰）

第9章

随钻测量定向钻进技术与装备

9.1 基本原理

随钻测量定向钻进技术是指利用随钻测量系统实时监测钻孔轨迹参数和螺杆马达姿态参数，得到钻孔实钻轨迹，确定螺杆马达的造斜方向。然后利用螺杆马达对钻孔轨迹进行调控，使钻孔轨迹按设计要求延伸钻进至预定目标的一种钻探方法。

随钻测量定向钻进技术实现了钻孔轨迹的精确控制和长钻孔定向钻进，关键技术主要有随钻测量技术和螺杆马达定向钻进技术。

9.1.1 随钻测量技术

随钻测量系统一般由孔内测量探管和孔口防爆计算机组成，可实时对钻孔轨迹参数进行精确测量和计算，其工作原理是：孔内测量探管采用三个用于敏感地球重力加速度的加速度传感器、三个用于敏感地球磁场的磁传感器作为传感器组，当探管接收到测量指令后开始工作，传感器组感受其输入量，并与其放大电路一起将输入量变换成与之对应的输出电压；CPU 采样测量电压和基准电压后采用运算放大器对传感器测量信号进行整形和滤波，获得传感器原始测量数据；然后根据倾角、工具面和方位角与重力加速度和磁场强度的关系公式计算出钻孔轨迹参数的实测值；再通过信号传输通道实时传递至孔口防爆计算机，经上位机软件对数据进行接收处理后绘制并显示钻孔轨迹。

根据随钻测量信号传输方式，分为有线随钻测量技术和无线随钻测量技术。其中有线随钻测量技术以中心通缆式钻杆为有线传输通道，采用载波传输方式将随钻测量数据实时传递至孔口防爆计算机，具有信号双向传输、传输速度快、工作时间长等优点。无线随钻测量传输技术又分为泥浆脉冲随钻测量技术和电磁波随钻测量技术，其中泥浆脉冲信号传输采用水力脉冲作为数据传输方式，以钻杆柱内水力通道为传输通道，以钻杆柱内高压冲洗液为信号载体，当孔内探管测量出钻孔轨迹参数后，通过防爆驱动短节控制脉冲发生器产生压力脉冲波，压力脉冲波以钻杆内的冲洗液为载体传到孔口，由压力传感器接收并传给防爆计算机中进行解码显示；而电磁波信号传输以钻杆柱和煤系地层为传输通道，以电流或电磁波为信号载体，当孔内探管测量出钻孔轨迹参数后，通过发控短节将随钻测量数据发出，经地层和钻杆柱传输至孔口后，由接收天线和防爆计算机接收、解码和显示；无线传输降低了对钻杆结构和密封性的要求，需要定期对电池进行充电，传输速度慢于有线传输方式。

9.1.2　螺杆马达定向钻进技术

目前，煤矿井下定向钻进主要采用螺杆马达进行施工，根据钻杆是否回转可分为滑动定向钻进技术和复合定向钻进技术。

1. 螺杆马达定向钻进机理

螺杆马达是一种把液体的压力能转化为机械能的容积式动力转换装置和井下动力钻具，主要由旁通阀总成、螺杆马达（定子和转子）总成、万向轴总成、传动轴总成四大部分组成。其工作原理是：泥浆泵提供的高压冲洗液经旁通阀进入螺杆马达总成，在马达的进出口形成一定的压差，推动马达的转子旋转，通过万向轴和传动轴将转速和扭矩传递给钻头，从而达到碎岩的目的。

螺杆马达定向钻进可实现钻孔轨迹人工控制和长距离钻进的原因如下：螺杆马达工作时钻头回转破碎岩石，而钻具外管及钻杆柱不回转，螺杆马达万向轴上设置有定向弯接头，定向钻机具有的主轴制动功能可确保定向钻机时弯接头朝向保持不变，使钻孔按预定方向延伸；随钻测量装置可实时测量螺杆马达弯接头朝向，定向钻机通过旋转钻杆柱可调整弯接头朝向，实现轨迹灵活调整和受控定向；螺杆马达定向钻进时为滑动钻进，不需要钻杆旋转，减少了钻杆与孔壁的摩擦阻力，因而在较小动力损失的情况下就能达到较大的钻进能力。

2. 滑动定向钻进技术

螺杆马达滑动定向钻进是指钻进过程中，钻头回转碎岩动力仅由泥浆泵提供，钻头和螺杆马达转子转动，定向钻机仅向钻具施加钻压，钻具其他部分只产生轴向滑动，螺杆马达工具面可保持一个稳定的方向，从而实现钻孔轨迹连续人工控制。

螺杆马达滑动定向钻进时，首先应在孔口将螺杆马达弯头朝上，进行工具面修正；钻进过程中，实时测量钻孔轨迹参数和螺杆马达姿态参数；根据实钻轨迹与设计轨迹偏差，调整螺杆马达工具面向角，使钻孔沿设计轨迹延伸。

随钻测量定向钻进轨迹控制的关键是掌握螺杆马达的造斜规律。不同工具面向角时，对钻孔倾角和方位角的影响不同。螺杆马达工具面向角对钻孔倾角和方位角的影响如图9.1所示，当工具面位于Ⅰ象限时，其效应是增倾角、增方位；当工具面位于Ⅱ象限时，其效应是降倾角、增方位；当工具面位于Ⅲ象限时，其效应是降倾角、降方位；当工具面位于Ⅳ象限时，其效应是增倾角、降方位；当工具面向角$\omega=0°$时，其效应是全力增倾角；当工具面向角$\omega=90°$时，其效应是全力增方位；当工具面向角$\omega=180°$时，其效应是全力降倾角；当工具面向角 ω=270° 时，其效应是全力降方位。

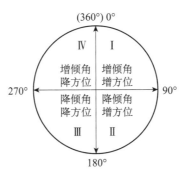

图 9.1　工具面向角对钻孔倾角和方位角的影响

定向钻进时主要依据钻孔实钻轨迹与设计轨迹的偏差、钻孔轨迹在地层中的空间位置，根据不同螺杆马达工具面钻进时的钻孔轨迹变化规律，选择合适的螺杆马达工具面向角来控制钻孔轨迹按设计方向延伸。根据定向钻孔轨迹变化情况，定向钻孔施工主要分为造斜钻进和稳斜钻进两大类，其中造斜钻进时钻孔倾角或方位角发生变化，稳斜钻进时钻孔倾角和方位角均保持稳定不变。

定向钻进时根据钻孔轨迹调整需要，可常采用工具面向角进行对应的钻孔轨迹调控（图 9.2），具体情况如下。

（1）稳倾角钻进：当钻孔轨迹位于目的地层内、设计倾角稳定且钻孔倾角与地层倾角一致时，可采用稳倾角钻进或复合钻进，使钻孔倾角稳定在设计值附近，方位角在设计值左右变化。

（2）增倾角造斜钻进：当钻孔设计倾角增加、实钻轨迹上下偏差为负值且大于允许偏差范围、实钻倾角比设计倾角小且超出允许范围或预留分支点时，可采用增倾角工具面，缓增倾角时工具面靠近 80° 或 280°，急增倾角时工具面靠近 0°。

（3）降倾角造斜钻进：当钻孔设计倾角下降、实钻轨迹上下偏差为正值且大于允许偏差范围、实钻倾角比设计倾角大且超出允许范围或开分支时，可采用降倾角工具面，缓降倾角时工具面靠近 100° 或 260°，急降倾角时工具面靠近 180°。由于螺杆马达质量较大，受重力作用，钻孔倾角增加能力不如下降能力，实钻中倾角降低应谨慎控制。

（4）稳方位钻进：当钻孔轨迹左右偏差在允许范围内，设计方位角稳定且钻孔方位角与设计方位角相差小且超出允许范围时，可采用稳方位钻进或复合钻进，钻孔工具面应主要调整在 0° 附近，尽量少采用 180° 工具面钻进。

（5）增方位造斜钻进：当钻孔设计方位角增加、实钻轨迹左右偏差为负值且大于允许偏差范围或实钻方位角比设计方位角小且超出允许范围时，可采用增方位工具面，缓增方位时工具面靠近 10°，急增方位时工具面靠近 90°。

（6）降方位造斜钻进：当钻孔设计方位角下降、实钻轨迹左右偏差为正值且大于允许偏差范围或实钻方位角比设计倾角小且超出允许范围，可采用降方位工具面，缓降方位时工具面靠近350°，急降方位时工具面靠近270°。

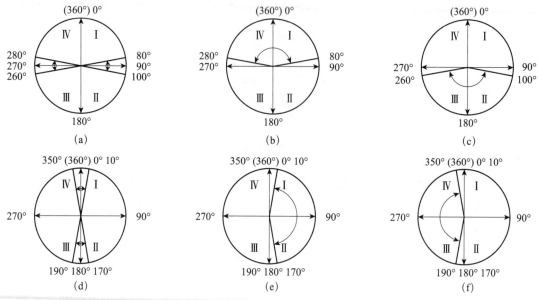

图9.2　实钻常用工具面向角造斜效果

（a）稳倾角；（b）增倾角；（c）降倾角；（d）稳方位；（e）增方位；（f）降方位

3. 复合定向钻进技术

复合定向钻进技术包含滑动定向钻进和复合钻进两种形式。其中复合钻进过程中，泥浆泵向孔内泵送高压水驱动螺杆马达带动钻头转动的同时，钻机动力头带动孔内钻具回转并向钻具施加钻压，实现复合碎岩，其原理如图9.3所示。

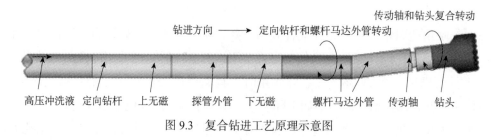

图9.3　复合钻进工艺原理示意图

复合定向钻进技术是滑动定向钻进技术的改进、升级，二者钻进方式上的最大不同是：滑动定向钻进技术在钻进过程中"只滑不转"连续造斜，复合定向钻进技术在钻进过程中"有滑有转"间歇造斜。从轨迹控制角度讲，煤矿井下复合定向钻进技术中的"复合"包含两层含义：一是"滑动造斜"与"回转稳斜"两种定向模式的复合；二是回转稳斜定向钻进过程中钻机动力头回转与孔底螺杆马达回转两种碎岩动力的复合。

复合定向钻进技术充分发挥了滑动定向钻进钻孔轨迹人工控制和复合钻进高效快速的

技术优势，钻进效率高，钻孔轨迹平滑，可有效预防钻孔事故，有利于实现深孔钻进。

复合定向钻进过程中以复合钻进技术为主，同时采用随钻测量装置对钻孔轨迹参数进行实时测量，掌握钻孔实时轨迹，在合适的时候进行干预——实施滑动定向钻进，保证钻孔按设计轨迹向前延伸。复合定向钻进工艺技术的关键是对钻孔轨迹的人工控制，其核心是钻孔施工过程中对滑动定向钻进工艺与复合定向钻进工艺之间转换时机的把握。滑动定向钻进阶段，可通过调整螺杆马达工具面向角实现钻孔轨迹弯曲方向的人工实时连续控制；复合定向钻进阶段，由于螺杆马达工具面不断转动，无法实现钻孔轨迹的人工控制，但可通过复合钻进条件下定向钻具的侧向力分析，掌握钻孔轨迹弯曲变化规律性。在定向钻进中可根据钻孔轨迹实际偏斜情况，选择相应的钻进方法，钻进过程中应尽量利用复合定向钻进钻孔弯曲规律进行钻孔轨迹控制，其钻进工艺选择流程如图 9.4 所示。

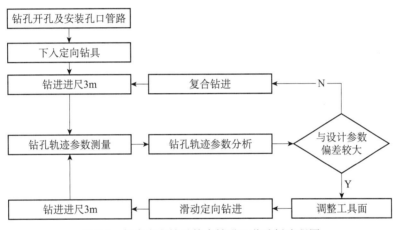

图 9.4 复合定向钻进技术钻进工艺选择流程图

9.2 技术特点

随钻测量定向钻进技术具有以下技术特点。

（1）可以随钻实时测量出钻孔空间轨迹和螺杆马达姿态等孔内工程参数，实现钻孔精确空间定位，指导钻孔轨迹调控。

（2）钻孔轨迹调整时钻杆不回转，仅孔内螺杆马达带动钻头回转碎岩；钻孔轨迹调控能力强、精度高，不需要更换钻具。

（3）有线随钻测量信号传输速度快、误码率低，但传输稳定性受限于中心通缆式钻杆；无线随钻测量信号传输受钻杆影响小，传输速度比有线传输慢，测量过程中存在一定的误码率。

（4）有线随钻测量需要特制的通缆式钻杆，钻具成本高；无线随钻测量对钻杆无特殊结构要求，可选用外平钻杆和异形钻杆等普通钻杆，钻具成本低，地层适应性强。

9.3　适用条件

1. 煤层条件

有线随钻测量定向钻进技术一般适用于坚固性系数 $f \geqslant 1$ 的较完整煤层。

无线随钻测量定向钻进技术一般适用于坚固性系数 $f \geqslant 0.5$ 的煤层。

2. 岩层条件

有线随钻测量定向钻进技术一般适用于坚固性系数 $f \leqslant 6$ 的稳定岩层。

无线随钻测量定向钻进技术一般适用于坚固性系数 $f \leqslant 8$ 的岩层。

9.4　钻进装备

随钻测量定向钻进技术装备主要由钻机、螺杆马达、泥浆泵、有线随钻测量系统和通缆式钻杆或无线随钻测量系统和无缆式钻杆等组成，钻进装备应根据地层条件和设计的孔径、孔深等参数进行选择，且必须满足煤矿井下施工的相关技术规定。

9.4.1　钻机

钻机是实现定向钻进的关键设备，主要用于提供给进、起拔和回转动力、夹持和拧卸孔内钻具、克服螺杆马达钻进反扭矩等。用于定向钻进的钻机必须具备主轴制动功能，其液压系统均采用负载敏感、恒压变量泵控技术和比例先导控制技术，具有与常规回转钻进、螺杆马达滑动定向钻进工艺和复合定向钻进工艺相适应的功能回路，此外还配套防爆计算机、行车机车灯、冲洗液流量计等关键部件。

钻机的主要特点如下。

（1）具备主轴制动功能，克服螺杆马达钻进时产生的反扭矩。

（2）防爆计算机、流量计、急停开关集成在钻机上，方便定向钻进的操作。

（3）钻机可以钻进集束型枝状定向钻孔群和大角度顶底钻孔。

（4）液压元件采用进口产品，性能稳定，质量可靠。

（5）钻机液压系统设置有多种保护功能，具有定向钻进回转自锁保护、定向钻进与回转钻进转矩限制、防止误操作功能保护等功能回路。

ZDY 系列化定向钻进钻机主要有 ZDY12000LD、ZDY6000LD、ZDY6000LD（A）、ZDY6000LD（B）、ZDY6000LD（F）、ZDY4000LD、ZDY4000LD（A）等机型，系列钻机主要技术参数如表 9.1 所示，均可满足常规回转钻进、螺杆马达滑动定向钻进和复合定向钻进施工需要，适应不同复杂地质条件。

表 9.1 钻机主要技术参数表

参考型号	主要技术参数				孔深/m
	转矩/（N·m）	转速/（r/min）	最大给进起拔力/kN	功率/kW	
ZDY4000LD、ZDY4000LD（A）	3000 ~ 4000	70 ~ 240	≥120	55	≤600
ZDY6000LD（F）、ZDY6000LD、ZDY6000LD（B）	3000 ~ 6000	50 ~ 190	160 ~ 180	75	≤800
ZDY6000LD（A）	3000 ~ 6000	50 ~ 190	160 ~ 180	90	≤1000
ZDY12000LD	3000 ~ 12000	50 ~ 150	250	132	≤1500

钻机关键技术如下。

1. 总体结构布局

ZDY 系列化定向钻进钻机采用履带式结构，按结构形式又可分为整体式和两体式（钻车和泵车）两种类型。

1）整体式履带钻机

整体式履带钻机有紧凑型结构布局和一体式结构布局两种。

紧凑型结构布局在钻机平台上外配电驱泥浆泵、电磁起动器和防爆计算机，具有结构紧凑，整体尺寸小，适用范围广的特点，典型钻机有 ZDY4000LD（图 9.5）和 ZDY6000LD 等机型。

图 9.5 ZDY4000LD 型履带式全液压坑道钻机

一体式结构在钻机平台上布置液驱泥浆泵、电磁起动器等，此外还布置有机车灯、急停按钮辅助设备等，具有现场使用时节约辅助时间，宽度尺寸较大，适宜较宽巷道的特点，典型钻机有 ZDY6000LD（A）（图 9.6）等机型。

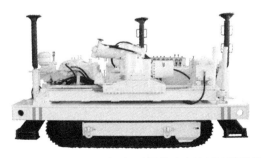

图 9.6 ZDY6000LD（A）型履带式全液压坑道钻机

2）两体式

两体式钻机采用钻车和泵车分开设备的结构布局，具有结构紧凑、安全性高、机动性强的特点。履带分别驱动具备独立行走功能，可以提高装备的适应性。钻车由主机、泵站、操作台、防爆计算机、流量计、履带车体、稳固装置组成；泵车由泥浆泵、电磁启动器、瓦斯监测断电仪、机车灯组件等组成，代表机型有 ZDY12000LD（图 9.7）、ZDY4000LD（A）、ZDY6000LD（B）、ZDY6000LD（F）等。

图 9.7　ZDY12000LD 型履带式全液压坑道钻机

2. 钻机液压系统

ZDY 系列化定向钻进钻机液压系统均采用负载敏感、恒压变量泵控技术和比例先导控制技术，具有与常规回转钻进、螺杆马达滑动定向钻进工艺和复合定向钻进工艺相适应的功能回路，可实现钻机节能、远程控制及快速搬迁稳固移位等需求，具有较高的可靠性和良好的操控性。定向钻进钻机液压控制系统根据操作方式分为多种联动功能的定向钻进液压控制系统和多逻辑保护功能的单动液压控制系统两种类型。

1）多种联动功能的定向钻进液压控制系统

多种联动功能的定向钻进液压控制系统（图 9.8）包括履带行走系统、回转钻进系统、制动保护回路和辅助功能回路四部分。其中履带行走系统主要实现履带的安全行走、转弯、制动；回转钻进系统中的回转回路为钻具提供回转动力，给进回路为钻具提供钻进施工时的给进、起拔力，从而实现钻具回转和钻进的复合动作，并根据不同的钻探工艺实现钻具的加压、减压钻进；制动保护回路主要实现定向钻进时主轴及钻具的定位和防止误操作，在 360° 范围内的任意点锁定钻杆，而且夹紧迅速，松开彻底，确保定向钻孔的顺利施工和钻孔轨迹的精确控制；辅助功能回路主要实现钻机诸如履带车体平台的稳固、机身倾角的调整等功能。

为了减少操作失误、缩短起下钻作业时间，该类型钻机液压控制系统设计有丰富的联动功能，主要包括卡转联动、卡夹联动、卸扣联动、夹转联动、起下钻联动等，可有效防止各类误操作，提高了钻机操作的安全性和可靠性，节省了各种辅助操作时间。

2）多逻辑保护功能的单动液压控制系统

以 ZDY12000LD 大功率钻机液压系统为代表的多逻辑保护功能的单动液压控制系统（图 9.9），采用了负载敏感和恒功率控制技术，采用了串联三泵结构，其中Ⅰ泵和Ⅱ泵均

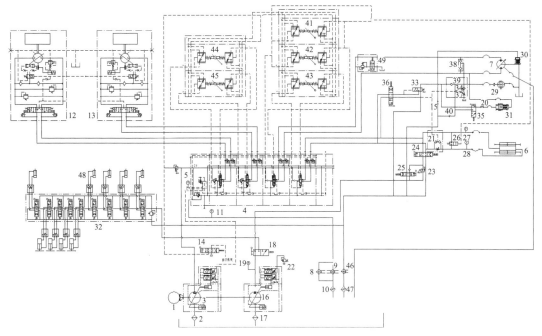

图 9.8　多种联动功能的定向钻进液压控制系统

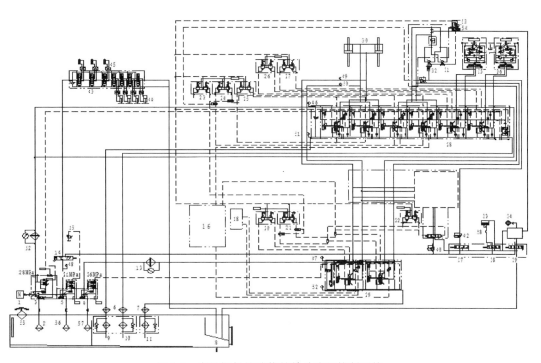

图 9.9　多逻辑保护功能的单动液压控制系统

采用了恒功率控制的负载敏感液压泵，Ⅰ泵主要为履带行走回路、快速钻进回路与快速回转回路提供压力油，Ⅱ泵主要为慢速钻进回路与慢速回转回路提供压力油，Ⅲ泵采用恒压变量控制方式，其系统主要为钻机关键执行机构及稳固调角机构供油，具有显著节能和操控性好的特点。针对常规回转钻进和定向钻进两种工况对回转系统和给进系统的不同需要，分别配套设计快慢两档操作模式，满足常规回转钻进、滑动定向钻进、复合钻进等多种施工要求，另外具备螺杆马达工具面向角精确控制功能，从而实现钻孔轨迹的精确调整；同时针对快慢两档回转系统，单独设置回转转矩限制模块，定向钻进和上钻杆时转矩限定3000N·m，回转扩孔和拧卸钻杆时达到额定转矩，增强了钻机分别进行回转钻进和定向钻进的功能适应性，并起到安全保护的作用；钻机具备拧卸钻杆时的油缸主动浮动功能，相比被动油缸浮动模式可有效保护钻杆，防止丝扣损坏。

为了增加钻机的操作安全性，防止误操作造成对钻机关键部件的损坏，钻机液压控制系统设计有多逻辑保护功能回路，包括定向钻进保护、钻杆丝扣保护、钻进操作保护、行走操作保护、防掉钻保护、稳固油缸保护等，其中两个特殊的逻辑保护功能回路特点如下：

（1）定向钻进功能保护回路，通过在制动装置后端设计功能保护阀，当进行定向钻进施工时，回转系统自锁时可有效保护制动装置，防止因误操作造成对制动装置零部件的损坏。

（2）钻进行走功能保护回路，正常钻进时，履带行走功能失效，而在搬迁运输过程中，钻进系统也无法工作，有效保护了操作人员的安全。

3. 具有主轴制动功能的大通孔回转器

大通孔回转器（图9.10）通孔直径为Φ135mm，使用寿命延长25%，采用双马达驱动，最大输出转矩12000N·m，是一般机型额定转矩的2~4倍。

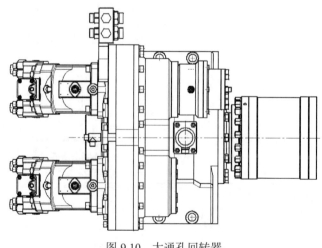

图 9.10　大通孔回转器

为满足定向钻进施工要求钻机设置有主轴制动装置（图9.11），采用多盘湿式摩擦片结构，在高压油的作用下实现主动摩擦片和被动摩擦片的贴合制动，具有结构紧凑、制动可靠的特点，满足制动孔底螺杆马达和回转马达误转的需求，解决了大功率钻机施工大直径孔、超长钻孔时的强力制动难题。

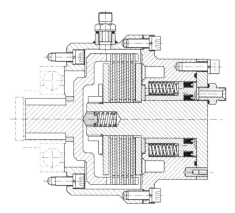

图 9.11　主轴制动装置

4. 大开口夹持装置

大开口夹持器（图 9.12）采用顶部开放式两边对称布置形式，松开螺栓可以翻开上拉杆，实现夹持器顶部开放，有利于大直径孔口管及粗径钻具下放。大开口夹持器采用油缸对顶复合式夹持结构，夹持力大，满足大扭矩拧卸钻具的需求。

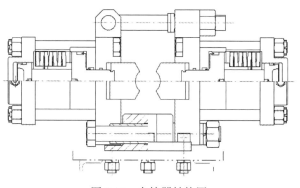

图 9.12　夹持器结构图

5. 主轴调角装置

根据不同类型定向钻孔施工需要，钻机需具备主轴调角功能，主要有三种结构形式，调角范围可到达 $0° \sim \pm30°$。

1）双支点双油缸对顶调角装置

双支点双油缸对顶调角装置（图 9.13）以前后立柱为支点，通过各自油缸伸缩，双支点调整主轴倾角。代表机型 ZDY12000LD，调整范围 $-10° \sim 20°$。两个多级油缸分别通过铰接的方式固定在给进机身前后横梁上，多级调角油缸采用大行程结构，给进机身调角范围较大，同时该调角装置还可以对钻机的开孔高度进行快速调节。

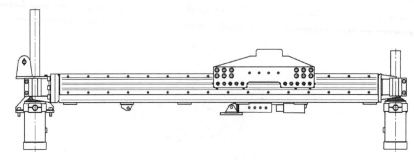

图 9.13　双支点双油缸对顶调角装置

2）单支点连杆式调角装置

单支点连杆式调角装置（图 9.14）采用油缸推动撑杆，带动机身以后立柱夹头为中心调整主轴倾角，通过对后支座和调角支撑杆在履带车体上安装位置的对调，可实现给进机身负角度调节。主轴调整范围 0°～±30°，操作便捷、安全可靠，减少了辅助操作时间。

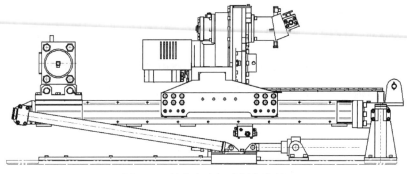

图 9.14　单支点连杆式调角装置

6. 给进装置

常用给进装置结构型式分为三种，分别为矩形导轨式给进装置、圆柱型导轨式给进装置和 V 型导轨式给进装置。

1）矩形导轨式给进装置

矩形导轨式给进装置（图 9.15）由前后固定板、焊接槽钢、矩形导轨及一些联接板拼焊而成。机身整体用优质钢板焊接而成，强度大、整体刚性好。矩形导轨采用可更换，提高了使用寿命，增加了可维护性。

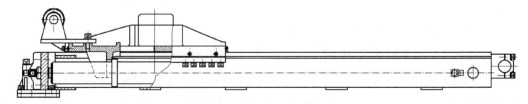

图 9.15　矩形导轨式给进装置

2）圆柱型导轨式给进装置

圆柱型导轨式给进装置（图 9.16）由前后固定板、焊接槽钢及两根圆柱导轨组成。圆柱导轨通过螺栓连接在前后固定板上，焊接变形容易控制，工艺性、维护性好，外观美观，效果良好。

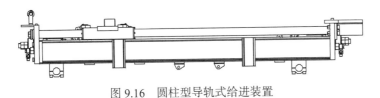

图 9.16　圆柱型导轨式给进装置

3）V 型导轨式给进装置

V 型导轨式给进装置（图 9.17）由给进机身、给进油缸、V 型块、调整螺栓、托板、竖板等零部件组成。通过连接螺栓将 V 型块、托板和竖板连接一起，给进油缸带动拖板和回转器沿机身导轨移动，改善了缸筒的导向性，延长了油缸的使用寿命。

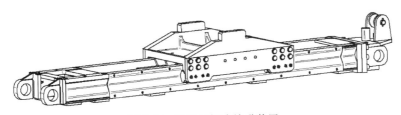

图 9.17　V 型导轨式给进装置

9.4.2　履带式泥浆泵车

履带式泥浆泵车是针对独立的电驱泥浆泵在井下搬迁困难，流量分档输出不能无级调节，定向钻进工艺适应性差，以及大直径长钻孔需要解决的大功率和紧凑性布局问题而研发的煤矿井下钻探类新产品。履带式泥浆泵车集成液驱泥浆泵单元、液压泵站、电磁起动器、机车灯组件等组件，提供高压冲洗液，从而驱动孔底螺杆马达回转碎岩、冷却孔底钻头和携带孔内岩粉，具有以下功能和特点：①履带式驱动，可独立行走；②泵车单独操控，也可在钻机操纵台处远端操控；③集成了瓦斯传感器和自动断电仪，瓦斯超限时自动断电；④流量输出可无级调节，压力自适应，流量和压力可实时监测；⑤输出压力波动小，可配套泥浆脉冲无线随钻参数测量系统；⑥配备的电磁启动器具有多参数输出。

系列履带式泥浆泵车产品的主要技术参数如表 9.2 所示。

表 9.2　系列泥浆泵车技术参数

泵车型号	最高压力/MPa	最大流量/（L/min）	功率/kW
BLY260/9	9	260	55
BLY360/9	9	360	70

续表

泵车型号	最高压力/MPa	最大流量/（L/min）	功率/kW
BLY390/12	12	390	110
BLY460/13	13	460	132
BLY500/10	10	500	132

履带式泥浆泵车关键技术如下。

1. 履带式泥浆泵车整体布局

履带式泥浆泵车（图 9.18）采用整体履带式结构，泵车集成液驱泥浆泵单元、液压泵站、电磁起动器、机车灯组件、甲烷传感器、操纵台等装置，集成度高，搬迁便捷。

图 9.18　履带式泥浆泵车

2. 泥浆泵单元优化设计

匹配泥浆泵动力端和液力端参数，优化其输入与输出端，匹配低速大扭矩液压马达，通过花键与箱体输入轴直接连接，结构紧凑，设置卸荷保压装置，具有体积小、能力大、结构紧凑、效率高，便于整体布局的特点。

3. 压力自适应、流量无级变速的液压系统

压力自适应、流量无级变速的液压系统（图 9.19）具有恒功率控制的负载敏感液压开式系统，通过容积调速液压传动回路，可实时输出孔底螺杆马达所需要的相应流量和压力的钻进液，螺杆马达钻探负载适应性强，具有压力切断、恒功率控制、过载保护和节能等特点，实现了对泥浆泵和孔底螺杆马达的保护，解决了传统电驱动泥浆泵钻探负载适应性差的问题。

4. 瓦斯超限断电保护控制系统

泥浆泵车的瓦斯超限断电保护控制系统（图 9.20）由防爆起动器、瓦斯传感器、瓦斯断电仪及遥控器组成，可对瓦斯浓度连续监测，在瓦斯浓度超限时断电保护，确保设备在突发情况下电源自动切断。

瓦斯超限断电保护控制系统具有以下特点：瓦斯传感器实现对瓦斯浓度连续监测，瓦斯断电仪实现瓦斯浓度超限时断电保护，电磁启动器提供多参数输出电源，遥控器可实现远程启停功能。

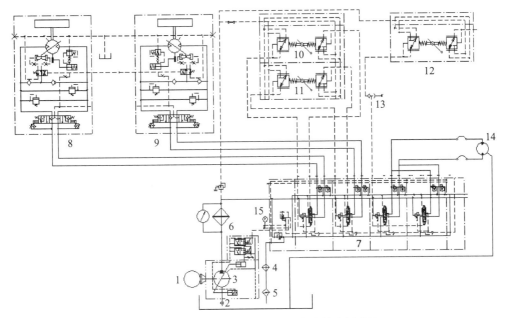

图 9.19 压力自适应、流量无级变速的液压系统

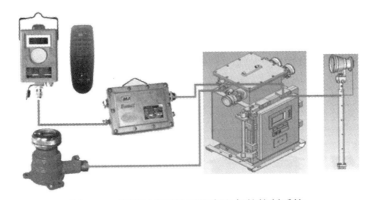

图 9.20 泥浆泵车瓦斯超限断电保护控制系统

9.4.3 中心通缆式有线随钻测量钻杆

有线随钻测量定向钻进时使用的钻具为常规外平的中心通缆式随钻测量钻杆（图 9.21）与中心通缆式随钻测量送水器（图 9.22），复杂地层时可以采用中心通缆螺旋式有线随钻测量钻杆（图 9.23）。中心通缆式随钻测量钻杆常用规格有 $\Phi70mm$、$\Phi73mm$、$\Phi89mm$，各钻杆技术参数如表 9.3 所示，可根据钻孔孔径需要进行选择。

图 9.21 中心通缆式随钻测量钻杆

图 9.22 中心通缆式随钻测量送水器

图 9.23 中心通缆螺旋式有线随钻测量钻杆

中心通缆式随钻测量钻杆由钻杆体与中心通缆装置构成，中心通缆装置与钻杆体彼此绝缘，从而构成了随钻测量信号有线传输和冲洗介质的双条通道。中心通缆装置由信号传输导体和绝缘连接体构成；信号传输导体由电阻小、无磁性的铜与无磁钢加工而成，钻杆连接后整体电阻低；绝缘连接体选用特殊的绝缘材料加工而成，遇水不变形、不变性，具有良好的绝缘性，实现了孔底与孔口设备之间通信信号的双向可靠传递。中心通缆式有线随钻测量钻杆具有以下特点。

（1）各中心通缆式有线随钻测量钻杆体均采用摩擦焊接加工而成，钻杆接头采用"双顶"结构。

（2）$\Phi73mm$ 中心通缆式有线随钻测量钻杆螺纹整体结构采用"双锥度"设计，螺纹尾端锥度较螺纹前端锥度略小，使螺纹根部断面面积有所增大，增加了螺纹连接强度，提升了螺纹密封性能。

（3）各钻杆体螺纹均经过表面硬化处理，抗粘扣能力强。

表 9.3 中心通缆式随钻测量钻杆技术参数

规格/mm	外径/mm		长度/mm	重量/kg	导体电阻/Ω	绝缘电阻/MΩ	推荐钻机扭矩/（N·m）	推荐钻头规格/mm	
	杆体	接头						优选	可选
$\Phi70$	70	70	3000	31	<0.5	>2	<6000	96	98
$\Phi73$	73	75		35			<6000	96	98
$\Phi89$	89	91		45			<12000	113	

中心通缆式随钻测量送水器是有线随钻测量定向钻进过程中承接钻杆与泥浆泵的枢纽，是传递测量信号的重要通道，也是钻进冲洗液的重要输送通道，其特点如下。

（1）采用直通式设计，避免了高压胶管与钻机机身、送水器与回转器及托轮发生碰撞。

（2）信号传输出入口与钻进冲洗液出入口平行设置且又独立分开，既保证了信号传输通道与钻进冲洗液输送通道的互不干扰，又降低了钻进冲洗液对信号传输装置的冲刷作用，确保了信号传输的可靠性。

（3）送水器中心电阻小于 0.5Ω，绝缘电阻大于 $10M\Omega$，保证信号传输的可靠性。

9.4.4 钻头

根据钻头的冠部形状不同，目前常用的定向钻头主要分为平底型和平角刮刀型两种。平底型 PDC 钻头适用于中硬且结构较完整地层，其主要特点是提钻阻力小，适合在煤层中钻进。平角刮刀型 PDC 钻头的主要特点是布齿密度大，寿命长，提钻阻力大，适合在稳定的岩层中钻进。

1. 平底型 PDC 定向钻头

平底型 PDC 定向钻头（图 9.24）常用规格有 Φ96mm、Φ98mm、Φ113mm、Φ120mm、Φ133mm 等，主要用于配套螺杆马达进行煤矿井下瓦斯抽采孔等煤层定向钻孔施工。

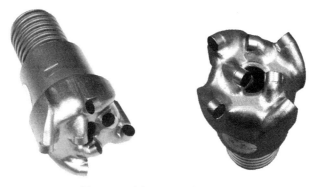

图 9.24　平底型 PDC 定向钻头

2. 平角刮刀型定向 PDC 钻头

平角刮刀型定向 PDC 钻头（图 9.25）常用规格有 Φ96mm、Φ98mm、Φ120mm 等，主要用于配套螺杆马达进行煤矿井下瓦斯抽采孔、探放水孔、注浆加固孔等岩层定向钻孔施工。可在软－中硬（$f \leqslant 10$）完整的地层钻进，不宜在破碎、裂隙、强研磨性地层中使用。

图 9.25　四翼平角刮刀型定向 PDC 钻头

9.5 应用实例

9.5.1 中硬煤层瓦斯抽采定向钻孔

1. 有线随钻测量定向钻进技术

采用有线随钻测量定向钻进技术在晋城寺河煤矿 53015 巷 20# 横川钻场进行了超深瓦斯抽采定向钻孔试验，施工装备主要有 ZDY12000LD 型钻机、BLY390/12 型泥浆泵、Φ73mm 螺杆马达、YHD2-1000（A）型矿用有线随钻测量系统、Φ73mm 中心通缆式钻杆、Φ98mm 平底型 PDC 定向钻头、Φ98/120mm 螺旋刀翼型组合式 PDC 扩孔钻头等。现场试验共施工钻孔两个，总进尺 4368m。钻孔实钻数据如表 9.4 所示，实钻轨迹平面布置如图 9.26 所示。

表 9.4 53015 巷 20# 横川钻场试验钻孔实钻数据

| 钻孔编号 | 主孔深度/m | 分支孔 | | 平均机械钻速/（m/h） | 孔径/mm | 钻进工艺 | 终孔原因 | 进尺/m | 总进尺/m |
		探顶次数	探底次数						
1#	1881	7	4	36	120	滑动+复合	达到设计要求	2601	4368
2#	1209	4	1	36	120	滑动+复合	卡钻	1767	

1) 1# 试验钻孔

1# 试验钻孔采用扩孔成孔方案施工，即首先采用 Φ73mm 定向钻具组合施工孔径 Φ98mm 的先导孔，再利用 Φ73mm 定向钻具组合配套 Φ98/120mm 螺旋刀翼型组合式 PDC 扩孔钻头将孔径扩大至 120mm。1# 试验钻孔主孔深度为 1881m，总进尺 2601m，分支孔 11 个，其中探顶分支 7 个、探底分支 4 个，钻孔实钻轨迹剖面图如图 9.27 所示；钻孔施工平均日进尺 210m，复合钻进孔段占总进尺的 72%，孔深达到 1000m 以上时，日平均进尺仍能达到 180m 以上；钻进过程中，钻孔孔内状况一切正常，孔口排渣顺畅，由于大量采用了复合钻进工艺，钻进系统压力始终保持较低的水平，孔深达到 1881m 时，复合钻进的给进压力为 4.1MPa，回转压力为 6MPa，滑动给进压力为 8MPa，远小于系统极限压力。

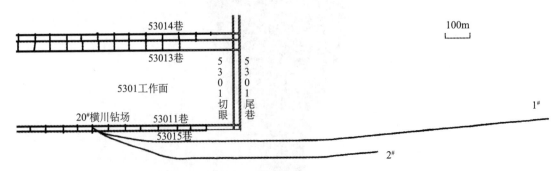

图 9.26 寺河煤矿 53015 巷 20# 横川钻场试验钻孔实钻轨迹平面布置图

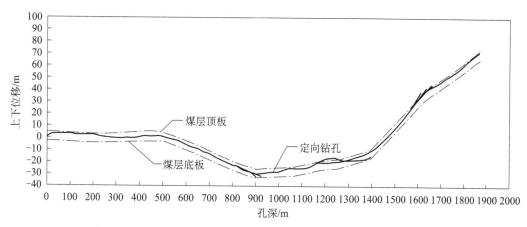

图 9.27　寺河煤矿 53015 巷 20# 横川钻场 1# 试验孔实钻轨迹剖面图

2）2# 试验钻孔

2# 试验钻孔采用一次大直径成孔方案，即直接采用 Φ89mm 定向钻具组合施工孔径 Φ120mm 的定向钻孔。钻进至 1209m 时，在 1188m 处发生严重卡钻事故，事故处理完后，为确保钻具安全提钻终孔。2# 试验钻孔最大主孔深度为 1209m，单孔总进尺 1767m，分支孔 5 个，其中探顶分支 4 个、探底分支 1 个，钻孔实钻轨迹剖面图如图 9.28 所示；钻孔施工平均日进尺 180m，复合钻进孔段占总进尺的 50% 以上；钻进过程中，钻孔孔内状况一切正常，孔口排渣顺畅，由于大量采用了复合钻进工艺，钻进系统压力始终保持较低水平，孔深达到 1209m 时，复合钻进的给进压力为 4.2MPa，回转压力为 6.6MPa，滑动给进压力为 5MPa，钻进系统压力富余量充分。

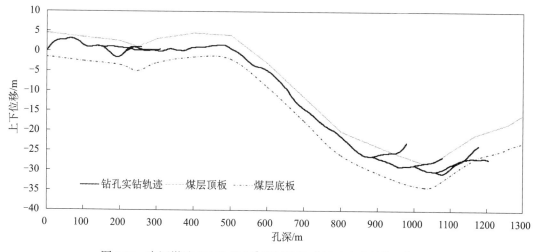

图 9.28　寺河煤矿 53015 巷 20# 横川钻场 2# 试验也实钻轨迹剖面图

2. 无线随钻测量定向钻进技术

采用泥浆脉冲无线随钻测量定向钻进技术在寺河煤矿东五盘区西回风巷迎头钻场进

行了超深瓦斯抽采定向钻孔试验，施工装备主要有 ZDY12000LD 型钻机、BLY390/12 型泥浆泵、Φ73mm 螺杆马达、YHD3-1500 矿用泥浆脉冲随钻测量系统、Φ73mm 外平钻杆、Φ98mm 平底型 PDC 定向钻头等。

现场试验共完成定向钻孔 1 个，主孔深度 1566m，总进尺 2808m，分支孔 19 个，其中探顶分支 15 个，探底分支 2 个，钻孔的实钻轨迹剖面图如图 9.29 所示。钻孔施工平均日进尺 130m，复合钻进孔段占总进尺的 50% 以上，其中复合钻进纯机械钻速达到 24m/h，滑动定向钻进机械钻速 18m/h，复合钻进机械钻速较滑动钻进机械钻速提高约 33%。

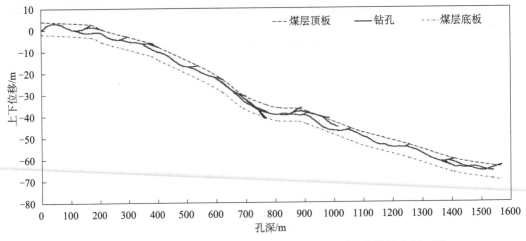

图 9.29 寺河煤矿东五盘区西回风巷迎头钻场试验钻孔实钻轨迹剖面图

9.5.2 软硬复合煤层瓦斯抽采定向钻孔

成庄矿主采煤层为 3# 煤，位于山西组下段上部，结构简单、沉积稳定，平均厚度 6.44m；黑色，具金属光泽、整体较硬；瓦斯相对涌出量 11～13m³/t，瓦斯压力 0.95MPa。由于局部区域煤层内包矸严重、层理和节理裂隙发育，采用有线随钻测量定向钻进技术与装备无法成孔。

采用泥浆脉冲无线随钻测量系统与三棱螺旋钻杆配合在成庄矿有线随钻测量定向钻进技术无法成孔的区域进行了定向钻孔钻进试验，施工装备主要有 ZDY6000LD 型钻机、3NB-300 型泥浆泵、Φ73mm 螺杆马达、YHD3-1500 矿用泥浆脉冲随钻测量系统、Φ73mm 三棱螺旋钻杆、Φ98mm 平底型 PDC 定向钻头等。

现场试验共完成本煤层瓦斯抽采定向钻孔 6 个，其中在 43122 切眼钻场完成本煤层定向钻孔 1 个，主孔深度 402m，总进尺 863m；在 43213 巷道 A8# 横川钻场完成本煤层定向钻孔 5 个，最大主孔深度 324m，总进尺 4917m。钻进过程中，钻孔排渣通畅，钻孔轨迹控制良好，成功覆盖设计区域。试验钻孔详细数据如表 9.5 所示，试验钻孔轨迹如图 9.30 和图 9.31 所示。

表 9.5 试验钻孔设计与实钻数据

钻场	钻孔编号	设计深度/m	实钻深度/m	分支	总进尺/m	终孔原因
43122	1#	270	402	6	863	达到设计孔深
	3#	270	324	4	516	达到设计孔深
	4#	270	219	3	342	开孔角度偏大
43213	5#	270	285	33	2574	达到设计孔深
	6#	270	147	8	420	开孔层位偏高
	7#	270	282	16	1065	达到设计孔深

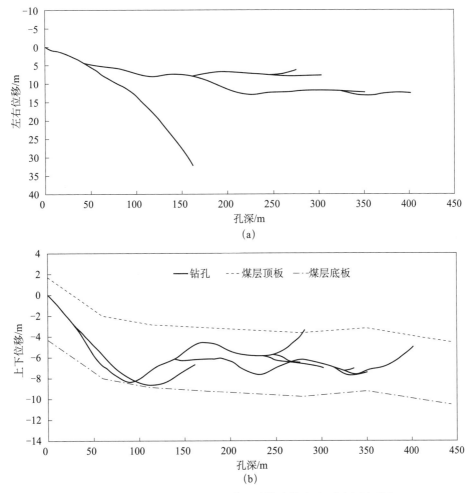

图 9.30 成庄矿 43122 切眼 1# 试验钻孔轨迹平面图和剖面图

（a）平面图；（b）剖面图

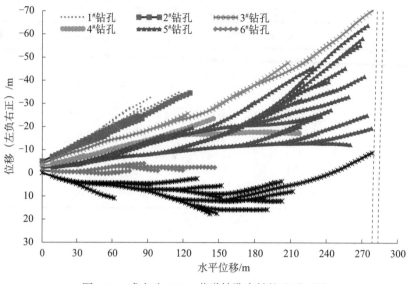

图 9.31　成庄矿 43213 巷道钻孔实钻轨迹平面图

9.5.3　顶板高位定向钻孔

在寺河煤矿东五盘区 5301 工作面和 5302 工作面进行了顶板高位定向钻孔现场试验，试验区主采煤层为 3# 煤，煤层厚度平均 6.50m，属于稳定可采煤层；老顶为灰、深灰色细-中粒砂岩，时见粗粒砂岩，成分以石英为主，长石次之，含云母，具大型板状交错层理，呈正粒序夹泥质条带，常变相为粉砂岩与细砂岩互层，平均厚度 7.82m；直接顶一般为砂质泥岩，常含有薄层粉砂岩及细砂岩条带，含植物化石，平均厚度 2.79m；伪顶一般为炭质泥岩，呈灰黑色，遇水易膨胀，平均厚度为 0.21m。

1. 有线随钻测量定向钻进技术

顶板高位定向钻孔采用扩孔成孔方案，其中先导孔采用有线随钻测量定向钻进技术施工，孔径为 Φ98mm，然后采用回转扩孔工艺实现大直径成孔，扩孔直径为 Φ153mm。施工装备主要有 ZDY12000LD 型钻机、BLY390/12 型泥浆泵、Φ73mm 螺杆马达、YHD2-1000（A）型矿用有线随钻测量系统、Φ73mm 中心通缆式钻杆、Φ73mm 高强度高抗扭钻杆、Φ98mm 四翼平角刮刀型 PDC 定向钻头、Φ98/120/153mm 螺旋刀翼型组合式 PDC 扩孔钻头等。

施工顶板高位定向钻孔 12 个，总进尺达到 7248m，实钻轨迹总平面图如图 9.32 所示，其中 53012 巷 12# 横川钻场 4# 钻孔孔深达到 1026m（图 9.33），创造了我国岩层定向钻孔深记录。在现场施工受供水不足、排水不畅等不利条件影响的情况下，最大日进尺达到了 159m，单班最大进尺达到了 60m，平均钻进效率大于 40m/ 班，在相同地层条件下，钻进效率较现有定向钻机大幅提升；复合钻进时孔口返渣量可达到滑动定向钻进的 2～3 倍，且返渣更细小，更利于排粉，降低了沉渣卡钻风险；复合钻进钻孔孔壁平整光滑、钻孔曲率小，钻进系统压力较纯滑动定向钻进显著降低，系统压力富余量充分，有利于实现深孔钻进。

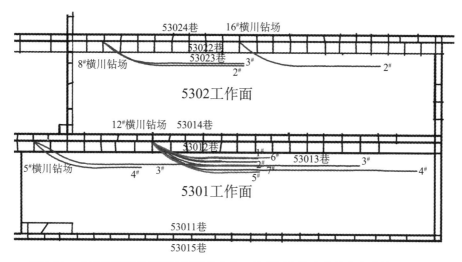

图 9.32　寺河矿采用有线随钻测量技术施工的顶板高位定向钻孔实钻轨迹平面图

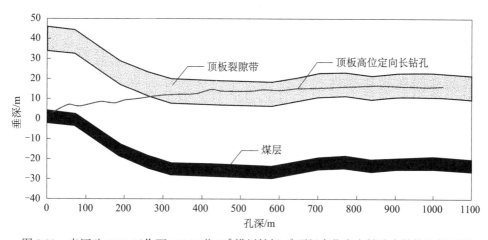

图 9.33　寺河矿 5301 工作面 53012 巷 12# 横川钻场 4# 顶板高位定向钻孔实钻轨迹剖面图

2. 无线随钻测量定向钻进技术

顶板高位定向钻孔采用扩孔成孔方案，其中先导孔采用泥浆脉冲无线随钻测量定向钻进技术施工，孔径为 Φ98mm；然后采用回转扩孔工艺实现大直径成孔，扩孔直径为 Φ153mm。施工装备主要有 ZDY12000LD 型钻机、BLY390/12 型泥浆泵、Φ73mm 螺杆马达、YHD3-1500 矿用泥浆脉冲随钻测量系统、Φ73mm 高强度高抗扭钻杆、Φ98mm 四翼平角刮刀型 PDC 定向钻头、Φ98/120/153mm 螺旋刀翼型组合式 PDC 扩孔钻头等。

在三个钻场施工顶板高位定向钻孔五个，总进尺 2226m，最大钻孔深度 558m，钻孔设计与实钻数据统计如表 9.6 所示，实钻平面图如图 9.34 所示。钻进时采用复合定向钻进技术，泥浆泵量为 390L/min，泵压达到 8MPa 以上，泥浆脉冲随钻测量系统工作稳定可靠，且增强了定向钻进钻杆强度，岩层钻进效率提高 30% 以上。

表 9.6　寺河矿采用无线随钻测量技术施工的顶板高位定向钻孔设计与实钻数据统计表

钻场	孔号	设计							实钻		
		开孔方位 /(°)	开孔倾角 /(°)	终孔方位 /(°)	终孔倾角 /(°)	上下位移 /m	左右位移 /m	孔深 /m	上下位移 /m	左右位移 /m	孔深 /m
53012 巷 5# 横川	1	124.3	11	94.3	0.5	35.37	71.82	432	35.76	71.91	438
	2	135.3	11	94.3	0.5	35.57	86.68	432	35.71	87.51	438
53022 巷 16# 横川	1	124.3	11	94.3	0.5	36.62	65.77	558	33.53	65.71	333
	3	130.3	11	94.3	0.5	41.47	74.15	558	40.89	74.37	558
53022 巷 8# 横川	1	124.3	11	94.3	0.5	36.66	65.77	564	35.82	65.86	459
合计											2226

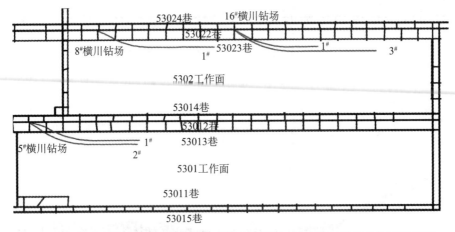

图 9.34　寺河矿采用无线随钻测量技术施工的顶板高位定向钻孔实钻轨迹平面图

9.5.4　地质异常体探查定向钻孔

孟村煤矿是新建矿井，401101 工作面为该矿井首采工作面。依据三维地震解释，在 401101 工作面中存在 DF29 断层，DF29 断层断距为 0～38m、倾角为 55°，规模大，影响范围宽。为确保工作面安全开拓和回采，应提前进行钻探探查。受地质条件和钻进技术的限制，采用常规钻孔探查断层难度较大，既不能精确测定断层位置及产状，又大大增加了探查施工的风险。孟村矿最终采用随钻测量定向钻进技术对断层进行探查验证，通过钻孔轨迹精确控制和长距离定向施工，查明了断层的产状、走向、断距等参数，为首采工作面的开拓和回采提供了保障。

钻场设置在距预测断层 DF29 正东方向约 532m 处的中央一号回风大巷内，施工装备主要有 ZDY6000LD 型钻机、3NB-300 型泥浆泵、Φ73mm 螺杆马达、YHD2-1000（A）型矿用有线随钻测量系统、Φ73mm 中心通缆式钻杆和 Φ96mm 平底型 PDC 定向钻头等。钻孔施工时采用前进式开分支工艺钻进，每隔 6m 测量一次钻孔轨迹，然后根据钻孔轨迹测试和实钻地质情况调整钻进方向，确保断层探查精度。最终该断层探查工程共施工定向钻孔 1 个、探顶分支孔 5 个、探断层分支孔 6 个，主孔孔深 631m，总进尺 1523m，探查结果表明 DF29 断层存在，断距为 10.51～22.57m，距物探探查断层约 40m。钻孔轨迹水平投影图如图 9.35 所示，钻孔轨迹垂直剖面图如图 9.36 所示。

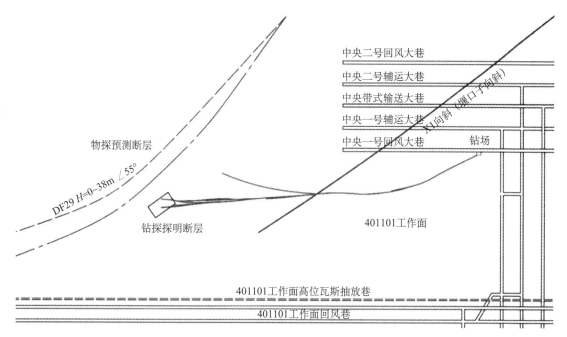

图 9.35　实钻钻孔轨迹水平投影图

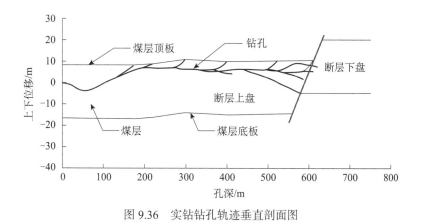

图 9.36　实钻钻孔轨迹垂直剖面图

9.5.5　水害防治定向钻孔

1. 有线随钻测量定向钻进技术

在焦煤集团赵固一矿 11151 工作面采用有线随钻测量定向钻进技术与装备进行了底板

注浆加固定向钻孔施工，该工作面走向长为 460m，倾斜长为 195m，面积为 89700m^2，工作面煤层为二$_1$煤层，平均煤层厚度为 6.24m，平均煤层倾角为 3.1°，煤层赋存稳定，结构较简单。工作面水文地质条件较复杂，L$_8$ 灰岩厚度为 7.8～9m，隔水层厚度为 24～27m，水压为 4.8～5.4MPa，突水系数为 0.225MPa/m，存在突水危险性。

为避免工作面巷道掘进和回采时发生突水事故，在 11151 工作面胶顺迎头和东回风巷道内 11151 胶顺以西 75m 处两个钻场进行底板注浆加固定向钻孔施工，施工装备主要有 ZDY6000LD 型钻机、3NB-300 型泥浆泵、Φ73mm 螺杆马达、YHD2-1000（A）型矿用有线随钻测量系统、Φ73mm 中心通缆式钻杆和 Φ98mm 四翼平角刮刀型 PDC 定向钻头等。

现场试验在东区 11151 工作面胶顺迎头钻场施工钻孔两个，分别为 1$^\#$ 钻孔和 5$^\#$ 钻孔；在东回风巷道内 11151 胶顺以西 75m 处钻场施工钻孔四个，分别为 2$^\#$、4$^\#$、3$^\#$ 和 5-补$^\#$ 钻孔。钻孔施工参数如表 9.7 所示，钻孔实钻轨迹平面图如图 9.37 所示。现场试验施工的六个钻孔，终孔孔径均为 Φ96mm，钻孔深度均大于 400m，总进尺达到 3455m，钻孔最大出水量 36m^3/h，单孔最大注浆量 14889.303m^3，总注浆量 18275.14m^3。

表 9.7　赵固一矿 11151 工作面底板注浆加固定向钻孔施工情况表

钻场	孔号	进尺/m	孔深/m	注浆量/m^3	备注
一号	1$^\#$	610.5	610.5	14 889.303	无分支孔
	5$^\#$	687	426	1633.203	主孔内侧钻两个分支
二号	2$^\#$	519	519	646.767	无分支孔
	3$^\#$	596	495.5m	125.631	一个分支孔
	4$^\#$	594.5	527	921.294	一个分支孔
	5-补$^\#$	338	500	58.938	在 4$^\#$ 钻孔内 192m 开分支，有效进尺 338m
合计		3455		18275.14	

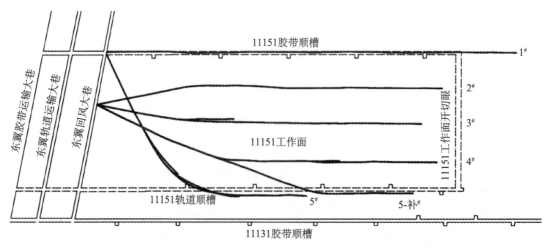

图 9.37　赵固一矿 11151 工作面底板注浆加固定向钻孔实钻轨迹平面图

2. 无线随钻测量定向钻进技术

在内蒙古唐家会煤矿 61101 工作面采用泥浆脉冲无线随钻测量定向钻进技术进行了顶板水探放定向钻孔施工，目的是疏放 5 煤层和 6 煤层的顶板水，施工装备主要有 ZDY6000LD 型钻机、3NB-300 型泥浆泵、Φ73mm 螺杆马达、YHD3-1500 型矿用泥浆脉冲随钻测量系统、Φ73mm 外平钻杆和 Φ98mm 四翼平角刮刀型 PDC 定向钻头等。

共施工定向钻孔三个，孔深分别为 447m、658m 和 535m，总进尺 1640m，实钻平面图如图 9.38 所示。施工过程中泥浆泵泵量为 165L/min，泵压最大达到 6MPa，随钻测量系统工作稳定，测量精度在允许范围之内，分别采用了滑动定向钻进技术和复合定向钻进技术，提高了顶板砂岩层中的钻进速度，保障了工作面巷道掘进及回采安全。

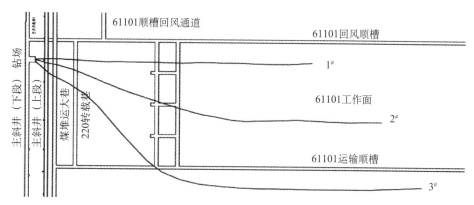

图 9.38 唐家会矿 61101 工作面顶板水探放定向钻孔实钻平面图

（本章主要执笔人：李泉新，方俊，李锁智，张占强，郭东琼，王孟力）

第10章

碎软煤层钻进技术与装备

碎软煤层在我国可采煤层中占有很大比例，由于稳定性差，瓦斯含量高、压力大，钻孔施工中容易出现喷孔、垮孔和卡钻等现象，施工困难，且钻孔完成后，抽采过程中易发生钻孔坍塌，堵塞瓦斯释放通道，影响瓦斯抽采效率。钻孔困难、抽采效率低是碎软煤层瓦斯治理的技术"瓶颈"。如何提高碎软煤层的钻进深度和成孔率，提高瓦斯抽采效率，达到降低煤与瓦斯突出危险性的目的，是碎软煤层瓦斯治理的重要问题。

为解决我国碎软煤层瓦斯抽采钻孔施工难题，本章重点介绍西安研究院研发的螺旋钻进技术、中风压空气钻进技术、空气套管钻进技术、筛管护孔技术、梳状定向钻孔瓦斯治理技术及相关装备。

10.1 螺旋钻进技术与装备

10.1.1 基本原理

螺旋钻进是一种干式回转钻进方法，钻进过程中依靠钻杆的螺旋叶片不断将钻屑输送至孔口，实现连续钻进。螺旋钻进过程中，钻机动力头产生的动力通过主动钻杆传递给螺旋钻杆至钻头，孔底及孔壁之间产生的钻屑则由螺旋叶片推移式输送，钻屑自身的重力、钻屑之间的黏滞力及钻屑与孔壁之间的摩擦力则阻止其和螺旋叶片一起旋转，从而实现钻屑在螺旋叶片推动下挤压向孔口输送，实际上螺旋钻杆和钻孔之间形成了一个"螺旋输送机"。

螺旋钻进的工艺流程如图10.1所示，螺旋钻进过程中要保持足够高的转速，保证充分排出煤粉，通过调节回转速度和给进速度等工艺参数，提高钻孔深度、钻进效率和钻孔的成孔率。

10.1.2 技术特点

螺旋钻进技术是碎软煤层瓦斯治理的一种有效手段，其技术特点如下。

（1）利用螺旋叶片排粉，不需要冲洗介质，避免了对孔壁的冲刷扰动。

（2）配套高转速钻机，能及时输出煤粉，减少重复破碎现象，排粉效率高。

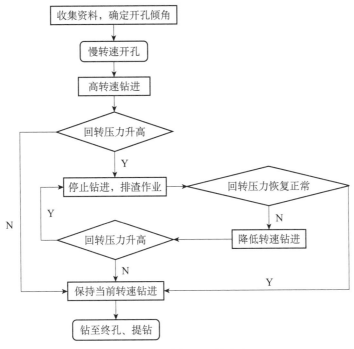

图 10.1 螺旋钻进工艺流程

10.1.3 适用条件

煤层坚固性系数 $f \leqslant 1$ 的碎软煤层,尤其适用于采用清水钻进时易发生塌孔现象的煤层。

10.1.4 钻进装备

1. 钻机

用于螺旋钻进的典型机型有 ZDY1900L、ZDY3200L、ZDY5000RF(图 10.2)、ZDY3000LG(图 10.3)、ZDY2800LG(图 10.4)、ZDY2200LR、ZDY1450LG 等履带式全液压钻机。

图 10.2 ZDY5000RF 履带式全液压钻机　　图 10.3 ZDY3000LG 履带式全液压钻机

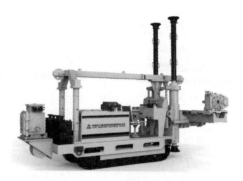

图 10.4　ZDY2800LG 型高转速螺旋钻进钻机

1）ZDY5000RF 型履带钻机

ZDY5000RF 型履带钻机采用钻车、泵车两体式结构。钻车上集成了钻机的工作部件，包括回转机构、给进机构、夹持机构，泵车上集成了钻机的动力部件。泵车上的液压动力通过两车之间的高压胶管传输到钻车的工作部件。钻车和泵车均设置了行走装置，便于搬迁移位。钻机具有处理孔内事故能力强、外形尺寸小、安全性高等显著特点。钻机电机功率达到 75kW，最大额定转矩达到 5000N·m，给进起拔力 210kN。钻机两体宽度为 1m，满足巷道狭窄的施工条件。钻车车体平台与履带车体之间通过液压回转驱动连接，开孔方位角调整方便省力。仰俯角通过液压油缸调节，可在 -30°～30° 范围内自动调整，满足急倾斜煤层顺层孔和穿层孔的施工要求。钻机液压系统采用恒功率变量控制，操纵精度高、节能效果明显。系统设计有单动和联动功能，操作简单，维护方便。ZDY5000RF 型履带钻机主要技术参数如表 10.1 所示。

表 10.1　ZDY5000RF 型螺旋钻进钻机主要参数表

类别	性能	参数
回转器	额定转矩 /（N·m）	5000～1200
	额定转速 /（r/min）	50～190
给进装置	主轴倾角 /（°）	-30～30
	最大给进力 / kN	210
	最大起拔力 / kN	210
	给进行程 / mm	1000
履带行走	钻车行走速度 /（km/h）	1.8
	钻车爬坡能力 /（°）	20
	泵车行走速度 /（km/h）	1.8
	泵车爬坡能力 /（°）	20
整机	配套钻杆直径 /mm	73/89
	方位调整 /（°）	±90
	钻车质量 /kg	5600
	泵车质量 /kg	3400
	钻车尺寸（长 × 宽 × 高）/m	2950×1000×1865
	泵车尺寸（长 × 宽 × 高）/m	3190×1000×1390

2）ZDY3000LG 型履带式钻机

ZDY3000LG 型履带式钻机是一种专用于碎软煤层钻孔施工的高转速螺旋钻进钻机，采用整体履带式结构，采用高转速动力头实现高转速输出，在夹持器前端配套扶正装置，用于高转速钻进时螺旋钻杆的扶正，具有多自由度变幅装置，方便调整钻孔的倾角、方位角和钻孔高度。采用动力头和夹持器中间加卸 1.5m 螺旋钻杆，通过配套高转速钻进工艺技术，提高在碎软煤层中的钻孔深度及钻进效率。ZDY3000LG 型钻机的主要参数如表 10.2 所示。

表 10.2　ZDY3000LG 型履带式钻机主要参数表

类别	性能	参数
回转器	额定转矩 /（N·m）	3000 ～ 400
	额定转速 /（r/min）	160 ～ 800
给进装置	主轴倾角 /（°）	-90 ～ 90
	最大给进力 / kN	140
	最大起拔力 / kN	190
	给进行程 / mm	1800
履带行走	行走速度 /（km/h）	2.0
	爬坡能力 /（°）	15
整机	配套钻杆直径 /mm	110（73）
	方位调整 /（°）	± 90
	额定功率 /kW	90
	泵车质量 /kg	7900
	钻车尺寸（长 × 宽 × 高）/m	4.82 × 1.25 × 1.88

该钻机具有以下特点。

（1）动力头由远程控制自动变量马达输入，具备高转速、大转矩输出能力；齿轮箱采用强制润滑方式，保证了主轴高速旋转时轴承、密封等部件的润滑；采用无卡盘设计，动力输出通过法兰接头直接传递到螺旋钻杆、输出效率高。

（2）给进装置采用并联组合式油缸结构，给进行程可达 1800mm，满足 1.5m 螺旋钻杆中间加杆需要，并具有结构紧凑、起拔力大，钻孔保直性好、钻孔辅助时间少等特点。

（3）给进机身采用新型耐磨材料导轨和衬板，耐磨性得到了显著增强，使用寿命显著提高，动力头高速运转时的稳定性得到了加强。

（4）钻机的转速可以通过操纵台上的手轮远程无级调节，特别适合高速软煤钻进过程中动力头转速较高的调节频率。

（5）钻机液压系统中集成了回转超压回退保护功能，预防卡钻事故的发生。在钻进过程中，当回转压力超过预设值时，能将给进状态自动切换为起拔状态，进行扫孔作业，待回转压力下降后，又自动切换至给进状态。

3）ZDY2800LG 型高转速螺旋钻进钻机

ZDY2800LG 型高转速螺旋钻进钻机（图 10.4）是一种具有跨皮带碎软煤层钻孔施工功能的新型履带式钻机，采用长行程给进装置设计、自带润滑系统的新型回转器，防卡钻保护功能的液压系统。钻机集主机、泵站、操作台、履带底盘、吊装装置和防爆电磁起动器等于一体。钻机给进装置采用一组三联组合油缸直推的长行程结构型式，主机与履带行走方向垂直布置，专门针对顺层平行钻孔施工，通过安装在上下稳固装置上的升降油缸可实现机身倾角 -20°～20° 范围内调节。钻机可通过上下稳固装置顶紧巷道顶底板，实现钻进施工时的可靠稳固，也可通过机身前端前顶双油缸直接顶紧在巷道侧方煤壁上，增强稳定性。操纵台布置在平台靠近主机的右前方，便于观察孔口和灵活操作。钻机履带平台后端布置有风冷散热器，对液压系统油液进行冷却；固定在履带平台上方的吊装装置具备上下升降和向前伸出功能，便于起吊主机部件。ZDY2800LG 型高转速螺旋钻进钻机的主要技术参数如表 10.3 所示。

表 10.3　ZDY2800LG 型高转速螺旋钻进钻机主要参数表

类别	性能	参数
回转器	额定转矩 /（N·m）	2800～400
	额定转速 /（r/min）	200～800
给进装置	主轴倾角 /（°）	-20～20
	最大给进力 / kN	120
	最大起拔力 / kN	160
	给进行程 / mm	1750/1250
	钻车行走速度 /（km/h）	1.8
	钻车爬坡能力 /（°）	16
整机	配套钻杆直径 /mm	110
	钻车质量 / kg	9500
	运输尺寸（长 × 宽 × 高）/m	5.13 × 1.20 × 2.06

2. 螺旋钻杆

螺旋钻进时使用的钻具主要为插接式螺旋钻杆，分为椭圆单销连接插接式螺旋钻杆（图 10.5）和 U 形销连接插接式螺旋钻杆（图 10.6）。常用的插接式螺旋钻杆规格有 Φ78/50mm，Φ88/50mm，Φ100/63.5mm，Φ110/73mm，Φ200/89mm 等。常用螺旋钻杆主要技术参数及推荐使用级配如表 10.4 所示。

图 10.5　单销连接插接式螺旋钻杆及椭圆单销

图 10.6　U 形销连接插接式螺旋钻杆及 U 形销

其特点如下。

（1）插接接头采用六边形锥面配合结构，插拔方便，且具有正、反转功能，处理孔内事故的能力强。

（2）钻杆公、母插接接头采用相位摩擦焊接技术与管体焊接为一体，使钻杆公、母插接接头相位对正，螺旋翼片采用钢带连续绕制而成，确保任意钻杆连接螺旋翼片连续。

（3）钻杆螺旋头数为双头，排粉效率高。

（4）椭圆单销抗拉强度高，承载能力强，适用于干式螺旋钻进。U 形销连接结构确保钻杆连接后内通径畅通，可向孔底输送冲洗介质。

表 10.4　螺旋钻杆主要技术参数及推荐使用级配

钻杆规格/mm	钻杆长度	翼片头数	适配钻机扭矩/（N·m）	推荐钻头规格/mm	
				优选	可选
Φ78/50			≤1200	Φ85	Φ94
Φ88/50	1000mm、		≤1200	Φ94	Φ96
Φ100/63.5	1500mm，	双头	≤3000	Φ110	Φ120
Φ110/73	可根据要求定制		≤4000	Φ120	Φ130
Φ200/89			≤6000		

3. 螺旋钻头

配套螺旋钻进工艺，常用的钻头有螺旋合金钻头和内凹式 PDC 钻头。

1）螺旋合金钻头

螺旋合金钻头（图 10.7）常用规格有 Φ85mm、Φ94mm、Φ110mm、Φ120mm 等。采用高耐磨性、高冲击韧性合金作为切削齿，比 PDC 钻头更耐高温，适合进行干钻或配风等

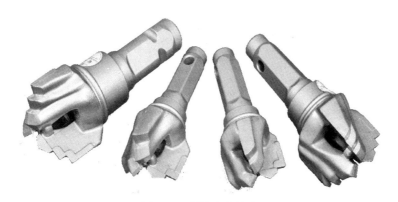

图 10.7　螺旋合金钻头

冷却条件不好的钻进工况。适用于软岩（$f=0.5\sim2$）等特殊孔钻进，主要用于螺旋钻进施工，尤其是松软煤层的螺旋钻进。

2）PDC 掏穴钻头

PDC 掏穴钻头（图 10.8）常用规格有 $\Phi75/94$ mm、$\Phi75/113$mm、$\Phi94/113$mm、$\Phi113/153$mm 等。特点是可依靠水力和离心力实现钻头在钻孔中间打开进行局部扩孔，生产成本低。适用于钻孔局部孔段扩孔施工，扩大钻孔局部孔段（煤层段）瓦斯抽采半径，煤层气对接井底部靶区掏穴作业等。

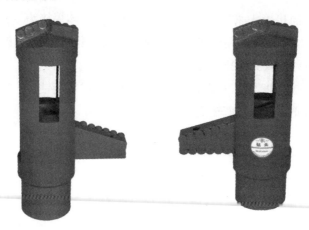

图 10.8　PDC 掏穴钻头

10.1.5　应用实例

碎软煤层螺旋钻进技术在我国多个矿区进行了推广应用，如山西阳泉新元煤矿、山西阳煤集团三矿、阳煤集团开元公司开元矿、晋城煤业集团赵庄矿、潞安集团常村煤矿、义马煤业（集团）有限公司义安矿等。

1. 山西阳泉新元煤矿高转速螺旋钻进

在新元煤矿西八副巷内进行了高转速螺旋钻进现场施工，巷道宽为 5.2～5.5m，高为 3.5m。本面所采 3# 煤层赋存稳定，结构较简单，以亮煤为主，内生裂隙发育。煤层中一般含 1～2 层泥质夹矸，厚度一般为 0.02～0.05m，平均为 0.03m。该施工巷道沿 3# 煤层向南下坡掘进，煤层倾角一般为 1°～6°，平均为 5°，局部达 10° 左右，煤层厚度为 3.05～1.60m，平均为 2.62m。煤层上部存在一层高岭石泥岩伪顶，厚度约为 0.4m，直接顶为砂质泥岩，厚度为 1.89m，老顶为中粒砂岩，厚度为 2.54m。直接底为 2.78m 的砂质泥岩，含植物化石，老底为 2.90m 中粒砂岩。

根据新元煤矿地质条件，采用 ZDY3000LG 型履带式全液压钻机、$\Phi63.5/100$mm 螺旋钻杆、$\Phi120$mm 螺旋钻进钻头等装备，从西八副巷 150m 处开始，每隔 2m 施工一个钻孔。钻孔开孔位置距离巷道底板 1.7m，开孔倾角为 -1°，沿煤层施工。

现场施工完成本煤层钻孔 22 个，最大钻孔深度达到 330m，最高单班进尺为 202.5m，最高时效为 60m/h，平均时效为 30m/h，其中加接钻杆时间占总施工时间的 75%，充分发挥了高转速螺旋钻进技术的优势，说明高转速螺旋钻进技术在阳煤矿区完全具备施工孔深 330m 深钻孔的能力。

2. 河南义马义安煤矿高速螺旋钻进

义安煤矿正村井田所属的新安煤田位于豫西地区，煤层埋藏较深，地质条件复杂。煤田全层构造软煤发育，普遍达到《煤与瓦斯突出规定》中的 Ⅲ、V 类煤标准，煤层受顺煤层剪切带发育影响，整个煤层及顶板遭到严重破坏，属于糜棱煤，煤体坚固性系数普遍为 0.2 左右，富含 FeS_2 结核，顺层钻孔施工时塌孔、卡钻现象发生频率较高，采用常规回转钻进技术施工时，孔深超过 75m 后出现钻进困难。

现场施工采用 ZDY3000LG 型全液压坑道钻机、Φ60.5/95mm 螺旋钻杆和 Φ113mm 三翼弧角钻头等装备，在义安煤矿 11080 工作面上巷第三阶段共施工 15 个钻孔，其中 13 个达到设计孔深，钻孔最深 120m，成孔率达到 87%。

10.2 中风压钻进技术与装备

10.2.1 基本原理

中风压空气钻进采用空压机形成钻进独立供风系统，以空气作为冲洗介质，从钻杆内孔进入孔底，携带钻头切削下来的煤粉返出孔外，携带煤粉实现排渣和冷却钻头。在孔口处配套安置孔口除尘装置，消除钻进产生的粉尘污染。

中风压空气钻进的主要配套装备包括钻机（可配套 ZDY3200L、ZDY3500LP、ZDY4000L、ZDY6500LP 等机型）、宽翼片螺旋钻杆、防爆空压机和除尘器等（图 10.9）。

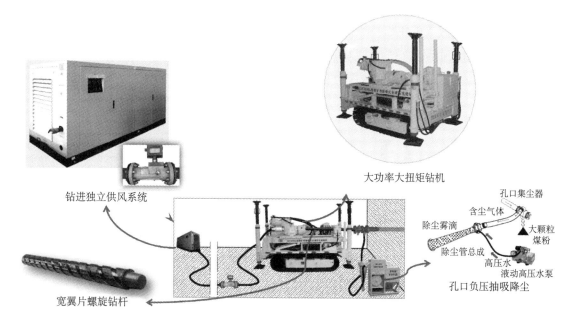

大功率大扭矩钻机

钻进独立供风系统

宽翼片螺旋钻杆

孔口集尘器
含尘气体
大颗粒煤粉
除尘雾滴
除尘管总成
高压水
液动高压水泵
孔口负压抽吸降尘

图 10.9 中风压空气钻进配套装备

10.2.2　技术特点

中风压空气钻进工艺及装备相对于传统水力正循环钻进及矿井风压空气钻进，技术特点如下。

（1）对孔壁的扰动小，排粉效率高，能够减少卡钻事故等的发生。

（2）配套的钻机扭矩大、给进/起拔能力强，处理孔内事故的能力强。

（3）配套用宽翼片螺旋钻杆的螺旋翼片宽度达到了 30mm，实现机械拧卸钻杆，能够减少对孔壁的刮削作用。钻杆螺旋翼片能够搅起孔内沉积的大颗粒煤粉，利于风力排出。

（4）采用防爆空压机，形成了独立的钻进供风系统，提供充足流量和稳定压力的风源。

（5）采用射流负压抽吸式降尘装置，有效解决施工时的粉尘污染问题。

10.2.3　适用条件

适用于坚固性系数 $f<1$ 的碎软煤层。

10.2.4　钻进装备

1. 供风系统

中风压空气钻进采用井下防爆移动空气压缩机作为供风风源，一般将防爆空压机放置在施工现场的进风大巷，并在空压机与钻机之间铺设内径为 $\Phi100\ mm$ 的送风管道，形成一个稳压系统，并采用旋进漩涡流量计作为供风参数检测装置，监测流量、压力和温度。对于钻进孔深为 $100\sim200m$ 的钻孔，采用的空压机风量不小于 $8m^3/min$、额定压力额不小于 0.7MPa。

2. 钻机

钻机必须具有较大的扭矩和给进起拔力且结构紧凑、体积小，以适应断面较小的碎软突出煤层巷道。用于中风压空气钻进的典型机型为 ZDY3200L 型全液压履带钻机（图 10.10），最大扭矩为 3200N·m、最大起拔能力为 110kN，结构紧凑、体积较小，能够满足大多数煤矿的巷道施工要求。

图 10.10　ZDY3200L 型履带式坑道钻机

3. 宽翼片螺旋钻杆

中风压空气钻进采用宽翼片螺旋钻杆，特殊需要时可以采用三棱钻杆、三棱螺旋钻杆等。宽翼片螺旋钻杆主要分为焊接式宽翼片螺旋钻杆和整体铣削式宽翼片螺旋钻杆。

焊接式宽翼片螺旋钻杆（图 10.11）是在普通外平钻杆外表面焊接较宽的螺旋翼片后，进行机加工，保证外径尺寸。使用时，用钻机直接夹持螺旋翼片，主要包括 Φ73/63.5mm、Φ89/73mm、Φ90/63.5mm 等规格产品，满足不同钻进条件的需求。

图 10.11　焊接式宽翼片螺旋钻杆

整体铣削式宽翼片螺旋钻杆（图 10.12）是钻杆体经过热处理后在数控铣床上整体铣削螺旋槽加工而成，钻杆搅粉能力强，其机械性能、耐磨性和使用寿命明显优于焊接式宽翼片螺旋钻杆。目前常用的整体铣削式宽翼片螺旋钻杆主要有 Φ73mm、Φ89mm 等规格产品，主要技术参数与推荐使用级配如表 10.5 所示。

图 10.12　整体铣削式宽翼片螺旋钻杆

表 10.5　常用整体式宽翼片螺旋钻杆主要技术参数与推荐使用级配

规格/mm	翼片头数	通孔/mm	适配钻机扭矩/（N·m）	适配钻头规格/mm 优选	可选
Φ89		Φ30	≤6000	Φ113	Φ133
Φ89～41		Φ41	≤6000	Φ103	Φ120
Φ73	三头	Φ22	≤4000	Φ94	Φ113
Φ73～36		Φ36	≤4000	Φ94	Φ103
Φ108（NC31）		Φ50.8	≤12000	Φ133	Φ153

高强度圆弧角三棱钻杆（图 10.13）采用摩擦焊接加工而成，并经过表面硬化处理，综合机械性能和耐磨性较高，较外平钻杆搅粉能力强。

图 10.13　高强度圆弧角三棱钻杆

整体式三棱螺旋钻杆（图 10.14）是结合整体式宽翼片螺旋钻杆和三棱钻杆的特点研制而成，搅粉能力强，具有一定的辅助排粉能力，主要有 Φ73mm、Φ89mm 两个规格。

图 10.14　整体式三棱螺旋钻杆

4. 除尘装置

中风压空气钻进过程中产生的粉尘，采用负压射流抽吸除尘器进行除尘，由高压泵和除尘管组成，高压水通过喷头射入除尘管中产生负压，将钻孔产生的粉尘吸入除尘管中，粉尘在除尘管中与喷头产生的雾滴混合而沉降，达到除尘的效果。

10.2.5　应用实例

中风压空气钻进工艺及装备已在淮南、淮北、通化、晋城、平顶山等矿区推广应用，有效提高了碎软突出煤层的钻孔深度。芦岭煤矿在采用干式螺旋钻进工艺施工 II 827 工作面顺层（煤层硬度坚固性系数 f 为 0.2～0.45，瓦斯压力约为 3.5MPa、瓦斯浓度约为 20m³/t）钻孔时，平均孔深仅能达到 30m 左右，后采用螺旋空气复合钻进技术，施工钻孔 90 多个，平均孔深达到了 80 余米，解决了 II 827 采面本煤层钻孔难题，为该采面顺利接续提供了保障。在祁南煤矿 34 下 3 采区（煤层 f 值为 0.5～0.8，瓦斯含量为 6.0～7.3mL/g，推算瓦斯压力为 2.3～2.8MPa）施工复合钻进钻孔，创造了该矿碎软突出煤层最深孔深 258m 的记录，而在 713 工作面（f 值约为 0.18）共施工钻孔 152 个，平均深度 70.5m，提高了钻孔深度和成孔率。

10.3　煤矿井下空气套管钻进技术与装备

10.3.1　基本原理

煤矿井下空气套管钻进技术采用套管配专用孔底组合钻具钻进至安全设定孔深后，把套管留在孔内护孔，再采用钻杆接专用打捞接头从套管内下入并连接孔底组合钻具，旋转解锁后进行二级钻进至设计孔深，空气套管钻进技术将整个抽采孔钻进施工过程分为套管钻进和二级钻进，二级钻进时钻孔前段有套管护孔，降低了深孔一次钻进成孔的施工难度，提高了碎软煤层成孔深度和成孔率。煤矿井下碎软煤层套管钻进施工瓦斯抽采孔的过程：采用 Φ102/108mm 套管 +Φ133 mm 孔底组合钻具，套管通过钻具锁传递扭矩和给进力，带动孔底孔底组合钻具回转碎岩钻进，采用雾化压缩空气作为冲洗介质，钻屑沿着套管与孔壁之间的环空间隙返出孔外，钻进至安全扭矩预警值时停止钻进，将套管钻具提离孔底 500 mm 左右，套管留作护孔管，如图 10.15 所示。在套管内下入 Φ63.5 mm 二级钻杆连接 Φ133 mm 孔底组合钻具（钻头可回缩到 Φ83mm），并解锁孔底组合钻具，如图 10.16 所示，同时进行二级钻进至设计孔深时，先提二级钻具，再提出套管终孔。

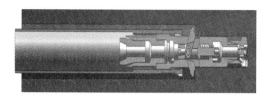

图 10.15 套管钻进示意图

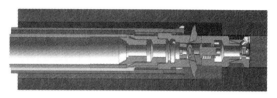

图 10.16 钻具提离孔底解锁二级钻进

10.3.2 技术特点

（1）采用套管钻进和二级钻进的方法，降低了碎软煤层一次成孔的难度。

（2）采用螺旋套管、宽翼片螺旋钻杆空气钻进，排渣效率高。

（3）采用雾化空气作为冲洗介质，能有效减少粉尘污染，防止孔内高温。

10.3.3 适用条件

（1）孔深小于 250 m、坚固性系数 $f<1.5$ 的本煤层瓦斯抽采孔施工。

（2）破碎、易塌孔等复杂和不稳定地层顺层孔、穿层孔施工。

10.3.4 钻进装备

1. 套管钻机

ZDY4000LR 型套管钻机（图 10.17）采用履带自行式、中间加杆钻进方式，具备多自由度变幅装置，可实现大范围调整倾角、方位角及开孔高度。主机采用无卡盘结构设计，动力头输出的动力通过主动接头连接钻杆或套管，配备有夹持器和卸扣器，可实现中间加卸钻杆时机械拧卸钻杆丝扣。套管主要性能参数如表 10.6 所示。

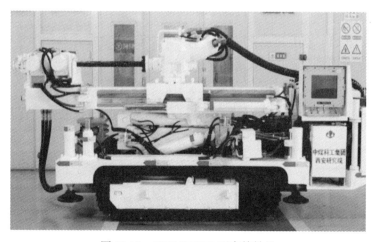

图 10.17 ZDY4000LR 型套管钻机

表 10.6 套管钻机主要性能参数

类别	性能	参数
回转器	额定转矩 /（N·m）	4000～1350
	额定转速 /（r/min）	70～190
给进装置	主轴倾角 /（°）	-60～90
	给进 / 起拔 /MPa	21/26
	最大给进力 /kN	95
	最大起拔力 /kN	120
	给进行程 /mm	1450
整机	配套钻杆直径 /mm	63.5/108
	钻机质量 /kg	7800
	方位调整 /（°）	±90
	尺寸（长×宽×高）/mm	4550×1450×1910

2. 配套钻具

套管钻进主要配套的钻具有套管、钻杆、孔底组合钻具和气动雾化器等。

（1）套管与钻杆

采用宽翼片内平螺旋套管在碎软煤层中钻进，排渣效果好。综合钻杆与套管级配、二级钻进时排粉空间等因素，配套二级钻杆为 Φ63.5mm 宽叶片螺旋钻杆。

（2）孔底组合钻具

空气套管钻进技术配套孔底钻具（图 10.18）采用可打捞式结构，包括领眼钻头、扩孔翼片、套管靴、钻具锁及打捞接头等。

图 10.18 孔底组合钻具
1. 领眼钻头；2. 扩眼翼片；3. 套管靴；4. 钻具锁；5. 打捞接头

3. 气动雾化器

雾化器（图 10.19）以矿井系统风为动力，通过气动马达驱动高压水泵喷雾，向循环介质中注入雾化液，起到捕尘、抑尘、冷却钻具及防燃作用。

图 10.19 矿用雾化发生器

10.3.5　应用实例

采用套管钻进技术与装备在淮南矿业集团潘一矿 21111（1）下顺槽 11-2 煤层进行了钻进施工。煤层瓦斯压力为 1.5～2.5MPa，坚固性系数 f 为 0.45～0.68。煤厚平均为 1.9m，倾角平均为 8°。套管钻进进尺 4095m，施工孔深大于 200m 的钻孔有 15 个，最深 262m，成孔率为 79%。

在潘一矿 21111（1）工作面顺层煤层气生产孔施工中采用了 ZDY4000LR 钻机等套管钻进配套装备，施工 230 个孔深 145m 的生产钻孔，累计进尺 31064m，生产孔成孔率达到 90% 以上，综合施工效率提高了 20%。

10.4　筛管护孔技术与装备

10.4.1　基本原理

筛管护孔工艺技术（图 10.20）是指钻孔终孔提钻前，通过钻杆内通孔下入筛管，提高碎软煤层瓦斯抽采孔的有效性和利用率，筛管护孔工艺技术原理图如图 10.20 所示。该技术采用内通孔钻杆及可开闭式钻头，钻至设计孔深后，将筛管由钻杆内孔下入，经可开闭式钻头直入孔底，通过悬挂装置锚定在孔壁上，提钻后将筛管留置孔内，作为瓦斯抽采通道。

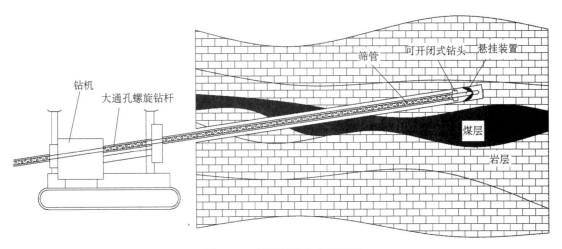

图 10.20　筛管护孔技术原理图

10.4.2　技术特点

（1）通过钻杆内通孔下入筛管，可靠性高，实现了"钻到位、管到底"。

（2）筛管作为长期的瓦斯抽采通道，解决了孔壁坍塌堵塞抽采通道的问题，保证了瓦斯抽采效果。

10.4.3 适用条件

适用于碎软煤层、破碎地层等易塌孔地层。

10.4.4 钻进设备

1. 钻机

分体式钻机、履带式钻机均能满足筛管护孔工艺施工要求。

2. 钻具

大通径宽翼片螺旋钻杆，首次在接头连接中采用梯形螺纹"双顶"结构设计，钻杆为内平结构或内部平滑过渡结构；使用时钻进至设计孔深后，可通过钻杆内孔下入筛管，提高瓦斯抽采率。常用规格有 $\Phi 89 \sim 41mm$、$\Phi 73 \sim 36mm$ 的整体式宽翼片螺旋钻杆。

3. 悬挂装置

悬挂装置用于固定孔内筛管，保证提钻时筛管不随钻杆脱离孔底。

4. 筛管

筛管采用专用的抗静电阻燃 PVC 管，管壁上布设不同形式的孔眼，作为瓦斯流入的通道（图 10.21）。

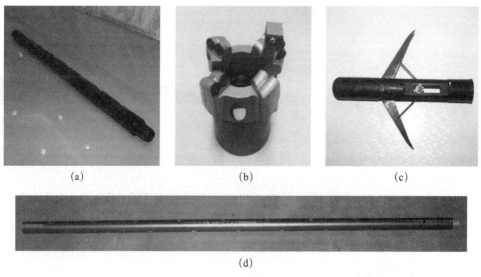

图 10.21　筛管护孔工艺技术配套钻具及筛管实物图

（a）大通孔钻杆；（b）可开闭式钻头；（c）悬挂装置；（d）筛管

主要设备参数如表 10.7 所示。

表 10.7　主要设备参数表

设备名称	主要参数	备 注
大通孔螺旋钻杆	外径 $\Phi73mm$ 内孔直径 $\Phi35mm$	配套筛管能顺畅通过其中心孔
可开闭式钻头	外径 $\Phi94mm$ 内孔直径 $\Phi35mm$	配套筛管能顺畅通过其中心孔
筛管	外径 $\Phi32mm$	最大外径
悬挂装置	$\Phi32mm$	与所配筛管配套使用

5. 钻头

可开闭式 PDC 钻头常用规格有 $\Phi94mm$、$\Phi103mm$、$\Phi120mm$ 等。钻头中心翼片可自由开启，下筛管后提钻保证翼片不脱落，可重复使用。适用于碎软煤层钻进实现从钻杆中心快速下筛管的施工工艺、需要与大通径螺旋钻杆配套使用实现从钻杆中心快速下筛管，实现打多深的孔就可以下多深的筛管，提高瓦斯抽采效果。

10.4.5　应用实例

1. 宁煤金能煤业分公司及乌兰矿

金能煤业分公司的 2#、3#，乌兰矿 7#、8# 煤层属于碎软低透性突出煤层穿层钻孔成孔退钻后容易发生孔壁坍塌，造成瓦斯抽采通道堵塞。

在金能煤业分公司和乌兰矿的 5 个钻场进行了全孔下筛管施工，采用 ZDY3200S 钻机、$\Phi73mm$ 大通孔螺旋钻杆可开闭式 PDC 钻头施工钻孔，完钻后将 $\Phi32mm$ 抗静电阻燃筛管下入钻孔内。全孔下筛管总计 3485m，钻孔总长度 3576m，下管深度达到钻孔深度的 97.5%。下筛管工程量统计如表 10.8 所示。

表 10.8　下筛管工程量统计表

下筛管方式	试验钻场		筛管长度/m	钻孔长度/m
全孔下筛管	金能煤业分公司	北轨道巷 35# 钻场	519	527
		南轨道巷 38# 钻场	319	319
		4# 探巷 6# 钻场	563.5	574
	乌兰矿	北冀 1080 瓦斯治理巷 4# 钻场	1173.5	1220
		北冀 1080 瓦斯治理巷 18# 钻场	910	936
合计			3485	3576

金能煤业分公司下筛管的钻孔瓦斯抽采总量较未下筛管钻孔的瓦斯抽采总量提高 24.8%～66.9%；乌兰矿瓦斯抽采总量提高 10.5%～14.3%。

2. 丁集煤矿应用

在丁集煤矿 1331（1）运输巷工作面进行快速全程筛管护孔瓦斯抽采技术与装备现场应用，1331（1）运输巷工作面位于丁集煤矿东二 11-2 采区，工作面可采走向长 1420m，倾斜长 208m，标高 -750～840m，煤厚为 1.8m，倾角为 3°，瓦斯压力为 1.2MPa，瓦斯含量为 5.6m³/t，f=0.6，工作面采用顺层钻孔区域预抽的瓦斯治理措施，运输巷设计 148 个孔，孔深 110m，采用 ZDY4000S 钻机、Φ73mm 大通孔螺旋钻杆内芯、可开闭式 PDC 钻头施工钻孔，完钻后将 Φ32mm 抗静电阻燃筛管下入钻孔内。筛管护孔下入深度平均达到钻孔设计深度的 97.4%，在同样封孔条件下，瓦斯浓度提高 10%～20%。

3. 新庄孜矿应用

新庄孜矿 C13 煤层，坚固性系数 f=0.3～0.4，瓦斯含量为 8～10g/m³，瓦斯压力为 5.8～7.2MPa，为高瓦斯矿井，并具有煤与瓦斯突出危险。该矿施工的顺层瓦斯抽采钻孔，最深孔小于 50m，绝大部分钻孔在 40m 左右而且钻进困难，成孔率低，提钻后下筛管深度浅，瓦斯抽采效果差。采用 ZDY3200S 钻机、Φ73mm 大通孔螺旋钻杆和可开闭式 PDC 钻头施工钻孔，完钻后将 Φ32mm 抗静电阻燃筛管下入到钻孔内，采用筛管护孔工艺技术，钻孔深度达到 110m、下筛管长度 100m 以上内孔，从钻杆下管仅需 30min，减小了工人劳动强度。

10.5　梳状定向钻孔瓦斯治理技术

10.5.1　基本原理

梳状钻孔瓦斯治理技术是指在主孔内按照一定的间距向目标层施工向上或向下的分支孔组，主孔一般布置在煤层的顶底板成孔性好的层位，分支孔根据设计要求进入煤层或目标区域，实现碎软煤层远距离瓦斯消突、预抽与卸压抽采。根据梳状定向钻孔与煤层空间位置关系可分为远煤层顶板梳状孔、近煤层顶板梳状孔和近煤层底板梳状孔，煤矿井下梳状钻孔布孔类型如图 10.22 所示。

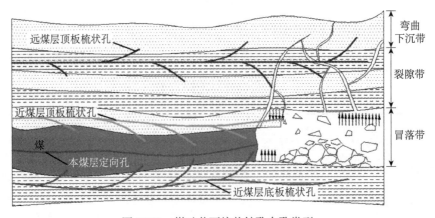

图 10.22　煤矿井下梳状钻孔布孔类型

（1）近煤层顶板（底板）梳状定向钻孔解决碎软煤层瓦斯预抽，安全高效。由于煤层碎软破碎，成孔难，利用梳状钻孔技术在煤层顶板（底板）施工长定向孔之后施工若干个分支孔进入煤层，从而实现远距离对碎软煤层瓦斯预抽和防突、掩护煤层巷道掘进、工作面瓦斯区域化消突。

（2）远煤层顶板定向梳状钻孔用于采空区瓦斯有效治理。通过在煤层顶板裂隙带内的适当岩层施工水平长定向钻孔作为主孔，之后从主孔采用向下开若干分支进入"垮落带"，导通垮落带与主孔抽采通道，从而在煤层回采期间采空区的卸压瓦斯可以通过梳状钻孔抽采，降低上隅角瓦斯浓度，保障工作面煤层回采安全。

10.5.2　技术特点

梳状定向钻孔瓦斯治理技术具有以下特点。

（1）近煤层梳状定向钻孔可远距离对碎软煤层瓦斯预抽、消突，是碎软煤层瓦斯抽采新的技术途径。

（2）远煤层顶板定向梳状钻孔可用于治理采空区和上隅角瓦斯。主孔控制在煤层顶板裂隙带，提高有效孔段比例和钻孔深度，保障煤层回采时主孔不塌孔，采用梳状分支孔导通垮落带，并提高钻孔覆盖范围，实现区域抽采。

10.5.3　适用条件

煤矿井下梳状钻孔钻进技术适用于煤层顶、底板坚固性系数 $f \leqslant 6$ 的稳定岩层。

10.5.4　钻进装备

煤矿井下梳状钻孔钻进技术主要装备包括钻机、钻杆、钻头、螺杆钻具和随钻测量装置等。

1. 钻机

应用于煤矿井下梳状钻孔钻进的钻机主要有 ZDY6000LD（A）、ZDY6000LD（B）、ZDY6000LD（F）（图 10.23）和 ZDY4000LD（A）等型号钻机。主要性能参数如表 9.1 所示。

图 10.23　ZDY6000LD（F）型钻机

2. 钻杆与钻头

配套钻杆包括通缆钻杆、无磁钻杆及常规钻杆等。其中，通缆钻杆和无磁钻杆主要用于定向钻进施工，常规钻杆主要用于钻孔开孔和扩孔。钻头主要有 Φ98mm 定向钻进钻头和 Φ133mm、Φ153mm 扩孔钻头等。

3. 螺杆马达

常用螺杆马达（图 10.24）有 Φ73mm 和 Φ89mm 两种规格，根据钻进地层情况可选择 3 级或 4 级螺杆马达。

图 10.24　螺杆马达

4. 随钻测量装置

配套随钻测量装置包括测量探管（图 10.25）和防爆计算机（图 10.26），测量探管主要对钻孔倾角、方位角、工具面向角进行测量；防爆计算机则显示相应测量结果，并对传输数据进行处理，绘制出钻孔轨迹。

图 10.25　随钻测量探管

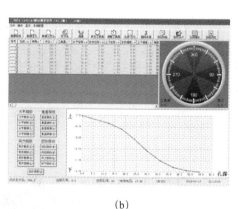

(a)　　　　　　　　　　　　　　　　(b)

图 10.26　随钻测量防爆计算机与测量软件界面

（a）防爆计算机；（b）随钻测量软件

10.5.5 应用实例

1. 近煤层顶板梳状孔瓦斯预抽

在成庄矿 53131 巷 3# 横川施工了 D3 梳状钻孔，施工主孔深度 423m，累计进尺 831m。2014 年 4 月 28 日至 2014 年 9 月 6 日累计瓦斯抽采纯量 13.07 万 m³，平均浓度为 77%。通过分支与本煤层孔贯通，单米孔深瓦斯抽采纯量提高了 20 余倍，提高了本煤层施工钻孔的利用率。成庄矿 53131 巷 3# 横川 D3 梳状钻孔轨迹剖面和瓦斯抽采浓度如图 10.27 所示。

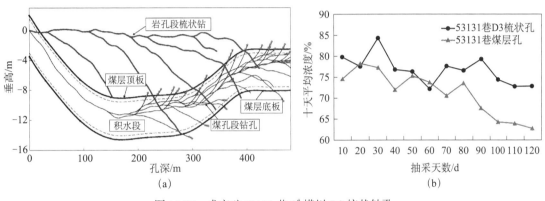

图 10.27 成庄矿 53131 巷 3# 横川 D3 梳状钻孔

（a）D3 梳状钻孔轨迹剖面分布；（b）D3 梳状钻孔瓦斯抽采浓度对比

2. 近煤层底板梳状钻孔碎软煤层消突

2013 年在赵庄矿 1307 底抽巷共施工 9 个底板梳状钻孔（图 10.28），用于煤层预抽与消突、掩护煤巷掘进，替代部分底板巷与穿层孔，累计进尺 4753m。钻孔瓦斯抽采浓度前期保持 80% 以上，单孔日瓦斯抽采量达到 800m³/d 以上。截至 2014 年年底，瓦斯抽采纯量 118776.77m³。钻孔单个分支掏煤量 1t 以上，对煤层消突卸压起到很大作用。

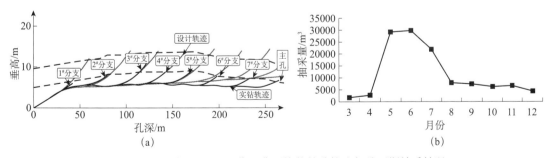

图 10.28 赵庄矿 1307 工作面典型梳状钻孔轨迹与总瓦斯抽采情况

（a）1307-2 底抽苍 4# 梳状钻孔轨迹；（b）1370 底板梳状钻孔瓦斯抽采统计

3. 远煤层顶板梳状钻孔采空区瓦斯抽采

2012 年，在焦作九里山矿 16041 工作面施工三个梳状钻孔用于预抽 16041 工作面顶板卸压瓦斯和抽采邻近 16021 工作面采空区瓦斯。累计抽采瓦斯混量 1389.634 万 m^3，纯量 109.42 万 m^3，吨煤瓦斯抽采纯量为 2.94m^3/t，单孔瓦斯浓度最高为 28%，单孔抽采瓦斯纯量最高为 7 974.7m^3/d。钻孔瓦斯抽采效果如图 10.29 所示。

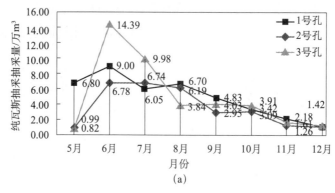

(a)

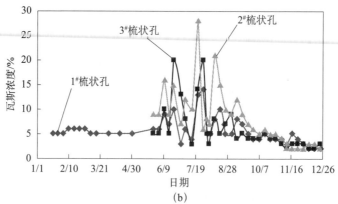

(b)

图 10.29 九里山矿 16041 工作面梳状钻孔瓦斯抽采效果

（a）三个梳状孔瓦斯抽采浓度；（b）单月累计抽采量变化

4. 远煤层顶板梳状钻孔替代高抽巷瓦斯抽采

2014 年在贵州火铺矿 23125 工作面施工了 6 个梳状定向钻孔，如图 10.30 所示，钻孔总进尺 2229m，用于替代高抽巷治理采空区瓦斯。三个月累计抽采瓦斯混量 273 万 m^3，瓦斯纯量 65 万 m^3。单孔瓦斯浓度最高值 60%，单日抽采瓦斯纯量最高值为 17684m^3/d。

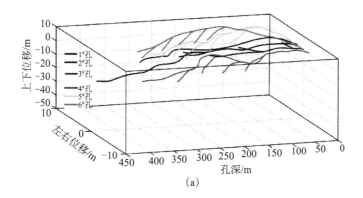

(a)

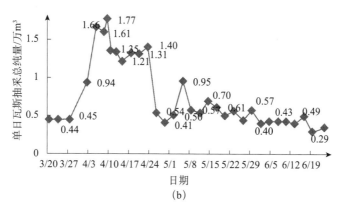

(b)

图 10.30 火铺矿 23125 工作面梳状钻孔轨迹与瓦斯抽采效果

（a）梳状钻孔轨迹；（b）瓦斯抽采效果曲线

（本章主要执笔人：王力，冀前辉，董萌萌，张杰，王四一）

第 *11* 章

坑道绳索取心钻进技术与装备

坑道钻探利用现有的井巷进行下组资源和邻近层资源的勘探，相对于地面勘探，避开上部采空区，节省了地面至巷道的工程量，并能实现多角度钻探，达到沿矿床层带钻探的目的，是一种更加节能、环保、节约钻探费用的勘探方法。为适应坑道特殊作业环境取心钻进施工需求，先后研制了 ZDY600SG 型、ZDY750G 型、ZDY900SG 型和 ZDY1000G 型系列高转速坑道钻机，开发了适用于多角度钻孔的 Φ75mm 坑道用绳索取心钻具，形成了坑道 500m 钻进能力的绳索取心钻进技术与装备。该套技术与装备在多个矿区进行了推广应用，其中在宝鸡太白县金大矿完成终孔直径 Φ75mm、终孔深度 401.8m 的近水平钻孔；在北京大安山煤矿完成终孔直径 Φ73mm、深度为 505.17m 竖直向下取心的勘探孔。

11.1　基本原理

绳索取心是指在钻进过程中，当内岩心管装满岩心时，不需要提出全部钻杆，而是借助专用的打捞工具把内岩心管从钻杆柱内捞取上来。坑道取心钻孔角度多样，在垂直钻孔时，内岩心管和打捞器可以靠自重下放到孔底；在钻进水平钻孔和上仰钻孔时，内岩心管借助水力输送器和水力打捞器，利用泥浆泵的高压水实现内管总成的下放和打捞，实现不提钻取心。

11.2　技术特点

（1）可利用现有巷道向下或者水平钻进，进行深部或者邻近层的勘探，相对于地面勘探，节省了大量的钻探施工量。

（2）钻机转速高、结构紧凑且解体方便，便于坑道内布置和搬迁，有利于施工多种角度的钻孔，实现邻近地层的勘探。

（3）不提钻取心，钻进效率高、取心率高。

11.3　适用条件

坑道绳索取心钻进技术能够满足井下各种取心钻孔施工，最大垂直钻孔深度 500m（孔

径 Φ75mm），最大水平钻孔深度 400m（孔径 Φ75mm）；钻孔倾角为 -90°～30°；终孔直径不大于 Φ75mm。

11.4　钻进装备

1. 钻机

可用于井下绳索取心钻进的坑道高转速全液压钻机有 ZDY600SG、ZDY750G、ZDY900SG 和 ZDY1000G 等机型，如图 11.1 所示，其技术参数如表 11.1 所示。

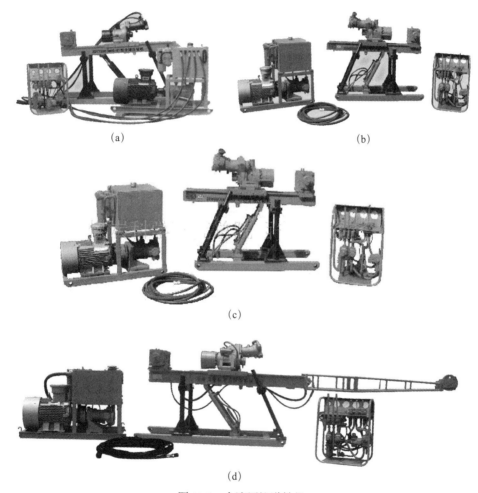

(a)　　　　　　　(b)

(c)

(d)

图 11.1　全液压坑道钻机

（a）ZDY600SG 型全液压坑道钻机；（b）ZDY750G 型全液压坑道钻机
（c）ZDY900SG 型全液压坑道钻机；（d）ZDY1000G 型全液压坑道钻机

表 11.1 系列坑道高转速全液压钻机技术参数

参数	ZDY600SG（MKG-4）	ZDY750G（MKG-5）	ZDY900SG	ZDY1000G
钻进能力（NQ）/m	150（水平孔） 200（垂直孔）	200（水平孔） 300（垂直孔）	250（水平孔） 350（垂直孔）	400（水平孔） 500（垂直孔）
钻孔直径/mm	75	75	75	75/79
电动机功率/kW	22	30	37	55
钻孔倾角/（°）	0～±90°	0～±90°	0～±90°	-90°～30°
转矩/（N·m）	600～160	750～200	150～900	1000～220
额定转速/（r/min）	160～560	185～650	185～650	270～1000
主轴通孔直径/mm	75	75	75	80
最大给进/起拔力/kN	36/52	38	46	85
给进/起拔速度/（m/s）	0～0.45/0～0.31	0～0.5/0～0.5	0～0.5/0～0.5	0～0.46/0～0.46
给进/起拔行程/mm	650	1200	1200	1200
额定压力/MPa	主泵21、副泵12	18（单泵系统）	主泵21、副泵21	主泵26、副泵21
油箱有效容积/L	85	94	180	220
主机外形尺寸/mm	1850×710×1400	2500×800×1560	2500×800×1560	2565×820×1635

2. Φ75mm 坑道用绳索取心钻具

Φ75mm 坑道用绳索取心钻具（图 11.2）采用捞矛头持心装置、复合弹卡定位结构、内管总成分段捞出等结构，解决了狭小巷道空间与内管总成长度间的矛盾、弹卡定位不可靠、捞矛头偏移等问题，满足 -90°～30° 范围内绳索取心钻进要求。

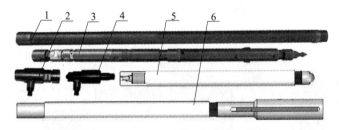

图 11.2 Φ75 mm 坑道用绳索取心钻具

1.钻杆；2.通缆式水接头；3.内管总成；4.水便；5.水力输送器；6.水力输送打捞器

3. 绳索取心钻头

绳索取心钻头（图 11.3）常用规格有 Φ60/41.5mm、Φ75/49mm、Φ91/68mm、Φ94/74mm 等。可分为 PDC 绳索取心钻头和金刚石绳索取心钻头，在实际使用中大部分为金刚石绳索取心钻头。适合进行高转速回转钻进，往往配套绳索取心钻具进行取心作业，广泛应用于地质、冶金、煤田及矿山等矿产资源勘探领域。适用于中硬至坚硬地层（f=7～15）钻进，不宜在破碎、裂隙地层中使用。

图 11.3 绳索取心钻头

11.5 应用实例

1. ZDY600SG 系列全液压坑道钻机在北京矿务局的应用

1994 年 6 月到 12 月，ZDY600SG（MKG-4）型全液压坑道钻机在北京矿务局大台煤矿和长沟峪煤矿进行了井下工业性试验，完成取心钻孔 8 个，累计进尺 720.5m，其中立孔1 个，平孔 1 个，上斜孔 6 个，最大孔深 205.10m。

1# 钻孔布置在大台煤矿井下 -10m 水平西十二石门南侧 500m 处，钻孔倾角垂直向下，1994 年 8 月 18 日开孔到 10 月 2 日终孔，终孔深度为 205.10m。

2# 钻孔布置在井下 -10m 水平第一南石门，开孔钻进至 76m 后终孔。

3# 孔组为一组水文孔，布置在 -110m 水平，钻孔参数如表 11.2 所示。

4# 钻孔布置在长沟峪煤矿井下 +60m 水平中区，钻孔倾角 +5°，终孔深度为 99.5m。

表 11.2 3# 孔组参数

序号	设计深度 /m	倾角 / (°)	终孔深度 /m
1	70	+15	71.1
2	60	+18	58.9
3	50	+22	55.2
4	60	+28	61.2
5	70	+15	68.5

2. ZDY750G 型全液压坑道钻机在北京矿务局的应用

1991 年 6 月到 12 月，ZDY750G（MKG-5）型全液压坑道钻机在北京矿务局大安山煤矿进行工业性试验，完成取心钻孔 3 个，累计进尺 1009m，最深孔为 403.18m。

1# 钻孔布置在大安山煤矿地面大北河，钻孔垂直向下，终孔深度为 403.18m。

2# 钻孔布置在煤矿井下 920 水平，1050 下车场，钻孔倾角 +3°，终孔深度 280.56m。

3#钻孔布置在煤矿井下 920 水平，西一采区石门迎头，设计为立孔，终孔深度为 250.42m。

3. ZDY1000G 型全液压坑道钻机在太白县金大矿和大安山煤矿的应用

金大矿位于陕西省宝鸡市太白县境内秦岭山脉中部，处于生产巷道掘进阶段。其中运输大巷为平硐深 550m，宽 2.2m，高 2m，为探明矿产储量和矿带产状，在运输大巷顶部施工水平绳索取心勘探孔，设计开孔高度 1.3m，钻孔方位与运输大巷夹角 7°，开孔倾角 -1.22°，孔深 400m。钻进地层主要为粉砂质灰岩夹薄层变质粉砂岩，局部为变质细粒长石石英砂岩、斑点状泥质粉砂岩夹砂质板岩、粉砂质灰岩透镜体等，岩石坚硬。2010 年 9 月，采用 ZDY1000G 型全液压坑道钻机和 Φ75mm 坑道用绳索取心钻具，完成终孔直径 Φ75mm、终孔深度 401.8m 的近水平钻孔，取心率达到 90.87%。

大安山煤矿隶属于北京昊华能源股份有限公司，位于北京市房山区。为了精探 +550m 工作面以下 500m 内的煤槽分布，在 +550m 运输大巷进行垂直孔勘探钻进，钻进地层主要为深灰色、黑灰色粉砂岩和灰色、浅灰色砂岩及煤组成，岩层中可见到大型斜层理，楔形交错层理及韵律层理，岩石相对较软。2011 年 7 月，采用 ZDY1000G 型全液压坑道钻机施工完成终孔直径 Φ75mm、深度为 505.17m 竖直向下取心的勘探孔，取心率达到 86%。

（本章主要执笔人：常江华，田宏亮，李冬生）

第*12*章

地面钻进技术与装备

12.1　地面煤层气开发钻井技术与装备

12.1.1　远端对接井钻进技术与装备

1. 基本原理

远端精确对接井由一口目标直井与一口或多口水平连通井组成，直井与水平连通井之间的井口平面距离一般大于 500m。在典型的远端精确对接井中，水平连通井与目标直井连通后继续延伸一定长度，同时在对接点两侧施工分支井，其结构示意图如图 12.1 所示。远端精确对接井开发煤层气时，在目标垂直井中安装排采设备，水平连通井可临时封闭井口或就近连入集气管路。

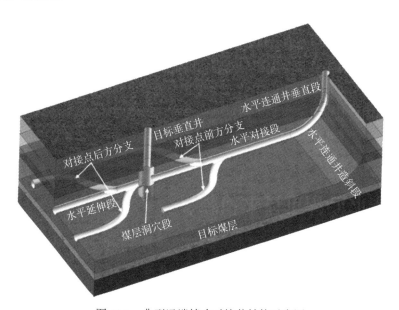

图 12.1　典型远端精确对接井结构示意图

精确对接井中的目标直井和水平连通井的直井段采用常规泥浆循环回转钻进工艺或空

气潜孔锤冲击回转钻进工艺施工，水平连通井其他井段采用定向钻进工艺施工。

施工精确对接井时，先施工目标垂直井、目标煤层段造穴，后施工水平连通井，而两者的连通须借助精确对接系统完成，其硬件包括信号源和信号接收器，进行精确对接前，在目标直井中下入信号接收仪器，在水平连通井定向钻进钻具组合中连接信号源（安装在钻头后方），通过专用软件计算目标直井洞穴与水平连通井中信号源（亦即代表钻头的位置）之间的距离和方位，基于二者间的相对关系，通过随钻测量系统控制水平连通井向目标直井洞穴延伸并最终对接连通。

2. 技术特点

远端精确对接井特殊的结构形式有利于提高煤层气开发效果，其技术特点如下。

（1）对接点两侧的分支井增加了煤层气有效供给面积，扩大了排水降压的波及范围和煤层气有效解吸区，有利于提高煤层气抽采效果。

（2）远端精确对接为水平连通井主井段修井创造了有利条件，能够延长井组的有效产气时间，增加累计产气量。

（3）远端精确对接井可利用未产气或低产的直井作为目标直井，实现已有井网的加密和挖潜，改善局部区域煤层气开发效果。

（4）对接点两侧带分支结构配合分段压裂完井工艺易于实现大范围压裂改造，能够降低综合开发成本。

3. 适用条件

（1）勘探程度高、地质构造相对简单、水文地质条件优越的煤层气开发区域。

（2）目标煤层埋深适中、水平分布稳定、透气性较好、气含量较高。

（3）中硬以上的原生结构煤层、碎裂结构煤层中，以裸眼完井为主；碎软煤层中，采用 PE、玻璃钢或钢材质筛管完井；透气性差、厚度较薄的煤层中，采用滑套水力分段压裂方式完井。

4. 钻进装备

远端精确对接井配套施工装备系统包括钻机、泥浆泵、测量仪器、空压机、固控系统、钻具及其他辅助装置等。

1）钻机

钻机是远端精确对接井的关键施工装备，其中目标直井普遍采用与常规煤层气开发直井相同的钻机进行施工，水平连通井主要采用车载钻机进行施工，典型机型有进口雪姆 T130XD 型车载钻机和国产 ZMK5530TZJ60 型车载钻机，主要技术参数如表 12.1 所示。

表 12.1　代表性车载钻机主要技术参数

性能指标参数		雪姆T130XD	ZMK5530TZJ60
整机	功率 /kN	567	496
	质量 /kg	45359 ～ 49895（根据配置不同）	53000
	运输状态尺寸（长 × 宽 × 高）/m	14 × 2.6 × 4.2	13.6 × 2.85 × 4.3
给进系统	最大提升力 /kN	591	600
	最大下压力 /kN	145	150
	行程 /m	15.24	15.00
回转系统	转速 /（r/min）	0 ～ 143	0 ～ 150
	扭矩 /（N·m）	12045	12500
	主轴通孔直径 /mm	76.2	150
工作台	工作台最大开孔直径 /mm	711	720
	工作台最大高度 /m	2.41	2.41

ZMK5530TZJ60 型车载钻机（图 12.2）最大提升力为 600kN，动力头最大输出扭矩 12.5kN·m，名义钻深为 1500m（Φ152.4mm）。具有多种保护功能、多冗余度的电液控制系统；配套的双速马达回转装置通孔直径达到 Φ150mm，转速与额定扭矩可调节范围大，能够适应多种工艺要求；配备了具有丝扣保护功能的液压卸扣大钳，同时增设了气液双动大钳和移动式强力大钳，解决了机载卸扣器加持范围小、不能拧卸大直径钻具和套管、钻进不到位不能中途拧卸钻杆等问题，能够满足多种规格钻具拧卸要求，图 12.2 为 ZMK5530TZJ60 型车载钻机，由动力头、给进机身、操纵台和卸扣器等执行装置与动力系统等集成于车辆底盘上，提高了钻机快速搬迁运输能力。

图 12.2　ZMK5530TZJ60 型车载钻机

钻机整机尺寸大，动力头上下运动范围大，钻机配备卷扬、动力管汇总成、卸扣大钳、支撑稳固、桅杆调角装置和机械式孔口装置等多个辅助执行装置，采用全液压的传动方式，布局灵活方便，且满足长给进行程的需要。动力头式钻机具有给进行程长、起下钻速度快的优点，深孔钻进时效率高；动力头可实现主动加压功能，提高了分支孔钻进时孔内事故处理能力，ZMK5530TZJ60 型车载钻机的主要功能及技术特点如下。

（1）采用了性能优良的特种车辆底盘。

ZMK5530TZJ60 型车载钻机的底盘采用 WS5532TYT 重型专业越野底盘（图 12.3），承载力大、重心低、越野性能好，能够满足应急救援、煤层气开发钻井施工要求及道路条件。底盘承载能力强，采用康明斯发动机和艾里逊液力自动变速箱组成的新型动力单元，同时采用 10×8 的驱动型式，前、后各两桥驱动，自动无极换挡，输出动力强劲，转场迅速。

图 12.3　WS5532TYT 特种车辆底盘

（2）多冗余度和多种保护功能的电液控制系统。

ZMK5530TZJ60 型车载钻机液压系统（图 12.4），采用 7 泵开式系统，主要实现功能包

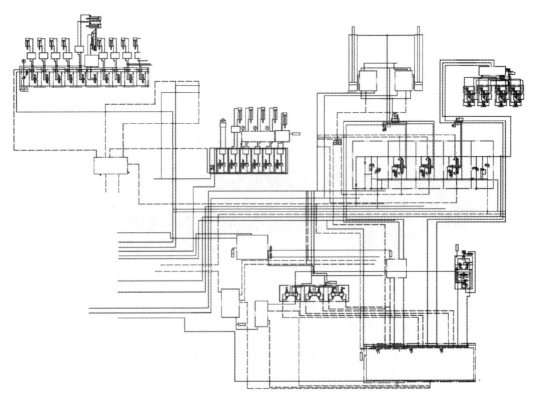

图 12.4　ZMK5530TZJ60 型车载钻机液压系统

括回转器转速、转矩调节；给进装置快速倒杆、慢速钻进调节；主卷扬、录井绞车（选装）控制，卸扣大钳控制；钻机整机稳固；桅杆起落、稳固；回转器锁定、倾斜；系统冷却风扇控制等。钻机的快速给进、起拔不仅要求动作迅速、耐冲击，防止大负载时对桅杆稳定性的影响，而且低速可控性好，精度高。具有防止定向制动回转误操作、绞车回转防碰等多种保护功能的电液控制回路，杜绝了因误操作造成伤人事故，安全性好。

电液控制系统的主要功能特点如下。

①对柴油机状态、钻机状态和桅杆姿态等进行实时监控，设置异常报警装置，并与相关执行机构实现互锁，保障钻进安全。

②具有自动孔深测量系统，可自动、实时测量孔深，解决以往靠人工计量孔深精度差的缺点。

③具有倾角测量与自动调平功能，能根据车身的倾角变化实时对四个支撑油缸进行控制，根据测量的倾角值实时调整油缸的伸出量或回缩量，实现车身的一键调平。

④集成了基于 CAN 总线技术的车载钻机数据记录仪（图 12.5），也称黑匣子，能实时监测并在后台实时保存钻机的工作参数和状态，可用于远程故障协助诊断，协助操作人员快速排除故障；也可根据记录的钻机参数及状态进行分析，从而判定事故或划分责任。

图 12.5 车载钻机数据记录仪

（3）可满足多种钻进工艺的车载式钻机回转装置。

回转装置（图 12.6）采用双速液压马达通过一级齿轮减速驱动主轴回转，结构紧凑、传动效率高、转速转矩调节范围大、工艺适应性强；回转装置可翘起至近水平方向，以方便换杆。主轴内设置衬管，减少主轴内壁的磨损，提高了主轴寿命；主轴通孔直径大，方便下放取心钻具，配套大通径冲管，满足大口径空气反循环和气举反循环钻进需求，可用于应急救援快速成孔；主轴前端装有摩擦盘，设置在回转装置壳体上的抱紧装置可制动摩擦盘，限制主轴转动，实现螺杆马达定向钻进，用于煤层气定向钻井的施工。动力头两侧设计有专用吊耳，钻机可抬升重型套管或钻具。

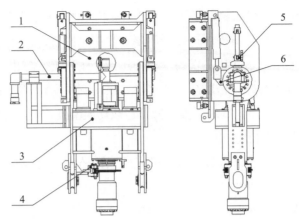

图 12.6 回转装置

1.托板；2.泥浆管汇；3.回转器总成；4.制动装置；5.定位销；6.翘起装置

回转装置主要由回转器总成，由液压马达、变速箱、浮动接头等部件组成，如图 12.7 所示。液压马达通过齿轮减速带动主轴回转，主轴上端通过冲管总成与泥浆管汇系统连接，下端通过浮动接头、变径短截、保护接头后连接钻杆。动力头下部为制动装置，由卡钳、摩擦盘等组成，用于锁死主轴，防止主轴在进行水平定向孔施工中发生旋转。

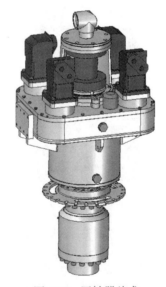

图 12.7 回转器总成

（4）桅杆。

桅杆即为给进装置（图 12.8）由一级给进、二级给进、托板、机械支腿、稳固支腿、给进油缸等组成，采用给进油缸推动二级给进，二级给进上端天车轮通过钢丝绳倍速机构带动动力头运动。给进油缸的缸筒端通过销轴与一级给进固定，活塞杆与二级给进固定。这种给进装置的结构可以在短机身上获得长行程，运动平稳，机身刚度好。工作时油缸推动一级给进，一级给进通过钢丝绳倍速机构带动动力头运动，实现钻杆提升、钻进及加压，保证钻进、提升、接卸单根和起下钻等作业过程高效可靠。

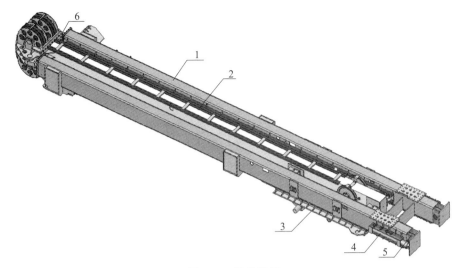

图 12.8 给进装置

1. 一级给进；2. 二级给进；3. 托板；4. 机械支腿；5. 稳固支腿；6. 给进油缸

（5）自动换杆系统。

ZMK5530TZJ60 型车载钻机配套摆臂式自动换杆装置和卸扣大钳，可完成钻杆的拧卸和位置转换。

换杆装置（图 12.9）是一种新型的钻机车配套装备，主要功用是辅助钻机车完成起下钻工序，提高钻机车上下钻杆的自动化程度，降低工人劳动强度。上杆机构是换杆装置的重要工作机构，上钻时将钻具从地面逐根搬迁到换杆装置的平台，下钻时将钻具逐根从平台搬迁到地面。

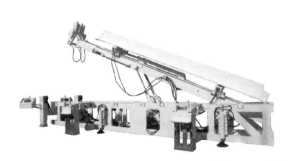

图 12.9 自动换杆装置

卸扣大钳（图 12.10）用于拧卸钻头、钻杆、钻铤和主动接头等钻具间的连接螺纹，最大转矩为 55000N·m。采用回转支撑将卸扣大钳固定在给进装置的侧面，钻进时偏置一边让开孔口；拧卸钻具时由液压马达驱动摆动臂将大钳转动到孔口；卸扣钳与夹持钳夹紧钻具后相对旋转，完成钻具的拧松或拧紧，具有操作方便、劳动强度低、安全性高的特点。

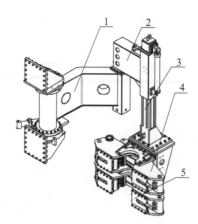

图 12.10　液压卸扣大钳

1. 摆动臂；2. 支撑臂；3. 提升臂；4. 卸扣大钳；5. 夹紧大钳

（6）操控系统。

①操纵台。

ZMK5530TZJ60 型车载钻机操纵台包括电控操作区、压力显示区、频繁操作区、孔口操作区、辅助动作区五大模块，方便操作，实现了高效的人机交互，减少了液压管路之间的相互穿插，提高了液压系统的可靠性，方便管路安装与检修。

操纵装置是钻机的控制中心，由多种液压控制阀、压力表及管件组成。钻机动力头回转、给进起拔、机身稳固等动作的控制和执行机构之间的联动功能都是通过操纵台上的阀类组合来实现的。按照钻机主要功能和操作习惯，将操纵机构分为主操纵台（图 12.11）与副操纵台（图 12.12）两部分。

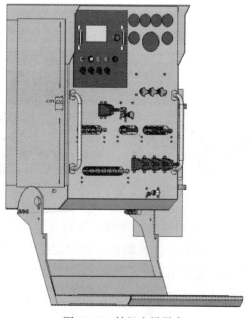

图 12.11　钻机主操纵台

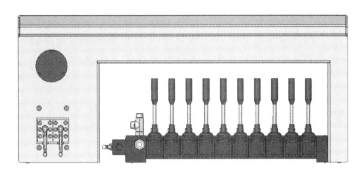

图 12.12　钻机副操纵台

②电控系统。

ZMK5530TZJ60 型车载钻机电控系统由主控台（图 12.13）、副控台（图 12.14）、柴油机及外围器件（如传感器、开关、油门旋钮、指示灯、电磁阀）构成，车身分别布置有发动机分线盒、桅杆分线盒及车尾防爆箱。各控制台接收开关、传感器、摄像头及油门旋钮的输入，输出控制指示灯和电磁阀，将各信号参数反映在显示屏上，方便查看。电控系统设有车尾防爆箱、发动机分线盒、桅杆分线盒和动力头分线盒。

图 12.13　主控台

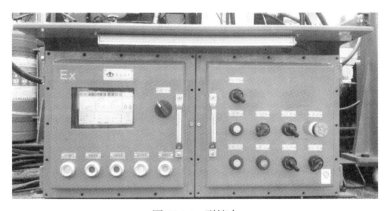

图 12.14　副控台

各控制台中的控制器及显示屏都采用 CANopen 协议进行通信，如图 12.15 所示，柴油机自带转速、机油压力等传感器，柴油机 ECU 采集这些信号并转换成标准计量单位，采用 J1939 协议通过 CAN 总线以广播的形式对外发送，如图 12.16 所示。控制器通过 CAN 总线接收柴油机 ECU 发来的数据，按照 J1939 协议进行解析可得到柴油机相关参数。同时，控制器根据主 / 副控台油门旋钮的位置，并结合主 / 副油门选择开关，通过 CAN 总线向柴油机发送目标转速信号，控制柴油机油门大小。

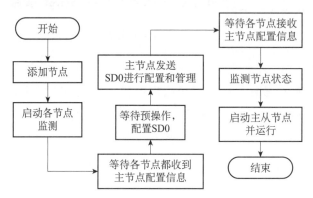

图 12.15　CANopen 通信程序流程图

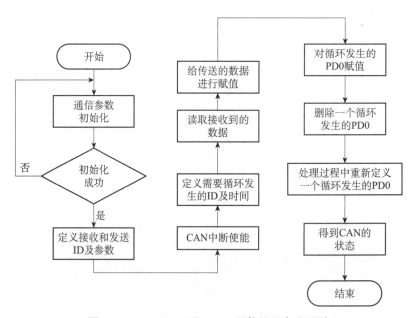

图 12.16　CAN2.0B 及 J1939 通信的程序流程图

2）泥浆泵

远端精确对接井施工配套泥浆泵主要是 P 系列、F 系列和 3NB 系列三缸单作用泥浆泵，具体工程中依据最大井深、井身结构等参数选用合适型号的泥浆泵，典型机型有 F-500 型、F-800 型及 F-1000 型泥浆泵。

3）测量仪器

测量仪器是实现远端精确对接井轨迹控制、对接连通的关键，需配套有线随钻测量系统用于目标垂直井及水平连通井直井段的井身质量控制、配套无线随钻测量系统（泥浆脉冲或电磁波）及地质导向系统用于水平连通井轨迹控制、配套精确对接系统用于水平连通井与目标垂直井精确对接。

4）空压机

空压机用于远端精确对接井直井段潜孔锤冲击回转快速钻进及水平井段注气欠平衡钻进，可采用寿力、阿特拉斯、复盛等品牌的产品，代表性机型为阿特拉斯 XRXS1275 型、XRXS1350 型和寿力 DLQ900XHH 型、DLQ1150XH 型。

5）固控系统

远端精确对接井钻进施工用到多种钻井液体系，借助固孔系统对其进行循环净化十分重要，尤其是水平井段钻井液体系需保证合适的密度、黏度等性能指标以满足钻进工艺要求，油气勘探开发钻井领域常用的振动筛、除砂器、除泥器和离心机四级固孔系统能够满足远端精确对接井施工需要。

6）钻具

远端精确对接井造斜段曲率半径较小、水平段延伸较长，配套钻具组合受力相对复杂，需选用高强度钻杆，主要包括 Φ73mm、Φ114mm 高强度斜坡钻杆，Φ73mm、Φ127mm 高强度加重钻杆等。常用的地面钻进用钻头有牙轮钻头、煤层气钻井 PDC 钻头。

（1）牙轮钻头。

牙轮钻头（图 12.17）的类型按不同分类方式可分别划分为铣齿式、镶齿式；有体式、无体式；单牙轮、双牙轮和三牙轮等。牙轮钻头适合于破碎及坚硬地层。

图 12.17　牙轮钻头

（2）煤层气钻井 PDC 钻头。

煤层气钻井 PDC 钻头（图 12.18）常用规格有 Φ4-5/8″、Φ5-7/8″、Φ6″、Φ8-1/2″、Φ9-

1/2″ 等。按照胎体材料不同分为钢体式和胎体式，在稳定的软－中硬地层钻进速度快，寿命长，常用于地面煤层气井、工程井等的钻井施工，适用于软－中硬地层的稳定地层钻进，不宜在破碎、裂隙、强研磨性地层中使用。

图 12.18　煤层气钻井 PDC 钻头

5. 应用实例

精确对接井开发模式与配套钻进技术首先在山西晋城矿区潘庄井田进行了工业性试验，建成了我国煤矿区第一个高产远端精确对接井（SH-U2/U3），最高日产气量达到了 2.1 万 m^3，随后在多个煤层气勘探开发工程中得到推广应用。

2013ZX-SH-UM15 远端精确对接井位于晋城矿区潘庄井田，目标层为 15# 煤层，位于太原组层段顶部，直接伏于 K_2 灰岩之下，底板为泥岩、含炭质泥岩，常含有黄铁矿结核，偶为粉砂岩。15# 煤层在该区域的厚度为 1.08～5.45m，平均厚度为 2.67m。

2013ZX-SH-UM15 远端精确对接井主要施工装备包括国产 ZMK5530TZJ60 型车载钻机、3NB-1000 型泥浆泵、进口 BlackStar EM-MWD 随钻测量系统、RMRS 对接仪器，钻具包括 Φ89mm、Φ114mm、Φ127mm 常规、加重钻杆、Φ165mm 普通、无磁钻铤，Φ165mm/1.5° 单弯螺杆马达等。

2013ZX-SH-UM15 远端精确对接井实钻三维轨迹如图 12.19（a）所示，目标直井（2013ZX-SH-UM15 远端）与水平连通井（2013ZX-SH-UM15H）井口之间的平面间距 771.45m，其中水平连通井测深 676m 处进入目标煤层，测深 1099.37m 处与目标垂直井对接连通，过洞穴继续钻进至 1356.72m 主井眼完钻，对接点两侧共施工了四个分支井，长度分别为 561.91m、468.98m、206.30m 和 156.72m，煤层段总进尺 2083.53m，煤层钻遇率 100%。

2013ZX-SH-UM15 远端精确对接井采用滑套分段压裂方式完井，共压裂了四段，压裂管柱组成示意图及压裂位置如图 12.19（b）所示。

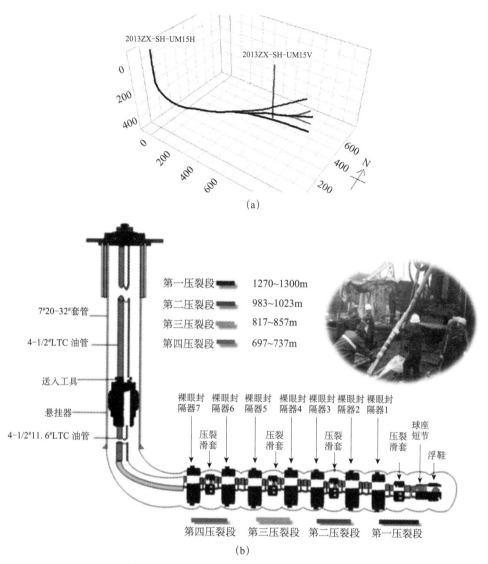

图 12.19　2013ZX-SH-UM15 远端精确对接井

（a）三维实钻轨迹图；（b）压裂管柱组成及压裂位置示意图

2013ZX-SH-UM15 远端精确对接井于 2015 年 1 月开始排采，3 个月后日产气量达到 2.0 万 m³，最高日产气量达到 3.28 万 m³，目前日产气量控制稳定在 1.8 万 m³ 左右，这是沁水盆地 15# 煤层第一个高产的远端精确对接井。

12.1.2　垂直井钻井技术与装备

1. 基本原理

煤层气垂直井是指在地面采用常规钻具组合施工的直井，一般钻至目标煤层以下一定深度，以特定的方式完井，通过排水降压开发煤层气，主要的完井方式有射孔压裂完井和裸眼洞穴完井，如图 12.20 所示。通常采用二开井身结构，一开和二开均需要下套管固井，采用射孔压裂时，套管需穿透目标层，采用洞穴完井时，套管需深入煤层一定深度。

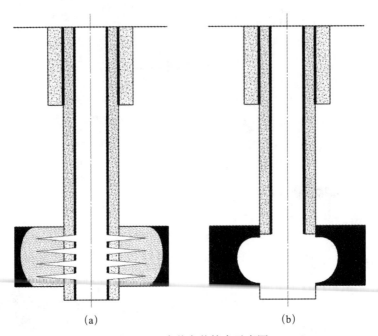

(a)　　　　　　　　　　(b)

图 12.20　直井完井技术示意图

（a）射孔压裂完井技术；（b）裸眼洞穴完井技术

2. 技术特点

（1）钻井工艺简单，技术难度较低。

（2）单井钻进成本低，服务年限长，稳产时间长。

（3）单井施工对地表要求低。

（4）维护作业分散、投资回收较慢，综合作业成本高。

3. 适用条件

适用于构造简单或相对简单的地层，目标煤层深度为 300～1200m，厚度大且稳定，目标煤层 1～3 层，目标煤层以碎裂 - 原生结构为主，煤层气含量及渗透率相对较高。

4. 钻进装备

煤层气垂直井施工钻机可选用水文水井钻机、小型石油钻机及煤层气车载钻机。配套的设备与钻具主要包括泥浆泵、钻杆、钻铤、加重钻杆、钻头、扶正器等。

泥浆泵根据钻井深度选用 TBW 系列、F 系列、3NB 系列等。钻杆多采用 Φ114mm、Φ127mm 钻杆。一开多选用 Φ345mm 或 Φ311.15mm 牙轮钻头，二开多选用 Φ215.9mm 牙轮钻头或 PDC 钻头，扶正器、加重钻杆、钻铤根据需要选用。测斜仪可选用电子多点测斜仪、泥浆脉冲随钻测斜仪和电磁波随钻测斜仪。

5. 应用实例

1）煤层气垂直压裂井在彬长大佛寺井田的应用

陕西彬长矿业集团有限公司在彬长矿区大佛寺井田实施了煤层气参数井勘察工程项目，西安研究院承担该项目的钻井工程施工和压裂工作，目标煤层 4 煤层位于延安组底部，区内含煤面积 79km²，可采面积 74.44km²。煤层厚度为 0～19.73m，平均为 11.65m。该煤层属于低变质长焰煤，煤层厚度大，气含量低，干燥无灰基瓦斯含量为 1.19～6.29m³/t，渗透率为 0.11～6.84mD，渗透性较好；储层压力为 0.28～3.2MPa，压力梯度为 0.0536～0.53MPa/100m，属低压储层；煤层吸附能力较强，含气饱和度为 40.39%～80.47%，属于欠饱和状态，煤层煤阶低，气含量低，渗透性能好，为煤层气增产提供了有利条件。

设计井深 600m，目标煤层为 4 煤，采用二开井身结构，一开采用 Φ311.15mm 牙轮钻头钻穿第四系和新近系，进入稳定基岩 10m 后下入表层套管固井；二开采用 Φ215.9mm 牙轮钻至 4 煤上 30m，然后换取心钻具组合，取心钻进至 4 煤以下 10m，期间对 4 煤进行注入 / 压降试井测试，最后全面钻进至设计深度，全部现场测试工程完成后下入生产套管固井。二开钻进过程中，为了减小钻井液对煤层的伤害，采用低固相钻井液。

采用以套管注入、高排量、活性水携砂为主的煤层气清水压裂配套工艺技术；同时在施工过程中进行压裂监测及压裂前后的井温测试。由于该井煤储层压力较低，在排采后进入临界产气阶段，日产气量稳步增长，单井日产气量达到 1700m³/d 以上，为该区煤层气井开发提供了一定的排采经验。

2）煤层气垂直压裂井在贵州六盘水煤田的应用

六盘水煤田大河边向斜大地构造单元上属扬子陆块（Ⅰ级）黔北隆起（Ⅱ级）遵义断拱（Ⅲ级）威宁西北向构造变形区。大河边向斜成煤后受到华里西运动及印支、燕山等运动的相继侵扰，破坏了煤田的原生状态。受垭都 - 紫云构造带和威水北西向断裂带控制，构成了西翼"三角弧形"前缘的主要特征，向斜内的主要构造线为 NWW-SEE。向斜内煤层倾向由南向北转，倾角由 28°～30° 逐步变缓为 9°～12°。

2016 年 3 月施工钟 1 井，设计井深 930.00m，目标煤层为 C409、M12、C407 三层，采用二开井身结构，一开采用 Φ311.15mm 牙轮钻头钻穿第四系、三叠系永宁镇组，进入二叠系飞仙关组 10m 后，下入表层套管固井；二开采用 Φ215.9mm 牙轮钻至 C408 煤层上 2～4m，然后换取心钻具组合，取心钻进至 C401 煤层底板以下 2m（穿鞋戴帽），而后全面钻进至 935.00m，其中取心进尺 14.70m。

完钻后进行了压裂、排采。在排采过程中，较快进入临界产气阶段，日产气量稳步上升，产气量达 1050m³/d 以上，是该区块第一口高产煤层气井，在提供区域煤层气开发参数，探索主力煤层的产气能力的同时，推动了该区块煤层气的开发。

12.1.3　L型井钻井技术与装备

1. 基本原理

利用特殊的井底动力工具与随钻测量仪器，钻成井斜角大于86°，并保持这一角度钻进一定长度井段的定向钻进技术称为L型井钻井技术，图12.21为采动区L型井典型的井身结构。在煤层气开发中，L型井可以增加目的层延伸长度，增大泄气面积，大幅提高煤层气产量。L型井钻井技术包括随钻测量技术、井眼轨迹控制技术、护壁技术、钻井完井技术等。

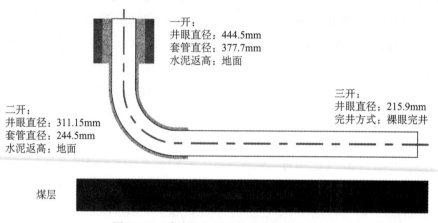

一开：
井眼直径：444.5mm
套管直径：377.7mm
水泥返高：地面

三开：
井眼直径：215.9mm
完井方式：裸眼完井

二开：
井眼直径：311.15mm
套管直径：244.5mm
水泥返高：地面

煤层

图12.21　采动区L型井井身设计示意图

2. 技术特点

与常规直井开发煤层气技术相比，L型井开发技术具有以下特点。

（1）提高了导流能力。压裂的裂缝无论长度多长，流动的阻力都相当大，而水平井内流体的流动阻力相对于煤层割理、裂缝系统要小得多。

（2）沟通更多割理和裂隙，增加了煤层气的供给范围。

（3）单井产量高，资金回收快，经济效益好。综合成本较常规直井低，产量可达到常规直井的3～10倍。

（4）占地面积小，山地作业优势明显，维护作业集中。

3. 适用条件

L型井既适用于采动区煤层气开发，也适用于本煤层的煤层气开发。特别适合于各向异性明显的煤层、煤层厚度较大且相对稳定的煤层、高煤阶、低渗透、高强度和高含气量煤层气藏的开发。

4. 钻进装备

L型井配套施工装备系统包括钻机、钻具、测量仪器、泥浆泵、空压机、固控系统及其他辅助装置等。L型井配套钻机可采用西安研究院研制的ZMK5530TZJ60型车载钻机、

ZMK5530TZJ100 型车载钻机。泥浆泵根据钻孔深浅，选择如常用的 TBW-850 型、TBW-1000型、TBW-1200型、F500型、F800型、F1000型、3NB500C型、3NB1000C型等泥浆泵或能力相当的其他泥浆泵，钻杆多使用 Φ114mm 或 Φ127mm 钻杆。L 型井开孔和终孔直径需要根据现场条件、完井方式确定，深度较深，或者水平段较长、采用套管 + 滑套完井或筛管完井方式时，终孔直径相对较大，反之，深度较浅、水平段较短，裸眼完井时，终孔直径相应较小，相应的钻头直径选择也遵循以上规则。常用级配如下：①一开选用 Φ445mm 牙轮钻头，二开选用 Φ311mm 牙轮钻头、PDC 钻头，三开 Φ215mm 牙轮钻头、PDC 钻头；②一开选用 Φ345mm 或 Φ311 牙轮钻头，二开选用 Φ241mm 牙轮钻头、PDC 钻头，三开 Φ171mm 牙轮钻头 PDC 钻头。扶正器、加重钻杆、钻铤根据需要选用，二开多选用 Φ197mm 单弯螺杆马达或 Φ165mm 单弯螺杆马达、三开多选用 Φ165mm 单弯螺杆马达或 Φ127mm 单弯螺杆马达，测量仪器可选用泥浆脉冲随钻测斜仪、电磁波随钻测斜仪等。

ZMK5530TZJ100 型车载钻机功能和技术特点如下。

ZMK5530TZJ100 型车载钻机（图 12.22），与 ZMK5530TZJ60 型钻机的结构形式相近，扭矩和起拔力高，液压和电控系统的性能更加稳定。主要技术参数如表 12.2 所示。

图 12.22 ZMK5530TZJ100 型车载钻机

表 12.2 ZMK5530TZJ100 车载钻机主要技术参数

部件	技术参数	参数值
整机	名义钻井深度 /m	2000（孔径 171mm） 500（孔径 711mm）
	钻机质量 /t	53
	运输状态外形尺寸（长 × 宽 × 高）/m	13.6 × 2.85 × 4.3
回转器	最大转矩 /（N·m）	30000
	最高转速 /（r/min）	120
	额定压力 /MPa	23
	额定流量 /（L/min）	600
	主轴制动转矩 /（N·m）	3000

续表

部件		技术参数	参数值
给进装置		最大起拔力 /t	100
		最大给进力 /t	18
		给进 / 起拔行程 /m	15
		额定压力 /MPa	28
		额定流量 / (L/min)	870
车辆底盘		最大行走速度 / (km/h)	75
		爬坡能力 / (°)	30
		发动机功率 / hp①	440
柴油机		额定功率 / hp	675
		额定转速 / (r/min)	1800
液压泵站	油泵	Ⅰ泵型号	A11VLO130
		Ⅱ泵型号	A11VLO130
		Ⅲ泵型号	A11VLO130
		Ⅳ泵型号	A11VLO130
		Ⅴ泵型号	A11VO95
		Ⅵ泵型号	A11VO40
		Ⅶ泵型号	A11VO40
		Ⅰ泵额定压力 /MPa	28
		Ⅱ泵额定压力 /MPa	26
		Ⅲ泵额定压力 /MPa	26
		Ⅳ泵额定压力 /MPa	26
		Ⅴ泵额定压力 /MPa	21
		Ⅵ泵额定压力 /MPa	25
		Ⅶ泵额定压力 /MPa	21
		油箱有效容积 /L	1500

注：① hp 表示马力，1hp=745.700W。

ZMK5530TZJ100 型车载钻机电控系统（图 12.23）各控制台与柴油机三者之间交换数据通过 CAN 总线相互访问，三者通过 CAN 总线组成网络，每个挂在 CAN 总线上的设备都是一个 CAN 节点，各节点通过帧 ID 来判断是否需要接收和处理。柴油机采用 J1939 协议，控制台采用 CAN2.0B，各控制台采集连接到自身的传感器信号，并将信号进行调理和处理，计算出各物理量并保存在控制器中，最后将该物理量内容与帧 ID 发送出去，以便其他节点进行接收。

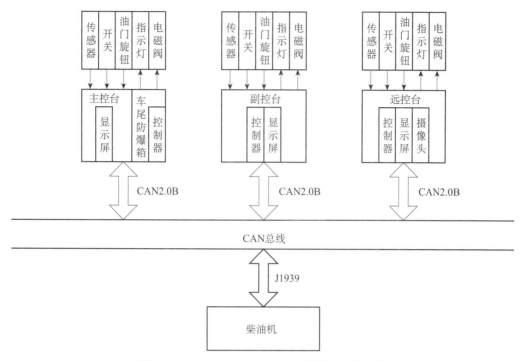

图 12.23 ZMK5530TZJ100 型车载钻机电控系统

远控台（图 12.24）为电控操作台，底部装配有轮子，在线束允许的范围内可拉动把手自由移动。远控台面板集合了整个液控及电控系统的控制，并配备有参数显示屏和摄像头画面作为施工辅助。

图 12.24 ZMK5530TZJ100 型车载钻机远控台

5. 应用实例

山西蓝焰煤层气集团有限责任公司要求在寺河矿西三盘区地面 YH-045 井场设计施工一口煤层气 L 型井，即 SHH06-01#，目的在于开发利用 3# 煤煤层气，降低煤层瓦斯含量，并获得相应的储层资料，其轨迹沿位于 W3315 工作面西侧顺槽巷道保护煤柱内，本煤层沿巷道向北延伸。

SHH06-01 井位于阳城县町店镇刘腰村东南方向，采用 ZMK5600TZJ100 型车载钻机、F800 型泥浆泵、SMWD-1 型无线随钻测斜仪等装备施工，2016 年 5 月 5 日完井，完钻井深 1675.39m，完钻层位 C_3t，三开为套管 + 滑套完井，井身结构示意图如图 12.25 所示。排采初期日均产气量达到 10000m³ 以上。

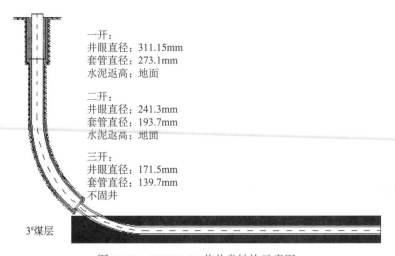

一开：
井眼直径：311.15mm
套管直径：273.1mm
水泥返高：地面

二开：
井眼直径：241.3mm
套管直径：193.7mm
水泥返高：地面

三开：
井眼直径：171.5mm
套管直径：139.7mm
不固井

3# 煤层

图 12.25　SHH06-01 井井身结构示意图

12.2　地面大直径孔钻进技术与装备

12.2.1　基本原理

大直径工程孔是特指与矿山井下巷道或避难硐室等构筑物相连通，可作为瓦斯抽采、通风、强排水、下电缆、人员逃生等用途的通道，服务于矿井建设、矿井生产及矿井安全。

大直径工程孔钻进主要包括指土层段钻进和岩石段钻进施工，由于大直径工程孔口径大，一般需以多次扩孔的方式完成，导向孔施工通过利用泥浆脉冲无线随钻测量仪（或电磁波无线随钻测量仪）配套螺杆马达的孔底钻具组合使实钻轨迹沿设计轨迹延伸、精确命中目标层位靶区，保障钻孔质量，有利于后续扩孔及下套管等工序的顺利实施；扩孔施工通过优选钻进工艺方法达到减少扩孔次数，提高钻进效率，节约施工成本的目的。大直径工程孔的固井包括下套管、注水泥和试压等，套管采用焊接方式连接，利用吊车下入；采用内管注水泥法，替浆量少，有效提高固井质量。

12.2.2　技术特点

大直径工程孔施工技术具有以下特点。

（1）大直径工程孔施工需要综合运用多种钻进工艺方法，涉及泥浆正循环钻进、空气钻进、定向钻进、大直径潜孔锤反循环钻进、气举反循环钻进、下排渣法钻进等。固井技术具有系统性、一次性和时间短的特点。

（2）大直径工程孔多设计为二开或三开的孔身结构，口径大，碎岩、排渣困难，通常无法一次性成孔，需以多次扩孔的方式完成。

（3）大直径工程孔一般需下套管护孔，套管外径大、重量大，一般采用浮力法下套管，在钻孔与井下巷道已连通的情况下，需利用大吨位吊车下套管。

12.2.3　适用条件

1. 一般性条件

大直径工程孔主要用于通风、强排水、下电缆及救援逃生等用途，钻孔开孔直径为 $\Phi450mm \sim \Phi1500mm$，终孔直径为 $\Phi300mm \sim \Phi850mm$，成孔深度为 $100 \sim 800m$。

2. 下排渣法扩孔钻进工艺的适用条件

下排渣法扩孔钻进工艺适用于贯通空间大，并具备清渣、运渣条件的场合。

3. 大直径潜孔锤反循环钻进工艺的适用条件

大直径潜孔锤反循环钻进工艺钻进效率高，适用于无水、弱含水的相对稳定地层条件下钻进成孔。

12.2.4　钻进装备

大直径工程孔施工选型配套的钻探设备、钻具及仪器应满足多种工艺施工要求，泥浆正循环钻进选型配套的设备与钻具主要包括钻机、泥浆泵、钻杆、加重钻杆、钻铤、钻头等；空气潜孔锤钻进配套的专用设备与钻具主要有空压机、空气潜孔锤、注水泵、孔口密封装置；定向钻进配套的钻具与仪器主要有无磁钻铤、电磁波随钻测量系统、螺杆马达等；大直径潜孔锤反循环钻进配套的钻具主要有气盒子、双壁钻杆、集束式反循环潜孔锤等。

1.ZMK5530TZJ60（A）型车载钻机

ZMK5530TZJ60（A）型车载钻机（图12.26）采用柴油机为动力源，钻机主机、控制系统、动力泵站和冷却系统集成安装在车载底盘上，机动性强。钻机动力头输出扭矩为

30kN·m；卸扣大钳最大夹持的钻具直径为 Φ245mm；排渣管汇内径为 Φ150mm。钻机不仅满足泥浆钻进、空气潜孔锤钻进、泡沫钻进、定向钻进等多种常规工艺方法的施工要求，还可满足大直径牙轮钻头扩孔钻进、大直径潜孔锤反循环钻进等工艺的施工要求。

图 12.26　ZMK5530TZJ60（A）型车载钻机

ZMK5530TZJ60（A）型车载钻机的大转矩回转装置（图 12.27）托板采用框架式结构及自润滑轴承滚轮，上下两端分别连接起拔钢丝绳和给进钢丝绳，提钻时起拔钢丝绳牵引动力头总成沿一级给进导轨上行进行起钻作业，增强动力头结构及运动可靠性；回转器总成采用低速液压马达单级齿轮驱动结构减速箱，结构可靠传动效率高，下端安装有浮动接头装置，上卸扣时保护钻杆丝扣，后端安装有快拆式冲管总成，更换方便；可翘起式回转器总成通过翘起装置安装在托板上，与换杆装置配合提高换杆效率；定位装置可锁死翘起装置，减少钻杆在正常钻进过程中的径向摆动；泥浆管汇安装在回转器后端，另一端通过由壬连接泥浆泵高压胶管，实现泥浆循环，回转装置主要性能参数如表 12.3 所示。

图 12.27　ZMK5530TZJ60（A）型车载钻机回转装置

表 12.3　回转装置主要性能参数

名称	参数
额定转矩 /（N·m）	30000
额定转速 /（r/min）	150
翘起角度 /（°）	70
给进力 / kN	150
起拔力 / kN	600
主轴通径 / mm	150
主轴浮动行程 / mm	100

2. 集束式反循环潜孔锤

大直径集束式反循环潜孔锤（图 12.28）是由若干个常规正循环潜孔锤分布在同一圆周面上组合而成，主要包括双壁接头、配气室、单锤、排渣管、底部密封盘及导向头等部件，其中，双壁接头可直接与双壁钻杆连接；配气室将沿双壁钻杆内外管间注入的压缩空气均匀分配给所有单锤；单锤可在压缩空气的驱动下体积破碎孔底岩石；排渣管与双壁钻杆内管相通，是孔底废气、水及岩粉（屑）排出通道；底部密封盘具有双重作用，一是阻隔孔底排出的压缩空气进入钻孔环空，二是固定单锤与排渣管；导向头下可直接螺纹连接普通钻头，在扩孔中起导正作用；在底部密封盘外圆柱面上设置有耐磨带，可修复孔壁起保径作用。主要规格有 Φ580/216mm、Φ580/311mm、Φ710/311mm 等，适用于应急救援孔、通风孔、电缆孔、排水孔等大直径工程孔的硬岩钻进施工。集束式反循环潜孔锤主要技术参数如表 12.4 所示。

表 12.4　集束式反循环潜孔锤主要技术参数

扩孔孔径	长度/mm	重量/t	工作压力/MPa	耗气量/（m³/min）
从 Φ311mm 扩孔至 Φ710mm	3100	1.85	1.03 ～ 2.41	25 ～ 102
从 Φ311mm 扩孔至 Φ580mm	3900	1.77	1.03 ～ 2.41	25 ～ 102

图 12.28　Φ710/311mm 集束式反循环潜孔锤

12.2.5 应用实例

（1）2012 年 12 月至 2013 年 7 月，在陕西长武亭南煤业西部风井施工完成一个深度 700m、终孔直径 Φ400mm 的大直径电缆孔。透巷点与设计靶点位置相距 0.59m，实现了与井下巷道高精度对接；在主孔段利用吊车采用浮力法下入 Φ426mm 的钢套管，保障了施工安全，采用内插法完成注水泥固井作业，试压结果达到设计压力要求，保障了固井质量。

（2）2013 年 3 月至 2013 年 10 月，在陕西长武亭南煤业施工完成两个深度 484m、终孔直径 Φ850mm 的大直径瓦斯抽采孔。在导向孔钻进过程中采用导管辅助排渣方法，提高了泥浆上返流速，增强了泥浆的携粉能力，解决了孔底岩屑重复破碎问题，平均机械钻速可达 7.65m/h，比常规方法效率提高了 3.1 倍；同时，采用了浮力法下套管和内管法固井工艺，确保大直径套管的安全下放，有效提高大直径孔的固井质量。

（3）2015 年 9 月，在山西晋城沁秀公司坪上煤业施工完成一口深度 295m、终孔直径为 Φ580mm 的大直径救援示范孔。在二开孔段，采用了常规泥浆正循环、扩孔牙轮钻头，以及大直径潜孔锤反循环扩孔钻进两种钻进工艺方法；在三开孔段，采用了大直径潜孔锤局部反循环钻进、大直径潜孔锤反循环扩孔钻进、大直径潜孔锤下排渣扩孔钻进等多种钻进工艺方法。实际孔底坐标与设计靶心坐标相距只有 0.35m，实现高精确中靶目标；Φ580mm 大直径潜孔锤反循环扩孔钻进深度 282m，创造了国内空气潜孔锤反循环钻进最深记录；大直径潜孔锤扩孔钻进机械钻速与同条件下牙轮钻头扩孔钻进相比，提高了 2～3 倍。

（本章主要执笔人：刘建林，赵江鹏，王四一，赵建国）

第四篇 煤层气勘探与资源评价

我国的煤层气资源丰富，依据国土资源部最新的煤层气资源评价结果，我国陆上煤层垂深2000m以浅的煤层气资源量为36.81万亿m³。开发利用煤层气，对于充分利用资源、改善我国的能源结构、保障国家能源安全、降低和预防煤矿瓦斯灾害、减少碳排放和保护大气环境都有重要的意义。西安研究院是我国最早开展煤层气研究的单位之一，从国家"六五"科技攻关项目开始研究煤层气，历经30余年，研究领域涉及煤层气选区评价、参数测试、资源储量评估、勘探开发方案设计、可行性研究及开发工程等，形成了煤层气资源评价、测试和勘探开发的系列技术。

煤层气地质研究及资源评估方面：从1982年开始，西安研究院率先建立了我国煤层气地质及资源评估的基础理论、框架与方法，开展了包括含煤盆地演化及地层与构造特征、煤层气赋存分布规律、有利区块优选、资源/储量评估、煤层气开发利用规划、煤储层产能数值模拟、气田开发方案制定及优化、经济评价等研究工作。30多年来，西安研究院承担了包括国家"六五"科技攻关"中国主要煤田煤层气赋存规律"课题、国家"七五"科技攻关"中国煤层甲烷赋存条件及资源评价"课题、国家"八五"科技攻关"煤层气有利区块选择"课题、联合国环境开发署资助的"中国煤矿区煤层甲烷资源评价"子项目、国家"九五"科技攻关"新集浅层煤层气示范开发成套工艺技术及专用装备研究"课题、国家"十五"科技攻关"我国煤层气富集成藏规律与有利区块"课题、国家重大基础研究973课题"中国煤层气成藏机制及经济开采基础研究"及"高丰度煤层气富集机制及提高开采效率基础研究"到国家科技重大专项"煤层气与煤炭协调开发关键技术"在内的多个国家项目。西安研究院通过承担国家科技攻关项目（课题），对我国主要含煤盆地的煤层气资源进行评估，提出煤层气选区评价方法、资源量计算方法和技术可采资源量估算方法。计算出我国煤层气资源量为30万亿～35万亿m³，首次估算我国煤层气技术可采资源量为13.9万亿m³；研究了煤层气产出机理和数值模拟技术，开发了模拟预测软件，形成煤层气数值模拟技术。

煤层气测试技术方面：煤层气测试内容主要包括煤层含气量、气成分、吸附性能、渗透率、储层压力、原地应力及煤岩煤质等。西安研究院是我国最早开展煤层气测试的单位之一，20世纪90年代以来，以联合国开发计划署（UNDP）资助的"中国煤层气资源开发"项目为契机，从美国引进消化和完善了煤层气含量测试、注入/压降试井测试、等温吸附和气测录井等技术和装备，学习和吸收了国外先进的煤层气勘探开发技术和经验，首次在我国开展美国矿业局法煤层气含量测试、煤层气注入/压降试井测试和容量法等温吸附测试。研发出气含量测试设备、注入/压降试井及DST试井测试设备等，制定出煤层气含量测试方法、煤的高压等温吸附试验方法和注入/压降试井测试方法等国家标准和规范。

煤层气资源勘探开发技术方面：1996～2000年，在"九五"科技攻关项目"新集浅层煤层气示范开发成套工艺技术及专用装备研究"中，作为技术依托单位西安研究院承担了6个课题研究工作，初步研究形成了一套从开发部署、工程设计、经济评价，到钻井、完井、压裂、排采的煤层气勘探开发技术体系。2010～2015年，西安研究院牵头承担了两期国家科技重大专项"煤层气与煤炭协调开发关键技术"项目，参加了"煤矿区煤层气高效抽采、集输技术与装备研制"项目，承担了多个课题的研发工作，成功研发和试验了地面直井、地面对接井、丛式井，以及地面直井与井下水平长钻孔联合抽采、煤层顶板岩层水平井分段压裂煤层气开发、碎软突出煤层空气动力掏煤消突增透煤层气抽采技术等。承担完成山西晋城地区高煤阶地面对接井煤层气勘探试验，陕西铜川、彬长地区，黑龙江鸡西地区不同煤阶煤层气开发和安徽淮北地区的构造煤煤层气开发均获得突破。多年的研究和工程实践，形成了系统的煤层气资源勘探开发方法、工艺流程和煤层气开发等一系列关键技术，为我国煤矿区煤层气地面、井下一体化开发提供配套技术与装备。

本篇重点从煤层气地质研究及资源评价、煤层气含量测试、煤层气资源勘探开发技术、煤层气开发经济评价技术等方面展开论述。

第13章
煤层气地质研究及资源评价

地质研究与资源评价是煤层气勘探开发的基础工作，其贯穿煤层气勘探开发的全过程，对煤层气开发选区、评价具有重要意义。与常规储层不同，煤层既是烃源岩，又是储集层，由此决定了煤储层的评价与常规储层有所差异。作为一种自生自储的非常规天然气，煤层气的赋存、运移规律都有别于常规天然气。西安研究院自"六五"科技攻关开始煤层气相关研究工作，开展了大量的地质研究和资源评价工作，提出了针对煤层气勘探开发的地质研究及资源评价方法，总结形成了煤层气成藏条件研究、选区及可采性评价和煤层气数值模拟及产能预测等。

本章重点介绍了西安研究院在煤层气成藏机制、煤层气选区及可采性评价、煤层气数值模拟及产能预测方面形成的评价方法和关键技术。

13.1 煤层气成藏机制研究

13.1.1 生气性能

为了解煤的生烃能力及估算煤层气资源量，探讨含煤地层中有机质在热演化过程中的成烃机理和主要产物的变化规律，需要开展煤和暗色泥岩的热模拟试验。通过研究煤在各个演化阶段产出烃类数量、成分及其地球化学特征，可以确定煤作为烃源岩的特点，估算盆地煤层气资源量。煤层气赋存规律及资源评价工作通常需要进行大地构造学、沉积岩石学、煤田地质学、石油天然气地质学、煤岩学、煤化学、有机地球化学、同位素地质学等多学科的综合研究，并广泛开展野外地质调查，采集各类样品进行煤岩鉴定、荧光分析、电镜扫描、碳氢同位素分析、各种煤岩显微组分热模拟生气实验等。

热模拟生气实验显示，随着加热温度的升高，残余煤的镜质体反射率增大，在350℃以前，变化非常缓慢，过了这一拐点，变化梯度明显增高。生气热模拟实验的组分比较复杂，除以CH_4、CO_2、H_2和重烃为主外，还有少量的N_2、H_2S和CO等。所有样品的实验表明，随着温度的上升，全烃和总烃气的产量都呈增加趋势。温度达到350℃左右开始明显产气，而加热到400℃时才开始大量产气，即在相当于肥煤、焦煤的阶段称为产气的第一个高峰期。随后，产气量一直保持线性上升势头（图13.1）。此次加热的最高温度达到

650℃（镜质体反射率为 3.5%），产气仍在进行，也就是说，在贫煤、无烟煤阶段进入了一个更高的产气时期。

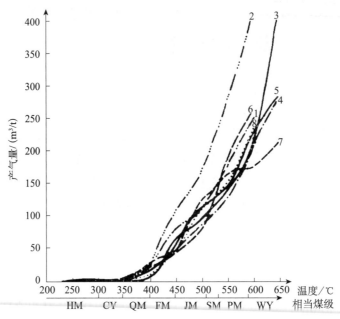

图 13.1　各含煤地层煤样热模拟烃类产气率曲线

1.宜良；2.黄县；3.大雁；4.阜新；5.米泉；6.永荣；7.水城；8.平朔

CH$_4$ 和 H$_2$ 的产率随温度升高而增加，重烃气的主要产出阶段在 400～550℃。液态烃热解油的产出在 400℃时达到高潮，450℃时产油仍较多，350℃和 500℃时只有个别样品产油。重烃在进入长焰煤阶段及其后的煤化阶段才有明显产出。在各温度阶段几乎都有水的伴生，350～550℃是主要产水阶段，主要是煤中甲氧基、羧基和羟基等含氧官能团及脂肪侧链迅速分解的结果，温度继续升高则产水量变小，部分来自煤中矿物结晶水。表 13.1 中列出了测试得到的视煤气发生率数据。

表 13.1　我国煤样热模拟视煤气发生率数据表

地区	不同煤种煤气发生率/%								R_{max} /%
	褐煤	长焰煤	气煤	肥煤	焦煤	瘦煤	贫煤	无烟煤	
黑龙江密山泥炭	1.3～1.7	1.7～10.8	11～61	61～211					
云南宜良褐煤		0.3～0.65	0.6～25	25～78	78～115	115～146	145～217	245	
山东黄县褐煤		0.32～1.30	1～23	23～102	102～170	170～246	246～419	489	2.75
内蒙古大雁褐煤		2.5～7.8	8～13	13～64	64～75	75～99	99～173	446	3.44
辽宁阜新长焰煤		0.3～2.5	3～10	10～46	46～85	85～104	104～172	275	3.44
新疆米泉气煤			2～17	17～50	50～120	120～125	125～189	272	3.44
甘肃窑街藻煤			1～14	14～51	51～125	125～147	147～177	182	2.75
四川永荣气煤			5～27	27～41	41～77	77～113	113～212	251	3.44
贵州水城气煤			2～26	26～45	45～125	125～154	154～166	209	3.44
浙江长广气煤			2～24	24～30	30～42	42～70	70～110	206	2.75

续表

地区	不同煤种煤气发生率/%								R_{max} /%
	褐煤	长焰煤	气煤	肥煤	焦煤	瘦煤	贫煤	无烟煤	
湖南邵东气煤			1～13	13～60	60～135	135～164	164～210	232	2.75
安徽淮南（B₁₁）气煤			2～18	18～30	30～70	70～82	82～120	222	3.44
安徽淮南（A₁）气煤			2～15	15～40	40～88	88～104	104～158	303	3.44
山西平朔（4 煤）气煤			3～16	16～47	47～115	115～130	132～202	240	2.75
山西平朔（9 煤）气煤			1～10	10～65	65～110	110～123	123～172	194	2.75

同一煤样中分离出三种单一显微组分，并分别取得热模拟生烃试验成果。实验表明，煤的三种显微组分分组的产烃能力各不相同，壳质组＞镜质组＞惰质组（图 13.2），其产出总烃气的比例在相当于焦煤 - 无烟煤阶段，大致为 1.5：1.0：0.7。

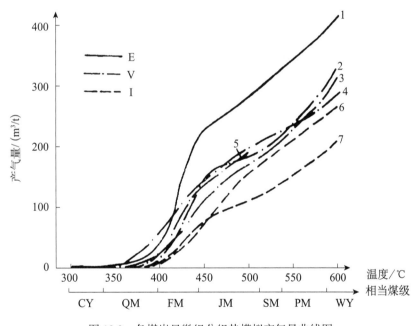

图 13.2 各煤岩显微组分组热模拟产气量曲线图

1. 水城壳质组（E）；2. 米泉镜质组（V）；3. 永荣镜质组（V）；4. 水城镜质组（V）；5. 淮南镜质组（V）；6. 水城惰质组（I）；7. 米泉惰质组（I）

应用电镜扫描和比表面积测试（BET）法等多种方法对煤的显微结构特征进行了较系统全面地定性、定量研究，其中对煤中气孔形态、成因、分布、强度及其意义的深入研究取得重要进展和突破。

根据构造控制盆地形成、演化、沉积环境对含煤岩系展布的影响研究，以主要煤系的埋藏史为出发点，将我国含煤盆地划分为三种类型。根据我国主要煤田的构造圈闭形成时期与生烃排烃时期配置关系，划分出三种型式，对煤成气的评价和选区具有参考价值。

　　应用全煤视煤气发生率，各煤岩显微组分的热模拟生气量、煤的挥发分产率及埋藏热演化等多种方法，计算全国主要煤田或典型地区的浅层煤成气（含煤层瓦斯）资源量，并编制全国浅层煤成气预测图，为我国浅层煤成气勘探开发提供依据。

13.1.2　储集性能

　　煤层气作为一种非常规天然气，具有基质微孔隙和天然裂隙构成的双重孔隙系统，且微孔隙非常发育，是典型的多孔介质，具有极大的内表面积，吸附能力强。

1. 孔隙特征

　　西安研究院将煤的孔隙特征概括为以下几种情况（图 13.3、图 13.4）：① $R_{max}<0.5\%$ 时（相当于褐煤阶段），以孔隙度、孔容、大孔和中孔体积较大，而微孔体积和孔隙内表面积相对较小为特征。②当 $0.5\%<R_{max}<1.3\%$ 时（相当于长焰煤至肥煤阶段），以各种孔隙参数都随变质程度升高而急剧降低为特征。煤中孔隙以微孔和小孔为主，中孔和大孔体积较小。③当 $1.3\%<R_{max}<4.0\%$ 时（相当于焦煤至无烟煤三号阶段），煤的孔隙度、孔面积、微孔和小孔体积逐渐回升，但孔容、大孔和中孔体积持续下降。当 $R_{max}>2.0\%$ 时，煤中的中孔和大孔已微乎其微。④当 $R_{max}>4.0\%$ 时（相当于无烟煤三号以上阶段），煤的孔容、孔面积及各级别孔隙体积都随变质程度的增高而减少，但大孔和中孔体积的百分比却增大。同时也发现，惰质组含量越高，煤的孔隙率越大，且煤的孔隙率主要取决于未充填的惰质组分；惰质组中的孔隙以中孔和大孔为主，而镜质组以小孔和微孔为主。矿物质含量越高，煤的孔容和孔面积相应减少。

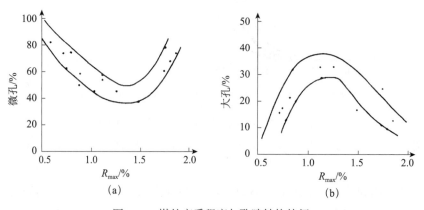

图 13.3　煤的变质程度与孔隙结构特征

（a）微孔；（b）大孔

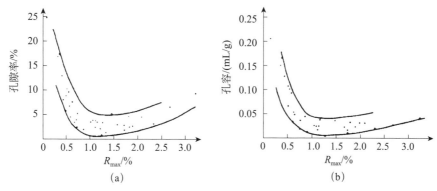

图 13.4　煤的变质程度与孔隙率、孔容的关系

（a）孔隙率；（b）孔容

2. 煤的吸附性能

通过对数千个样品测试工作，客观揭示了煤对气体的吸附能力受煤变质程度、温度、压力、煤质的影响及其变化规律，建立了变温变压吸附试验方法，并对不同变质程度煤样进行了变温变压吸附试验，研究比较了温度和压力综合作用下煤的吸附特征，揭示了储层条件下的煤吸附特征。

为研究煤的吸附性能差异及影响，对四个不同煤级煤样进行 30℃下的等温吸附试验和变温变压吸附试验（表 13.2）。四个煤样的变温变压吸附试验结果见图 13.5。通过实验得到了如下结论。

表 13.2　样品情况表

采样地点	煤级	煤层	水分/%	灰分/%	挥发分/%	镜质体最大反射率/%
东胜煤田	长焰煤	6	5.92	6.02	30.83	0.55
河东煤田	焦煤	4	0.64	4.72	20.26	1.32
沁水盆地	贫煤	15	0.72	12.01	10.36	2.10
沁水盆地	无烟煤	3	1.80	11.64	6.89	3.74

随着温度和压力的升高，四个煤样的吸附量一直趋于增加，并未出现最大值。温度和压力综合作用下，变温变压试验中甲烷的吸附量一直增加。

当变温变压温度低于等温吸附试验温度 30℃时，无烟煤、贫煤、焦煤变温变压吸附量大于相同压力下的等温吸附量，变温变压吸附试验曲线在等温吸附试验曲线上方。而长焰煤变温、变压吸附量一直大于相同压力下的等温吸附量，变温变压吸附试验曲线在等温吸附试验曲线上方。

当变温变压吸附试验与等温吸附试验条件相同，即为 30℃、压力 5MPa 时（在第 5 个压力点），无烟煤、贫煤、焦煤的两条曲线各自交叉，吸附量相同。而长焰煤在此处变温变压吸附量大于等温吸附量，两条曲线靠近。

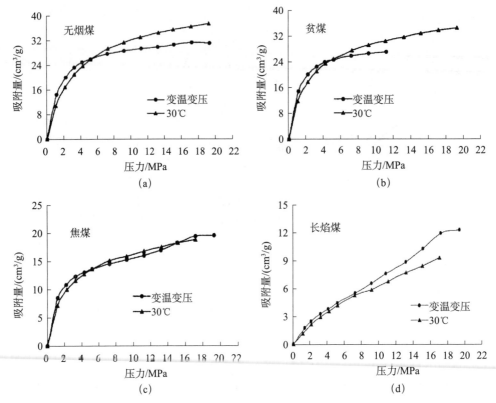

图 13.5　不同变质阶段煤样变温变压吸附量与30℃等温吸附结果比较

变温变压曲线由左向右数据点横坐标依次代表 18℃、21℃、24℃、27℃、30℃、36℃、42℃、48℃、54℃、60℃、66℃、72℃

　　当变温变压温度高于等温吸附试验温度 30℃时：无烟煤和贫煤变温变压吸附量明显小于相同压力下的等温吸附量，表明随温度增高，煤中平衡水分会降低，温度对煤的吸附量起主要作用。

　　焦煤变温变压吸附小于相同压力下的等温吸附量，但温度 60℃、压力 15MPa 时（在第10 个压力点），焦煤的两条曲线出现第二次交叉，此后焦煤变温变压吸附量大于相同压力下的等温吸附量，说明焦煤吸附量因温度的升高而降低，但随温度的不断升高，煤中平衡水分降低，吸附量又开始增高。

　　长焰煤变温变压吸附量一直大于相同压力下的等温吸附量，其原因在于长焰煤的平衡水分含量较高（达到 15.11%），在变温变压吸附试验过程中，平衡水分对煤的吸附量起主要影响作用，随着温度不断升高，平衡水分减少，吸附量大于相同压力下的等温吸附量。

　　以上不同煤级煤变温变压和 30℃等温吸附条件下的吸附特性比较，在整个变温变压吸附试验过程中，当温度由 18℃升至 72℃，压力从 1MPa 增至 19MPa 时，体系中煤的平衡水分也发生了变化。Joubert 等研究发现，煤层在未达到临界水分时，水分增加使其对甲烷的吸附量降低，超过临界水分以后，甲烷吸附量不再随水分的增加而减少。煤的平衡水分是在温度 30℃、相对湿度 96%～97% 的环境下进行，可以认为变温变压吸附是在 30℃之前，温度升高平衡水分含量不会发生变化，但当实验温度由 30℃升至 36℃，42℃，……，72℃时，平衡水分含量可能会因温度的升高而减少，原来吸附水的孔隙表面吸附甲烷，导致煤吸附甲烷的空间增大，尤其在低煤级煤中，由于水分含量较高，这种现象更为明显。

13.1.3 煤层气成因及成藏机制

1.研究方法

以成藏动力学方法论为基础，重点剖析煤层气田形成构造动力学背景和层序地层中的煤储层序列，分析主要煤层气成藏动力学系统的烃源岩生烃、储集、地球化学及储层参数特征、煤层沉积－埋藏史、构造演化、热演化、生气史等系统演化过程及现今构造应力场、地温场、水动力场等成藏机制，建立典型的煤层气成藏地质模型，从定性和定量两方面预测有利区。具体研究方法如下。

（1）煤层气成藏地质背景及煤储层特征：主要研究大地构造背景与不同地区的煤田构造格局、含煤段层序地层格架与沉积格架、煤储层厚度及展布特征、煤岩煤质、孔隙－裂隙特征、煤对甲烷吸附性能、煤储层含气性、渗透率、储层压力、地应力、储层温度等，并将上述参数的空间分布进行对比。

（2）煤层气成藏动力学系统演化：讨论煤层气地球化学特征及成因，恢复典型地区煤储层沉降埋藏史、热演化史和生气模式，划分煤层气成藏演化过程，追溯煤储层形成演化、生气关键时刻、盖层形成、构造运动、气体保存时间等成藏演化事件的发生和发展。

（3）煤层气成藏动力学系统的形成机制：主要研究不同构造阶段的古构造应力场与现代构造应力场对煤层气成藏动力学系统的控制，分析煤储层渗透率大小与古应力场、现今地应力与裂隙方向和煤层气井网部署的关系，探讨现今温度场对煤层气藏的控制，对主要区块地下水动力场分区，探讨地下水动力场对成藏动力学系统的控制。

（4）煤层气成藏地质模型：总结上述关于煤层气成藏地质背景、煤储层特征、成藏动力学系统演化及动力学机制的成果，建立煤层气成藏地质模型，预测高渗富集区。

（5）区块优选和开发潜力评价：用定量方法对全区煤层气单元进行有利区优选，结合储层数值模拟，评价煤层气资源可采性及开发潜力。

2.研究实例

西安研究院以淮南煤田为重点开展了煤层气成因及成藏机制研究。

1）地质概况

淮南煤田是一个走向 NWW，并向东倾伏的复向斜，阜凤推覆构造逆冲于复向斜的南翼。二叠纪煤系自下而上由太原组、山西组、下石盒子组、上石盒子组和石千峰组构成。该煤系含煤 38 层，其中，赋存于山西组的 1 煤层、下石盒子组的 8 煤层及上石盒子组的 11-2 煤层和 13-1 煤层，是主要可采煤和煤层气目标层。

2）煤层气的地球化学特征与成因

煤生成的气体主要有三类：①早期（原生）生物气，泥炭向煤过渡（$R_{max} < 0.3\%$）时由细菌活动形成；②热成因气，在主要煤化阶段由热活动生成；③次生（晚期）生物气，煤在热成熟之后由细菌活动形成。许多学者利用气成分、碳同位素和气相色谱资料，结合煤级和盆地水文地质学分析结果判别煤层气的成因，其中，煤层甲烷的碳同位素组成是判别煤层气成因的主要标志。甲烷的 $\delta^{13}C = -55‰$ 常被作为识别生物成因和热成因气的临界值。当甲烷 $\delta^{13}C$ 值小于 $-55‰$ 时，为生物气，反之则属热成因气。

淮南煤田煤层甲烷的碳同位素 $\delta^{13}C$ 值为 $-72.27‰ \sim -49.22‰$（表 13.3），和全国已有煤层甲烷 $\delta^{13}C$ 测值（$-73.70‰ \sim -24.97‰$）相比，其分布范围较窄，比山西沁水盆地、甘肃靖远、四川南桐等地煤层甲烷的 $\delta^{13}C$ 值普遍偏轻，与江苏徐州、河北唐山、江西丰城、美国 San Juan 盆地煤层甲烷的 $\delta^{13}C$ 值比较接近。

表 13.3　淮南煤田主要煤层的煤层气碳同位素分析结果（PDB）　（单位：‰）

岩组	煤层名称	$\delta^{13}C_1$	$\delta^{13}C_2$	$\delta^{13}C_3$	$\delta^{13}C_{co_2}$
上石盒子组	13-1 煤层	$-66.8 \sim -49.22$			
	11-2 煤层	$-72.27 \sim -57.00$	$-22.90 \sim -17.40$	$-28.40 \sim -10.80$	$-17.80 \sim -16.20$
下石盒子组	9 煤层	-56.90	-16.10		-20.60
	8 煤层	$-68.00 \sim -50.70$	$-21.70 \sim 15.90$	-7.70	$-20.50 \sim -18.10$
	7 煤层	$-56.20 \sim -55.40$	$-24.10 \sim -23.30$	-21.90	$-39.00 \sim -25.00$
	6 煤层	$-54.70 \sim -49.20$	-21.00		-19.80
	5 煤层	-51.10	-20.40	-24.20	-29.20
山西组	1 煤层	$-58.70 \sim -55.60$	$-26.20 \sim -19.60$	-25.30	$-19.10 \sim -6.00$

淮南煤田多数气样的甲烷 $\delta^{13}C$ 值小于 $-55‰$，总体上具有生物气特征；从镜质体反射率（$R_{max} = 0.80\% \sim 1.00\%$）分析，煤级已超出早期生物气生成阶段，处于热成因甲烷开始强烈生成阶段。因此，它不可能属早期生物成因，而是次生生物气。值得注意的是，大约有 1/4 样品的 $\delta^{13}C$ 值的分布在 $-55‰$ 到 $-49.22‰$，似乎具有热成因气的碳同位素特征。但是，根据煤的热成熟度换算结果，热成因气中的甲烷 $\delta^{13}C$ 值应在 $-36.90‰ \sim -34.50‰$，与实测的 $\delta^{13}C$ 数据差别很大。另一方面，乙烷和丙烷的 $\delta^{13}C$ 值分别为 $-26.2‰ \sim -15.9‰$ 和 $-28.4‰ \sim -7.7‰$（表 13.3），具有热成因气特征。

此外，煤层气的特征可用气体的干湿指数，即甲烷与重烃比值 (C_1/C_{1-5}) 来表示。淮南煤层气中的重烃含量（$0.03\% \sim 0.37\%$）很低，干湿指数 (C_1/C_{1-5}) 为 $0.993 \sim 1.0$，表明是由甲烷组成的干气。只有生物气和高温裂解气才具有干气特征，而淮南煤的热成熟度远未达到生成高温裂解气的过成熟阶段，因此，只能是次生生物气。从上述分析可以断定，淮南煤田的煤层气是次生生物成因和热成因兼而有之的混合气。

3）热流场、地温场与煤层气的富集场所

淮南煤田莫霍面的热流值为 $0.66 \sim 1.39 \mu cal/(cm^2 \cdot s)$（HFU），比华北其他地区莫霍面热流值（$0.64 \sim 0.97$HFU）高，具有构造活动区的热流特点。总体上看，淮南煤田的现今热流值西北低、南东高；从南面的阜凤推覆构造带向北到谢桥向斜南翼约 2.5km 范围内，热流值降低约 0.7HFU；越过谢桥向斜，到潘集背斜南翼（或谢桥向斜北翼），热流值又增加了 0.774HFU。这就是说，在谢桥向斜南翼与潘集背斜南翼之间存在一个热流梯度带。

根据各构造单元的地壳结构分层、热导率、各界面的热流数据以及地表恒温带温度值，计算了各界面现今温度分布（图 13.6），从中可以看出，自新集（谢桥向斜南翼）到潘集背斜，形成一个温度场过渡带。二叠纪煤系底界以上地层的温度均低于 60℃，对于煤化作用或热成因气的生成已经没有意义，但是，作为热驱动力源，热流场、地温梯度和地温场为甲烷在煤层中的运移，提供了热动力学条件。热流场和温度场控制储层温度的变化。储层温度是煤层气富集的敏感条件，而温度的升高有助于煤储层中的甲烷气体成为游离态而不是吸附态。新集与潘集之间的热流变化梯度带和温度场过渡带，可能是煤层气的富集场所。

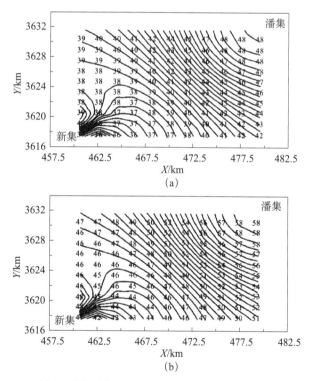

图 13.6　淮南煤田上石盒子组和山西组地面现今地温场（单位：℃）

（a）上石盒子组；（b）山西组

4）古构造应力场及其对煤储层渗透性的影响

淮南煤的晚古生代煤系形成之后，在中、新生代，经历了印支、燕山和喜马拉雅构造运动的强烈改造。

（1）印支事件。

印支运动在淮南煤田的最大主压应力轴方向在 171°～97° 和 349°～19° 变化；优选产状是 353°∠10° ［图 13.7（a）］。最大主压应力和最大剪切应力的高值域出现于淮南煤田的北部边缘和西段，即潘集的东北部、朱集—马店—展沟集一线及刘庄—谢桥地区，潘集背斜以南和顾桥—新集以东地区为低值域分布区 ［图 13.7（b）］。淮南煤田北部和西段应力相对集中的事实表明，这些地区的构造比较复杂，构造活动方式以挤压–剪切变形为主。

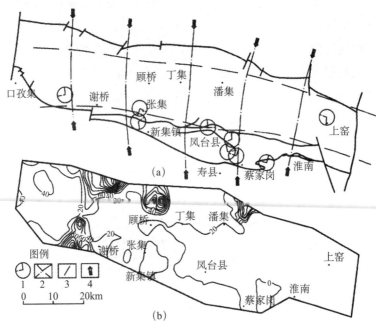

图 13.7　淮南煤田印支运动构造应力场

（a）主应力方向；（b）最大剪切应力等值线（单位：MPa）
1. 点应力状态图解：实线表示最大主压应力轴（σ_1），虚线表示最小压应力轴（σ_3）；
2. 最大主压应力（σ_1）迹线（点划线）和最小压应力（σ_3）迹线（虚线）；3. 主要断层；4. 压缩方向

（2）燕山事件。

淮南煤田燕山运动最大主压应力轴产状为 270°∠1°～298°∠21° 和 98°∠43°～142°∠4°，优选产状为 294°∠12° ［图 13.8（a）］；最大主压应力和最大剪切应力的高值域出现于潘集的东北部、朱集—马店—展沟集一线及刘庄—谢桥地区 ［图 13.8（b）］，与模拟的印支事件构造应力的高值域分布范围十分接近。出现这种现象的原因虽然值得深入探讨，但它至少说明淮南煤田在燕山运动和印支运动经受的构造形变具有明显的继承性。

（3）喜马拉雅事件。

喜马拉雅运动在淮南煤田的最大主压应力的方位变化为 37°～53°，优选产状为 44°∠5°；构造应力场以 NE-SW 向挤压、NW-SE 向伸展为基本特征 ［图 13.9（a）］。经模拟的构造应力等值线显示，和印支、燕山事件相比，淮南煤田不同部位的受力状况与构造形变在喜马拉雅运动发生了重大改变：南半部是挤压应力集中的场所，并逐渐向北半部衰减成低应力区。最大剪切应力（τ_{max}）等值线图［图 13.9（b）］上的高值域集中在谢桥—新集—架河一线，其他地区则表现为极为平静的低值域。上述事实说明，煤田的南半部经受了强烈的挤压剪切活动。

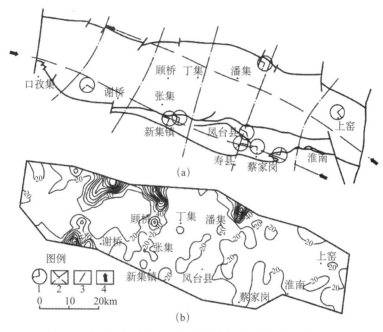

图 13.8　淮南煤田燕山运动构造应力场（图例说明同图 13.7）

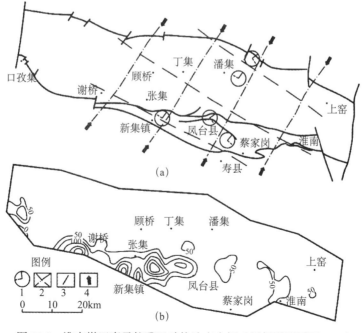

图 13.9　淮南煤田喜马拉雅运动构造应力场（图例说明同图 13.7）

古构造应力场与煤储层的高渗区：古构造应力场对煤储层的最大影响，是它控制了割理域的样式。面割理和端割理分别是煤中的主要和次要裂隙系统，它们的形成受区域构造应力的影响，即主要面割理是平行压缩方向或垂直最小主压应力方向形成的。淮南煤田印支、燕山和喜马拉雅运动的最大主压应力优选方向分别为 NS、NW-SE 和 NE-SW 向。煤层中的主要面割理必然沿着上述方向发育。就力学性质而言，煤是软弱层，围岩是"刚性"层。煤层受构造运动的影响发生流变，形成构造煤。印支和燕山事件的应力高值域集中在潘集东北部、朱集—马店—展沟集和刘庄—谢桥一带，而喜马拉雅事件构造应力场的高值域出现于煤田的南部。古应力集中的地区，地质体都经受过强烈的挤压剪切活动。古构造应力愈大，构造煤就越发育，煤储层的渗透率就越低。反之，古构造应力小，煤体可能保持原生状态，渗透率相对较高。因此，古构造应力相对较低的地区可能就是渗透率相对较高的区块。

5）原地应力与煤储层的渗透性

煤储层的渗透率受地应力的影响，在某些特定情况下，原地应力和现代应力场甚至成为制约煤层气勘探开发项目能否成功的关键。图 13.10（a）标绘的是各原地应力测点及其相应最大水平主应力方向。从图中可以看出，用单相注入 / 压降试井法和应力解除法测得的最大水平主应力方向，虽然可偏离几十度，但总体上呈 NE 向。全于最大主应力方向在李庄孜矿（0°）的异常实测值，可能与局部地质条件有关。

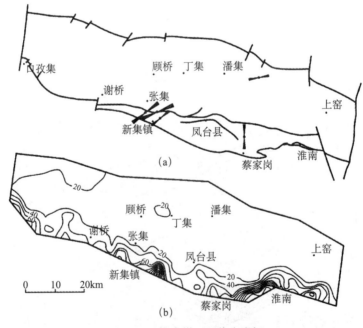

图 13.10　淮南煤田现代应力场

（a）地应力测点及最大水平主压应力方向（箭头长度代表应力大小，单位：MPa）；
（b）最大剪切应力（τ_{max}）等值线（单位：MPa）

经模拟的现代应力场的各种应力等值线暗示，淮南煤田不同部位的受力状态有很大的差异。由负值所代表的压应力高值域集中于淮南煤田的南部边缘，即口孜集—谢桥—新集—凤台—蔡家岗—大通—九龙岗一线，表明那里主要受挤压应力的控制；其他地区受由正值代表的张应力的制约。最大主应力（σ_1）和最大剪切应力（$\tau_{\max}$）[图 13.10（b）]显示，高值域沿着煤田的南部边界呈近 EW 向分布，并逐渐向北衰减，中、北部广大地区表现为平静的低值域。淮南煤田的应力分布状态与现今的构造背景是一致的：南部边界附近以挤压剪切变形为主，其他地区处于伸展－沉降状态。前者可能与寿县－老人仓断层的左行走滑活动有关，后者可由发育厚度很大的第四系松散层得到证明。

原地应力与煤储层的渗透性呈负相关关系。因此，煤层和围岩的低应力状态与煤层的高渗透性是伴生的。淮南煤田的原地应力和煤储层渗透率的实测数据虽然有限，但是，煤储层的渗透率与最小原地应力和有效应力均呈负相关关系。这就是说，原地应力或有效应力很低的地区是煤储层的渗透率较高的地区，很可能是未来勘探的靶区。

现代应力场的数值模拟结果表明，淮南煤田的大部分地区处于伸展拉张状态，剪切－挤压应力及其高值域沿着煤田南部边缘的口孜集—谢桥—新集—凤台—蔡家岗—大通—九龙岗一线集中分布，并向北逐渐衰减。如果不考虑构造煤的影响，南部边缘地带煤储层的渗透性差，向北，煤储层的渗透率逐渐增高。这就暗示，淮南煤田未来煤层气勘探开发的最有利靶区或目标区，可能位于谢桥向斜的北翼，而不是煤田的南部边缘（谢桥向斜南翼）。该认识已经得到煤储层原地渗透率实测数据的初步验证。例如，位于煤田南部边缘或谢桥向斜南翼的新集矿区，试井渗透率为 $0.011 \times 10^{-3} \sim 0.211 \times 10^{-3} \mu m^2$，但在煤田中北部或谢桥向斜北翼的潘集矿区，煤储层的试井渗透率可达 $1.2 \times 10^{-3} \mu m^2$。

6）地下水动力学与煤层气富集

淮南煤田有四个含水层组：第四系孔隙水含水层组、二叠系砂岩裂隙水含水层组、太原组夹层灰岩岩溶－裂隙水含水层组、奥陶系灰岩岩溶含水层组。根据基岩的水文地质特征，淮南煤田可被划分为北区、南区和中区三个水文地质分区（图 13.11）。

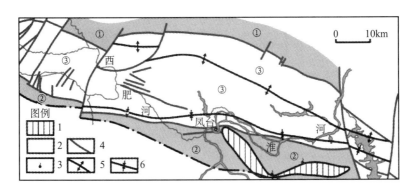

图 13.11　淮南煤田水文地质分区

①北区；②南区；③中区；1.基岩裸露区；2.覆盖区；3.泉水；4.断层；5.背斜；6.向斜

　　淮南煤田的不同水文地质区域的地下水动力特征有所不同。在南区和北区的低山丘陵地带，地下水可直接接受降水补给，并很快转变为横向径流；经流途中如遇阻水构造则形成泉水汇入山间河谷，向下游排泄。一部分地下水则可在山前倾斜平原越流补给含煤地层和第四系。在第四系覆盖区（主要是指中区），降水可直接补给浅层地下水，并可通过第四系底部"天窗"补给含煤地层。浅层孔隙地下水的流向与区域地面倾斜方向基本一致，该区总的流向是由南向北；由于地形平坦，浅层水的水力坡度仅万分之一左右。

　　煤系水的补给来源有四个：①山区灰岩水侧向补给，越接近山区，第四系富水性越强，水的循环条件越好；②煤系上覆第四系底部隔水层缺失，形成第四系水直接补给煤系的"天窗"，天然情况下，水受重力作用沿倾向作小循环；③第四系水越流补给煤系，其补给系数很小，但补给范围很大；④矿区内落差数百米的大断层导致煤系侧向接受奥陶系灰岩水的补给。煤系裂隙水富水性较弱，渗透系数小，从矿井揭露的涌水情况来看，涌入矿井的水量不大，并呈衰减趋势，反映出以消耗储存量为主的特征。

　　总之，淮南煤田是由多个含水层系统构成的上下叠置、局部发生水力联系的地下水向斜盆地。南、北两区（浅部）接受大气降水补给，地下水径流条件好，交替积极；中区或平原区为汇流区，地下水处于滞流状态，形成地下水水动力圈闭，进而可能引起煤储层气含量增加和含气饱和度的升高。

7）淮南煤层气地质模型

　　煤层气的富集成藏是复杂的地质因素和水文地质因素最佳匹配的结果。构造型式必然控制煤层气藏的基本样式。淮南煤田的复向斜构造是在晚侏罗世—白垩纪定型的。如果不考虑潘集背斜之北的小型背斜和向斜构造，该煤田最为重要的构造是潘集背斜、谢桥向斜及逆冲于后者南翼的阜凤推覆构造（图13.12）。

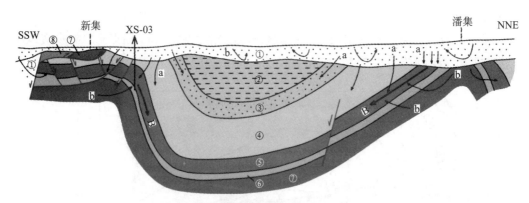

图13.12　淮南煤田煤层气成藏地质模型

①新生界；②石千峰组红色泥岩；③石千峰组底部砂岩；④上石盒子组上部花斑泥岩；⑤主要含煤段（1～13煤层）；⑥太原组；⑦下古生界灰岩；⑧前寒武变质岩；a. 大气水下渗向心流；b. 越流和越流蒸发；B. 下渗向心流前锋携带次生生物生气在构造枢纽（断层和褶皱转折端）富集；XS-03. 煤层气井

　　淮南煤田的煤层气是次生生物成因和热成因兼而有之的混合气。对于后期多幕次强烈改造的晚古生代煤田来说，煤系的沉降与埋深、煤层的生烃能力、生烃动力学过程及煤的成熟度，只是煤层气藏形成的先导因素，而盆地的后期隆升、煤系蚀顶、煤层卸载、吸附气的散失与保存、其他气源（如次生生物气）的补充、地下水动力场以及局部水动力单元类型、原地应力与现代构造应力场与温度场，才是决定煤层气藏形成的主因。

煤层气的成藏并不完全要求常规圈闭机制，许多学者都承认"盆心聚气"（basin-centered gas accumulation）或向斜式聚气模型是最为重要和常见的煤层气成藏模式。这就意味着，煤层气藏的多数圈闭呈盆状并位于静水头之下，而不是像常规天然气那样呈穹隆状并位于静水头之上。

淮南煤田的现今地下水系统是新近纪以来形成的，大致包含如下地下水动力单元：①大气水下渗向心流；②越流、越流-蒸发泄水；③滞留。所谓大气水下渗向心流，是受盆地边缘地形高差的影响，大气降水在重力势能作用下形成的（图 13.12 中的 a）。越流泄水相当于地下水由高势区向着低势区的流动，总体上表现为由深部向浅部和地表的流动（图 13.12 中的 b），泄水方式包括越流泄水和蒸发泄水。随着深度的增加，蒸发作用减弱，越流成为主要泄水方式。在地下水演化过程中，地下水下渗在盆地深部受阻，就会出现滞留现象。

淮南煤田的煤层在热成因气生成之后，曾经受大规模的抬升和再埋藏，煤储层多处于不饱和状态。但是，大气降水下渗经过煤层时，携带的细菌代谢煤化作用期间生成的湿气和其他有机质，产生次生生物甲烷和 CO_2（图 13.12 中 B）。地下水向心流动过程中，前锋携带生物气（或"冲刷"溶解气）推进至不渗透障蔽（断层）或构造枢纽线（如向斜的转折端）附近滞留下来，并被煤基质再吸附，或者充填于煤割理之中，使处于亏损状态的煤储层得到补充，导致气含量增加和含气饱和度的提高。当然，部分地区的煤储层的含水性和渗透性都很差，原地生成的次生生物气，仅能在一定程度上补充热成因气的亏损。

淮南煤田是由次生生物成因和热成因气构成的混合型煤层气藏，具有向斜式或盆心聚气模型特征。该模型除强调了次生生物气的补充和成藏动力学系统的演化外，包括热流场、地温场、古构造应力场、现代应力场和地下水动力场在内的各种能量场的耦合关系，是煤层气富集的主因。

另外，运用淮南煤田煤层气成因及成藏机制的研究方法，对鄂尔多斯盆地侏罗系、石炭系—二叠系的煤层气成因进行了研究。研究结果表明，鄂尔多斯盆地内煤层气既具有混合成因气，又具有热成因气的特点。鄂尔多斯盆地侏罗系煤中甲烷碳同位素差别较大，其中庆阳地区的甲烷碳同位素为 -48.5‰ ～ -33.1‰，大于 -55‰；大佛寺、焦坪地区的甲烷碳同位素为 -80‰ ～ -56.99‰，小于 -55‰；黄陇地区的甲烷碳同位素为 -60.1‰ ～ -45.1‰。大佛寺地区主要以次生生物气为主，黄陵、焦坪属次生生物气与热成因气的混合气，庆阳地区主要是低熟热成因气。这一规律受控于地表水补给及地下水动力场分布。鄂尔多斯盆地东缘石炭系—二叠系煤中甲烷碳同位素分布在 -70.5‰ ～ -36.19‰，由北向南明显呈偏重趋势，边浅部为次生生物气与热成因混合气，而中深部为热成因气，这一现象的形成主要受控于盆地的煤阶展布规律和地下水动力场。

13.2 煤层气选区评价

选区评价是煤层气勘探开发前期的基础工作，是煤层气勘察设计的依据，直接关系到后期工程实施的成败，是煤层气勘探开发的一项重要工作。选区评价的主要研究内容包括：煤层气开发地质条件分析、资源条件，以及勘探施工条件、市场条件和经济条件等。西安研究院开展了多年的煤层气选区评价工作，总结出煤层气选区评价的工作流程，建立选区评价的指标体系，形成层次分析法、模糊综合评价、产能数值模拟等选区评价方法。

13.2.1 评价指标

1. 区域地质条件

1）构造条件

构造条件对煤层气的保存、开发部署和开发工程施工影响较大，是煤层气地质研究和选区评价的重要研究内容。基于煤层气赋存及产出特点和煤层气开发工程要求，煤层气勘探开发通常要求选择在构造简单、地层产状较为平缓的地区。对于煤层气开发作业来说，构造条件复杂，钻井时可能会引起泥浆漏失，引发垮孔、卡钻等；在目标煤层压裂时，可能会使压裂缝贯穿含水层，压裂液漏失，造成压裂失败等事故；在排采时也可能会导致排水降压困难等问题。

煤层气资源/储量规范把地质构造分为三类，第Ⅰ类型构造简单类，其特点为煤系产状平缓、简单的单斜构造或褶皱构造较为宽缓。第Ⅱ类型构造较复杂，其特点为煤系产状平缓，但有波状起伏；煤系呈简单的褶皱构造，两翼倾角较陡，并有稀疏断层简单的单斜构造及褶皱构造较为宽缓；煤系呈简单的单斜构造，但具有较多断层，对煤层破坏作用相当大。第Ⅲ类型构造复杂，其特点为煤系呈紧密复杂的褶皱，产状变化剧烈；褶皱虽不剧烈，但具有密集的断层，煤层遭受较大破坏；煤层受到火成岩体侵入，使煤层受到严重破坏。

2）水文地质条件

含水层的分布与含水性、隔水层分布、地下水补给、径流与排泄、水头压力、水化学特征是水文地质条件研究的主要内容，通过识别地下水动力分区，帮助分析煤层气的保存条件及富集状况。一般来说，滞流区由于水动力条件弱，煤层气保存条件好；而地下水径流区受水动力作用，气体容易发生逸散，保存条件变差。煤层气资源评价将水文地质条件分为四类：简单滞流区、复杂滞流区、弱径流区和径流区（表13.4），其中简单滞流区的煤层气保存条件最好。

表 13.4 中高煤阶煤层气含气区评价参数及分级

类型	亚类	评价参数	分类评价级别			
			I	II	III	IV
地质条件	区域地质	构造	构造简单，改造弱	构造中等，改造不强烈	构造中等，改造较强烈	构造复杂，改造强烈
		水文地质条件	简单滞流区	复杂滞流区	弱径流区	径流区
资源条件	含煤性	煤层埋深 /m	风化带至 1000m	1000～1500	1500～2000	＞2000
		煤层分布面积 /km²	≥500	100～500	10～100	＜10
		目标煤层净总厚度 /m	≥6	4～6	2～4	＜2
	含气性	含气量（空气干燥基）/（m³/t）	≥15	8～15	4～8	＜4
		甲烷质量分数 /%	≥90	85～90	80～85	＜80
开采条件	技术可采性 · 储层可采性	含气饱和度 /%	≥80	60～80	40～60	＜40
		临储压力比	≥0.8	0.5～0.8	0.2～0.5	＜0.2
		渗透率 /10⁻³μm²	≥1	0.1～1	0.01～0.1	＜0.01
	技术可采性 · 可改造性	煤体结构	原生 - 碎裂	碎裂	碎裂 - 碎粒	碎粒 - 糜棱
		有效应力 /MPa	＜10	10～15	15～20	≥20
		煤层与围岩的关系	煤层间距小，施工简单	煤层间距较小，施工中等	夹层较多，煤层间距较大，施工较复杂	夹层多，煤层间距大，施工复杂
	经济可采性	直井半年均稳定产气量 /（m³/d）	≥2000	1000～2000	500～1000	＜500
		经济地理环境	便利	中等	不便利	不便利

2. 资源条件

1）煤储层稳定性

煤层气开发要求区内地层稳定、平缓，连续性好，构造对岩层的破坏小，岩层完整，以利于工程的施工并降低风险及开发成本。煤层气开发对目标煤层的要求通常是：煤层厚度大、埋藏浅、煤体结构完整。

煤层气资源 / 储量规范把煤储层稳定性分为三大类：第一类为煤层稳定，煤层厚度变化很小，或沿一定方向逐渐发生变化；第二类煤层厚度有一定变化，但仅局部地段出现少量的减薄，没有尖灭；第三类为煤层不稳定，厚度变化很大，具有明显的变薄、尖灭或分叉现象。将煤层稳定性的三类与构造的三类相组合形成了三类九型的煤储层地质评价的基本框架。

2）含煤性

将煤层埋深分为四种情况：风化带至 1000m、1000～1500m、1500～2000m 和大于 2000m，在其他条件许可的情况下，埋深越浅，开发的成本会越低。

煤层分布面积分为四种情况：不小于 500km²、100～500km²、10～100km² 和小于 10km²，煤层分布面积越大，资源越丰富。

目标煤层净总厚度分为四种情况：不小于 6m、4～6m、2～4m 和小于 2m，同等条件下，煤层厚度大，代表资源丰度高。

3）含气性

含气量是指单位质量煤中气体含量的大小，是煤层气资源评价的关键参数之一。与低煤级煤储层的低含气量不同，中高煤阶煤层气含量分为不小于 $15m^3/t$、$8\sim15m^3/t$、$4\sim8m^3/t$ 和小于 $4m^3/t$，与煤层厚度一样，其他同等条件时高含气量的区域，煤层气资源丰度高。

3. 开采条件

1）含气饱和度

含气饱和度通过实测含气量与原始储层压力下理论吸附含气量的比值求得。参数评价表将含气饱和度分为不小于 80%、60%～80%、40%～60% 和小于 40% 四类，其中大于 80% 是最理想的情况。含气饱和度越高，资源和开采条件越好。

2）临储压力比

储层流体受上覆岩层压力、静水柱压力和构造应力作用，煤储层压力是指作用于煤的孔隙－裂隙系统内的流体压力，是地层能量的体现，直接影响着煤层气井排水降压的难易程度。临储压力比可以了解煤层气早期排采动态，临储比越接近 1，即临界解吸压力越接近储层压力，排水采气需要降低的压力越小，越有利于气体降压排采，是制定煤层气排采方案的重要依据。

将临储压力比分为不小于 0.8、0.5～0.8、0.2～0.5 和小于 0.2 四类，其中不小于 0.8 是最好的。

3）渗透率

煤储层渗透率的大小取决于天然裂隙系统的发育特征。将渗透率分为不小于 $1\times10^{-3}\mu m^2$、$0.1\times10^{-3}\sim1\times10^{-3}\mu m^2$、$0.01\times10^{-3}\sim0.1\times10^{-3}\mu m^2$、小于 $0.01\times10^{-3}\mu m^2$ 四类，渗透率越高，越有利于煤层气的产出。

4）有效应力

裂隙的开启程度主要取决于有效应力的大小。当有效应力越小，裂隙的开启程度最大，煤储层渗透率好。

参数评价表将有效应力分为小于 10MPa、10～15MPa、15～20MPa 和不小于 20MPa 四类，有效应力低代表较好的煤层气开采条件。

5）经济地理环境

简单的地貌可节省开发成本，便利的地理位置为煤层气的销售提供了条件。因此，从经济性考虑，煤层气的开发区块应尽量选择在地形简单，离产品需求市场相对近的区域。

值得一提的是，煤层气资源评价的各个指标不能孤立考虑，一个有开发潜力的区块，上述各主要评价指标要相对好。

13.2.2 选区评价方法及原理

煤层气开发选区评价方法较多，主要包括层次分析法、多层次模糊综合评价法、产能数值模拟法等。煤层气选区评价的核心是根据评价区的研究任务建立评价模型和计算规则、评价优选参数，对评价参数进行权重赋值及优选评价。以下以鄂尔多斯盆地东缘为例，论述运用多层次模糊综合评价方法进行煤层气选区评价。

模糊综合评价法（FCE）是一种根据模糊数学隶属度理论把定性评价转化为定量评价的方法。它具有结果清晰、系统性强的特点，能较好地解决模糊的、难以量化的问题，适合各种非确定性问题的解决。FCE 计算的前提条件之一是确定各个评价指标的权重，也就是权向量，它一般由决策者直接指定。但对于复杂的问题，例如，评价指标很多并且相互之间存在影响关系，直接给出各个评价指标的权重比较困难，而这个问题正是层次分析法（AHP）所擅长的。

在 AHP 中，通过对问题的分解，将复杂问题分解为多个子问题，并通过两两比较的形式给出决策数据，最终给出备选方案的排序权重。如果把评价指标作为 AHP 的备选方案，使用 AHP 对问题分层建模并根据专家对此模型的决策数据进行计算，就可以得到备选方案也就是各个评价指标的排序权重。这样就解决了 FCE 中复杂评价指标权重确定的问题。实际中使用 AHP-FCE 时，并不是直接给出评价指标，评价指标的确定是通过分析问题并构造层次模型来完成的。首先利用 AHP 分层的思想对问题进行分解，然后把分层后的最下一层中间层要素（准则）作为评价指标，并将评价指标改为备选方案。

按确定的标准，对某个对象中的某个因素进行评价，称为单一评价，从众多的单一评价中获得对某个对象的整体评价，称为综合评价。在实际运用中，评价对象往往受各种不确定因素的影响，其中模糊性是最重要的，所以就产生了模糊综合评价。模糊综合评估法 FCE 能较好地用于涉及多个模糊因素的对象的综合评估方法。在复杂的系统中，需要考虑的因素往往很多，因素还要分成若干层次，形成评判树状结构，对各层次的因素划分评判等级，各层次划分的评判等级数目应相同，上一层次与下一层次划分的评判等级要由单一的对应关系，以便数学处理运算，并确定各因子的隶属函数，求得各层次的模糊矩阵。

13.2.3 应用实例

一个经济可行的煤层气项目必须综合考虑各类地质及工程因素，进行区块优选。鄂尔多斯盆地东缘是基于早期的地质选区标准，在类比了美国圣胡安盆地地质条件后，是国内最早提出具有煤层气开发前景的区域。以下以鄂尔多斯盆地东缘为例论述煤层气选区评价方法。

1. 研究区概况

鄂尔多斯盆地东缘整体为向西缓倾的单斜，北部褶曲带构造变形微弱，南部褶曲带的

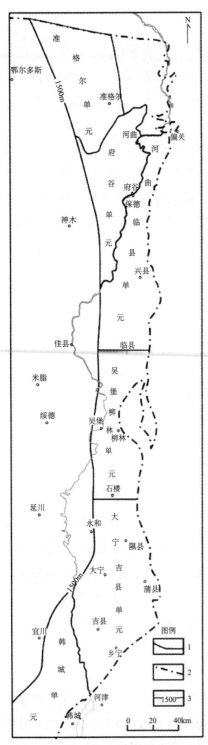

图 13.13 鄂尔多斯盆地东缘煤层气评价

单元划分

1. 单元边界；2. 煤层露头；3.1500m 等深线

构造变形较强烈；东西方向上，主要表现为东部边缘以断裂及派生挠褶为主，向西代以宽缓的褶皱，然后过渡为比较平缓的单斜构造（图 13.13）。区内煤种齐全，从长焰煤到无烟煤均有分布。含气量为 $1 \sim 27m^3/t$，煤储层含气饱和度一般为 4%～98%，平均为 56%。煤储层渗透率测值的分布极不均衡，为 $0.01 \times 10^{-3} \sim 233 \times 10^{-3} \mu m^2$，63 个数据中，其中 $0 \sim 1 \times 10^{-3} \mu m^2$ 的值占 65%，大于 $1 \times 10^{-3} \mu m^2$ 的占 35%，渗透率值总体变化特征是北部和中部渗透率高，南部相对较低。储层压力梯度为 $0.63 \sim 1.7MPa/100m$，超压区、过渡区和欠压区在东缘从西向东、近南北走向呈条带状分布，埋深小于 1500m 区域基本上位于欠压区和过渡区。

2. 评价单元划分原则

研究区煤层气评价单元的划分主要考虑到研究区的构造分区特点、储层参数分布规律及地域管辖等因素。另外，煤层气属于低压气藏，目前国内煤层气开发深度一般小于 1500m，考虑到可采性问题，鄂尔多斯盆地东缘埋深大于 1500m 的区域不参与有利区块优选。

基于以上因素的考虑，西安研究院将研究区划分为 6 个评价单元，从北向南分别为准格尔单元、府谷单元、河曲－临县单元、吴堡－柳林单元、大宁－吉县单元和韩城单元（图 13.13）。

3. 评价参数优选及取值

煤层气区块优选考虑的主要因素有资源丰度及资源规模、储层开发条件和气体保存条件。对研究区煤层气区块优选的主要考虑因素有 9 个，分别是煤层厚度、含气量、构造条件、水文地质条件、煤体结构、含气饱和度、储层压力梯度、渗透率和临储压力比（表 13.5）。

4. 优选方法与结果

采用多层次模糊数学综合评判方法进行区块优选。

设对象集 $X=\{x_1, x_2, x_3, x_4, x_5, x_6\}$，其中 x_1、x_2、x_3、x_4、x_5、x_6 分别代表准格尔、府谷、河曲 - 临县、吴堡 - 柳林、大宁 - 吉县和韩城。设论域 $U=\{u_1, u_2, u_3, u_4, u_5, u_6, u_7, u_8, u_9\}$，$U$ 为评价指标的集合，u_1、u_2、u_3、u_4、u_5、u_6、u_7、u_8、u_9 分别代表煤层厚度、含气量、构造条件、水文地质条件、煤体结构、含气饱和度、储层压力梯度、渗透率和临储压力比。设 $V=\{v_1, v_2, v_3\}$ 为评价等级的集合，其中 v_1、v_2、v_3 分别代表有利区块、较有利区块和不利区块。

表 13.5 主要评价指标表优选指标

区块	煤层厚度/m	含气量/（m³/t）	构造条件	水文地质条件	煤体结构	含气饱和度/%	储层压力梯度/（MPa/hm）	渗透率/10⁻³μm²	临储压力比
有利	≥8	≥15	简单	滞流区	原生结构保存好	>80	≥0.9	>1	>0.8
较有利	4~8	8~15	中等	径流区	轻度破坏	60~80	0.6~0.9	0.5~1.0	0.5~0.8
不利	<4	<8	较复杂	补给区及排泄区	严重破坏	<60	<0.6	<0.5	<0.5

1) 确定因素隶属度

每一个被评价区块需要确定从评价指标集合 U 到评价等级集合 V 的模糊关系，将它定为一个矩阵，如下：

$$R = (r_{ij})_{n \times m} = \begin{Bmatrix} r_{11} & r_{12} & \cdots & r_{1m} \\ r_{21} & r_{22} & \cdots & r_{2m} \\ \vdots & \vdots & \vdots & \vdots \\ r_{n1} & r_{n1} & \cdots & r_{nm} \end{Bmatrix} \quad (13.1)$$

式中，r_{ij} 为从因素 U_i 着眼，各区块能被评为 V_j 的隶属度，$i=1, 2, 3, \cdots, n$；$j=1, 2, 3, \cdots, m$。

各区块的评价均以指标 U 中的各评价指标进行，为方便表述，将模糊关系矩阵 R 列于表 13.6。

表 13.6 不同区块各评价因素对评价等级的隶属度

指标 [$R=(r_{ij})_{n \times m}$]	准格尔（χ_1）				府谷（χ_2）			
	指标值	v_1 有利	v_2 较有利	v_3 不利	指标值	v_1 有利	v_2 较有利	v_3 不利
u_1 煤层厚度 /m	15.78	0.6	0.4	0	13.67	0.55	0.45	0
u_2 含气量 /（m³/t）	1.37	0	0	1	3.48	0	0	1
u_3 构造条件	1	0.7	0.3	0	1	0.7	0.3	0
u_4 水文地质条件	2	0.5	0.5	0	2	0.6	0.4	0
u_5 煤体结构	1	0.5	0.3	0.2	1	0.45	0.45	0.1
u_6 含气饱和度 /%	11	0	0	1	13	0	0	1
u_7 储层压力梯度 /（MPa/100m）	0.93	0.6	0.4	0	0.73	0	0.8	0.2
u_8 渗透率 /10⁻³μm²	0.5~1	0.5	0.3	0.2	0.5~1	0.5	0.3	0.2
u_9 临储压力比	0.11	0	0	1	0.08	0	0	1

续表

指标 $[\boldsymbol{R}=(r_{ij})_{n\times m}]$	河曲－临县 (χ_3)			吴堡－柳林 (χ_4)		
	指标值	v_1 有利	v_2 较有利	v_3 不利	指标值	v_1 有利	v_2 较有利	v_3 不利
u_1 煤层厚度 /m	11.72	0.35	0.65	0	8.61	0.8	0.2	0
u_2 含气量 / (m³/t)	3.94	0	0	1	8.67	0	0.8	0.2
u_3 构造条件	1	0.6	0.4	0	1	0.75	0.25	0
u_4 水文条件	2	0.4	0.6	0	1	0.4	0.6	0.1
u_5 煤体结构	1	0.45	0.55	0	1	0.7	0.2	0.1
u_6 含气饱和度 /%	28.6	0	0.1	0.9	90.3	0.9	0.1	0
u_7 储层压力梯度 / (MPa/100m)	0.76	0	0.8	0.2	1.03	0.8	0.1	0.1
u_8 渗透率 /$10^{-3}\mu m^2$	>0.5	0.5	0.3	0.2	>0.5	0.6	0.4	0
u_9 临储压力比	0.1	0	0	1	0.7	0.2	0.8	0

指标 $[\boldsymbol{R}=(r_{ij})_{n\times m}]$	大宁－吉县 (χ_5)			韩城 (χ_6)		
	指标值	v_1 有利	v_2 较有利	v_3 不利	指标值	v_1 有利	v_2 较有利	v_3 不利
u_1 煤层厚度 /m	7.56	0.3	0.7	0	7.9	0.3	0.7	0
u_2 含气量 / (m³/t)	13.63	0.2	0.8	0	16.24	0.6	0.4	0
u_3 构造条件	2	0.5	0.5	0	2	0	0.45	0.45
u_4 水文条件	1	0.7	0.3	0	2	0.5	0.5	0
u_5 煤体结构	2	0.3	0.5	0.2	3	0	0.2	0.8
u_6 含气饱和度 /%	89	0.8	0.2	0	65	0	0.5	0.5
u_7 储层压力梯度 / (MPa/100m)	0.91	0.7	0.2	0.1	1.7	0.8	0.2	0
u_8 渗透率 /$10^{-3}\mu m^2$	0.5～1	0	0.6	0.4	0.5	0.1	0.4	0.5
u_9 临储压力比	0.43	0	0.4	0.6	0.87	0.8	0.2	0

2）权重的确定——层次分析法

以 u_{ij} 表示论域中评价指标因素 u_i 对 u_j（j 为 1～9）的相对重要性，并按层次分析法取值。

依据上述 9 个煤层气评价指标的相对重要性，得到如下的判断矩阵 $\boldsymbol{P}$：

$$\boldsymbol{P} = \begin{cases} 1 & 1/2 & 7 & 5 & 3 & 2 & 3 & 3 & 4 & u_1 \\ 2 & 1 & 5 & 5 & 2 & 3 & 5 & 1 & 7 & u_2 \\ 1/7 & 1/5 & 1 & 1 & 1/3 & 1/5 & 1/4 & 1/7 & 1/3 & u_3 \\ 1/5 & 1/5 & 1 & 1 & 1/5 & 1/5 & 1/3 & 1/8 & 1/2 & u_4 \\ 1/3 & 1/2 & 3 & 5 & 1 & 2 & 2 & 1 & 2 & u_5 \\ 1/2 & 1/3 & 5 & 5 & 1/2 & 1 & 9 & 1/7 & 3 & u_6 \\ 1/3 & 1/5 & 4 & 3 & 1/2 & 1/9 & 1 & 1/7 & 1 & u_7 \\ 1/3 & 1 & 7 & 8 & 1 & 7 & 7 & 1 & 8 & u_8 \\ 1/4 & 1/7 & 3 & 2 & 1/2 & 1/3 & 1 & 1/8 & 1 & u_9 \end{cases} \qquad (13.2)$$

运用方根法求上述判断矩阵 **P** 的最大特征根所对应的特征向量，所求特征向量即为 U 中各评价因素的重要性排序，亦即权数分配。运用方根法求得上述判断矩阵的特征向量为

$$W = \{2.4975 \quad 2.7977 \quad 0.3048 \quad 0.3181 \quad 1.3950 \quad 1.2605 \quad 0.5700 \quad 2.6876 \quad 0.5481\}$$

（13.3）

归一化处理后即得到各评价因素的分配权重，归一化后的特征向量以 **A** 表示如下：

$$A = \{0.2017 \quad 0.2260 \quad 0.0246 \quad 0.0257 \quad 0.1127 \quad 0.1018 \quad 0.0460 \quad 0.2171 \quad 0.0443\}$$

（13.4）

计算最大特征根如下：

$$\lambda_{\max} = \frac{1}{n} \sum \frac{(PW)_i}{W_i} = 10.1390$$

（13.5）

式中，W_i 为各煤层气评价指标的权数分配；n 为元素个数。

下面对判断矩阵进行一致性检验，来验证权数分配的合理性。验证公式为

$$CR = CI/RI$$

（13.6）

式中，CR 为判断矩阵的随机一致性比率；CI 为判断矩阵的一般一致性指标，$CI = \frac{1}{n-1}(\lambda_{\max} - n)$；RI 为判断矩阵的平均随机一致性指标，对于 9 阶判断矩阵，RI 取值 1.45。

将上述求到的数据带入 CR=CI/RI，得 CR=0.09819。CR 值小于 0.10，认为判断矩阵具有满意的一致性，说明分配的权重合理，可以用于区块优选。

3）模糊评判结果

引入评价等级集合 V 上的一个评价模糊子集 B，$B = A \cdot R$，该算子符号采用普通矩阵乘法，即 $B = A \cdot R$。得到如下的判断矩阵，如表 13.7 所示。

表 13.7　研究区各区块诸因子评价等级隶属度表

区块	等级		
	有利等级（v_1）	较有利等级（v_2）	不利等级（v_3）
准格尔（χ_1）	0.34	0.22	0.44
府谷（χ_2）	0.30	0.26	0.44
河曲－临县（χ_3）	0.25	0.33	0.41
吴堡－柳林（χ_4）	0.54	0.40	0.06
大宁－吉县（χ_5）	0.28	0.58	0.14
韩城（χ_6）	0.30	0.43	0.26

根据最大隶属度原则，区块优选结果如下：吴堡－柳林属于有利区，大宁－吉县属于较有利区。

吴堡－柳林区块是鄂尔多斯盆地东缘的煤层气"甜点"区域，煤层气成藏条件中等，

Langmiur 体积平均为 19.96m³/t，煤对气体吸附能力强；含气饱和度高，为 70%～90%；临界解吸压力为 1.07～3.75MPa，平均为 2.56MPa，临储压力比为 0.7。煤层气易于开采，据储层模拟结果，典型单井稳产期为 8 年，稳产期内平均日产气量 2400m³/d，煤层气采收率为 58%，气体可采性较好。

大宁－吉县区块基本上与韩城的成藏地质模型类似，但该区受东部逆冲推覆构造带的影响比韩城小，煤体结构保存程度比韩城要好，扫描电镜下可见大量气孔和显微裂隙，渗透率实测值为 0.01×10⁻³～83×10⁻³μm²，可采性较好。大宁－吉县地区煤的 Langmiur 体积为 21.91～28m³/t，平均为 25.95m³/t，煤对气体吸附能力强。含气饱和度达 73%～118%，平均为 89%。据产能数值模拟结果，气井稳产期为 7 年，稳产期内平均气产量为 2000m³/d，煤层气采收率为 52%。

综合评价认为，鄂尔多斯盆地东缘煤层气储层分区性非常明显，煤级、含气量、含气饱和度分布均呈现北低南高的趋势，大部分储层处于欠饱和状态，地层能量低严重制约煤层气开发。渗透率值总体变化特征为北部和中部渗透率高，南部相对较低，与地应力的负相关性明显。对鄂尔多斯盆地东缘煤层气有利区块进行了优选，吴堡－柳林属于有利区；大宁－吉县属于较有利区。吴堡－柳林地区的可采性最好，大宁－吉县次之，韩城北部较差。

13.3 煤层气数值模拟与产能预测技术

13.3.1 数值模拟模型

1. 地质模型

依据煤储层性质及煤层气在其中储集和运移机理的研究，将煤层气储集和运移的地质模型进行概化，主要包括：

（1）煤储层是非均质、各向异性的；煤储层具有典型的裂隙－孔隙双重孔隙结构，是由煤基质块中的微孔隙系统和裂隙系统构成的双孔隙系统；固体骨架和孔隙可压缩；流体在裂隙和孔隙中的流动是相互独立的且相互重叠的。

（2）煤层气以物理吸附的形式吸附在煤基质内表面上，煤层气从煤基质进入裂隙网络经过解吸和扩散两个过程，符合 Langmuir 等温吸附定理和 Fick 第一定理；在裂隙网络中，煤储层中的气、水两相流体以各自独立的相态混相流动，符合 Darcy 定律。

（3）煤矿区煤炭采动影响引发煤层应力场、裂隙场和渗流场变化，其变化是连续的，且具有一定规律。

2. 数学模型

1）煤层气的吸附与解吸

煤层气在煤层中的储集主要依赖于吸附作用，呈吸附状态的甲烷气占 70%～95%，吸附是可逆的，当煤储层中压力降低时，被吸附的煤层气分子从煤的内表面脱离，解吸出来的煤层气呈游离相，其过程同样可用 Langmuir 等温吸附定理来描述：

$$c(p) = \frac{V_L P}{P_L + P} \qquad (13.7)$$

式中，$c(p)$ 为煤层气吸附量，m^3/t；V_L 为 Langmuir 体积，m^3/t；P 为地层压力，MPa；P_L 为 Langmuir 压力，MPa。

2）微孔隙中气体的运移

通常认为煤基质块中只有单相气体拟稳态扩散（假设基质中只存在甲烷组分），将基质中气体的解吸、扩散过程视为拟稳态扩散。拟稳态过程基于认为基质块中煤层气总浓度 c_{px} 对时间的变化率与差值（$c_{px} - c_p$）呈正比。即遵从 Fick 第一扩散定律：

$$\frac{dc_p}{dt} = D_p F_s (c_{px} - c_p) \qquad (13.8)$$

$$q_p = -F_G \frac{dc_p}{dt} \qquad (13.9)$$

式中，c_{px} 为基质块中的平均甲烷体积分数，m^3/m^3；c_p 为基质–割理边界上的平衡甲烷体积分数，m^3/m^3；D_p 为孔隙内扩散系数，m^2/d；F_s 为基质块形状因子，$1/m^2$；F_G 为几何因子；q_p 为从煤基质块中扩散出来的煤层气量，m^3/d。

3）裂隙系统的多组分运移

煤层气由解吸、扩散进入裂隙系统，产生气、水两相流动。水的流动符合 Darcy 定理，煤层气在裂隙系统中的流动同样符合 Darcy 定理：

$$V_1 = \frac{K_1}{\mu_1} \frac{\Delta P_1}{L} \qquad (13.10)$$

式中，V_1 为 1 相的渗流速度，m/s；μ_1 为 1 相的黏滞系数，$MPa \cdot s$；ΔP_1 为 1 相的压差，MPa；L 为渗流途经的距离，m；K_1 为 1 相的有效渗透率，$10^{-3} \mu m^2$。

4）数学方程

各组分基本数学方程表示如下：

$$\sum_{j=1}^{2} \nabla \cdot \left[\frac{c_{ij} k k_{rj}}{B_j \mu_j} (\nabla P_j - \rho_j g \nabla H) + c_{ij} D_{jf} \nabla \frac{S_j}{B_j} \right] + q_{if} + q_{ip} = \frac{\partial}{\partial t} \left[\phi \sum_{j=1}^{2} c_{ij} \frac{S_j}{B_j} \right] \qquad (13.11)$$

$$j = g, w$$
$$i = 1, 2, \cdots, N$$

式中，k 为绝对渗透率，$10^{-3} \mu m^2$；k_{rj} 为气或水相的相对渗透率，$10^{-3} \mu m^2$；B_j 为气或水相的体积系数，m^3/m^3；μ_j 为气或水相的黏滞系数，$MPa \cdot s$；P_j 为气或水相压力，MPa；ρ_j 为气

或水相密度，t/m³；∇ 为 Hamilton 算子；H 为储层深度，m；S_j 为气或水饱和度，%；ϕ 为裂隙孔隙度，%；q_{ip} 为质量气源（基质扩散到裂隙的气体，只有甲烷），$q_{ip} = q / \rho$ 转化为体积流量，m³/s；D_{jf} 为裂隙中气体扩散系数，m/s；C_{ij} 为气体浓度，m³/m；q_{if} 为单位时间内单位体积内地层产出（流入生产井）i 组分流体的体积，m³/s。

5）辅助方程

数学模型中除了根据质量守恒用偏微分方程表示煤层中气、水两种流体的运移过程，还需要饱和度方程和毛管力方程辅助方程等来支持该模型：

$$S_g + S_w = 1 \tag{13.12}$$

式中，S_g 为气体的饱和度，%；S_w 为水的饱和度，%。

$$P_c = P_g + P_w \tag{13.13}$$

式中，P_c 为毛细管压力，MPa；P_g 为气体的压力，MPa；P_w 为水的压力，MPa。

6）定解条件

边界条件：井筒作为一个边界条件。当已知井内的气、水产量时，则可将其作为源汇相代入气、水流动方程。在数值模拟过程中，外边界条件是另一个边界条件，通常分为两种情况，定压边界和封闭边界（主要采用封闭边界）。对于煤矿采动影响，将其处理为变储层参数条带，主要是储层压力和裂隙渗透率发生较大改变，在某一给定时间段内认为是常数或变化具有规律性，通过时间上储层参数变化模拟采掘推进影响。

初始条件：即在初始时刻为 0 时，煤储层中气水饱和度、压力和含气量等分布。

13.3.2 煤层气数值模拟软件

基于软件工程的设计思想，采用面向过程的设计方法，西安研究院使用 VB6.0 编程语言开发了双重介质煤层气藏储层数值模拟的计算机主程序并开发了 Windows 操作界面，形成了模拟软件 CCGSv1.0。该软件的主程序采用全隐式方法处理模型中的参数，并采用逐点松弛解法求解最后形成的线性方程组，可开展原始储层条件和采动影响条件下的煤层气藏数值模拟工作，模拟单井、井组等开发条件，地面直井、水平井等的生产动态。程序启动界面如图 13.14 所示。

软件点击进入原始储层区后，界面包括五部分：标题条区、菜单条区、工具条区、工作区、状态栏区。

软件点击进入采动影响区程序后，主窗口主要包括了文件、输出、工具、窗口和帮助等菜单项。初始相关数据均在数据输入处理中心窗口（模块）输入，参数录入窗口包括基础参数和采动影响参数两部分，采动影响参数包括区域参数和控制参数模块，基础参数包括模式参数和运行参数、输出控制参数、水参数、气体参数、相对渗透率参数、井信息和生产数据等模块（图 13.15）。

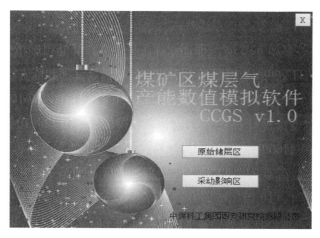

图 13.14　程序启动界面

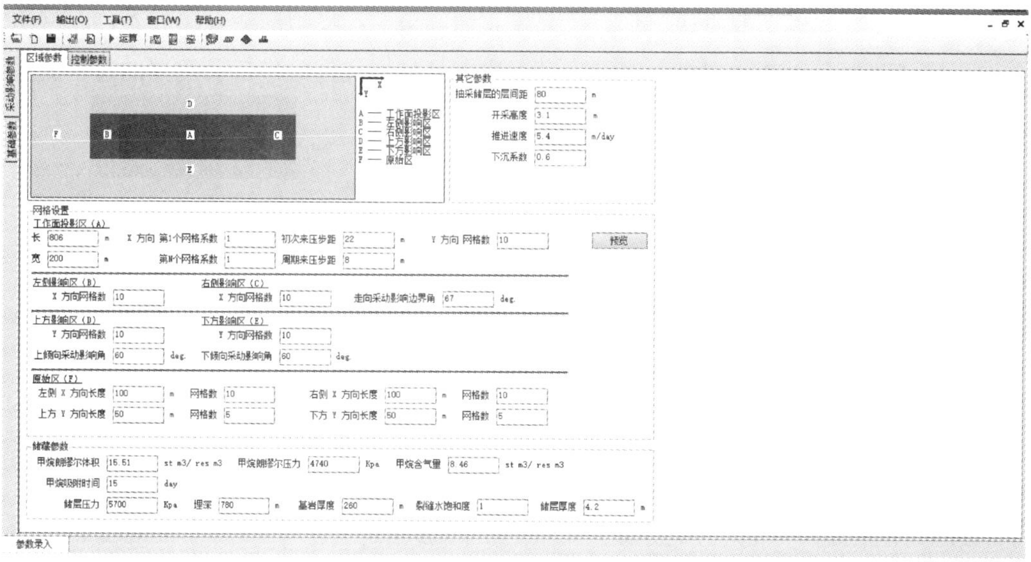

图 13.15　基础参数录入窗口

相关参数数据输入完成后可以点击主程序的运行按钮后，进入模拟运算。模拟完成后，可通过模拟数据和图形按钮（菜单）查看模拟数据图形，通过 2D 按钮（菜单）查看模拟储层相关参数变化规律情况。

开发的模拟软件可应用于原始储层条件及煤矿采动影响条件下的煤层气产能数值模拟，具体功能包含以下几个方面。

（1）储层研究和开发设计，可为储层开发提供定量评价。

（2）煤层气井单井及多井的生产动态预测。

（3）煤层气储层的生产分析、敏感性分析和历史拟合。

（4）煤层气压裂井完井，洞穴完井及水平井的模拟预测和评价。

（5）煤矿井下水平钻孔瓦斯抽放研究。

13.3.3　数值模拟技术方法

1. 煤层气数值模拟流程

首先要明确项目开展相关研究的目的和具体任务,在此基础上,针对工作要求,收集资料,如煤层气地质、煤层气勘探开发测试及生产,煤田勘查等资料;选择并依据数值模拟器设计数值模拟方法,建立地质模型;开展数值模拟预测,分析预测结果。煤层气数值模拟工作基本流程如图 13.16 所示。

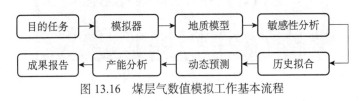

图 13.16　煤层气数值模拟工作基本流程

模型建立是数值模拟的主要工作,模型建立内容包括:模拟区域及边界条件、网格划分、储层描述数据和生产数据等。模型建设实质上是数据文件的准备及建立的过程。模型建立包括的主要参数如表 13.8 所示。

表 13.8　数值模拟模型建立主要参数表

储层参数			
裂隙渗透率	解吸压力	储层几何形态	井排泄面积
垂向渗透率	解吸时间	构造高程	储层压力
渗透率方向	扩散系数	埋深	初始水饱和度
孔隙度	裂缝间距	厚度	气水相对渗透率
气含量	孔隙压缩系数	灰分	气水毛细管压力
等温吸附常数	基质收缩系数	密度	含水层岩性特征
流体 PVT 数据			
气体地层体积系数	气体比重	水地层体积系数	水的储罐密度
气体黏度	气体成分	水黏度	水中气溶解度
井参数及其他			
最小时间步长	有限差分允许限度	液面深度	表皮因子
最大时间步长	水产量	产能控制特征	增产措施
时间步长增量	气产量	井型	煤炭生产影响参数
生产时间	井底压力	井径	其他

2. 数值模拟主要工作

1) 敏感性分析

煤层气井产能受储层参数、气井工作制度和开发技术等方面的影响。敏感性分析是通过储层数值模拟方法,了解这些参数的变化对气井产能的影响程度。敏感性分析的主要目的是:找出影响气井产量的主控因素,以制定相应的煤层气评价策略、开发方案,达到提高煤层气井产量和经济效益的目的；同时，通过敏感性分析也可指导历史拟合，使历史拟合参数修正更加合理。

根据对工作区认识的程度和储层模拟的经验，以及工作区实测的储层参数情况，选取主要煤储层参数和工作制度等进行敏感性分析。敏感性分析主要的煤储层参数通常包括：煤层气含量、渗透率、孔隙度、Langmuir 体积、Langmuir 压力、吸附时间等；煤层气生产的主要工作制度包括：目标煤层、井底流压、压裂缝半长、动液面下降幅度等。

2）历史拟合

受测试方法或人们对气藏地质情况认识的局限性，实测参数不一定能准确反映储层的实际情况，为使预测结果接近实际，通常需要通过数值模拟的产能分析来修正储层参数。历史拟合实质上是运用已知气井的生产动态反求未知储层参数的"逆过程"，主要目的是通过历史拟合，再现煤层气的开发过程，了解气、水运动中各项参数的变化，为产能预测提供可靠的数据，通过拟合发现和修改错误的储层描述参数，比较客观地认识煤储层，为煤层气开发和动态预测奠定基础。

（1）历史拟合的原则。

历史拟合目前主要是通过试凑法，不断地修改和调整参数，主要原则如下：

资料的收集要齐全。历史拟合的成就很大程度上取决于人们对煤储层地质特点的认识和占有的各种资料的齐全程度。如果没有测试压力资料，就谈不上压力动态的拟合，如果产量计量不准确，拟合结果也就不会真实地反映储层的实际情况。因为历史拟合过程具有多解性，所以只有当储层的开发历史越长，积累的资料越丰富、越准确，对储层地质特征的认识越深入，才有可能从众多的参数中正确地选出需要修正的储层物性参数或它们的组合，使得历史拟合的结果能够准确地反映储层的实际情况。

不确定性的参数优先调整，确定性的参数要慎重修改。在历史拟合中，要研究所取得的各种物性参数的不确定性，应尽可能挑选那些不确定性比较大的物性参数进行调整，对于那些比较可靠的参数则可能不调或少调，如储层的构造特征、气－水的压力、体积和温度（PVT）性质和厚度等参数，一般不宜改动。如果经多方拟合后发现确实有某些参数必须修改，而且这种修改从地质观点来分析也比较合理时，方可作适当修改。

参数的调整要从整体来考虑。有时一种物性参数的调整会造成多种动态指标的改变，例如，采用定井底流压的排采制度时，渗透率增大，不仅气产量会提高，水产量也因储层运移能力的改变而提高。因此，在拟合某一动态指标而调整该项物性参数时，要考虑对别的动态指标所造成的影响是否合理。

（2）历史拟合的步骤。

历史拟合是一项复杂的消耗人力和机时的工作，其主要工作流程是：确定参数可调范围—检查模型数据—确定工作制度和拟合指标—动态指标拟合。

确定参数可调范围是一项重要而细致的工作，需要收集和分析一切可以利用的资料。

首先分清那些参数是确定的，即准确可靠的，哪些参数是不定的，即不准确可靠的。然后根据具体情况确定可调范围。煤储层历史拟合主要参数如表 13.9 所示。

表 13.9　主要历史拟合参数表

不定参数		确定参数
调整范围较大的参数	调整范围较小的参数	
裂隙渗透率 裂隙孔隙度 气 - 水相对渗透率曲线 裂缝半长（表皮系数）	气含量 等温吸附曲线 解吸时间 含水层性质	初始条件 储层构造 气 - 水的 PVT 参数 压缩系数 毛管压力

（3）产能预测。

经过敏感性分析可确定主要储层参数、生产制度等对煤层气开发产能的影响程度，进而指导历史拟合，使得通过历史拟合修正的储层参数更能比较客观地反映实际煤储层的特征。据此，在对已有的煤层气勘探试验井或生产井进行动态分析，对设计的煤层气井进行产能预测，其预测结果的可信度会大大提高，更加有效指导煤层气开发规划、产能管理等。

13.3.4　数值模拟技术的应用

1. 原始储层条件下的煤层气抽采产能预测

以鄂尔多斯盆地东缘某煤层气勘探区为例，论述原始煤储层条件下的煤层气抽采产能预测。

1）地质情况

该区位于鄂尔多斯盆地东缘，面积为 78.42km^2；整体为一西倾的单斜构造，断层发育数量少、规模小，褶皱稀少且宽缓；含水层富水性弱、隔水层发育，水文地质条件较简单。区内煤层发育，含煤 4～16 层，煤层总厚度大，为 9.46～17.49m，平均厚度为 13.88m；煤层气开发主要目标煤层为 S1、T1 和 T1$^\perp$煤层，厚度分别为 2.73m、6.03m 和 3.12m；煤层埋藏浅，多为 400～1100m。煤的吸附能力较强，空气干燥基吸附量为 11.40～22.87m^3/t，平均为 18.44m^3/t；煤层渗透性较好，测试煤层渗透率多为 0.15×10^{-3}～0.4×10^{-3}μm^2；煤储层压力正常，为 4.43～10.83MPa，储层压力梯度 0.82～1.08MPa/100m。煤层气含量高，气含量平均为 8.87～11.56m^3/t，最高为 14.80m^3/t；煤层含气饱和度平均为 67.43%；气的质量高，CH$_4$ 平均质量分数为 95.23%。前期实施了一个 5 口井井组的煤层气勘探试验，单井最高产气量达 2221m^3/d。

2）拟合试验井选择

该区煤层气勘探井组试验，气井排采作业基本连续，排采效果较好、且数据较为齐全，以井组方式建立相关数据文件进行煤层气生产历史拟合。

3）拟合结果及分析

根据模拟软件数据文件要求，建立模拟数据文件，进行井组历史拟合。通过历史拟合，对主要煤储层参数进行修正。其中：拟合 S1 号煤层渗透率为 $3.44 \times 10^{-3} \mu m^2$，孔隙度为 1.8%；T1 号煤层渗透率为 $3.22 \times 10^{-3} \mu m^2$；孔隙度为 1.8%；拟合的煤层渗透率比注入 / 压降试井测试结果高。HG01 井产气量历史拟合曲线如图 13.17 所示。

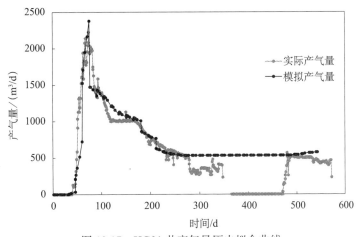

图 13.17　HG01 井产气量历史拟合曲线

总的来说，历史拟合效果较好，在排采连续、工作制度稳定的前提下，模拟产气量的趋势与实际产气量较为接近，修正后的储层参数值与煤储层的真实值相接近，能够较准确地反映煤储层的真实情况。

4）产能预测

根据前期勘探试验及产能规划，对该区煤层气开发进行部署和方案设计，共设计煤层气井 30 口，依据实际煤层气地质及储层资料，结合历史拟合修正参数对其产能进行了预测，产能预测每年正常生产时间按 330d 计算。产能预测结果显示（图 13.18），在

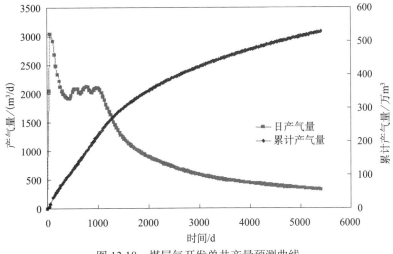

图 13.18　煤层气开发单井产量预测曲线

排采的第 60d 达到产气高峰，高峰产量为 3042.04m³/d。气井连续排采 15 年，累计产气 512.64 万 m³，平均日产气 1035.64m³/d。气井生产 15 年，煤层气采收率为 59.56%，生产初期采气速度快，在排采的前 5 年，采气速度超过 5%，从第 11 年开始采气速度小于 2%。

2. 煤矿采动条件下的煤层气抽采产能预测

煤矿采动条件下煤层气抽采产能预测以淮南矿区某矿为例进行论述。

1）试验区基本情况

模拟区域位于该矿 1252（1）工作面，该工作面走向长度为 1745.2～1822.5m，平均为 1783.8m，倾斜长为 208.5m。开采煤层 11-2 煤，煤层厚度为 0.2～3.0m，平均为 2.45m，煤层倾角为 0°～5°，平均为 2°。煤层结构较简单，下部一般含一层泥岩夹矸，厚为 0～0.1m；煤呈粉末状 - 块状，属半暗型 - 半亮型煤，直接顶、直接底岩性均为砂质泥岩或泥岩。老顶平均厚度为 10.5m，为细砂岩，浅灰 - 灰白色，分选一般，钙质胶结，夹条带泥质薄层。

1252（1）工作面以其上部 13-1 煤为目标储层。1252（1）工作面开采煤层 11-2 煤，工作面北为 1242（1）工作面（未掘进），南为 1262（1）工作面（已回采完），西为西三采区（未开拓），东为西一采区大巷。区域内 13-1 煤平均煤厚为 3.1m，与 11-2 煤层间距平均为 80m。煤炭生产工作面推进速度为 5.4m/d，回采初次来压间距为 22.3m，周期来压间距为 7.5m，冒落带高度为 13.5～18.5m，裂隙带高度为 44.5～57.5m。

1252（1）工作面布置地面抽采钻孔 6 口，选取 W1252-1 和 W1252-2 井开展产能数值模拟工作。W1252-1 和 W1252-2 井工作面回采到抽采孔下方开始抽采，2 口井 100d 的抽采数据如图 13.19、图 13.20 所示。

2）煤层气井选择及历史拟合

区内 2 口煤层气井排采稳定，数据齐全，对其生产数据进行整理，进行历史拟合。拟合模拟结果如图 13.21 所示。

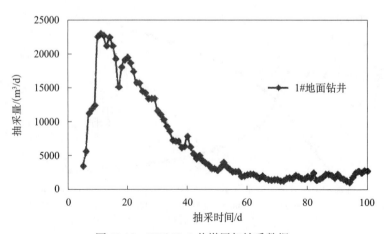

图 13.19　W1252-1 井煤层气抽采数据

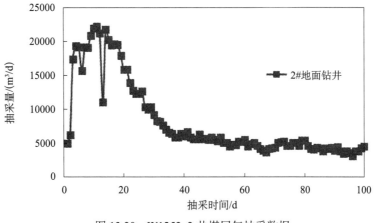

图 13.20　W1252-2 井煤层气抽采数据

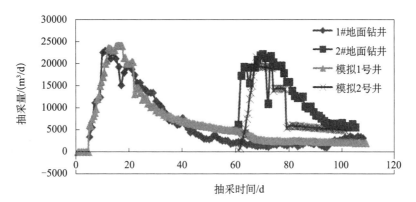

图 13.21　W1252-1 和 W1252-2 井煤层气抽采历史拟合图

3）产能预测

采取历史拟合获取的新的储层参数，以及获取的渗透率受采动影响的区域变化规律，对 1252（1）工作面北边邻近 1242（1）工作面地面煤层气井抽采进行产能预测。两个工作面邻近，储层基本参数直接采用 1252（1）工作面的数据，工作面回采参数相应调整，预测生产井位置按 1252（1）工作面 W1252-1 井设置，井工作制度一致，从工作面推进到井下方开始抽采，模拟预测结果如图 13.22 所示。

从预测结果可以看出：生产井的高峰产气在从开井第 7d 达到高峰，到第 44d 下降到 5000m³/d 以下，44d 累计产气约为 40 万 m³。按气井生产 110d 计，气井服务年限内累计产气约为 76 万 m³。按走向井控制 200m，工作面倾向影响 260m 范围计算，区域煤层含瓦斯总量约为 131 万 m³，抽采率约为 58%。从模拟曲线可看出，生产井的产气上升快，衰减也快，主要原因是 13-1 煤受采动影响渗透率大幅提升，进入采空区后受上部地层压实作用，使得煤层渗透性下降。

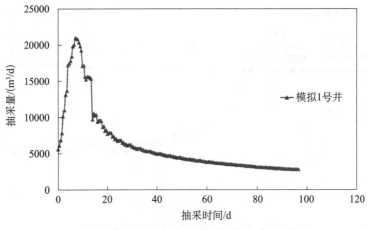

图 13.22　1242（1）工作面煤层气井抽采预测曲线

13.4　煤层气可采性评价方法

13.4.1　评价方法及原理

目前，国内外采用的煤层气可采性研究方法基本上可归结为两类：地质因素评判法和储层数值模拟法。地质因素评判法是在对评价区地质条件综合研究的基础上，针对影响煤层气可采性的主要地质因素，采用一定的数学方法，经过综合评判分析，按不同的可采性级别，对评价区的煤层气可采性做出定性评价的方法。煤储层数值模拟法是采用一定的储层数值软件，通过预测评价区的煤层气开发产能，进而进行煤层气可采性研究的方法，储层数值模拟法预测结果定量化程度高且可靠。无论是采用地质因素评判法还是采用储层数值模拟法进行煤层气可采性的研究，都必须在煤层气地质及储层条件研究的基础上进行。多因素加权地质因素评判与储层数值模拟相结合的煤层气可采性评价方法。以下基于目前国内外煤层气勘探开发技术水平，主要从地质角度对该方法进行介绍。

1. 多因素加权分析法

煤层气的可采性和储层产能受到多种地质因素的制约，但在不同煤盆地或同一煤盆地的不同地区，影响煤层气可采性的主要地质因素及各种主要影响因素在空间上的组合配置都会有很大的不同。单一因素的影响作用在某一地区的煤层气开发所起的作用也许是至关重要的，但对多数地区来说，煤层气的可采性取决于各种地质因素的有效配置。因此对煤层气可采性和储层产能的研究，需要在多种地质因素综合分析的基础上，研究适合于该地区的主要控制性地质因素及这些主要控制性因素之间的有效配置。由于不同地质因素对煤层气可采性的影响程度不同，因此，可采用多种地质因素加权分析的方法进行可采性研究。

该方法不仅能够体现不同地质因素对煤层气可采性的影响程度，而且可以反映各种地质因素对煤层气可采性的综合影响。

煤层气可采性评价多因素（或主要因素）加权分析法的步骤是：

（1）根据地质因素的分析，确定煤层气可采性主要影响因素，建立主要地质因集合：

$$F=\{F_1, F_2, \cdots, F_n\} \tag{13.14}$$

式中，$F_1, F_2, \cdots, F_n$ 分别为影响煤层气可采性的主要地质因素。

（2）分析不同地质因素对煤层气可采性的影响程度，确定不同地质因素的权重，建立权重集合：

$$D=\{D_1, D_2, \cdots, D_n\} \tag{13.15}$$

式中，$D_1, D_2, \cdots, D_n$ 分别为 $F_1, F_2, \cdots, F_n$ 地质因素的权重。

（3）对主要地质因素进行有效配置，其公式如下：

$$M_j = \sum_{i=1}^{n} (F_{im} \times D_i) \tag{13.16}$$

式中，M_j 为第 j 个结点的煤层气可采性量化指标；F_{im} 为 F_i 因素分类指标；D_i 为 F_i 因素权重系数；m 为 F_i 因素分级数。

根据计算，确定的不同网格结点的量化指标集合如下：

$$M=\{M_1, M_2, \cdots, M_k\} \tag{13.17}$$

式中，k 为参与计算量化指标的结点数。

建立的模型的准确与否需要通过检验，其检验步骤如下：

（1）依据计算得到的不同地区的煤层气可采性量化指标进行分类。

（2）通过煤储层数值模拟技术，预测不同类别量化指标下的煤层气开发潜力，检验所建立模型的准确性。

（3）对主要可采性影响因素的权重系数作适当调整，使建立的模型更适合该地区的实际情况。

2. 储层数值模拟法

煤储层数值模拟是煤层气开发技术研究的重要手段之一，其目的是根据煤储层的实际情况，模拟和预测煤储层的开发动态，为最经济、最有效地采出尽可能多的煤层气，确定布井、钻井、完井、压裂和排采等技术措施提供科学依据，是一种有效的煤层气可采性评价方法。煤储层数值模拟原理和技术在前述章节已做详细论述，本节不再重复。

13.4.2　评价流程

多因素加权分析法和储层数值模拟法相结合是一种煤层气可采性的有效评价方法，多因素加权分析可以有效地将煤层气可采性的主要地质因素进行配置，储层数值模拟可以预测煤层气井的产能，掌握不同配置区域的煤层气可采性。由于不同地区计算出的煤层气可采性量化指标会有很大的不同，但煤层气的可采性取决于最低的量化指标，因此，应根据储层数值模拟结果及当地市场、气价及开发成本等，通过经济评价的方法，确定目前开发技术条件下的煤层气开发最低经济产量指标，据此确定可采性最低量化指标。煤层气可采性及储层产能的综合评价流程如图 13.23 所示。

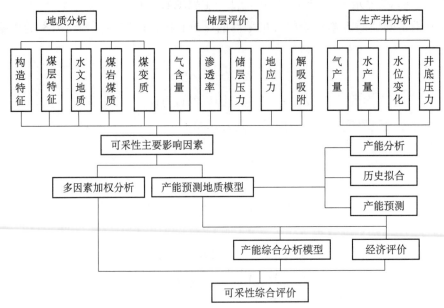

图 13.23 煤层气可采性综合评价流程图

13.4.3 应用实例

以山西晋城矿区潘庄井田为例进行煤层气可采性综合评价方法论述。

1. 煤层气地质条件

潘庄井田位于沁水盆地的南部晋城矿区，面积约为 135.74km²。整体为一单斜构造，构造简单，以褶皱为主，断层稀少；水文地质条件简单；发育石炭纪—二叠纪含煤地层，含煤层段为太原组和山西组，共含煤 21 层，煤层总厚度为 9.9～17.8m，平均为 13.4m，稳定发育的煤层主要为 3 号、9 号和 15 号煤层，也是煤层气勘探开发的主要目标煤层。潘庄井田是我国煤层气勘探最早的地区之一。

2. 影响煤层气可采性的地质因素

地质条件是决定煤层气可采性与否的内在因素，从煤层气产出机理分析，影响煤层气可采性的主要地质因素有：煤层厚度、煤层气含量、煤储层压力、煤层渗透性、煤的吸附性能、煤层埋藏深度、水文地质条件等。

1）煤层厚度

煤层厚度是影响煤层气资源量及资源丰度的关键参数之一，目标煤层越稳定、厚度越大，煤层气开发越有利。潘庄井田煤层气开发的主要目标煤层为 3 号和 15 号煤层。其中，3 号煤层厚度为 5.04～7.16m，平均为 6.11m；15 号煤层厚度为 0.30～6.17m，平均为 3.21m。

2）煤层气含量

煤层气含量是影响煤层气资源量及资源丰度的关键参数之一，目标煤层的气含量越高，煤层气开发越有利。潘庄井田煤层气含量较高，实测气含量最高可接近 40m³/t。其中，3 号煤层含气量为 10～20m³/t，15 号煤层含气量为 15～25m³/t。

3）储层压力

煤储层压力是决定煤层气储集和产出过程的重要储层特征之一，是煤层气可采性的重要制约因素。煤层气产出的过程也就是储层压力不断变化的过程，因此在整个排采过程中，压力降低是关键。排水降压的幅度取决于原始储层压力的大小和压力降低的最低限度，排采作业压力降低空间越大，排采降压作业越有效，气井产气能力越强，煤层气采收率越高。潘庄井田煤储层压力高且不同地区变化不大，试井实测煤储层压力为 2.31～3.88MPa，储层压力梯度为 0.8～1.2MPa/100m，为正常压力储层。

4）煤层渗透性

渗透性是煤层气井产能的重要控制因素。渗透率越高，煤层气产出能力越强，气井潜在产能越高。注入 / 压降法试井实测 3 号煤层渗透率为 $3.61 \times 10^{-3} \mu m^2$。另外，根据影响煤层渗透性的地质因素分析，该区煤层埋藏浅、煤层多为原生结构、煤裂隙发育，推断煤层渗透率较高。

5）煤的吸附性能

煤对甲烷的吸附能力决定了煤层气在煤储层中的赋存状态和储集能力，同时也控制着煤层气的产出过程。潘庄井田煤种为无烟煤，煤的吸附能力强。3、9、15 号煤的干燥无灰基 Langmuir 体积为 37.74～51.81m³/t，平均为 42.33m³/t，空气干燥基 Langmuir 体积为 35.30～39.06m³/t，平均为 37m³/t。在区域上，煤的变质程度基本一致，因此不同地区煤的吸附量没有显著变化，对气井产能的影响不大。

6）煤层埋藏深度

煤层埋藏深度是影响煤层气开发的重要因素之一，目标煤层的深度越大，煤层气开发越不利，主要表现在：钻井、压裂及排采等作业成本增高；排水降压的难度增大；煤层渗透性降低，气井产能低。因此，煤层气开发多选择在煤层埋藏较浅的地区进行。潘庄井田煤层埋藏较浅，多小于 800m。其中 3 号煤层埋深为 250～600m；15 号煤层埋深为 350～700m。3 号煤层下距 9 号煤层 39.89～53.83m，平均 47.16m；9 号煤层下距 15 号煤层 28.10～51.62m，平均 40.04m。

7）水文地质条件

水文地质条件不仅影响煤层气的富集保存，而且地下水的径流能够使煤储层的物性条件发生变化，在地下水承压区的煤层气保存条件好、储层压力高，煤层渗透性通常较低。复杂的水文地质条件，可能会增大煤层气开发的难度，其原因是：煤层气井压裂作业时，可能会压穿含水层，在水文地质条件复杂区，会有引起排水降压困难。潘庄井田水文地质条件简单。尽管区内含水层比较发育，但在煤系内部发育的多层泥岩隔水层阻断了含水层与煤层的水力联系，致使水文地质条件相对简单。煤系下伏的奥灰岩溶含水层与 15 号煤层间距小，对煤层气开发具有潜在影响，因此在煤层气开发时应尽可能地避免贯通该含水层。

3. 煤层气可采性综合评价

1）主要地质因素加权评价

影响煤层气可采性和储层产能的因素非常多，不同的地区影响煤层气可采性的因素会有所差别，即使是同一地质因素，其影响程度也不尽一致。分析潘庄井田的煤层气地质条件，确定影响煤层气可采性的主要地质因素为：煤层厚度、渗透率、气含量、煤层埋藏深度及储层压力。分析这些地质因素对煤层气可采性的影响程度，确定评价指标分类及权重及各类别的权重系数（表 13.10）。

表 13.10　潘庄井田煤层气可采性评价指标

影响因素	影响因素权重	指标界限	权重系数
煤层总厚度	0.25	>10m	1.0
		<10m	0.75
目标煤层数	0.05	≥2 层	0.4
		<2 层	0.2
渗透率	0.25	>$1.0\times10^{-3}\mu m^2$	1.0
		$0.5\sim1.0\times10^{-3}\mu m^2$	0.6
		<$0.5\times10^{-3}\mu m^2$	0.3
气含量	0.25	>15m³/t	1.0
		10~15m³/t	0.7
		<10m³/t	0.5
煤层埋深	0.15	<500m	1.0
		>500m	0.7
储层压力	0.05	≥1MPa/100m	1.0
		0.75~1.0MPa/100m	0.75
		<0.75MPa/100m	0.5

上述标准，对目标煤层发育层数、煤层总厚度、煤层埋深、煤层气含量等地质因素按同一的网格对其等值线图进行网格化；对煤层渗透率、储层压力，在定性评价基础上，对各网格点进行定量；最终计算所有网格结点上的煤层气可采性综合量化指标，并绘制量化指标预测等值线。根据绘制的量化指标预测等值线分析不同地区的煤层气可采性。潘庄井

田煤层气可采性的量化预测结果如图 13.24 所示。

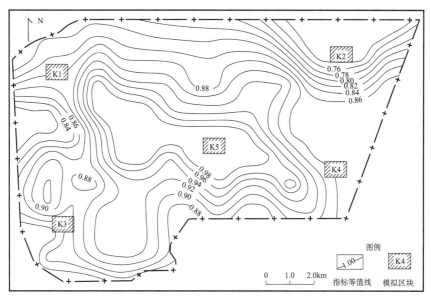

图 13.24 煤层气可采性量化指标预测等值线及模拟预测区块图

潘庄井田煤层气可采性及储层产能量化预测指标为 0.74～1.0，在井田的中部量化指标高，煤层气可采性好，从中心向外，量化指标逐渐降低，煤层气可采性逐渐变差，东北部的量化指标最低。量化指标越高，煤层气的可采性越好，但量化指标只是反映了不同地区煤层气可采性的差异，并不能真实反映地煤层气的可采性程度，而具有实际意义的煤层气可采性研究通常是通过煤储层数值模拟和经济评价完成的。以下通过煤储层数值模拟的方法，研究潘庄井田不同地区煤层气的可采性和储层产能状况。

2）煤储层数值模拟评价

上述地质因素的加权评判只是对潘庄井田不同地区煤层气可采性的定性预测，对潘庄井田煤层气可采性的定量预测及开发潜力评价，则需要采用储层数值模拟的方法，对模拟预测得到的煤层气井的产能状况的进一步分析完成。采用煤层气模拟软件进行产能模拟预测，为了充分了解潘庄井田不同量化指标范围的煤层气可采性以及产能状况，在井田的 5 个不同位置，按优化的布井方案，分别布置一个矩形地面垂直井井组进行产能预测，井组布置区块分别为 K1、K2、K3、K4、K5；按五点式布井方式、井间距为 400m×300m；模拟目标煤层为 3、9、15 号煤层。

为保证模拟结果的准确性，模拟所需的大部分地质参数均采用实际数据，如煤层厚度、标高、气含量、储层压力、Langmuir 体积和 Langmuir 压力等；煤层渗透率、裂隙孔隙度、气水相对渗透率等采用经过生产井气水产量历史拟合后的数据。5 个区块井组模拟预测结果如图 13.25、图 13.26 所示。

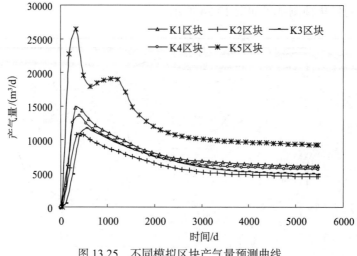

图 13.25　不同模拟区块产气量预测曲线

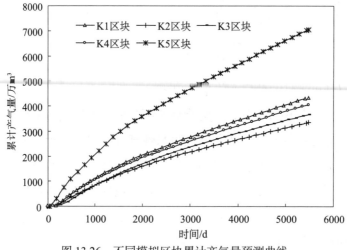

图 13.26　不同模拟区块累计产气量预测曲线

储层数值模拟结果显示，不同区块煤层气可采性的优劣及储层产能高低顺序为：K5、K1、K4、K3、K2 区块，这与煤层气量化预测指标是一致的，不仅佐证了前述煤层气可采性评价指标及权重系数确定的合理，而且直接决定了煤层气可采性综合评价结果的可靠性。在模拟预测的 5 个区块中，K5 区块量化预测指标最高，煤层气井产能也最高，煤层气的可采性最好，排采 15 年，最高产气量为 32872m^3/d，15 年累计产气量为 7056 万 m^3；K1 区块量化预测指标次之，煤层气井产能次之，高峰产气量为 14783m^3/d，15 年累计产气量为 4348 万 m^3；K2 区块量化预测指标最低，模拟预测的气井产能也最低，最高产气量仅为 10700m^3/d，15 年累计产气量为 3352 万 m^3。

3）综合分析

煤层气开发产能模拟预测结果显示：潘庄井田（特别是中部区）煤层气开发具有较大潜力，而且储层数值模拟预测的结果与地质参数量化预测的结果是一致性，储层数值模拟产能预测较高的地区，地质参数量化预测指标也高。潘庄井田自四周向井田中部，量化预测指标逐渐增大，煤层气的可采性逐渐变好，模拟预测的气井产量逐渐增大。因此，按照通常的煤层气开发先简单后复杂、滚动开发的原则，煤层气开发首先应在煤层气可采性较好的井田中部进行，然后向四周扩展，并不断地扩大开发规模。

以上工作，预测了潘庄井田的煤层气可采性量化指标及不同量化指标区域的煤层气井产能，对不同地区的煤层气可采性有比较直观的认识。但真正意义的煤层气可采性研究还需要借助经济评价来完成，由于缺乏相关数据，因此煤层气可采性的最低量化指标没有给出。

（本章主要执笔人：李贵红，张培河，刘钰辉，王海军）

第14章
煤层气测试技术

煤层气测试技术主要包括气含量测试、高压等温吸附试验、试井测试以及其他测试技术。西安研究院作为国内最早开展煤层气测试的单位之一，20世纪90年代以来，在引进吸收的基础上，发展形成了煤层气含量、等温吸附和试井测试等技术，并制定了《煤层气含量测定方法》（GB/T 19559—2004）、《煤层气含量测定加温解吸法》（GB/T 28753—2012）、《煤的高压等温吸附试验方法（容量法）》（GB/T 19560—2008）和《煤层气井注入/压降试井方法》（GB/T24504—2009）四项国家标准，推动和引领着煤层气测试领域的技术进步。

14.1 煤层气含量测试

14.1.1 解吸法测试原理

煤层气解吸法测试煤层气含量主要由解吸气含量、残余气含量和损失气含量组成。解吸气含量和残余气含量通过解吸试验直接实测，损失气含量无法实测，是估算得到的。损失气量计算采用直接法。按照损失时间和最初的解吸速率计算损失气含量。

气含量测试过程中采取气样并进行组分测定，气体体积应换算到标准状态下。

煤层气含量计算公式为

$$Q=(Q_1+Q_2+Q_3)/G \tag{14.1}$$

式中，Q 为煤层气含量，m^3/t；Q_1 为损失气含量，m^3/t；Q_2 为解吸气含量，m^3/t；Q_3 为残余气含量，m^3/t；G 为样品质量，t。

14.1.2 自然解吸法

1. 方法特点

自然解吸法适用于煤炭和煤层气勘探中获取的烟煤和无烟煤煤心样品的气含量测定，褐煤煤心样品的气含量测定参照执行。操作简便，测值可靠，但测定周期长，一般需要几周或几个月。

2. 工艺流程

1）采样前准备

解吸罐、计量器使用前进行气密性检测。煤样装罐前，确保恒温装置温度达到储层温度。

2）采样原则及步骤

（1）要求绳索取心。

（2）装罐煤样不少于800g，当采取率低又必须采样时，不少于300g，且只做解吸气测定。

（3）从起钻到煤样提至井口时间：井深100m不超过2min。到达地面后，10min装入解吸罐密封。

（4）煤心提出井口后，尽快打开岩心管，拍照、简要描述，剔除夹矸及杂物（如煤心受到污染，应用清水冲洗），样品迅速装入解吸罐，注意保持自然状态，不可按压。

（5）样品装至距解吸罐口1cm处，若样量少，在罐底添加适当填料，保证空体积不超过罐内体积的1/4。

（6）采样时，应收集地质、时间、样品、记录等有关参数。

3）自然解吸气含量测定

（1）将装有样品并密封好的解吸罐（图14.1）置于和储层温度相同的恒温装置中进行自然解吸。测试时记录环境温度、大气压力、测试时间等相关参数。图14.1为西安研究院自主研制的解吸罐。

图14.1　解吸装置

（2）每间隔一定时间测定一次，其时间间隔视罐内压力而定。装罐第一次5min内测定，然后以10min、15min、30min和60min间隔各测满1h，120min间隔测定2次。

（3）连续7d平均每天解吸量不大于10cm^3，结束解吸测定，自然解吸曲线如图14.2所示。

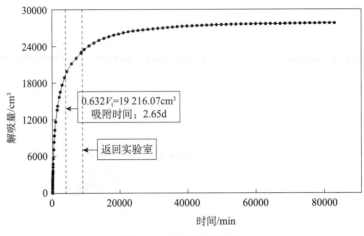

图 14.2 自然解吸曲线

4）残余气含量测定

残余气是指自然解吸结束后仍然保留在煤层中的气体，是总吸附量的一部分。自然解吸结束后开罐，样品风干后，称取适量样品装入密闭的带有排气阀的研磨罐中（图 14.3），在研磨机上研磨至要求后，测量残余气。研磨需在环境温度下进行，测量需在储层温度下进行。终止限同自然解吸要求一致。

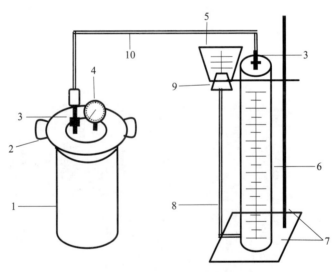

图 14.3 残余气测定装置

1.罐体；2.罐盖；3.气阀；4.压力表；5.锥形瓶；6.量筒；7.计量器底座和支架；8.排水管；9.瓶塞；10.排气管

5）损失气含量计算

煤样从井中取出并密封于解吸罐之前解吸的煤层气叫作"损失气"。"零时间"是计算损失气含量大小的关键，是指取样过程中煤样开始释放煤层气的那一刻。从零时间到煤样密封于解吸罐之间的时间间隔叫作"煤层气损失时间"。根据损失时间和最初的解吸速率可以较准确的计算损失气含量。损失气含量计算如图 14.4 所示。

6）气样采集及测定

在大量气体解吸出来时采集气样，用排水集气法分别在自然解吸的第 1d、3d、5d 采集。含气量低的样品，可提前采集。气体组分浓度按照《天然气的组成分析气相色谱法》（GB/T13610—2003）计算。

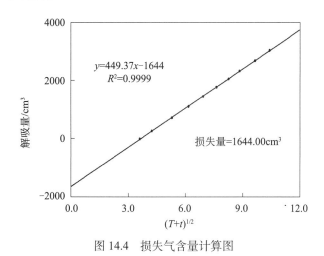

$$y=449.37x-1644$$
$$R^2=0.9999$$

损失量=1644.00cm³

图 14.4　损失气含量计算图

3. 测试结果计算

（1）将实测的自然解吸气含量和残余气含量换算到标准状态。

（2）气含量计算结果用空气干燥基和干燥无灰基两种方式表达。

（3）煤层气含量等于损失气含量、实测的自然解吸气含量和残余气含量之和（式 14.1）。

（4）吸附时间指样品所含气体解吸出 63.2% 所对应的时间，一般以天为单位。采用图解或计算方法求取。

14.1.3　加温解吸法

1. 方法特点

加温解吸法适用于煤炭和煤层气勘查过程中获取的烟煤和无烟煤煤心样品的气含量测定。操作简便，测定周期短，一般需要几天即可完成实验。

2. 工艺流程

加温解吸法与自然解吸法工艺流程基本相同，区别主要有以下几点。

（1）采集煤心样品，模拟储层温度自然解吸 1h 后，将样品置于 50℃ 的恒温装置中进行加温解吸，每隔 1h 测定 1 次。加温解吸初期，视气量大小适当缩短测定时间间隔。

（2）残余气测定时，将球磨好的样品直接放入 50℃ 的恒温装置中进行解吸。

（3）加温解吸和残余气测定终止限：按测定时间间隔 1h 计，连续 3 次，每次测定的气体体积均小于 20cm³ 时，终止解吸。

（4）气体采集：至少采集 2 个气样，自然解吸阶段采集 1 个气样，加温解吸阶段采集 1 个气样。

3. 测试结果计算

同自然解吸法。

14.1.4　地勘解吸法

1. 方法特点

地勘解吸法适用于地质勘查过程中对煤层采取煤心测定煤层气含量及煤层气成分。

2. 工艺流程

1）采样前准备

将密封罐洗净烘干或风干，检查胶垫、密封圈和密封罐的气密性，确保解吸仪合格。

2）采样原则

（1）适用普通煤心管钻取煤心，一次取煤心长度不小于 0.4m。

（2）提升过程中，保持冲洗液充满钻孔，提升尽量连续进行。如果因机械原因中途停机，停机时间满足相关要求。

（3）煤心提出钻孔后，剔除夹矸及杂物（不应用水清洗煤样），在 8min 之内将煤样装进密封罐，不可压实，保持自然状态。

（4）记录起钻时间、钻具提至井口时间、开始解吸时间等有关参数。

3）解吸气含量测定

（1）将装有样品的密封罐与解吸仪连接起来，打开弹簧夹，记录时间。

（2）样品在地面环境中，选择气温比较稳定的地方连续观测 120min，注意密封罐保温防冻。

（3）开始观测前 60min，第一点至第三点间隔 1～2min，以后每隔 2～5min 读 1 次数，第二个小时内每间隔 10～20min 内读数 1 次，同时记录气温、水温、大气压力等相关参数。

（4）地面解吸结束后，送回实验室继续进行残余气含量测定。

4）残余气含量测定

（1）脱气前的准备工作。

真空脱气装置各部件组装前清洗、烘干。真空脱气装置使用前严格试漏。仪器检修后重新试漏。

（2）煤样粉碎前脱气。

通过预抽真空对真空系统检查，合格后将煤样罐与脱气仪连接。煤样首先在常温下脱气，直至真空计水银面开始下降为止。加热至 95～100℃恒温脱气，直到每 30min 内泄出瓦斯量小于 10mL，煤样中所含水分大部分蒸发出来为止。

（3）煤样粉碎后脱气。

球磨罐使用前进行气密性检查。煤样粉碎到超过 80% 的样品粒度小于 0.25mm 后，按照粉碎前脱气程序进行，一直到真空水银柱稳定为止。

5）损失气计算

同自然解吸法。具体操作见标准《地勘时期煤层瓦斯含量测定方法》（GB/T 23249—2009）。

6）气样采集

煤样粉碎前脱气和煤样粉碎后脱气分别采取气样进行分析。

3. 测试结果计算

（1）煤层自然瓦斯成分根据煤样粉碎前脱气得到的气体成分计算。

（2）实测气体换算到标准状态。

（3）气含量计算结果用空气干燥基和干燥无灰基两种方式表达。

（4）煤层总瓦斯含量包括：煤样解吸气含量、残余气含量（粉碎前脱气量、粉碎后脱气量）、损失气含量。

14.1.5　井下解吸法

1. 方法特点

井下解吸法适用于煤矿井下利用解吸法直接测定煤层瓦斯含量，不适用于严重漏水钻孔、瓦斯喷出钻孔及岩心瓦斯含量测定。

2. 工艺流程

1）采样前准备

对煤样罐进行气密性检查，对解吸仪进行密闭性检查。

2）煤样采集

（1）同一地点布置 2 个钻孔，间距不小于 5m。

（2）在石门或岩石巷道可打穿层钻孔采取煤样，在新暴露的煤巷中应首选煤心采样器或其他定点取样装置定点采集煤样。

（3）测定煤层原始瓦斯含量时，采样深度应超过钻孔施工地点巷道的影响范围。抽采后煤层残余瓦斯含量测定时，采样深度应符合《煤矿瓦斯抽采基本指标》（AQ1026—2006）的规定。

（4）采样时，剔除夹矸、杂物等（不应用水清洗煤样），5min 之内将煤样装进密封罐，不可压实，保持自然状态。

（5）记录采样地点、时间、编号等相关的参数。

3）自然解吸量测定

井下环境温度中，连续观测 60～120min 或解吸量小于 2cm³/min 为止。开始观测前 30min，间隔 1min 读 1 次数，以后每隔 2～5min 读 1 次数。测量时记录气温、水温及大气压力等相关参数。井下自然解吸结束后，送回实验室继续进行残余气测定。

4）残余气测定

残余气测定采用脱气法和自然解吸法。脱气法同地勘解吸法中残余气的测定方法一致。自然解吸法中，煤样粉碎前煤层气含量测定，先进行气路密封性检查，然后将煤样罐与地面解吸装置连接。在地面环境温度中进行解吸，隔一定时间间隔读取一次瓦斯解吸量，间隔长短取决于解吸速度。5min 内玻璃管内不再有气泡冒出时解吸完毕。记录环境温度、大气压力、煤样重量、测试时间等相关参数。粉碎后煤层气含量测定，也是先进行密封性检查。将煤样粉碎到 95% 煤样通过 60 目的分样筛时煤样合格。然后测量煤样粉碎过程中的气体体积。

5）损失气计算

根据煤样开始暴露一段时间内煤层气损失量与损失时间的平方根呈正相关关系计算，或者根据幂指数法进行计算。具体计算见标准《煤层瓦斯含量井下直接测定方法》（GB/T23250—2009）。

6）气样采集

井下解吸、脱气时分别采取气样并进行组分分析。

3. 结果计算

（1）将测量的气体换算到标准状态下。

（2）气含量计算结果用空气干燥基和干燥无灰基两种方式表达。

（3）煤层总瓦斯含量包括：煤样解吸气含量、残余气含量（脱气法或者自然解吸法）、损失气含量。

14.2 煤的等温吸附测试方法

1. 实验原理

煤基质与吸附分子之间为物理吸附，煤基质与吸附分子之间作用力主要包括伦敦色散力、诱导力、静电力，吸附水分子时作用力还包括氢键。物理吸附的吸附热小、吸附速率快、无选择性且吸附过程可逆，可以是单层或多层吸附。

虽然单分子层理论假设条件与煤基质表面不均性等特征有差异，但是利用单分子层吸附理论建立的 Langmuir 模型一直用来描述煤的甲烷等温吸附曲线，该模型简明，特征常数物理意义明确。

Langmuir 方程：

$$\frac{P}{V} = \frac{P}{V_{\text{L}}} + \frac{P_{\text{L}}}{V_{\text{L}}} \tag{14.2}$$

式中，P 为气体压力，MPa；V 为气体体积，m³；V_{L} 为 Langmuir 体积，m³/t；P_{L} 为 Langmuir 压力，MPa。

2. 试验方法

等温吸附试验方法有动态法和静态法，其中静态法包括重量法和容量法。煤层气吸附试验多采用容量法，早期的试验方法主要为减压法，使用干煤样进行测试。由于储层条件下煤往往处于水的饱和状态，而干样和不同含水条件煤样的吸附量相差很大，因此等温吸附试验需要以平衡水分煤样模拟真实储层条件进行试验。为了避免减压过程中煤样水分的损失，减压法逐渐被增压法所代替。

增压法测试是将达到平衡水分的一定粒度的煤样样品置于密闭容器中，测定其在恒定温度、逐步增加压力条件下，达到吸附平衡时所吸附的甲烷等试验气体的体积；然后，根据 Langmuir 单分子层吸附理论，通过理论计算求出表征煤对甲烷等试验气体吸附特性的吸附常数，如 Langmuir 体积（V_{L}）、Langmuir 压力（P_{L}）及等温吸附线。

1）平衡水煤样制备

按照《煤样的制备方法》（GB474—2008），制取粒度为 0.25～0.18mm 的煤样 200g。

称取空气干燥基煤样不少于 35g，将煤样置于器皿中，均匀加入适量蒸馏水，将器皿放入湿度平衡的干燥器中，干燥器底部装有足量的硫酸钾过饱和溶液，每隔 24h 称量质量一次，直到相邻称量质量变化不超过试样质量的 2%。

平衡水分计算为

$$M_{\text{e}} = \left(1 - \frac{G_2 - G_1}{G_2}\right) M_{\text{ad}} + \frac{G_2 - G_1}{G_2} \times 100 \tag{14.3}$$

式中，M_{e} 为样品的平衡水分含量，%；G_1 为空气干燥基样品质量，g；G_2 为平衡后样品质量，g；M_{ad} 为样品的空气干燥基水分含量，%。

2）自由空间体积测定

将平衡水煤样准确称量并迅速装入样品缸内，设置并调节系统温度至储层温度，向系统充入氦气，压力高于最高试验压力 1MPa，系统采集的压力 6h 内保持不变视为气密性良好。

自由空间体积测定时，首先向参考缸充氦气 2～3MPa 至压力平衡，打开参考缸与样品缸阀门至压力，记录每次平衡后压力数据。重复以上步骤三次，按照气体状态方程分别计算每次自由空间体积，其中两两之间值差不大于 0.1cm³。

3）等温吸附试验

最高压力根据储层压力设置，当最高试验平衡压力为 8MPa 时，试验压力点不少于 6 个，当最高试验平衡压力为 12MPa 时，试验压力点不少于 7 个，当最高试验平衡压力大于 12MPa 时，试验压力点不少于 8 个。根据煤变质程度从低至高设置压力平衡点。

等温吸附试验时，根据试验压力平衡点预估参考缸充气压力并充气至平衡，打开参考缸与样品缸阀门至吸附平衡；按照试验压力平衡点逐次操作，记录每次充入前后的平衡压力数据，根据气体在样品缸物质的量的变化分别计算每次的吸附量，并计算该压力点对应的累积吸附量。

根据 Langmuir 方程，将实测的各压力点的压力与累积吸附量数据绘制成以气体压力 P 为横坐标、气体压力与体积的比值（P/V）为纵坐标的散点图，利用最小二乘法求出这些散点图的回归直线方程及相关系数 R，根据直线的斜率和截距可求出 Langmuir 体积（V_L）和 Langmuir 压力（P_L）。

4）等温吸附曲线

根据各平衡压力 P 及该压力点下的吸附量 V 绘制等温吸附曲线，如图 14.5 所示。

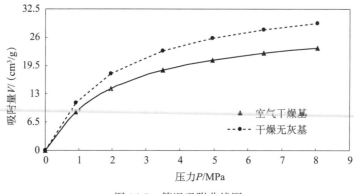

图 14.5   等温吸附曲线图

3. 高压等温吸附试验设备

我国目前使用的煤层气吸附实验装置主要由 Raven Rideg Resource 公司和 TerraTek 公司生产。图 14.6 为美国 TerraTek 公司 ISO-300 型高压等温吸附仪。

图 14.6   TerraTek 公司 ISO-300 等温吸附仪器

ISO-300 型高压等温吸附仪测试单元由样品缸和参考缸组成，是用不锈钢制造的耐高压的密封容器。测试单元沉入恒温箱中以保持温度的稳定性，温度和压力传感器信号通过数据采集卡自动采集进入计算机系统，仪器提供人机交互操作界面及自动计算吸附量数据软件。

4. 等温吸附参数及曲线应用

1）吸附特征与机理研究中的应用

煤对 CH_4、CO_2 和 N_2 用等气体吸附能力不同，不同煤在同一条件下对甲烷的吸附能力有明显的差异。通过吸附机理的研究，可以促进吸附试验的完善与改进，建立温度与压力综合控制下的吸附模型，为深部煤层吸附甲烷研究提供可靠数据。

煤对甲烷的吸附受煤变质程度、煤岩、煤成因类型、煤中水分、孔隙特征及埋深等因素控制，大量的等温吸附曲线可以反映各种控制因素变化对煤吸附特征的影响，从而揭示不同煤在各种控制因素下的吸附特征。

2）煤层气勘探及资源评价中的应用

煤的吸附参数是煤层气勘探不可或缺的参数，通过等温吸附曲线可计算出煤层最大吸附量。在对大量勘探和开发成果、有关数据与地质认识综合分析、归纳的基础上，可对煤层气资源的总量、开发前景做出估算预评价。结合气含量、储层压力等参数，通过等温吸附曲线方程可计算确定出煤层气开发的理论最大采收率。

3）煤层气开发生产中的应用

在煤层气开采过程中，对曲线形态分析可以发现气产量不仅与煤储层压力 P 有关，而且与煤储层本身的等温吸附参数 P_L 和 V_L 有关。我国大部分欠饱和气藏在煤层气开采初期和中期，V_L 和 P_L 越大，对产气越有利；而在开采后期，P_L 越小，对产气越有利。

煤层的吸附和解吸是可逆的，利用等温吸附曲线估算的理论含气量与解吸实际测量的含气量比较，来判断煤层含气的饱和状态。若实际测量的含气量大于理论含气量为过饱和，若实际测量解吸的含气量小于理论含气量为欠饱和。

临界解吸压力为煤层降压过程中气体开始解吸点所对应的压力值，压力能下降到最小值即为废弃压力。在获得煤层原始压力和气含量的情况下，借助等温吸附曲线，可计算解吸压力，掌握气井产气动态。同理，也可进行废弃压力的计算。

14.3　煤层气试井技术

14.3.1　注入 / 压降试井

1. 技术原理

煤层气注入 / 压降试井测试是一种不稳定试井，它遵循不稳定试井的基本原理：当储层中流体的流动处于平衡状态时,若改变井的工作制度即改变压力,则在井底将造成一个压力扰动,此扰动随着时间的推移不断向井壁四周储层径向扩展,最后达到一个新的平衡状态。这种压力扰动的不稳定过程与地层、流体的性质有关。因此,用测试仪器将井底压力随时间的变化规律记录下来,通过分析,可以判断和确定储层的性质。试井仪器见图 14.7。实测压力曲线如图 14.8 所示。

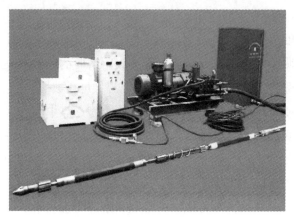

图 14.7 注入 / 压降试井设备

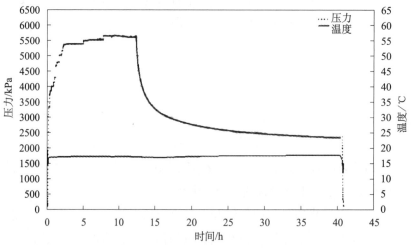

图 14.8 煤层气井注入 / 压降试井实测曲线

2. 方法特点

注入 / 压降试井适合各种储层压力测试;测试过程始终是单相流;可以进行原地应力测试。

3. 工艺流程

1)试井前准备

(1)对测试设备、仪表、压力计等进行性能检验,合格后方可使用;对试井设备进行检查、保养。

（2）测井，获取测试煤层顶板深度、井深和测试煤层以上封隔器坐封层段准确可靠的井径资料和全井的井斜、井径等资料。

（3）通井循环，确保测试管柱起下畅通、井底干净、测试煤层完全裸露。

（4）封隔器地面装配。

（5）根据测井结果和岩心确定封隔器坐封位置。

（6）地面连接下井测试管柱，记录每一部件的名称、尺寸及长度。

（7）组织施工及有关协作人员，交代测试注意事项并分工，确保测试顺利进行。

2）施工步骤

（1）测试管柱下井（图14.9），记录下入油管的根数及长度，计算管柱总重量。下井过程油管连接丝扣必须拧紧，防止渗漏。下井过程应平稳，遇阻则上提管柱，排除遇阻情况后方可继续下入。

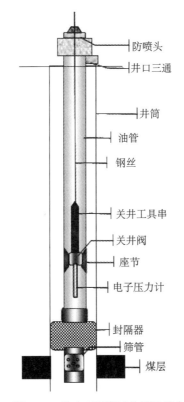

图14.9 注入/压降试井管柱组合

防喷头
井口三通
井筒
油管
钢丝
关井工具串
关井阀
座节
电子压力计
封隔器
筛管
煤层

（2）管柱下至预定深度后，校正下入管柱的长度，确保深度无误。

（3）安装井口设备，连接地面测试管汇，检测地面记录装置。

（4）井下关井，然后试压。加压7～9MPa，稳压20min为合格。如发现泄漏，应查明原因后重新试压。

（5）用注入的水顶替下井测试管柱中和封隔器以下井筒中的钻井液。

（6）坐封封隔器。坐封后地面加压，检查坐封情况。如果环空液面上升，应查明原因，重新坐封。

（7）微破裂试验（可根据需要选做或不做）。

（8）准备测试。压力计编程，通过检验程序后，用钢丝绞车将压力计下入井中预计深度。

3）注入/压降试井

（1）启动地面注入泵准备注入。

（2）根据设计的注入排量进行调节，观察注入压力的变化，选择合适的排量进行注入，注入排量应尽量保持稳定。调节排量的时间不应超过设计注入时间的1/3。注入时间按设计计算的时间加以控制，井口注入压力应控制在所设计的最大注入压力值以下（如果井口压力提前达到最大允许压力，则应提前关井，结束注入阶段）。

（3）记录井口压力、注入排量、累计注入量，记录时间间隔不超过10min。同时观察环空液面变化，监测封隔器坐封情况。

（4）按设计的注入时间持续注入。

（5）注入结束后，采用井下关井，同时关闭井口阀门，观察井口压力变化，以检验井下关井工具密封情况。

（6）按设计的关井时间测地层压力恢复情况。

（7）开井，提出压力计，现场录取分析数据，经现场监理检验资料合格后进行下一步的原地应力测试。

14.3.2 DST 试井

1. DST 试井原理

当储层中流体的流动处于平衡状态时，若改变井的工作制度即改变压力，则在井底将造成一个压力扰动，此扰动随着时间的推移不断向井壁四周储层径向扩展，最后达到一个新的平衡状态。这种压力扰动的不稳定过程与地层、流体的性质有关。因此，用测试仪器将井底压力随时间的变化规律记录下来，通过分析，可以判断和确定储层的性质。其中，钻井过程：$P_{地层} \approx P_{静}$；测试过程：$P_{地层} > P_{垫}$。DST（drill stem test）试井测试原理见图 14.10。设备见图 14.11。

2. 方法特点

与注入/压降方法相比较，DST 测试是注入/压降的反过程。即注入/压降是向地层注水，而 DST 是诱发地层流体向井筒流动。该方法测试工艺简单，便于操作，测试成本低。

在以下情况下本方法更适合煤层气井试井测试：

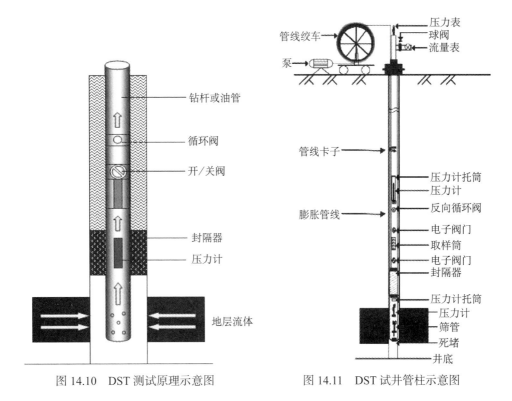

图 14.10　DST 测试原理示意图　　　图 14.11　DST 试井管柱示意图

（1）在钻完井过程中，钻井液、岩屑、煤粉等对近井及井壁造成污染。

（2）煤储层较松软，注入会造成储层挤压变形的。

（3）管线膨胀式封隔器：悬挂式坐封，压力地面控制，可多次反复坐封，封隔效果好、解封排压快。

（4）井下开关井阀：微电脑程序控制、涡轮增压、可不限次开关。

3. 工艺流程

1）测试前准备

对测试设备、仪表、压力计等进行性能检验，合格后方可使用；对试井设备进行检查、保养。测井获取测试煤层顶板深度、井深和测试煤层以上封隔器坐封层段准确可靠的井径资料和全井的井斜、井径等资料。通井循环，确保测试管柱起下畅通、井底干净、测试煤层完全裸露。封隔器地面装配。根据测井结果和岩心确定封隔器坐封位置。地面连接下井测试管柱，记录每一部件的名称、尺寸及长度。组织施工及有关协作人员，交代测试注意事项并分工，确保测试顺利进行。

2）施工步骤

（1）压力计编程、接电。井下开关阀编程、接电。测试管柱下井，记录下入油管的根数及长度，计算管柱总重量。按设计边下管柱边配液垫。

（2）管柱每下放 100m 停顿 5min。

（3）管柱下至预定深度后，校正下入管柱的长度，确保深度无误。

（4）安装井口设备，连接地面测试管汇。检测地面记录装置。

（5）坐封封隔器。

（6）注意记录开关井时间动态，记录井口气体、液体流量。

（7）按设计完成测试后，解封封隔器。

（8）放样，妥善保存样品并做好记录。

其中，DST试井二开二关、四开四关实测压力曲线如图14.12、图14.13所示。

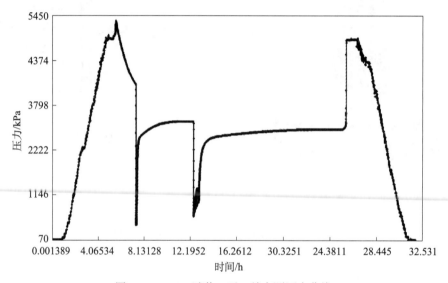

图 14.12　DST 试井二开二关实测压力曲线

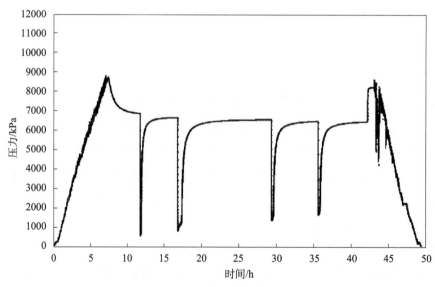

图 14.13　DST 试井四开四关实测压力曲线

14.3.3 生产/压力恢复试井

煤层气井很难进行压力恢复试井，因为这类井几乎全部采用人工举升手段。在生产井产气状态下，人工举升设备妨碍井下压力计的安装。煤层气井要安装井下压力计，首先要关井从井筒取出举升设备，这样就得不到早期有价值的数据。然而，随着煤层气生产井的增多，获得生产一段时间后储层的参数、流态、边界及储层性质的变化，成为生产者急需掌握的资料。

西安研究院为解决这一难题，研制出压力恢复试井专用装备（图 14.14），可以在生产一段时间，修井的间隙，将测试设备随排采设备一起下入井中，达到测试的目的。

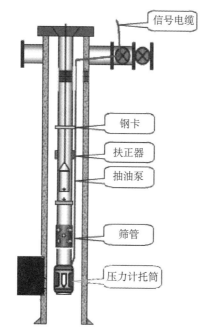

信号电缆

钢卡

扶正器

抽油泵

筛管

压力计托筒

图 14.14　生产/压力恢复试井设备示意图

1. 方法原理

该方法以稳定的产量，生产一段时间，在井筒周围产生一个低于原始储层压力的压力降漏斗，然后关井，使得井底压力逐渐恢复到原始状态。生产和恢复阶段采用压力计记录井底压力随时间的变化。通过分析数据，求取目的层的参数。

2. 技术条件

煤层气井应具有足够的稳产时间，地层达到稳定或拟稳定流动状态，才能进行生产/压力恢复试井测试。

3. 方法特点

通过此方法可以获得井底完善程度、流动效率、储层流动系数、地层系数、渗透率、储层压力、边界信息等参数。压力恢复试井压力典型曲线如图 14.15 所示。

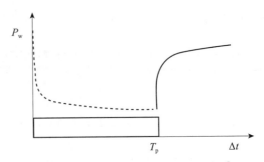

图 14.15　压力恢复试井原始曲线图

P_w 为井底压力；T_p 为开井时间；Δt 为关井时间

14.3.4　干扰试井

干扰试井属于多井试井，可以获得一个区域的储层信息，其中包括：直接检测出井间是否联通，检测出井间断层是否封闭；可检测出地层的优势渗流通道及裂缝的走向。常规油气干扰试井在测试过程中观测井是要关井的，通过对观测井受干扰时测得的压力与观测井的背景压力进行对比解释来获得地层参数和储层的优势通道。

1. 方法原理

压力叠加原理：干扰试井是多井条件下不稳定试井的一种特殊形式。它是在至少一口井或数口井（激动井）中改变工作制度，造成压力变化（又叫干扰信号），然后在另外一口或数口井（观测井）中下入高灵敏度的测压仪表，记录由于激动井改变工作制度所造成的压力变化，通过压力变化时间和规律，计算流动参数。通过干扰试井可以确定激动井和观测井之间的连通性，计算储层参数及最大渗流方向（图 14.16）。

图 14.16　干扰试井实例图

2. 设备

煤层气干扰试井设备分为两大类：一类是激动井设备。激动井要向井筒注入流体，使井筒周围储层产生一个足够的压力抬升。其设备等同于注入/压降试井设备。第二类是观测井设备（图 14.17）。观测井设备又分为两类：一是开放井监测，这种情况设备较简单，只需要钢丝绞车或电缆绞车下放监测压力计即可。二是煤层气生产井监测，这种情况设备较复杂，需要将压力计、电缆随排采设备放入井下。

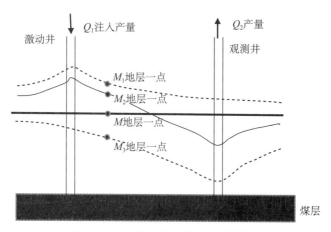

图 14.17　干扰试井 – 源 – 汇压降漏斗

Q_1 为激动井注入产量；Q_2 为观测井产量；M_1、M_2、M_3、M 为地层中任意一点

3. 方法特点

干扰试井采用井组试井，可以获得区域储层信息；可检测储层优势渗流方向，指导煤层气开发的井网布置。

14.3.5　煤层气试井分析技术

煤作为储层，具有天然裂隙发育、渗透率较低、吸附能力强等特征。煤层中割理的发育程度、面割理的走向、割理的宽度是控制煤层渗透率的主要因素。虽然基质孔隙也有一定的渗透性，但因其孔径较小，渗透率可视为零。因此，煤层的渗透率取决于割理系统的渗透率。由于煤层基质渗透率远小于煤层割理渗透率，流体只在割理中流动，测试所反映的渗透率为以割理渗透为主的综合渗透率。

1. 模型建立

煤储层的试井模型与常规油气田储层模型完全不同。一是孔隙介质不同，二是渗流机制不同。因此，煤层气试井分析首先要选好物理模型，进而建立数学模型，并结合实际情况进行不断的调整。

煤层气试井储层模型的基本组合如图 14.18 所示。

2. 试井分析方法

试井分析的基础是达西定律和达西方程。分析方法主要可分为两类：特征直线分析法和图版拟合分析法。

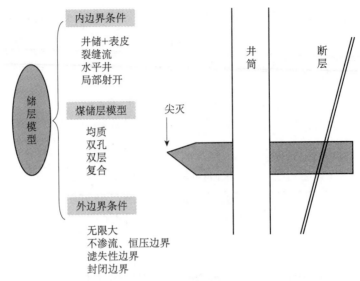

图 14.18　储层模型组合图

特征直线分析法：是指在霍纳（Horner）曲线、笛卡儿（Cartesian）曲线、线性流（linear flow）曲线、双线性流（bilinear flow）曲线、双对数曲线上，用斜率零直线、单位斜率直线、1/2 斜率直线、1/4 斜率直线、切线等对不同流动阶段进行分析。

图版拟合法：是以理论曲线逐步拟合实测曲线以达到求解的目的。

对于一个实际的测试，由于受测试工作制度、储层特性、流体特性、边界性质等诸多因素的影响，某些分析方法和分析图版不适合。

进行资料分析时，有一些基本参数必须给定，其中如煤的割理孔隙度（ϕ）、流体压缩系数（C_w）、流体黏度（μ）、流体体积系数（B）及综合压缩系数（C_t）等高压物性参数，在目前条件下尚无法获得，只能通过煤层气产量历史拟合匹配及实验室测定得到。

西安研究院经过 30 多年的研究及测试实践，对不同地区、不同煤种及不同构造环境下煤储层的物性参数的选取积累了一套经验值。为煤层气试井分析打下了良好的基础。试井数据分析方法如图 14.19 所示。分析基本曲线如图 14.20 所示。

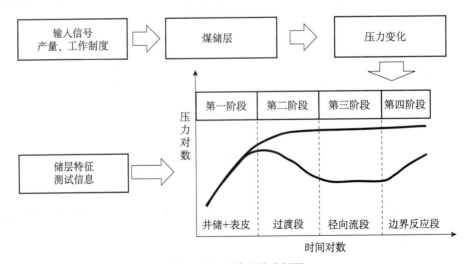

图 14.19　现代试井分析图

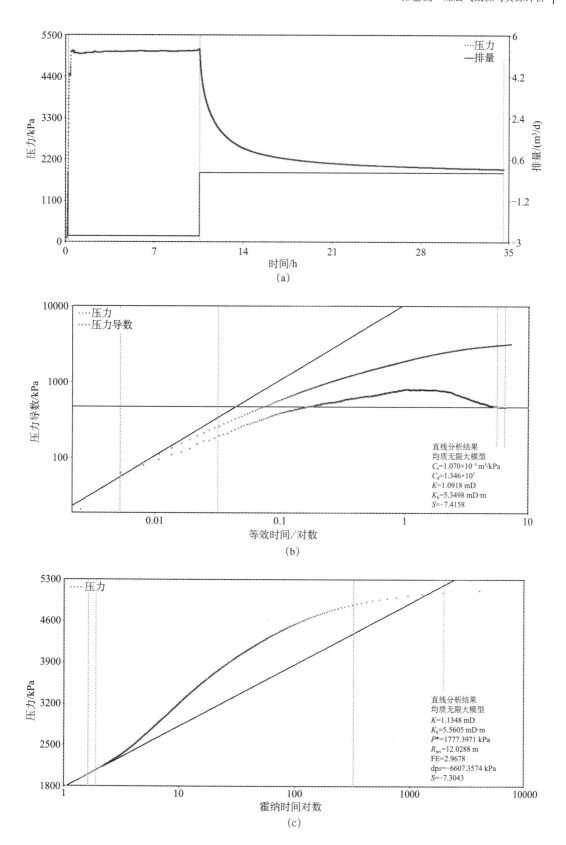

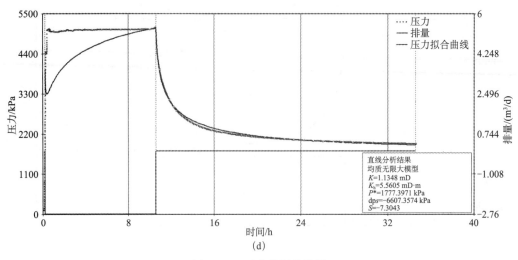

图 14.20　试井分析曲线图

（a）测试流量段划分曲线图；（b）双对数分析曲线；（c）半对数分析曲线；（d）历史拟合分析曲线。C_s 为井筒储集参数；C_d 为无因次井筒储集常数；K 为渗透率；K_h 为渗流系数；S 为表皮系数；P^* 为储层压力；R_{inv} 为调查半径；FE 为流动效率；dp$s$ 为单位面积压差

3. 原地应力测试及分析

原地应力、应力梯度、破裂压力、破裂压力梯度等基本参数是煤层气开发的重要参数。这些参数不仅用于指导注入／压降试井作业，也是后期储层压裂改造的重要依据。应力的方向也直接影响着煤层气开发阶段井网布置的间距和密度。

煤储层的应力是由上覆岩体的自重及构造力所引起的。在成煤过程中，煤层经过漫长的地质时期，一个地质构造单元，有可能受过多次的地壳运动，每经过一次地壳运动地应力将重新进行分布。因此，研究地层应力时，既要研究现代应力场的分布也要考虑有其继承性的一面。

1）测试原理、方法及设备

煤层气井原地应力测试设备与注入／压降试井设备相同。水压致裂是煤层气原地应力测试的主要方法之一。水压致裂原地应力测试是以弹性力学为基础，并以下面三个假设为前提：岩石是线弹性和各向同性的；岩石是完整的，非渗透的；岩层中有一个主应力分量的方向和孔轴平行。

然而煤储层与一般弹性岩石不同，煤层大部分都具有一定的挤压效应，从地应力实测曲线图 14.21 便可看出，破裂压力往往比重张压力还低。这是煤储层原地应力测试的显著特点。因此，在测试中，破裂点、闭合点、偏离直线点等更难判断。

测试方法按《煤层气井注入／压降试井方法》（GB/T24504—2009）执行。

2）数据分析

煤层气原地应力分析方法主要有两种：压力-时间双对数法和压力-时间平方根法。由上节可知，煤储层原地应力测试曲线与一般弹性岩石有很大区别，分析模型等不能完全照搬岩石应力分析方法。

　　测试一般进行四个循环，分析一般选取破裂、闭合效果好的 2～3 个循环进行分析，每个循环由注入段和关井压降段组成。通过分析注入段数据求取破裂压力，分析压降段数据求取闭合压力。

　　图 14.22 是一个循环采用压力–时间平方根法的应力分析图。由于煤层有较强的可压缩性，分析不能用两条直线相交的方法，只能用偏离直线点数据分析法。

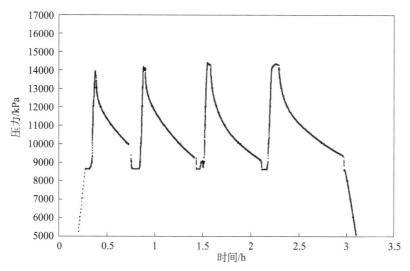

图 14.21　煤层原地应力测试实测压力曲线

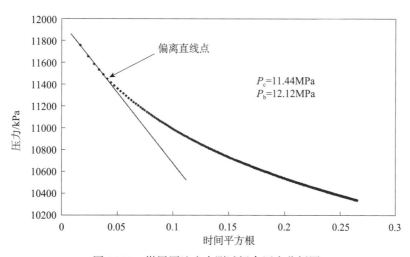

图 14.22　煤层原地应力测试闭合压力分析图

4. 应用效果

　　西安研究院自 1993 年执行联合国开发计划署资助煤层气资源调查项目以来，对全国主要煤炭产区进行了 3000 多层次的煤层气试井，测试效果良好，对我国煤层气的评价、选区、开发起到了关键作用。

（本章主要执笔人：王彦龙，景兴鹏，李育辉，田新娟）

第15章
煤层气资源勘探开发技术

经过 20 多年的探索、实践和发展，我国煤层气资源勘探开发技术取得了新的进展和一些关键技术的突破。2015 年，我国煤层气年产量 171 亿 m^3，其中地面产量 44.25 亿 m^3。这一成果与煤层气开发技术，特别是工程勘探开发部署、钻完井技术、储层压裂改造和排采等技术的进步密切相关。西安研究院在长期的煤层气勘探开发研究中，坚持理论与实践相结合，积极推动低煤阶煤层气地面勘探开发，大胆探索空气动力造穴消突技术并首次用于实践，借鉴页岩气开发技术，成功实施碎软煤层顶板岩层分段压裂水平井示范工程，创造了我国煤层气开发史上多项第一，有力推动了我国煤层气产业的发展、进步和创新。

本章介绍了西安研究院在煤层气资源勘探开发方法和工艺流程、低煤阶煤层气地面勘探开发、碎软突出煤层空气动力掏煤消突增透煤层气抽采、碎软煤层顶板分段压裂水平井煤层气强化抽采、采动区地面"L 型"钻井煤层气抽采等方面形成的关键技术。

15.1 煤层气资源勘探开发方法和工艺流程

15.1.1 煤层气勘探开发部署

1. 开发方式选择

1）地面垂直井

地面垂直井煤层气抽采技术是在地面打直井进入目标煤层，通过采取一系列增产强化措施抽采目标煤层的煤层气。受地质条件的影响，垂直井煤层气开发的完井方式不一致，目前主要的完井方式有射孔压裂完井、裸眼完井和洞穴完井等（图 15.1）。

地面垂直井是目前国内外煤层气勘探开发技术工艺最成熟的方式，技术工艺简单、设备要求低、投资成本低，但单井产气量低、煤层气采收率低，由于需要施工的煤层气井数多，因此管理成本高，技术管理复杂，集输投入高。

地面垂直井是各种煤层气开发方式中对地质条件要求最低的一种井型。对于未开展煤层气勘探开发工作的区域，建议先期施工地面垂直井作为先导试验井，可以降低工程风险，积累施工经验；降低经济效益风险，积累经济评价参数；为后期的滚动开发提供指导。

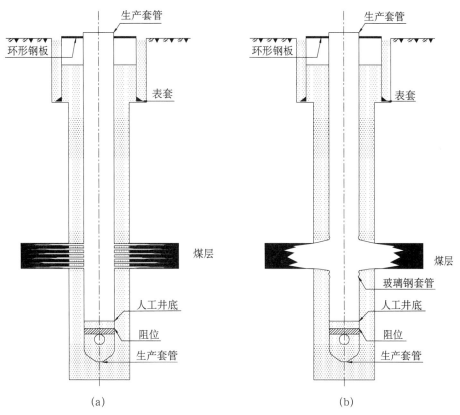

图 15.1　地面垂直井井身结构示意图

（a）射孔压裂完井；（b）洞穴完井

沁水盆地是我国煤层气勘探开发的热点地区之一，已形成潘庄、柿庄、樊庄、潘河、马必、阳泉和寺家庄等多个煤层气开发区，主要采用地面垂直井、套管固井 - 射孔压裂作业方式，单井的最高产气量达到 $16000m^3/d$，平均产气量为 $1000\sim2000m^3/d$。

2）地面定向井

地面定向井主要包括丛式井、多分支水平井或 U 型井。

丛式井开发技术在浅层油气田开发中应用后，被越来越多地借鉴到煤层气的开发过程中。丛式井开发方式适应的地质条件与地面垂直井基本一致。由于多口煤层气井集中位于一个井场内，大规模布井时其对地形、交通等条件的要求较地面垂直井低，其产能状况与地面垂直井基本一致或略高，集输、管理相对简单，且成本较低。丛式井组示意图如图 15.2 所示。

丛式井能够有效地解决地下井位与地形地貌之间的矛盾，不受地面障碍限制、减少施工征地、节省占地面积；增加井筒出气面积，提高气井产量；减少设备的搬迁次数及提高钻井液的重复利用率，以节约钻井成本；减少集输流程，方便日常管理。国家煤层气产业政策中明确提出了在地形条件较差、井场道路修筑困难的地区宜采用丛式井开发煤层气。但丛式井不适宜开采埋深过浅的煤层气藏，而且煤层气井排采作业下泵深度通常要到达目标煤层甚至目标煤层以下位置，因此需要采取其他措施防止排采生产过程中引起管柱系统与套管磨损；同时总体井组钻井周期长，一般需整个井组完钻后才可以后期作业。

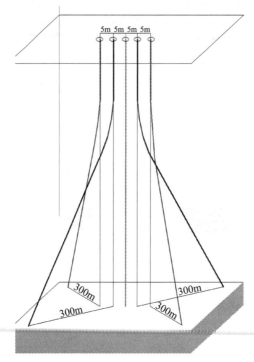

图 15.2　丛式井组示意图

　　为解决复杂地貌条件下的最佳井网抽采问题，晋煤集团沁水蓝焰煤层气有限公司、中石油煤层气有限责任公司和中联煤层气有限责任公司等公司陆续采用了丛式井钻采技术，该技术在沁水盆地和鄂尔多斯盆地东缘已逐步得到应用。沁水盆地南部施工的 100 多口丛式井，单井产量约为 2500m³/d，与地面直井产气量差别不大。

　　多分支水平井是在常规水平井和分支井基础上结合煤层实际地层特征发展起来的一种新技术，它集钻井、完井和增产措施于一体。具体来讲是指地面钻直井到造斜点后以中、小曲率半径钻进目标煤层主水平井，再从主井两侧不同位置水平侧钻分支井作为泄气通道，进而形成像羽毛状的多分支水平井。为了降低成本和满足不同需要，有时在一个井场向对称的多个方向各分布一个水平井眼。有时还利用上下两个分支同时开发两个层系，形成阶梯状羽状多分支水平井。U 型井是指单分支水平井与一直井近端或者远端对接。V 型井指水平井有两分支与两直井对接或两口单支水平井与一口直井对接。水平井、U 型井及 V 型井井组示意图如图 15.3 所示。

　　煤层气水平井实际上为一个排采井组，由一口水平井和一口洞穴排采直井组成。水平井开发方式基于实现广域面的效应，最大限度穿越煤层裂隙系统，沟通煤层裂隙通道，扩大煤层降压范围，降低煤层水排出时的摩阻，大幅度提高单井产量和采收率，从而达到产能和效益的最大化。

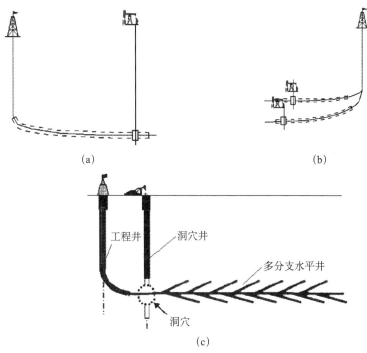

图 15.3　水平井、U 型井及 V 型井组示意图

（a）U 型井；（b）V 型井；（c）多分支水平井

多分支水平井技术优势主要体现为以下几点：①增加有效供给范围。多分支水平井在煤层中网状分布，将煤层分割成很多连续的狭长条带，从而大大增加煤层气的供给范围。②提高煤层气导流能力。分支井眼与煤层割理相互交错，煤层裂隙更通畅，以提高煤层气导流能力。③减少对煤层的伤害。采用多分支水平井钻井完井方法，避免了固井和水力压裂，有利于保护煤储层和环境。钻井时只要保证降低钻井液对煤层的伤害，即可满足工程要求。④提高单井产量。单井日产量 3.4 万～5.7 万 m³，是常规直井的 3～10 倍。从投入产出成本看，比直井开发效益好。虽然单井成本高，但在一个相对较大的开发区块，减少了钻井数量、钻前工程、钻完井材料消耗等，综合成本低。⑤缩短生产周期，提高采收率。

2004 年末，奥瑞安能源国际有限公司在山西晋城成功实施了我国第一口多分支水平井（DNP02），获得了 1.5 万～2 万 m³/d 的产气量，稳产时间超过两年。随后中国石油天然气集团、中联煤层气有限责任公司和亚美大陆煤层气有限公司等公司陆续在山西宁武、端氏、潘庄、柳林、大宁和陕西韩城等地施工了多口多分支水平井，其中多口井产气量在 1 万 m³/d 以上，最高达到 10.0 万 m³/d。

针对碎软煤层中煤层气难抽采的问题，西安研究院大胆借鉴页岩气和致密砂岩气开发先进技术，针对煤层及其顶、底板岩石特点，创立了碎软煤层顶板分段压裂水平井煤层气抽采技术，突破了常规煤层气水平井无法适用于碎软煤层的技术障碍。该项技术在安徽淮北芦岭井田进行了地面煤层气抽采生产实践，创造了井组日产气量突破万立方米的新纪录。

水平井技术在区域适应性、方案设计及设备选型等方面都有严格的要求,受煤储层的岩石力学性质的差异、顶底板的不稳定性和地应力等因素的制约,该项技术目前应用范围有一定的局限性。煤层气对接井工艺集成了水平井与洞穴井的连通技术、井眼轨迹的精确控制技术、欠平衡钻井技术和地质导向技术等,是一项技术含量高、施工难度大的系统工程。

我国煤层一般具有低渗透特点,利用常规直井开发技术,井筒影响的范围十分有限。煤层气多分支井适合于低渗透煤层气开发,单井产量高,具有直井不能替代的优势和潜力。随着煤层气排采技术的发展,目前水平井抽采煤层气可以不再施工直井排采井,采用同心管水力无杆排采技术将水平井作为排采井。不但节约了钻井成本,同时有效解决了煤层气排采存在的管杆偏磨、煤层吐粉吐砂等难题。

目前对煤层气开发方式的选择多采用定性分析的方法,根据不同开发方式的技术、工艺要求,从地质、储层、地形和投资等方面确定合适的开发方式。另外模糊数学、神经网络等定量、半定量的方法也慢慢开始应用于井型选择的评价体系中。不同煤层气开发方式各具优势,应通过勘探试验慎重选择。

2. 井网优化

科学、合理、经济、有效的煤层气井网部署应以提高煤层气井累计产量、采收率、稳产年限和经济效益为目标。在考虑地质因素、开发因素和经济因素的基础上对井网样式、井网方位和井间距等进行优化设计,达到井网优化部署的目的。

1)井网样式

合理的井网样式可以大幅度提高煤层气井产能,降低煤层气开发成本,提高经济效益。煤层气井井网布置样式为:不规则井网、矩形井网、菱形井网和梯形井网等。

2)井网方位

为了保证煤层气开发的经济性,并最大限度提高煤层气的采收率,布井设计要求沿煤层主要渗透方向井间距适当加大。通常通过井下煤层裂隙统计、地面煤层气开发井压裂时裂缝监测或区域地应力分析的方法确定主渗透方向。

3)井间距

井间距和井网密度是一个统一的概念。往往在大规模布井时使用井网密度,此时可以暂不考虑井网的样式及具体布井方式。煤层气开发井间距受地质条件、开发技术和开发目的的控制。井间距的大小取决于开发区资源条件、储层性质、生产规模和技术工艺条件等,当它们相互匹配有机结合时,才能获得较高的效益。因此引申出了三个概念:①经济极限井网密度。总投入等于总产出,总利润为零时的井网密度。布置井网时井距要大于经济极限井网密度所对应的井距。②最优井网密度。当总利润最大时的井网密度。

③合理井网密度。实际井网部署应在最优井网密度与经济极限井网密度之间选择一个合理值。

在煤层气开发初期，煤层气生产资料欠缺的情况下，在煤层气地质条件综合研究的基础上往往使用地质类比法布井进行开发试验。随着煤层气开发的进展，借鉴油气田井井网优化，运用模糊数学、神经网络数学、数值模拟等半定量化及定量化手段确定煤层气井网密度。比较实用的计算煤层气井网密度的方法主要有以下几种：地质类比法、单井合理控制储量法、规定单井产能法、经济极限井距、经济极限－合理井网密度法、数值模拟法、合理井距－最优井网密度法等。值得说明的是，随着煤层气开发研究的不断深入及计算机技术的发展，目前通过数值模拟手段来预测设计井网密度下煤层气井的产能及采收率，通过经济评价软件来分析煤层气开发项目财务状况的模式得到行业内的广泛认可。

3. 井位部署原则

煤层气的开发利用可分为以能源获利为目的的商业性开发和煤矿区内以服务煤矿瓦斯治理为主，并兼顾经济效益的措施性开发。两种不同目的的开发模式井位部署时依据的原则略有不同，前者以经济可行性为首要原则，后者以安全目的为首要原则。

（1）满足勘探开发的合理要求，保证实现钻井的目的，尽可能多地抽采煤层气（瓦斯），并考虑采出气体的利用方便性。

（2）煤矿区内井位部署区域应考虑与煤层气井的服务年限和煤炭采掘规划的协调性，保证采煤时瓦斯含量降低到安全生产许可的范围。

（3）煤层气试验井应首先布置在煤层瓦斯含量相对较高，煤体结构好、煤层厚度大且稳定、煤层埋深适中、水文地质条件相对简单的区域。

（4）尽量选择区域地质构造相对简单的地区布井，并尽量避开区内存在潜在威胁的地质构造，如陷落柱、开放性断层等。

（5）为充分利用以往煤田地质勘探钻孔的各项参数，初期勘探开发井设计靶点应靠近以往煤田勘查钻孔。但距离一般应大于压裂裂缝半长，防止气井压裂时发生安全事故或压裂导致气井与周围的煤田地质勘探钻孔导通，影响排采效果。

（6）井位的部署要考虑为钻井排采、修井作业等工序创造有利条件。

（7）对于定向井的井位部署要求尽可能根据地层自然造斜率选定井口位置。

（8）应考虑钻井能力和井眼轨迹控制能力，定向井钻井平台选在各井总位移之和最小的位置。

（9）交通位置方便，地形适宜布孔。考虑地形、用水、用电等工程施工条件。充分利用自然环境、地理地形条件，尽量减少钻前施工工作量。

（10）井位的选择符合安全与环保的要求。

15.1.2 钻完井工艺

自 20 世纪八九十年代开始，经过几十年的探索，我国在煤层气钻完井技术方面已取得了较大进展，初步探索出一套煤层气井的钻井技术。2000 年来，我国不但加强了与国外公司的合作，而且各大油田及煤炭相关部门都加大了煤层气勘探开发力度，在煤层气多分支水平井、U 型井等复杂结构井钻井技术方面取得了较好的进展。然而，我国煤层气产量依然较低，煤层气复杂结构井钻井过程中仍有较多难题需解决，钻井安全与煤层保护矛盾依然突出。

1. 钻井工艺

1）煤层气钻井的特点

煤层气钻井具有自身的特点，其钻井方式、工艺、钻井液等与常规油气钻采明显不同。煤层气钻井最大的特点就是要保护煤储层，这就要求必须使用清水、无固相、低固相或煤层气专用钻井液。另外，空气、泡沫、清水充气等欠平衡钻井工艺也使用在煤层气钻井上。

2）煤层气钻井分类

根据井型，煤层气钻井可分为垂直井、定向井、斜井、水平井和丛式井等（图 15.4）。垂直井是从地面垂直钻穿煤层进行采气的井；定向井是从地面先打直井再造斜，斜穿过煤层的钻井；水平井为从地面先打直井再造斜后沿煤层水平钻进，又可分羽状分支井和水平对接井等。丛式井是在一个井场或平台上，钻出若干口井，各井的井口相距不到数米，各井井底则伸向不同方位。

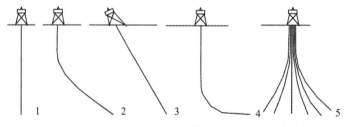

图 15.4 井型分类示意图

1. 垂直井；2. 定向井；3. 斜井；4. 水平井；5. 丛式井

根据钻井目的，煤层气井有参数井（取心井）、试验井（组）、生产井和检测井四种。参数井主要通过获取煤心做气含量等参数测试，并可采用注入/压降试井求取煤层渗透率和储层压力等参数。试验井（组）是通过井（组）降压试采，评价工业性开采价值。开发过程中以采气为目的的井称生产井。监测井主要用于生产过程中的压力监测。

另外，按开采煤层层数可分为单煤层井和多煤层井；根据埋深可分为浅层煤层气井和深层煤层气井；按井网的位置可分为边缘井和内部井两种。

3）煤层气钻井一般流程

煤层气井钻井工艺的选择取决于煤储层的埋深、厚度、力学强度、压力及地层组合类型、井壁稳定性等地质条件。其一般流程如图 15.5 所示。

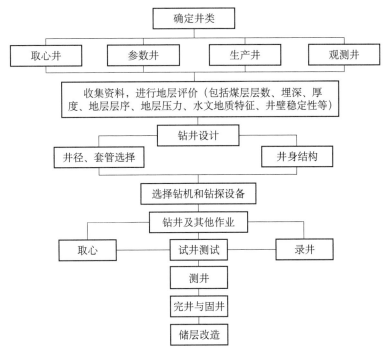

图 15.5　煤层气钻井一般流程图

4）直井井身质量控制技术

直井井身质量主要包括井斜、井底位移、全角变化率和井径扩大率，而这当中井斜控制又是井身质量控制的关键。

井斜控制通常使用防斜钻具防止井斜，防斜钻具一般采用刚性强的大尺寸钻具，常用的有扶正器组合刚性满眼钻具、塔式防斜钻具、方钻铤防斜钻具等。每钻进50m进行井斜测量，必要时加密测斜。若有井斜出现，应采取钟摆钻具纠斜、偏重钻铤纠斜或螺杆钻具纠斜。

为保证井身质量，以防井径扩大，应简化钻具组合，减少起下钻趟数，尽量以最快的时间完钻，控制好泥浆失水等性能，保证井壁稳定。

5）煤层气井绳索取心技术

绳索取心是目前煤层气钻井中最常用的一种取心技术。通常需要在地面钻探设备的基础上，增加一套小功率卷扬机系统和一些井下专用取心工具，取心后用绳索快速提出岩心。

为减少煤心上提过程中的损失气量，要求上提时间不大于煤层埋深2%深度所用的时间。

6）煤层气水平井关键技术

煤层气水平井技术包含了水平井井眼悬空侧钻技术、造穴技术、钻井轨迹控制技术、远距离对接技术、地质导向技术等，水平井工程是一项具有独特技术、施工难度高的系统工程。这里重点论述钻井轨迹控制技术和远距离对接技术。

（1）钻井轨迹控制技术（定向钻进）。

一般采用无线或有线随钻系统进行钻井轨迹控制。在实际施工中，采用不同造斜率的螺杆钻进行钻进，无线随钻系统电子探管将井底参数通过泥浆或电磁波传输至地面，远程计算机系统将泥浆脉冲或电磁波型号进行解析后反馈给轨迹控制人员，轨迹控制人员通过采用滑动钻进、复合钻进、调整工具面、选择钻具造斜率等手段进行钻井轨迹控制。

直井段轨迹控制技术重要的是要采用防斜打直技术，务必使直井段中的井眼打直，从而为后续的定向造斜井段提供条件；把好定向造斜关和跟踪控制到靶点是定向造斜段控制能否成功的两个重要因素，可以通过钻头＋弯螺杆钻具＋定向直接头＋无磁钻铤或钻头＋直螺杆钻具＋定向弯钻头＋无磁钻铤两种定向钻具组合来进行施工；水平井段的轨迹控制关键是通过采取正确的技术措施和精准预测来实现的。

（2）远距离连通技术。

水平井对应直井所造的洞穴直径一般为 0.5～1m，必须采用专用连通仪器，用随钻测量系统和定向钻具作为配合，根据获得的信号和指令及时调整井眼轨迹，才能达到对接连通的目的。

专用井眼连通仪器一般在直井下入，在水平井动力钻具和钻头之间连接强磁接头，这样就能建立钻头与洞穴间的距离、方位偏差测量系统，可以实时提供钻头的位置，为定向提供距离和方位参数，及时调整工具面，指导钻头向洞穴井钻进，实现主井眼与洞穴井连通，形成远距离连通技术。远距离连通技术原理及系统组成如图 15.6 所示。

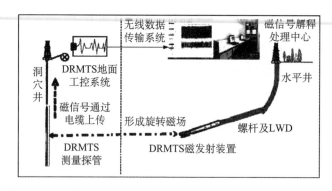

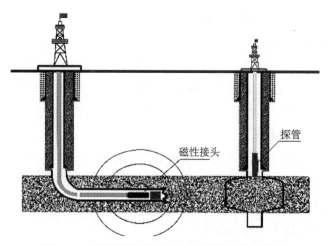

图 15.6　远距离连通技术原理及系统组成示意图

LWD 表示随钻测井；DRMTS 表示定向换砖瓷引导系统

　　7）煤层气储层保护技术

　　煤层气钻完井过程中，煤储层易受到钻井压力、基质膨胀、固相物质充填、外来流体与储层流体不配伍、聚合物类浆液和固井水泥浆侵入等造成的伤害。为尽可能地保护煤储层，施工中一般采用如下一些储层保护技术，如采用清水或无固相、低固相钻井液。加强固相控制技术。采用屏蔽暂堵等新型专用泥浆。采用空气钻井和泡沫钻井等欠平衡钻井技术。优化钻井工艺，严密生产组织管理，确保生产的连续性，加快煤层段钻进速度，缩短煤层浸泡、裸露时间，保护煤储层。采用绕煤层固井技术和空心微珠低密度水泥浆固井，消除固井作业对煤储层的伤害。

　　2. 录井工艺

　　录井技术具有获取地下地层岩性和层位信息及时、多样、解释快捷的特点。煤层气井录井的主要目的是获得未知煤层赋存情况，获得各种地质资料和煤层气参数。最常用的录井技术包括岩屑、岩（煤）心、钻时、气测、钻井液和简易水文观测等，其技术要求如下：

　　（1）对非含煤地层和含煤地层捞取岩屑样品，绘制1∶500随钻剖面，对地层做出初步的判定和划分。

　　（2）对设计取心井段进行取心作业，采取岩、煤心样，并进行描述。

　　（3）钻时录井主要是根据钻时记录，判断煤层埋深、厚度和确定夹矸位置等。

　　（4）气测录井是利用综合录井仪直接测量钻井液中烃类气体的含量及组分特征，根据储集层天然气组分含量的相对变化来区分气、水层，并进行气层评价的技术。气测录井属于地球化学测井的一种，具有连续作业、自动记录的特点。录井过程是通过钻进中泥浆的循环将地下气体带出井口，经泥浆脱气器脱气，进入色谱分离，测得烃与非烃组分的含量。它不受电性、岩性、物性、井温的影响，有着其他录井技术所没有的连续性、灵敏性优势，是气层发现与评价的重要手段之一。相关操作规范参见《油气探井气测录井规范》（SY/T5788.2—2008）。

　　（5）钻井液录井也是发现气层的重要手段之一。在煤系段或非煤系段发现气体显示异常（如黏度突变、钻时变快、气测有异常、钻井液有气侵、槽面冒气泡等）应连续测定钻井液密度、黏度，加密全套性能的测定，并详细记录井深、层位、气显示特征等。

　　（6）钻进过程中，主要通过定时观测钻井液消耗量进行判定，完成简易水文观测记录工作。

　　3. 测井工艺

　　地球物理测井是煤层气勘探开发中，尤其是单井评价中的重要手段。目前评价煤层气的常规测井方法一般包括自然电位、自然伽马、井径、双侧向电阻率、微球形聚焦电阻率、声波时差、中子孔隙度和补偿密度等测井技术。通过综合分析测井资料与数据，可以定性定量地判断出煤岩各相关特性与参数。煤层气井各次测井的项目及技术要求参见《煤炭地球物理测井规范》（DZ/T0080—2010）。

4. 完井工艺

1）固井技术

煤层气井井深一般为300～1500m，地温和地层压力较低，目的层（煤层）胶结强度低、松散，在煤层段易发生井漏、井壁坍塌，固井时易漏失，水泥浆返速低。另外，水泥浆对煤层易造成伤害。因此，既要考虑降低煤层伤害又要保证固井质量，对固井水泥要求较高。

目前，国内一般采用"低温空心微珠低密度水泥浆领浆＋常规水泥浆尾浆"变密度体系进行固井，结合控制失水、低返速塞流顶替等技术，基本解决了煤层气固井的封固质量，但仍未有效解决固井对煤层造成的伤害。固井作业流程参见《固井作业规程 第1部分：常规固井》（SY/T5374.1—2006）。

2）射孔技术

煤层气射孔一般采用电缆或油管输送射孔枪进行射孔。在水平井分段压裂技术中，为保持工序的连续性和压裂的可控性，也采用水力喷砂射孔。

3）完井技术

煤层气井完井技术是借鉴常规油气井完井、二次完井技术的基础上，根据煤层的特殊物理力学性质和煤层气的流动产出特性发展起来的。煤层气井完井有三种基本方式，即裸眼完井、套管完井、复合完井（图15.7）。此外，还有针对远端对接水平井的筛管完井。

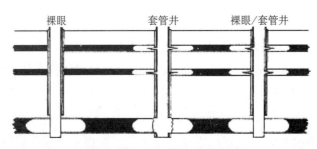

图 15.7　煤层气井完井方式示意图

15.1.3　煤层气增产强化措施

我国煤储层具有质地松软、塑性强、天然裂隙发育、吸附性强等特点，造成煤层气勘探开发难度较大、产量低。为了提高煤层气单井产量，获得经济效益及达到理想的施工效果，通过对煤（岩）力学性质和水力压裂裂缝扩展机理试验研究及大规模的压裂实践，逐步形成了以活性水、大排量、中砂比为核心的煤层气井水力压裂增产强化技术体系，并且从最初基本的活性水加砂压裂发展到 N_2 和 CO_2 辅助压裂技术。通过水力压裂增产技术对煤层进行压裂改造，在煤层中建立高导流能力的石英砂支撑裂缝，增加煤层泄流面积，提高煤层气产气量。

1. 水力压裂技术

煤层压裂就是利用地面高压泵组将压裂液在大排量条件下注入地层，在井底形成高压，当压力超过煤层抗压强度后，煤层裂缝张开并开始延伸；继续注入带有支撑剂的携砂液，裂缝向前延伸并填注支撑剂，关井后裂缝闭合在支撑剂上，从而在井底附近地层内形成具有一定几何尺寸和导流能力的填砂裂缝，沟通煤层裂隙。受围岩制约，裂缝在纵向上被限制在一定范围内；受煤层结构影响，裂缝在横向上沿煤层主裂缝和次裂缝在一定面积范围内延伸，主裂缝面延伸较长，次裂缝面相对较短。人造裂缝将煤层原生和次生裂缝有效连通，改善煤层的渗流特性，提高煤层渗流能力。

水力压裂产生的裂缝可以通过改变井眼周围和储层中的渗流模式（由径向流变成线性流），提高"有效井眼半径"，扩大泄流面积（图 15.8）。同时，压裂还可以在一定程度上消除钻井施工对近井带储层的伤害。水力压裂适应性广，在煤层气勘探开发中大多采用这种增产措施，尤其使对低压低渗煤层。

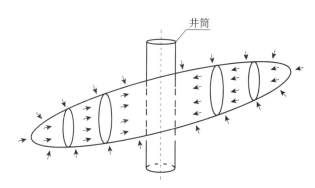

图 15.8 压裂后储层流体流动示意图

通过对煤层进行水力压裂，可产生有较高导流能力的通道，有效地连通井筒和储层，使在井中抽气时井孔周围出现大面积压力下降，煤层受降压影响产生气体解吸的表面积增大，保证了煤层气能迅速并相对持久的释放，其产量较压裂前增加 5～20 倍，增产效果显著。

2. 直井增产强化技术

常规煤层气井水力压裂作业主要包括：通井、洗井、射孔、刮削、换井口装置、压裂准备、测试压裂、压裂施工、测井温及压裂裂缝监测，以及压后管理等环节。整个射孔 - 压裂施工流程如图 15.9 所示。

1）液态 CO_2 辅助压裂技术

注气驱替技术是一种新型的煤层气增产方法，注气增产主要是通过向煤层中注入其他气体，增加煤层中气体流动的能量和气体的相渗透率，促进甲烷在煤中的解吸。CO_2、N_2 及混合气体都可以用来提高煤层气的单井产量。

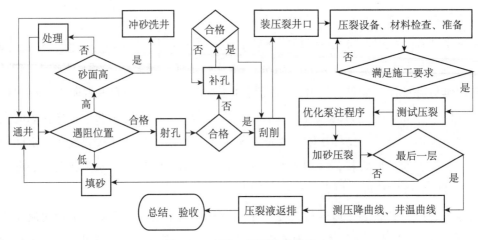

图 15.9　射孔 - 压裂作业流程

活性水压裂液伴注液态 CO_2 辅助压裂技术是由液态 CO_2、清水压裂液组成的液 - 液两相混合体系。在向井下注入过程中，随温度的升高达到 31℃ 临界温度后，液态 CO_2 开始气化，形成以 CO_2 为内相，含高分子聚合物的水基压裂液为外相的气液两相分散体系，由于泡沫两相体系的出现，使液体黏度增加；因而具有良好的携砂性能。同时，通过起泡剂和高分子聚合物的作用，大大增加了泡沫流体的稳定性。因此，CO_2 泡沫压裂液流体具备了压裂液的必要条件，并拥有了常规水基压裂液不能相比的多种优势。室内试验和现场实践证明，CO_2 泡沫压裂液体系具有更好的增产效果。CO_2 入井后首先进入高渗透大孔道，然后逐渐流入低渗透小孔道，能有效解除储层堵塞物。压裂后，CO_2 可与地层水反应生成碳酸使体系的 pH 降低，既可减少对地层的伤害，同时可降低采出流体的表面张力，有利于压后的返排。

西安研究院于 2010 年在芦岭井田 WLG03 井 8+9 煤压裂过程中，采用活性水压裂液伴注液态 CO_2 压裂技术，压裂施工共注入液态 CO_2 90m³。经稳定排采，该井最高产气量达到 3351.89m³/d，说明液态 CO_2 辅助水力压裂复合增产技术增产效果明显（表 15.1）。

2）液态 N_2 辅助压裂技术

甲烷在煤中的解吸主要受甲烷分压控制，而不是受储层系统总压力所控制，N_2 注入煤层后，使甲烷的摩尔分数降低，从而降低了甲烷的有效分压，诱发甲烷解吸。结果，几乎所有的气体（大于 85%）都能被注入的 N_2 所提取或"搜刮"出来。同时，N_2 气泡沫压裂还具有以下优点：①加速排液。压裂后返排速度快，产气速度快。②氮气泡沫压裂黏度高，有较好的携砂能力，可以有效控制裂缝形态的发育，降低压裂液在多裂缝发育的煤层中的滤失性。③氮气泡沫压裂施工中，用液量少，对煤层污染较小。④补充能量，消除应力敏感损害。⑤降低甲烷分压，诱发甲烷解吸。

西安研究院于 2010 年在芦岭井田 WLG05 井 8+9 煤压裂过程中，采用活性水压裂液伴注液态 N_2 压裂技术。压裂施工共注入液态氮气 4700m³，经过后期稳定排采，最高产气量达到 3145.2m³/d，说明液态 N₂ 辅助水力压裂复合增产效果显著（表 15.1）。

表 15.1　西安研究院近年地面煤层气试验井压裂改造效果

地区	年份	井号	井型	目标煤层	最高产量/（m³/d）	备注
淮北芦岭碎软突出构造煤层	2010	WLG01	直井	8+9	2023.2	
		WLG03	直井	8+9	3351.89	CO₂ 辅助压裂
		WLG05	直井	8+9	3145.2	N₂ 辅助压裂
铜川下石节低煤阶煤层	2008	JPC-01	直井	3、4^{-2}	1512.3	
		JPC-02	直井	3、4^{-2}	1594.8	
	2011	JPC-03	直井	3、4^{-2}	1975.8	
		JPC-04	直井	3、4^{-2}	1698.2	
鸡西梨树深部薄煤层	2012	LS01	丛式井	14	2315	
	2014	LS02-1V	丛式井	14	2178	
	2014	LS02-4D	丛式井	14	2470	

3. 水平井增产强化技术

1）水平井裸眼完井增产技术

目前煤层气开发主要采用地面垂直井水力压裂作为主要增产强化手段。但随着煤层气勘探开发技术的迅速发展，垂直井与煤储层接触面积小、泄流面积小的缺点也日益明显。为了更好地提高单井控制面积，有效提高单井产气量，水平对接井（V 型井或 U 型井）及多分支水平井裸眼完井增产技术越来越得到广泛的利用。相对于直井，水平井具有单井控制面积大、导流能力强、气井产能高、抽采率高及对地形、交通适应性强的特点。近年来，水平井裸眼完井增产技术在我国沁水盆地及陕西彬长矿区等煤层坚硬、固结性较好、构造及水文地质条件相对简单的煤层气区块中获得了广泛的推广应用，单井产气效果显著。

西安研究院拥有雪姆 T200 和其他型号钻机设备及水平井钻完井技术体系，2011 年、2012 年分别在陕西彬长矿区大佛寺井田和山西王坡井田各实施了一口 V 型水平对接井。大佛寺井田 DFS-C04 V 型水平对接井钻遇目标煤层为 4 号煤层，埋深为 499.45～510.75m。钻井采用三开井身结构，水平段采用裸眼完井方式（图 15.10）。整个钻井过程顺利，后期产气效果较好。

2010 年，西安研究院在山西潘庄井田实施的 U 型水平对接井，目标煤层为 3 号煤，埋深为 231.77～237.53m，该井采用三开井身结构，水平段长为 500m，采用裸眼完井方式，最高产气量为 22000m³/d（图 15.11）。

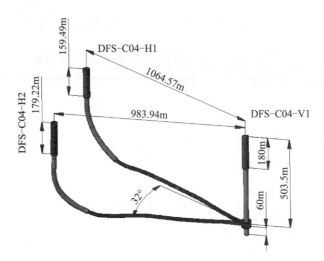

图 15.10　DFS-C04V 型水平对接井连通效果图

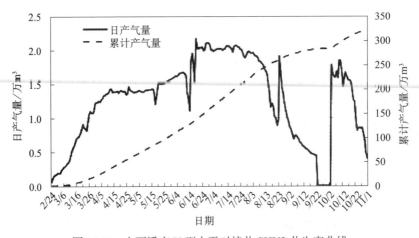

图 15.11　山西潘庄 U 型水平对接井 SHU2 井生产曲线

2）水平井分段压裂增产技术

水平井分段压裂技术作为煤层气大规模压裂的一种技术手段，得到广泛应用。与直井压裂相比，水平井分段压裂大大提高了单井泄流面积和导流能力（图 15.12），从而大幅度提高了单井气产量。目前较为完善的煤层气水平井分段压裂增产技术主要有：双封单卡分段压裂技术、水力喷射分段压裂技术、不动管柱滑套分段压裂技术和可钻式机械桥塞分段压裂技术等。

（1）双封单卡分段压裂技术。

水平井双封单卡分段压裂技术主要是采用双封隔器单卡压裂目的层，当压裂施工排量超过 2m³/min 时，利用导压喷砂器中的节流嘴产生足够的压差使封隔器坐封，压裂液和支撑剂由喷砂器两侧的喷砂口喷出并进入地层，完成对目的层压裂后停泵，封隔器胶筒自然回收，反洗后上提至第二个目的层进行压裂，如此层层上提，完成多段压裂。

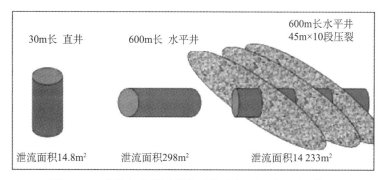

30m长 直井　　　　600m长 水平井　　　600m长水平井
　　　　　　　　　　　　　　　　　　　　45m×10段压裂

泄流面积14.8m²　　　泄流面积298m²　　　泄流面积14 233m²

图 15.12　直井与分段压裂水平井泄流面积对比图示意图

水平井双封单卡分段压裂管柱主要由安全接头、扶正器、水力锚、封隔器、导压喷砂器和扶正丝堵等组成（图 15.13）。

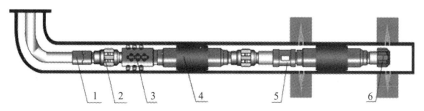

1　　2　　3　　4　　　　5　　　　　6

图 15.13　水平井双封单卡分段压裂工艺管柱示意图

1. 安全接头；2. 扶正器；3. 水力锚；4. 压差式封隔器；5. 导压喷砂器；6. 扶正丝堵

水平井双封单卡分段压裂技术工艺特点：①采用双封隔器封隔目的层，通过上提管柱可选压任意层段，并且施工中可根据套管出液情况判断封隔器是否密封，保证压裂的有效性和针对性；②针对套管完井的水平井，一趟管柱能完成多段压裂；③工艺管柱具有反洗功能，可实现高砂比、低替挤压裂施工，能显著提高造缝质量和压裂效果；④工艺管柱结构简单、工具外径小、长度短、在造斜段通过能力强，并设计有可靠的防卡、解卡机构，安全性高。

（2）水力喷射分段压裂技术。

水力喷射分段压裂技术是根据伯努利方程，通过高速水射流射开套管和地层，形成一定深度的喷孔，喷孔内流体动能转化为压能，当压能足够大时，诱生水力裂缝。通过环空注入液体使井底压力刚好控制在裂缝延伸压力以下，射流出口周围流体速度最高，其压力最低，环空泵注的液体在压差作用下进入射流区，与喷嘴喷射出液体一起被吸入地层。在射流出口远端流体速度最低，压力最高，高出的压力加上井底裂缝延伸压力驱使裂缝向前延伸。压裂下一层段时，因井底压力刚好控制在裂缝延伸压力以下，已压开层段不再延伸。水力喷射分段压裂技术不用封隔器与桥塞等隔离工具，可实现自动封隔，通过控制喷嘴在水平井筒中位置，依次压开目标井段。

水力喷射分段压裂技术适用于套管、裸眼和筛管等不同完井方式，可实现射孔、压裂、封隔一体化作业，一趟管柱实现多段压裂，但施工排量受到井下管柱限制。

西安研究院于 2016 年在山西赵庄煤矿采用水力喷射压裂技术对水平井 2014ZX-U-01 分 8 段实施了分段压裂施工。该井目标煤层 3 煤埋深为 762.98～768.19m，采用三开井身结构，水平段长为 805m。该井于 2016 年 9 月正式开始排采，目前正处于稳定降液面阶段。

2014ZX-U-01 井井下压裂管柱采用油管拖动方式，油管水力喷砂射孔和油套环空加砂压裂的工艺方式对目标层段进行分段压裂施工。井下压裂管柱组合如图 15.14 所示，自下而上分别为：导锥 + 筛管 + 单流阀 + 下扶正器 + 水力锚 + 封隔器 + 喷枪 + 上扶正器 +1 根油管 + 液压丢手 + 73mm 平式油管。

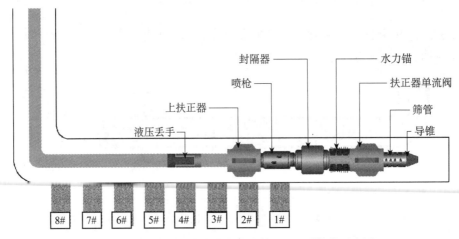

图 15.14　水平井油管拖动水力喷射环空压裂管柱示意图

（3）不动管柱滑套分段压裂技术。

水平井不动管柱滑套分段压裂技术主要是通过下入由封隔器和滑套组成井下分段压裂工艺管柱，油管打压完成所有封隔器坐封，从压裂第二段开始逐步打开定压滑套，压裂下部层段，后续逐级投球，打开投球滑套，进行后续层段压裂，从而最终完成所有层段压裂改造。

水平井不动管柱滑套分段压裂技术适用于套管和裸眼完井方式。一次打压完成所有封隔器坐封，封隔压裂层段，压裂定位准确；地面投球打开滑套，施工快捷。但施工排量受井下管柱限制。

西安研究院采用不动管柱滑套分段压裂施工技术，于 2014 年在山西晋城寺河井田对水平井 2014ZX-U-05 井实施了分段压裂施工。该井为多分支水平井，含有一个主支和四个分支，钻遇目标层为 15 煤层，埋深为 385～439m，平均厚度为 2.87m。钻井采用三开结构，水平段采用裸眼完井方式，主支水平段长 628m，分 4 段进行压裂改造，采用裸眼封隔器 + 滑套分段压裂技术对目标煤层进行分段压裂改造。

2014ZX-U-05 井井下压裂管柱采用裸眼封隔器和滑套的管柱结构，钻井过程中下入裸眼封隔器和滑套的井下压裂工具串，一次打压完成所有裸眼封隔器坐封，逐级打开各级滑套，由下至上完成各段目标煤层压裂改造。压裂放喷后钻铣滑套球座，井下压裂管柱不起出留作生产管柱进行排采生产。该井自 2015 年 1 月开始排采，最高日产气量突破

20000m³/d，并长期稳定在 20000m³/d 以上，压裂改造效果显著。

2014ZX-U-05 井压裂管柱组合（自下而上）：浮鞋 +4 1/2″ 油管 + 承压短节 +4 1/2″ 油管 + 压差滑套 +4 1/2″ 油管 + 裸眼封隔器 1+4 1/2″ 油管 + 裸眼封隔器 2+ 投球滑套 1/2.5″+ 裸眼封隔器 3+4 1/2″ 油管 + 裸眼封隔器 4+ 投球滑套 2/2.625″+ 裸眼封隔器 5+4 1/2″ 油管 + 裸眼封隔器 6+4 1/2″ 油管 + 投球滑套 3/2.812″+4 1/2″ 油管 + 裸眼封隔器 7+4 1/2″ 油管 + 悬挂封隔器 + 插管 +5 1/2″ 油管（图 15.15）。

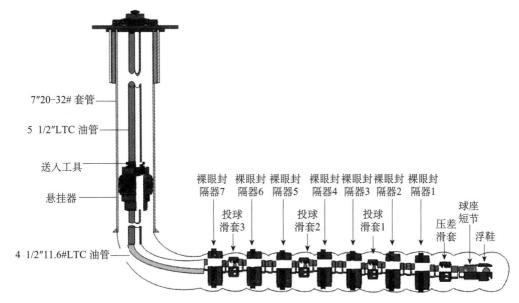

图 15.15　水平井不动管柱滑套分段压裂管柱示意图

（4）可钻式机械桥塞分段压裂技术。

水平井可钻式机械桥塞分段压裂技术主要是采用电缆传输桥塞与射孔枪，实现射孔、压裂联作的工艺技术。桥塞与射孔枪的下入过程中主要分为两个阶段，直井段工具串依靠自重下入，在水平段采用泵注方式将带射孔枪的桥塞泵入水平段指定封隔位置；通过分级点火装置，实现桥塞坐封，并上提射孔枪到达上段射孔位置进行射孔作业。在分段压裂过程中通过逐级下入桥塞、射孔，实现水平井逐级分段压裂改造。压裂改造完成后可实现统一放喷，放喷结束后通过快速钻磨桥塞，沟通井眼。

水平井可钻式机械桥塞分段压裂技术适用于套管固井完井方式，具有作业简单、封隔性好、改造层段精确和压后可快速钻磨桥塞的特点。由于压裂段数和施工规模不受限制，可满足煤层气井大排量施工的要求。

西安研究院采用可钻式机械桥塞分段压裂技术于 2014 年在安徽淮北芦岭井田实施了水平井 LG01-H 压裂施工。该井目标层为 8 煤层，埋深为 729.15～740.55m。LG01-H 井水平段轨迹控制在 8 煤层顶板的砂泥岩中，通过在水平段垂直向下定向射孔后实施分段压裂，实现水平井眼与 8 煤层的沟通。该井采用三开井身结构，水平段长 585.96m，采用套管固

井完井方式，分 7 段进行了压裂改造，

LG01 井射孔和坐封桥塞联作井下压裂管柱主要由射孔枪、桥塞坐封工具、可钻式复合桥塞和分级点火装置等组成（图 15.16）。通过逐级下入桥塞、射孔，实现水平井逐级分段压裂改造。LG01 井自 2015 年 1 月开始排采，最高日产气量达 10754.8m³/d，并长期稳产在 9000m³/d 左右，压裂改造效果显著。

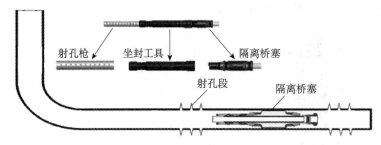

图 15.16　水平井可钻式机械桥塞分段压裂管柱示意图

4. 空气动力掏煤消突增透技术

空气动力掏煤消突增透是综合运用煤层气洞穴完井工艺技术，通过机械扩孔、水力切割和空气动力造穴等技术扩大消突影响范围，提高煤层透气性。煤层气井裸眼洞穴完井一般需要满足的基本条件：煤层气含量高、渗透率高、厚度大；煤层均质性好，无较厚泥页岩夹层；煤层上下围岩（顶底板）封闭性较好，机械强度相对要高于煤层，煤层顶底板不能有断层或漏失层。裸眼洞穴完井除了需要很好的储层条件外，还需要有一个良好的井眼条件，包括井壁稳定性和井径大小，保证造穴设备或采气设备在井筒内畅通无阻。

空气动力造穴是利用压力激动的方式产生洞穴，即在钻开煤层段后，从井口注入气体或气水混合物，进行憋压，待井内压力上升到一定值后，突然卸压，使煤层的原始应力分布发生突变，从而使煤层崩落形成一个稳定的洞穴。之后再利用空压机压风洗井，将脱落的煤粉或煤粒返排至地面，扩大洞穴体积，增大煤层的暴露面积，提高井眼周围煤体的渗透性，增大储层的导流能力。

采用这种造穴方式时，除能形成洞穴外，压力波动还会使煤层内产生剪切应力与拉伸应力。重复多次的压力激动后，剪切应力与拉伸应力积累到一定值，从而使煤层在一定范围内发生大量的多向剪切破坏和张性破裂，煤层内裂隙及微裂缝大量增多并相互连通，煤层渗透率得到极大改善。

西安研究院采用空气动力掏煤增透技术于 2013 年在安徽淮北谢一矿实施工程，掏煤量为 59m³，瓦斯含量由 13m³/t 降至 5.46m³/t。

15.1.4　排采工艺

排水采气是指通过抽排目标煤层及其围岩中的水，降低煤储层压力，使煤层中的甲烷解吸并生产到地面的过程。排采是煤层气开发的重要环节之一，一般要进行数年至数十年。因此，排采工作的好坏，直接关系到煤层气井的短期产量和累计产量。煤层气排采工艺复杂，不同完井方式、不同地质条件的煤层气井排采工艺有所不同，但以排采设备的组合和排采工作制度与控制最为重要。

1. 排采方式选择

煤层气排采设备及其合理选型是保障煤层气井连续稳定生产的重要因素。因此所用的排采设备必须成熟可靠、持久耐用、节能低耗、易于维修，还要有较大范围的排液能力和控制排液及系统压力的能力。目前国内煤层气井排水采气的主要设备包括：有杆泵、螺杆泵、射流泵和电潜泵等。

有杆泵排水采气：地面为抽油机，井下为管式泵。管式泵由泵筒和柱塞两大部分组成，适应性强，操作简单。在排采不同阶段，根据产水量变化调整泵型，并可通过调速电机调频，根据各井情况选择适当的排采强度。适合于产水量较小，井斜不严重，出砂、煤粉较少的煤层气井。

螺杆泵主要由定子和转子组成，结构简单，占地面积小、维护方便。配上调速电机可以在一个很宽的速度范围内工作，排量变化较大，适合产水量中等的排采井。

射流泵系统主要包括地面柱塞泵组和井下射流泵。射流泵由泵筒和泵芯组成，适用性强，操作简单。通过更换泵芯，可灵活方便地调整产水量。该抽采系统泵内部由液体驱动工作，携带煤粉能力强，检泵周期长。由于井下无运动部件，不存在偏磨问题，因此适应于斜井和水平井。

电潜泵是潜没在被泵送介质中的离心泵。排量范围大，扬程高。可以根据产液变化要求进行变频调速，地面占用面积和空间小、使用寿命长、便于管理。安装变频器后可以在 $10\sim50Hz$ 调整转速，达到控制排量的目的。适合井斜较大、产水量较高的排采井。

有杆泵、螺杆泵、射流泵和电潜泵四种设备排水采气适宜性对比见表 15.2。

在选择排采方式时，应考虑到煤层气井产量变化大，所选用的排采方式应满足不同阶段的排采要求，在排采初期要尽可能保证短时间内将储层压力降到解吸压力以下，使煤层尽早产气，选用的泵应具有排水量大的特点，而产气之后要保证均衡降压，防止煤层颗粒的运移。此时所选用的泵要对井底流压有较强的控制能力。这样才能保证排采工作连续顺利进行，使地层整体均衡降压，提高采收率。因此煤层气井排采方式的选择应遵循以下基本原则：

（1）煤储层压力降至解吸压力以下时，煤层气井才开始产气。为此，选择排采设备时，要保证在短期内能使气井产气。

（2）煤层气井气水比随时间而增大，选择排采设备时，应保证抽采泵可有效解决气蚀或气锁问题。

（3）煤层气井生产中会产生煤粉，由于产液量小等因素使进入泵内的煤粉很难及时排出，因此所选择的排采设备应有效解决煤粉卡泵等问题。

（4）实际生产过程中，煤层气井产液量变化大，为此，选择排采设备时，应兼顾前后期的变化，以保障充分发挥煤层气井的产能。

表 15.2　四类泵排水采气方法对比表

项目	条件	有杆泵	螺杆泵	射流泵	电潜泵
排量/（m³/d）	正常范围	1～100	5～250	0.2～200	80～70
	最大值	160	300	200	640
泵深/m	正常范围	<3000	<1500	2800	<2950
	最大值	4420	3000	3000	2500
井身环境	斜井	一般	不宜	适宜	适宜
	气候恶劣	一般	一般	一般	适宜
操作问题	高气水比	一般	较好	较好	一般
	出砂	较好	适宜	适宜	不适宜
维修管理	检泵工作	较大	较大	较小	大
	自动控制	适宜	适宜	适宜	适宜
	灵活性	适宜	一般	适宜	适宜

2. 煤层气井排采制度

煤储层中的甲烷气体主要以物理吸附状态储存于煤岩之中，连续不断的排水将使煤储层压力持续下降。当煤储层的孔隙、裂隙中的流体压力低于煤储层临界解吸压力时，煤层气开始从煤体表面解吸并通过裂隙等通道不断向井筒运移。由于煤层是典型的双孔隙介质，煤中气体通过煤层孔隙的运移机制可以描述为三个相联系的过程：①由于压力降低使气体从煤基质孔隙的内表面上发生解吸；②在浓度差的作用下，煤层甲烷由基质向割理扩散；③在流体势的作用下，煤层甲烷通过裂隙系统流向井筒。煤层气井产气机理如图 15.17 所示。

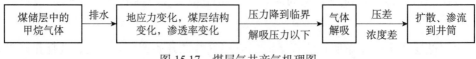

图 15.17　煤层气井产气机理图

如何使储层压降范围扩散的更大，使吸附气体解吸并运移至井筒中，并减少排采过程中对煤储层的伤害，实现气井高产、稳产是制定排采制度的根本性原则。

煤层气井排采过程中主要有定压和定产两种排采制度。定产排采一般是指排采进入稳产阶段后采用的排采制度。定压排采关键是有效、合理控制井底流动压力与储层压力之间的压差，适度控制井筒附近的流体流动速率，以保证水、气和煤粉等固相颗粒的正常产出。由于动液面距离煤层的气液混合段压力、井口压力及纯气段压力之和，即为井底流压，所以，在排采过程中主要通过调整产水量和井口压力来调整动液面的变化，从而达到控制井底流动压力及其与储层之间的压差。

经过长期的摸索、总结和优化，煤层气井的排采大致可划分为五个阶段（图15.18，表15.3）。根据排采阶段的不同，制定不同的排采制度，随时注意井底流压的变化情况、产水速度变化情况和产气速度变化情况，最大限度保护煤储层，保证排采顺利进行。

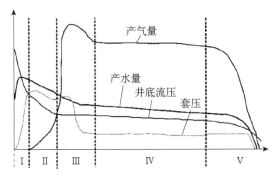

图 15.18 五段制排采工作示意图

I.稳定降压阶段；II.临界产气阶段；III.产气快速增加阶段；
IV.稳定产气阶段；V.气量递减阶段

表 15.3 五段制排采工作制度

序号	阶段划分	动液面下降	阶段特征
I	稳定降压阶段	<5m/d	稳定排采降液面，较快速度排出储层中残留压裂液。防止煤粉产出，随着井底流压降低，逐渐降低排采强度
II	临界产气阶段	<3m/d	煤层气开始解吸，气水同出，动液面波动较大，套压逐渐上升
III	产气快速增加阶段	<2m/d	控制套压产气，控制套压下降和产气量上升速度，此阶段主要控制井底流压日变化量不大于0.02MPa，产气增加量小于100m³/d
IV	稳定产气阶段	<1m/d	根据现场情况，逐步控制套压在一定范围内产气，保持稳定排水，同时控制产气量，获得稳定产量
V	气量衰减阶段	液面稳定	根据产量衰减情况，逐步降低套压。尽量减少修井次数，保持连续排采，避免产量较大幅度波动

排采过程中煤储层的伤害主要因为排采过快易引起煤储层应力敏感（压敏）和煤粉等颗粒的运移堵塞气、水渗流通道（速敏），从而造成储层渗透率降低。过快的排采还会造成解吸不充分及解吸范围有限。因此，在整个排采过程中要做到连续排采，排采强度缓慢适中。避免因供电不稳定、排采设备选择不合适等原因引起的排采不连续或排采制度剧烈

变化。

试抽阶段：以低排量开抽，连续监测液面下降速度，观察水质变化，逐步了解储层供水强度。然后小幅度调整排采参数，在此期间，控制液面每天下降不超过 5m。连续观察 3 天，在工作制度一定的条件下，液面下降稳定，进入下一阶段。

稳定降压阶段：调整工作制度，控制液面每天下降不超过 3m，及时采取水样并随时观察水质变化，防止煤层煤粉的产出。坚持连续稳定排水，最大限度地采出储层中残留的压裂液和煤层水，扩大煤层压降范围，为高产、稳产打好基础。

临界产气阶段：进入临界产气阶段，通过套压和动液面位置计算井底流压，通过微调排采强度，控制井底流压基本稳定，连续观察产气量的变化和产水性质的变化。一般要求井底流压稳定 15d 以上，当动液面基本稳定，连续产气后进入下一阶段。套压达到最大值后，开始放气，控制套压低于最大套压并稳定。

气量快速增加阶段：进入气量快速增加阶段后，套压控制和气产量增加速度成为本阶段排采管理的重点。临界解吸阶段结束后，控制套管压力低于最大套压，使煤层产气增加量小于 100m³/d，及时调整排采制度，严格控制液面下降速度小于 1～2m/d，力求保持煤层水的连续稳定外排。在此期间，煤层由于解吸气的产出可能会有少量的煤粉产出，煤层的供水量会发生较大的变化，套压的控制尤其重要。

稳定产气阶段和气量衰减阶段：在稳定的排采工作制度下，控制流压进行排采。根据产量衰减情况，逐步降低套压。这两个阶段排采管理的重点是尽量减少修井次数，保持连续排采，避免产量较大幅度波动。

排采生产过程中如果遇到卡泵、抽油杆断脱、泵效极低或监测仪器故障等，必须及时进行诊断，迅速组织作业，快速处理事故。修井时不能造成较大的井底压力波动，井下工具的下入和提出应匀速、缓慢，并在最短时间内恢复生产。

15.2 低煤阶煤层气地面勘探开发技术

15.2.1 概述

20 世纪 90 年代以来，国外煤层气突破主要集中在美国粉河盆地、加拿大阿尔伯达盆地等低煤阶地区，其勘探开发的实践证实，低煤阶煤层气藏可以获得工业气流，达到商业开发规模。我国拥有丰富的低煤阶煤层气资源，根据 2008 年国土资源部最新统计结果，我国低煤阶煤层气的资源量为 14.7 万亿 m³，占全国煤层气资源量的 40%，低煤阶煤层气开发潜力巨大。但是，2008 年以前，我国煤层气勘探开发工作集中在沁水盆地南部高煤阶地区，低煤阶煤层气藏勘探开发研究相对薄弱，仍处于起步阶段，煤炭、石油等相关企业曾在新疆、陕西开展过低煤阶煤层气的开发试验，但试验效果均不理想，单井稳定日产气量产量不足 300m³/d。因此，我国的低煤阶煤层气藏是否能实现工业开发，一直是业界关注的焦点。

我国低煤阶煤层气藏具有煤层厚度大、埋深浅、孔隙度大、渗透性好，但含气量偏低的地质特点，因此，低煤阶煤层气要想实现工业开发首先要解决两大关键问题：①理论上，研究认识低煤阶、低气含量煤层的工业性产气潜力；②工程技术上，开发适合于低煤阶、低气含量煤层的开发工艺技术。

2008 年以来，西安研究院在陕西焦坪低煤阶煤层气区开展了井位设计、井网优化、钻井、完井、煤层取心、实验室测试、煤层试井、产能模拟、压裂、排采等理论和工程试验研究工作。创造了侏罗纪低煤阶、低含气量单井最高产气量达到 1975.8m³/d，井均稳定产气量 1500m³/d 以上，煤层气井单井日产量连续三年稳产 1000m³ 以上新纪录。该研究不仅在理论上提出了低煤阶、低气含量、厚度大、渗透率高的煤层具有工业性开发潜力的新认识，丰富和发展了我国煤层气勘探开发理论，而且在工程技术方面，形成了一套适合低煤级、低气含量煤层的高效低成本煤层气地面开发工艺技术，研究成果达到了国际先进水平。为我国西北地区侏罗纪煤层气开发、煤矿瓦斯灾害防治起到引领和示范作用。

15.2.2　焦坪矿区地质与煤储层特征

焦坪矿区地层由老到新依次为：三叠系上统永坪组（T_3y），侏罗系下统富县组（J_1f），侏罗系中统延安组（J_2y）、直罗组（J_2z），白垩系下统宜君组（K_1y）、洛河组（K_1l）、环河华池组（K_1h）及第四系（Q）。

焦坪矿区的含煤地层为早、中侏罗世的延安组，含有 4 个煤组，共 8 层煤。其中 3-2 煤层大部分见煤点可采，最厚达 6.29m，为局部可采煤层；4-2 煤为主要可采煤层。

焦坪矿区属于黄陇侏罗纪煤田，位于鄂尔多斯地台向斜南部的渭北隆起 NW 向倾斜的斜坡陡带上，在单斜背景上发育了一系列的褶皱构造，无大的断裂构造显示。构造线的方向主要有 NE 和 NW 向两组，二者互相交织，对煤层的沉积起着严格的控制作用。总体而言，该区构造简单、断层较少、地层平缓，构造线以 NW 向、NE 向为主，次为 NNE 向。

焦坪矿区主采煤层为 3 号煤和 4-2 号煤，属于低变质长焰煤，镜质体反射率 0.65% 左右；煤层厚度大，总厚度为 10～20m；煤中矿物质主要含有碳酸盐类（方解石和铁白云石），黏土矿物主要为高岭石，氧化硅矿物主要为石英；煤体结构以原生结构为主，主裂隙不发育-极发育，裂隙被碳酸盐矿物或土黄色砂质物质充填，连通性差-中等；煤层气含量低，干燥无灰基含气量 1～5m³；煤层埋深为 500～600m，储层压力梯度为 0.8MPa/100m 左右，属于欠压储层；煤层温度 23℃ 左右，煤层含气饱和度为 40%～60%，含气饱和度偏低，处于欠饱和状态；3 号煤层试井渗透率为 $0.31 \times 10^{-3} \sim 3.00 \times 10^{-3} \mu m^2$，4-2 号煤层试井渗透率为 $0.08 \times 10^{-3} \sim 1.87 \times 10^{-3} \mu m^2$。

15.2.3 技术特点

1. 数值模拟技术

低煤级煤层具有吸附能力较弱、解吸能力较强的特点。以焦坪低煤级煤和晋城高煤阶煤为例，当废弃压力为 0.5MPa 时，焦坪低煤级煤层含气量超过 $1.0m^3/t$ 即可解吸产气，而晋城高煤级则要超过 $5.2m^3/t$，才能解吸产气（图 15.19）。

从数值模拟结果可知，低煤阶煤层，当气含量为 $3m^3/t$ 时，随着厚度和渗透率的增加，单井稳产完全可到达 $1000m^3/d$ 以上，具有工业性产气的潜力（图 15.20）。可见，对于低煤阶、低含气量煤层来讲，煤层厚度大、渗透率高，将弥补低含气量的不足对产气量的影响，因此同样具有工业性开发潜力。

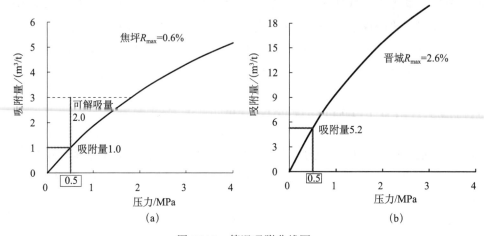

图 15.19　等温吸附曲线图

（a）陕西焦坪；（b）山西晋城

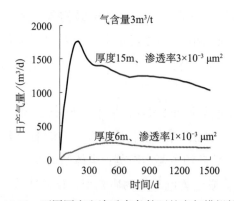

图 15.20　不同厚度和渗透率条件下的产气模拟结果

2. 低煤级、低含气量煤层选区评价技术

煤层气开发主要取决于煤层气的生成、保存与运移条件。在选区定位之前，首先系统地收集焦坪矿区煤田勘探资料、煤矿生产资料，编制焦坪矿区地形地质图、主采煤层采掘工程平面图，瓦斯含量分布预测图、主采煤层底板等高线及煤层厚度等值线图、矿区水文地质综合图、走向煤岩层对比图、倾向煤岩层对比图、煤层河流冲刷带分布图等基础图件，建立焦坪矿区煤层气地质及储层特征的三维分布模型；然后按照以下基本原则进行煤层气选区与定位，设计选区地层预想剖面及单井预想柱状；最后借助储层数字模拟技术和煤矿区煤层气开发项目经济评价模型对候选的方案进行优化比较，确定布井的最终位置。其中，煤层气选区基本原则如下：

（1）煤厚较厚且周边煤层赋存稳定。

（2）尽可能远离断距大于5m的断层。

（3）选择煤层气含量预测较高区域，优先布置井位在瓦斯含量大于2.5m³/t的区域。

（4）井位的布置要与矿井后续生产规划衔接。将井位部署在未来5年以后开采的位置，以保证有较长的排采时间。

（5）地形与施工条件相对便利。

（6）试验井孔位与煤田勘探孔的距离大于压裂产生的裂缝半长。

3. 钻井完井中储层保护技术

低煤阶煤层钻完井与常规油气钻完井的方法大致相同，但低煤阶煤层渗透性好，钻井作业过程中对煤储层的保护显得尤为重要，此外，提高钻进效率，降低钻井成本也是需要考虑问题。重点对井身结构、钻具组合、钻井液、井身质量控制技术、取心技术、固井/完井工艺和储层保护等方面进行针对性研究，通过室内研究和现场应用形成了以下关键技术：

（1）高效安全的二开井身结构和钻具组合：满足直井（定向井）需求。

（2）低固相、低密度泥浆（清水）快速钻进技术：满足钻井效率和储层保护的需求。

非煤系段，采用低固相钻井液，密度控制为$1.02 \sim 1.04 \text{g/cm}^3$，含煤地层段，采用清水或无固相的化学浆，实现近平衡钻井。

（3）空气潜孔锤钻进技术：提高钻井效率和录井质量，减少建井周期，同时能保护煤储层渗透性，减少对储层的污染。

（4）采用固井泥浆密度先低后高的变密度固井工艺，封固煤系及上覆地层：在保证固井质量的同时最大程度降低储层伤害。3煤层顶板以上控制水泥浆密度为$1.60 \sim 1.65 \text{g/cm}^3$，3煤层顶板以下控制水泥浆密度为$1.7 \sim 1.8 \text{g/cm}^3$。

（5）套管固井深穿透射孔完井方式：提高射孔完善程度，减小压裂施工摩阻作用，较好地解决了由地层污染带对煤层气井生产的影响问题。

射孔器材选择102型射孔枪，装填127型深穿透射孔弹，以标准孔密度为16孔/m，按照初始相位角 90° 螺旋布孔对目标层段进行射孔。

4. 高渗透率、厚煤层的压裂增产工艺技术

低煤级低气含量煤层，要达到工业性产气量，必须大规模压裂、高效增产。考虑低煤阶煤层厚度大、滤失大、地温低的特点，重点研究影响低煤阶煤层气压裂效果的地质因素、压裂液（支撑剂）优选、压裂工艺、裂缝监测技术、压裂效果分析等方面内容。通过室内研究和现场应用形成了以下关键技术：

（1）防膨水压裂液配方：可以有效抑制煤层中黏土矿物的膨胀。

（2）提高前置液用量、前置液加砂的综合防滤失技术：防膨水压裂液的黏度低，滤失量大，并且低煤级煤层存在大量的天然微裂缝，压裂时这些天然裂缝常处于张开状态，增加了压裂液的滤失。提高前置液用量、前置液加砂的综合防滤失技术有利于提高压裂液的效率。

（3）采用大排量（$7m^3/min$）、中砂比（3 煤层平均砂比 12% 左右，4-2 煤层平均砂比 14% 左右）、大砂量（3 煤层加砂强度 $10\sim11m^3/m$，4-2 煤层加砂强度 $5\sim6m^3/m$）的压裂工艺技术提高了压裂液携砂能力，形成了长而宽、高导流能力的压裂缝。

（4）裂缝监测技术：利用微地震监测或大地电位监测技术确定裂缝方位和长度；利用井温测井确定裂缝高度。

5. 井底流压实时监控排水采气工艺技术

压裂后管理及排水采气是决定煤层气井最终产气效果的关键。重点对压裂后管理、排采系统合理选型及配套、精细排采控制技术及井底流压实时动态监测技术等方面深入系统研究，开发适合于低煤级煤层的井底流压实时监控排水采气工艺技术及智能化预警系统，可达到对排采井的精细化科学管理。其工艺特点为：

（1）采用二次下泵手段，减少由于气锁和卡泵对煤层气井排采带来的影响。

（2）针对气井排采时吐砂吐煤粉问题，提出慢、控、稳的分阶段精细排采工艺技术，严格控制井底流压、套压、产气速度。

（3）为了实时精确地测量和控制井筒的液面高度变化，开发出了井底流压实时动态监测与智能化分析预警技术，最大限度降低排采风险。

15.2.4　工程示范

西安研究院于 2008 年在陕西焦坪矿区进行了 JPC-01 井煤层气地面抽采试验，2011 年以 JPC-01 井为基础，在其周围再部署 3 口井，形成一个 "1+3" 模式的小型试验井网（图 15.21）。4 口井的揭露数据如表 15.4 所示。3 号煤层埋深为 $503.75\sim510.00m$，3 号煤层厚度为 $4.45\sim5.49m$，煤层结构复杂，含 1～2 层夹矸。4-2 号煤层埋深为 $540.50\sim547.00\,m$，4-2 号煤层厚度为 $10.85\sim13.16\,m$，煤层结构复杂，含 2～6 层夹矸。

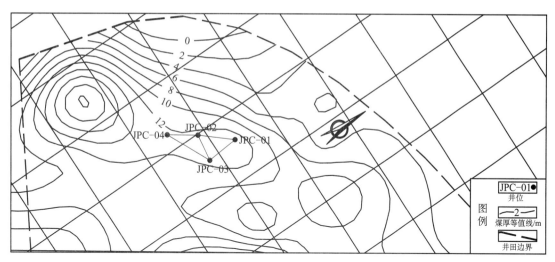

图 15.21　煤层气井组部署图

表 15.4　主要钻遇煤层数据表

井号	3号煤			4-2号煤		
	埋深/m	厚度/m	煤体结构	埋深/m	厚度/m	煤体结构
JPC-01	506.91	5.49	0.93（0.26）4.30	541.20	13.16	0.30（0.26）0.88（0.25）1.02（0.30）5.34（0.33）3.16（0.27）0.29（0.24）0.52
JPC-02	506.05	5.45	0.85（0.30）0.85（0.20）3.25	541.45	11.3	0.40（0.30）2.15（0.20）8.25
JPC-03	510.00	5.30	0.85（0.25）0.70（0.2）3.30	547.00	11.45	1.45（0.25）1.00（0.25）8.50
JPC-04	503.75	4.45	0.60（0.50）3.35	540.50	10.85	0.40（0.30）0.75（0.35）1.15（0.35）0.75（0.40）6.40

注：煤体结构数据中，括号外为煤层厚度，括号内为夹矸厚度。

对 JPC-01 井和 JPC-04 井进行了含气量测试和注入 / 压降试井（表 15.5），3 号煤层的空气干燥基含气量为 $2.98 \sim 4.09 \mathrm{m^3/t}$，4-2 号煤层的空气干燥基含气量为 $2.98 \sim 4.09 \mathrm{m^3/t}$。3 号煤层渗透率为 $2.61 \times 10^{-3} \sim 2.93 \times 10^{-3} \mu\mathrm{m}^2$，4-2 号煤层渗透率要差于 3 号煤层，为 $0.08 \times 10^{-3} \sim 1.87 \times 10^{-3} \mu\mathrm{m}^2$（表 15.6）。

表 15.5　地面煤层气井含气量测试结果表　　　　（单位：$\mathrm{m^3/t}$）

井号	煤层	总含气量		甲烷含气量	
		空气干燥基	干燥无灰基	空气干燥基	干燥无灰基
JPC-01 井	3 号煤	4.09	4.68	3.75	4.29
	4-2 号煤	2.93	3.54	2.54	3.05
JPC-04 井	3 号煤	2.98	3.42	2.68	3.07
	4-2 号煤	2.61	3.34	2.21	2.83

表 15.6　地面煤层气井煤层渗透率测试结果表

井号	煤层	渗透率/$10^{-3}\mu m^2$
JPC-01 井	3 号煤	0.31
	4-2 号煤	0.08
JPC-04 井	3 号煤	3.00
	4-2 号煤	1.87

焦坪矿区 4 口煤层气井的排采数据统计表明，截至 2015 年 12 月 31 日，共抽采煤层气 4518619.9m^3，其中 JPC-01 井日产气量最高为 1512.3m^3/d（图 15.22），产气相对稳定阶段产量持续稳定在 1000m^3/d 左右，稳产时间接近 3 年，累计产气 1659403.5m^3；JPC-02 井日产气量最高为 1594.8m^3/d（图 15.23），累计产气 1281852.5m^3；JPC-03 井日产气量最高为 1975.8m^3/d，累计产气 900808.1m^3；JPC-04 井日产气量最高达 1698.2m^3/d，累计产气 676555.8m^3，详细情况如表 15.7 所示。

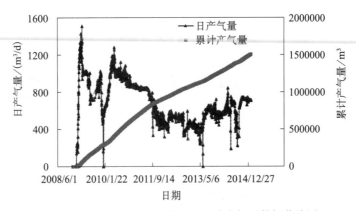

图 15.22　JPC-01 井日产气量和累计产气量数据曲线图

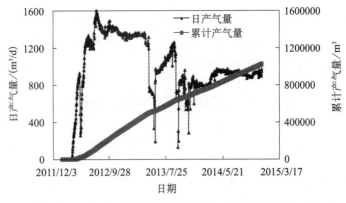

图 15.23　JPC-02 井日产气量和累计产气量数据曲线图

表 15.7 不同煤层气井排采情况统计表

井号	开始排采时间	开始产气时间	最高日产气量/（m³/d）		累计产气量/m³	累计产水量/m³
			气量	水量		
JPC-01	2008/12/17	2009/2/01	1512.30	25.23	1659403.5	10863.63
JPC-02	2012/1/20	2012/3/14	1594.80	25.80	1281852.5	8837.32
JPC-03	2012/1/20	2012/3/23	1975.80	35.60	900808.1	10464.06
JPC-04	2012/2/07	2012/4/22	1698.2	42.10	676555.8	10677.83

焦坪矿区低煤级煤层气开发创造了侏罗纪低煤级、低含气量单井最高产气量达到 1975.8m³/d，井均稳定产气量 1500m³/d 以上，煤层气井单井日产量连续 3 年稳产 1000m³ 以上新纪录。焦坪煤层气井开发试验取得成功，标志了焦坪矿区乃至我国西北侏罗纪低煤级、低气含量煤层具有良好的煤层气开发前景，也为煤矿区防治瓦斯灾害提供了行之有效的新技术。

15.2.5 推广应用

焦坪矿区侏罗纪煤层地面井组瓦斯预抽采技术研究与应用取得的研究成果获得中国煤炭学会鉴定专家的认可，建议将其研究成果在焦坪矿区进一步完善，并在类似条件矿区推广应用。目前，西安研究院研发的适合低煤级、低气含量煤层的高效低成本煤层气地面开发工艺技术已在陕西省焦坪矿区和彬长矿区的煤层气开发试验中进行了推广应用，获得了地面煤层气开发的重要突破。

15.3 碎软煤层煤层气开发技术在突出煤层增透消突中的应用

15.3.1 技术流程

针对目前井下石门（巷道）揭煤消突采用单一的井下钻孔瓦斯抽采模式存在的问题，西安研究院以安徽淮南顾桥矿为例，提出碎软突出煤层空气动力造穴掏煤消突增透及煤层气抽采一体化技术，辅以石门揭煤前井下施工验证钻孔完成石门揭煤前的消突任务，该技术主要包括定向钻井、机械扩孔掏煤、水力切割扩孔掏煤、空气动力造穴掏煤、多井联合掏煤和瓦斯抽采等技术。主要技术流程如图 15.24 所示。

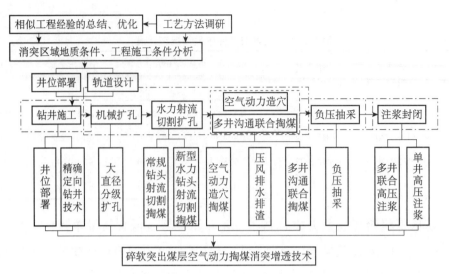

图 15.24　碎软突出煤层空气动力掏煤消突增透技术路线

15.3.2　典型案例

1. 试验地点及地质概况

2013 年 7 月，西安研究院选择淮南矿业（集团）有限责任公司谢一矿 -960m 轨道石门和谢一矿 -960m 运输石门为试验地点，进行了"碎软突出煤层空气动力造穴掏煤消突增透及煤层气抽采一体化技术"的工程实践。

谢一矿 -960m 轨道石门和 -960m 运输石门相距约 100m，两个石门均揭下石盒子组 B_{11} 组煤层（B_{11b}、B_{11a}、$B_{11a下}$）。该煤层为突出煤层，厚度为 6～12m，$f=0.27$，瓦斯压力为 6.5MPa，瓦斯含量为 13～18m^3/t。地层走向 330° 左右，煤层倾向为 56°，倾角为 19°～22°。石门周围未发现断层构造。

2. 工程概况

1）井位部署

谢一矿 -960m 运输石门周边布置有 4 个见煤点，见煤点沿石门方向（中线）呈近菱形布置。按照消突技术要求，TMⅡ01 井设计靶点位于 -960m 运输石门中线上，见 B_{11b} 煤点到 -960m 运输巷底的垂向距离为 3m（按照煤层倾角 20° 计算，靶点到煤层的法向距离约 3.19m）；TMⅡ02 井与 TMⅡ03 井见 B_{11b} 煤点位于 -960m 运输石门揭露煤层区域巷道中线两侧，对称布置，相距 12m；TMⅡ04 井见 B_{11b} 煤点到 -960m 运输巷顶的垂向距离为 8m（按照煤层倾角 20° 计算靶点到煤层的法向距离为 8.51m）。井位部署及轨道设计见图 15.25。由于地质情况的变化，B_{11b} 煤层埋深发生变化，各井 B_{11b} 见煤点的位置关系会发生一定的变化。根据见煤点的分布结合地面情况及工程技术条件确定了各钻孔孔口位置。

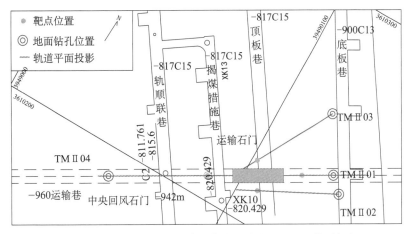

图 15.25 井位部署及轨道设计平面图（-960m 运输石门）

谢一矿 -960m 轨道石门消突区域布置 3 个钻孔：TM01、TM02 和 TM03-H（图 15.26）；其中，TM01 和 TM02 井是直井，布置在石门下方，分别位于石门岩巷两侧；两孔的平面位置相距 15m；TM03-H 井为定向井，位于石门上方巷道中线上。TM03-H 井在煤层段侧钻出两分支，分别与 TM01 和 TM02 井对接。

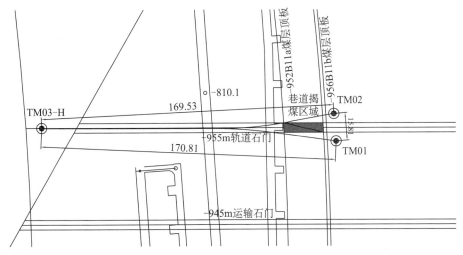

图 15.26 井位部署及轨道设计平面图（-960m 轨道石门）

2）易斜地层定向井精确定向钻井工程

由于试验区地层倾角较大，且软硬岩层互层，在钻进过程中，易发生井斜。根据以往工程资料及本次施工的浅部井段井斜方位的统计，井眼向地层上倾的方向偏斜严重。

为了达到较好的消突效果，设计见煤点与实钻见煤点的偏离要控制在 2m 左右（井深 1000m）。-960m 运输石门上方有多条巷道通过，施工的钻井轨迹需要防碰设计及多处绕障设计，另外根据地层的变化需及时预测煤层位置和调整井眼轨迹，因此井眼轨道设计及轨迹控制的难度非常大。在钻井过程中采用无线随钻测量（MWD）精确定向钻井技术来监测和控制井眼轨迹，确保钻孔同巷道保持安全距离和见煤点坐标与设计坐标的误差在合理的范围内。钻井结束后，使用 PSJX-1 井斜仪和 JTL-40GX 陀螺测斜仪或 JJX-3 测斜仪测量对施工井眼进行了井身数据复测，测量结果与随钻测量数据高度吻合。

为了确保井身质量指标达到设计及规范要求，不仅优化了钻具组合、适时调整钻井参数，而且还同时采用无线随钻仪器连续监测井斜和方位变化，确保各项指标不超标。井眼轨迹全都控制在设计范围内，中靶半径、全角变化率均符合设计要求。井眼与避障巷道的位置关系如图 15.27 所示，井眼轨迹的平面图如图 15.28 所示。

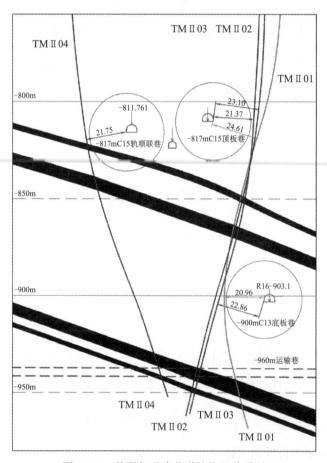

图 15.27　井眼与避障巷道的位置关系图

3）大直径掏穴钻头分级扩孔掏煤

为降低施工难度，机械扩孔采用逐级扩孔的方式，即第一级，将目标层段裸眼孔径由完钻井眼井径扩至 $\Phi 350$mm；第二级，将目标层段裸眼孔径由 $\Phi 350$mm 扩至 $\Phi 500$mm；第三级，将目标层段裸眼孔径由 $\Phi 500$mm 扩至 $\Phi 1200$mm，最终形成规则的、稳定的洞穴。值得说明的是，在施工过程中可以合理增加扩孔级数，以便提高扩孔效率，同时延长扩孔钻头的使用寿命。

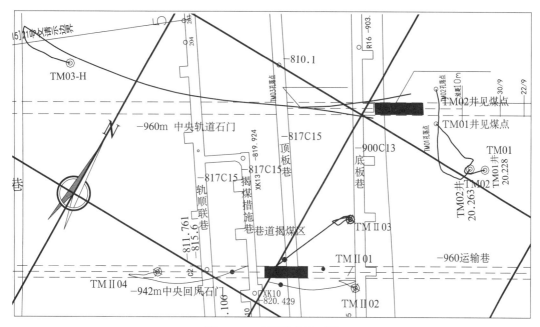

图 15.28 井眼轨迹平面图

（1）Φ350mm、Φ500mm 扩孔钻头（图 15.29）主要依靠钻具内液柱压力和泵压为动力使刀翼张开。在钻孔任意位置需要扩孔处，开启泥浆泵保持一定的泵压使扩孔翼张开即可进行扩孔作业。

图 15.29 Φ350mm/Φ500mm 机械扩孔钻头

（2）Φ1200mm 扩孔钻头，其实物如图 15.30 所示。待扩孔钻头下至目标层段上部，逐渐增加钻具转速，依靠钻具旋转产生的离心力使双侧刀翼张开，对目标层段进行扩孔，而后可下压钻具，在煤壁摩擦力和钻压的综合作用下保持张开状态，从而起到扩孔效果。

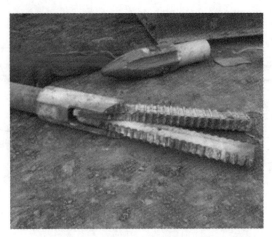

图 15.30　Φ1200mm 机械扩孔钻头

经机械扩孔掏煤，约 179.4m³ 煤屑返至地面（表 15.8），为理论计算值的 3～5 倍，推测其原因，可能两方面原因：①煤层在原始状态时处于压实状态，经机械破碎，返排至地面的煤屑处于蓬松疏散的状态；②随着洞穴体积的增加，地应力驱动的煤体蠕变坍塌，即形成的洞穴直径大于扩孔钻具的尺寸所致。

表 15.8　机械扩孔掏煤量统计

扩孔分级及掏煤量	TM Ⅱ 01	TM Ⅱ 02	TM Ⅱ 03	TM Ⅱ 04	合计
Φ350mm 机械扩孔 /m	15.70	12.80	13.10	13.25	54.85
Φ430mm 机械扩孔 /m	—	12.80	—	—	12.80
Φ500mm 机械扩孔 /m	15.70	12.80	13.10	6.85	48.45
Φ1200mm 机械扩孔 /m	11.20	8.45	9.30	6.48	35.43
掏煤量 /m³	62.9	32.6	50.2	33.7	179.4

4）水射流切割掏煤技术

水力射流切割过程中使用西安研究院拥有自主知识产权的水力射流切割钻头［图 15.31（a）中的钻头］进行水力切割掏煤施工，相较于普通水力喷射钻头［图 15.31（b）中的钻头］可以扩大水射流影响范围，提高切割掏煤效率。

泥浆泵开启之前，新型水射流钻头呈直线状态，在开启泥浆泵，由泥浆推动外壳体内部的活塞连杆机构，继而推动驱动头绕着转轴转动至一定角度（图 15.32）。工作状态下高压水通过管体进入到喷嘴部分，通过喷嘴进行喷射射流。高压水射流钻头不具备自旋转功能，由钻杆控制旋转速度及在井内的位置。该钻头驱动头与喷嘴间可通过更换加长杆方式进行加长，可提高钻头的扩孔能力。

高压水射流破碎煤岩是一个非常复杂的过程。首先，高压水射流破碎煤岩的作用时间比较短，并且在这短暂的时间内还涉及气、液、固三相之间的相互作用。其次，高压水射流本身具有复杂性。由于高压水射流在运动过程中属于紊流射流，而目前还没有一种紊流理论能普遍而有效的应用于工程实际问题。为了满足工程实际的需要，现在主要依据一些半经验的理论来描述水射流的流动过程，并且得到了一定的发展和应用。

（a）　　　　　　　　　　　　　　　（b）

图 15.31　水力切割扩孔钻头

（a）初始状态；（b）工作状态

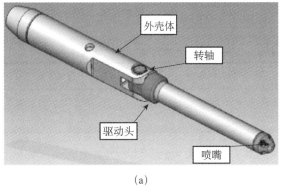

（a）　　　　　　　　　　　　　　　（b）

图 15.32　新型水射流钻头初始及工作状态图

（a）初始状态；（b）工作状态

谢一矿煤体呈粉末状及碎块状，煤块的单轴抗压强度为 1.5～16.3MPa。根据矿区煤层最高抗压强度（取值 16.3MPa），在开始射流施工前，计算使用不同规格喷嘴时所需的泥浆泵最小排量。根据动量定理，射流对物体表面的压强可通过以下公式计算：

$$P = \rho qv(1-\cos\alpha)s \tag{15.1}$$

式中，P 为流体产生的压强，MPa；ρ 为流体密度，kg/m^3；q 为射流体积流量，m^3/s；v 为射流流速，m/s；α 为射流方向变化的角度，（°）；s 为喷嘴截面积，m^2。

当 α 达到 180° 时，即射流完全反射时，总打击力 P 达到最大值，即 $P=2\rho qv/s$。

F500 型泥浆泵排量为 17L/s、31L/s 时（分别使用 Φ120mm、Φ160mm 缸套），常规及

新型水射流钻头射流产生的压强（表 15.9）。

表 15.9　不同工况条件下压强参数计算

分类	泥浆泵流量/（L/s）	喷嘴组合	射流初速/（m/s）	压强/MPa
额定排量	31	1×Φ8mm+2×Φ6mm	240.67	115.85
	31	4×Φ5mm	394.70	311.58
	17	1×Φ8mm+2×Φ6mm	131.98	34.84
	17	4×Φ5mm	216.45	93.70
测试排量	10	1×Φ8mm+2×Φ6mm	77.64	12.05
	10	4×Φ5mm	127.32	32.42

根据计算结果，在泥浆泵额定排量的情况下，常规高压水射流钻头产生的切割压强为 115.85MPa、34.84MPa；新型高压水射流钻头产生的切割压强为 311.58MPa、93.70MPa。两种钻头产生的射流切割能力均高于煤层的临界破岩压力值。该区煤层受构造影响较大，其承受压力及冲刷的能力较差。根据现场返屑情况判断，两种射流钻头产生的射流对煤层进行了有效的切割。洞穴形状参照圆柱形，对其直径进行了计算，相关数据如表 15.10 所示。对四口井进行了常规及新型水射流切割扩孔施工，分别完成 52.7m、19.33m 的掏煤进尺，共计返出煤粉 235.8m³；洞穴的平均直径由 2.0m 增加至 3.0m，增加了 1m。

表 15.10　高压水射流掏煤施工前后煤屑及洞穴直径变化情况

井号	煤层厚度/m	洞穴体积与直径的变化		掏煤量/m³		合计
		常规水力施工前后	新型水力施工前后	常规水力	新型水力	
TMⅡ01	15.70	62.9～115.2/2.3～3.1	115.2～139.1/3.1～3.4	52.3	23.9	76.2
TMⅡ02	12.80	32.6～55.0/1.8～2.3	55.0～81.9/2.3～2.9	22.4	26.9	49.3
TMⅡ03	13.10	50.2～78.8/2.2～2.8	78.8～109.1/2.8～3.2	28.6	30.3	58.9
TMⅡ04	14.90	33.7～68.9/1.7～2.4	68.9～85.1/2.4～2.7	35.2	16.2	51.4
均值	14.13	44.8～79.5/2.0～2.6	79.5～103.8/2.6～3.0	34.6	24.3	59.0

注：斜杠前的数据范围为洞穴体积，单位为 m³；斜杠后的数据为直径，单位为 m。

高压水射流施工有效地扩大了洞穴直径，增加了煤层气泄流面积，从地面负压瓦斯抽采效果分析，在进行高压水射流切割扩孔后即可获得较大的瓦斯抽采量，一定程度上达到了降低煤层瓦斯压力和瓦斯含量的效果。

5）空气动力造穴掏煤技术

煤层段经过机械扩孔和高压水力射流切割后，会形成一定体积的洞穴，此时从井口注入气体或气水混合物，待井内压力上升到一定值后，进行憋压，然后迅速卸压。压力突然释放会使煤层的原始应力分布发生突变，引起煤块向井内破碎。在重复多次增压、卸压过程后，便可以形成一定大小的人工洞穴。

谢一矿煤层渗透率较低，煤层厚度大，坚固性系数 f 为 0.27，对于常规煤层气开发来说，不满足采用空气动力造穴的条件，但该工程目的是为石门周围小范围区域消突，并且希望尽可能扩大煤体的垮塌规模，使用空气动力造穴技术能够很好地实现这一目的。因为由于渗透率较低，煤体结构松软，空气动力造穴注气加压时，气体扩散范围有限，在压力释放时煤层洞壁的压力梯度特别大，非常容易造成洞壁大规模的扩大。同时煤壁垮塌物多为粉末状，颗粒较少，利于煤粉的返排。

谢一矿 -960m 运输石门消突区域部署的四口井空气动力造穴施工压力为 4～8MPa，单井掏煤量为 36～165m³，共进行空气动力造穴 79 次，累计掏煤 385m³。空气动力造穴施工设备多，工艺复杂，因此有必要采取一定的技术措施来提高造穴效果和保证施工过程的安全。

6）多井联合掏煤

由于工程施工是为石门（巷道）揭煤消突服务，施工钻井的见煤点相距相对较近，经过机械扩孔、水力切割扩孔和空气动力造穴以后，消突煤层段洞穴体积显著增大，为井间沟通提供了基础条件。在井筒内液柱压力或气体压力的作用下，邻井之间可能相互连通。

邻井相互连通后，通过在一口井保持较高工作压力注入清水，清水就会冲刷两井之间的煤层，携带大量煤粉从连通井返出，提高了裂隙通道的孔径。经过工程实践，返出地面的水量远小于注水量，推测在较高压力条件下，煤层破裂并向层内延伸成数条裂缝，起到煤层气井常规水力压裂的作用，有助于改善煤层渗透性。另外，预先注水可以改变煤的变形特性、软化和松动煤体，降低煤体强度。

7）负压抽采

淮南矿区各矿井瓦斯抽放管线及负压抽采系统建设完善，为地面消突钻孔瓦斯抽采提供了经济、便利的条件。在造穴掏煤措施结束后或工序转换期间，将满足抽采条件的井口接到矿井瓦斯负压抽采系统，进行充分抽采瓦斯。

初期抽采瓦斯体积分数为 80%～90%，后期多为 10%～30%；抽采系统压力多为 70～85kPa；抽采流量不稳定，变化范围较大，单井日纯瓦斯抽采量最高为 2591m³。

8）水泥注浆封孔

在掏煤、负压抽采等工序结束后，井下形成的洞穴和裂缝如不封闭，则为运移到此处的瓦斯提供了存储空间，易形成"瓦斯包"，增加揭煤时的安全隐患，因此需要采用地面高压注水泥浆将洞穴和裂缝填充注实。同时封固井筒，防止地面水体、含水层水体顺井眼导入煤层中，影响采煤安全。

根据施工过程中井眼的连通情况，将施工井分为未连通的单井和连通井，前者使用钻杆输送法分段封孔，后者使用石油固井车光套管注入封孔。

3. 应用效果

在距离煤层法距 10m 处掘进迎头施工 6 个前探孔实测待揭煤处残余瓦斯压力和残余瓦斯含量，结果如表 15.11 所示，平均瓦斯含量下降了 58.0%，平均瓦斯压力下降了约 60.8%。

表 15.11   待揭煤区域瓦斯参数比较

参数	施工前（预测）	施工后（石门揭煤前探孔实测）
瓦斯含量 /（m³/t）	13.00	3.06～12.65/5.46
瓦斯压力 /MPa	6.5	0.90～4.20/2.55

注："3.06～12.65/5.46" 表示 "最小值～最大值 / 平均值"，其他同。

经过地面钻井辅助消突后，-960m 轨道石门施工了 236 个钻孔，单孔进尺 17～140m，瓦斯压力由 6.5MPa 降至 4.2MPa 以下，瓦斯含量也得到了显著的降低。此外，在钻孔施工过程中，没有出现顶钻、喷孔等瓦斯动力现象。综合判定，空气动力造穴掏煤有效降低了石门揭煤风险，起到了辅助消突作用。

由于矿方工作计划的变动，已经对 -960m 轨道石门和 -960m 运输石门进行了封闭，无法对碎软突出煤层空气动力造穴掏煤消突及煤层气一体化抽采技术的工程效果进行进一步验证。

15.3.3   推广应用

利用地面定向钻井工艺与各种洞穴完井工艺相结合的技术进行石门（巷道）揭煤消突具有新颖性和创造性，是一种强突煤层预抽防突方法，已获得发明专利。

以贵州官寨煤矿为例，分析地面定向钻井工艺与各种洞穴完井工艺相结合的技术的强突煤层预抽防突方法的推广情况。贵州官寨煤矿副立井揭露的煤层层数多，厚度相对较大，最厚达 4.99m。根据井检孔瓦斯含量检测参数，揭露的 2、4、6、9、10、11、12 煤层，瓦斯含量高，空气干燥基含气量为 11.39～16.31m³/t，副立井掘进和开挖面临煤与瓦斯突出威胁。

为了消除煤与瓦斯突出威胁，保障副立井安全施工，设计在副立井掘进地面位置施工 1 口垂直井，揭穿所有煤层。由于穿越断层带，6、9、10、11、12、13 煤层重复，且揭露煤层间距较大，具有突出危险性的煤层数较多。采用煤层气井常规水力压裂方式进行瓦斯抽采，投资成本高，抽采时间长，且压裂容易沟通断层，影响压裂效果，施工风险大。运用碎软突出煤层空气动力掏煤消突增透技术对 2、4、6、9、10、11、12 等煤层消突增透，投资成本低、见效快、安全可靠。

目前已经完成了贵州官寨煤矿副立井钻井辅助消突的工程设计。工程施工完成后，副立井预揭煤范围，基本被水泥充填物取代，在井筒掘进过程中，不再与煤层直接接触，煤与瓦斯突出威胁将大大降低。

15.4　碎软煤层顶板分段压裂水平井煤层气强化抽采技术

15.4.1　工艺流程

碎软煤层顶板分段压裂水平井煤层气强化抽采技术，就是采用 U 型或 L 型水平井，钻井过程中将水平井段置于碎软煤层以上适当距离的砂泥岩顶板中，然后通过定向射孔和分段压裂的技术改造煤储层，沟通水平井眼和目标层，最后在地面安装抽采设备抽水采气的成套煤层气开发技术。其施工工艺流程如图 15.33 所示。

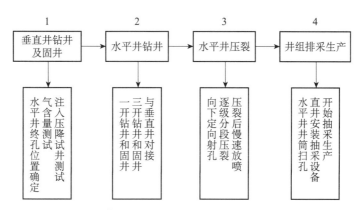

图 15.33　煤层顶板分段压裂水平井施工工艺流程图

15.4.2　工程示范

2013～2015 年，西安研究院在淮北矿区芦岭井田开展了碎软低渗煤层顶板岩层水平井（LG01 井）工程示范。芦岭煤矿主采煤层为二叠系下石盒子组 8 号煤层和 9 号煤层，这两层煤属典型的碎软、高瓦斯、突出、低渗、难抽采煤层。为迅速抽采煤层中的瓦斯，保障井下安全生产，工程实验目标煤层确定为 8+9 煤层。区内 8 煤层分布比较稳定，全区可采，煤厚为 0.30～17.75m，平均厚度为 8.96m；煤层顶底板为致密的砂质泥岩、粉砂岩类，煤层气封闭保存条件好；煤层埋藏深度适中，8、9 煤层间距约为 3.5m，可进行合层抽采。

8 煤结构极疏松，手捻成小块状、鳞片状或粉状；发育有构造滑面，属于典型的碎粒 - 糜棱结构煤。含气量测试表明：8 煤层空气干燥基含气量平均为 6.12m³/t；9 煤层空气干燥基含气量平均为 7.37m³/t。

1. LG01 水平井组工程概况

1）钻井施工

LG01-V 井属于煤层气参数井 + 生产井，也是后期水平井组的排采井。该井完钻井深 806.00m。钻井过程中，获取了 8 和 9 号煤层的埋深、厚度、结构等地质参数，并完成了含气量和注入 / 压降试井测试。LG01-V 井采用二开井身结构。二开完钻后，下入 Φ177.8mm 生产套管并固井。为了便于水平井的对接完井，LG01-V 井二开固井结束后，在对接位置进行了水力切割造穴，然后用清水洗井后完井。

LG01-H 为水平对接井，是分段压裂的工程井和煤层气的产气通道。该井采用三开井身结构，并与远端直井实现对接，该井深 1485.96m，其中水平段长 586.96m。为便于分段压裂施工及其他作业，水平井采用中等半径的单弧剖面，即"直—增—水平"三段式二维剖面。

通过对区域内已有煤层气开发井以及煤田勘探孔的地质分析发现，8 煤层上部有厚度约 5m 且稳定分布的砂泥岩，并且 8 号煤层上部煤体结构较好，为碎粒结构；LG01-V 井取心发现，该层段取心收获率均为 80%，煤层结构较好，即使水平井轨迹在该层段内穿行，对钻孔的成孔安全影响也相对较小。综合分析认为，最优的方案是将水平段轨迹布置在 8 号煤层顶界以上的砂泥岩中。

导眼井钻进的主要目的是为了更加准确地了解目标区域内目的层的埋深和结构等地质信息，为水平井的着陆垂深提供参考依据，避免因地质设计与实钻情况存在误差而导致水平段的无效进尺。

LG01-H 井导眼井钻至孔深 916m，于测深 889m（垂深 751.67m）处揭露 8 号煤层。此外，在导眼井施工过程中，除了获得煤层的有关深度、结构等信息外，还获取了地质目标窗口具有的导向响应特征参数。

根据导眼实钻数据，在导眼钻进到井深 889m 处钻遇 8 号煤层，视位移 281.33 m，垂深 751.67 m。确定新的着陆点，即 A 靶。B 靶坐标和垂深是根据 LG01-V 井实钻数据获得的，数据保持不变。

LG01 水平井组井身结构示意图如图 15.34 所示。

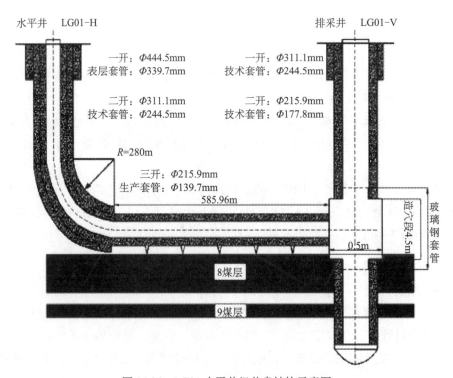

图 15.34 LG01 水平井组井身结构示意图

在完成导眼孔后，根据更新后的目的层埋深信息及直井洞穴位置，再结合已有地质资料，对水平段进行导向地质模型建立，如图 16.35 所示。

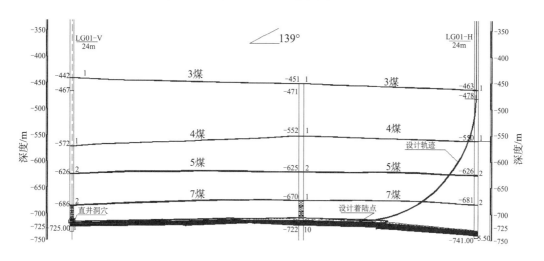

图 15.35　LG01-H 井水平段钻前地质模型

水平段井眼轨迹控制首先要求螺杆钻具造斜能力足以应付地层变化，满足井眼轨迹调整要求，其次根据 GR、视电阻率（raw signal）值及井斜等数据判断井眼轨迹位置，通过增、降井斜调整垂深，控制井眼轨迹在 8 煤顶板的砂泥岩中穿行。

LG01-H 井三开水平段从 900m 开始至完钻井深 1485.96m，共计 585.96m，并与排采直井 LG01-V 成功连通，靶区钻遇率 100%。

2）水平井射孔及分段压裂

钻井工程结束后，采用分段压裂的方式，对 LG01-H 井分 7 段实施了水力压裂。压裂过程中，采用地面微地震方式，对第一和第四段进行了裂缝监测。

（1）压裂选段。

LG01-H 井水平段长度为 585.96m，设计分 7 段进行射孔和压裂。由于水平段在煤层顶板中，所以射孔采用定向向下的射孔方式。射孔段见表 15.12。

表 15.12　LG01-H 井水平段选段结果数据表

序号	射孔井段/m	桥塞坐封位置/m	接箍位置/m	备注
第 1 段	1443～1446	1465	1472.75，1461.43，1450.20	位置误差 ±1.0m
第 2 段	1339～1342	1367	1382.35，1371.12，1359.80	位置误差 ±1.0m
第 3 段	1263～1268	1298	1314.69，1303.36，1292.04	位置误差 ±1.0m
第 4 段	1185～1188	1220	1224.26，1212.93，1201.61	位置误差 ±1.0m
第 5 段	1091～1094	1119	1122.50，1111.27，1100.03	位置误差 ±1.0m
第 6 段	1012～1015	1047	1055.02，1043.73，1032.50	位置误差 ±1.0m
第 7 段	937～940	970	976.25，965.12，953.80	位置误差 ±1.0m

（2）射孔工艺。

采用垂直向下的射孔方式，射孔示意图如图 15.36 所示。射孔枪为 95 型的复合射孔枪，配备 102 型超深穿透射孔弹。每段射孔 3m，孔密度为 10 孔 /m。具体参数见表 15.13。

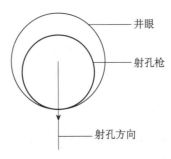

图 15.36　水平井定向射孔示意图

表 15.13　水平井定向射孔技术参数一览表

枪身型号	射孔弹	孔密度 /（孔/m）	相位	射孔方式	定向方式
95	102	10	向下 90°	电缆传输	重力内定向

（3）压裂施工工艺。

压裂液选择活性水作为压裂液；支撑剂为兰州石英砂。采用泵送桥塞 + 射孔压裂联作工艺进行水平井分段压裂。该工艺可实现大排量、定向射孔的压裂要求，达到有效改造煤储层的目的。

（4）现场压裂施工及分析。

现场共完成了 7 段压裂施工。压裂过程中，对第 1 段和第 4 段进行了地面微地震监测。2014 年 9 月 3 日对第 1 段进行加砂压裂，施工参数如表 15.14 所示，施工曲线如图 15.37 所示。

该段施工时破裂压力偏高，这是由泥岩段较高的应力梯度及较高的近井摩阻造成的。通过第 2 段段塞打磨，裂缝延伸至煤层厚，压力逐步下降。加砂过程中压力一致保持平稳下降的正常趋势，显示裂缝进砂顺畅。

表 15.14　LG01-H 井第一段压裂施工主要参数

参数	数值	参数	数值
前置液量 /m³	240	总砂量 /m³	63.8
携砂液量 /m³	634	破裂压力 /MPa	30.9
顶替液量 /m³	35	施工泵压 /MPa	18.5 ～ 30.9
总液量 /m³	979	停泵压力 /MPa	7.6
425 ～ 850μm 石英砂量 / m³	56.3	平均砂比 / %	9.27
850 ～ 1180μm 石英砂量 / m³	7.5	施工排量 /（m³/min）	10.0

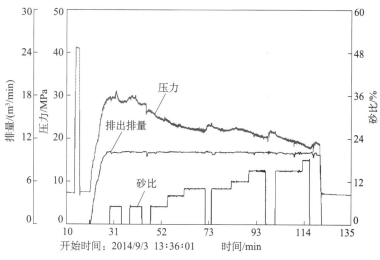

图 15.37　LG01-H 井第一段压裂施工曲线

（5）压裂施工完成情况。

根据施工设计，随后顺利完成了第 2～7 段的压裂施工。

2015 年 9 月 3 日至 9 月 5 日，完成了 LG01-H 井 7 段压裂施工，累计加砂 542.5m³，注入压裂液 6627m³。

（6）裂缝监测。

压裂过程中，采用地面微地震方法实时监测裂缝延伸情况（图 15.38、图 15.39）。LG01-H 井压裂时监测层段为第 1 段和第 4 段，即 1443.0～1446.0m 和 1182.0～1185.0m 井段。

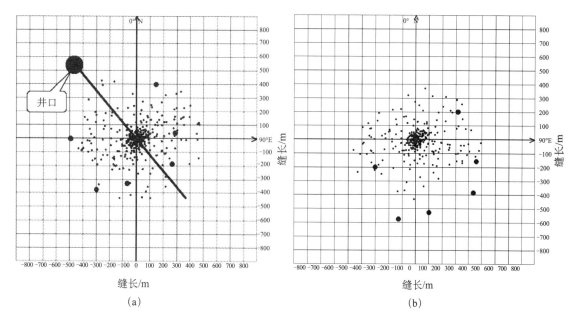

图 15.38　LG01-H 井原始微震点图

该图为俯视图，是微震点在 X、Y 平面上的投影：图中每格代表 100m。（a）第 1 段 1443.0～1446.0m；
（b）第 4 段 1182.0～1185.0m

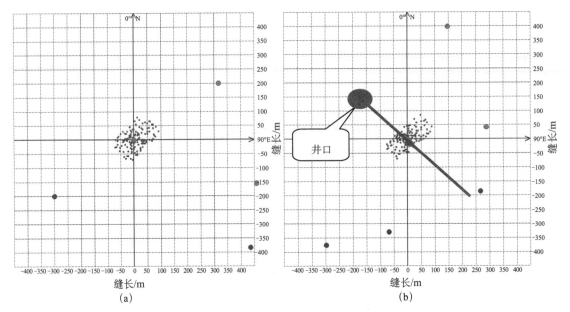

图 15.39　LG01-H 井裂缝方位、长度图

该图为俯视图，表示裂缝的方位、长度，是微震点在 X、Y 平面的投影。（a）第 1 段 1443.0～1446.0m；
（b）第 4 段 1182.0～1185.0m

　　从原始微震点图可以看出，第 1 段和第 4 段压裂均产生了 NE 向主裂缝，且与水平井轨迹方向近乎垂直。第 1 和第 4 段主裂缝总长度分别为 169.1m 和 163.2m。两段主裂缝产状均为垂直。表 15.15 为压裂施工实时监测解释结果。

表 15.15　LG01-H 井压裂施工实时监测解释结果表

项目	第1段（1443.0～1446.0m）	第4段（1182.0～1185.0m）
东翼缝长 /m	90.5	89.8
西翼缝长 /m	78.6	73.4
总长度 /m	169.1	163.2
单翼平均 /m	84.6	81.6
裂缝方位 / (°)	45.2	46.1
影响高度 /m	20.5	17.6
影响宽度 /m	58.3	65.2
产状	垂直	垂直

　　LG01-H 井首次将泵送桥塞＋射孔联作技术应用于煤层气水平井分段压裂中，并且成功、高效、高质量地完成了射孔和分段压裂施工，表明将泵送桥塞分段压裂工艺应用于煤层气水平井具有很高的可行性。

　　微地震监测显示，压裂过程中产生了与井眼轨迹方向近乎垂直的 NE 向主裂缝，实现了对煤储层的快速加砂改造，形成了具有较高导流能力的裂缝，沟通了煤储层与水平井筒之间的联系通道，达到了储层体积压裂的目的。

　　3）水平井组排采

　　LG01-H 井组于 2015 年 1 月 19 日开始排采。受泵效等原因影响，先后采用了管式泵和螺杆泵两种排采方式。第 88d（2015 年 4 月 16 日），出现套压。经过了两次泵挂加深作业和换泵后，10 月 5 日开始采用螺杆泵抽采。2016 年 1 月 12 日产气最高达 10754.8m³/d。进入相对稳产期后，日产气量基本在 1 万 m³ 左右波动。至 2016 年 6 月 30 日，LG01 水平井组累计产气 256.78 万 m³，产气情况如图 15.40 所示。

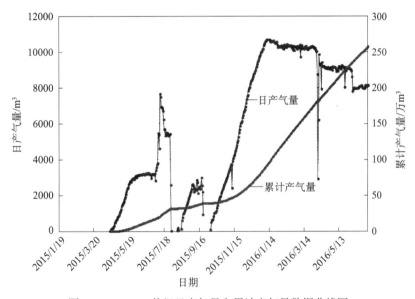

图 15.40　LG01 井组日产气量和累计产气量数据曲线图

　　2. 应用效果

　　针对碎软煤层水平井钻进时易垮塌、固井时水泥不能与煤层很好胶结等技术难题，LG01 井煤层顶板分段水平井组地面煤层气抽采示范工程创造性地把水平井层位布置在煤层顶板较坚硬的岩层中，且水平井轨迹与煤层保持适当距离，满足了后续射孔、压裂的要求，使压裂裂缝能有效沟通煤层，建立了煤层气的渗流通道，通过优化实施井位部署、钻井目标层位选择、钻井轨迹精确控制、定向射孔和分段压裂等工程，形成了碎软低渗煤层气顶板岩层水平井分段压裂煤层气开发技术和工艺，在国内首次实现了在煤层顶板中钻进，然后分段压裂改造煤储层，经排采生产取得良好效果的成功案例。水平井日产煤层气最高达到 10754.8m³/d，至 2016 年 6 月底，已累计抽采 256.78 万 m³ 煤层气，生产过程中实现了针对碎软低渗煤层以水平井方式快速、高强度抽采煤层气的目标。这一成果的取得，创造了碎软低渗突出煤层地面煤层气井日产气量突破 1 万 m³ 的新纪录，标志着我国碎软低渗突出煤层地面煤层气高效开发关键技术研究取得了重大进展。

　　与芦岭井田"十一五"期间实施的 5 口垂直井相比较，LG01 水平井产气效果显著，相当于四口以上垂直井的产量。同时，LG01 井大大减少了工程占地面积和青苗赔偿的费用，以及输电工程和集输工程的费用，综合效益明显。

15.4.3　推广情况

碎软低渗煤层顶板岩层水平井分段压裂地面煤层气开发技术既很好地解决了针对此类煤层钻井过程中的工程难题，又实现了对目标煤储层的体积改造，有利于地面煤层气井的高产和稳产，又提升安全、环保等的综合效应，具有非常好的推广前景。我国碎软煤层分布广泛，该项目的成功，为类似矿区地面煤层气开发提供了新的思路、新的方向和新的技术方法，起到了引领示范的作用。

（本章主要执笔人：李彬刚，范耀，王正喜，周加佳，张丁亮，刘嘉）

第16章

煤层气开发经济评价技术

经济评价是项目前期工作的重要内容之一，对于加强固定资产投资宏观调控，提高投资决策的科学化水平，引导和促进各类资源合理配置，优化投资结构，减少和规避投资风险，充分发挥投资效益，具有重要作用。煤层气开发经济评价主要涉及项目在建设期内的总投资，在日常生产过程中的成本费用，项目的收入及相关税收。根据这些数据编制多种财务分析报表，通过财务报表，计算多种评价指标，通过这些评价指标来评判项目的盈利和清偿能力，通过不确定分析，分析项目存在的风险，评判项目的经济可行性。

本章介绍了西安研究院在前期煤层气经济评价工作的基础上形成的基于间接经济效益估算的煤层气经济评价方法和评价软件。

16.1 煤层气开发经济评价方法

16.1.1 投资估算与资金筹措

项目投资估算和资金筹措是煤层气开发经济评价的关键环节之一（图16.1）。根据《建设项目经济评价方法与参数（第三版）》的规定，结合煤层气开发项目的特点，总投资包括建设投资、投资方向调节税、流动资金、建设期利息。

1. 建设投资

煤层气开发项目建设投资应在给定的建设规模、产品方案和工程技术方案的基础上，估算建设所需的费用。

建设投资由工程费用（建筑工程费、设备购置费、安装工程费）、工程建设其他费用和预备费（基本预备费和涨价预备费）组成。

按照费用归集形式，建设投资可按概算法或形成资产法分类。按照形成资产法分类，分为固定资产投资、无形资产、递延资产、预备费。

建设投资的分期使用计划要根据项目进度计划安排，还应明确各期投资额以及其中的外汇和人民币额度。

固定资产投资是指项目按拟定建设规模、产品方案、建设内容进行建设的费用。包括工程费用、固定资产其他费用。

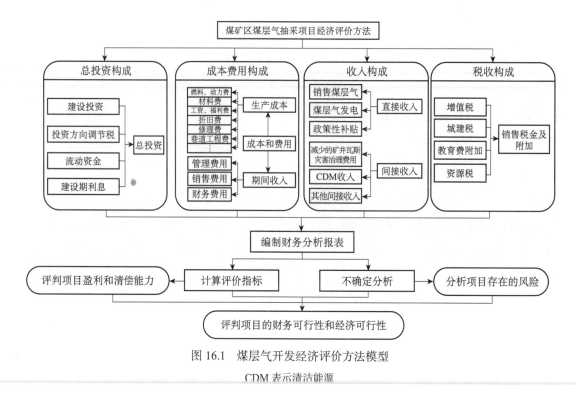

图 16.1　煤层气开发经济评价方法模型

CDM 表示清洁能源

固定资产投资包括前期评价、勘探费用，井下开发工程费用，地面开发工程费用，固定资产其他费用。煤矿区煤层气开发工程费用分为地面工程费用、井下工程费用（图 16.2）。

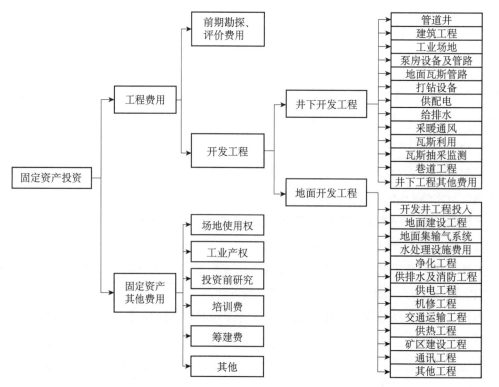

图 16.2　固定资产投资费用构成图

2. 投资方向调节税

国家税务总局于 2000 年发布了《国家税务总局关于做好固定资产投资方向调节税停征工作的通知》（国税发 [2000]56 号），已经取消了投资方向调节税。所以，煤矿区煤层气开发工程项目固定资产投资方向调节税为零。

3. 流动资金

项目所需流动资金可用扩大指标法和详细估算法进行估算。详细估算法所需基础数据多，取值难以精确，计算过程也比较繁杂；而扩大指标法以固定资产原值为基数，取值较精确，计算过程简便易行，建议采用扩大指标法。用扩大指标法进行流动资金估算的公式如下：

流动资金＝固定资产原值 ×（ 1%～5% ）

固定资产原值＝工程投资＋建设期利息

工程投资＝前期评价、勘探费用＋开发井工程投入＋固定资产其他费用

4. 建设期利息

煤矿区的煤层气开发建设投资都比较大。在确定了项目投资主体、融资方案和项目建设规划之后，就可以计算建设期利息。

贷款的利息按银行贷款利率计算建设期利息；国内外借款利息除支付银行利息外，还要另计管理费、承诺费、手续费等财务费用。通常采用适当提高银行贷款利率，以替代这些费用。

16.1.2 成本和费用

成本和费用是指煤层气开发企业在生产经营过程中所发生的全部费用。包括生产成本、管理费用、销售费用、财务费用。

成本费用估算应遵循国家现行的企业财务会计制度规定的成本和费用核算方法，同时应遵循有关税收制度中准予在所得税前列支科目的规定。当两者出现矛盾时，一般应按从税的原则处理。

成本费用按其与煤层气产量变化的关系可分为固定成本和可变成本。

固定成本是指气产量在一定幅度内变动时，不随产量变化而增减的费用。包括生产人员工资、职工福利费、折旧费、财务费用、管理费用（不包括矿产资源补偿费）等。

可变成本是指随气产量变化而增减的费用。包括材料、燃料动力费、巷道工程费、修井费、再压裂费、气处理费、气田维护费、水处理费、销售费用等。

生产成本是指生产过程中实际消耗的直接材料、直接工资、其他直接支出和其他开采费用。管理费用、销售费用、财务费用属期间费用，直接从当期销售收入扣除，不入生产成本。

16.1.3 生产收入

煤矿区煤层气开发经济评价中的生产收入主要有两部分构成：一部分是销售煤层气产品获得的收入；另一部分是国家政策扶持煤矿区煤层气抽采，按照抽采的煤层气量，依据国家规定的补助定额计算，记作补贴收入。

从长远的角度出发，引进清洁能源机制（CDM），可能会有一定的收入。

从煤矿区煤矿开采安全角度出发，煤层中的瓦斯被抽出之后，将节约一部分矿井的安全投入费用。

生产收入估算应分析、确认煤层气市场预测分析数据，特别要注重目标市场有效需求的分析；说明项目建设规模产品方案；分析煤层气的市场价格，采用的价格基点、价格体系、价格预测方法；论述采用价格的合理性。

各期生产负荷（煤层气生产量）应根据技术的成熟度、市场的开发程度、产品的寿命期、需求量的增减变化等因素，结合煤层气行业和项目特点，通过制定规划，合理确定。

$$煤层气的年销售收入＝年产气量 \times 气商品率 \times 销售价格$$

16.1.4 销售税金及附加

根据我国的税收政策，煤层气销售税金包括增值税、城市维护建设税、教育费附加、资源税。

16.1.5 煤矿区煤层气抽采项目经济评价软件

评价软件的主要功能：在用户输入项目经济评价的基础参数后，该评价软件自动计算、输出评价的财务报表，计算各种财务评价的指标，分析项目在财务上的可行性和经济上的合理性。

系统具备高效、快速、准确地形成财务评价报表的能力，能够计算财务内部效益收益率（IRR）、财务净现值（NPV）、投资回收期等多项经济评价指标。

1. 系统界面

系统以 Windows XP 为基本运行平台，具有 Windows 标准用户界面，界面如图 16.3 所示。系统主界面包括五部分：标题条区、菜单条区、工具条区、工作区、状态栏区。

2. 操作流程

软件的操作流程分为三大部分（图 16.4）：新建、打开一个经济评价项目；输入、编辑、保存的参数；计算、输出评价报表、图表、评价指标。

1）新建、打开一个经济评价项目

软件对每一个评价项目以文件的形式进行管理。用户在新建一个评价项目时，根据项目的类别不同，可以分别建立地面项目、井下项目、混合项目三种模式的评价项目。软件对这三种模式的评价项目都内置了基本的评价参数，用户可以在内置参数的基础上修改成适合自己项目的参数并保存。

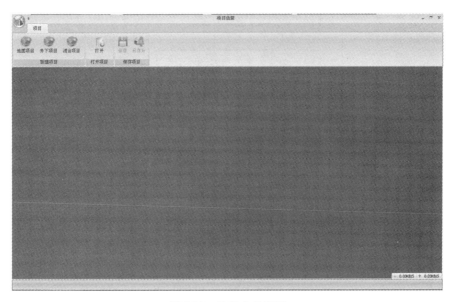

图 16.3　软件主界面图

如果已经建立了一个评价项目，需要对某些参数进行调整、优化，重新计算。可以打开这个文件，重新修改、保存、计算。

2）输入、编辑、保存的参数

在新建或打开某个项目之后，就可以输入、编辑、保存评价的基本参数。

3）计算、输出评价报表、图表、评价指标

在准备好所有基本参数之后，就可以计算、输出各种财务评价报表、图表、评价指标。因为国民经济评价是通过调整财务费用效益的基础上进行的。所以，在计算、输出国民经济评价报表、评价指标之前，需要输入费用效益的调整参数。然后才能进行国民经济评价。

3. 使用说明

软件的主菜单包括四大部分：项目、数据、报表、分析。

1）项目

软件对评价项目是以文件的形式管理。项目菜单（图 16.5）包括子菜单新建项目、打开项目、保存项目。

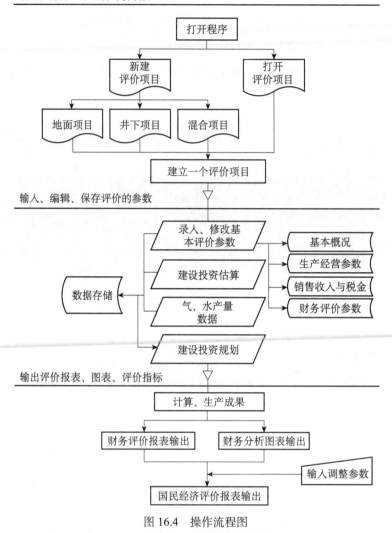

图 16.4 操作流程图

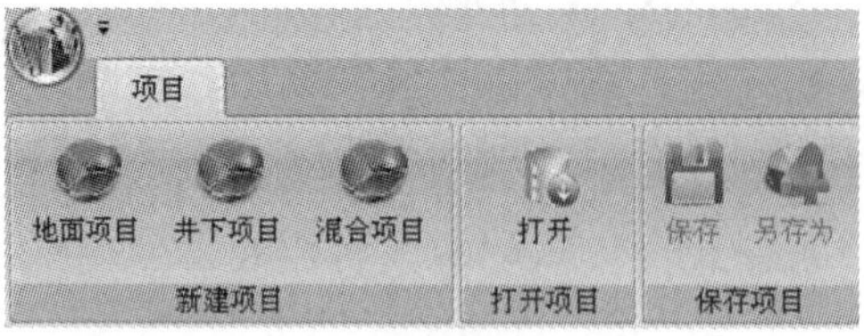

图 16.5 项目菜单项

2）数据

数据菜单（图 16.6）部分包括两部分：一部分用户输入评价基础参数，如基本参数、建设投资估算、气 / 水产量、建设投资计划等；另一部分，用户在输入所有基础数据并保存之后，对这些数据进行财务评价计算。

图 16.6　数据菜单项

3）报表

输出所有计算好的财务评价报表和图表。报表菜单如图 16.7 所示。

图 16.7　报表菜单项

16.2　煤层气开发经济评价指标

16.2.1　财务净现值

财务净现值（financial net present value，FNPV）是考察项目在计算期内盈利能力的动态评价指标。它将计算期内各年的净现金流量按行业的基准收益率或设定的折现率 i_c 折现到建设初期的现值之和。其表达式为

$$\text{FNPV} = \sum_{t=1}^{n} (\text{CI}-\text{CO})_t \left(1+i_c\right)^{-t} \tag{16.1}$$

式中，CI 为现金流入量，元；CO 为现金流出量，元；$(\text{CI}-\text{CO})_t$ 为第 t 年净现金流量，元；i_c 为财务净现值，元；n 为计算期，年。

财务净现值可根据财务现金流量表中净现金流量的现值求得。财务净现值不小于零的项目可以考虑接受的。

16.2.2　财务内部收益率

财务内部收益率（financial internal rate of return，FIRR）反映项目所占用资金的盈利率，是考察项目在计算期内盈利能力的主要动态评价指标。财务内部收益率是指项目在整个计算期内各年的净现金流量现值累计等于零时的折现率。满足式（16.2）：

$$\sum_{t=1}^{n}(CI-CO)_t(1+FIRR)^{-t}=0 \qquad (16.2)$$

式中，CI 为现金流入量，元；CO 为现金流出量，元；$(CI-CO)_t$ 为第 t 年净现金流量，元；n 为计算期，年。

　　财务内部收益率可根据财务现金流量表中的净现金流量，用试差法计算求得。在财务评价中计算出的全部投资或自有资金的财务内部收益率应与行业的基准收益率或设定的折现率（当未制定基准收益率时）I_c 比较，当 FIRR 不小于规定的行业基准收益率或社会折现率（如借款利率）时，表明项目的获利能力不小于基准收益率的获利水平，项目可行。

16.2.3　投资回收期

　　投资回收期（P_t）是指以项目的净收益抵偿全部投资所需要的时间。它是考察项目在财务上投资回收能力的主要静态评价指标。投资回收期（以年表示）一般从建设年开始算起，如从投产年算起，应予注明。

　　投资回收期根据财务现金流量表（全部投资）中的累计现金流量计算所得。详细计算公式为：

　　投资回收期（P_t）＝（累计净现金流量开始出现正值年份数）－1＋（上年累计净现金流量的绝对值／当年净现金流量）。

　　在财务评价中求出的投资回收期（P_t）与行业的基准投资回收期（P_c）比较，当 $P_t \leqslant P_c$ 时，表明项目投资能在规定的时间内收回。

16.2.4　固定资产投资国内借款偿还期

　　该指标是指在国家现行财政规定及项目的具体财务条件下，以项目投产后可用于还款的资金偿还固定资产投资国内借款本金和建设期利息（不包括已用自有资金支付的建设期利息）所需要的时间。其表达式为

$$ID=\sum_{t=1}^{P_d}R_t \qquad (16.3)$$

式中，ID 为固定资产投资国内借款本金和建设期利息之和，元；P_d 为固定资产投资国内借款偿还期，年；R_t 为第 t 年可用于还款的资金，其中 R_t 包括利润、折旧、摊销费和其他可用于还款的资金。

　　借款偿还期可由资金来源与运用表及借款偿还平衡表直接计算，以年表示。计算公式为

借款偿还期＝（借款偿还后开始出现赢余年份数）－1＋
（当年应偿还借款额／当年可用于还款的收益额）

当借款偿还期满足贷款机构的要求期限时，即认为项目有清偿能力。

16.3 煤层气开发经济评价应用

16.3.1 概述

下面以淮北矿区某地面抽采煤层气试验项目为例，叙述评价的过程和方法。

通过实施 5 口地面煤层气抽采井的钻井、测井、试井、固井、射孔、压裂及排采工程，形成适合淮北矿区煤层群煤层气抽采（瓦斯预抽）的技术体系，为煤矿安全开采和煤层气资源规模开发提供技术储备。

16.3.2 基础数据

通过对该矿区煤储层特征的系统分析，进行煤层气藏描述，建立煤层气藏模型。根据这一模型，利用煤层气藏数值模拟软件（COMET PC 3-D、COAL GES 等），进行气井产量预计。再结合已有开发试验井产能情况，预测单井平均气产量为 1000 m^3/d 左右；预计项目平均日产气量可稳定在 5000m^3/d 左右，气井的正常生产年限按 15 年计算。相关数据如表 16.1 所示。

表 16.1 项目经济评价基本参数表

序号	参数	数值
1	区块面积 /km²	—
2	试验井数 / 口	5
3	平均井深 /m	900
4	钻井总进尺 /m	4500
5	平均单井日产气量 /（m³/d）	1000
6	平均单井日产水量 /（m³/d）	—
7	井组日产气量 /（m³/d）	5000
8	井组日产水量 /（m³/d）	—
9	年平均生产天数 /d	330
10	年产气量 /（万 m³/a）	165
11	建设期 / 年	1
12	生产期 / 年	15

注：项目建设期为 1 年，稳定生产期为 15 年，评价期 16 年。

16.3.3 投资估算与资金筹措

1. 建设投资

根据项目的总体实施方案，项目的性质是地面煤层气抽采试验工程，带有研究的性质。因此，建设投资较煤层气规模开发项目高许多，估算的范围主要包括前期煤层气资源地质评价、井组开发工程、集输管网、供电工程和基本预备费等。

根据项目的工作量，估算建设投资 2505.44 万元。其中，开发工程 1957.00 万元，约占建设投资的 78%；准备、技术服务费用 230 万元，约占建设投资的 9%；基本预备费 268.44 万元，约占建设投资的 11%。详细费用清单如表 16.2 所示。

表 16.2　建设投资估算表

序号	工程或费用名称	估算价值/万元					占建设投资的比例/%
		设备购置	安装工程	建筑工程	其他费用	合计	
1	固定资产投资	520.00	20.00	60.00	1617.00	2217.00	88.00
1.1	工程费用	520.00	20.00	60.00	1587.00	2187.00	87.00
1.1.1	前期评价、勘探费用				230.00	230.00	9.00
1.1.2	开发工程	520.00	20.00	60.00	1357.00	1957.00	78.00
1.1.2.1	地面开发工程	520.00	20.00	60.00	1357.00	1957.00	78.00
	开发井工程投入	450.00			1325.00	1775.00	71.00
	地面建设工程			20.00		20.00	1.00
	地面集输气系统	50.00	10.00	30.00	10.00	100.00	4.00
	水处理设施费用			10.00		10.00	
	供电工程	20.00	10.00		2.00	32.00	1.00
	矿区建设工程				20.00	20.00	1.00
1.2	固定资产其他费用				30.00	30.00	1.00
1.2.1	场地使用权				30.00	30.00	1.00
2	无形资产				10.00	10.00	
3	递延资产				10.00	10.00	
4	基本预备费	62.40	2.40	7.20	196.44	268.44	11.00
	建设投资	582.40	22.40	67.20	1833.44	2505.44	100.00

2. 投资方向调节税

根据国家有关规定，项目投资方向调节税为零。

3. 流动资金

用扩大指标法进行流动资金估算，取固定资产投资的 4% 作为流动资金，在投产年一次性投入。经计算，项目所需流动资金 88.68 万元。

4. 建设期利息

由于项目是国家投资，企业负责实施。所以，企业不需要向银行贷款，不存在建设期利息。

5. 总投资估算

总投资＝建设投资＋投资方向调节税＋建设期利息＋流动资金。经计算，项目总投资为 2594.12 万元。详见表 16.3。

表 16.3 总投资估算结果表

序号	工程或费用名称	金额/万元	占总投资的比例/%
1	建设投资	2505.44	96.58
2	投资方向调节税	0	0
3	流动资金	88.68	3.42
4	建设期利息	0	0
总计	总投资	2594.12	100.00

6. 资金筹措和使用计划

1）资金筹措

项目所需建设投资 2505.44 万元，由国家财政拨款和企业自筹组成。

生产期，所需流动资金 88.68 万元。其中，30% 为自有资金，作为铺底流动资金，在生产期第一年一次性投入。余下的 70% 从银行贷款，年利率 6.14% 计算利息，利息进入财务费用中。

2）资金使用计划

项目一年建设完成，第一年全部投入建设投资总额 2505.44 万元。

16.3.4 成本估算与分析

项目生产成本包括材料费、燃料动力费、生产人员工资及福利费、折旧费、修井费、再压裂费、气处理费、气田维护费、水处理费等。发生的期间费用包括管理费用、财务费用和销售费用等。

1. 生产成本

材料费按 25 元 /km³ 计算；燃料动力费按 150 元 /km³ 计算；员工人数 2 人，人均工资 2.5 万元 / 年；职工福利费按工资的 14% 计算；其他开采费用按 5 元 /km³ 计算；修井费按 1 万元 / 年计算；再压裂费按 2 万元 / 年计算；根据国家相关政策，储量使用费暂不征收；折旧费按平均年限法计算，计算公式为

$$年折旧额＝（固定资产＋建设期利息）\times\left(\frac{1-预计净残值率}{折旧年限}\right) \qquad （16.4）$$

式中，折旧年限为 15 年；预计净残值率为 0%。

2. 管理费用

管理费用包括摊销费、矿产资源补偿费、其他管理费。摊销费包括无形资产摊销和递延资产摊销，摊销年限 15 年；根据国家相关政策，煤层气抽采项目矿产资源补偿费为零。

3. 财务费用

财务费用包括长期借款利息、流动资金借款利息、短期借款利息。按借款比例和借款利率分别测算。

4. 销售费用

销售费用按照销售收入的 0.5% 计算。

5. 成本和费用估算结果

经过计算，项目生产期内年均总成本 188.83 万元，其中固定成本 157.94 万元，可变成本 30.89 万元，平均单位产气成本 1144.42 元 /km³。

从成本和费用的构成上看，固定成本占总成本的 83.64%，其中折旧占 78.27%。可变成本占总成本的 16.36%。

16.3.5　年生产收入、税金及附加计算

1. 生产收入

按照预计单井产量1000m³/d，年生产天数330天，煤层气的商品率96%，气价1.5元/m³计算。年销售收入的计算公式如下：

年销售收入 = 1000×5×330×96%×1.5 = 273.60 万元。

考虑国家对煤层气抽采的政策性补贴 0.20 元 /m³。

政策性补贴收入 =1000×5×330×96%×0.20=31.68 万元。

生产收入 = 年销售收入 + 政策性补贴收入 =273.60+31.68=305.28 万元。

2. 税金及附加

项目应缴纳的税金包括增值税、城市维护建设税、教育费附加和资源税。

增值税税率13%，城建税和教育费附加按增值税的 1% 和 3% 计取，资源税暂不征收。经计算，年税金及附加 8.66 万元。其中增值税 8.33 万元。根据煤层气抽采项目增值税先征后返政策，年税金及附加 0.33 万元。

16.3.6　盈利能力分析

项目全部投资财务内部收益率，所得税前 4.12%，所得税后 2.46%。

项目全部投资财务净现值（i_c= 8%），所得税前 -542.86 万元，所得税后 -755.36 万元。

静态投资回收期，所得税前 12.25 年，所得税后 13.73 年（表 16.4）。

表 16.4　全部投资财务评价指标

序号	指标名称	所得税前	所得税后
1	财务内部收益率 /%	4.12	2.46
2	财务净现值 / 万元	-542.86	-755.36
3	静态投资回收期 / 年	12.25	13.73

16.3.7　不确定性分析

对项目分别进行了敏感性分析和盈亏平衡分析。

1. 敏感性分析

为了测算项目可能承受的风险程度并找出影响经济效益的敏感因素，对煤层气销售价格、气产量、建设投资等不确定因素进行了敏感性分析。

用敏感度系数来表示项目评价指标对不确定因素的敏感程度，计算公式为

$$E = \Delta A/ \Delta F \qquad (16.5)$$

式中，ΔF 为不确定因素 F 的变化率，%；ΔA 为不确定因素 F 发生 ΔF 变化时，评价指标 A 的相应变化率，%；E 为评价指标 A 对于不确定因素 F 的敏感度系数。

从敏感性分析表、图（表 16.5、图 16.8）分析计算的结果可知：建设投资是最敏感的因素，它的变动所引起的评价指标变动的幅度最大；其次是气产量；敏感度最低的是煤层气价格。说明这个项目面临的风险主要表现为建设投资额度的风险，其次是地质条件对气产量的影响。

表 16.5　敏感性分析表

序号	不确定因素 F	变化率 ΔF/%	财务内部收益率 A/%	敏感性系数 E
1	气价	-20	0.43	4.13
		-10	1.46	4.07
		+10	3.41	3.86
		+20	4.34	3.82
2	气产量	-20	0.32	4.35
		-10	1.41	4.27
		+10	3.46	4.07
		+20	4.43	4.00

续表

序号	不确定因素F	变化率 ΔF/%	财务内部收益率A/%	敏感性系数E
3	建设投资	−20	5.47	−6.12
		−10	3.84	−5.61
		+10	1.25	−4.92
		+20	0.19	−4.61

注：敏感性分析基于财务内部收益率为 2.46% 的基本方案。

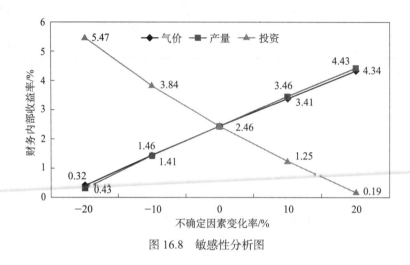

图 16.8   敏感性分析图

2. 盈亏平衡分析

使用年气产量来表征盈亏平衡点 BEP。其公式为

$$\text{BEP（产量）} = \frac{\text{年固定总成本}}{\text{单位产品价格} - \text{单位产品可变价格} - \text{单位产品销售税金及附加}} \quad (16.6)$$

经过计算、盈亏平衡图分析（图 16.9），项目盈亏平衡点为 120.56 万 m³。也就是年产气量达到 120.56 万 m³ 时，项目即可实现保本。

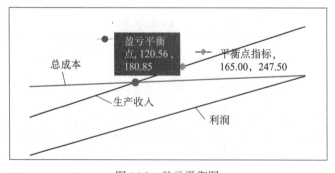

图 16.9   盈亏平衡图

16.3.8　开发方案对比分析

煤矿区煤层气抽采项目间接效益主要体现在煤矿安全生产投入费用的减少。上述评价方案没有考虑煤矿安全生产投入费用的减少；再考虑到该地区在完成 5 口井试验开发之后，将进行更大规模的生产井开发。所以，设置了三种评价方案，分别为：方案一——5 口地面垂直井试验开发；方案二——5 口地面垂直井试验开发（考虑煤矿安全效益）；方案三——50 口地面垂直井规模开发。评价对比结果如表 16.6 所示。

表 16.6　三种方案评价对比结果表

序号	参数	数值		
		方案1	方案2	方案3
1	年产气量 / 万 m^3	165	165	1650
2	总投资 / 万元	2594.12	2594.12	17566
3	成本费用 /（万元 /a）	188.83	188.83	1380.67
4	单位产气成本 /（元 /km^3）	1144.42	1144.42	836.77
5	生产收入 /（万元 /a）	305.28	437.18	4688.64
6	财务内部收益率 /%	2.46	8.58	14.38
7	财务净现值 / 万元	−755.36	85.77	7514.39
8	静态投资回收期 / 年	13.73	9.37	7.57

方案二与方案一比较，考虑了煤矿安全生产效益。在评价时，增加了 1 元 /m^3 安全效益。方案二与方案一的年产气量 165 万 m^3，总投资 2594.12 万元，年平均成本费用 188.83 万元，单位产气成本 1144.42 元 /km^3。方案一的年生产收入 305.28 万元，方案二年生产收入 437.18 万元。财务内部收益率从 2.46% 提高至 8.58%；财务净现值从 −755.36 万元提高至 85.77 万元；静态投资回收期从 13.73 年降至 9.37 年。方案三计算的评价指标结果分别为：财务内部收益率 14.38%；财务净现值 7514.39 万元；静态投资回收期 7.57 年。

从以上三组评价结果可以得出：单从煤层气抽采项目本身来说，小规模的井组开发不具有财务可行性。如果将煤矿安全生产效益结合进来，项目将具有一定的可行性。大规模的开发项目经济效益更加显著。

（本章主要执笔人：王成，姜在炳，杜新锋）

主要参考文献

安鸿涛 . 2014. 龙湾井田 3 号煤层煤层气赋存的地质控制因素 [J]. 煤炭科学技术，42（2）：41-43.

柏建彪，李文峰，王襄禹，等 . 2011. 采动巷道底鼓机理与控制技术 [J]. 采矿与安全工程学报，28（1）：1-5.

鲍清英，鲜保安 . 2004. 我国煤层气多分支井钻井技术可行性研究 [J]. 天然气工业，24（5）：54-56.

曹静 . 2013. 顺层瓦斯抽采钻机多自由度变幅机构的设计及分析 [D]. 北京：煤炭科学研究总院：20-38.

常江华 . 2014. 坑道水平孔取心钻进技术的应用 [J]. 化工矿物与加工，（11）：46-48 .

常江华，凡东，刘庆修 . 2012. 水平孔绳索取芯钻进技术在金矿坑道勘探中的应用 [J]. 探矿工程，39（1）：
40-43.

陈明生 . 2017. 对瞬变电磁测深几个问题的思考（一）——瞬变电磁测深中偶极子源及其转换 [J]. 煤田地质
与勘探，45（2）：126-130.

陈明生 . 2017. 对瞬变电磁测深几个问题的思考（五）——地形对 TEM 资料的影响 [J]. 煤田地质与勘探，
45（6）：139-142.

陈明生，石显新 . 2017. 对瞬变电磁测深几个问题的思考（四）——从不同角度看瞬变电磁场法的探测深
度 [J]. 煤田地质与勘探，45（5）：140-146.

陈明生，许洋铖 . 2017. 对瞬变电磁测深几个问题的思考（三）——瞬变电磁场关断效应及全期视电阻率的
普适算法 [J]. 煤田地质与勘探，45（4）：131–134.

陈明生，石显新，解海军 . 2017. 对瞬变电磁测深几个问题的思考（二）——小回线瞬变场法探测分析与实
践 [J]. 煤田地质与勘探，45（3）：125-130.

陈盼，王金国，张幼振，等 . 2015. WPZ-55/50L 型巷道修复机在禾草沟煤矿底板治理中的应用 [J]. 煤矿安
全，46（10）：163-166.

程建远，石显新 . 2013. 中国煤炭物探技术的现状与发展 [J]. 地球物理学进展，28（4）：2024-2032.

程建远，孙洪星，赵庆彪，等 . 2008. 老窑采空区的探测技术与实例研究 [J]. 煤炭学报，33（3）：251-255.

程久龙，潘冬明，李伟，等 . 2010. 强电磁干扰区灾害性采空区探地雷达精细探测研究 [J]. 煤炭学报，
35（2）：227-231.

崔家友 . 1997. 高产高效矿井地质工作方法 [J]. 中国煤田地质，9：47-49.

都新建，田永东，何庆宏，等 . 2011. 寺河矿区煤层气地面抽采效果检测垂直井施工及数据分析 [C]// 煤层
气学术研讨会，厦门 .

窦林名，何学秋 . 2001. 冲击矿压防治理论及技术 [M]. 徐州：中国矿业大学出版社 .

杜新锋 . 2005. 煤矿地质测量信息分类编码技术及其应用研究 [D]. 北京：煤炭科学研究总院 .

段建华，许超 . 2015. 地面物探技术在煤矿隐蔽致灾地质因素探测中的应用 [J]. 中国煤炭地质，2015，
27（10）：53-57.

凡东 . 2013. ZDY1000G 型全液压坑道钻机的应用 [J]. 煤炭工程，（6）：117-121.

凡东，殷新胜，常江华 . 2011. ZDY1000G 型全液压坑道钻机的设计 [J]. 煤田地质与勘探，39（1）：78-80.

范章群，宋孝忠 . 2014. 新疆中生代煤中半镜质组特征及其研究意义 [J]. 煤田地质与勘探，42（5）：9-12.

范章群，张群，卢相臣，等 . 2010. 煤层气损失气含量及其影响因素分析 [J]. 煤炭科学技术，38（3）：104-108.

方俊，石智军，李泉新，等 . 2015. 顶板高位定向大直径长钻孔钻进技术与装备 [J]. 矿业安全与环保，35
（7）：92-97.

方新秋，耿耀强，王明 . 2012. 高瓦斯煤层千米定向钻孔煤与瓦斯共采机理 [J]. 中国矿业大学学报，41（6）：
885-892.

付利，申瑞臣，苏海洋，等 . 2012. 煤层气水平井完井用塑料筛管优化设计 [J]. 石油机械，40（8）：47-51.

韩德品，蒙超，石显新，等 . 2017. 层状全空间电测深曲线类型与新方法研究 [J]. 煤炭学报，42（11）：
2953-2958.

郝琦 . 1987. 煤的显微孔隙形态特征及其成因探讨 [J]. 煤炭学报，12（4）：51-57.

何德长 . 1995. 大兴安岭地区晚中生代成煤植物 [M]. 北京：煤炭工业出版社 .

何满潮 . 2014. 深部软岩工程的研究进展与挑战 [J]. 煤炭学报，39（8）：1409-1417.

何明川 . 2005. 顺层长钻孔成孔工艺技术 [J]. 煤矿安全，36（3）：912.

何文欣 . 2017. 槽波地震勘探在煤层构造探测中的应用 [J]. 煤炭技术，36（2）：99-102.

胡省三，成玉琪 . 2005. 21 世纪前期我国煤炭科技重点发展领域探讨 [J]. 煤炭学报，30（1）：1-7.

胡振阳，李锁智，郭冬琼，等 . 2008. 螺旋钻进技术在松软煤层瓦斯抽采中的应用 [J]. 西部探矿工程，20
（7）：53-55.

黄国耀 . 2009. 韩城地区煤层气水平井钻井工艺技术研究 [D]. 西安：西安科技大学 .

姬广忠 . 2017. 反射槽波绕射偏移成像及应用 [J]. 煤田地质与勘探，45（1）：121–124.

贾建称 . 2007. 沁水盆地晚古生代含煤沉积体系及其控气作用 [J]. 地球科学与环境学报，29（4）：374-382.

贾建称 . 2008. 东胜煤田布尔台井田伸展构造几何学研究 [J]. 煤炭学报，33（11）：1253-1256.

贾建称，陈健，柴宏有，等 . 2008. 矿井构造研究现状与发展趋势 [J]. 煤炭科学技术，36（10）：72-77.

贾建称，李林庆，赵兰霞，等 . 2009. 布尔台矿井构造特征与形成机制 [J]. 煤田地质与勘探，37（3）：1-4.

贾建称，范永贵，吴艳 . 2010. 中国煤炭地质勘查主要进展与发展方向 [J]. 中国煤田地质，22（增）：147-153.

贾建称，张妙逢，吴艳 . 2012. 深部煤炭资源安全高效开发地质保障系统研究 [J]. 煤田地质与勘探，
40（6）：1-7.

贾建称，张泓，贾茜，等 . 2015. 煤储层割理系统研究现状与展望 [J]. 天然气地球科学，26（9）：1621-1628.

姜耀东，赵毅鑫，刘文岗，等 . 2004. 深部开采中巷道底鼓问题的研究 [J]. 岩石力学与工程学报，23（14）：
2396-2401.

姜在炳 . 2003. 煤矿地质测量信息系统（MSGIS2.5）[J]. 煤田地质与勘探，31（5）：4-5.

姜在炳 . 2004. 煤矿地质测量信息系统及其关键技术 [J]. 煤炭科学技术，32（7）：11-14.

姜在炳 . 2005. 煤矿地质测量信息系统及其发展趋势 [J]. 煤田地质与勘探，33（4）：8-10.

晋香兰，张泓 . 2008. 鄂尔多斯盆地延安组煤层对常规天然气的贡献率研究 [J]. 天然气地质学，19（5）：662-665.

晋香兰，张泓 . 2014. 鄂尔多斯盆地侏罗系成煤系统 [J]. 煤炭学报，39（增刊1）：191-197.

晋香兰，降文萍，李小彦，等 . 2010. 低煤阶煤的煤岩成分液化性能及实验研究 [J]. 煤炭学报，35（6）：992-997.

景兴鹏 . 2012. 沁水盆地南部储层压力分布规律和控制因素研究 [J]. 煤炭科学技术，40（2）：116-120.

阚志涛，张幼振，马冰，等 . 2014. 全液压履带钻机改进及在巷道底板锚固中的应用 [J]. 煤炭科学技术，42（2）：9-11.

康红普，王金华 . 2007. 煤巷锚杆支护理论与成套技术 [M]. 北京：煤炭工业出版社 .

康红普，王金华，林健 . 2010. 煤矿巷道支护技术的研究与应用 [J]. 煤炭学报，35（11）：1809-1414.

柯昌友，温俊三，李海贵，等 . 2016. L 型井采空区瓦斯抽采技术的应用 [J]. 矿业安全与环保，43（3）：64-66.

兰水伟 . 2005. 钻孔卸压防治煤矿冲击地压的研究 [D]. 辽宁：辽宁工程技术大学：15-18.

蓝航，齐庆新，潘俊峰，等 . 2011. 我国煤矿冲击地压特点及防治技术分析 [J]. 煤炭科学技术，39（1）：11-15.

李斌，王进强，王莎莎 . 2012. 义马跃进矿断层构造下冲击地压监测及防治 [J]. 矿业安全与环保，39（6）：42-47.

李定启 . 2011. 煤与瓦斯突出矿井瓦斯治理现状评价方法及应用 [D]. 徐州：中国矿业大学（徐州）.

李刚，王季，关奇 . 2017. 槽波探测中谐波噪声的自适应衰减算法研究 [J]. 煤炭科学技术，45（3）：170-173.

李贵红，张泓 . 2009. 鄂尔多斯盆地晚古生代煤层作为气源岩的成烃贡献 [J]. 天然气工业，29（12）：5-10.

李贵红，张泓 . 2013. 鄂尔多斯盆地东缘煤层气成因机制 [J]. 中国科学：地球科学，43：1359-1364.

李贵红，张泓 . 2015. 鄂尔多斯盆地东缘煤层气成藏地质模型 [J]. 天然气地球科学，26（1）：160-167.

李贵红，葛维宁，张培河，等 . 2010. 晋城成庄煤层气探明储量估算及经济评价 [J]. 煤田地质与勘探，38（4）：21-24.

李贵红，张泓，张培河，等 . 2010. 晋城煤层气分布和主导因素的再认识 [J]. 煤炭学报，35（10）：1680-1684.

李宏杰 . 2013. 浅层地震和瞬变电磁法在采空区探测中的应用研究 [J]. 煤矿开采，18（1）：17-18，21.

李宏杰，邱浩，牟义，等 . 2014. 井上下立体综合探测技术在煤矿水害防治中的应用研究 [J]. 煤矿开采，19（1）：98-101,90.

李金奎，熊振华，刘东生，等 . 2009. 钻孔卸压防治巷道冲击地压的数值模拟 [J]. 西安科技大学学报，29（4）：424-426.

李娜 . 2010. 煤层气分支井产能及优化技术 [D]. 青岛：中国石油大学（华东）.

李乔乔，姚宁平，张杰，等．2011.煤矿井下水平定向钻孔轨迹设计 [J].煤矿安全，39（10）：7-11.

李文．2011.煤矿老空区地面探测技术及其应用 [J].中国矿业，20（5）：111-114.

李文，李健．2014.浅埋煤层房采采空区隐患分析与治理技术 [J].煤矿安全，45（1）：64-66.

李文，牟义，张俊英，等．2011.煤矿采空区地面探测技术与方法优化 [J].煤炭科学技术，39（1）：102-106.

李小彦，武彩英，晋香兰．2005.鄂尔多斯盆地侏罗纪成煤模式与煤质 [J].中国煤田地质，17（5）：18-21.

李小彦，崔永君，郑玉柱，等．2008．陕甘宁盆地侏罗纪优质煤资源分类与评价 [J].北京：地质出版社．

刘成，宋选民，刘叶，等．2014.大断面回采巷道层状底板底臌机理及其防治对策 [J].煤炭学报，39（6）：
　　1049-1055.

刘恺德，王成，姜在炳，等．2016.空气动力掏煤工艺之压风排水排渣关键技术 [J].煤炭学报，41（增刊）：
　　151-158.

刘小磊，吴财芳，秦勇，等．2016.我国煤层气开发技术适应性及趋势分析 [J].煤炭科学技术，44（10）：
　　58-64.

刘勇，常江华．2011.某金矿水平绳索取芯钻进钻头选型及试验分析 [J].探矿工程，38（7）：73-75.

刘钰辉，李建武，张培河，等．2013.芦岭井田煤层气开发地质条件及开发方式选择 [J].煤田地质与勘探，
　　41（2）：25-28.

罗平亚．2013.关于大幅度提高我国煤层气井单井产量的探讨 [J].天然气工业，33（6）：1-6.

煤炭科学研究院地质勘探分院．1987．太原西山含煤地层沉积环境 [M]．北京：煤炭工业出版社．

孟尚志．2014.煤层气单支 U 型水平井合采多层技术研究 [D].北京：中国地质大学（北京）．

牟全斌，韩保山，张培河，等．2014.潘庄地区煤层气 U 型水平井技术工艺研究 [J].中国煤炭地质，
　　26（11）：53-56.

牟义．2014.切片技术在煤矿回采工作面瞬变电磁法探测中的研究与应用 [J].中国煤炭，40（3）：35-39.

牟义，丰莉，姜国庆．2013.基于矿井电法的矿井水害超前探测技术研究 [J].煤炭工程，16（3）：240-245.

牟义，黎灵，张永超，等．2014.浅层地震法探测浅煤层采空区试验研究 [J].煤炭技术，33（6）：69-71.

牟义，杨新亮，李宏杰，等．2014.采煤工作面水害电法精细探测技术 [J].中国矿业，23（3）：88-92.

潘俊锋，宁宇．2012.煤矿开采冲击地压启动理论 [J]．岩石力学与工程学报，31（3）：586-596.

潘俊峰，毛德兵，蓝航等．2013.我国煤矿冲击地压防治技术研究现状与展望 [J].煤炭科学技术，41（6）：
　　21-25.

齐治虎．2016.晋煤胡底煤矿 L 型井复杂施工技术探讨 [J].中州煤炭，（2）：69-70.

钱丽君，白清昭，熊存卫，等．1987．陕西北部侏罗纪含煤地层及聚煤特征 [M]．西安：西北大学出版社．

钱鸣高，许家林．1998.覆岩采动裂隙分布的"O"形圈特征研究 [J].煤炭学报，（10）：466-469.

乔康，杜新锋．2013.煤层气垂直压裂井在彬长大佛寺井田的应用 [J].陕西煤炭，32（3）：63-65.

乔如瑞．2010.淮北芦岭煤矿地面煤层气垂直压裂井施工技术 [J].中国科技博览，（15）：283-283.

曲效成，姜福兴，于正兴，等．2011.基于当量钻屑法的冲击地压监测预警技术研究及应用 [J]．岩石力学与
　　工程学报，30（11）：2346-2351.

全国地层委员会编. 2015. 中国地层指南及中国地层指南说明书 [M]. 北京：地质出版社.

萨贤春，姜在炳，孙涛，等.2000.煤矿地测信息系统（MSGIS）[J].地质论评，46（增刊）：150-154.

石智军，李泉新，姚克.2015.煤矿井下 1 800 m 水平定向钻进技术与装备 [J].煤炭科学技术，43（2）：109-113.

石智军，董书宁，姚宁平，等. 2013.煤矿井下近水平随钻测量定向钻进技术与装备 [J].煤炭科学技术，41（3）：1-6.

史海岐，常江华，刘庆修.2013.绳索取心钻进技术在大安山矿区的应用 [J].化工矿物与加工，（3）：34-37.

宋岩，张新民，柳少波.2005.中国煤层气基础研究和勘探开发技术新进展 [J].天然气工业，25（1）：1-7.

孙升林.2007.煤炭地质勘查与资源评价管理 [M].徐州：中国矿业大学出版社.

孙四清，张俭，安鸿涛.2012.松软突出煤层穿层洞穴完井钻孔瓦斯抽采实践 [J].煤炭科学技术，40（2）：49-55.

孙新胜，方有向. 2012.快速全程护孔筛管瓦斯抽采技术与装备 [R]. 西安：中煤科工集团西安研究院有限公司.

孙新胜，王力，方有向，等.2013.松软煤层筛管护孔瓦斯抽采技术与装备 [J].煤炭科学技术，41（3）：74-76.

陶著 1987.煤化学 [M].北京：冶金工业出版社.

王建彬.2012.松软煤层空气雾化钻进雾化机理研究及装置研制 [D].北京：煤炭科学研究总院.

王敬国，莫海涛，金新.2007.松软煤层中螺旋钻进技术应用 [J].煤矿安全，38（11）：27-29.

王力.2016.煤矿井下松软煤层空气雾化钻进用雾化器的研制 [J].煤炭科学技术，44（8）：150-153.

王力，贾明群，孙新胜，等.2015.井下瓦斯抽采孔筛管完孔悬挂装置力学分析与优化设计 [J].煤矿安全，46（7）：109-112.

王四一，刘勇，董昌乐，等.2015.筛管护孔工艺及装备在神华宁煤集团的应用 [J].煤矿安全，46（12）：151-153.

王四一，李泉新，刘建林，等.2016.塑料筛管助推器研制及应用 [J].煤田地质与勘探，44（3）：136-140.

王相业，李建武，杨志远，等.2013.柳林地区煤层渗透率逐步回归分析与预测 [J].41（3）：18-22.

魏欢欢，殷新胜.2011.近水平孔坑道用绳索取心钻具 [J].煤田地质与勘探，39（3）：74-80.

魏迎春.2014.复杂地质条件区煤炭资源勘查方法探讨 [J].煤炭工程，46（3）：115-117.

鲜保安，陈彩红，王宪花，等.2004.多分支水平井在煤层气开发中的控制因素及增产机理分析 [C]// 2004 国际煤层气论坛，14-17.

鲜保安，高德利，王一兵，等.2005.多分支水平井在煤层气开发中的应用机理分析 [J].煤田地质与勘探，33（6）：34-37.

解海军，孟小红，王信文，等.2009.煤矿积水采空区瞬变电磁法探测的附加效应 [J].煤田地质与勘探，37（2）：71-74.

谢建林，孙晓元.2013.高瓦斯厚煤层采动裂隙发育区瓦斯抽采技术 [J].煤炭科学技术，41（05）：68-71.

徐建军，韩保山，吴信波，等．2014.地面钻井辅助消突与瓦斯抽采一体化工程实践 [J].煤炭技术，33（8）：289-292.

许超．2014.煤矿井下复合定向钻进技术优势探讨 [J].金属矿山，49（2）：112-116.

闫保永．2016.高位定向长钻孔钻进工艺研究 [J].煤炭科学技术，44（4）：55-58.

杨新辉．2015.黄陇煤田煤层气储层特征 [J].煤田地质与勘探，43（4）：41-45.

杨新辉，刘昌益，王彦龙，等．2014.煤层气井专用 DST 测试设备研制及应用 [J].煤田地质与勘探，42（6）：40-44.

姚宁平，孙荣军，叶根飞．2008.我国煤矿井下瓦斯抽放钻孔施工装备与技术 [J].煤炭科学技术，36（3）：12-15.

姚宁平，姚亚峰，张杰，等．2012.煤矿井下梳状定向孔钻进技术与装备 [J].煤炭科学技术，40（10）：12-16.

姚宁平，张杰，李泉新，等．2012.煤矿井下梳状定向孔钻进技术研究与实践 [J].煤炭科学技术，40（5）：30-34.

姚亚峰．2009.基于新型履带式全液压钻机的螺旋钻进试验研究 [J].探矿工程（岩土钻掘工程），36（6）：31-33.

姚亚峰，姚宁平，彭涛．2013.松软煤层套管钻机夹持机构设计与分析 [J].煤炭科学技术，41（6）：73-76.

姚亚峰，彭涛，徐保龙，等．2014.高转速钻机在松软煤层螺旋钻进中的应用研究 [J].煤矿机械，35（9）：86-88.

叶道敏．2005.霍林河褐煤显微组分加氢液化性状的研究 [J].煤田地质与勘探，33（6）：1-4.

殷新胜．2009.松软突出煤层中风压空气钻进工艺及配套装备 [J].煤炭科学技术，37（9）：7274.

殷新胜，石智军，魏欢欢，等．2010.一种坑道近水平孔用绳索取心钻具 [P]：中国，ZL201020243426.1.

尹灿伟．2014.提高瓦斯抽采浓度的技术探索 [J].煤炭技术，33（7）：40-42.

余江滨，刘渝，潘光．1991.晋东南地区臭煤层中细菌化石及病毒化石的研究 [J].煤炭学报，16（3）：52-60.

袁亮，薛俊华，刘泉声，等．2011.煤矿深部岩巷围岩控制理论与支护技术 [J].煤炭学报，36（4）：535-543.

袁亮，薛俊华，张农，等．2013.煤层气抽采和煤与瓦斯共采关键技术现状与展望 [J].煤炭科学技术，41（9）：6-11.

张东明，齐消寒，宋润权，等．2015.采动裂隙煤岩体应力与瓦斯流动的耦合机理 [J].煤炭学报，40（4）：774-780.

张恒文．2010.瓦斯综合抽采技术的应用 [J].煤炭科学技术，38（12）：55-57.

张泓，王绳祖，郑玉柱，等．2004.古构造应力场与低渗煤储层的相对高渗区预测 [J].煤炭学报，29（6）：708-711.

张泓，崔永君，陶明信，等．2005.淮南煤田次生生物成因与热成因混合型煤层气成藏动力学系统演化 [J].科学通报，50（增）：19-26.

张泓，何宗莲，晋香兰，等．2005.鄂尔多斯盆地构造演化与成煤作用——1∶500000 鄂尔多斯煤盆地地质构造图简要说明 [M].北京：地质出版社.

张泓，晋香兰，李贵红，等 . 2007. 世界主要产煤国煤田与煤矿开采地质条件之比较 [J]. 煤田地质与勘探，35（6）:1-9.

张泓，晋香兰，李贵红，等 . 2008. 鄂尔多斯盆地侏罗纪—白垩纪原始面貌与古地理演化 [J]. 古地理学报，10（1）: 1-11.

张泓，夏宇靖，张群，等 . 2009. 深层煤矿床开采地质条件及其综合探测——现状与问题 [J]. 煤田地质与勘探，37（1）: 1-12.

张泓，张群，曹代勇，等 . 2010. 中国煤田地质学的现状与发展战略 [J]. 地球科学进展，25（4）: 343-352.

张后全，韩立军，贺永年，等 . 2011. 构造复杂区域膨胀软岩巷道底鼓控制研究 [J]. 采矿与安全工程学报，28（1）: 16-21，27.

张慧 . 1992. 煤系地层中高岭石的形态 - 成因类型 [J]. 矿物学报，12（1）: 53-57.

张慧 . 2001. 煤孔隙的成因类型及其研究 [J]. 煤炭学报，26（1）: 40-44.

张慧，李小彦，郝琦，等 . 2003. 中国煤的扫描电子显微镜研究 [M]. 北京：地质出版社 .

张慧，焦淑静，庞起发，等 . 2015. 中国南方早古生代页岩有机质的扫描电镜研究 [J]. 石油与天然气地质，36（4）: 1-7.

张慧，焦淑静，李贵红，等 . 2016. 非常规油气储层的扫描电镜研究 [M]. 北京：地质出版社 .

张俊英，王翰锋，张彬，等 . 2013. 煤矿采空区勘查与安全隐患综合治理技术 [J]. 煤炭科学技术，41（10）: 76-80.

张培河 . 2007. 影响我国煤层气可采性主要储层参数特征 [J]. 天然气地球科学，18（6）: 880-884.

张培河 . 2008. 煤层气成藏条件分析方法 - 以韩城地区为例 [J]. 中国煤层气，5（3）: 12-16.

张培河 . 2009. 鹤岗煤田煤层气资源潜力及勘探方向 [J]. 中国煤层气，6（5）: 24-28.

张培河 . 2009. 煤层气资源分级及利用方案探讨 [J]. 中国煤层气，6（3）: 24-26.

张培河，张明山 . 2007. 羽状水平井煤层气勘探技术在我国的适应性 [C]// 安全高效煤矿地质保障技术及应用——中国地质学会，中国煤炭学会煤田地质专业委员会，中国煤炭工业劳动保护科学技术学会水害防治专业委员会学术年会文集 . 北京：煤炭工业出版社 .

张培河，白建平 . 2010. 煤矿区煤层气开发部署方法 [J]. 煤田地质与勘探，38（6）: 33-37.

张培河，张明山 . 2010. 煤层气不同开发方式的应用现状及适应条件分析 [J]. 煤田地质与勘探，38（2）: 9-13.

张培河，李贵红，李建武 . 2006. 煤层气采收率预测方法评述 [J]. 煤田地质与勘探，34（5）: 26-30.

张培河，张群，王宝玉，等 . 2006. 煤层气可采性综合评价方法研究 - 以潘庄井田为例 [J]. 煤田地质与勘探，34（1）: 21-25.

张培河，张群，王晓梅，等 . 2006. 煤层气开发井网优化设计 - 以新集矿区为例 [J]. 煤田地质与勘探，34（3）: 31-35.

张培河，李贵红，张新民 . 2007. 煤层气开发对煤矿安全生产的地质保障性分析 [J]. 煤矿安全，（12）: 69-71.

张培河，刘钰辉，王正喜，等 . 2011. 基于生产数据分析的沁水盆地南部煤层气井产能控制地质因素研

究 [J]. 天然气地球科学，22（5）：909-914.

张培河，原德胜，张进军 . 2011. 鄂尔多斯盆地低变质煤的煤层气抽采潜力 - 以彬长大佛寺矿为例 [J]. 中国煤层气，8（5）：13-16.

张培河，刘云亮，贾立龙 . 2016. 鄂尔多斯盆地东部上古生界煤系页岩气藏特征及勘探方向 [J]. 煤田地质与勘探，44（4）：54-58.

张鹏 . 2017. 中国煤炭矿井物探技术现状及展望 [J]. 工矿自动化，43（3）:20-23.

张群 . 2004. 国外煤层气储层数值模拟技术的现状及发展趋势 [J]. 煤田地质与勘探，32（增1）：18-23.

张群 . 2007. 关于我国煤矿区煤层气和瓦斯高效采抽技术发展的战略性思考 [C]// 中国地质学会，中国煤炭学会煤田地质专业委员会，中国煤炭工业劳动保护科学技术学会水害防治专业委员会 . 安全高效煤矿地质保障技术及应用，北京：煤炭工业出版社 .

张群 . 2007. 关于我国煤矿区煤层气开发的战略思考 [J]. 中国煤炭，33（11）：9-11.

张群 . 2007. 关于我国煤矿区煤层气开发的战略性思考 [J]. 中国煤层气，4（4）：3-5.

张群 . 2007. 我国煤层气富集成藏条件和有利开发区分析 [C]// 中国地质学会，中国煤炭学会煤田地质专业委员会，中国煤炭工业劳动保护科学技术学会水害防治专业委员会 . 安全高效煤矿地质保障技术及应用，北京：煤炭工业出版社 .

张群，庄军 . 1995. 丝炭和暗煤的顺磁共振特性研究 [J]. 煤炭学报，20（3）：272-276.

张群，吴景钧 . 1996. 黄陇煤田煤中显微组分与孢粉类型的相关趋势 [J]. 煤田地质与勘探，24（1）：15-18.

张群，潘治贵 . 1999. 烟煤的宏观煤岩分类系统研究 [J]. 煤田地质与勘探：27（2）：2-5.

张群，杨锡禄 . 1999. 煤中残余气含量及其影响因素 [J]. 煤田地质与勘探，27（5）：26-29.

张群，杨锡禄 . 1999. 平衡水分条件下煤对甲烷的等温吸附特性研究 [J]. 煤炭学报，24（6）：566-570.

张群，范章群 . 2009. 煤层气损失气含量模拟试验及结果分析 [J]. 煤炭学报，34（12）：1649-1654.

张群，桑树勋 . 2013. 煤层吸附特征及储气机理 [M]. 北京：科学出版社 .

张群，陈沐秋，高文生 . 1994. 河东煤田离柳矿区煤相研究 [J]. 煤田地质与勘探，22（1）：5-9.

张群，冯三利，杨锡禄 . 2001. 试论我国煤层气的基本储层特点及开发策略 [J]. 煤炭学报，26（3）：230-235.

张群，李建武，张新明，等 . 2001. 高煤级煤的煤层气开发潜力 [J]. 煤田地质与勘探，29（6）：26-30.

张群，石智军，姚宁平，等 . 2007. 我国定向长钻孔技术和设备应用现状分析与建议 [J]. 中国煤层气，4（2）：8-11.

张群，崔永君，钟玲文，等 . 2008. 煤吸附甲烷的温度 - 压力综合吸附模型 [J]. 煤炭学报，33（11）：1272-1278.

张晓磊，程远平，王亮，等 . 2014. 煤与瓦斯突出矿井工作面顶板高位钻孔优化设计 [J]. 煤炭科学技术，42（10）：66-70.

张新民，庄军，张遂安 . 2002. 中国煤层气地质与资源评价 [M]. 北京：科学出版社 .

张新民，赵靖舟，张培河，等 . 2007. 中国煤层气技术可采资源潜力 [J]. 煤田地质与勘探，35（4）：23-26.

张幼振 . 2015. 巷道修复机工作机构工作空间及运动轨迹分析 [J]. 煤炭科学技术，43（7）：88，97-101.

张幼振，石智军 . 2014. 钻锚机动力学仿真分析 [J]. 煤炭科学技术，42（2）：58-62.

赵继展 . 2015. 松软煤层底板定向长钻瓦斯抽采技术实践 [J]. 煤矿安全，46（8）：111-114.

周师庸 . 1985. 应用煤岩学 [M]. 北京：冶金工业出版社 .

周亚东，耿耀强 . 2011. 大孔径长钻孔替代高抽巷瓦斯抽采技术 [J]. 煤矿安全，42（10）：25-27.

庄绪强，宁建鸿，吴占奎 . 2009. 定向钻井技术在煤层气垂直井施工中的应用 [J]. 中国煤炭地质，21（A01）：55-56.

Jing X P. 2013. Reservoir pressure of coal-bed methane prediction research based on analysis method by neural net-work[J]. Advanced Materials Research，756-759：4758-4762.

Li G H. 2016. Coal reservoir characteristics and their controlling factors in the eastern Ordos Basin in China[J]. International Journal of Mining Science and Technology，26（6）：1051-1058.

Li G H，Zhang H. 2013. The origin mechanism of coalbed methane in the eastern edge of Ordos Basin[J]. Science China：Earth Sciences，56（10）：1701-1706.

Li G H，Sjursen，Harold P. 2013. The characteristics of produced water during coalbed methane（CBM）development and its feasibility as irrigation water in Jincheng，China[J]. Journal of Coal Science and Engineering，19（3）：369-374.

Scott E R，Kaiser W R，Ayers W B Jr. 1994. Thermogenic and secondary biogenic gases，San Juan basin，Colorado and New Mexico-implications for coalbed gas producibility[J]. AAPG Bulletin，78（8）：1186-1209.

Zhang J Y, Wang H F, Zhang B, et al. 2014. Exploration of mining goaf and comprehensive management technology and application of potential safety hazard in ordos[C]//2014 International Academic Forum for Mine Surveying in China，Xi'an：58-62.